铅和铅铋冷却剂反应堆装置、工业试验台架的回路工艺与主要设备

别兹诺索夫 A. B.，博科娃 T. A.，博科夫 Π. A.　著

中国核动力研究设计院　译

中国原子能出版社

图书在版编目（CIP）数据

铅和铅铋冷却剂反应堆装置、工业试验台架的回路工艺与主要设备 / 中国核动力研究设计院译. — 北京：中国原子能出版社，2023.4

ISBN 978-7-5221-2657-9

Ⅰ.①铅… Ⅱ.①中… Ⅲ.①铅－反应堆冷却剂－装置－研究 Ⅳ.①TL343

中国国家版本图书馆 CIP 数据核字(2023)第066790号

铅和铅铋冷却剂反应堆装置、工业试验台架的回路工艺与主要设备

出版发行 中国原子能出版社（北京市海淀区阜成路 43 号　100048）

策划编辑 胡晓彤

责任编辑 赵　艳

装帧设计 崔　彤

责任校对 冯莲凤

责任印制 赵　明

印　　刷 北京九州迅驰传媒文化有限公司

经　　销 全国新华书店

开　　本 787 mm×1092 mm　1/16

印　　张 23.25　　**字　数** 580 千字

版　　次 2023 年 4 月第 1 版　2023 年 4 月第 1 次印刷

书　　号 ISBN 978-7-5221-2657-9　　**定　价** **260.00 元**

网址：http://www.aep.com.cn　　**E-mail：atomep123@126.com**

发行电话：010-68452845　　

《铅和铅铋冷却剂反应堆装置、工业试验台架的回路工艺与主要设备》

编写工作组

翻译：李　玲

校审：刘承敏　章航洲　杨来生　周晓瑛

陈　平　刘松涛　吕　鑫

索引号 УДК 621.039
ББК 31.4
Б 399

经俄罗斯国家核研究大学莫斯科物理工程学院核物理和技术专业
（代码：140300）执教委员会审阅。

别兹诺索夫 А. В.，博科娃 Т. А.，博科夫 П. А.
Б 399：铅和铅铋快堆反应堆装置、工业试验台架的回路工艺与主要设备（学习教材）别兹诺索夫 А. В.，博科娃 Т. А.，博科夫 П. А.；以阿列克谢耶夫命名的下诺夫哥罗德国立技术大学，下诺夫哥罗德 Литера 出版社，2016，488 页。

ISBN 978-5-905163-44-9

本教材简要介绍了俄罗斯和部分其他国家的液态重金属冷却剂（铅和铅铋）工业研究台架和反应堆装置的建造和运行经验，对反应堆各回路、主设备及其设计方案的主要特性参数，包括铅和铅铋冷却剂回路主要事故在内的运行工况特点进行了详细介绍。

本书可作为核动力各专业本科生、硕士生和博士生的学习教材，尤其是可为从事创新性液态重金属冷却剂快堆及类似装置建造运行工作的从业人员、科研工作者和工程师提供参考。

УДК 621.039
ББК 31.4

ISBN 978-5-905163-44-9

УДК 621. 039

ББК 31. 4

Б 399

Рецензенты:

Совет УМО направления 140300 «ядерные физика и технологии»,

Национальный исследовательский ядерный университет «МИФИ»

Безносов А. В. , Бокова Т. А. , Боков П. А.

Б 399 Технологии и основное оборудование контуров реакторных установок, промышленных и исследовательских стендов со свинцовым и свинец-висмутовым теплоносителями: учеб. Пособие/А. В. Безносов, Т. А. Бокова, П. А. Боков; Нижегор. гос. техн. ун-т им. Р. Е. Алексеева. —Нижний Новгород, Литерав, 2016. —488 с.

ISBN 978-5-905163-44-9

В пособии представлены материалы по опыту создания и эксплуатации российских и частично иностранных исследовательских и промышленных стендов и реакторных установок с тяжелыми жидкометаллическими теплоносителями (ТЖМТ)—свинец-висмутовым и свинцовым. Приведены основные характеристики реакторных контуров, основного оборудования и их контсруктивные решения. Представлена информация о специфичных особенностях режимов эксплуатации, включая основные аварии энергетических контуров со свинцовым и свинец-висмутовым теплоносителями.

Книга может быть рекомендована в качестве учебного пособия для студентов, магистрантов и аспирантов, обучающихся по специальностям, связанным с атомной энергетикой и прежде всего с инновационными реакторами на быстрых нейтронах, охлаждаемых ТЖМТ. Она может представлять интерес для исследователей, научных работников и инженеров, занимающихся созданием и эксплуатацией подобных установок.

УДК 621. 039

ББК 31. 4

ISBN 978-5-905163-44-9

俄罗斯联邦教育科学部国家拨款高等教育机构
"以阿列克谢耶夫命名的下诺夫哥罗德国立技术大学"

别兹诺索夫 A. B.，博科娃 T. A.，博科夫 П. A.

铅和铅铋快堆反应堆装置、工业研究台架各回路的工艺与主要设备

核动力和热工物理专业（代码：140700）高校的教学委员会已批准本书作为核动力和热工物理专业高等教育机构学生的学习教材。

下诺夫哥罗德，2016

序

SVBR-75/100是俄罗斯开发的小型、模块式液态重金属（铅铋合金）冷却的先进快堆，发电容量为75～100 MWe，采用独特的重金属冷却剂，系统设计简单，安全性能优越，技术经济指标良好，曾于20世纪五六十年代应用于苏联第一代、第二代核潜艇。

《铅和铅铋冷却剂反应堆装置、工业实验台架的回路工艺与主要设备》一书从回路布置、关键设备、专设系统、工艺过程、设备控制、正常运行工况及事故工况等七个方面，全面系统地介绍了俄罗斯及其他国家铅、铅铋冷却剂工业研究台架和反应堆装置的设计、建造和运行经验。

本书针对冷却剂中放射性核素^{210}Po的产生机理和去除方法，蒸汽发生器回路间泄漏事故的发生过程和处理方案等机理性问题进行了详细的阐述和说明，对掌握先进冷却剂特性是一份难得的好资料；本书还对关键技术问题的解决提供了可行的方法，有助于推动我国先进冷却剂反应堆装置的技术攻关和设计研发进程。

本书内容丰富，翻译准确，我有幸先睹为快，深感这是一本核动力专业各类学生（本科、硕士研究生、博士研究生等）的好教材，也是从事核动力的其他人员（设计、运维、监管、制造等）有价值的参考资料，特推荐给大家。

于俊崇

目　录

第 1 章　铅和铅铋冷却剂回路原理图

1.1　概述

液态重金属冷却剂回路的设计始于回路原理图的设计，回路原理图应能明确设备、管件和连接管线的构成。回路原理图的构成要素除包括正常运行的主要和辅助设备外，还必须包括属于安全重要系统的保护系统和隔离系统。当正常运行设备故障时，需要通过隔离系统对其进行隔离。

设计文件和运行文件的编制、运行人员的培训、回路的运行、后续检修或其他情况下都会应用到原理图。

在原理图中，回路设备一般用图例标出，或在回路剖面图、截面图中标出。

回路原理图中所示的回路设备一般是通过图例或剖面和截面外部回路示意图的形式呈现。

主设备、部件的布置图已尽量体现了其在回路布置方案中的位置。连接管线处通常标有 D_n 或其他尺寸信息，还标出了管件和通道的通道截面。在原理图的连接管线或其他部件上，一般会标出截止阀、调节阀、手动驱动或其他驱动阀门图例，还会标出工质参数监测设备（包括温度、压力、流量、杂质含量等）和设备运行状态监测设备（泵轴转数等）图例。原理图中的每个部件（阀门、设备等）都有相应的编号，这些编号后续将用在如说明书、运行手册、试验大纲和试验方法等文本文件中。不同文件的同一个部件应使用统一编号或代号。

液态重金属冷却剂回路的原理图应直观且承载一定的信息，便于学习和使用。含设备布置等的原理图应尽量减少连接管线的交叉，并缩短管线长度。

液态重金属冷却剂动力回路原理图通常应满足回路运行的要求，即单个或几个部件出现故障时，回路依然能继续工作，因此特别重要的设备部件必须考虑冗余设置，如在集成布置方案中设置几台通过隔离阀切换的主泵或热交换器（蒸汽发生器），或在回路式布置方案中设置通过阀门切换的独立蒸汽发生器主泵环路组。增加设备数量或含相同可靠性指标设备，均会降低整个回路的可靠性。在俄罗斯 705 项目核潜艇的铅铋回路中，共设置 3 条独立的蒸汽发生器主泵环路，每条环路各设一个可切断主反应堆的主要截止阀。在俄罗斯 705K 项目核潜艇的铅铋回路中，共设置两条带有蒸汽发生器和主泵的独立环路，每个环路各设一个可切断主反应堆的主要截止阀。在俄罗斯 BREST-OD-300 铅冷却剂快中子反应堆装置示范项目中，铅冷却剂回路原理图共设置经共有母管相连的 4 台主泵，母管不设置截止阀。SVBR-75/100 铅铋冷却剂反应堆装置的设计采用了相同的原理图。经验表明，在回路设计、安装和运行时，同一种设备更宜采用偶数设计。

当连接相同功能用途的部件和回路管道上不设截止阀时，相同功能用途部件接入主泵的情况不能算备用，几台稳压器接入回路同样也不能算备用，这是因为稳压器及受其保护的回路之间不能设置截止阀。

根据相应设备和回路的功能用途的不同，液态重金属冷却剂的回路原理图可分为动力回路和非动力回路两种。属于动力回路的是：

（1）重原子核裂变超热堆和快堆的释热回路（已运行的 645、705、705K 项目核潜艇以及 27VN、KM-1 陆上试验台架铅铋回路，设计中 BREST 铅冷却剂快中子反应堆装置和 SVBR 铅铋冷却剂快中子反应堆装置回路等）；

（2）目前仍在研发中的次临界反应堆装置（靶）回路，如 MIRHA 等；

（3）核聚变堆惯性约束区和分流区的释热回路，其中从概念上讲，液态重金属冷却剂是可以用于该回路的。

属于液态重金属冷却剂非动力回路的是：

（1）设备（主泵、蒸汽发生器单元等）、阀门及动力回路循环管线上其他部件的试验和交付检验回路；

（2）试验研究台架的液态重金属冷却剂回路。

俄罗斯国内的 BOR-60、MIR 堆及其他采用液态重金属冷却剂和其他类型冷却剂的反应堆（含堆芯部件，如燃料组件等），需要特别区分开来。

不论功能用途如何，液态重金属冷却剂回路的气动水力原理图通常包括冷却剂制备唧送（充入）系统和保护气体系统。液态重金属冷却剂制备唧送系统的构成应包括带开口的加热熔罐，冷却后的固体冷却剂从开口倒入供货厂提供的熔罐并加热，可能还有其他方式可以将固体铅、铅铋低熔合金装入熔罐。在固体铅、铅铋低熔合金倒入熔罐后，加热直至熔化，期间必须保证满足倒入、沉淀、杂质净化和含氧量测定等工艺操作的所需温度。还可以通过移动电加热压气升液器熔化冷却剂，然后液态冷却剂直接植入熔罐或整个回路，移动电加热压气升液器直接在供货厂充好熔化或冷却的冷却剂，并运送至现场，冷却剂液位以上的内腔部分由保护气体（大气压负压）稳压，能避免冷却剂被空气中氧气的氧化或受到其他污染。

熔罐或移动压气升液器中铅或铅铋冷却剂通过自排出、气体给压或带机械过滤器的泵注入回路。过滤部件可以呈绕丝状，材料可以采用奥氏体不锈钢、钢格（网格状）、玻璃纤维填充物以及耐高温液态重金属冷却剂等其他材料。

熔罐通常用于检修（堵住蒸汽发生器的事故传热管等）期间回路部件内液态重金属冷却剂的微量排出或排空。回路部件内液态重金属冷却剂的排出通常需要借助注入机械过滤器，通过旁排管线，除掉回路中可能出现的杂质。回路设备和管道的布置应尽可能地保证回路所有区段内的冷却剂都能利用专用排放管线完全排出，专用排放管线上设截止阀，在原理图中会有相应标注。回路中个别部分内液态重金属冷却剂的排出可以采用可抽出部分的设计（就地），例如，给主泵装入带排放管的堵塞，然后通过排放管气体给压的方式，排出其中的液态重金属冷却剂。回路内液态重金属冷却剂通常以自排出、气体给压（负压）或泵的方式部分或全部排出，当然必须有相应的技术方案保证。

不论功能用途如何，铅或铅铋冷却剂回路的原理图必须包括保护气体系统。气体系统能避免液态重金属冷却剂和空气中氧气接触，因此不会形成氧化物（氧化渣块），这样便于后续对回路进行工艺处理，必要时在主泵入口增压，以避免气蚀的产生，排出回路内的冷却剂，标示并制止一系列事故情形。氦气和氩气都可用作保护气体，试验研究台架一般使用相应纯度的氮气。为进行回路的工艺处理，可将氢气和氧气充入气体系统，其他气体介质用得比较少。气体系统通常包括气罐、气体杂质净化过滤器、水蒸气冷凝器，有时候还会包括鼓风机、管道、阀门、压力表以及气体成分监测仪等。液态重金属冷却剂反应堆回路的特点在于气体系统还可将事故情形和蒸汽发生器回路间泄漏隔离开来，如果蒸汽发生器回路间发生泄漏，蒸汽、水会进入液态重金属冷却剂回路。反应堆正常运行工况下，系统气体压力略高于 0.1 MPa（0.1～0.9 kgf/cm^2，atm）的大气压。只有在蒸汽发生器回路间发生泄漏的事故情形下，保护气体系统和液态重金属冷却剂回路的压力才会大幅上升。

1.2　重原子核裂变堆的液态重金属冷却剂回路和保护气体系统

20 世纪 50～60 年代，苏联建造了首批液态重金属冷却剂的反应堆回路，主要用作第一代、第二代核潜艇的动力装置。由此可见，当时已出现移动式反应堆建造的趋势，并已初具发展规模。而后，随着设计运行经验的不断积累，以及反应堆装置设备制造和安装新技术的成功研发，业内对反应堆回路原理图和布置的观念发生了根本性的变革，摒弃了最初采用的分支回路环路布置（使用了带阀门、不同直径的冗长管道设计），转而采用主循环回路不设截止阀的模块式和一体化布置方案。

1.2.1　主设备回路式布置的移动式反应堆装置回路

苏联第一代、第二代核潜艇及其陆上原型试验台架[1]的核动力装置都采用的移动式核动力装置，反应堆回路的原理图采用的都是环路布置的铅铋低熔合金回路。原理图包括具有独立容器的反应堆，几条独立的蒸汽发生器-主泵环路与该容器相连，如图 1.1 所示。如果某条独立的蒸汽发生器-主泵环路发生事故情形，例如主泵出现故障，蒸汽发生器发生泄漏等，可通过主要截止阀将环路和反应堆切断，从而实现隔离。蒸汽发生器-主泵独立环路的数量可以从 1 条（27VT 试验台架）到 3 条不等。

以上原理图包含两台冷却剂泄漏回收泵。冷却剂泄漏回收泵在回收主泵轴封缝隙中流出的冷却剂和蒸汽发生器上部段经常泄漏的冷却剂之后，将其重新注入主循环回路。从蒸汽发生器上部段流出的冷却剂流量应该引入蒸汽排放罐，这里的“蒸汽”是蒸汽发生器发生泄漏的事故情形时出现的液态重金属冷却剂和水蒸气二元流体。该混合蒸汽进入气体空间后，在液态重金属冷却剂的自由液位上发生分离，之后进入气体系统的蒸汽冷凝器。而彼时运行的水-水反应堆核潜艇在处理蒸汽发生器泄漏的典型事故时，便采用的是上述技术方案。如图 1.1 所示，回路式反应堆回路包括采用了直径为 D_n25～60 管道和大量阀门的 4 个辅助分支系统，分别是蒸汽发生器通风系统、主泵轴封缝隙中流出的冷却剂排放系

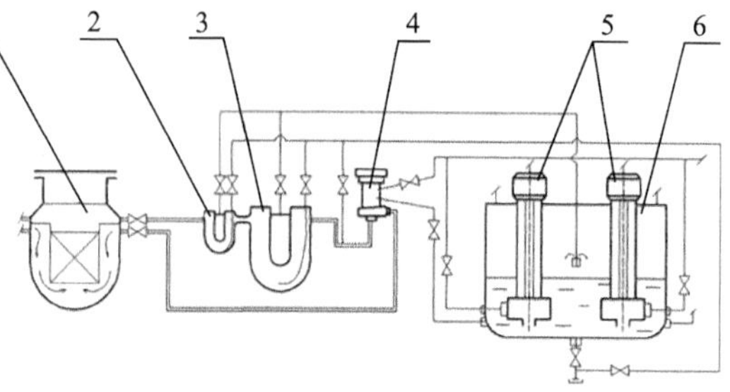

图 1.1　回路式反应堆装置示意图

1—反应堆；2—蒸汽发生器的蒸汽过热器单元；3—蒸汽发生器的蒸发器单元；
4—主泵；5—冷却剂泄漏回收泵（辅助泵）；6—泄漏排放罐（缓冲罐）

统、泄漏回收系统、排放系统。

上述辅助系统的技术方案首先是由主设备结构特点所决定的。根据当时存在的液态重金属冷却剂气蚀概念，主泵直流部分的结构要求在主泵叶轮入口大幅增压，以避免气蚀的产生。增压主要是借助辅助泵、叶轮和主泵轴封缝隙共同实现的。那么相应地，就需要为每台主泵设置冷却剂唧送系统和主泵轴封缝隙中流出的冷却剂排放系统，还必须设置两台辅助主泵，主要是出于备用原则的考虑。辅助主泵的薄弱环节是存在中央支架，支架腹板利用液封将泵电驱动的气腔和液态重金属冷却剂回路的气体系统空间分离开来。当回路系统中气体压力略微超过支架的气体压力（约 0.15 MPa，≥1.5 kgf/cm^2）时，冷却剂的液位升至电机轴承的位置，然后在轴和泵壳体之间的缝隙冷却，并形成固体，从而导致泵的性能失效。如果液位快速上升，冷却剂便会流入电机转子和定子的间隙处，并继续深入。在 705K 项目的一个反应堆装置上曾发生过类似事故情况，即冷却剂从反应堆回路喷入工艺间，然后沿中央支架、电机腔和气体压力监测仪（压力表）的损坏部件喷入支架内腔[2]。主泵的可靠性指标决定了整个反应堆装置的可靠性指标，但如果不设主泵，又不能将反应堆功率提升至动力功率水平。

当核潜艇反应堆装置的蒸汽发生器发生小泄漏事故工况时，设计所采用的反应堆装置运行限值要求投入分支通风系统，用于导出蒸汽过热器和蒸汽发生器两个单元 U 形单元每个上部段事故工况下的蒸汽。由于当时业内对液态重金属冷却剂、水蒸气二元流体结构和特性的认识，普遍认为通风器的冗长管线（带节流件和阀门）设计能够有效导出液态重金属冷却剂流体中的均质蒸汽。蒸汽发生器泄漏事故工况下，蒸汽冷凝系统在 1 h 及以上的时间内能冷凝几百千克的蒸汽。由于当时对液态重金属冷却剂和水蒸气二元流体的特性缺乏充分的认识，并且必须在很短的时间内造好反应堆装置，所以才采取了论证如此不充分的技术方案。

第二代核潜艇反应堆装置的冷却剂排放系统应能保证蒸汽发生器任意单元内的冷却剂能排入回路的容积补偿罐（缓冲罐），以便于找到并堵住当前泄漏的蒸汽发生器传热管，以及后续恢复蒸汽发生器该单元的工作性能。

之所以将反应堆布置在独立容器内，其中一个原因是蒸汽发生器内已受到放射性沾污的水和蒸汽不能再受到反应堆堆芯电离辐射的影响。

回路式布置的液态重金属冷却剂反应堆分支回路首先要求设置一个强大的加热分支系统，能加热回路部件，并维持其热态。受诸多因素的影响，动力装置的可靠性下降，外部尺寸增大。由于液态重金属冷却剂的密度很高，接近 10 kg/dm^3，所以回路式布置反应堆装置的单位质量和质量指标可能不仅等于甚至小于模块式和整体布置反应堆装置的类似特性指标。

1.2.2　设备一体化布置的铅铋冷却剂反应堆装置回路

液态重金属冷却剂技术早已在造船业的反应堆装置中得到了成功应用，而如今在俄罗斯快中子裂变堆核电厂的核动力装置前沿项目中也得到了继承和发展。目前，业内确定了两条发展路线：

(1) 中小功率（≥75～100 MW）的铅铋低熔合金冷却剂反应堆装置，即所谓的分区域最大程度地利用俄罗斯核潜艇反应堆装置的建造和运行经验。此类装置首先适用于输电网不够发达的发展中国家和地区；

(2) 大功率（1 200～1 800 MW）的铅冷却剂反应堆装置基础设施，随着液态重金属冷却剂反应堆装置电站循环的运行经验不断累积而慢慢引入的发展路线。

在业内认可的液态重金属冷却剂模块式反应堆装置的投运顺序中，投资风险往往起着至关重要的角色。

1.2.2.1　一体化布置的 SVBR 铅铋冷却剂反应堆装置

SVBR-100 反应堆装置是通用型反应堆装置，电功率可达 100 MW，可作多用途应用，包括模块式核电厂或独立的能源供应，能大幅降低投资风险。根据机组的目标用途，反应堆装置产生的蒸汽压力（P）可在 4.0～9.0 MPa 范围内波动，蒸汽可以是饱和蒸汽，也可以是过热蒸汽，温度（T）达到 400 ℃（后文中这些设计参数可能会有所浮动）[3]。

在比较工质回路参数和朗肯循环热效率降低所带来的技术经济指标的前提下，小功率反应堆装置的设计可以采用降低上述参数的技术方案。

反应堆装置采用铅铋冷却剂的快中子反应堆，反应堆回路带压运行，在液态重金属冷却剂的液位之上充有压力接近 1 标准大气压的气体。反应堆可使用各种类型的燃料，包括 UO_2、MOX 燃料（含武器用 Pu 或反应堆民用 Pu）、TRUOX（含次锕系元素的混合氧化物燃料）和氮化物燃料等，而无需改变反应堆的结构，并且需要满足安全性要求。与钠冷却剂快中子反应堆装置不同，铅铋冷却剂的反应堆装置内设两条传热回路，蒸汽发生器采用二回路（工质回路）多次自然循环的设计。反应堆的传热回路应能保证充分的冷却剂自然循环，以便冷却反应堆，从而避免堆芯过热的危险情况。反应堆本体外设安全壳，布置在非能动排热系统罐中，罐内充水，同时起到中子屏蔽的作用。反应堆装置的设计考虑了在堆芯使用寿期结束后一次性逐盒取出燃料组件，并装入新的燃料组件（燃料组件外观均呈盒装）。

反应堆装置的布置采用一体化布置，其中堆芯、一回路设备和蒸汽发生器都布置在一个牢固的容器中，不设铅铋冷却剂的管道和阀门。反应堆本体和反应堆装置的主要单元采用单独模块的设计，同时需要保证主要单元的后期更换和检修。

SVBR-100 反应堆装置的尺寸接近已废弃的核潜艇铅铋冷却剂反应堆装置的尺寸。基于这一前车之鉴，并且出于尽可能降低技术和投资风险、降低创新核技术推广过程中普遍存在的失误或失败概率以及缩减科研试验工作的周期费用的综合考虑，政府决定在SVBR-100反应堆装置结构和技术方案的研发中采取保守的态度。

(1) SVBR**反应堆装置一回路**

铅铋低熔合金反应堆的传热回路（一回路）用于导出反应堆堆芯的热量，并将热量传给蒸汽发生器内的水—蒸汽（工质）。一回路包括充有液态重金属冷却剂的空间和保护气体系统。保护气体系统的主要用途是：1）补偿冷却剂空间的温度变化；2）避免铅铋低熔合金和空气中氧气接触，从而发生冷却剂氧化；3）避免放射性气态（蒸汽状）产物进入反应堆装置工艺间；4）必要时在主泵入口增压，以避免气蚀的产生；5）蒸汽发生器发生回路间泄漏时隔离水和水蒸气进入液态重金属冷却剂的事故情形；6）进行回路的工艺处理。

铅铋冷却剂的应用表明，相较于钠冷却剂，铅铋冷却剂能提高反应堆装置的安全性。因为在反应堆回路达到一定参数时，铅铋低熔合金不会在空气中燃烧，也不会和水发生反应而产生易爆的氢气和热量，因此可以采用两个传热回路的设计，而无需设3个回路。

相较于水冷却剂，铅铋低熔合金反应堆装置的堆芯可以使用裂变快中子，而不是慢的热中子，这样既能获得中子裂变同位素，同时还能有效利用核能现有的原材料储备，快中子还可用于长寿期同位素的嬗变以及其他用途。除此之外，使用液态重金属冷却剂能提高机组的热效率近一倍，因为反应堆装置的蒸汽参数较高，$T>500$ ℃，$P>16.0$ MPa，反应堆回路压力约为1标准大气压。

相较于气体冷却剂反应堆装置，在其他条件都相同的情况下，液态重金属冷却剂反应堆装置的质量和尺寸指标都要小得多，并且由于液态金属的热工物理特性优于气体，因此前者具有更高的安全性。

SVBR反应堆装置一回路的冷却剂循环如图1.2和1.3所示，经堆芯（1）加热后，铅铋低熔合金流入模块式布置的蒸汽发生器（2）中，而后分流，其中一部分冷却剂沿蒸汽发生器套管和菲尔德传热管（菲尔德公司制造的一种传热管）外表面的间隙向下流入底部母管（3），途中将热量传给传热管内的水，以使其蒸发。流入底部母管（3）的冷却剂沿环形间隙流入顶部母管（4）。

而另一部分加热后冷却剂则沿蒸汽发生器套管和菲尔德传热管外表面的间隙向上流入顶部母管（4），途中将热量传给传热管内的汽水混合物（蒸汽）。然后，流入顶部母管（4）的冷却剂继续流入反应堆回路内的两台轴流主泵（5）入口，后经主泵（5）唧送至反应堆堆芯入口。自由冷却剂液位（6）都与反应堆气体空间（7）接触。气体系统水蒸气的事故冷凝器（10）接入气体系统气罐的给气管（8）和排气管（9），排气管将气体排入气体净化系统。当蒸汽发生器发生回路间泄漏的事故工况以及对回路进行充氢的工艺处理时，水蒸气在事故冷凝器（10）中冷凝。根据冷凝器内设的上部水液位计给出的信号，打开排放管线上的阀门，排出事故冷凝器（10）内的冷凝液。根据冷凝器内设的下部液位计给出的信号，关闭该阀门。

反应堆气体系统空间通过爆破膜（11）与旁排设备（12）相连，旁排设备设置在非能动排热系统罐的水空间（13）内。当蒸汽发生器发生回路间大泄漏的危险事故工况时，一回路和气体系统空间的压力急剧攀升，此时爆破膜（11）就会发生破裂。蒸汽气体混合物和后续产生的蒸汽通过旁排设备（12）一同进入非能动排热系统罐的水空间（13）内，避免反应堆回路发生超压。

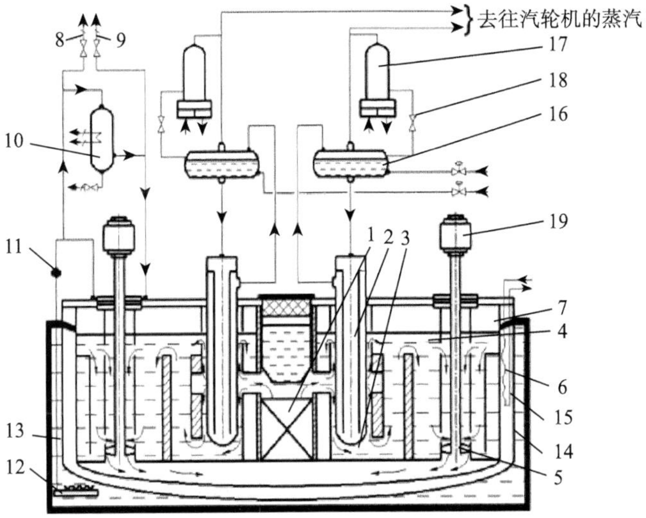

图 1.2　SVBR-100 气动水力反应堆装置回路原理图

1—堆芯；2—蒸汽发生器；3—蒸汽发生器底部母管；4—蒸汽发生器顶部母管；5—主泵；6—自由冷却剂液位；7—反应堆气体空间；8—给气管；9—排气管；10—事故冷凝器；11—爆破膜；12—旁排设备；13—非能动排热系统罐的水空间；14—安全壳；15—蒸汽加热设备；16—分离器；17—冷凝器；18—截止调节阀；19—主泵电机

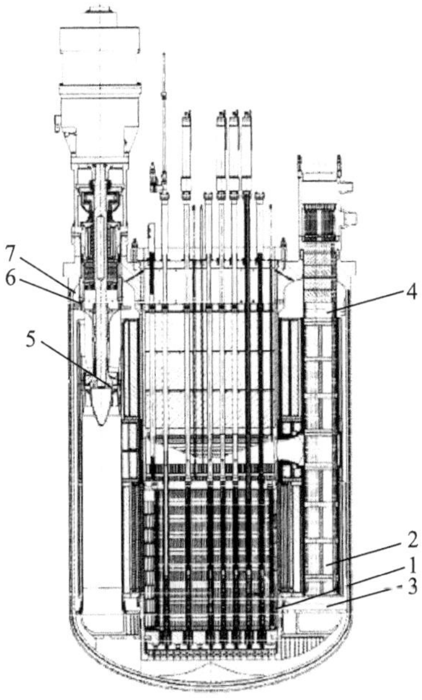

图 1.3　SVBR-100 反应堆机组结构图

1—堆芯；2—蒸汽发生器；3—蒸汽发生器底部母管；4—蒸汽发生器顶部母管；5—主泵；6—自由冷却剂液位；7—反应堆气体空间

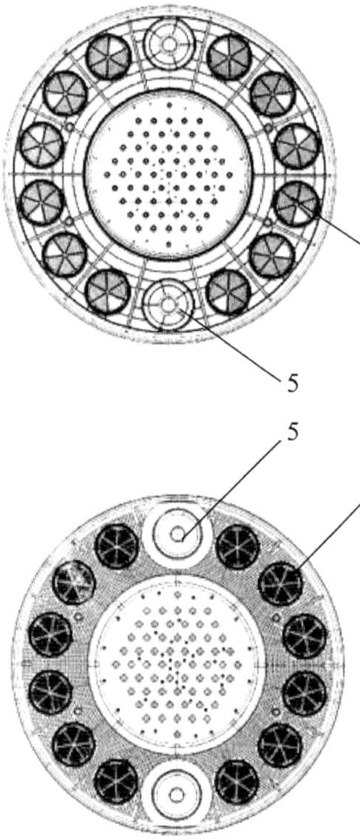

图 1.4 SVBR-100 反应堆装置结构图

2—蒸汽发生器；5—主泵

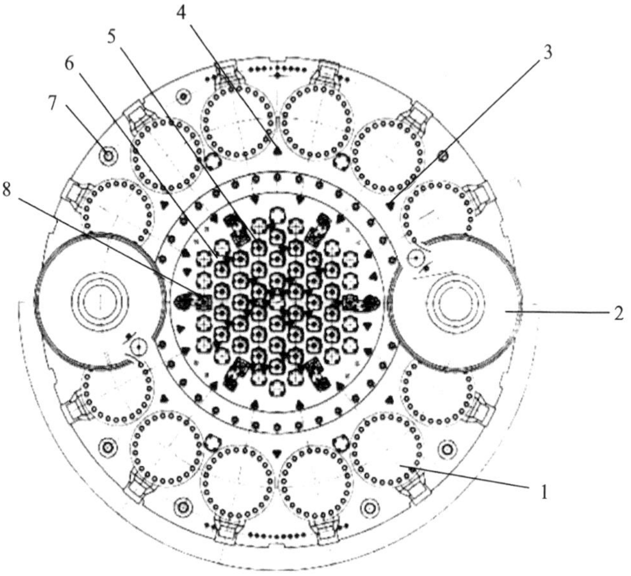

图 1.5 SVBR-100 反应堆装置结构图

1—蒸汽发生器；2—主泵；3—压力测量仪；4—液位计（2 个）；5—调节棒和补偿棒的驱动；6—补偿棒的驱动；7—气体系统短管（6 根）；8—安全棒驱动

堆芯（1）布置在反应堆本体的中央部分，堆芯（1）内设反应堆控制保护系统，反应堆控制保护系统外围是堆内辐射屏蔽层，蒸汽发生器的各单位和主泵都布置在屏蔽层里。堆芯（1）顶部是屏蔽端塞。

如图 1.2 所示，反应堆容器外层设有安全壳（14），蒸汽加热设备布置在安全壳（14）和反应堆容器之间的空间内。

SVBR-100 反应堆装置的堆芯主要参数如表 1.1 所示[3]。

表 1.1　SVBR-100 反应堆装置堆芯主要特性

参数	取值
额定热功率/MW	280*
动力装置电功率/MW	100
铅铋冷却剂温度/℃ 堆芯出口 堆芯入口	 490 340
堆芯尺寸 D（m）×H（m）	1.645×0.9
堆芯平均体积功率密度/（kW/dm³）	≈140*
燃料棒平均线性荷载/（kW/m）	≈24.3*
燃料类型： ^{235}U 装料量/kg ^{235}U 平均富集度/kg	UO_2 ≈1 470* ≈16.1*
堆芯寿期/（千·有效小时）	≈53
换料间隔时间/a	≈8（10）
回路中铅铋冷却剂的体积/m³	18
反应堆容器尺寸/m	↓4.53×6.92
一回路冷却剂及其体积/m³	铅铋，32
环路数量/条	4

注：* 所列参数为双堆布置 SVBR-100 反应堆装置模块式核电厂的参数，每个反应堆装置电功率为 100 MW；如果是其他类型 SVBR 反应堆装置核电厂，参数值可能发生变化。

SVBR 的设计方案考虑了传统研究计算和小概率连贯性的事件，包括反应堆装置全厂断电、外部影响所导致的气体系统和安全壳损坏、反应堆内铅铋冷却剂过热至 600 ℃、冷却剂与空气直接接触。设计要求反应堆内燃料棒的运行状态应该不超过其安全运行限值，也就是说在堆芯冷却燃料棒的冷却剂应至少不低于 1%。计算表明，当反应堆装置发生全厂断电和安全棒落棒时，燃料棒包壳和燃料的温度在一天内不能超过 600 ℃，那么据此便可推算出上述事故工况下其他燃料棒不会发生破损。如果上述事故工况继续得到发展，那么会有更多的放射性产物进入大气环境，包括^{210}Po、放射性惰性气体、挥发裂变产物等。经验表明，近地面放射性产物浓度水平和土壤的表面放射性沾污程度决定附近居民的辐照剂量水平，通常情况下，居民的辐照剂量水平不能超过俄罗斯辐射安全规范规定的限值，一旦超出这一限值，就需要即刻疏散附近居民。

由于 SVBR-100 反应堆装置的固有物理特性（快中子反应堆）、功率较小，铅铋低熔合金的化学惰性和高沸点以及池式反应堆回路设备采用一体化布置，因此它具有良好的安全性[3-4]。由于此类装置的固有特性，能从根本上避免最严重事故的发生，例如瞬发中子引起的反应堆功率突增，堆芯烧干，反应堆回路泄漏所引起的化学爆炸和火灾，内部压力过大导致的堆容器破裂以及机组全厂断电 5 d 所引起的堆芯部件熔融等。该反应堆装置的所有安全系统都采用非能动设计，大部分安全系统可作用正常运行系统。反应堆本体采用模块式设计，反应堆和其他设备的质量、尺寸指标都相对较低，可在设备制造厂完成整体制造，制造完成之后可通过任意运输方式直接运抵核电厂厂址。在燃料生命周期的各个阶段，都需要为裂变材料不扩散提供技术支持。

蒸汽发生器采用多流程强迫循环的传热回路。如图 1.2～图 1.5 所示，蒸汽发生器的构成包括蒸发模块（2），即菲尔德传热管，以及两台分离器（16），两台分离器外悬挂了冷凝器（17）。蒸汽发生器的工作原理如下：给水进入分离器，与蒸汽发生器的锅炉水混合，受自然循环浮力作用，工质（水和蒸汽）沿多流程强迫循环回路进行循环，分离器中的锅炉水沿下降管进入蒸汽发生器模块——菲尔德传热管，并沿中央传热管向下流动，同时加热。中央传热管（下降管）的冷表面与接触液态金属、含水（饱和温度下）和蒸汽的环形间隙的表面隔开。水流从中央传热管（下降管）流出后，180° 扭转方向，向上进入中央传热管和蒸汽发生器模块外部管道的环形间隙，蒸汽发生器的外部管道与铅铋冷却剂直接接触。

在水向上流动的过程中，水加热至饱和温度后蒸发。根据反应堆装置的具体设计方案，菲尔德传热管出口的工质可以是汽水混合物，饱和或过热蒸汽。蒸汽发生器所产生的蒸汽进入机组的汽轮发电机部分。

根据 SVBR 反应堆装置的功能用途不同，蒸汽发生器的蒸汽压力在 4.0～9.0 MPa 范围内浮动，参数变化不大。蒸汽可以是饱和蒸汽，也可以是过热蒸汽，温度可达 400 ℃及以上。

在 SVBR-100 反应堆装置的多流程强迫循环回路中，可以设置或不设置主泵。如果不设置主泵，所有工况下的水和蒸汽循环都借助自然循环浮力完成，这在很大程度上提高了蒸汽发生器的可靠性和整个反应堆装置的安全性。

冷凝器（17）用于导出反应堆余热导出冷却和开堆工况下堆芯排出的热量。冷凝器（17）的工作原理如下：所有工况下，工业供水系统或其他系统的冷却水通过冷凝器的管线系统不断循环往复。

当反应堆装置处于动力功率水平运行时，截止调节阀（18）处于关闭状态。冷凝器（17）的管道间空间内是蒸汽冷凝后的冷凝液，此时蒸汽和冷却水之间的换热面被冷凝液（水）封住。当必须投入冷凝器（17）时，截止调节阀切换至微开调节阀工况，此时分离器的压力是保持不变的给定值或是可控的变化压力。当截止调节阀处于微开的调节阀工况运行时，分离器内的蒸汽压力值总是低于工作压力值。那么相应地，静扬程下从冷凝器（17）流入分离器（16）的冷凝液流量就会增加，在此过程中，与分离器流出蒸汽接触的冷凝器传热管的工作表面会慢慢脱水变干，并裸露在外。当通过截止调节阀（18）的冷凝液流量增加时，冷凝器（17）的传热表面扩大，相应地，冷凝液、蒸汽发生器及整个反应堆回路的功率也会增加。

(2) SVBR-100 反应堆装置的布置

SVBR-100 反应堆装置的主要部件如图 1.6 所示，包括以下几个部分：

1）反应堆本体，包括含堆芯的可抽出部分、控制保护系统驱动组、2 台铅铋冷却剂主泵、12 个蒸汽发生器模块、铅铋冷却剂工艺设备和堆内构件；

2）4 个多流程强迫循环回路（二回路工质）；

3）4 个非能动排热（二回路）系统环路；

4）一回路气体系统，含冷凝器；

5）工艺气体环路；

6）蒸汽气体混合物接收系统，含旁排设备。

图 1.6　SVBR-100 反应堆装置的布置图

结合前文图 1.2 和图 1.3 所示，反应堆主泵（5）用于保证铅铋低熔合金在反应堆回路中的循环。主泵由电机（19）驱动，电机转数可调。反应堆动力功率水平运行期间，主泵容量和反应堆回路内的冷却剂流量必须严格按相应的反应堆功率控制。由于 SVBR-100 反应堆装置采用模块化布置，且反应堆回路的流体阻力比核潜艇反应堆装置（回路式布置）的流体阻力小很多，所以 SVBR-100 反应堆装置采用的是 2 台潜水式轴流泵。

反应堆回路的构成包括冷却剂氧气杂质含量监测仪，冷却剂氧化电势调节设备（以便在回路结构材料外部形成保护氧化膜）以及冷却剂和回路中剩余氧气净化设备。

SVBR-100 反应堆装置的主要设备布置在高 11.5 m 的密封腔室内，如图 1.3、图 1.6 和图 1.7 所示。根据核电厂的功率水平，密封腔室的数量和外形轮廓可以不同，但需将设备布置在密封腔室内。

每个密封腔室的下部都会预留一个混凝土井，用于安装非能动排热系统罐。反应堆本体布置在非能动排热系统罐内，并固定在罐体顶盖的支撑环上。12 台潜水式立式热交换器也同样布置在非能动排热系统罐内，热交换器主要用于将非能动排热系统罐内水的热量传递给中间回路的水和旁排设备，旁排设备通过管道与反应堆本体的气腔相连。

密封腔室上部，非能动排热系统罐上部，布置不属于反应堆本体结构部分的设备，包括 2 台蒸汽分离器以及悬挂在其外部的冷凝器。依据保证反应堆装置所有运行工况下二回路冷却剂必要自然循环水平的要求，确定分离器的布置标高。

气体系统的冷凝器布置在密封腔室顶部预留的单独混凝土围壁中。

反应堆装置设计所采用的布置方案和换热设备结构方案能保证任意初始事件下反应堆本体的冷却，其中包括核电厂全厂断电的事故情形，此时反应堆装置的所有工质都在自然循环的工况下运行，将反应堆本体表面的热量传递给非能动排热系统罐，从而实现反应堆的冷却。

如图 1.7 所示，堆芯、一回路所有设备和蒸汽发生器模块都布置在反应堆容器内。反应堆本体安装在堆坑的支承桁架上。当发生非能动排热系统所有通道都失效的超设计事故时，可以将储水池内的水注入堆坑，从而实现冷却。

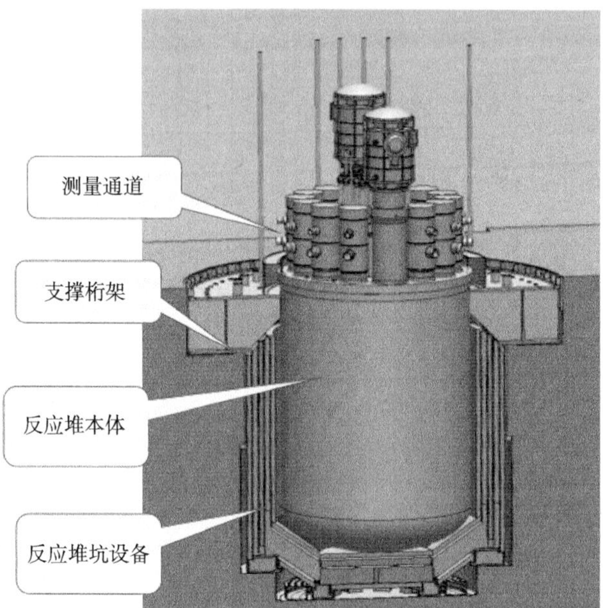

图 1.7　反应堆本体在堆坑中的布置图

反应堆容器外层是安全壳，安全壳和反应堆容器之间设有蒸汽加热系统的设备。

反应堆容器的堆内构件形成了一回路设备间的液态重金属冷却剂管线，同时形成了主要和辅助的两条冷却剂循环管线，因此无需额外设置管道和阀门。

由于反应堆本体上部和蒸汽发生器模块通道内的液位计处于自由液位状态，并且下降管段冷却剂的流速较小，当蒸汽发生器模块的管道系统发生破裂时，设计中所采用的循环流程仍能保证冷却剂中汽水混合物的可靠分离（如图 1.8 所示）。

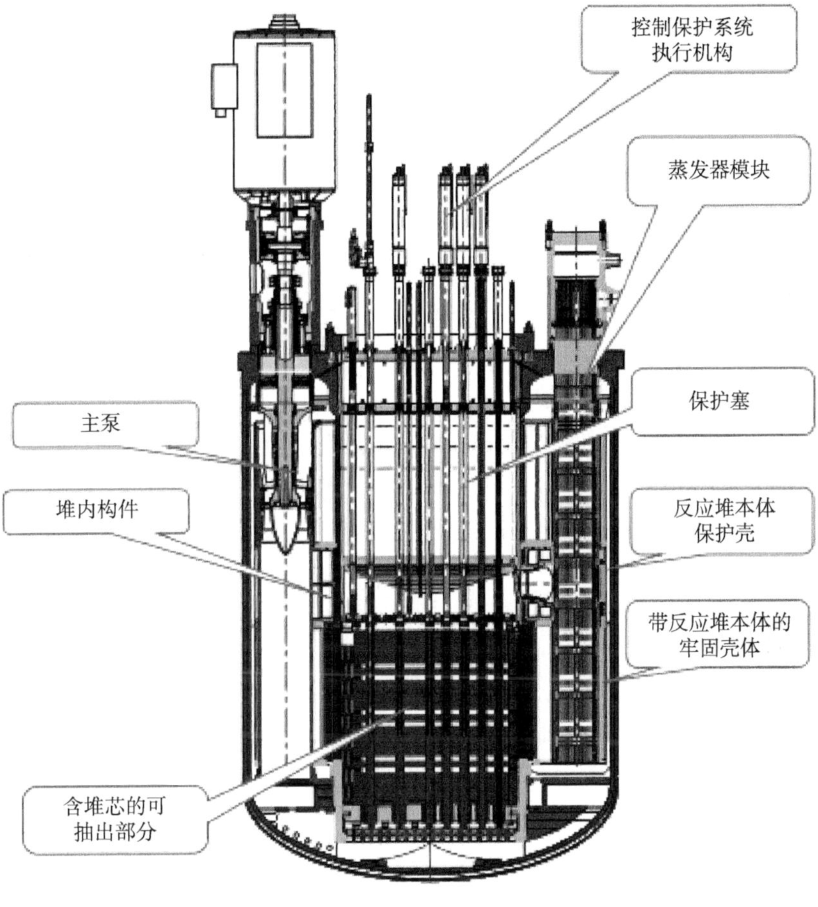

图 1.8　反应堆本体

一回路所有设备都布置在反应堆容器内。按设计方案，反应堆本体的构成包括：

1）牢固的反应堆容器；

2）含堆芯的可抽出模块；

3）控制保护系统执行机构组；

4）蒸汽发生器的 12 个蒸汽发生器模块；

5）2 台主泵；

6）堆内构件和堆内屏蔽；

7）屏蔽端塞；

8）铅铋冷却剂工艺系统设备；

9）反应堆本体蒸汽加热系统设备；

10）反应堆容器的安全壳；

11）监测、控制和诊断系统设备。

SVBR-100反应堆装置的安全设计和其他设计改进理念是基于以下几个原则：

1）所选择的堆型、一回路冷却剂类型和结构方案能在最大程度上利用其良好的固有安全性。

2）大幅缩减和简化安全系统，正常运行系统也能发挥安全系统功能的设计，提高了反应堆装置的可靠性和安全性。

3）由于快堆具有无中毒效应，温度反应性系数为较小负数，燃料燃烧（产钚）补偿等特点，因此在役反应堆的反应性裕量小于缓发中子的份额，不会出现瞬发中子功率突增的情况。

4）反应堆在额定功率水平运行一段时间后（约四个月），若发生由未经授权引入正反应性所造成的安全棒所有驱动机构失效的假想事故，则将通过自动控制系统预设的补偿棒落棒逻辑，保证操作员能将反应性裕量控制在远低于β_{eff}的水平，从而避免出现瞬发中子功率突增的情况。此时，其他补偿棒未接入控制系统。

5）任意一根控制棒的价值均小于β_{eff}，而依次抽出的吸收棒移动速度有限，因此即使通过反馈引入正反应性，也不会导致堆芯温度大幅度升高。

6）装料时整个反应堆的反应性空泡系数为负数，堆芯的局部反应性空泡系数虽为正数，但小于β_{eff}，又由于冷却剂沸点较高，不会出现大量气体或蒸汽气泡，因此不会出现反应性空泡系数为正数的情况。

需要指出的是，当堆芯冷却剂体积比和质量比都较小（25%～30%），且燃料棒之间的格架较密时，计算结果显示，即使主泵停运、蒸汽发生器管道间系统发生回路间泄漏，即使擅自引入正反应性价值，SVBR反应堆装置的安全指标也丝毫不差。当擅自引入正反应性价值时，借助小功率反应堆所特有的较强负反馈效应、堆芯入口冷却剂温度较短的延迟时间（需加宽下部格架）以及反应堆本体较强的蓄热能力，便可加以补偿。

正如SVBR反应堆装置的设计评估表明，即使燃料棒包壳破损、反应堆顶部钢筋混凝土楼板破裂、一回路气体系统泄漏、反应堆容器内铅铋低熔合金的自由表面与大气直接接触、核电厂全厂断电等一系列假想初始事件叠加发生时，也不会发生反应堆功率突增的情况，更不会发生爆炸和火灾，大气环境中的放射性物质含量也不会达到需要疏散附近居民的限值，安全性较高，堆芯严重损坏的概率也远远低于标准文件中规定的限值。

由于SVBR反应堆装置的技术和经济指标较高，反应堆本体易于铁路运输，且固有安全性较优越，因此可用于以下多用途的应用[3]：

1）在配有大型、中型和小型电网的地区建造核热电厂的模块式核电厂部分（各种功率水平）。

2）在基础设施（淡化设施等）不发达的偏远地区建造独立核能源时，SVBR可移动式反应堆装置可以实现完全工厂制造的模式，通过水路运输至施工现场。

3）对寿期已满的轻水堆核电厂机组进行改造，并在蒸汽发生器和主泵工艺间已腾空的情况下，布置 SVBR 反应堆装置。

4）将 SVBR 反应堆装置出租给国外用户，实现出口，用于发电、供热和淡水生产。根据裂变材料不扩散的要求，铀的富集度应小于 20%，若使用国无法实现燃料装料，需要将该可运输机组每 7～10 a 一次运输至供货国进行燃料装料，期间通过封存反应堆容器的新燃料和堆芯保证反应堆装置的核与辐射安全。

SVBR 反应堆装置的主要设计原则有：

1）SVBR 反应堆装置是电功率达 100 MW 的通用型反应堆装置，根据蒸汽参数，可实现多功能的用途，包括模块式核电厂或独立能源。

2）快中子反应堆一回路内采用化学惰性较强的铅铋低熔合金冷却剂，铅铋冷却剂的沸点是 1 670 ℃，熔点是 123.5 ℃。

3）反应堆采用一体式布置方案，堆芯、一回路设备和蒸汽发生器都布置在同一个牢固的反应堆容器内，完全不设铅铋冷却剂管道和阀门。

4）反应堆本体（外设安全壳）布置在非能动排热系统罐内，非能动排热系统罐内充水，起中子屏蔽的作用。

5）反应堆采用 2 个释热回路的设计，蒸汽发生器二回路侧采用多次自然循环的设计。

6）反应堆本体释热回路内的冷却剂采用充分的自然循环，以冷却反应堆，避免了堆芯过热的危险情况。

7）专设安全系统的数量大幅减少，正常运行系统也能起到保证安全的作用。

8）反应堆本体和反应堆装置的主要构件采用单独模块的设计，同时保证后续的更换和检修。

9）^{235}U 的最高富集度低于 20%。

10）在堆芯寿期结束后，能同时逐盒取出乏燃料，并一次性装入新燃料组件。

11）能使用不同类型的燃料，包括 UO_2、MOX 燃料（含武器或反应堆民用 Pu）、TRUOX 燃料（含次锕系元素的混合氧化物燃料）和氮化物燃料等，同时反应堆结构保持不变，并且必须满足安全的一系列要求。由于反应堆本体的质量和尺寸指标较小，因此完全可以在设备制造厂进行制造，制造完毕后通过水路、陆路或铁路运输直接运到核电厂（或从核电厂运离）。

1.2.2.2　CLEAR-Ⅰ反应堆装置

中国 CLEAR-Ⅰ铅铋低熔合金冷却反应堆装置的设计按以下两个阶段开展：第一阶段，建造 CLEAR-Ⅰ的反应堆，由次临界加速嬗变装置（ADS）控制；第二阶段，建造快中子临界反应堆。CLEAR-Ⅰ反应堆装置的原理图见文献[5]，该装置的工作阶段如图 1.9、图 1.10 和表 1.2 所示，其排热系统和堆芯主要参数（第二阶段工作）如图 1.11、图 1.12 和表 1.3 所示。

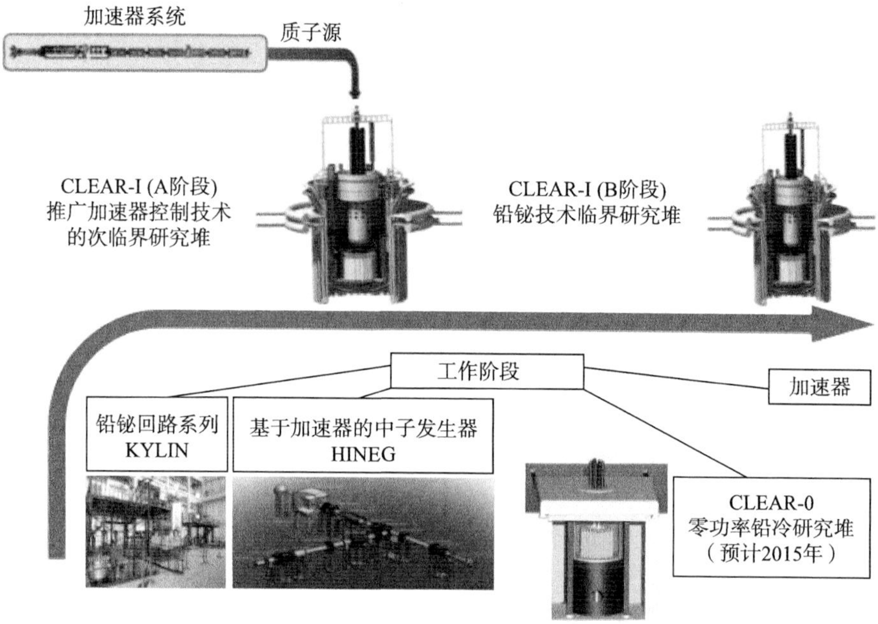

图 1.9　CLEAR-Ⅰ反应堆装置设计方案

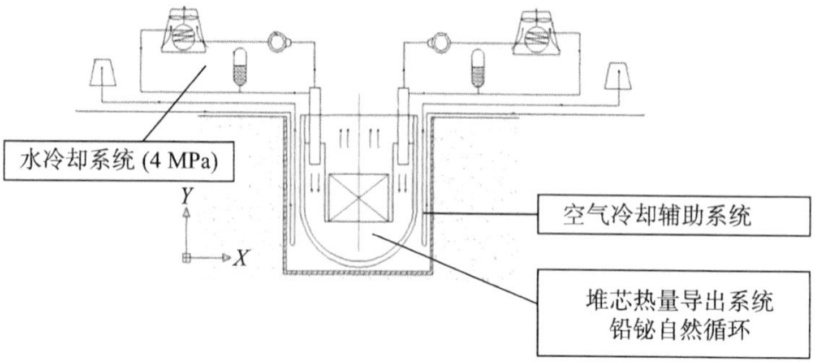

图 1.10　CLEAR-Ⅰ反应堆装置的热量导出系统

表 1.2　CLEAR-Ⅰ反应堆装置堆芯的主冷却系统参数

参数	取值
冷却剂	铅铋
入口/出口温度/℃	260/390
冷却剂质量流量/（kg/s）	529.5
冷却剂循环方式	自然循环
主要热交换器类型	壳管式
主要热交换器数量/台	4

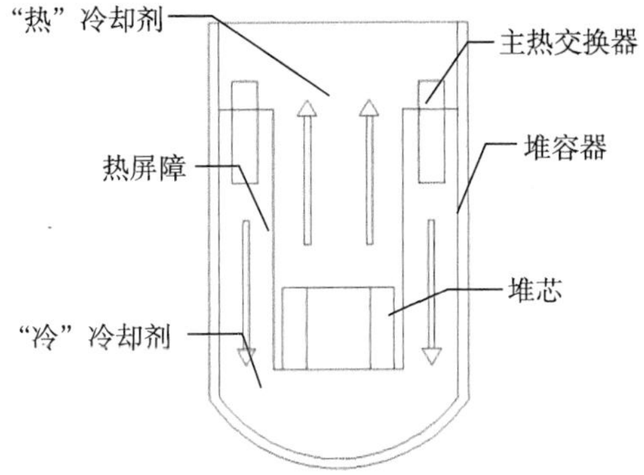

图 1.11　CLEAR-Ⅰ反应堆装置的热量导出流程图

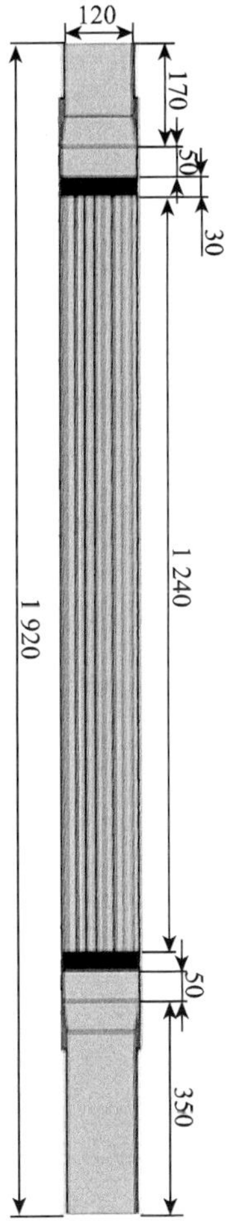

(a) 六角管燃料组件剖面图

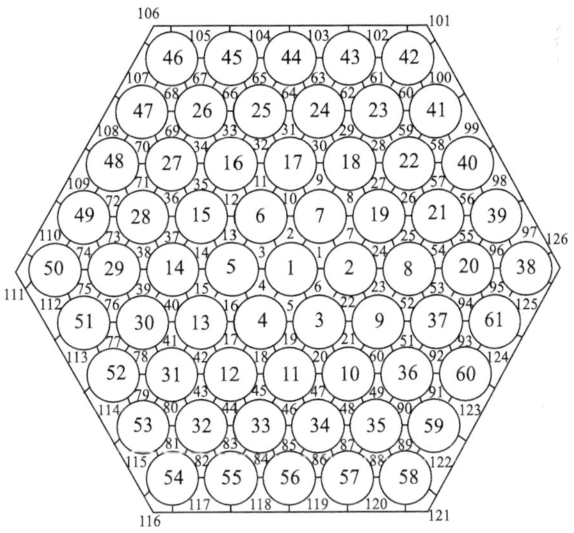

(b) 燃料棒布置在三角栅格中

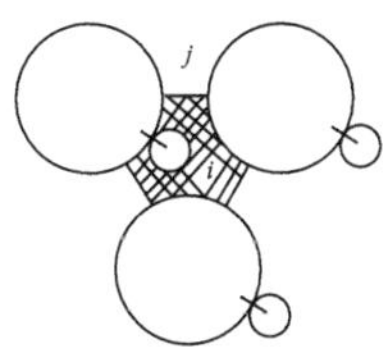

(c) 定位绕丝布置在三角栅格内

图 1.12　CLEAR-Ⅰ反应堆装置的燃料组件示意图

表 1.3　CLEAR-Ⅰ反应堆装置堆芯的主要参数

参数	取值
燃料棒直径/mm	15
步距/mm	16.74
燃料棒直径/mm	12.7
高径比（H/D）	1.116
燃料棒中活性段长度/mm	800
入口质量流量/（kg/s）	529.5
入口温度/℃	260
满功率/MW	10
燃料棒功率	根据中子计算结果

1.2.3　设备一体化布置的铅冷却剂反应堆装置回路

铅冷却剂重原子核裂变堆在 1.0 MPa 压力下沸点较高，约为 2 300 ℃。当冷却剂与水、空气接触时，由于其化学惰性较强，因此放射性较小。由于铅冷却剂的慢化截面较小，中子吸收能力较弱，因此堆芯内冷却剂的体积比仅为 60%，能降低堆芯内冷却剂的加热温度，减小冷却剂流速，削减冷却剂的唧送成本，并保证较好的自然循环。铅冷却剂回路中^{210}Po 杂质的活度仅为铅铋低熔合金冷却剂中^{210}Po 杂质活度的两万分之一，铅的成本比铋的成本少一个数量级。目前，已勘探的铅储量和产量都明显高于铋。

1.2.3.1　BREST 铅冷却剂快中子反应堆装置

在俄罗斯铅冷却剂反应堆的研发过程中，反应堆的类型、结构、回路内冷却剂的循环流程以及其他技术方案都历经了根本性的变革，从石墨慢化剂反应堆过渡到了快中子反应堆。300 MW 电功率铅冷却剂反应堆装置的过程设计方案如图 1.13 和图 1.14 所示，与前期设计方案不同，最终设计方案采用了未曾用过的特殊反应堆回路冷却剂循环流程，如图 1.15 所示。由 4 台主泵给压，罐内 420 ℃温度的铅冷却剂液位上升至回路自由液位顶部标高，然后依次流入环形腔、环形下降间隙以及反应堆压力腔。穿过堆芯后，540 ℃温度的铅冷却剂液位上升至反应堆出口腔以上的自由液位，而后沿沟槽流入蒸汽发生器的入口腔，入口腔的冷却剂处于自由液位状态。传热给汽水回路的工质后，液态金属向下流动，通过蒸汽发生器的管道系统流入主泵的入口腔。这一循环流程的特点在于蒸汽发生器入口和出口的冷却剂都处于自由液位状态。当蒸汽发生器发生回路间泄漏的事故工况时，水和蒸汽的工质不会进入反应堆堆芯。该循环流程的不足之处可能在于循环回路中自由液位会不够稳定。在 BREST-OD-300 铅冷却剂快中子反应堆装置示范机组的设计过程中，后期几个设计方案的不足之处在于结构较为复杂，制造工艺较差。

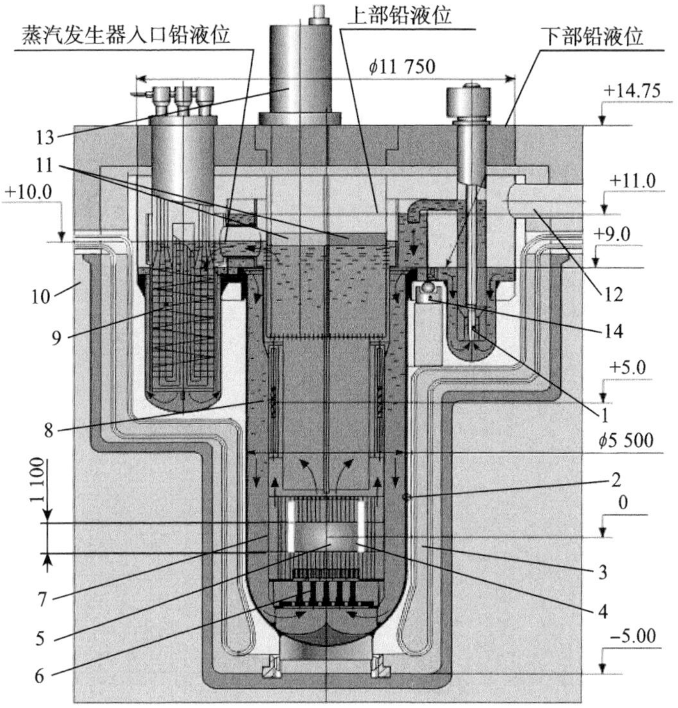

图 1.13　BREST-300 反应堆装置的反应堆回路纵剖面结构图

1—主泵；2—反应堆容器；3—保温层；4—控制保护系统；5—堆芯；6—支柱；7—分隔围筒；8—燃料组件储存阱；9—蒸汽发生器；10—混凝土堆坑；11—旋塞；12—蒸汽混合物事故排放；13—转运机；14—支架

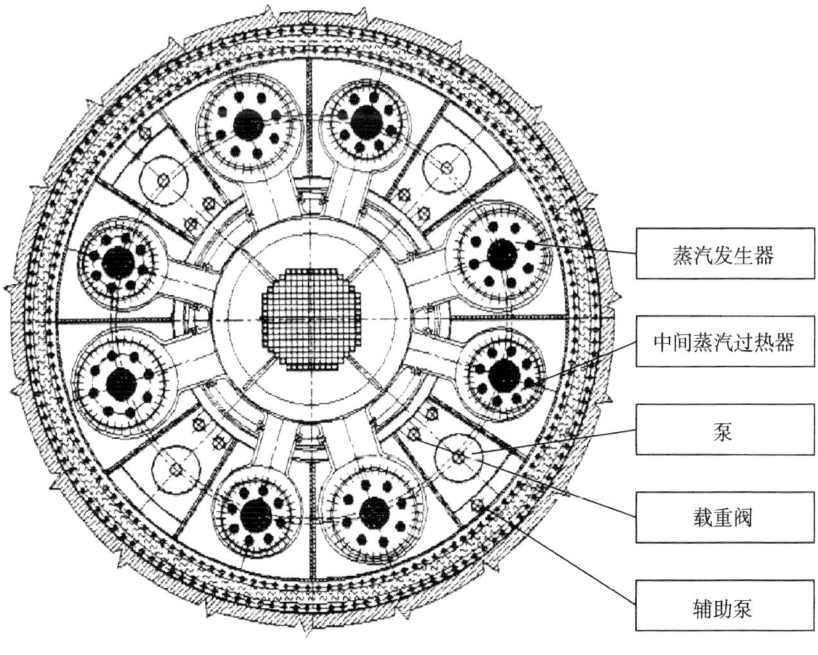

图 1.14　BREST-300 反应堆装置的反应堆回路横截面结构图（过程设计方案）

BREST 反应堆装置铅冷却剂回路不设管道和阀门，这提高了反应堆装置的可靠性。

与后续几个设计方案不同，反应堆结构布置在金属安全壳内，反应堆容器固定在安全壳底部的支架上，如图 1.13 和图 1.14 所示，反应堆回路有 8 个蒸汽发生器单元，回路设辅助泵等其他设备。

在 BREST-OD-300 反应堆装置的后期几个设计方案中，主要循环回路采用带罐子的池式布置方案，反应堆和 4 条蒸汽发生器-主泵环路布置在单独的钢筋混凝土壳体内，壳体内的冷却剂处于同一自由液位状态，如图 1.15 所示。

在 BREST-OD-300 反应堆装置的后期几个设计方案中，采用了 2 个蒸汽生成回路，如图 1.14 所示。

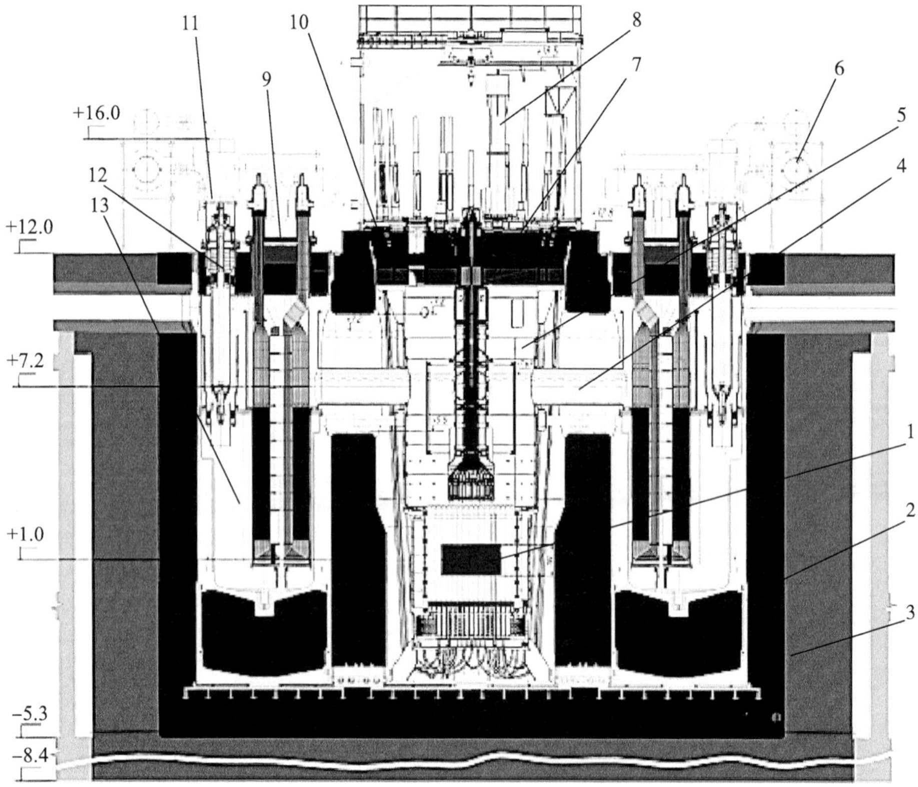

图 1.15　BREST-OD-300 反应堆装置纵剖面图

1—堆芯；2—反应堆容器；3—堆坑；4—总管；5—堆芯吊篮；6—冷却系统；7—测量仪表柱；8—堆内换料机；9—蒸汽发生器；10—上部楼板；11—主泵；12—蒸汽发生器-主泵环路单元；13—过滤器

其中包括反应堆，4 台蒸汽发生器，4 台主泵，楼板，堆坑，换料机，冷却剂制备、接受和填充系统，加热系统，压力补偿系统，放射性气体净化系统，冷却剂杂质成分监测和调节系统，堆坑空冷系统，事故和正常冷却系统以及蒸汽发生器回路间泄漏事故隔离系统。

基于 BREST-OD-300 反应堆装置的设计原则，设计人员完成了更高电功率（1 200 MW）的 BREST-OD-1200 反应堆装置概念设计。2 种反应堆装置主要技术参数如表 1.4 所示。

表 1.4　BREST-OD-300 和 BREST-OD-1200 反应堆装置主要技术参数[4]

参数	BREST-OD-300	BREST-OD-1200
热功率/MW	700	2 800
电功率/MW	300	1 200
堆芯燃料组件数量/盒	185	332
堆芯直径/mm	2 300	4 755
堆芯高度/mm	1 100	1 100
燃料棒直径/mm	9.1，9.6，10.4	9.1，9.6，10.4
燃料棒步距/mm	13.6	13.6
堆芯燃料	UN+PuN	UN+PuN
(U+Pu) N 燃料装料量/t	16	63.9
Pu/ (^{239}Pu+^{241}Pu) 装料量/t	2.1/1.5	8.56/6.06
燃料寿期/a	5	5～6
换料间隔时间/a	1	1
活性区增值系数	≈1	≈1
功率效应/ (%DK/K)	0.16	0.15
全效应/ (%DK/K)	0.35	0.31
缓发中子份额 (β_{eff})	0.36	0.34
铅的入口/出口温度/℃	450/540	450/540
燃料棒包壳最高温度/℃	650	650
铅的最大流速/ (m/s)	1.8	1.7
蒸汽发生器出口蒸汽温度/℃	340/520	340/520
蒸汽发生器出口压力/MPa	16.0	16.0
铅的流量/ (t/s)	40	158.4
蒸汽发生器的蒸汽产量/ (t/s)	0.43	1.72
机组净效率/%	43	43
设计寿期/a	30	60

注：设计参数在后续设计阶段可根据需要进行调整。

1.2.3.2　未来的欧洲裂变快中子反应堆装置

文献[6]中简要介绍了欧洲铅冷却剂快中子反应堆装置的发展阶段，如图 1.15 和图 1.16 所示。ALFRED 反应堆装置的原理图方案和冷却系统及参数设置如表 1.5 和图 1.17 所示。其主要技术方案与 BREST 反应堆装置所采用的技术方案类似，但主要设备的结构有很大不同。

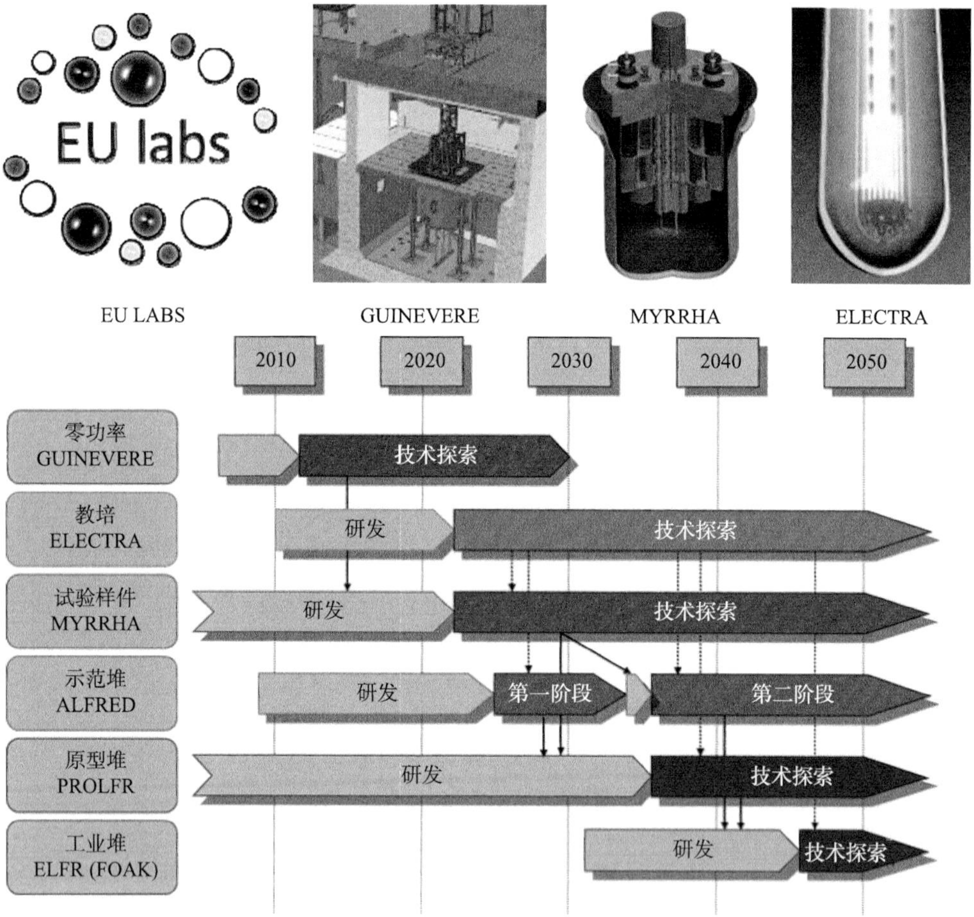

图 1.16　欧洲铅冷却剂快堆的建造计划

表 1.5　ALFRED 反应堆装置冷却系统的参数设置

参数	取值
输出电功率/MW	125
效率/%	41
质量流量/（kg/s）	192.7
出口蒸汽压力/MPa	18.2
入口蒸汽压力/MPa	18.8
出口蒸汽温度/℃	450

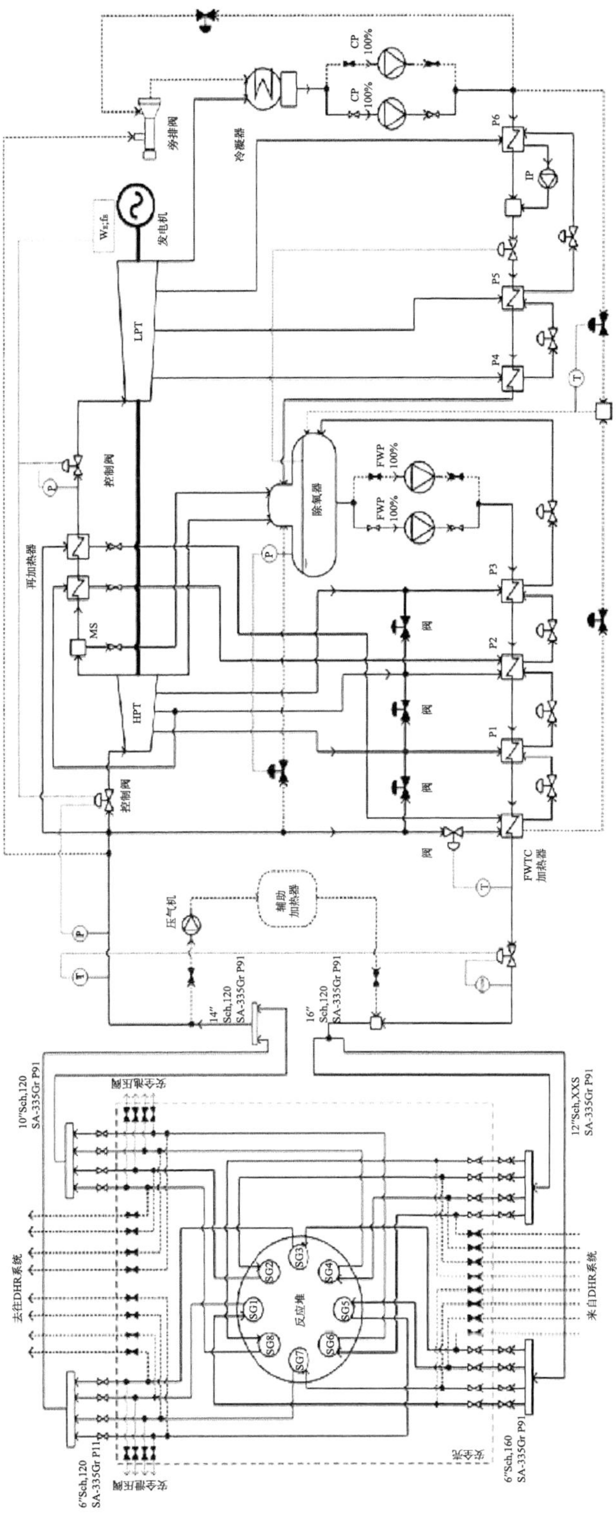

图1.17　ALFRED反应堆装置的二次系统
（能量转换系统采用双缸汽轮机、3次取样的低高压预热器及轴向输出的过热蒸汽循环）

为开展铅冷却剂快堆技术的研发，必须对此类反应堆的技术进行充分研究：

1）所有现存和在设计中的欧洲铅冷却剂研究实验室的工作重心都集中在热工流体研究和耐腐蚀试验；

2）Guinevere 零功率装置已在比利时莫尔市运行；

3）MYRRHA 辐照试验装置已在比利时莫尔市建成，并开始运行；

4）ELECTRA 欧洲教学装置，由瑞典设计。

1.2.4 卧式蒸汽发生器的反应堆装置

相较于水冷却剂的反应堆装置（压水堆和壳式沸水堆），液态重金属冷却剂（Pb、Pb-Bi、Na、K 等）反应堆装置的绝对优势在于能更充分地利用原料资源，反应堆装置所产生的蒸汽参数更高，效率也更高。液态重金属冷却剂反应堆装置的回路压力约为 1 标准大气压，而水冷却剂反应堆装置的回路压力达到 6～16 MPa（60～160 kgf/cm^2），甚至更多。钠冷却剂反应堆装置有 3 个回路，而液态重金属冷却剂反应堆装置只有 2 个回路。

当液态重金属冷却剂反应堆装置发生蒸汽发生器回路间泄漏的最危险事故工况时，压力达 6～16 MPa 及以上的水和蒸汽工质进入反应堆回路，蒸汽发生器的压力将为 0.01 MPa（0.1 kgf/cm^2）到 0.6～0.7 MPa（7 kgf/cm^2）不等，该压力值取决于蒸汽发生器内的液态重金属冷却剂高度和主泵压力。反应堆装置的结构设计应该避免水流入堆芯，从而导致反应堆回路无法承受此时水和蒸汽工质的压力，进而造成快中子反应堆的功率突增以及反应堆回路的超压和泄漏。

与核潜艇的液态重金属冷却剂反应堆回路不同，出于经济性因素考虑，液态重金属冷却剂快中子反应堆回路的压力不能等于或者超过蒸汽发生器的工质压力。在蒸汽发生器发生回路间泄漏的事故工况下，首先就必须采用一系列不允许反应堆回路压力急剧升高的技术方案。毫无疑问，采用上述技术方案既取决于反应堆装置的设计以及上述事故工况下进入液态重金属冷却剂回路的水和蒸汽的最大流量，还取决于蒸汽发生器管道系统的泄漏面积。设计方在设计时可能会采用爆炸（破裂）的假设，即工质从蒸汽发生器一根传热管的两个横截面流出。设计中可能还会采用最小流动面积破裂以及蒸汽发生器几根传热管或一个单元破裂（从设计上是可能的）的假设，后者的出现可能是由循环热疲劳应力导致。当发生反应堆回路内水和蒸汽流量达到最大合理值的事故时，只有设计方案考虑了事故隔离的反应堆装置才具有最佳的安全性，此时回路不会发生超压，且进入堆芯的水和蒸汽流量不会引发反应堆功率突增。

在设计中考虑液态重金属冷却剂反应堆装置的蒸汽发生器发生回路间泄漏事故的同时，实验研究和理论计算研究都表明，都采用卧式蒸汽发生器[7-9]的结构方案，如图 1.18 所示。堆芯（1）、蒸汽过热器（8）、蒸汽发生器（9）和主泵（4）都位于自由冷却剂液位（7）之下。

蒸汽发生器的管道系统采用水平布置，旨在降低蒸汽发生器管道系统传热管上部的液态重金属冷却剂层高度，并在管道系统部件发生较严重事故破裂时，在破裂点和自由冷却剂液位（7）的上部空间之间，形成致密的蒸汽（汽水）通道。蒸汽过热器（8）和蒸汽发生器（9）的管道系统呈扁平的盘管状水平管道，管道尾部插入蒸汽过热器和蒸汽发生器

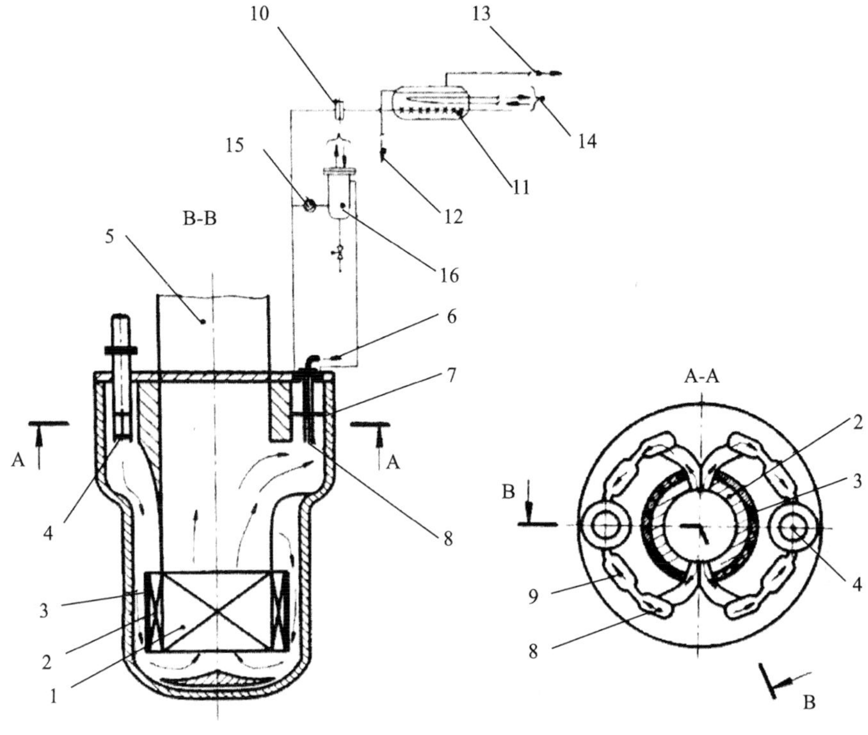

(a) 侧视图　　(b) 俯视图

图 1.18　液态重金属冷却剂反应堆装置结构图（卧式蒸汽发生器）

1—堆芯；2—中子反射层；3—生物屏蔽；4—主泵；5—控制保护系统支柱；6—进入汽轮机的过热蒸汽管道；7—自由液态重金属冷却剂液位；8—蒸汽发生器的蒸汽过热器；9—蒸汽发生器的蒸发器；10—爆破膜；11—旁排罐；12—专用水净化系统的冷凝液；13—气体净化系统的气体；14—冷却水；15—鼓风机；16—事故蒸汽冷凝器

单元的管板内，蒸汽过热器和蒸汽发生器单元的顶盖可拆卸，必要时可用于事故管道泄漏时节流件和堵塞的安装。为更好地混合管道系统内的冷却剂，避免其发生层结现象，需要装入梳状管或其他设备，梳状管上的齿布置在卧式蒸汽发生器的管子间。蒸汽发生器单元内自由冷却剂液位（7）上部的气体空间大于或等于蒸汽发生器单元内的冷却剂空间，该气体空间通过爆破膜（10）与旁排罐相连，旁排罐内的气体空间通过气体净化系统与大气相连。旁排罐内的水空间由工业水冷却，并通过溢流管线（12）与排放罐或接收和净化冷凝液（蒸汽发生器回路间泄漏事故期间进入的冷凝液）的其他空间相连。

蒸汽发生器每个单元的气体空间都通过管道与事故蒸汽冷凝器和鼓风机（15）相连。

为缩短液态重金属冷却剂反应堆回路的循环管线长度，减小反应堆回路内冷却剂的空间，并降低反应堆回路的质量和尺寸特性，在堆芯（1）上部设环形通道，环形通道内径大于堆芯（1）的外径。卧式蒸汽发生器的蒸汽过热器（8）和蒸汽发生器（9）单元布置在环形通道的区段上。

蒸汽过热器（8）的入口段与堆芯（1）上方的冷却剂空间相连，蒸汽发生器（9）的出口段与轴流主泵（4）的入口腔相连，主泵的压力腔通过下降通道与反应堆堆芯（1）相连。

反应堆回路采用上述方案，能减少流体阻力，增加回路内自然循环的利用率，在蒸汽发生器管道系统部件发生事故破裂时，能提高反应堆装置的安全性。

在蒸汽发生器发生回路间泄漏的危险事故工况时，核动力装置的运行如下所述。根据回路间泄漏的面积以及进入液态重金属冷却剂回路中水和蒸汽的流量，可以划分出当前事故工况下反应堆装置的两种运行状态。

如果是较小流量，水和蒸汽以气泡或喷射的方式进入反应堆回路，冷凝器（16）中冷凝液的液位开始出现并慢慢升高，气体系统的压力略微上升，管道系统泄漏区和反应堆回路的自由冷却剂液位也升高，此时投入鼓风机，蒸汽在事故冷凝器（16）中得以冷凝。然后根据上部液位计给出的信号，打开排放阀，将其中的冷凝液排至污水罐，又根据下部液位计给出的信号，关闭排放阀。如果发生上述事故工况，首先需要对反应堆装置进行冷却，然后排查几根（或一根）传热管或传热管插入管板的地方，找出并堵住发生泄漏的地方。反应堆装置如果长时间在上述事故工况下运行，含氧气杂质的水和蒸汽就会氧化回路内的液态重金属冷却剂。进入冷却剂空间的部分水分子由于发生化学反应以及受电离辐射的作用发生分解，产生氧气和氢气。氧气能瞬间与液态重金属冷却剂发生化学反应，氧化熔融状的冷却剂或者饱和状态下产生固体弥散氧化物。由于受重力和其他效应的影响，在除去回路冷却剂中的小部分氧气并还原冷却剂自由表面的氧化渣块后，水分子所生成的氢气便排入气体系统。

如果是较大流量，水和蒸汽通过蒸汽发生器单元的一根、几根或所有传热管的事故泄漏点或破口喷射出，由于大量水和蒸汽进入保护气体系统，且蒸汽发生器事故单元中自由液态重金属冷却剂液位上升，气体系统的压力急剧升高。

由于蒸汽发生器单元冷却剂液位下方水平管道的埋深略微增多，约为 1 000 mm 或以下，通过液态重金属冷却剂层的轻相旁排系统达到临界值，但不会出现其他布置方案反应堆装置所特有的动态冲击效应。在工质流动并流入液态重金属冷却剂空间的地方以及卧式蒸汽发生器内液态重金属冷却剂的扩展自由表面之间，形成蒸汽（汽水）通道，通道壁上的弥散液态重金属冷却剂可能随蒸汽一同进入自由冷却剂液位之上的蒸汽空间。蒸汽发生器管道系统扁平盘管间的液态重金属冷却剂流梳状排管或其他设备会缩小旁排区域，并加速实现蒸汽发生器单元内液态重金属冷却剂的旁排临界值过程。与蒸汽发生器其他单元一样，事故单元的冷却剂液位也会上升一个蒸汽通道体积的值。

在发生回路间泄漏的时刻，自管道系统部件发生最严重破裂直至爆破膜（10）破裂，采用上述布置方案的反应堆回路都不会出现超压和水力冲击，而采用其他布置方案的反应堆回路则会出现超压和水力冲击。反应堆回路的压力慢慢增大，直至爆破膜（10）的破裂压力，并在事故的水平传热管上方形成较小的静压，约为 0.2 MPa（约 1 kgf/cm^2，atm）。爆破膜破裂后，受卧式蒸汽发生器气体空间内蒸汽气体混合物的流体阻力影响，回路压力上升，升到和旁排罐（与大气相连）一样的压力值。在明确卧式蒸汽发生器的泄漏点后，切断事故传热管的水和蒸汽侧，并堵住事故传热管。

在上述事故工况下，蒸汽发生器事故单元的压力上升，阻止冷却剂进入事故单元，进而造成液态重金属冷却剂无法在事故单元形成循环，事故单元内冷却剂无法部分排出。

反应堆装置采用卧式蒸汽发生器的布置方案，能达到以下目的：

1）当蒸汽发生器发生较大回路间泄漏的危险事故工况以及反应堆回路内工质达到任

意流量值时，避免水进入快中子反应堆堆芯，避免反应堆发生功率突增；

2）当蒸汽发生器发生回路间泄漏的事故工况以及反应堆回路内工质达到任意流量值时，避免回路发生超压和液压冲击；

3）通过集中回路上部段的蒸汽发生器排热区，尽可能缩短反应堆回路长度，去除回路内增加流体阻力、形成自然循环浮力的其他上升下降段的一系列措施，增加自然循环的浮力和流量；

4）保证能简单便捷地找出并堵住蒸汽发生器的事故传热管；

5）保证反应堆装置的紧凑布置，并尽可能地减小其质量和尺寸指标。

1.3　ADS 次临界反应堆装置靶回路

ADS 次临界反应堆装置同样也采用了 FR 快中子反应堆的散裂反应效应，该装置运行的物理原理是 0.5 GeV 及以上高能带电粒子束（质子等）与原子量较大的靶核发生散裂反应（PiNn*），如图 1.19 所示[10]。

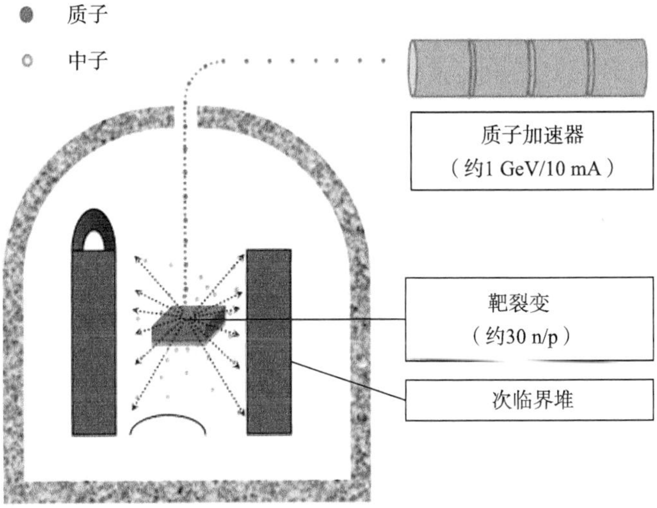

图 1.19　ADS 次临界反应堆装置靶回路[10]

一次散裂反应会产生 10 个及以上的高能中子，高能中子可用于不同用途。散裂反应所产生的中子数量受加速器粒子流能量的影响不大，当加速器粒子能量达到 1.0～1.5 GeV时，中子数量达到最大值[11]。重原子核与电子、质子、氘离子和氚离子等加速器粒子流相互作用时，都会发生散裂反应。重原子核与氘离子和氚离子作用时，高能质子的增殖效率较高，而重原子核与电子和质子作用时，高能质子的增殖效率较低[11]，但需要将加速器结构和后续运行变得特别复杂，且成本高昂。重原子核与加速质子作用时，高能质子的增殖效率较高，重原子核与电子作用时，高能质子的增殖效率较低。

重原子核与加速离子的相互作用效应可用于解决以下几个主要任务或一系列任务：

1）制得传统重原子核裂变堆的核燃料、不裂变中子同位素中的易裂变中子同位素以及锂基热核堆的原料氚；

2）将传统反应堆乏燃料中产生的长寿期放射性同位素（具有生物危害，其中包括次锕系元素和铀后元素等）以及铀矿、钍矿开采加工期间产生的放射性同位素转变为半衰期较短的同位素或稳定同位素；

3）相较于传统的重原子核裂变堆，利用次临界堆芯（$K_{eff}<1$）惯性约束区内铀和钚同位素等重原子核的裂变反应能更安全地提供能源；

4）材料的辐照考验，以发现新特性；

5）生产医用、工业用和科研用途的额定参数的放射性同位素。

如图 1.20 所示，ADS 次临界反应堆装置的主要部件包括：

1）产生高能粒子束（质子等）的加速器，粒子流可调；

2）靶回路；

3）惯性约束区，出于动力堆燃料生产和能源供应等各种目的，惯性约束区内使用高能中子流。

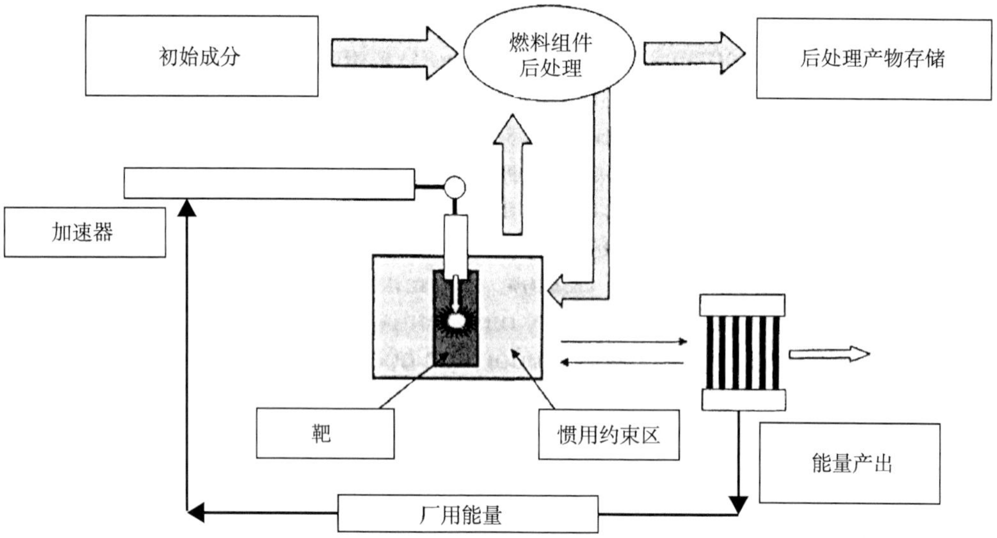

图 1.20　次临界反应堆装置（ADS）的运行原理图

加速器的加速粒子进入液态金属或固体靶的工作间，靶的材料是钨或较大原子量的其他难熔金属，加速粒子和重原子核在工作间内发生作用，产生高能中子，之后高能中子进入与靶相连的惯性约束区，通过中子管道连接。在惯性约束区内，由于高能中子和重同位素原子核、锂原子核等发生反应，形成了正反应效应，决定了整个系统的质量。最理想的情况是惯性约束区内，除发生其他可能的过程外，还能产生能源，能源转换后，能保证粒子加速器的运行以及系统的其他用电。

该动力装置可以主要考虑使用液态金属靶。液态金属靶的工质通常使用铅铋低熔合金，其主要原因，首先是因为铅铋低熔合金的技术已经较为成熟，其次铅铋低熔合金的熔点较低，达到125 ℃，另外它还具有其他比较优越的特性。对于裂变堆而言，铅铋低熔合金的缺点在于铋产生具有 α 放射性的钋，而在靶回路中，受加速粒子和重原子核作用，会产生许多放射性同位素，其生物危害性更强。研究考虑了将快中子裂变堆广泛应用的铅，铋以及医用镓用作靶回路的冷却剂。相较于铅铋低熔合金，镓的不足之处在于质量数较小，成本非常高昂。由于回路内传统钢材的最高运行温度在 250～350 ℃范围之内，镓的腐蚀性太强，因此不太适用于本回路。作为靶回路的冷却剂，镓的优势之处在于熔点很低，约为 30 ℃，无须设置靶回路设备和管道的专用加热系统，或者能大幅简化加热系统的设计。

如图 1.21 所示，ADS 次临界反应堆装置的靶回路包括以下几个主要部件：

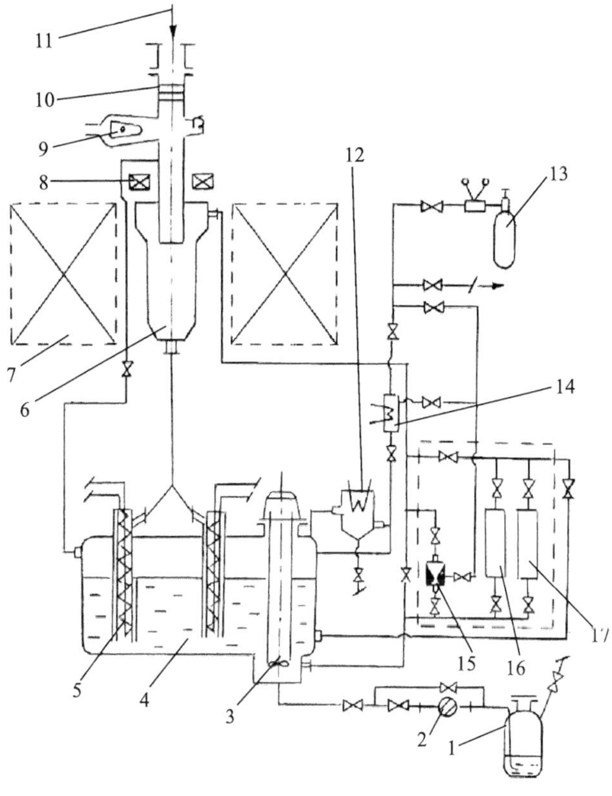

图 1.21　ADS 次临界反应堆装置主设备的回路原理图

1—排放罐；2—过滤器；3—主泵；4—缓冲罐；5—蒸汽发生器单元；6—液态金属靶；7—惯性约束区；8—激磁线圈；9—闸阀；10—堵塞；11—加速器的离子导管；12—蒸汽冷凝器；13—氦气罐；14—气体母管；15—喷射器；16—冷阱；17—蒸馏器

1）液态金属靶，含加速器加速粒子（质子）导管和惯性约束区所环绕的工作间。在惯性约束区内，工作间产生的快中子达到了正反应效应。液态金属靶可以直接布置在核反应堆的容器内。

2）热交换器（蒸汽发生器），用于导出靶回路内加速质子和重原子散裂反应产生的热量以及所生成不稳定同位素的衰变热。

3）保证靶内液态重金属冷却剂循环的靶回路主泵。

4）稳压器和液态金属裕量补偿罐（缓冲罐）。

5）液态重金属冷却剂主循环回路的管道和阀门。

6）液态重金属冷却剂杂质（加速质子和重原子核作用）净化系统以及液态重金属冷却剂蒸汽气体、溶质元素及其化合物（包括具有生物危害性的放射性核素和有毒化合物）净化系统的设备、管道和阀门。

7）保护气体系统的设备、管道和阀门，包括气体净化系统，包括气罐、蒸汽冷凝器、鼓风机等。

8）液态重金属冷却剂的制备、存储、充入和排出系统。

靶回路设有液态重金属冷却剂、回路管道设备及其他部件的加热和热态维持系统。

ADS次临界反应堆装置（电核装置）还包括粒子加速器（质子）及其维护系统，靶回路，供电系统，放射性设备冷却系统，工业水供给系统，信息收集、处理和传输系统，机械装置和设备的控制系统，装置参数调节系统，热能电能转换系统（利用朗肯循环等原理）等主要子系统。

靶回路的一个主要部件是液态金属靶，根据不同的功能用途、功率以及其他特性，具体的结构可以有所不同，如图1.22所示。

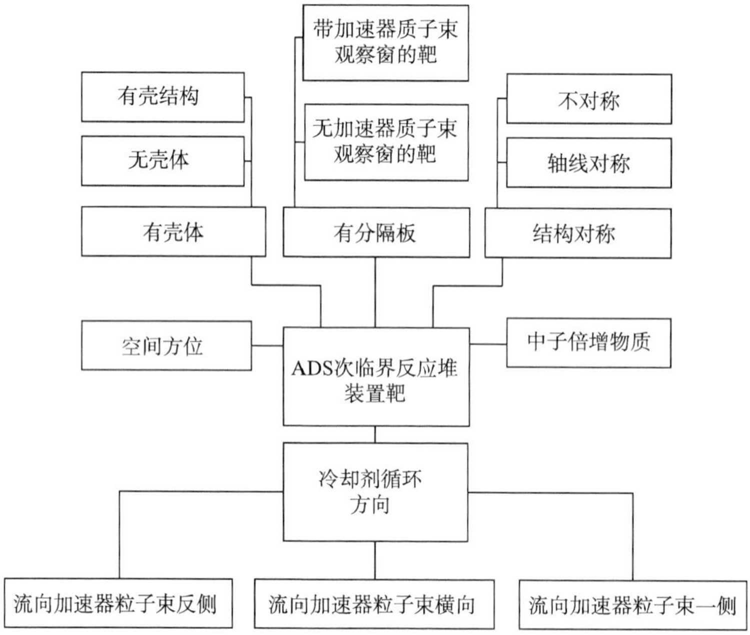

图1.22　ADS次临界反应堆装置靶结构分类

ADS次临界反应堆装置的主要技术问题和不足之处限制并阻碍了其进一步发展，具体为：

1）靶回路内液态重金属冷却剂具有潜在的生物危害，冷却剂含有核物理反应产物杂质、有毒物质及其化合物，都具有生物危害。就这一方面而言，靶回路和均质裂变反应堆类似，虽然后者具有非常明显的优势，但由于潜在的危险系数太高，并未得到更进一步的发展；

2）必须配置几十或几百兆瓦功率的粒子加速器，加速器的结构复杂，尺寸较大，成本较高，还需要供电；

3）加速器内腔必须保持≤10^{-4} Pa 的较大负压，这样靶回路中剩余压力的放射性气体、蒸汽和液态重金属冷却剂都可能进入加速器的真空内腔；

4）必须配置结构复杂的特殊惯性约束区（由其功能用途决定）。

在液态金属靶的工作间内发生散裂反应，排出大量热量。加速质子从加速器导管出来后进入靶的工作间，在铅铋低熔合金中的行驶轨迹不超过 400～500 mm。加速质子的行驶轨迹取决于粒子类型和液态重金属冷却剂的重原子核，而非加速器的功率大小、靶结构和运行工况特性。在液态重金属冷却剂靶（体积仅为几立方分米）长 400～500 mm 的工作间内，加速粒子和重原子核散裂反应所排出的热量接近或超过粒子加速器的功率（由其功能用途决定）。在靶的所有运行工况下，工作间结构、靶的整个流道以及工作间和靶的运行工况设计都应该完全避免或大幅度限制液态重金属冷却剂（沸点高达1 600～1 700 ℃）的局部沸腾以及靶的过热和破裂。

以上所列科技、经济、生态和安全等方面的问题决定了对 ADS 次临界反应堆装置研究无法取得后续进展，至少 21 世纪近几十年一直处于止步不前的状态。

液态金属靶可以布置在含单独惯性约束区的独立容器中，惯性约束区环绕靶。在 20 世纪 90 年代此类装置研发的最初阶段，通常采用如图 1.23 所示结构[11-12]。

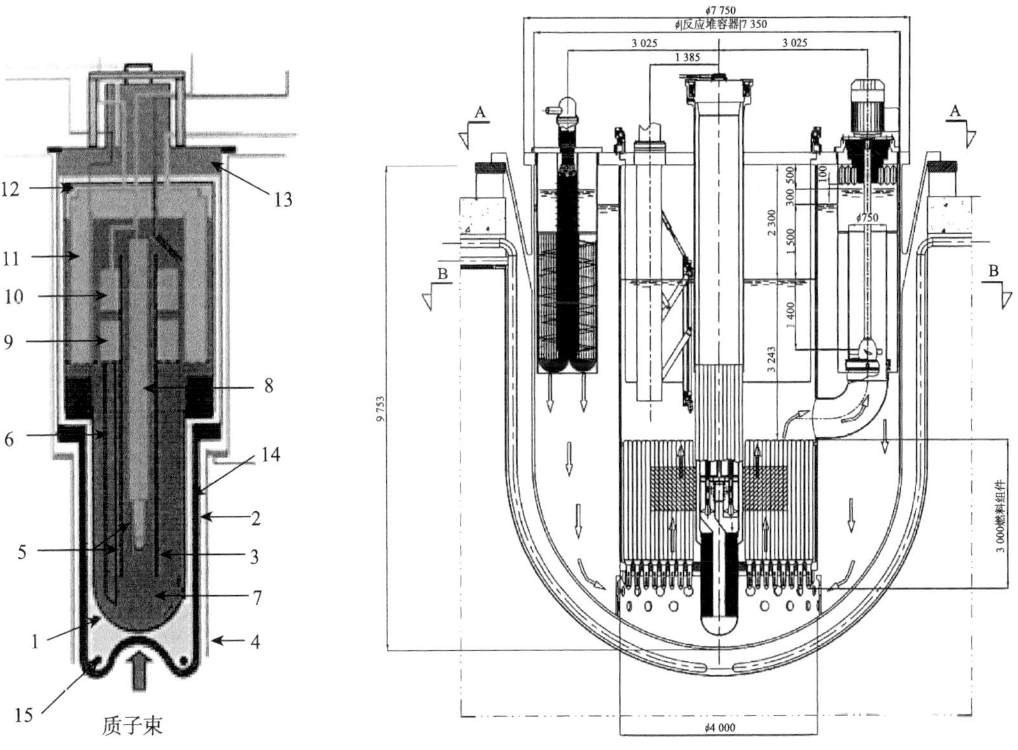

（a）裂变中子源[冷却剂（铅、铅铋）+靶]

（b）ADS次临界反应堆装置（EFIT, XT-ADS, MYRRHA）[冷却剂（铅、铅铋）+靶]

图 1.23　液态重金属冷却剂次临界核反应堆[12]

近年来，液态金属靶布置在液态重金属冷却剂次临界堆中央的设计方案获得了非常广泛的应用，如图 1.24 所示。文献[10]中所列中国 ADS 反应堆发展计划表明，铅铋低熔合金冷却剂反应堆装置已经引起中国政府的重视。

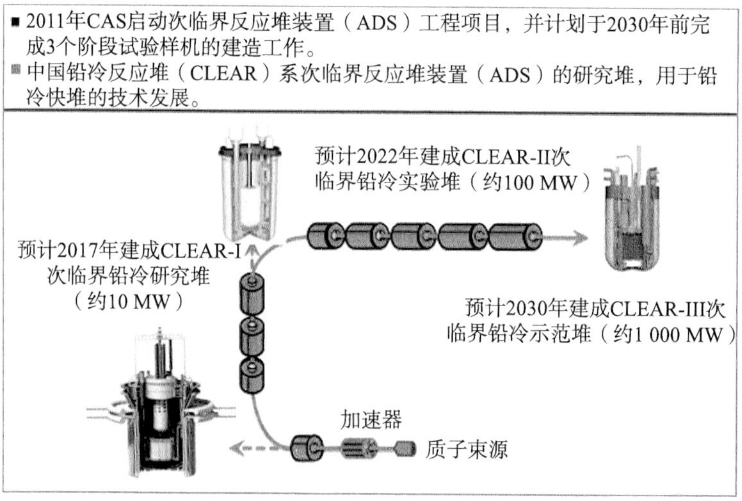

图 1.24　中国的 ADS 次临界反应堆装置反应堆发展阶段[10]

由于 ADS 配以次临界反应堆装置，因此不会出现功率突增，在核安全方面具有绝对优势，但却也存在致命缺陷，即反应堆回路冷却剂和设备中会产生^{210}Po 及其他放射性核素，无法满足辐射安全和化学安全要求，因此必须解决结构材料在铅铋冷却剂中的稳定性问题以及靶中大量杂质的净化问题。ADS 次临界反应堆装置的事故隔离和检修设计方案非常复杂，反应堆回路不设置主泵，主要通过自然循环实现堆内冷却，虽然能提高核动力装置的安全性，但开堆的实际操作较为复杂，且回路设计需考虑冷却剂的诸多特性，如运行期间回路流体阻力变化。

综上所述，笔者认为 ADS 次临界反应堆装置在未来不太可能得到大规模的发展。

1.4　液态重金属冷却剂试验研究台架和形式试验台架

1.4.1　液态重金属冷却剂试验研究台架

试验研究台架用于研究冷却剂的特性参数以及液态重金属冷却剂设备系统中发生的过程，旨在论证液态重金属冷却剂动力装置的设计和运行方案。

根据按现行标准文件（俄罗斯标准规范等）编写的试验大纲和试验方法，在试验研究台架上进行研究试验。按主要目的和功能用途，试验研究台架分为以下几类：

1）热工物理台架，用于研究液态重金属冷却剂和换热面之间的换热特性。

2）流体动力台架，用于研究液态重金属冷却剂流的流体特性和流体动力特性。研究对象可以是不同几何形状通道内一元流体的特性，还可以是几条平行通道内冷却剂的流体动力不稳定性等。台架还可用于研究回路工艺操作期间的液态重金属冷却剂和气体二元流体（蒸汽气体混合物），蒸汽发生器回路间泄漏事故工况所伴随的其他过程，此时液态重金属冷却剂流中水、蒸汽和气体的流量各不相同。

3）材料研究台架，用于研究液态重金属冷却剂对结构材料的腐蚀和侵蚀作用，研究液态重金属冷却剂动力装置各个运行工况下结构材料在液态重金属冷却剂中的稳定性，还进行材料的寿期试验。

4）摩擦特性研究台架，用于研究液态重金属冷却剂介质中接触面的摩擦、磨损和润滑。其中，有一种试验研究台架具有良好的应用前景，在该试验台架中，一个接触面是结构材料表面，另一个接触面是与之相接触的液态重金属冷却剂表面。

5）液态重金属冷却剂特性研究台架，它与核动力装置回路的传统冷却剂（如水、钠等）特性有很大差别。台架的研究对象包括冷却剂密度、黏性和热容等基础物理特性，由冷却剂自身以及接触冷却剂的介质（如蒸汽、气体等）和材料（如钢、氧化膜等）特性所决定的润湿角和表面张力等表面特性，核动力装置各运行工况下气蚀形成的条件和特点等。

6）液态重金属冷却剂系统的物理化学过程研究台架。台架的研究对象包括液态重金属冷却剂及其杂质氧化还原过程的动态特性，杂质的质量迁移和质量传递过程的动态特性等。

7）其他研究台架和装置，用于开展综合研究。

上述所列的试验研究台架分类只是大概的分类，在进行任意一项液态重金属冷却剂系统的研究时，都会自动累积下系统结构材料稳定性及物理化学过程等内容的相关实验数据。

试验研究台架的原理图应该满足相关的研究内容要求，并通过叶轮式电磁泵的运行实现液态重金属冷却剂的循环或自然循环，或者通过气体升液器、静压下冷却剂溢流的方式实现液态重金属冷却剂的循环。试验研究台架（静态装置）可能通过试验罐实现液态重金属冷却剂的循环，即便如此，也不能完全排除液态重金属冷却剂的自然循环。

循环试验研究台架通常包括已经沿用几十年的主体部分以及可以更换的实验段，其中主体部分包括以下内容：

1）冷却剂充入和排出系统，回路液态重金属冷却剂供给管线上的机械过滤器，液态重金属冷却剂、气体的管道和阀门，以及测量仪表。冷却剂充入和排出系统内设排放罐，即熔罐，罐身上设开口，用于液态重金属冷却剂的装料以及氢还原后自由冷却剂液位中磁铁的净化操作。

2）根据试验研究台架的功能用途不同，配置叶轮式循环泵或电磁泵。实验研究期间，最好使用动力回路的主泵类型，因为电磁泵可能会影响杂质的特性，并相应地影响液态重金属冷却剂的物理化学特性以及回路材料表面所形成的保护层的特性。如果试验研究台架使用叶轮式泵，那么泵的电机最好采用变频调速或其他调速方法。

3）磁力式流量计或电磁流量计并串联设置流量计罐，流量计罐用于磁力式流量计或电磁流量计的定期标定。

4）保护气体系统（氩气、氦气和氮气），包括气罐、减速器和蒸汽冷凝器等设备，还包括冷却剂中氧化物净化（通过氢还原的方式）系统以及必要时的氧气投入系统，后者用于提高冷却剂的氧化电势。为调节液态重金属冷却剂的氧化电势，相较于固体的调节方式，试验研究台架更宜采用冷却剂和回路中氧化物的气体净化系统，系统内设液态重金属冷却剂的氧含量计（活度测量仪）。根据试验研究台架的功能用途，需要定期拆除热态的实验段，或者定期对台架气体系统采取释压操作。当进行上述类似操作时，大气进入气体系统和液态重金属冷却剂回路，设备和管道的钢表面会截获氧气，气体系统和回路中氧气慢慢累积，提高冷却剂的氧化电势，并生成固体氧化物，通过这种自然方式得到的氧气量比专门投入冷却剂氧化片剂（氧源）得到的氧气量多 2～4 个数量级。而对用于进行长时间寿期试验（回路不会发生泄漏）的材料研究台架而言，液态重金属冷却剂中的氧气含量更宜采用固体的调节方式。

实验段的结构形式由其具体功能决定，用于研究换热特性的实验段示例如图 1.25 所示。

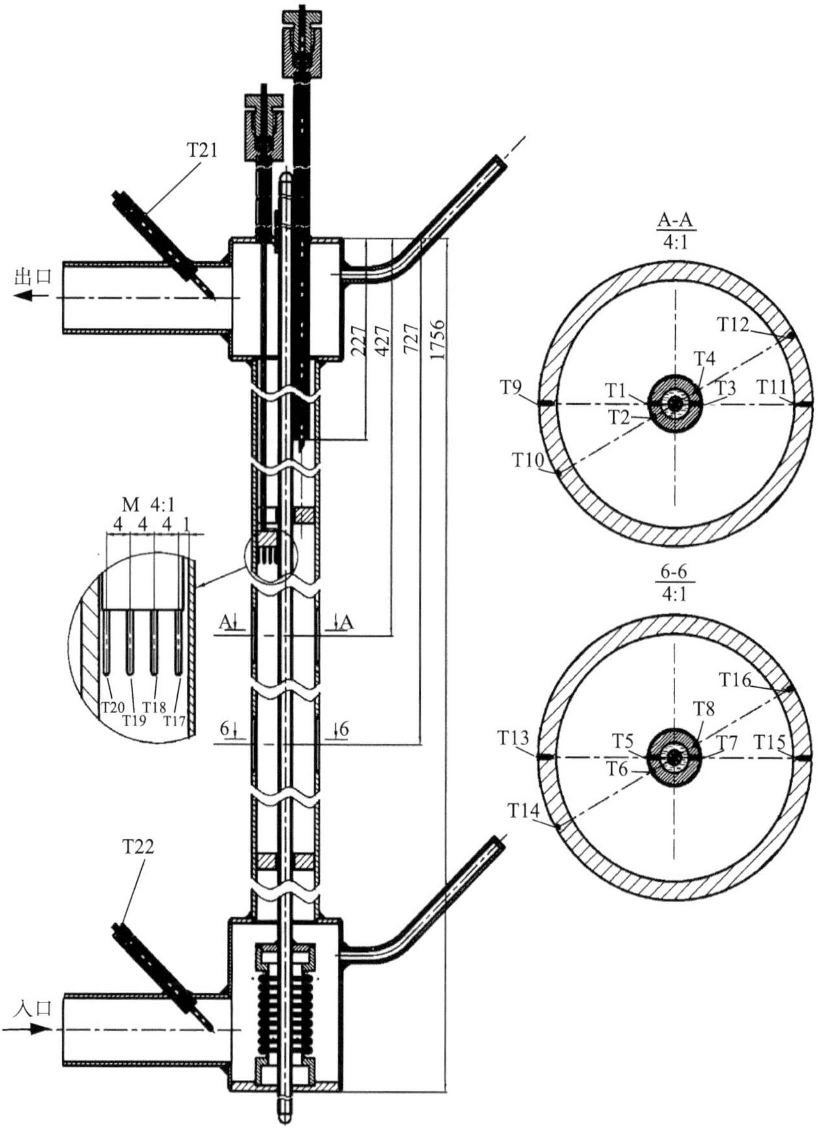

图 1.25　研究换热特性的实验段示例

在进行液态重金属冷却剂系统的任意研究时，台架必须安装液态重金属冷却剂中氧气杂质监测仪以及其他传统的监测仪，如温度和气体压力等监测仪。台架一次仪表必须按相应程序接入信息收集、处理和传输的计算机系统，仪表的控制参数必须以标准关系曲线或其他形式实时体现并记录台架中所发生的一些过程，或以其他形式保存下来，以便未来对信息进行二次研究。

在设计试验研究台架的原理图时，必须设置一系列严重影响台架中所发生过程的参数监测仪表和传感器。自 20 世纪 50 年代开始，各个国家都开展了液态重金属冷却剂系统换热特性的研究，但即使使用类似试验研究台架，不同研究者得到的 $Nu=f(Pe)$ 关系式和换热系数都有很大不同[13]。

研究者通常会直观地认为液态重金属冷却剂换热特性主要取决于冷却剂的杂质情况，因此为论证各项结果的差值，往往利用干净、脏污的冷却剂概念和接触热阻力概念（及相应参数），并统计出不同实验结果及其与理论计算结果的差异，最后通过计算的方式确定接触热阻力的最大值。

21 世纪前 10 年，下诺夫哥罗德国立技术大学在实验研究铅、铅铋冷却剂系统的换热特性时，液态重金属冷却剂回路首次使用了液态重金属冷却剂中氧气含量监测仪[14]，这表明，液态重金属冷却剂回路运行工况不变时，气体系统中投入降低冷却剂氧化电势的氢气或增加冷却剂氧化电势的氧气，实验段的换热特性 $Nu=f(Pe)$ 都会发生重大变化，即调节液态重金属冷却剂中氧气含量时，关系式 $Nu=f(Pe)$ 接近理论计算结果或者完全是其他值。

这一实例充分表明，投入影响台架各个过程的必要参数调控设备能大幅优化实验结果，并推动其在各个试验研究台架上的广泛应用。在进行液态重金属冷却剂回路设备和机械装置的任意研究和试验时，回路必须安装氧气含量监测仪。

1.4.2　液态重金属冷却剂形式试验台架

液态重金属冷却剂形式试验台架用于验证液态重金属冷却剂动力回路全尺寸结构的设计方案，旨在明确设备结构及其运行工况是否是最佳的。

高温液态重金属冷却剂形式试验台架是一个综合工程设施，结构复杂，费用高昂。

通过利用形式试验台架，验证反应堆装置设备的所有特性是否满足技术任务书的要求。实验结果的验证及验收通常由各单位代表组成的委员会完成，其中包括动力装置的总设计方和总结构设计方代表。

根据按相应标准文件（俄罗斯标准文件）编写的试验大纲和试验方法等文件，进行动力装置设备的形式试验。

形式试验的结构设计应该保证试验条件最接近动力装置实际运行期间的设备运行条件，回路内安装全尺寸设备，其运行参数取实际堆内运行参数值。在所有设计运行工况下，包括工质的充入、故障模拟和消除的事故情形，针对设备运行，都应该开展试验。而针对超设计事故，最好都尽可能地开展试验。

如果不能开展全尺寸部件（如蒸汽发生器）的试验，那么可以对其全尺寸零部件（如蒸汽发生器单元）开展试验。

形式试验台架的原理图同样由设备功能用途、结构和诸多特点决定。此类试验台架的标准设备包括排放罐（熔罐）、从熔罐到回路的液态重金属冷却剂供给管线上的机械过滤器、气体系统、液态重金属冷却剂中氧气含量调控系统、冷却剂和回路中氧化物净化系统。此类试验台架的标准操作一般是回路钝化操作，具体是接触液态重金属冷却剂的结构材料表面形成氧化膜。

形式试验台架的标准系统包括含液态重金属冷却剂回路中管道设备电加热系统和其他用电单元的供电系统，设备控制系统和台架参数调节系统，信息收集、处理和传输计算机系统，以及台架设备冷却系统。

1.4.3 设备样机的液态重金属冷却剂试验台架

液态重金属冷却剂回路机械装置和设备（主泵、控制保护系统执行机构等）样机的试验台架用于验证大尺寸机械装置和设备的缩比样机的设计方案。由于大尺寸机械装置和设备的结构复杂，造价较高，因此一般对其缩比样机进行试验和验证，试验和验证方法已广泛用于各个技术领域。鉴于液态重金属冷却剂台架的造价较高，运行费用也不低，因此往往对液态重金属冷却剂回路机械装置和设备的缩比样机进行试验和验证，以确定其结构方案是否是最佳，这种验证方法较为经济，技术难度不高，速度更快，较为合理。

机械装置和设备的样机试验台架的标准部分构成与试验研究台架的主体部分构成相同，只是需要依次接入液态重金属冷却剂反应堆装置内同一个设备或不同设备（综合设备）的样机。

高温液态重金属冷却剂回路设备样机试验台架（下诺夫哥罗德国立技术大学的 FT-4 型试验台架）的原理图标准范例如图 1.26 所示。FT-4 型试验台架用于开展 BREST-OD-300 铅冷却剂快中子反应堆装置主泵样机的气蚀试验和寿期试验，确定并调整主泵样机的压力、流量和动力特性参数。

FT-4 型试验台架的主要特性参数为：

1）冷却剂：CO 牌号的铅（按俄罗斯标准文件 ГОСТ 37778—98）；

2）铅的质量：1×10^{4} kg；

3）铅的温度：450～500 ℃（短时间内达到 550 ℃）；

4）铅的最大流量：2.0×10^{6} kg/h（200 m^{3}/h）；

5）铅中氧气的热力活度：$10^{-5}\sim10^{0}$；

6）主泵：HCO-01 型（由下诺夫哥罗德国立技术大学研发），电流载荷为 50 kW；

7）气体：Ar、$Ar+H_2$、$Ar+O_2$。

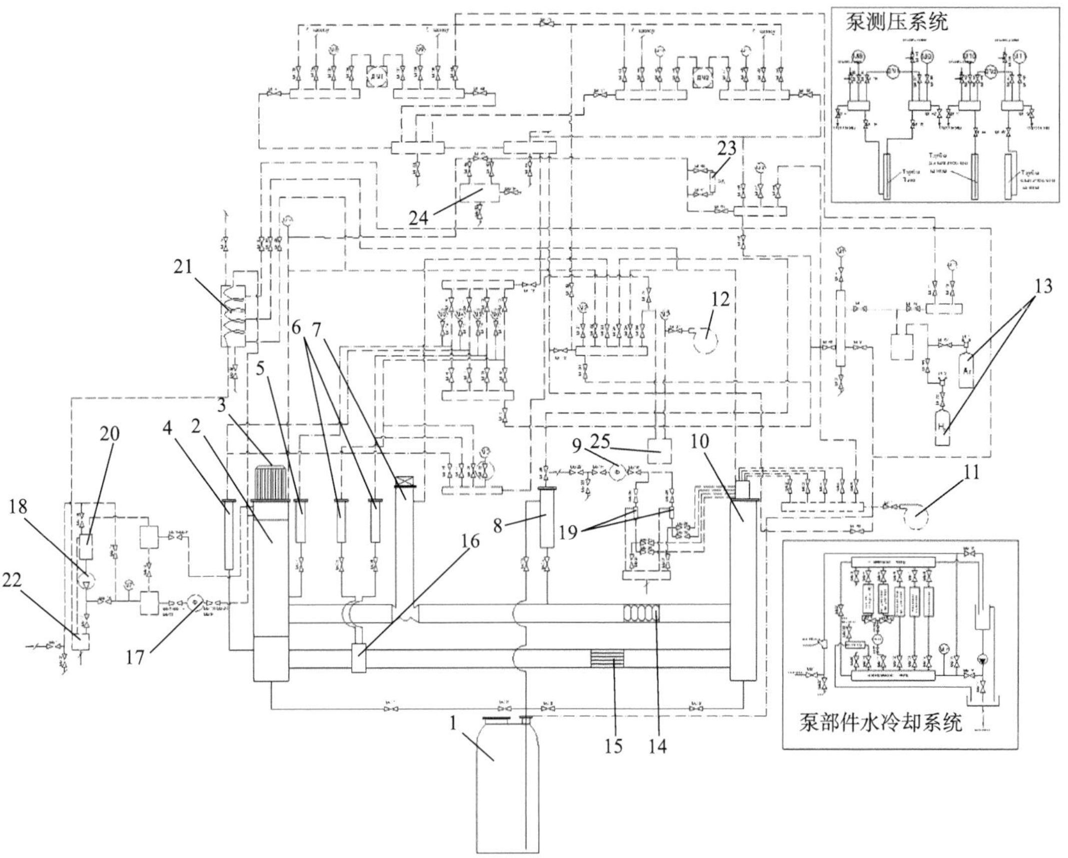

图 1.26　下诺夫哥罗德国立技术大学 FT-4 主泵样机试验台架的原理图

1—熔罐；2—电泵；3—电机；4—主泵叶轮入口压力罐；5—主泵出口压力罐；6—流量计垫圈压力罐；7—主调节阀；8—过滤器；9—汽水混合物喷淋系统水过滤器；10—蒸汽发生器；11—压缩器；12—真空泵；13—气罐；14—补偿波纹管；15—射流矫正器；16—流量计垫圈；17—主泵部件冷却水过滤器；18—主泵部件冷却水泵；19—水承压罐；20—水冷却缓冲罐；21—冷凝器；22—排放罐；23—气体转子计；24—加湿器；25—扩容罐

参考文献

[1] Тошинский Г И. Опыт применения реакторов с теплоносителем свинец-висмут на атомных лодках и перспективы его использования в гражданской ядерной энергетике [C]//Доклад (M2) на четвертой конференции, Тяжелые жидкометаллические теплоносители в ядерных тенологиях (ТЖМТ—2013), ГЦН РФ ФЭИ, г. Обнинск, РФ, 2013.

[2] Громов Б Ф, Григорьев О Г, Дедуль А В, и др. Анализ опыта эксплуатации реакторных установок с теплоносителем свинец-висут и имевших место аварий [C]// Доклад на конференции Тяжелые жидкометаллические теплоносители в ядерных техологиях (ТЖМТ—98), ГЦН РФ ФЭИ, г. Обнинск, РФ, 1998.

[3] Джангобеков В В, Степанов В С, Дедуль А В, и др. Реакторная установка СВБР-100 для модульных станций малой и средней мощности [C]//Доклад на четвертой

конференции Тяжелые жидкометаллические теплоносители в ядерных техологиях (ТЖМТ—2013), ГЦН РФ ФЭИ, г. Обнинск, РФ, 2013.

[4] Под общ. ред. проф. Е О. Адамова. Белая книга ядерной энергетики[М]. Изд-во ГУП НИКИЭТ, 2011.

[5] Thermal-hydraulics Design of China LEAd-based Research Reactor (CLEAR-Ⅰ) Presented by unqing BAI Contributed by FDS Team Institute of Nuclear Energy Safety Technology (INEST) Chinese Academy of Sciences [C]//Доклад на четвертой конференции Тяжелые жидкометаллические теплоносители в ядерных техологиях (ТЖМТ—2013), ГЦН РФ ФЭИ, г. Обнинск, РФ, 2013.

[6] The ELFR Industrial Plant and ALFRED Demonstrator A. Alemberti, L. Mansani, M. Frogheri Ansaldo Nucleare [C]//Доклад на четвертой конференции Тяжелые жидкометаллические теплоносители в ядерных техологиях (ТЖМТ—2013), ГЦН РФ ФЭИ, г. Обнинск, РФ, 2013.

[7] Безносов А В, Бокова Т А, Молодцов А А. Экспериментальные исследования процессов, сопровождающих межконтурную неплотность парогенератора со свинцовым и свинец-висмутовым теплоносителями и оптимизация его конструкции[J]. Известия вузов, Ядерная энергетика, РФ. Обнински, 2006(4):3-11.

[8] Безносов А В, Молодцов А А, Бокова Т А, и др. Патент РФ на изобретение №2320035 РФ Ядерная энергетическая установка, Бюл. №8, опубл. 20.03.2008.

[9] Безносов А В, Молодцов А А, Бокова Т А, и др. Патент РФ на изобретение №2313143 РФ Ядерная энергетическая установка, Бюл. №35, опубл. 20.12.2007.

[10] Development Plan and R&D Status of China Lead-based Reactors (CLEAR), Yican Wu, Institute of Nuclear Energy Safety Technology (INEST) Chinese Academy of Sciences (CAS) [C]//Доклад на четвертой конференции Тяжелые жидкометаллические теплоносители в ядерных техологиях (ТЖМТ—2013), ГЦН РФ ФЭИ, г. Обнинск, РФ, 2013.

[11] Безносов А В, Бокова Т А. Оборудование энергетических контуров с тяжелыми жидкометаллическими теплоносителями в атомной энергетике: учеб. Пособие. Нижегород. гос. техн. ун-т. Нижний Новгород, 2012:536.

[12] Materials, Corrosion and Corrosion Protection for Lead Alloy Cooled Nuclear Reactors Alfons Weisenburger, Georg Muller, Mattia DelGiacco, Renate Fetzer, Annette Heinzel and Adrian Jianu—KIT [C]//Доклад на четвертой конференции Тяжелые жидкометаллические теплоносители в ядерных техологиях (ТЖМТ—2013), ГЦН РФ ФЭИ, г. Обнинск, РФ, 2013.

[13] Жуков А В. Теплогидравлический расчет реакторов Части 1-5. ГНЦ РФ ФЭИ, Обнинск, 2001—2008.

[14] Безносов А В, Семенов А В, Давыдов Д В, и др. Экспериментальные исследования теплоотдачи от круглой трубы к свинцовому теплоносителю при регулируемом содержании кислорода[М]. Атомная энергия, 97(5):345-349.

第 2 章　液态重金属冷却剂回路专设系统

液态重金属冷却剂动力回路设有正常运行辅助系统、安全系统以及该回路功能用途所特有的其他系统。

液态重金属冷却剂动力回路的专设系统流程和结构方案综合考虑了铅、铅铋冷却剂的物理化学特性和核物理特性，以及铅、铅铋冷却剂与结构材料作用时的特性等因素。

2.1　导热系统

反应堆导热系统的目的旨在将堆芯燃料棒包壳表面的热量传递给初始的冷却剂，最后传给大气（空气和水）。铅、铅铋低熔合金的特性与水和气体冷却剂、钠及其他碱性金属的特性都不一样。在 0.1 MPa 压力条件下，铅的沸点是 1 745～1 750 ℃，铅铋低熔合金的沸点是约 1 700 ℃，二者均超出了燃料棒包壳的破裂温度，因此由铅、铅铋低熔合金冷却的堆芯换热能力较强。而对于水和钠冷却剂的反应堆而言，由于燃料棒包壳和冷却剂之间形成汽泡，导致堆芯换热能力变弱，造成换热临界。

当温度达到 450 ℃时，铅的导热能力约为 17.1 W/（m·K），铅铋低熔合金的导热能力约为 15.6 W/（m·K），在相同的运行条件下，二者是水和蒸汽导热能力的九倍及以上，能更有效地导出堆芯的热量。在事故工况下，随着对流换热的效果越来越差，堆芯的部分通过截面被铅和铋冷却剂的氧化物堵住，当限制反应堆运行功率时，堆芯不会发生破裂，这已经 27BT-5 试验研究台架的运行经验证实[1]。

为保证 645、705 和 705K 项目核潜艇的正常冷却，设计考虑了由舷外水冷却的冷凝器，用于导出反应堆装置蒸汽发生器多流程强迫循环回路的热量。

为保证堆芯的事故导热，在 27VT、27VT-5 试验研究台架以及 645 项目核潜艇的反应堆容器内设置了几条冷却通道，当蒸汽发生器停止导热以及主泵失效[2-3]时，它们都能保证反应堆的冷却。

铅冷却剂的自然循环和气体升液器实验研究表明，在由钢壁隔开的上升（热段）下降段（冷段）回路中，自然循环或者发展很慢，且不稳定，或者完全不会发生。至于个中缘由，主要是由各区间的横向换热（通过钢壁实现）、冷却剂的层结以及冷区出现热层导致的。实验期间，当利用保温隔板隔开上升和下降区时，自然循环的特性及其发展过程特性得到显著优化。当使用气体升液器时，在 1.0～1.5 m 高度上，液态金属的流速达到0.7～0.8 m/s。

与碱性金属不同，铅、铅铋低熔合金冷却剂与水直接接触时，不具有易爆性，因此冷却热交换器通过水直接导出液态重金属冷却剂的热量。但是冷却热交换器有一个设计缺陷，即水冷腔内压力下降时，内部的液态金属会冻住。当水的饱和压力达到 0.23 MPa 时，铅铋低熔合金的凝结温度为 125 ℃，而当水的饱和压力达到 12.4 MPa 时，铅的凝结温度为 327 ℃。

铅的熔化热为 24.7 kJ/kg，而铅铋低熔合金的熔化热为 38.8 kJ/kg，当金属温度发生相应下降时，会加速金属在换热表面的凝固。实验研究表明，当液态金属在换热表面凝固以及凝固层厚度不断增加时，换热效果越来越差，热流减小。在此过程中，实验段横截面的外围部分需要保持一定的液态金属流量。当实验孔道中热流较大，冷却剂占较小份额时，冷却剂可能凝固，并完全截断流量。在铅铋冷却剂的可移动反应堆装置中，蒸汽发生器 MP-7 就发生过这样的事故。

当操作员操作失误或蒸汽发生器（热交换器）的含水腔发生事故泄漏时，在蒸汽发生器压力对应的饱和温度下水会发生沸腾，在蒸汽发生器含水腔压力下降时液态金属的导热会加剧。

铅、铅铋冷却剂反应堆回路的大气导热系统还可以采取以下几种考虑冷却剂特性的设计方案。

(1) 设计方案一

如图 2.1 所示[4]，反应堆容器（2）内充有自由液位（6）的铅或铅铋冷却剂。堆芯（1）、蒸汽发生器（5）和主泵（17）都位于冷却剂内。菲尔德传热管（16）沿堆芯周长方向布置，菲尔德传热管中央通道（18）通过调节截止阀（7）进入反应堆上部水总管（8）。

通风井或风管（12）内的传热管由空气冷却，将水总管和上部蒸汽母管（10）相连，上部蒸汽母管上设置安全阀（11）。菲尔德传热管外部环形通道空间（19）通过管道（9）接入蒸汽母管。在堆芯冷却剂出口处，可以设置牵引管模块，中央牵引管（4）的高度需大于等于外围牵引管（3）的高度。

水流量通过调节截止阀进入菲尔德传热管，调节截止阀能保证菲尔德传热管外表面温度高于冷却剂凝结温度。分流阀（14）与调节截止阀行走机构（15）相连，分流阀（14）之后的腔室与水总管腔室相连。

当蒸汽发生器和冷却剂循环设备不运行时，上述导热系统将反应堆堆芯的热量排出，但必须保证反应堆内液态重金属冷却剂液位高于堆芯中的冷却剂液位，如此才能保证反应堆回路侧导热系统的工作性能。根据反应堆出口热电偶的信号，将调节截止阀从关闭状态切换至调节状态，即可实现该导热系统的投入，而无需采用其他控制信号或其他影响系统运行的操作。

当调节截止阀切换至调节工况时，水总管中的水进入菲尔德传热管内部通道，菲尔德传热管内部通道沿堆芯周长方向布置在堆芯内的冷却剂液位上以及堆芯上部，内部通道中的水慢慢加热，然后进入菲尔德传热管外部环形通道，将液态重金属冷却剂的热量导出，水蒸发后进入上部蒸汽母管，之后蒸汽进入空气冷却的传热管，冷凝后进入下部蒸汽母管。如果剩余热量大幅超出通风井中换热管能导出的热量范围，安全阀随即起跳。随着热量的减少，进入菲尔德传热管的水流量也相应减小，水流量的变化通过下部蒸汽母管设常压以及超过液态重金属冷却剂凝结温度的饱和温度得以维持。当后续反应堆升至动力功率

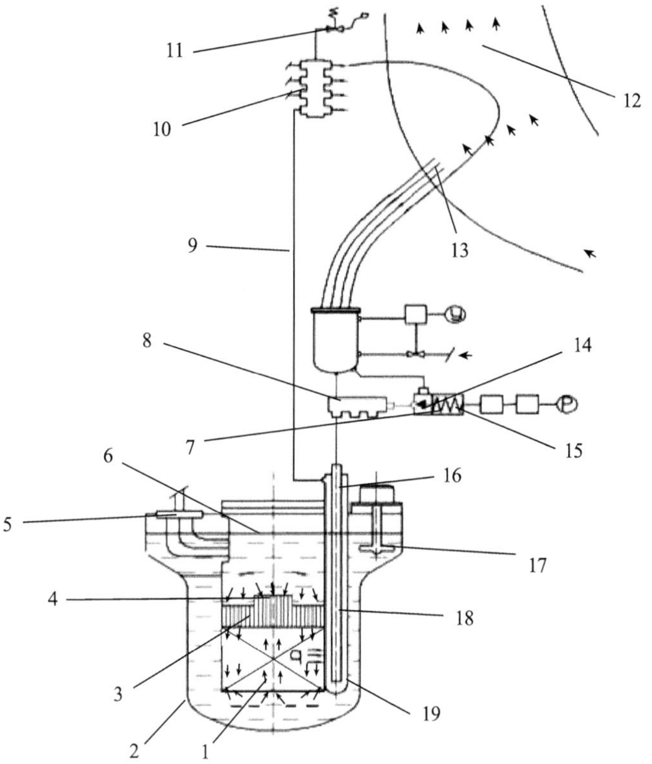

图 2.1　事故冷却系统（方案一）

1—堆芯；2—反应堆容器；3—外围牵引管；4—中央牵引管；5—蒸汽发生器；6—自由铅或铅铋冷却剂液位；7—调节截止阀；8—水总管；9—管道；10—上部蒸汽母管；11—安全阀；12—通风井（风管）；13—传热管；14—分流阀；15—调节截止阀行走机构；16—菲尔德传热管；17—主泵；18—菲尔德传热管中央通道；19—菲尔德传热管外部环形通道空间

水平时，调节截止阀调至关闭状态。

该设计方案的不足之处在于投入了冷却通道，反应堆的质量和尺寸都略微增大。

(2) 设计方案二

设计方案二与图 2.1 中所示方案类似，所不同的是换热地点位于蒸汽发生器布置区域内的热交换器。在主循环回路采用自然循环时，反应堆堆芯的热量传给液态重金属冷却剂，之后液态金属又将热量传给位于机组上部的热交换器传热管，热交换器采用水平传热管的设计或者其他结构方案。传热管固定在冷却热交换器单元水和蒸汽腔室的管板上，水腔室连接调节截止阀，蒸汽腔室连接设计方案一中的导热系统蒸汽母管。由于该导热系统离堆芯距离较近，因此反应堆机组的质量和尺寸较小。为优化自然循环的特性，在冷却剂循环管线的上升下降段之间宜设置保温层。

(3) 设计方案三

设计方案三如图 2.2 所示。就安全要求该方面而言，事故导热系统在所有可能出现的事故工况下都应该保证自身的工作性能。

以下两种潜在故障较为危险：一种是汽水回路泄漏及汽水回路压力降至大气压力；另

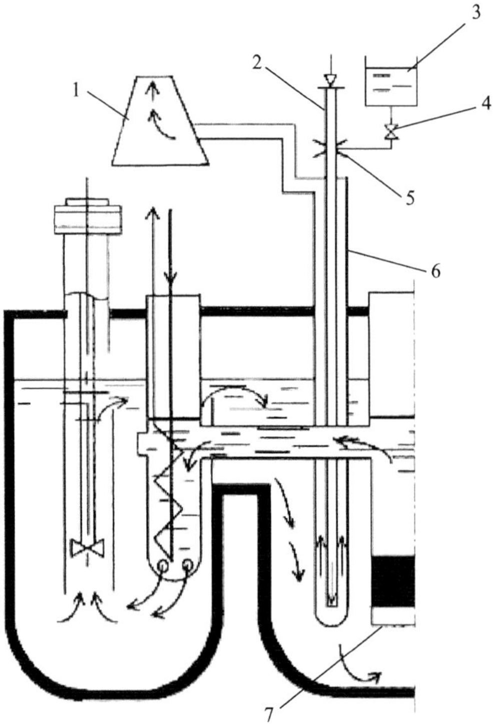

图 2.2　事故冷却系统（方案三）

1—排气管；2—菲尔德传热管中央通道；3—水罐；4—调节截止阀；5—气流水滴投入装置；6—菲尔德传热管；7—堆芯

一种是调节截止阀故障，无法继续维持必须的压力水平。铅铋低熔合金的凝结温度要求导热系统汽水空间的压力达到 1.0 MPa。当铅铋低熔合金在换热表面凝结以及压力下降至大气压力时，该导热系统仍然能工作。当回路冷却剂采用铅冷却剂时，导热系统汽水空间的压力应该超过 10.0 MPa，如果导热系统汽水空间的压力下降至大气压力水平，则很难保证导热系统在铅冷却剂回路中的工作性能。考虑到冷却系统中可能出现的各种事故工况，图 2.2 中所示事故导热系统设计方案可能是最佳设计方案。在设计方案三中，菲尔德传热管（6）中央通道（4）直接或通过空气增压器与大气相连。菲尔德传热管沿堆芯（7）周长方向布置。菲尔德传热管上升（出口）通道直接或通过冷凝器和过滤器与排水管（1）相连。在中央通道入口处设置水滴汇入空气流设备（5），它通过调节截止阀（4）与水罐（3）相连，水罐（3）可以通过管道与冷凝器相连，冷凝器布置在菲尔德传热管（6）和排水管（1）之间的管线上，位于水罐上部。当必须投入导热系统时，调节截止阀（4）切换至调节工况，期间根据剩余热量维持水滴汇入空气流设备（5）中的水流量，反应堆堆芯内的热电偶信号可用作调节截止阀的控制信号。通过冷却剂的自然对流和导热特性，堆芯排出的热量传递给菲尔德传热管。

(4) **设计方案四**

设计方案四与设计方案三相似，不同之处在于换热部件采用 U 形管或水平管道，而非设计方案三中的菲尔德传热管（6），通过自然循环或鼓风机（更佳）唧送水和空气的混合物。

类似的结构方案还可用于正常冷却和动力回路停运期间的导热。采用这种设计方案的导热系统能解决以下技术矛盾：

在完全避免液态重金属冷却剂凝结的条件下，可以实现含液态重金属冷却剂和空气的热交换器的导热但是导热效果不好，并且需要非常大的换热表面。含液态重金属冷却剂的热交换器如果由水冷却，效果较好，但蒸汽水腔室的压力需要保持在较高水平，因此较难实现，且在压力下降至大气压力时具有潜在的危险。向承压空气流滴入弥散相水滴，并调节水的流量，能产生具有良好导热效果、压力接近大气压的水和空气混合物，这能大幅提高系统安全性，进而解决上述矛盾。下诺夫哥罗德国立技术大学 FT-4 试验台架采用的便是该种设计方案的导热系统，实验表明，导热效果和质量均较为良好。

该设计方案可用于集中换热的空气热交换器，通过投入空气流中的水滴蒸发实现冷却。

(5) **设计方案五**

在俄罗斯液态重金属冷却剂反应堆装置（SVBR 和 BREST）的各个设计阶段，设计文件都采用了导热系统的技术方案，反应堆的热量通过反应堆容器或接触反应堆容器（或液态重金属冷却剂）的通道排出。设计考虑了自然空气循环和强迫空气循环两个方案。换热效率的高低取决于温度、换热表面和空气流速。反应堆装置的固有安全要素是热量通过自然空气（大气）循环排出，但由于燃料和燃料棒包壳热量向反应堆容器表面的传递条件比较有限，且需要具备一定的自然循环浮力和流量，因此其换热能力和换热通道比较有限，这就是其不足之处。

(6) **热交换器导热设计方案**

液态重金属冷却剂、水和蒸汽工质、蒸汽发生器或独立热交换器部件的设计方案与其他冷却剂反应堆装置所采用的类似设计方案相同，此处暂不赘述。

(7) **水罐（包括金属水屏蔽罐）导热设计方案**

在大气压条件下，水通过中间子系统蒸发，该方案与其他冷却剂反应堆装置的设计方案类似。

(8) **余热导出系统**

文献[5]中简要介绍了 ALFRED 反应堆的导热系统，如图 2.3 所示。堆内设 8 条独立环路；DHR No1 系统接入 4 条环路；DHR No2 系统接入另 4 条环路。每条环路包括：1 台热交换器（独立冷凝器），含垂直传热管束、上部管板和下部管板；1 个水罐，独立冷凝器浸在其中，罐中水的体积应能保证系统独立运行 3 d；1 个逆止阀。

ALFRED 反应堆装置的余热导出主要通过以下两种方式实现：

1) 反应堆冷却时，用于保证正常导热功能的一级安全系统和二次系统；

2) 具有较高可靠性和安全性的两个独立非能动系统，具体操作方式为：二次系统无法启动时投入 DHR No1 系统，一级安全系统和二次系统都无法启动时投入 DHR No2 系统。DHR No1 系统与接入 4 个导热系统（共 8 个）的独立冷凝器相连。DHR No2 系统与接入另 4 个导热系统的独立冷凝器相连。

DHR 系统具有以下特点：

1）DHR 系统的结构设计和布置位置决定其可以独立布置；

2）发生单一故障时，其 4 条环路中有 3 条环路都能实现导热系统的安全功能，因此不会出现故障；

3）系统采用自然循环，且仅设置一个具有独立供电系统（蓄电池等）的电驱动阀门，因此非能动性较强。

液态重金属冷却剂反应堆装置的冷却系统还可以采用其他特殊设计方案，例如，当全部或者部分拆除反应堆顶盖时，直接向反应堆自由液态重金属冷却剂液位倒入水等。

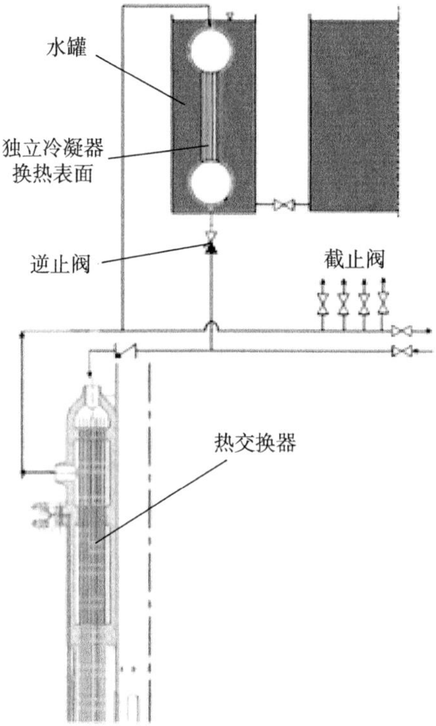

图 2.3　ALFRED 反应堆的余热导出系统（使用独立热交换器）

2.2　保证强度和耐磨性的结构材料表面氧化膜维持（形成和补充形成）系统

反应堆回路首次充入铅、铅铋冷却剂之后，各种杂质可能进入冷却剂。如果蒸汽发生器发生回路间泄漏事故，或反应堆事故和检修期间由于回路泄漏、气体剩余压力下降以及其他原因，空气中氧气都可能进入回路，氧化冷却剂。此时回路中若存在尚未被氧化的钢成分（铁、铬、镍），它们将会和冷却剂氧化物反应，然后被氧化。当氧气进入回路时，部分氧气用于形成氧化膜保护层。进入回路的氧气浓度超过饱和浓度，形成固体氧化物，然后与其他杂质的化合物一同形成弥散杂质颗粒的大块混合物，大块混合物随后在反应堆机组的自由冷却剂表面以及冷却剂和结构材料的接触面慢慢汇集。在自由冷却剂表面以及冷却剂和结构材料的接触面中的杂质厚度和状态取决于这附近区域内冷却剂流的流体动力工况以及其他各因素。

当氧化膜保护层破裂时，结构表面发生腐蚀磨损过程，钢的成分（铁、铬、镍）等金属杂质可能进入冷却剂和回路。铁、铬和镍向氧化膜保护层的扩散并不严重。当蒸汽发生器管道系统等结构的接触表面在液态重金属冷却剂介质中发生磨蚀过程时，铁、铬和镍等金属杂质便会进入回路。动力回路和反应堆回路运行期间，主泵旋转叶轮可能和反应堆容器零部件发生轻微的事故磨损，并在反应堆回路内产生几千克的磨损物。

固体杂质（渣块）可能会削弱冷却剂和结构材料接触面的换热能力，降低冷却剂的流量，直至在窄缝中慢慢停止流动，并恶化设备检修期间的辐射环境等。

2.2.1　液态重金属冷却剂回路杂质的质量传递和质量交换过程特点

当液态重金属冷却剂在动力回路中循环往复时，在冷却剂流以及限制冷却剂流动的表面（结构材料表面以及冷却剂和保护气体的边界面）之间，可溶杂质和不溶杂质会不断发生质量交换，受该过程的影响，在冷却剂和结构材料的接触面内会形成贴壁层，一般而言，贴壁层包括以下内容：结构材料（钢、铸铁）表面；结构材料氧化膜，基体是 Me_3O_4 尖晶石，其中 Me、Fe、Gr 是变化成分，氧化膜外层有冷却剂氧化物和残片；富含弥散杂质颗粒的冷却剂层，主要是结构材料成分和冷却剂等的化合物，弥散杂质颗粒表面吸附有气体和蒸汽气体混合物（能将钢和铸铁已经氧化的表面与富含杂质的液态重金属冷却剂表面隔开）；紊流边界层的冷却剂；以及冷却剂核心。现实运行条件下，自由液态重金属冷却剂表面上总是有一层薄膜，其成分主要是冷却剂的弥散杂质化合物颗粒、结构材料成分以及浸润冷却剂的其他杂质。

冷却剂的近表层有不同的厚度，主要取决于不溶杂质的含量和成分，以及回路局部区域的流体动力和温度工况。在回路额定运行工况下的液态重金属冷却剂循环过程中，冷却剂流的核心区域、局部贴壁层以及近表层的不溶杂质含量需要保持动态平衡。在回路额定运行工况下，根据主循环回路局部区域（热区、冷区以及恒温区）的流速分布、温度分布以及质量交换过程，这些局部区域之间的质量传递过程同样也需要保持动态平衡。当反应堆功率、流体动力和温度工况发生变化时，上述局部区域的杂质质量交换过程、沿回路冷却剂循环管线的杂质质量传递过程以及回路冷热区的杂质溶解结晶过程的动态平衡特性也发生相应变化。由于无法实际确定描述上述过程公式中的耦合系数，因此也无法对动力回路和冷却剂中杂质的质量交换过程和质量传递过程进行数值评估。文献[6]中对上述过程进行了更详细的研究。当发生可能出现的事故工况时，例如蒸汽发生器回路间泄漏、表面侵蚀磨损和机械磨损等事故，杂质进入冷却剂和回路，进而导致质量交换过程和质量传递过程变得非常复杂。

2.2.2 结构材料和液态重金属冷却剂接触面的特点

接触面的特点主要决定了设备特点以及液态重金属冷却剂反应堆装置的总体特性。

结构材料和液态重金属冷却剂接触面最本质的特点是反应堆回路运行温度达到 550 ℃时钢材的氧化表面不被铅、铅铋冷却剂浸润，这与水和钠冷却剂有很大不同。

在接触液态重金属冷却剂的回路部件钢材（铸铁）表面会形成氧化膜，它能保证结构材料的耐腐蚀性和耐侵蚀性（部分保证）。除能起到保护作用外，氧化膜具有耐磨性，能避免干净的不锈钢表面相接触，这对相互接触材料在铅、铅铋冷却剂中的运行至关重要。浸在液态重金属冷却剂介质中的通道壁氧化膜具有较高的比电阻，能降低铅、铅铋冷却剂流在热核反应堆磁场中的磁流体阻力。氧化膜还增大了通道壁的粗糙度，进而提高了液态重金属冷却剂流的流体阻力。受氧化膜的影响，液态重金属冷却剂系统的其他特性还可能发生变化。

当温度上升及冷却剂深度脱氧时，受机械磨损、侵蚀以及能局部去除氧化膜保护层的其他过程的影响，钢材可能被液态重金属冷却剂浸润，但通常很难达到大面积的浸润。

设备和管道部件制造期间以及整个设备处于二氧化碳、水蒸气和其他介质中时，可能会形成氧化膜。任意情况下，钢表面在大气介质中都会发生氧化。

在铅、铅铋冷却剂回路中，材料表面的氧化膜主要是通过回路钝化产生的。当回路钝化时，在材料与液态重金属冷却剂的接触表面会自然形成氧化膜，此时接触区域的温度超过 350～400 ℃，冷却剂中的氧气含量需保证氧化膜的形成。

当液态重金属冷却剂试样的氧气质量浓度超过 $C_{O_2}=10^{-5}\%\sim10^{-4}\%$质量比，或可控热力学活度 $a>10^{-5}$时，受钢材温度和成分的影响，会形成氧化膜。在可移动铅铋冷却剂反应堆装置内，只在恒温钝化（$T=320\sim330$ ℃）和非恒温钝化（反应堆 15%～30%额定功率运行时）两个继发工况下形成了钢材的氧化膜保护层。根据冷却剂取样的分析结果和回路内设的热力学活度测量仪读数，监控氧化膜保护层的形成过程。而在 KM-1 试验台架的反应堆装置内，主要根据回路内设的见证件分析结果，监控氧化膜保护层的形成过程。

在试验研究台架和形式试验台架非放射性液态重金属冷却剂回路中，由于回路运行允许液态重金属冷却剂回路发生定期泄漏以及大量空气进入回路，因此钝化一般是自然发生的。无论温度多高，回路表面都会吸附空气中氧气，进而导致冷却剂中氧气含量增加。

铅、铅铋冷却剂流试验之后结构材料表面状态的传统研究方法要求排空循环回路（见证件布置在回路中）内的冷却剂，或者从熔融状冷却剂中取出见证件，然后借助机械设备去除接触表面（见证件表面）上形成的成分复杂的贴壁层、薄膜、液态或凝结状冷却剂滴状物、渣块和氧化物（如果仍然残留在接触表面），用介质冲洗见证件，制备见证件的微观试片，以开展相应的研究。传统的研究方法能有代表性地充分获悉见证件表面是否存在腐蚀、侵蚀和其他损伤，见证件（钢、铸铁等）表面氧化膜结构的金属特性，氧化膜具有防护性（钝化性）、耐磨性和电气绝缘性。

但传统研究方法的不足之处是不能客观地获悉不同流动工况以及不同杂质含量条件下铅冷却剂流的贴壁层状态。理论计算和实验研究表明，不会被 400～550 ℃高温液态重金属冷却剂浸润的钢和铸铁等材料贴壁边界层的状态决定了氧化膜的腐蚀、侵蚀、形成和破裂过程[6]，还决定了贴壁边界区域内冷却剂流的流体静力特性和热工物理特性[7-9]等。

下诺夫哥罗德国立技术大学的马霍维 K. A. 先生研发出了结构材料和液态重金属冷却剂贴壁层的快速冷凝法，这是还未曾使用的新型研究方法。通过该方法，能更多地了解贴壁区域内发生的过程，获悉不同流动工况、不同杂质含量条件下铅、铅铋冷却剂流贴壁区域状态的全新信息。

快速冷凝法的要点为：高温液态重金属冷却剂通过 U 形管持续不断地循环往复，U 形管外表面和内表面附近管壁设有微型热电变换器的敏感元件，U 形管内设可拆卸的电加热部分和保温层，在冷凝之前，需要拆除电加热和保温层，如图 2.4 所示。含水和冰混合物的可移动储罐从下面接入 U 形管，管内含循环的液态重金属冷却剂，U 形管没入可移动储罐，在此期间记录下管子内外表面的温度变化（热冲击），然后排空回路内的液态重金属冷却剂，切下内含凝结状金属的 U 形管段和冷却剂已排空的控制管段。

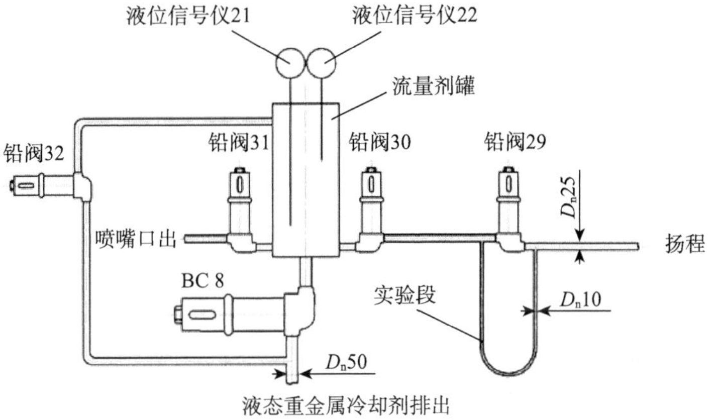

图 2.4　实验段示意图

某系列实验的条件如表 2.1 所示，表中：

1）U 形管尺寸 $\phi=14\times20$ mm；

2）管材采用 08X18H10T 牌号钢材；

3）铅冷却剂通过 U 形管的循环时间分别为 50.75 h 和 100 h；

4）铅冷却剂通过 U 形管的平均流速分别为 1.0、1.0 和 2.0 m/s；

5）铅冷却剂流的温度分别为 470、470 和 550 ℃；

6）铅冷却剂中氧气的热力学活度分别为 10^{-3}、10^{-3}和 $10^{-1}\sim10^{0}$。

在下诺夫哥罗德国立技术大学 FT-4 型试验台架接入实验段（U 形管）之前，试验台架在 480～520 ℃温度下共计运行 1 000～1 500 h。

实验段管子内表面附近区域铅温度的变化曲线如图 2.5 所示，该曲线表明，在实验段开始冷却后的 2 s 内，铅已经完成变成了凝结的固体状。由于铅凝结时释放的热量较小，因此铅冷却前后的贴壁区域结构基本吻合。

表 2.1　某系列实验的条件

实验序号	冷却剂类型	冷却剂初始温度/℃	冷却剂最终温度/℃	氧气热力学活度 a	循环时间 t/h	冷却剂流量 Q/（m^3/h）	平均流速 V/（m/s）	雷诺数 Re
1	Pb	550	20	$10^{-1}\sim10^{0}$	100	0.55	2	1.074×10^{5}
2	Pb	470	20	10^{-3}	50	0.27	1	5.394×10^{4}
3	Pb	470	20	10^{-3}	75	0.27	1	5.394×10^{4}
4	Pb	450	20	10^{-2}	22	0.27	1	5.394×10^{4}
5	Pb	450	20	10^{-2}	32	0.27	1	5.394×10^{4}
6	$Pb_{45\%}Bi_{55\%}$	400	20	10^{-3}	50	0.4	1.4	7.55×10^{4}
7	$Pb_{45\%}Bi_{55\%}$	400	20	10^{-3}	75	0.4	1.4	7.55×10^{4}
8	$Pb_{45\%}Bi_{55\%}$	400	20	5×10^{-4}	75	0.4	1.4	7.55×10^{4}

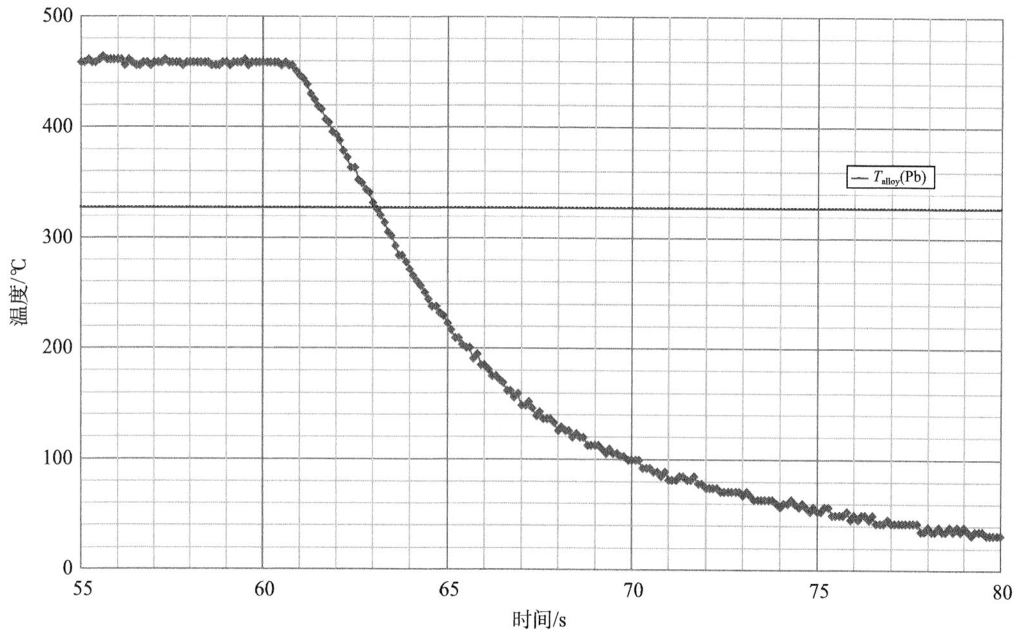

图 2.5　实验段冷却速度曲线

切下 U 形管段及其纵剖面之后，铅块壁轻易便从钢管段上脱落，这证明前文所述的钢壁不会被铅冷却剂浸润，如图 2.6 所示，管壁内表面呈氧化膜所特有的深蓝色。

(1) 快速冷凝法试验后见证件纵剖面的微观试片研究

当研究实验段管子纵剖面的微观试片时，如图 2.7 所示，发现贴壁区域内有杂质沉积，冷却剂饱含氧气条件下，杂质沉积层的平均厚度为 0.5 mm，热力学活度达到 10^{-3} 时，平均厚度为 50 μm。

在贴壁区域附近，发现凝结的冷却剂流中产生有杂质颗粒，如图 2.8 所示，但在流体轴附近区域并未发现杂质颗粒。

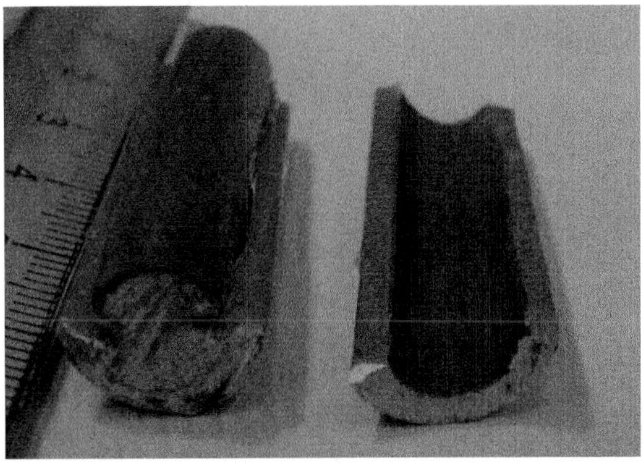

图 2.6　回路内冷却剂排空后 U 形管表面和铅块外观图

图 2.7　见证件贴壁区域照片

（放大 200 倍，$T=550$ ℃，$t=100$ h，$a=10^{-1}\sim10^{0}$，$Q=0.55$ m^3/h，$V=2$ m/s，$Re=1.074\times10^{5}$）

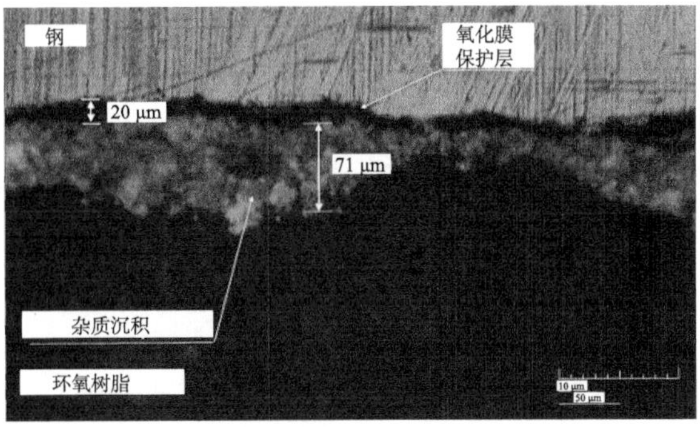

图 2.8　附着在结构材料表面的杂质层

（放大 200 倍，$Q=0.55$ m^3/h，$T=550$ ℃，$a=10^{0}$，$t=100$ h）

在与钢壁隔开的铅块表面会形成杂质，说明循环的铅冷却剂流内存在具有表面特性的外表面（薄膜），如图 2.9～图 2.11 所示。杂质颗粒从冷却剂流核心流出，停留在外表面，并慢慢汇集在一起。贴壁区域内含许多杂质颗粒，主要是 Pb 占 80%（质量分数，下同），Cr 占 0.01%，Fe 占 0.05%，Ni 占 0.01%，Bi 占 0.7%，Al 占 0.6%，Sb 占 0.01%，呈现尖晶石（Me_2O_3）的形态。所有实验中，在接触钢壁的铅块外表面上都留下了气孔或蒸汽气体气孔的痕迹，这些气孔的线性尺寸约为 1.0 mm，如图 2.12 所示。

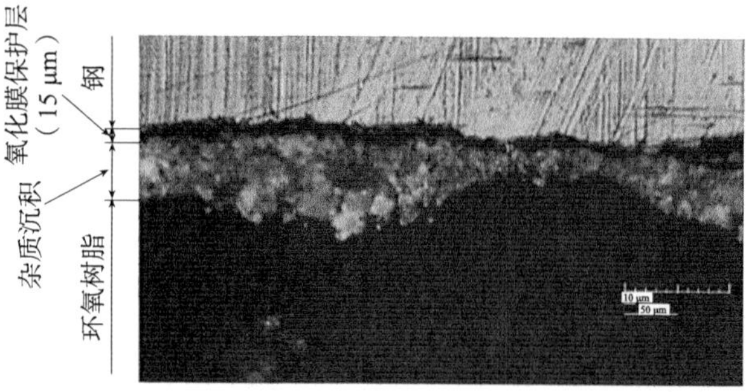

图 2.9　铅块隔开后钢表面上残留的杂质混合物

（放大 200 倍，$T=550$ ℃，$t=100$ h，$a=10^{-1}\sim10^{0}$，$Q=0.55$ m³/h，$V=2$ m/s，$Re=1.074\times10^{5}$）

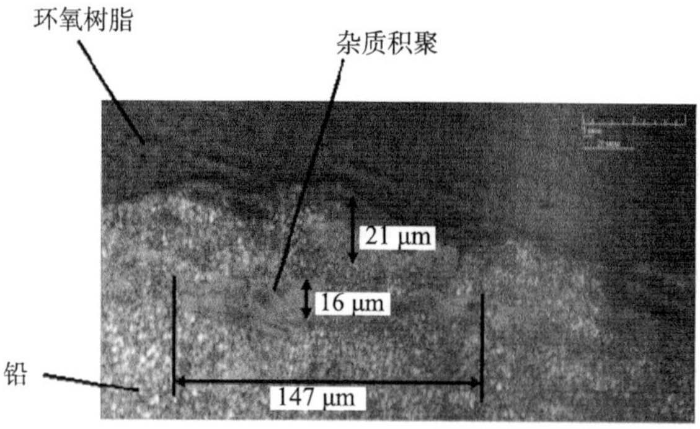

图 2.10　铅块隔开后初始冷凝铅冷却剂流中残留的杂质混合物

（冷凝铅冷却剂流放大 400 倍，$T=470$ ℃，$t=50$ h，$a=10^{-3}$，$Q=0.27\text{m}^3/\text{h}$，$V=1\text{m/s}$，$Re=5.394\times10^{4}$）

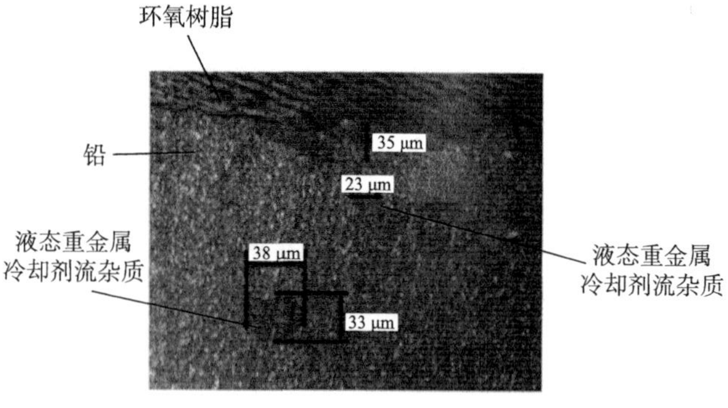

图 2.11　经铅冷却剂浸润的杂质颗粒的形成

（冷凝铅冷却剂流放大 400 倍，$T=470$ ℃，$t=50$ h，$a=10^{-3}$，$Q=0.27$ m³/h，$V=1$ m/s，$Re=5.394\times10^{4}$）

在冷凝的铅冷却剂块的表面发现有气孔或蒸汽气体气孔，这些气孔的尺寸≤10 mm，如图 2.12 所示。

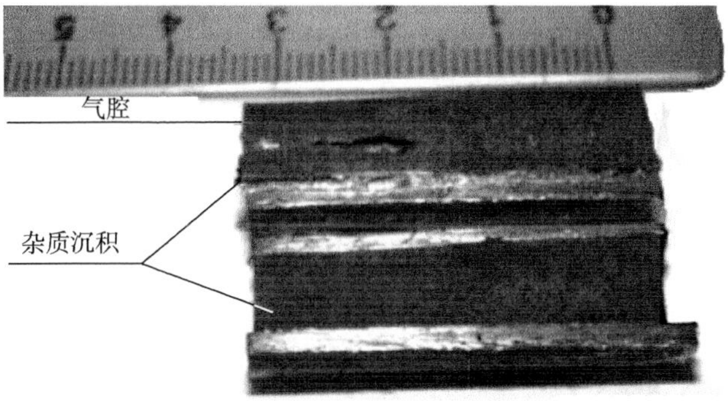

图 2.12　铅块的气孔或蒸汽气体气孔

（$T=550$ ℃，$t=100$ h，$a=10^{-1}\sim10^{0}$，$Q=0.55$ m^3/h，$V=2$ m/s，$Re=1.074\times10^{5}$）

根据以上结果，可以假设贴壁区域结构在多数情况下呈多组元结构，其结构图如图 2.13 所示。

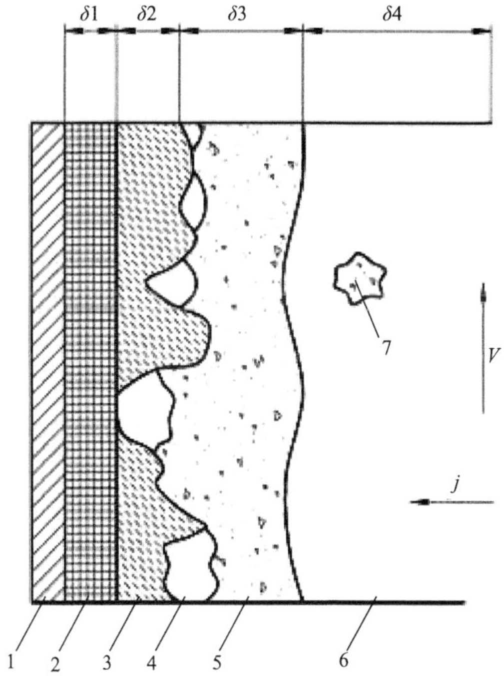

图 2.13　固体和液体金属接触的贴壁区域图

1—钢材；2—氧化膜；3—氧化膜上轻轻附着的多孔沉积层；4—由于氧化表面不被冷却剂浸润而产生的气体；5—富含杂质的紊流边界扩散层；6—紊流边界层；7—贴壁区域（5）附近冷却剂流的杂质颗粒

就聚集态而言，液态重金属冷却剂贴壁层的分散物系乃分散介质，即含固体或气体（蒸汽气体状）的冷却剂。就结构而言，则是自由分散物系。

液态重金属冷却剂贴壁区域内分散物系特性的相间作用主要取决于所形成的杂质的成分和物理化学特性、杂质所在回路的运行工况（温度）等因素。

当分散介质中溶解物对液态重金属冷却剂的分子特性产生较大影响时，试验期间，该分散物系并未发生自我分散，因此它可以看作是易溶物，又由于分散物质和液态金属的分子间作用较弱，所以某种程度上讲它还是疏液物[16]。

由于接触表面（燃料棒尾部、蒸汽发生器管道系统和主泵滑动轴承等）出现机械磨损以及气穴过程等因素，在液态重金属冷却剂分散的过程中，会克服分子间吸引力，积聚表面自由能，并在液态重金属冷却剂流的贴壁层中形成分散物系。在回路冷区等区域的过饱和溶液还可能发生冷凝，并产生新的物相（如冷却剂氧化物）。与上述物理方法不同，化学反应也可产生分散相物质。如果液态重金属冷却剂反应堆回路内的任意化学反应都能生成新物相，则可通过其制得胶体物系。

当形成分散物系时，自由表面能的积聚能提高颗粒聚合成聚集物的反向过程概率，在当前研究的液态重金属冷却剂反应堆回路条件下，冷却剂贴壁区域和自由冷却剂液位都会发生颗粒聚集的情况。

在液态重金属冷却剂贴壁区域和停滞区形成的分散物系能大大改变接触区域（钢壁和冷却剂接触区域等）在铅、铅铋冷却剂中的摩擦特性。

影响接触区域摩擦特性的主要因素是贴壁层黏度，它具有非牛顿流体特性，即接触区域内存在具有浸润特性的上述分散物系以及结构表面有氧化膜保护层。

高温铅、铅铋冷却剂试验台架循环泵的多年运行经验肯定了上述分析结果，循环泵的滑动轴承在铅、铅铋冷却剂中存在接触摩擦（干摩擦）[10]，但运行期间却并未出现卡涩的情况。

(2) U 形管及从中取出的铅块的表面粗糙度（*R*）

为确定回路中循环铅冷却剂流速、12X18H10T 牌号 U 形管表面粗糙度的变化特点与运行工况参数的关系曲线，测量了见证件的表面粗糙度，Ra 是基准长度范围内型材绝对偏差的平均算数值，Rz 是基准长度范围内 5 个最大型材和 5 个最小型材的平均绝对算数偏差总和。

分析结果表明，在液态重金属冷却剂循环的条件下，通道表面粗糙度随时间和回路内氧气热力学活度的增加而增加，即随着时间的延长以及回路内氧气热力学活度的增加，冷却剂流快速冷凝后含杂质颗粒（附着在钢表面上）的 12X18H10T 牌号 U 形管内表面、与 U 形管内表面相接触的铅块表面（如图 2.14 所示）以及冷却剂排空后的其他回路区域表面（未发生热冲击，如图 2.15 所示）的粗糙度相应增加。

在研究循环持续期间铅铋冷却剂中的表面时，分析了回路上升和下降段的表面，如图 2.16和图 2.17 所示。

分析结果表明，由于回路上升和下降段冷却剂流中的杂质发生沉积，因此 U 形管的表面粗糙度值并没有发生很大变化。

当研究氧气热力学活度对表面粗糙度变化速度的影响时，如图 2.18 所示，发现在同等的实验条件（温度、流量和循环时间）下，氧气热力学活度的上升会导致钢壁和液态重金属冷却剂接触表面的加剧粗糙。

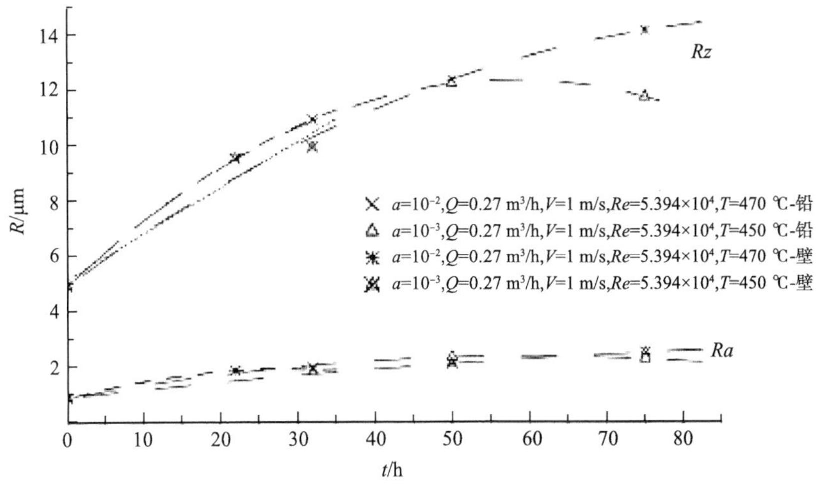

图 2.14　见证件表面粗糙度变化和循环时间的关系曲线

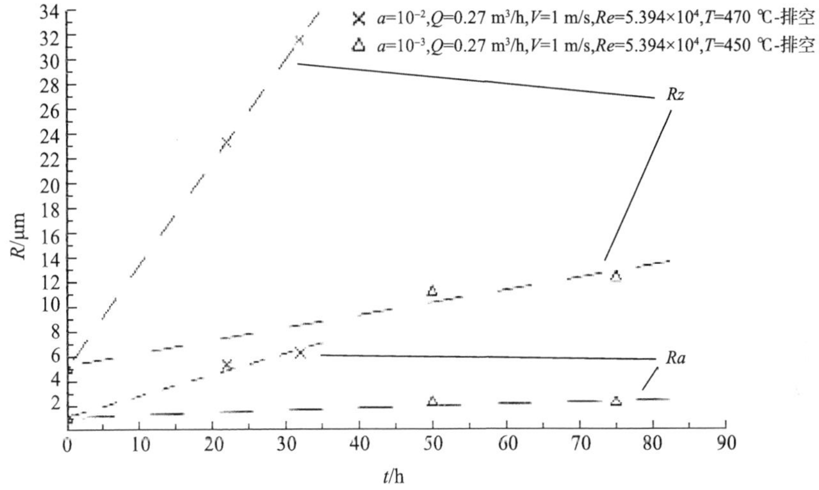

图 2.15　见证件表面粗糙度变化和循环时间的关系曲线

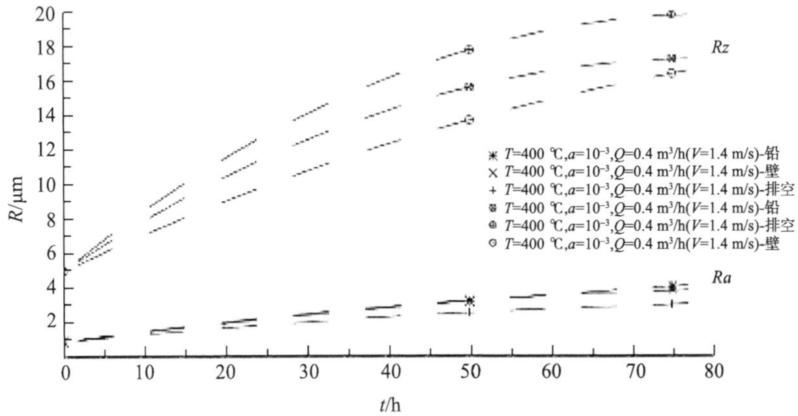

图 2.16　见证件表面粗糙度变化和循环时间的关系曲线（上升段铅铋回路）

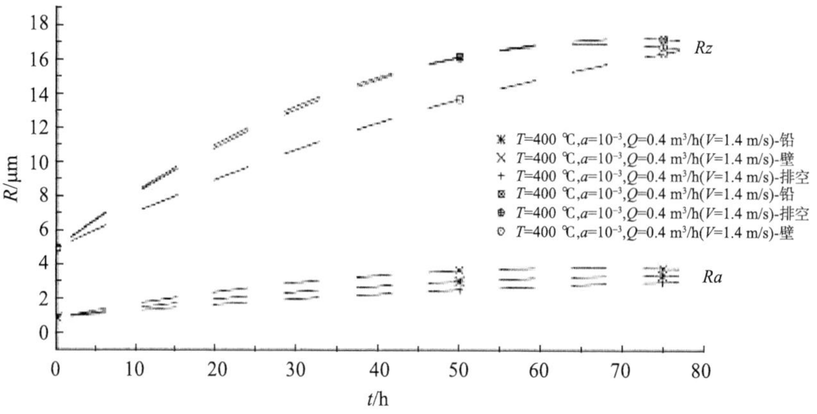

图 2.17　见证件表面粗糙度变化和循环时间的关系曲线（下降段铅铋回路）

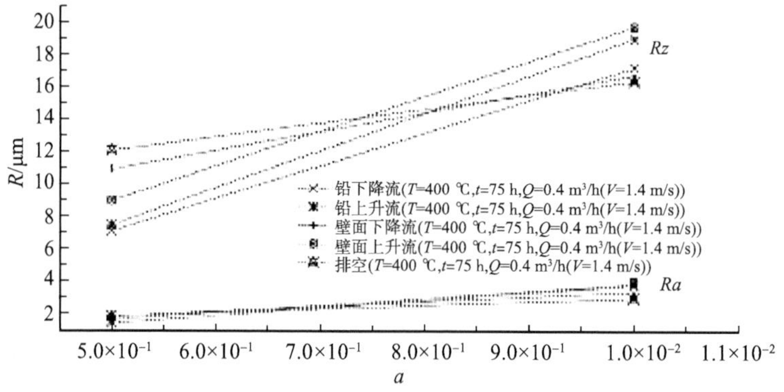

图 2.18　见证件表面粗糙度变化和铅铋液态重金属冷却剂氧气含量的关系曲线

接触铅冷却剂的 U 形管表面粗糙度会提高标准样件（供货状态下）的表面粗糙度，如表 2.2 所示。

表 2.2　经 3 个系列试验后的见证件表面粗糙度测量结果对比

	50 h，75 h，470 ℃，$a=10^{-3}$	100 h，550 ℃，$a=10^{0}$
Ra（平均）/μm	1.079	0.875 8
Rz（平均）/μm	6.938 3	4.948 5

U 形管内表面粗糙度如果发生变化，则会引起管内通道流体阻力的变化。

(3) 贴壁区域结构的显微硬度

根据 GOST R ISO 6507-1-2007 标准文件（《金属与合金维氏硬度测量第一章 测量方法》）的要求，通过正方形底面四棱锥的维氏测量法，测量贴壁区域结构的显微硬度。

试验时，根据维氏测量方法，将金刚石四棱锥压进材料表面，四棱锥顶点 $\dot{\alpha}=136°$，然后拿出四棱锥，测量压痕的对角线 d_1，计算载荷 P 和四棱锥压痕的表面面积 M 的比值，即可算出维氏硬度值（H，kgf/mm^2），计算公式为：

$$H=\frac{P}{M}=\frac{2P\cdot\sin\left(\frac{\alpha}{2}\right)}{d^2}=1.854\frac{P}{d^2} \tag{2-1}$$

式中：P ——施加的载荷；

M ——压痕面积；

d ——压痕的半数对角线。

贴壁区域结构的显微硬度测量结果如图 2.19 所示。

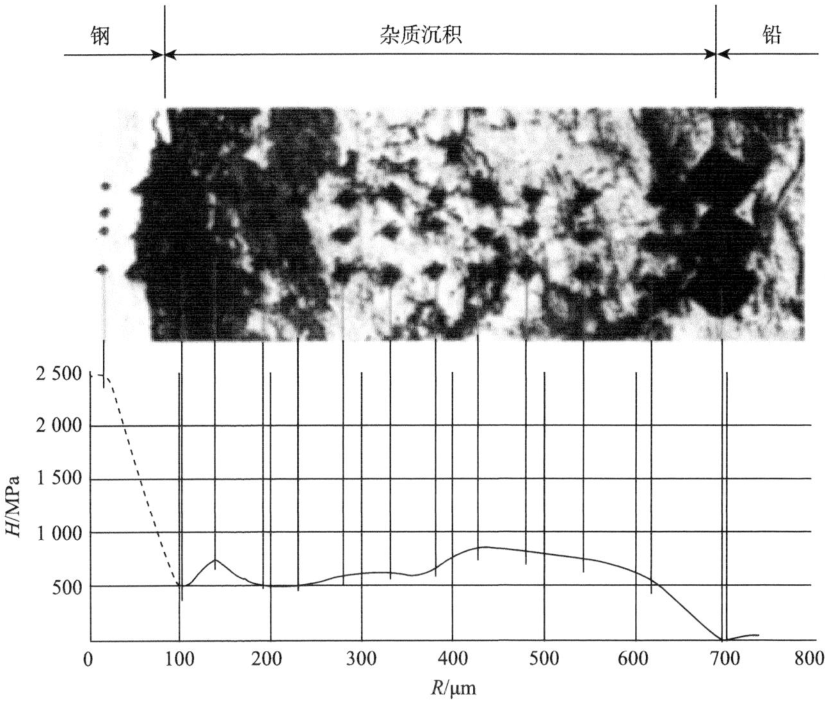

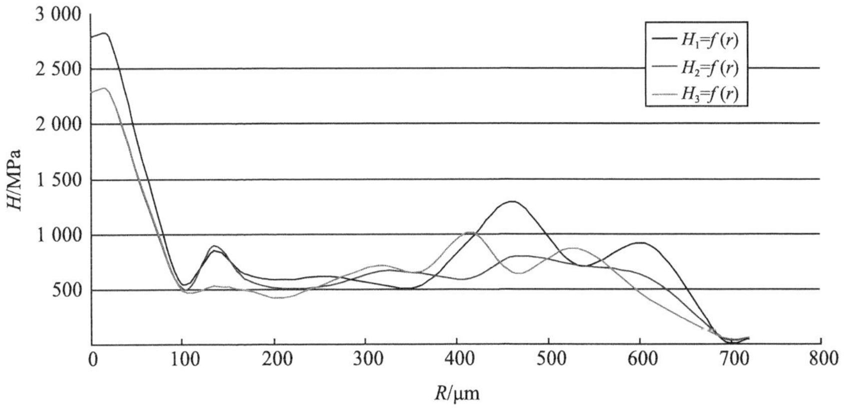

图 2.19　铅冷却剂快速冷凝后贴壁区域结构的显微硬度测量结果

（T=550 ℃，t=100 h，$a=10^{-1}\sim10^{0}$，Q=0.55 m^3/h，V=2 m/s，$Re=1.074\times10^5$）

由于见证件氧化膜区域很暗，看不清楚，无法用肉眼判断压痕的尺寸，因此无法用常用的方法测量图 2.19a 中虚线所标区域的显微硬度。

从图 2.19 可以看出，贴壁层的显微硬度（约 700 MPa）小于钢材的显微硬度（约 2 600 MPa），大于铅块的显微硬度（约 50 MPa）。

贴壁区域结构显微硬度的测量结果如图 2.20 所示，测量结果表明，贴壁层的特性具有本质的区别。

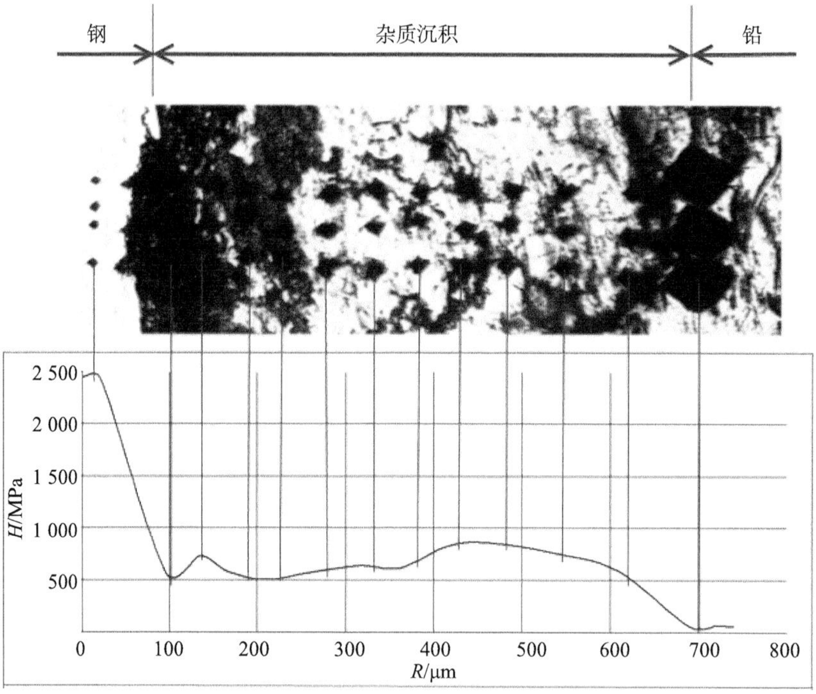

图 2.20　贴壁区域结构的显微硬度测量结果

（载荷 $P=20$ g=0.019 6 kgf，维持时间 $t=15$ s）

（4）结构材料表面沉积物的相位分析

通过 X 射线摄像监测化合物的相位独立性，在室温条件下，使用 Shimadzu 公司生产的 X 射线衍射仪 XRD-6000（CuK_{α}射线）进行拍摄，几何 X 射线片的扫描间距为 0.02Θ，拍摄间隔时间为 2Θ 10－60°，测量误差不超过 10%。

铅冷却剂循环持续期间，结构材料表面的沉积物分析表明：约 75%是 PbO 的四角形变体；约 20%是 Pb 的立方体变体；其余都是杂质。

从 U 形管（通过 U 形管实现冷却剂的循环及其快速冷凝）内表面去除的杂质构成是 Pb 占 80%，O_2 占 7.5%，Cr 占 0.01%，Ni 占 0.01%，Fe 占 0.1%，Sb 占 0.1%，Bi 占 0.7%，Sn 占 0.5%，C 占 0.1%。

铅铋低熔合金冷却剂循环持续期间，结构材料表面的沉积物分析表明：约 40%是 $Bi_{0.15}Pb_{0.85}$ 的立方体变体；约 20%是 $Bi_{0.3}Pb_{0.7}$ 的六角形变体；约 40%是 Bi 的斜方六面体变体。

在分析铅铋低熔合金循环期间结构材料表面所形成的化合物时，未发现有铅和铋的沉积氧化物，或者结构材料中铅和铋的沉积氧化物浓度比较高的情况，如果浓度比较高，则可以通过 X 射线衍射仪（与铅冷却剂介质的沉积物分析不同）确定固体溶液中是否有铋的存在，因为铋能防止铅氧化。

根据以上分析结果，可以推测出在台架冷区及其冷凝过程中铅铋低熔合金发生了分离的化学反应，其化学式为：

$$Bi_{0.55}Pb_{0.45} \rightarrow 0.39\ Bi_{0.15}Pb_{0.85} + 0.18\ Bi_{0.3}Pb_{0.7} + 0.43\ Bi \tag{2-2}$$

根据以上分析结果以及其他实验和理论计算研究，可以得出如下结论，即结构材料钢壁和液态重金属冷却剂边界层所发生的过程在很大程度上决定了贴壁区域的状态和成分，可能还在较小程度上决定了钢壁的特性。贴壁层的状态（而非钢材成分）在较大程度上决定了贴壁层内发生的腐蚀、侵蚀和其他过程。

2.2.3　溶解固体冷却剂氧化物以补充液态重金属冷却剂的设备

当温度超过 400～450 ℃时，只能通过液态重金属冷却剂反应堆回路中钢和铸铁表面形成的氧化膜保护层才能保证钢和铸铁的强度。反应堆回路设备或结构在制造过程中便会形成最初的氧化膜。当蒸汽发生器等回路设备的个别单元在一定温度下与二氧化碳、水蒸气或含氧气的气体混合物（回路外钝化）接触时，表面也可能会形成氧化膜。

在完成铅、铅铋冷却剂反应堆回路的安装和首次冷却剂充入之后，反应堆回路开始发生钝化。

此时，溶解冷却剂的氧化物，通过液态重金属冷却剂流将氧气输送至回路内结构材料的表面，结构材料遇到氧气，表面会形成氧化膜保护层。当冷却剂接触空气中氧气时，二者相互作用，并在液态重金属冷却剂的自由表面形成可溶解的氧化物。在冷却剂流中或液态重金属冷却剂液位下部的钢壁上可能会有颗粒状的氧化物。还可将浸润有液态重金属冷却剂的片剂可溶解氧化物有针对性地投入回路内的冷却剂。

在回路钝化工况下，当温度达到 350～450 ℃时，回路内结构材料表面会形成 Me_3O_4 成分的尖晶石状氧化膜保护层，冷却剂的氧气含量可以调控，如果冷却剂氧气含量下降，可以以其他方式定期补给氧气。回路钝化工况下的液态重金属冷却剂循环主要用于回路内氧气的输送。

在回路充入冷却剂之后的钝化工况下以及动力回路的长时间运行期间，单独或综合采用以下 3 种方式，可将氧气投入冷却剂。这 3 种方式分别是溶解投入到回路内的固体冷却剂氧化物，投入氧气补充液态重金属冷却剂，以及投入水蒸气补充液态重金属冷却剂。

俄罗斯联邦国家科学中心物理动力研究院（IPPE）专家建议，液态重金属冷却剂反应堆装置的设计应该采用通过旁排管线中冷却剂溶解片剂固体冷却剂氧化物（一定密度和几何形状等特点）以及液态重金属冷却剂中饱和氧气混入主循环回路冷却剂的系统。氧化物溶解（氧气投入冷却剂）速度的调节一般通过提高冷却剂流温度或者增加接触固体氧化物介质的液态金属体积实现，或者通过加快片剂溶解速度和增加固体氧化物颗粒尺寸实现，或者通过其他方式实现，如图 2.21 所示[11]。上述系统的优势在于不会形成液态重金属冷却剂固体氧化物的弥散颗粒，而且经实验证实，具有很高的处理效率。而不足之处则在于较难监测固体质量交换器中的氧化物消耗量，在高温带放射性的液态重金属冷却剂回路中较难更换固体质量交换器的工作段。通过这种方法向液态重金属冷却剂投入溶解氧的速度是每小时几毫克到几克。但该系统不适用于试验台架（形式试验台架等）回路，因为必须定期打开试验台架的回路，造成回路失密封，并进而导致氧气以每分钟几百克的速率一次性进入回路。

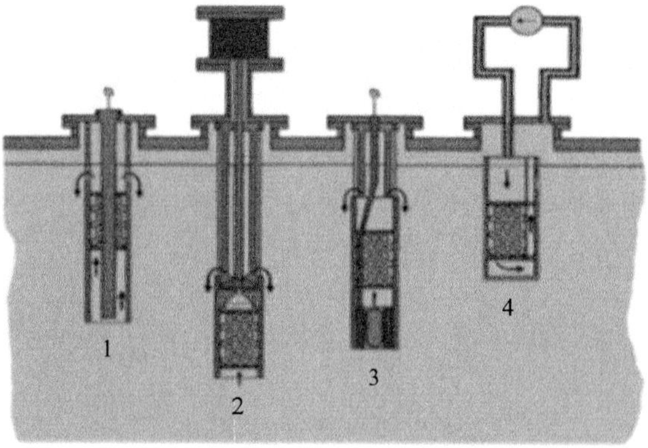

图 2.21　固态质量交换器的回路接入方案

1—带内置电加热器的接入方案（SVBR-100 反应堆装置采用的方案）；2—带自有泵的接入方案；3—带自有电磁泵的接入方案；4—气体活塞型接入方案（试验台架采用的方案）

2.2.4　投入氧气和水蒸气以补充液态重金属冷却剂的设备

通过投入氧气维持液态重金属冷却剂回路中结构材料表面氧化膜保护层的系统早已广泛应用于各种试验台架以及 705、705K 项目核潜艇的反应堆装置。上述系统的绝对优势在于其工作原理简单易懂，当液态重金属冷却剂氧气含量监测仪的信号表示氧气含量下降时，系统会向回路投入含氧气的气体混合物，而当液态重金属冷却剂氧气含量监测仪的信号表示氧气含量超出标准值时，系统则会向回路投入含氢气的气体混合物。可以向常规核电厂反应堆机组的气体空间直接输入含氧气的气体混合物。但该系统仍然存在不足之处，即液态重金属冷却剂固体氧化物的生成会比较无序。向液态重金属冷却剂流中投入回路自由表面或含氧气孔表面所形成的氧化物，氧化物溶解其中，而后溶解氧和固体氧化物颗粒经液态重金属冷却剂流输送至回路结构材料的表面，于是氧气便进入了结构材料表面。文献[10,12-13]介绍了通过喷嘴将氧气和含氢气体混合物投入液态重金属冷却剂流的系统，文献[6,14]介绍了通过喷淋设备将氧气和含氢气体混合物投入液态重金属冷却剂流的系统，705 和 705K 项目核潜艇的反应堆回路采用了喷淋设备的系统。

通过气体质量交换器投入氧气的系统更加有效[10]，其示意图如图 2.22 所示。气体质量交换器用作液态重金属冷却剂的压力腔，器身上有孔，以供液态重金属冷却剂射流流动，含喷淋室（搅混室）的气体质量交换器接入反应堆回路主泵的旁排管线。滴落到喷淋室内自由冷却剂表面的液态金属射流会截住液态重金属冷却剂自由液位下部的含氧气体混合物。由于喷淋室出口与反应堆回路的主要冷却剂流相连，含氧液态金属从气体质量交换器流出后，便汇入反应堆回路的主要冷却剂流。在下诺夫哥罗德国立技术大学 FT-4 试验台架开展 BREST-OD-300 铅冷却剂快中子反应堆装置主泵流通部分的样机试验时，采用的就是该设计方案。

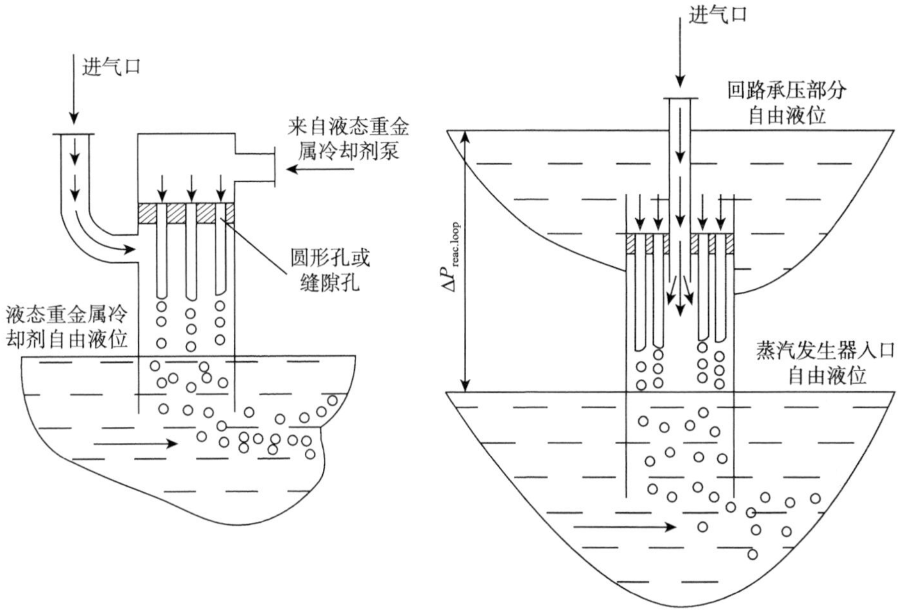

(a) 结构方案

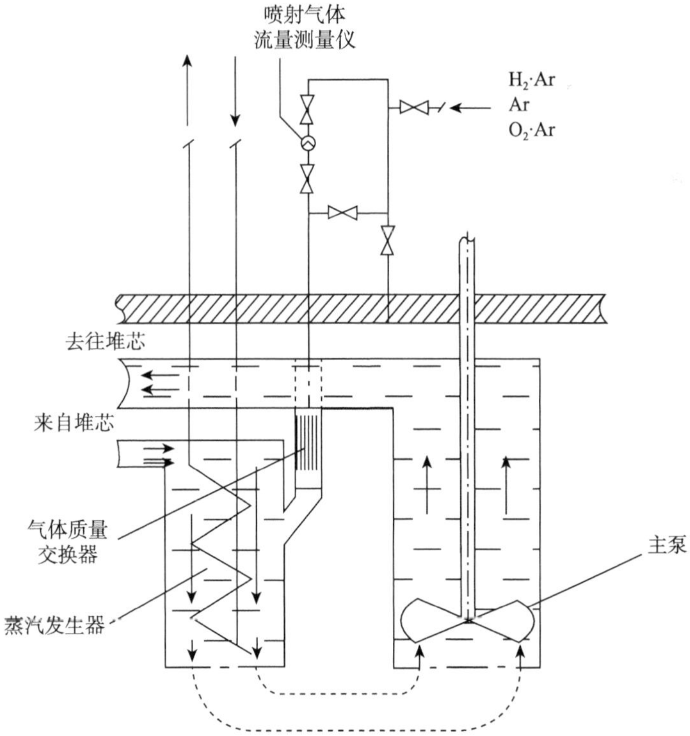

(b) 气体质量交换器的回路接入方案

图 2.22　气体质量交换器在反应堆回路内的示意图和布置方案[10]

相较于固体质量交换器，该系统的运行更为简单。该系统的绝对优势是既能增加氧气含量，又能通过投入含氢气体混合物减少冷却剂和回路中的氧化物，并去除其中的氧化物。

在 BREST 反应堆装置的设计方案中，主泵压头设有常压管，常压管内液态重金属冷却剂的排出便是通过冷却剂射流滴落到自由冷却剂表面实现的。向反应堆机组该区域的气体空间输入还原或氧化气体混合物，能有效调节反应堆回路中液态重金属冷却剂的氧化电势，并有效去除冷却剂和回路中的不溶冷却剂氧化物。

当输入水蒸气和保护气体的混合物时，液态重金属冷却剂回路中形成并聚集固体冷却剂氧化物（渣块）的概率便会大大减小。水蒸气和液态重金属冷却剂相互作用时，会分解出氧气，而后氧化液态重金属冷却剂以及随水蒸气混合物进入气体系统的氢气。

需要指出的是，如果蒸汽发生器发生微小泄漏，并且泄漏点很难发现和消除，因为运行参数下降时，泄漏点不会持续泄漏，那么无须投入氧气，以供补充液态重金属冷却剂以及整个系统的运行。蒸汽发生器微小泄漏期间，进入液态重金属冷却剂的氧气会氧化冷却剂，在此期间，可能需要投入氢气，去除回路和冷却剂中的固体氧化物（渣块）。分离期间产生的蒸汽量主要取决于液态重金属冷却剂的温度工况和蒸汽浓度。在进行工艺操作时，必须根据冷却剂氧气含量监测仪显示的读数，增加液态重金属冷却剂的氧化电势或去除其中的氧化物。

在前文所述的所有液态重金属冷却剂氧化电势调节方案中，投入氧气时，较小尺寸的蒸汽发生器产生的水蒸气会稀释氧气浓度，而含氧气体混合物从较小尺寸蒸汽发生器水层的旁排管线排出。

2.3 液态重金属冷却剂及其回路的杂质清除系统

动力回路长时间运行期间累积的冷却剂和回路杂质[6]对回路的工作性能会产生以下主要负面影响：

1）回路换热设备特性变差，受所形成的沉积物影响，堆芯导热能力变差；

2）由于回路通道表面粗糙度增大，累积了大量沉积物，通道的通过截面减小，流体阻力增大；

3）如果脱氧冷却剂的杂质进入回路和冷却剂，回路的工作性能可能会变差，直至氧化膜保护层破裂；

4）如果形成的杂质沉积层很厚，回路内机械设备的工作性能变差，直至出现卡涩，妨碍回路的后续运行；

5）保护气体系统通道上慢慢累积杂质，直至通道堵塞；

6）回路内设备的检修状态变差；

7）反应堆回路各工艺间的辐射环境变差（包括停堆期间）。

可能还会出现由回路特点所决定的其他负面后果。

杂质成分及其物理化学状态主要取决于液态重金属冷却剂回路的功能用途、回路设备构成以及所采用的材料等因素[6]。例如，由于设备研发试验台架需要经常打开回路，检查各部件状态，并更换相应部件，因此液态重金属冷却剂回路的主要杂质是打开回路时进入其中的氧气。在高温液态重金属冷却剂重离子裂变堆的正常无事故运行工况下，反应堆回路的主要杂质则是正常腐蚀和侵蚀过程中进入其中的结构材料成分。在液态重金属冷却剂靶回路中，即 ADS 次临界反应堆装置（电核反应堆），杂质成分很多，主要取决于重原子核与加速质子的作用产物，还取决于所形成的成分与回路结构材料、冷却剂和其他杂质的作用产物。

事故期间，杂质成分及其来源可能发生变化，例如，当蒸汽发生器发生回路间泄漏的事故工况时，回路中产生了水蒸气。

一般而言，杂质可能呈溶解状和分散质[6]。分散质杂质可能以颗粒和颗粒生成物（浸润有冷却剂）的形式随液态重金属冷却剂流在回路中循环往复，在自由冷却剂表面和设备内液态重金属冷却剂空间的上部区域汇聚，并在回路设备和管道的贴壁区域慢慢沉积。

为保证液态重金属冷却剂动力回路的正常状态和无事故运行，必须经常或定期清除回路和冷却剂中的杂质。

就回路运行和回路使用质量而言，最佳方案是尽可能地既定期清除回路和冷却剂中杂质，又进行回路换料、技术维保、预防性检修以及检修工作。

2.3.1　回路冷却剂氧化物的清除

清除铅、铅铋冷却剂及其回路中液态重金属冷却剂氧化物最简单常用的方法是向回路（直接向冷却剂或气体系统）中投入含氢气体混合物。当氢气与动力回路中铅、铋的氧化物接触时，会产生纯冷却剂和水蒸气。水蒸气是蒸汽发生器微小泄漏、回路工艺操作以及其他一系列工况下液态重金属冷却剂系统产生的自然杂质。氧化物还原时形成的水蒸气进入气体系统后，在专用冷凝器以及气体系统设备和管道壁上冷凝。

还可采用以下几种氢气还原的方法清除冷却剂和回路中的冷却剂氧化物，即向自由冷却剂表面输入还原性的气体混合物，向液态重金属冷却剂的空间输入还原性的气体混合物，以及同时采用上述两种方法。第一种方法最容易实现。

可通过喷淋设备[6]或喷嘴向液态重金属冷却剂流中输入还原性的气体混合物，与氧化性气体混合物的投入类似（详见第 2.2.4 节内容），如图 2.23 所示。

还可采用图 2.22 中所示流程向液态重金属冷却剂输入含氢气体混合物，具体方法是液态重金属冷却剂射流从气体腔室中流出后，滴落到自由冷却剂表面，途中截住湿润或干燥的含氢气体混合物。在液态重金属冷却剂射流滴落到自由冷却剂表面的过程中，被其截获的弥散相还原性气体混合物（≤1 mm）随反应堆回路内的液态金属流四散，有效还原了冷却剂的氧化物。在此期间，飘浮在空中的蒸汽气体气孔截住钢材成分化合物，并将其输送至反应堆机组的液态重金属冷却剂自由表面。上述系统的优势在于既可用于清除杂质工况，还可用于向冷却剂投入含氧气体混合物，从而达到增加液态重金属冷却剂氧化电势的目的。

还可通过喷嘴投入含氢气体混合物[12]，喷嘴设置在反应堆回路的循环管线上（蒸汽发生器入口等），如图 2.23 所示。但该系统的不足之处在于喷嘴通道完全有可能被氧化渣块堵塞，喷嘴形成的气孔尺寸相当大（几毫米）。

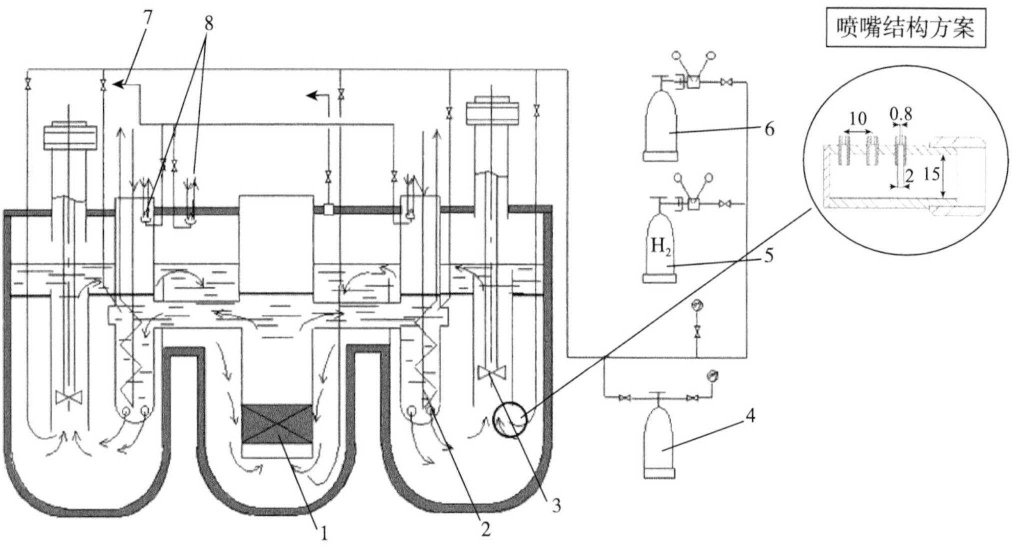

图 2.23　通过带喷嘴的气罐将气体成分投入 BREST-OD-300 铅冷却剂快中子反应堆装置回路的原理图

1—堆芯；2—蒸汽发生器；3—主泵；4—气体混合物气罐；5—氢气罐；6—氩气罐；7—冷凝液到污水罐的排水管线；8—水蒸气冷凝器

以上所有方案中，在液态重金属冷却剂自由表面和贴壁区域最有可能累积杂质的地方，可以自动清除回路和冷却剂中的冷却剂氧化物。

为清除冷却剂流中循环的弥散杂质颗粒（冷却剂氧化物、钢材成分化合物等），回路中需要安装带不同过滤元件（玻璃纤维等材料）的机械过滤器。由于液态重金属冷却剂自由表面和回路钢壁的贴壁层是自然杂质颗粒废物，因此用以清除回路中可能出现杂质沉积物（渣块）的机械过滤器的过滤效率不需要太高。在高温带放射性反应堆回路的运行条件下，机械过滤器的更换和运行等非常复杂，因此清除液态重金属冷却剂和回路中的冷却剂氧化物更宜采用氢气还原的方法，易于操作，经济性高，还能减少机组的放射性废物量。

机械过滤器通常安装在研究试验台架以及从熔罐到回路的液态重金属冷却剂供给管线上[15]。

液态重金属冷却剂系统的设计方案中并未设用于捕捉杂质的冷阱，而是利用试验台架、反应堆回路的熔罐和排放罐来沉积冷却剂，实现杂质颗粒的清除。

2.3.2　清除液态重金属冷却剂自由表面的杂质

循环液态重金属冷却剂流中的杂质很容易自然沉积在液态重金属冷却剂回路和系统设备的自由冷却剂表面，回路结构材料和液态重金属冷却剂接触表面的贴壁区域以及充有液态重金属冷却剂的设备上部段（头部），杂质在以上区域会发生重力、弥散和流体动力分离。

在铅、铅铋冷却剂反应堆装置运行期间，当回路发生事故泄漏、蒸汽发生器发生泄漏、回路发生设计腐蚀过程以及其他可能发生的事故侵蚀腐蚀过程时，液态重金属冷却剂会氧化，并在自由冷却剂表面累积一层杂质或渣块。

当使用液态重金属冷却剂和还原性气体（气体蒸汽）混合物的二元流体清除其中杂质时，会自动去除液态重金属冷却剂自由表面上的冷却剂氧化物杂质。液态重金属冷却剂氧化物和氢气发生还原反应之后，干净的冷却剂继续循环，并再次进入回路，还原反应所产生的水蒸气随之进入气体系统，并在这里冷凝，最后排入污水罐。

在氢气还原操作完成之后，液态重金属冷却剂的自由表面上仍然残留了不能被氢气还原的杂质，主要成分是钢材成分的化合物。

液态重金属冷却剂自由表面的杂质层以及回路结构材料设计腐蚀过程的产物层厚度取决于其中成分经过氧化膜保护层的弥撒过程，还取决于可能发生的回路表面局部区域破裂的事故过程。

在回路运行期间，液态重金属冷却剂自由表面杂质层的最大计算厚度可达几十毫米，而在液态重金属冷却剂自由表面靠近钢壁的上升区域（杂质浓度有限）或者其他区域，杂质层的最大计算厚度更大。

部分专家认为，反应堆装置运行期间，自由表面上慢慢累积的杂质层对反应堆回路的后续运行不会产生任何负面影响，因此对于目前俄罗斯在设计中的液态重金属冷却剂反应堆装置而言，无需清除冷却剂中的杂质。

回路内液态重金属冷却剂液位发生变化时，冷却剂可能会将自由表面的杂质带到循环回路中。当回路内发生流体动力分离及其他过程时，循环回路局部区域的杂质可能慢慢汇集在一起。在 645 项目核潜艇的铅铋冷却剂反应堆装置中，由于一侧船舷的循环回路局部区域累积了较多的氧化物渣块，大量氧化物渣块破裂，破裂后的氧化物进入反应堆堆芯，并最终导致核潜艇发生最严重的事故和损坏[2]。

在液态重金属冷却剂的自由表面上，不能被氢气还原的杂质不能长时间持续累积，必须定期清除冷却剂中的杂质。可以在反应堆装置换料、检修以及开展自由冷却剂表面杂质清除的工作操作期间，清理当中的杂质。根据 BREST 和 SVBR 型反应堆装置的运行工况，为清除液态重金属冷却剂自由表面上不能被氢气还原的杂质，研究出了以下办法[6,10]：

1）破碎杂质颗粒，然后用气流将其输送至过滤器，再由过滤器拦截当中的碎裂杂质颗粒；

2）用磁铁吸走自由表面的杂质；

3）用机械设备的移动单元拦截并清除杂质颗粒；

4）用流体动力设备清除杂质。

在回路设备自由表面最容易汇集不能被氢气还原的杂质的地方，可以长期放置上述结构各不相同的设备。比较理想的解决方案是将这些设备布置在主泵可拆卸部分上，并在主泵检修、更换或可拆卸部分液态重金属冷却剂自由表面的杂质清除工艺操作期间，完成当中杂质的清除工作。

是否必须组织开展杂质清除的工艺操作，需要根据试验台架的研究试验结果编制杂质清除工艺规程，同时试验期间还需保证相同的材料应用、工况条件和可调节参数。

2.4 冷却剂加热和液态维持系统

铅的熔点约为 326 ℃，铅铋低熔合金（$Pb_{45.5\%}$ + $Bi_{55.5\%}$）的熔点约为 125 ℃。当铅、铅铋冷却剂发生冷凝、熔化等相变时，其体积会有质的变化。

如果液态重金属冷却剂设备和管道不断多次重复错误的冷却剂冷凝和熔化过程，会导致结构钢壁的塑性变形累积，并进而造成含液态金属的容器钢壁的破裂。液态重金属冷却剂冷凝和熔化过程的正确操作是从自由冷却剂液位附近的上部区域开始，自上而下慢慢加热冷却剂，直至冷却剂熔化。

2.4.1 蒸汽（水）加热系统

由于当时的核潜艇运行工况设计考虑了将动力功率水平运行作为反应堆装置的主要生命阶段，此时反应堆内存在余热，再加上设计人员希望安全棒落棒方式比较省电，而且当时缺乏电加热器和电缆的必要结构，因此苏联的核潜艇反应堆装置的冷却剂加热和液态维持系统采用了蒸汽或水加热的方案。为维持无液态重金属冷却剂循环区域冷却剂的液态，采用了动力功率水平运行下反应堆的余热或部分热量。在反应堆装置长时间停堆工况下，则采用外部来源的蒸汽或水，其中蒸汽或水的杂质含量应符合相应的质量标准，或者采用自有电热锅炉的蒸汽或水。

苏联核潜艇液态重金属冷却剂反应堆装置的设备、管道和阀门加热系统的原理图如图 2.24所示。

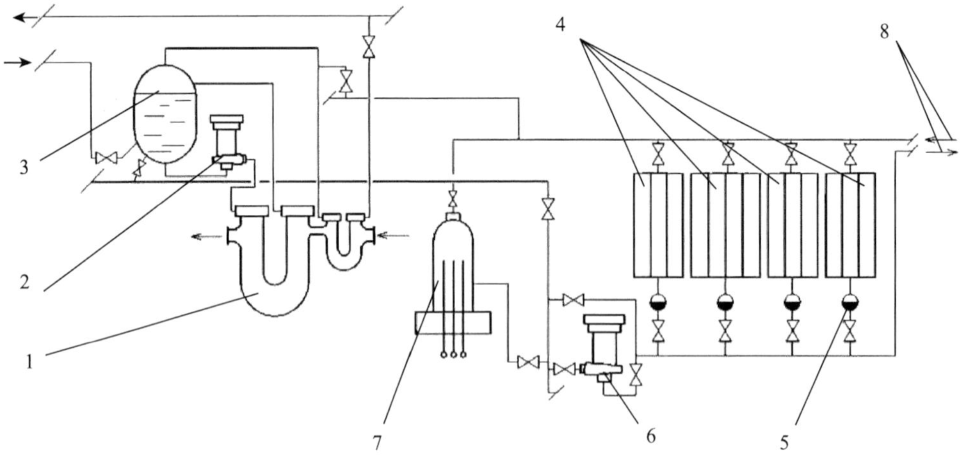

图 2.24 蒸汽加热系统的原理图

1—蒸汽发生器的蒸发单元和蒸汽过热单元；2—多流程强迫循环回路的主泵；3—分离器；
4—液态重金属冷却剂设备、管道和阀门工艺间的加热单元；5—冷凝水排放器；6—冷凝液回收泵；
7—电热锅炉；8—蒸汽供给管和冷凝液外部来源排放管

无论反应堆装置处于何种运行工况，不管是动力功率水平运行工况，还是稳态运行或其他工况，蒸汽加热系统都需要保持长期运行。蒸汽加热系统主要用于首次充入液态重金属冷却剂之前反应堆回路的首次预热。循环系统采用了 150 ℃温度以上的带压热水加热电池组、150 ℃温度以上的过热蒸汽加热电池组以及饱和蒸汽加热电池组共 3 种加热方案，如图 2.24 所示。自有系统包括蒸汽或水加热工艺间（蒸汽发生器、主泵等设备布置在其中）电池组、冷凝液回收泵、电热锅炉、管道和阀门，如图 2.24 所示。

当反应堆装置处于动力功率水平运行或带余热的停堆工况时，余热量必须保证支持蒸汽加热系统的运行，分离器中饱和蒸汽进入加热系统的压力总管，而后进入加热电池组，并在这里冷凝。

冷凝液通过调整系统的冷凝液排放器进入冷凝液总管，再通过冷凝液回收泵进入分离器的排污管线，或者再次回到分离器。反应堆装置长时间停堆期间，则由外部来源提供蒸汽，蒸汽的杂质含量应符合相应的质量标准，且核潜艇的蒸汽和冷凝液管线接入操作比较复杂。如果无法由外部来源保证蒸汽供应，则需要由自有电热锅炉保证蒸汽加热系统的运行，但试验台架的运行经验表明，需要较长时间调试系统。

液态重金属冷却剂回路蒸汽或水加热系统的安装和运行经验表明，其具有以下不足之处：第一，存在大量难以监测的焊缝（数量约为几千条），降低了系统和整个反应堆装置的可靠性；第二，调节加热电池组的介质流量时，加热系统的设计太过复杂；第三，加热系统比较耗费金属材料，质量和尺寸较大，需要设置大量阀门，不易运行；第四，若舷外水溅到加热系统表面，则系统会受到氯的腐蚀，进而受到较大的应力影响；第五，其他一系列问题。对于液态重金属冷却剂的常规反应堆机组而言，不宜采用蒸汽或水加热系统。

2.4.2　电加热器系统

对于未来的液态重金属冷却剂反应堆装置而言，冷却剂加热和液态维持系统的最佳方案是采用电加热器，可以是内外设液态重金属冷却剂加热空间的电加热管，还可以是直径达 1～3 mm 的螺旋镍铬金属丝点加热单元，外层设堇青石或陶瓷电加热丝。螺旋电加热丝设在或缠在待加热设备、管道和阀门的外表面。螺旋电加热丝和电加热管可以布置在反应堆回路设备工艺间的钢壁。

使用电加热系统能更简单地解决加热部分的温度调节和系统部件的备用问题，能提高整个反应堆装置的可靠性。

所以液态重金属冷却剂回路研究试验台架都采用了以下电加热系统：

1）螺旋电加热丝或电加热管，以加热设备和管道；

2）功率更大的液态重金属冷却剂电加热器。

2.5　液态重金属冷却剂设备的冷却回路

与钠冷却剂反应堆装置设备不同，液态重金属冷却剂和保护气体系统回路的设备由水冷却。

液态重金属冷却剂设备的标准冷却回路包括：

1）冷却水循环泵，两用一备；

2）由工业水导出回路热量的热交换器，不少于两台；

3）扩容缓冲罐，以充入和补充回路中的冷却剂，主要起稳压器的作用，罐体接入泵的入口管线，罐内的气体空间与专用通风系统的气氛相连；

4）内有冷却剂循环的主泵、气体系统蒸汽冷凝器、反应堆旋塞、生物屏蔽单元、生物屏蔽水罐等液态重金属冷却剂回路设备的内腔，以及替换液态重金属冷却剂阀门被冻住密封的备用密封的内腔；

5）其他设备；

6）管道和阀门；

7）监测仪表。

与水冷却剂的类似反应堆回路不同，液态重金属冷却剂反应堆回路的放射性冷却剂不会进入设备的冷却回路，因此工业水循环的设备内腔压力无需超过热交换器中放射性设备冷却回路的压力，在液态重金属冷却剂冷却腔进入放射性设备冷却回路的管线上无须设置两个截止阀。

解冻主泵轴封冷却腔的特点是当泵轴和泵壳间隙中的液态重金属冷却剂急剧增加时，间隙温度超过冷却剂熔点，此时很难取出冷却剂，必须烘干冷却腔内的水分才能取出。

液态重金属冷却剂回路设备的冷却腔，如替换阀门拉杆被冻住密封的备用密封（如果有）冷却腔，一方面应能保证密封中液态重金属冷却剂在所有温度工况下都能冷凝，而另一方面又能在液态重金属冷却剂无法形成循环时避免阀门内腔的冷却剂冷凝。上述技术难点曾出现在可移动反应堆装置中，工业水（舷外水）的温度在－2～32 ℃范围内变动，那么相应地，液态重金属冷却剂设备冷却回路的冷却水温度也在相应范围内变动。

2.6 液态重金属冷却剂和保护气体系统参数的专用监测设备

一般通过克罗梅尔铬镍铝合金或水滴状克罗梅尔铬镍合金材料的埋入式热电偶监测铅、铅铋冷却剂的温度，热电偶外层是奥氏体不锈钢或其他钢材的壳体。通过表面热电偶或电阻温度计监测液态重金属冷却剂回路原理图中的设备和管道表面温度。为保证生物屏蔽下回路表面的一次温度传感器后续能更换，采用柔韧的补偿电缆或其他电缆，电缆布置在专用的不可拆卸通道（管子）内，管子起柔韧电缆导向元件的作用。一次温度传感器的更换操作如下：从导向管或套管中取出尾部装有热电转换器或敏感元件的柔韧电缆，并在原传感器的安装位置放入新的一次温度传感器。液态重金属冷却剂或回路表面的温度监测仪表包括一次传感器、电缆、二次仪表和读数显示仪。一次温度监测传感器的信号可以接入信息收集、处理和提交系统，参数调节系统，自动控制保护系统以及气体系统的入口，还可以接入告知操作人员的读数显示仪。已建和在建液态重金属冷却剂回路的温度测量范围一般是 0～6 000 ℃，测量误差由仪表的具体功能用途决定。

在待加热的回路部件上安装热电转换器时，电加热单元的每个螺旋电加热丝、每个蒸汽加热单元或其他加热单元的下方必须装入不少于一个热电转换器。对于科研用的热电转换器，通常应该进行单独的校准。

通过就地的压力表和真空压力表、与控制板二次仪表和读数显示仪相连的压力传感器来监测保护气体系统的压力，压力表和真空压力表应该由截止阀切断。

压力表、真空压力表以及压力传感器的安装和控制区域接入应该严格遵守相关标准文件的要求。反应堆回路气体系统的压力表类型及其控制区域接入应该避免回路内放射性冷却剂排向工艺间，苏联的铅铋冷却剂可移动反应堆装置曾发生过类似事故。

通过压力罐（分离罐）测量试验研究台架液态重金属冷却剂回路的局部点压力的方法得到了广泛的应用，如图 2.25 所示[6]。当然还可以使用压力传感器，其敏感元件直接处于高温的液态重金属冷却剂介质中。

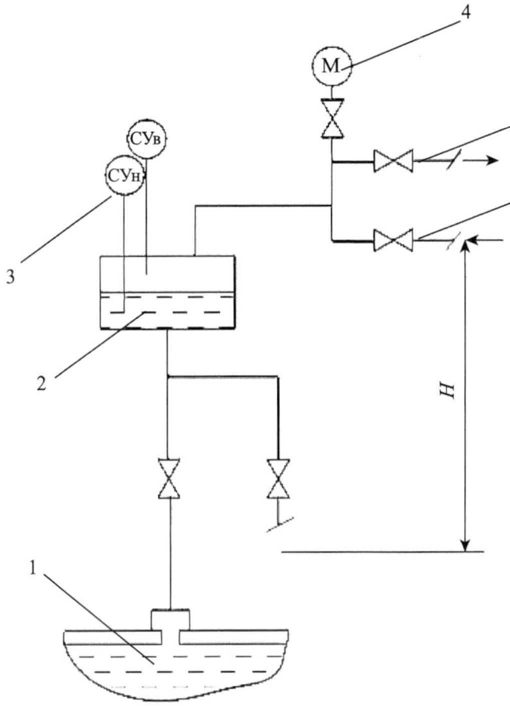

图 2.25　回路局部测量点（测量液态重金属冷却剂压力）的压力罐（分离罐）接入图
（下诺夫哥罗德国立技术大学）
1—液态重金属冷却剂压力测量区域；2—压力罐（分离罐）；3—电接触液态重金属冷却剂液位信号仪；
4—压力表；5—高压气体供给管线；6—去往大气的排气管线

在按图 2.25 所示方法测量回路 1 号局部测量点的液态金属压力之前，压力罐（2）与高压气体供给管线（5）相连，后者的气体压力明显超出 1 号局部测量点的液态重金属冷却剂压力，打开压力罐（2）和 1 号局部测量点之间连接管线上的阀门，关闭高压气体供给管线（5）上的阀门。通过压力表（4）监测压力罐（2）的气体压力，间歇性地微开去往大气的排气管线（6）上的阀门，直至下部电接触液位信号仪（$СУ_Н$）发出信号，管道内气体随之排往大气，电路接通时，亮起信号灯，关闭排气管线（6）上的阀门，下部和上部电接触液位信号仪（$СУ_Н$ 和 $СУ_В$）间隙的液态金属液位慢慢稳定下来。为了能更精准地测量冷却剂液位，投入敏感元件沿高度方向移动的液位信号仪。1 号局部测量点的液态重金属冷却剂压力取决于总高度 H（m）和压力表显示的气体压力（kgf/cm^2，atm）。如果必须测量压力罐和几个测量点之间管线上的液态重金属冷却剂压力，则需要将压力罐依次接入这几个测量点或在每个测量点放置一个压力罐。

如果测量压力时下部和下部电接触液位信号仪相继接入电路，则立即微开管线上的阀门，并利用高压气体供给管线的气体将冷却剂排入回路，断开上部电接触液位信号仪之后，立即关闭高压气体供给管线（5）上的阀门。

如果运行人员操作不当，液态金属可能急剧增加，然后进入带压力表（4）的气体管线，则后续需要采取一系列比较复杂且耗时耗力的措施，将液态金属排出（排空）至压力罐和回路。

如果必须测量液态重金属冷却剂流的动态扬程，下诺夫哥罗德国立技术大学的研究人员通过皮托管测出试验研究台架冷却剂流的总压力和静压力，算出二者差值，再得出动态扬程，如图 2.26 和图 2.27 所示。

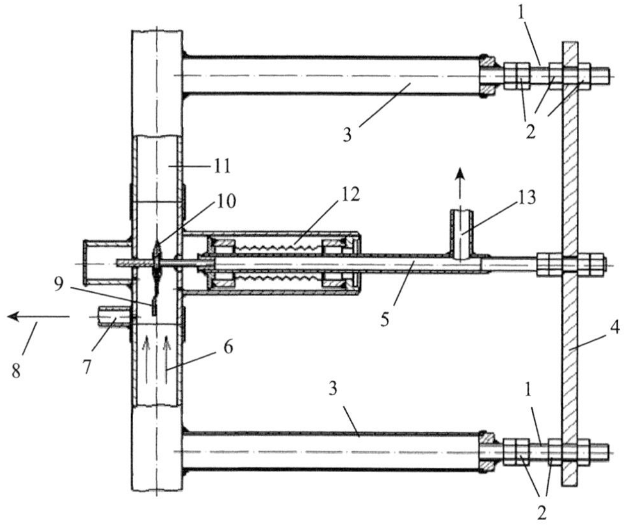

图 2.26　圆管中液态重金属冷却剂流横截面的压力场传感器示意图

（下诺夫哥罗德国立技术大学）

1—定位销；2—移动螺帽；3—承压杆；4—定位板；5—连接管；6—液态重金属冷却剂流向；7—潜在扬程测量孔；8—潜在扬程测量罐排出管；9—毛细管；10—探头；11—实验段管；12—波纹管；13—全扬程测量罐排出管

在苏联的可移动反应堆装置中，采用无线电干扰传感器监测铅、铅铋冷却剂的自由液位。而在液态重金属冷却剂的形式试验台架和试验研究台架中，则普遍使用电接触液位信号仪监测铅、铅铋冷却剂的自由液位。电接触液位信号仪的工作原理如下：氟塑料等材料的绝缘子自上而下穿过仪表盖塞子进入液态重金属冷却剂回路部件的气体空间时，投入沿高度方向不可移动或可移动的绝缘密封电极，电极接入带电源的电路，电路内自有液态重金属冷却剂液位的高度可变。电路接通的信号接入电路的电灯或表示电路闭合的其他元件（电铃、电压表和电流表等）。

信号仪上部电极可以移动，如此可以监测出液位的高度变化，而不是单个不连贯的自由液位。

干净液态重金属冷却剂自由液位的测量误差较小，主要取决于顶部电极下断面的液位

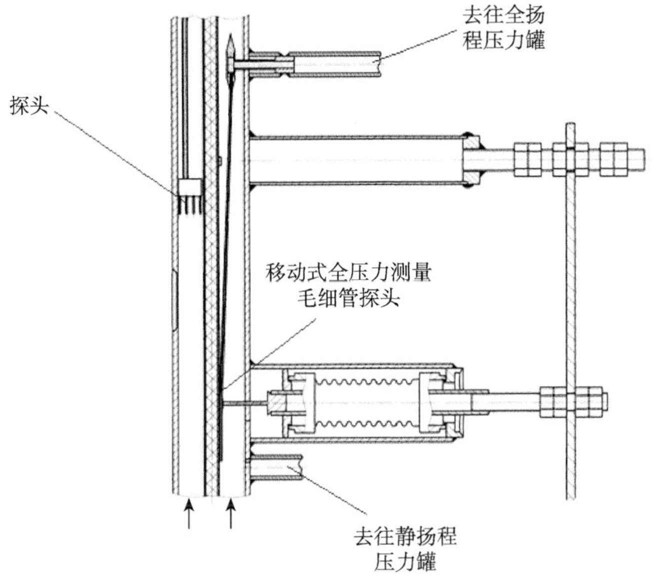

图 2.27　环形间隙中液态重金属冷却剂流横截面的压力场传感器示意图
（下诺夫哥罗德国立技术大学）

测量误差。如果自由表面上有一层厚达几毫米及以上的氧化渣块，由于渣块厚度决定液态重金属冷却剂的液位，则液位的测量结果不准。

在研究试验台架中，需设专用容器或其他设备，容器容积根据上下部电接触液位信号仪进行校准，通过容积法监测液态重金属冷却剂的流量。测量流量时，测量罐的气体空间与液态重金属冷却剂回路的气体空间相连，关闭测量罐旁排管线上的阀门以及测量罐入口管线上的阀门，如图 2.28 所示。

液态重金属冷却剂的流量取决于上下部电接触液位信号仪电路校准容积（V_{cha}）和时间间隔 t（s）的比值，高度 Δh 对应测量罐入口管线上阀门从开到关期间液态重金属冷却剂的容积。在选择测量罐相对回路循环管线、管道流通截面和测量罐液态重金属冷却剂接管的布置方案，入口管线上阀门的流体阻力以及测量罐直径和高度时，应该考虑测量罐到循环泵入口区域循环管线的流体阻力和标高，或者考虑液态重金属冷却剂流到自由表面时冷却剂中断位置的流体阻力和标高。

回路充入液态重金属冷却剂期间，测量冷却剂高度时，考虑到冷却剂的密度较大，测量罐到循环泵入口区域和测量罐入口区域循环管线的流体阻力和标高总量差值形成测量的主要误差。测量罐内充冷却剂时，如果自由冷却剂表面的剖面不均匀，也会影响到测量误差。当测量罐呈圆柱形几何形状时，建议高度 H 和罐的直径比不超过 1。

在完成流量测量之后，根据试验台架下部电接触液位信号仪以及循环管线气体起泡时的管道振动变化值，监测测量罐内液态重金属冷却剂的排出情况，用含氢气体混合物排出冷却剂的效果较为理想，因为能避免杂质渣块在钢壁、接管和测量罐冷却剂输入排出管线汇集，测量罐入口管线上阀门栓泄漏。

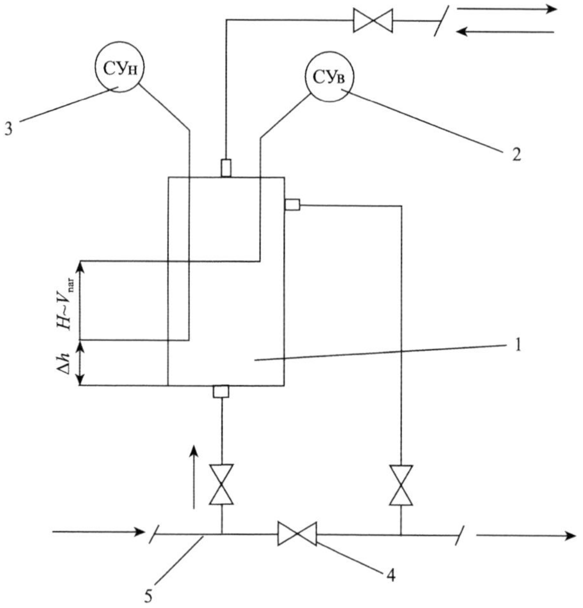

图 2.28 测量罐接入液态重金属冷却剂回路的示意图

1—测量罐；2、3—上部和下部电接触液位信号仪；4—旁排阀；5—循环管线

为监测试验台架的液态重金属冷却剂流量，可使用磁力流量计和电磁流量计，并定期用容积校准流量计，每 10～24 h 校准一次。磁力流量计和电磁流量计的缺陷是可能大幅增加测量误差，当液态重金属冷却剂杂质的物理化学状态发生较大变化时，如深度脱氧等条件下的氧气、铁、铬、镍及其化合物，由于在横向磁场和液态重金属冷却剂流交叉的局部管段处，冷却剂流一侧的杂质可能发生沉积，因此传感器可能会完全失去信号。

俄罗斯试验研究台架一直采用传统的流量计，流量计的垫片可以校准，或者流量计内设控制垫片前后压力的节流装置，符合相关标准文件的要求。但是该类型的流量计存在一系列不足之处，如运行较为复杂，侵蚀或沉积杂质（氧化渣块）堵塞导致的垫片流通截面几何形状可能发生变化以及流体阻力较大等。

在俄罗斯在役和设计中的反应堆装置中，由于回路循环管线的长度有严格限制，对流量计安装前后冷却剂流稳定区域也有严格要求，因此不用监测循环回路内的铅、铅铋冷却剂流量。

为测量圆管和缝隙中液态重金属冷却剂的局部流速和流量值，下诺夫哥罗德国立技术大学的试验研究台架普遍使用了皮托普朗特管[2-3]。

必须根据回路的具体功能用途，监测铅、铅铋冷却剂、回路表面、保护气体中液态重金属冷却剂的自由表面以及液态重金属冷却剂回路内表面的物理化学状态和杂质含量。回路表面、保护气体中氧化渣块以及液态重金属冷却剂的杂质成分和含量可通过专用取样器取样分析（通过物理化学或运行监测的方法）进行监测[6]，但是在回路和气体系统取样点到取样器的输送过程，取样（冷却剂冷凝、蒸汽在气体取样器表面冷凝等）过程，样品送至分析点以及分析过程中，杂质的物理化学状态和成分可能发生很大变化。

为确定铅、铅铋冷却剂反应堆回路的状态，可在回路外布置用以测量冷却剂和保护气体中放射性核素含量的监测仪表，γ 仪与 β 仪[6]。在 705 和 705K 项目核潜艇的反应堆装置中，为监测燃料棒包壳的密封性，在保护气体系统中使用了 γ 活度传感器。

为监测燃料棒包壳的密封以及液态重金属冷却剂对燃料的侵蚀情况，应该在距离堆芯较远处设置中子传感器。

铅、铅铋冷却剂以及保护气体中水或水蒸气的监测仪表能记录下冷却剂中所进入的水或水蒸气杂质含量[6]。在苏联核潜艇的所有液态重金属冷却剂反应堆装置中，都在气体系统中布置了事故蒸汽冷凝器，如果冷凝器内出现了冷凝液液位，则证明蒸汽发生器发生了泄漏事故。当液态重金属冷却剂一元流体流动时，超声波信号在贴壁区域内慢慢减弱，会出现假信号，因此在蒸汽发生器发生回路间泄漏的事故工况下，超声波传感器不适用于液态重金属冷却剂流中蒸汽含量的测量[6]。

而研究试验台架则普遍使用电接触液位信号仪，以监测液态重金属冷却剂流中蒸汽（气体）气泡的大小和数量[6]。

由于收到的信息有限，湿度计（一般布置在气体系统内）不适用于液态重金属冷却剂回路中所进入的水和蒸汽含量的监测。在任意数量的水或水蒸气进入气体系统之后，布置在气体系统内的湿度计将显示对应气体系统冷区饱和蒸汽压力的常量。

监测反应堆回路和保护气体中所进入杂质的一个有效方法是定期或连续不间断地进行保护气体的色谱监测，这种方法可能是液态重金属冷却剂反应堆装置所必须采用的监测方法。

对于试验堆和研究堆而言，建议采用监测反应堆回路的环路中液态重金属冷却剂流中放射性杂质或其他杂质含量的方法，可以设置一些测量仪表或设备。

铅、铅铋冷却剂的堆内和堆外回路普遍采用液态重金属冷却剂中氧气含量监测仪[6,10]，氧气含量监测仪的工作原理是固体电解质（电流浓缩电池）壁面与氧气侧的离子导电率之间的电动势变化，也即液态重金属冷却剂中氧气热力学活度传感器。电流浓缩电池的一个壁面接触标准介质，另一个壁面接触可以调控的液态重金属冷却剂流或液态重金属冷却剂空间。当代铅、铅铋冷却剂回路和系统的运行不能脱离其具体的功能用途。

参考文献

[1] Шмаков Р А. Создание первой отечественной атомной подводной лодки с жидкометаллическим теплоносителем. Проект 645 [C]//Доклад на четвертой конференции Тяжелые жидкометаллические теплоносители в ядерных тенологиях (ТЖМТ—2013), ГЦН РФ ФЭИ, г. Обнинск, РФ, 2013.

[2] Громов Б Ф. Создание РУ со свинцово-висмутовым теплоносителем для АПЛ. Краткая история, обобщенные итоги эксплуатации [C]//Доклад на конференции Тяжелые жидкометаллические теплоносители в ядерных техологиях (ТЖМТ—98), ГЦН РФ ФЭИ, г. Обнинск, РФ, 1998.

[3] Осипенко Л, Жильцов Л, Мормуль Н. Атомная подводная эпопея. Подвиги, неудачи,

катастрофы[M]. Изд-во А/О Боргес, 1994.

[4] Безносов А В, Бокова Т А, Молодцов А А, и др. Особенности аварийного теплоотвода в реакторах со свинец-висмутовым и свинцовым теплоносителями [J]. Атомная энергия, 2006, 101(5).

[5] Alemberti A, Mansani L, Frogher M. The ELFR Industrial Plant and ALFRED Demonstration [C]//Доклад на четвертой конференции Тяжелые жидкометаллические теплоносители в ядерных тенологиях (ТЖМТ—2013), ГЦН РФ ФЭИ, г. Обнинск, РФ, 2013.

[6] Безносов А В, Драгунов Ю Г, Рачков В И. Тяжелые жидкометаллические теплоносители в атомной энергетики[M]. ИздАт., 2007:434.

[7] Новожилова О О. Результаты исследований и обобщение характеристик при продольном обтекании поверхностей тяжелыми жидкометаллическими теплоносителями: дис. на соиск. ученой степ. кан. тех. наук: 05.04.11. НГТУ, Нижний Новгород, 2010:212.

[8] Савинов С Ю. Теплообмен и Гидродинамика тяжелых жидкометаллических теплоносителей в поперечном магнитном поле: дис. на соиск. ученой степ. кан. тех. наук: 05.04.03. НГТУ, Нижний Новгород, 2010:242.

[9] Молодцов А А. характеристики теплообмена от свинцового теплоносителя в оборудовании ЯЭУ при эксплуатационном содержании в нем примесей: дис. на соиск. ученой степ. кан. тех. наук: 05.04.11. НГТУ, Нижний Новгород, 2007:296.

[10] Безносов А В, Бокова Т А. Оборудование энергетических контуров с тяжелыми жидкометаллическими теплоносителями в атомной энергетике: учебное пособие. Нижегород. гос. техн. ун-т. Нижний Новгород, 2012:536.

[11] Мартынов П Н, Асхадуллин Р Ш, Легких А Ю, и др. Анализ средств твердофазного регулирования кислородного потенциала в ТЖМТ. Доклад (45) на четвертой конференции Тяжелые жидкометаллические теплоносители в ядерных тенологиях (ТЖМТ—2013).

[12] Безносов А В. Пат. РФ №2192052. Ядерная энергетическая установка. опубл. 27.10.2002.

[13] Безносов А В. Пат. РФ №224735. Ядерная энергетическая установка. опубл. 14.08.2003.

[14] Безносов А В. А.С. СССР №1811315. Ядерная энергетическая установка. опубл. 28.02.1990.

[15] Безносов А В. Пат. РФ №2230379. Фильтр очистки тяжелого жидкометаллического теплоносителя. опубл. 10.06.2004.

[16] Фридрихсберг Д А. Курс коллоидной химии. Ленинград, Химия, 1984:358.

第3章 铅、铅铋冷却剂反应堆回路主要设备

反应堆回路设备的构成和结构设计取决于反应堆装置的功能用途、原理图和布置方案，以及冷却剂、功率等其他一系列因素。一般而言，反应堆装置的构成包括核能转换成热能的一整套系统和设备，其中包含反应堆以及直接接入反应堆的系统。根据 ОПБ-88/97、НП-001-97 和 НП-082-07 等俄罗斯标准文件的要求，当反应堆其他系统满足辅助保障功能时，它们必须能保证反应堆的正常运行、事故冷却、事故保护和安全运行。

液态重金属冷却剂裂变反应堆回路（一回路）的构成包括反应堆（含堆芯）、蒸汽发生器、主泵、气体系统等主要设备，可能还包括换料设备。如果堆芯整个布置在可抽出部分内，则无须设置堆内换料设备，小功率反应堆装置便采用的是这种布置方案。液态重金属冷却剂的充入系统、排出系统（如有必要）直接接入一回路。

3.1 铅、铅铋冷却剂重原子核裂变反应堆

反应堆回路的核心部件是反应堆，用于将铀、钚等重原子核裂变产生的原子核结合能转换成反应产物的动能和波能，这些反应产物主要是原子质量较小的原子核、α 和 β 粒子、次生中子、γ 射线以及中微子束。

反应堆包括堆芯，堆芯内设能实现可控链式裂变反应和向冷却剂传递能量的核燃料、慢化剂、吸收材料、冷却剂、反应性控制设备以及各类结构部件。

堆芯的大部分核子结合能都转换成热能。反应堆回路的冷却剂（一次冷却剂）用于导出堆芯内的热量。重原子核的中子物理裂变反应并不取决于冷却剂类型，而主要取决于堆芯内的燃料成分、中子能谱以及结构材料。重原子核裂变所产生的中子能也被称作裂变快中子能，除可裂变同位素之外，既不取决于冷却剂类型，也不取决于堆芯的材料成分。

液态重金属冷却剂的核物理特性与水、钠等传统冷却剂的核物理特性有所不同。相较于普通的水冷却剂，铅、铋和钠都不能用作重原子核裂变中子的慢化剂，但却更适合于大部分参与核裂变反应中子的中子能约等于裂变时刻所产生中子的中子能的反应堆。由于堆芯内快中子的能量较大，因此能从重原子核的不裂变中子同位素制得可裂变中子同位素和二次核燃料，具有一定的增殖系数。由于铅、铅铋和钠冷却剂具有上述增殖特性，因此能更加有效地（效率能高出一个及以上的数量级）利用地球的核能原材料储备资源。又由于铅、铅铋低熔合金具有比钠更高的防爆安全性和消防安全性，因此核能行业正在推广其应用。在铅铋冷却剂反应堆堆芯的中子流中，铋会产生具有生物危害的放射性核素 ^{210}Po，

^{210}Po 衰变产生 α 粒子。在可移动反应堆装置的铅铋低熔合金回路中，受运行工况影响，^{210}Po 的放射性活度可达到 0.1～1.0 Ci/kg[1]。而在铅冷却剂反应堆的堆芯中，核反应产生同位素 ^{209}Bi 的杂质，^{209}Bi 是铅冷却剂的自然杂质。

铅冷却剂反应堆回路发生核反应，产生 ^{210}Po 的杂质，并不断累积，其 ^{210}Po 的源强度明显小于铅铋冷却剂反应堆回路中 ^{210}Po 的源强度，这是铅冷却剂相较于铅铋冷却剂的一个优势。在液态重金属冷却剂反应堆装置正常运行期间，反应堆回路会产生 ^{210}Po 杂质。与苏联可移动反应堆装置核潜艇不同的是，在 SVBR、BREST 等液态重金属冷却剂反应堆装置核电厂的布置方案中，除检修和换料之外，冷却剂不可能发生事故溢出或者事故溢出的概率较小。俄罗斯铅铋冷却剂反应堆装置的运行、检修、换料经验以及研究结果表明，可以大幅减小液态重金属冷却剂回路中 ^{210}Po 产生和累积所带来的不良后果。

与钠冷却剂不同，受物理化学特性影响，铅、铅铋冷却剂反应堆装置的特点是内设两个传热回路。当液态重金属冷却剂反应堆装置蒸汽发生器发生回路间泄漏的事故工况时，水和水蒸气会进入冷却剂中，如果进入快中子反应堆堆芯的水分子数量超出额定量，则很有可能发生反应堆功率突增的最严重事故工况。为避免上述事故工况的发生，应该从堆芯结构、运行人员操作以及自动控制系统等方面采取相应保障措施。

在运行温度的数值范围内，液态重金属冷却剂的定压热容值低于水的比定压热容值，约为 140～150 J/（kg·℃），因此必须将反应堆堆芯出入口冷却剂温度差值 Δt_c 增至150～200 ℃，该差值接近钠冷却剂反应堆装置的 Δt_c，但却是压水堆 Δt_c 的 5～7 倍。由于液态重金属冷却剂的热容较小，在反应堆安全棒落棒时，反应堆回路的各类设备会受到较大的热冲击，因此需要采取相应的技术方案，将结构材料的热应力降低至允许值范围内。

液态重金属冷却剂的沸点较高，达到 1 600～1 700 ℃，在堆芯出口运行温度达到 600 ℃时，自由冷却剂表面上方的气体压力较低，达到 0.01～0.1 MPa，因此相较于压水堆和气体冷却剂反应堆装置，液态重金属冷却剂反应堆装置堆容器壁厚的要求较低。相较于钠和水冷却剂，铅、铅铋冷却剂的特点是沸点高于燃料棒包壳材料的熔点，因此堆芯释热表面不存在换热临界的问题。

浸在液态重金属冷却剂中的燃料棒包壳和其他结构的材料强度只能通过表面形成的氧化膜保护层保证，因此对维持冷却剂的氧化电势提出了更高的要求，如此才能维持表面的氧化膜，避免氧化膜的还原。液态重金属冷却剂中氧气的热力学活度应该不低于 10^{-6}～10^{-5}。反应堆各类设备的结构设计应该避免采用停滞（非流通）缝隙间隙的结构，如此这样，即使主循环回路内氧气含量处于最佳值水平，都能避免结构材料发生缝隙腐蚀磨损（断裂）。

覆盖有氧化膜保护层的燃料棒包壳以及其他设备的结构材料表面不被铅、铅铋冷却剂润湿，润湿角 $\theta = 110° \sim 130°$。

铅、铅铋冷却剂的比重较大，约为 10 kgf/dm^3，比水和钠冷却剂的比重高出一个数量级，又由于反应堆较高，因此相较于蒸汽发生器和主泵，反应堆上部点和下部点的静压差较大。

铅、铅铋冷却剂的密度较大，液态重金属冷却剂流的动态扬程 $H \approx \rho V^2/2$ 左右，比水和钠冷却剂的动态扬程大约高出一个数量级，因此需要更为重视堆芯燃料棒的定位格架结构，定位格架固定接头、燃料棒尾部插入定位格架的固定接头、堆芯各设备和蒸汽发生器的接触表面的振动磨损。

与所有金属一样，铅和铋的热导率取决于自由电子，在运行温度的数值范围内，热导率 $\lambda \approx 15.15 \sim 25$ W/（m・K），比水冷却剂的热导率高，热边界层相对较厚，因此堆芯孔道的热边界层可能和相邻燃料棒表面交叠，导致反应堆横截面冷却剂的径向传热量较大，进而造成反应堆内下降和上升冷却剂流（通过分界面相接触）结构的自然循环浮力减小。如果反应堆液态重金属冷却剂内存在径向传热，则能促进反应堆冷却期间的余热导出。

3.1.1 快中子反应堆的中子物理特性

在液态重金属冷却剂反应堆的堆芯中，没有可用作中子慢化剂的原子质量较小的物质，中子慢化通常是通过燃料、结构材料和冷却剂实现。在此类反应堆的堆芯中，中子慢化即非弹性散射；而在热中子反应堆的堆芯中，中子慢化即弹性散射。快中子反应堆可以视作均质系统，中子的平均行程长度较长，大幅超过燃料棒定位格架的尺寸，那么相应地，局部扰动也在较小程度上促进中子场的形成，又由于反应堆的尺寸较大，因此在反应堆计算过程中可以使用多群扩散近似法。

与热中子反应堆不同，快中子反应堆的堆芯具有相对的异质性，因此可以通过晶格计算的方式计算堆芯。晶格计算分析可能适用于慢化剂边界（如果有）冷却剂流的低压区域估算。

快中子反应堆具有一个特别本质的优势，即具有核物理过程的良好前提条件，在此条件下，^{238}U 等不裂变原子核能发生较强的反应，进而转换成钚，生成新的核燃料。在液态重金属冷却剂的快中子反应堆中，堆芯会装入钚，这为后续核燃料的增殖创造了有利的条件。从理论上讲，钚的增殖速度是运行期间燃烧速度的 1.5～2 倍多。由于快中子反应堆具有这一独特的特性，因此核能的燃料循环可以有效地利用几乎所有的天然铀资源储备，甚至能有效利用不裂变原子核^{238}U。相较于热中子反应堆，铀资源储备的利用效率可以提高两个数量级左右。快中子反应堆可视为不受天然铀资源储备限制的大规模能源设施的可持续发展基础。快中子反应堆和其他堆型的主要核物理特性区别是[1-2]：

（1）快中子反应堆中重原子核的裂变主要通过 0.1～0.5 MeV 的中子实现，^{238}U 和 ^{239}Pu 的能量达到 1.5～2 b，小于热中子反应堆中的中子能量，后者约为 500 b，二者的比例可达 250～300。从理论上讲，如果堆芯体积一样大，则快中子反应堆燃料的临界装载量或临界质量是热中子反应堆的 200～300 倍，约为 1。而实际上，二者的比例略低于平均裂变截面比。

（2）快中子反应堆和热中子反应堆的装料量差值明显小于临界质量的差值，具体原因如下：由于快中子反应堆的临界质量较大，燃耗的反应性价值损耗较小，那么相对地，热中子反应堆燃耗的反应性价值损耗则较大。又由于堆芯中存在燃耗，且能生成二次核燃料（即内增殖），快中子反应堆的燃耗反应性价值损耗则更小，大多数快中子反应堆的燃耗反应性价值损耗甚至可能是零或者负数，这就意味着燃料燃烧期间 K_{eff} 值可能变大。

（3）由于主要可裂变同位素的截面较小，快中子反应堆内的中子流密度可达 $q_w \approx Pr \cdots = 10^{15} \sim 10^{16}$ N/cm^2・s，大于热中子反应堆内的中子流密度（$10^{13} \sim 10^{14}$ N/cm^2・s），

因此在燃料驻堆期间，结构材料受到的快中子积分注量率（快中子注量率）超过 10^{23} N/cm^2。受较高中子注量率的作用，在役期间每个晶格的原子会多次脱离晶格，最多可达 150 次，最终导致结构材料和燃料发生辐照蠕变和辐照肿胀。

（4）与热中子反应堆不同，快中子反应堆中不设置具有中子谱较强吸收能力的部件，因此不会出现中毒和碘坑类的瞬态中毒，结渣值较小，中子扩散长度远远大于燃料棒和反应性调节机构内安全棒的直径。

（5）与热中子反应堆不同，快中子反应堆中的中子吸收效应强于中子散射效应，因此早在中子释放热能前，其慢化密度接近于零，中子每代寿期达到 10^{-7}～10^{-6} s，远小于热中子反应堆的中子每代寿期（10^{-4}～10^{-3} s）。

（6）在快中子反应堆中，可裂变材料的浓度较高，这就要求燃料燃耗值较高，例如，就 MOX 燃料堆芯而言，钚的燃耗占比应达到 10%～15%。

（7）快中子反应堆中，U 重原子核偶偶同位素的裂变占比很大，^{238}U 裂变占比达到 20%，而热中子反应堆中，U 重原子核偶偶同位素的裂变占比很小，^{238}U 裂变占比仅达到 3%。

（8）由于快中子反应堆采用液态重金属冷却剂导热，导致可裂变材料浓度较高，功率密度达到约 800～1 000 MW/m^3，远远超出热中子反应堆的功率密度（约 200～300 MW/m^3）水平。

（9）快中子反应堆和热中子反应堆最本质的不同之处在于受裂变中子能谱影响，中子平衡较优，能提高核燃料的增殖能力。

（10）由于铅、铅铋冷却剂快中子反应堆要求使用高密导热的单一氮化物燃料，而非铀增殖燃料，因此能：

1）降低空泡和功率反应性价值，限制全部反应性裕量和接近 β_{eff} 的镎效应值，有效利用与结构热膨胀和中子泄漏量变化相关的一系列较小的反应性价值，避免反应堆发生不可控的快速功率突增，实现反应堆的自调节；

2）将燃料平均运行温度降至 750 ℃，减少气体碎片排放，卸除燃料棒包壳的内部压力，并提高额定运行和事故工况下的燃料组件可靠性；

3）保证堆芯内燃料的充分增殖，K_{eff} 可达 1，并补偿燃料燃烧期间的反应性变化。

（11）由于快中子反应堆的中子能谱较硬，氢气会进入堆芯，导致裂变截面扩大的中子能量区域内中子密度大幅上升，反应性增加，从而发生危险的核事故。因此相较于氢气不会进入堆芯的类似可移动反应堆装置，在设计液态重金属冷却剂反应堆装置的过程中，当蒸汽发生器发生回路间泄漏的危险事故工况时，反应堆装置的布置方案和结构设计必须保证尽量减少进入堆芯的水蒸气和水的数量。

（12）相较于钠冷却剂反应堆装置，铅、铅铋冷却剂反应堆装置的冷却剂沸点较高，超出堆芯结构材料钢材的熔点，避免反应堆内冷却剂形成气泡时产生正空泡效应。

（13）相较于钠冷却剂，液态重金属冷却剂在接触水和空气时，化学惰性较强。

（14）液态重金属冷却剂的中子慢化和吸收效果较差，导致冷却剂唧送功率大幅下降以及自然循环达到较高水平时，堆芯内冷却剂的体积比增加至 60%，冷却剂的加热温度降至 120 ℃，冷却剂的最大流速也降至 1.5 ～1.8 m/s。

（15）液态重金属冷却剂的特性能大大简化快中子反应堆的结构，转而采用两个冷却回路以及池式或罐式布置方案。

3.1.2　苏联铅铋冷却剂可移动反应堆装置的核反应堆

（1）27/VT 反应堆试验台架

27/VT 试验台架的首个铅铋冷却剂反应堆装置于 1958 年 9 月安装完毕，系第一代核潜艇蒸汽动力装置的全尺寸陆上模式堆，并于 1959 年 3 月 12 日实现 27/VT 试验台架的动力启动。1960 年 3 月 18 日至 1961 年 9 月 18 日期间，在 27/VT 试验台架完成一系列研究和试验之后，堆芯寿期届满。27/VT 试验台架的主要设备都安装在模拟核潜艇堆舱、汽轮机舱和部分电机械舱（含单侧船舷设备）的专用容器中。蒸汽动力装置的主要技术参数如表 3.1 所示。

表 3.1　27/VT 试验台架主要技术参数

参数	取值
反应堆热功率/kW	70 000
经过反应堆的铅铋低熔合金流量/（m^3/h）	850
反应堆入口的铅铋低熔合金温度/℃	235
反应堆出口的铅铋低熔合金温度/℃	440
一回路运行压力/（kgf/cm^2，atm）	0.5
反应堆回路内铅铋低熔合金容积/m^3	7.15
蒸汽发生器出口的过热蒸汽压力/（kgf/cm^2，atm）	38
过热蒸汽温度/℃	380

27/VT 试验台架的反应堆和其他所有壳体式可移动反应堆装置一样，堆芯和侧面铍中子反射层布置在反应堆的不锈钢容器内，容器上部是防止辐照的干式生物屏蔽，容器下部四周是金属水屏蔽，中部是入口和出口冷却剂短管，冷却剂沿入口短管进入圆柱形环形腔，在反应堆容器和可抽出部分隔板之间自上而下流动，冷却侧面反射层和堆内构件后，经过下部旋转室进入反应堆堆芯出口处，而后自堆芯流出的冷却剂进入混合室，较热和较冷的冷却剂在混合室混合后，冷却剂的温度就达到平均值。

在反应堆容器的下降管段，由中间回路水冷却的 25 条冷却（导热）通道围绕堆芯分布，3 个旁路阀设在反应堆的可抽出部分内。如果主泵停运，打开旁路阀即可启动冷却剂的自然循环。通过冷却通道，冷却剂从堆芯上部的出口腔进入入口腔，通过冷却通道的导热系统功率可达 2 000 kW。

反应堆堆芯内有 2 735 根棒状燃料棒，燃料棒外层是钢制包壳，还有 16 根控制保护系统的棒组。与所有可移动反应堆装置一样，27/VT 试验台架反应堆堆芯的中子能谱是超热能谱，其堆芯的主要参数如表 3.2 所示。

表 3.2　27/VT 试验台架反应堆堆芯的主要参数

参数	取值
堆芯直径/mm	769
堆芯高度/mm	853
铀铍合金中的铀含量/%	7～16
铀铍合金燃料芯块的直径/mm	11
三角栅格步距/mm	13.6
自动调节棒数量/根	2
安全棒数量/根	3
碳化硼补偿棒数量/根	11

反应堆控制保护系统棒组布置在从下面插入的套筒内，并沿堆芯高度方向移动，安全棒套筒内充干的氦气，自动调节棒和补偿棒的套筒则充入铅铋低熔合金，以加强导热效果。

(2) 645 **项目第一代核潜艇反应堆**

苏联第一艘核潜艇的液态重金属冷却剂反应堆装置于 1962 年 4 月 1 日下水，645 项目核潜艇于 1963 年 10 月 30 日编入苏联海军编队[4]。艇上设有 2 个铅铋冷却剂反应堆装置 VT-1，总功率达 146 MW，额定运行工况下反应堆出口的铅铋低熔合金温度达到 440 ℃，过热蒸汽温度达到 355 ℃。2 个反应堆装置分别布置在艇的左侧和右侧船舷，反应堆的结构和参数与前文所述 27/VT 试验台架陆上模式堆的结构和参数类似。

相较于当时的压水堆反应堆装置，此类堆型具有一系列的运行优势，特别是反应堆的冷却可以不通过蒸汽发生器和一回路主泵实现，而是通过冷却剂和冷却通道内的自然循环实现。

但是当潜艇处于长期停运和船坞系泊状态时，运行起来较为复杂，又由于需要持续不断输入介质，以防反应堆回路内的铅铋冷却剂冻结，因此对核潜艇系泊地的设备提出了更高的要求。

(3) 705K **项目核潜艇的反应堆**

705K 项目核潜艇的铅铋低熔合金反应堆装置采用两个回路的单堆布置方案，设置 2 台蒸汽发生器，其蒸汽发生器单元回路采用水的多流程强迫循环，并设置 2 台主泵，1 个冷却剂体积补偿罐，补偿罐内设 2 台辅助泵，用以回收主循环回路所泄漏的冷却剂，如图 3.1所示。

反应堆的设计满足了以下要求：

1）连接反应堆压力腔和过渡腔的两台主泵应能同时运行。

2）堆芯设计寿期届满后，能保证堆芯的整体拆除。堆芯和上部辐照区域连接可抽出

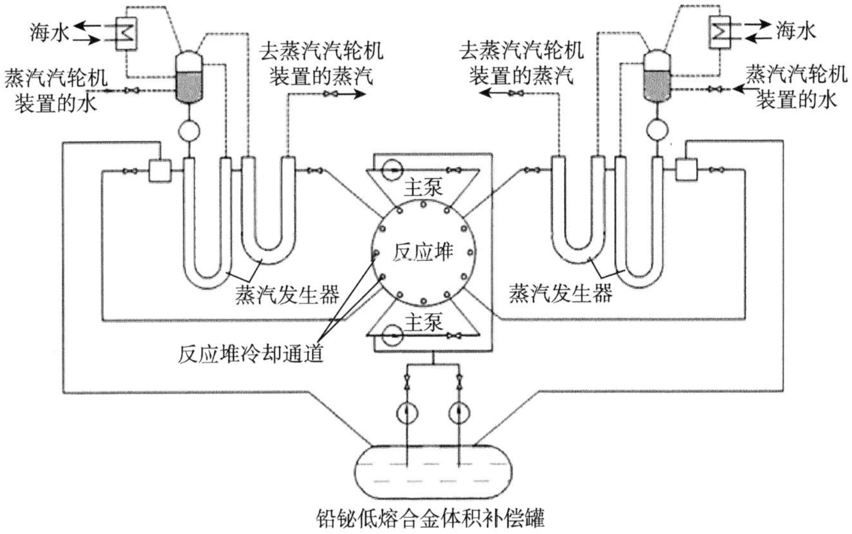

图 3.1　705K 项目核潜艇反应堆装置原理图

部分，反应堆换料期间取出可抽出部分。

3）反应堆主容器外层是安全壳，能避免主容器破裂时堆芯干烧，也能避免反应堆容器泄漏时堆芯内的冷却剂不被排出。

4）反应堆采用旁路阀，打开旁路阀即可实现堆芯—旁路阀—反应堆下降区域—堆芯的冷却剂循环回路，在反应堆下降区域设有专用热交换器（冷却通道），淡水将反应堆的热量传给设备冷却系统，然后热交换器再将热量传给海水，如此方能保证事故工况下的堆芯冷却，无须使用蒸汽发生器。

5）堆芯入口设有机械过滤器，能避免冷却剂流携带的机械颗粒进入堆芯，机械颗粒尺寸接近或超过堆芯燃料棒孔道的流通截面。

705 和 705K 项目核潜艇可移动反应堆装置的堆芯类似，燃料棒设计采用了以下强制性结构方案[5]：

1）铅铋低熔合金介质温度较高，包壳材料须使用铁素体马氏体钢；

2）可移动反应堆装置的燃料棒处于交替可变的运行工况，燃料棒接触底层需要使用所有运行温度范围内都呈流体的材料（钠），如此能隔开燃料和包壳，降低燃料温度，并避免瞬态工况下燃料棒包壳发生热机械变形，当燃料棒包壳和燃料材料的热膨胀系数差值很大时这一点尤为重要；

3）堆芯尺寸有限，可以增加补偿体积，减小燃料棒长度。补偿体积能保证自由的热变形和燃料辐照肿胀，并收集包壳层内燃料中的气体裂变产物。保证燃料棒强度时，需考虑以下因素：

（a）当反应堆已运行较长时间，且冷却剂温度较高时，由于铁素体马氏体钢材料的燃料棒包壳发生辐照蠕变，即使剩余压力较小，材料也会失去稳定性；

（b）燃料棒的补偿体积相对较小，需要记录下燃料的辐照肿胀情况，因为辐照肿胀会减小燃料棒的补偿体积；还需要减小发生辐照蠕变的包壳尺寸，因为辐照蠕变也会改变燃料棒的补偿体积。

随着燃料燃烧的深入，燃料和包壳间隙处的肿胀燃料会挤破底层材料，挤破后的底层材料随之填充补偿空间，导致燃料棒包壳压力升高。自某运行阶段开始，内压变成剩余压力。反应堆控制机构（中子吸收棒）布置在内充冷却剂的专用套筒内，安全棒内充干的氦气，控制棒组的驱动机构布置在反应堆顶盖上方，反应堆功率控制棒组的构成包括 2 根自动调节棒，4 根安全棒，21 根燃料燃耗补偿棒。

705 和 705K 项目核潜艇的运行经验表明，铅铋冷却剂反应堆装置的优势在于操作简单，机动性强，能在较短时间内实现次临界状态到动力功率水平运行工况的过渡，在任意较低的功率水平运行期间反应堆装置能稳定运行，可快速调整功率（每分钟能调整 3% N_{nom}），快速调整铅铋冷却剂的循环工况，快速改变冷却剂流量，在燃料棒包壳正常和允许的密封状态下，堆芯的设计寿期届满后，潜艇系泊、检修和换料期间几乎没有放射性废液的排放。

3.1.3 BREST 铅冷却剂快中子反应堆装置

自 20 世纪 90 年代开始，俄罗斯就开始了未来铅冷却剂快中子反应堆装置的相关科研和设计工作，并研发了电功率为 300～1 200 MW 不等的 BREST 反应堆装置。铅冷却剂快中子反应堆装置使用单一铀钚氮化物燃料，而非铀增殖燃料。

(1) 300 MW 电功率 BREST-300 反应堆装置

300 MW 电功率的 BREST-300 和 BREST-OD-300 是 BREST 反应堆装置的示范工程，采用两个回路，堆芯功率密度须保证在约 5 年的有限设计寿期期间燃料燃烧深度达到 10% 左右，产生的蒸汽压力在超临界值到 16.0 MPa 范围内浮动，效率达到 43%左右。

铅的中子慢化和吸收能力较弱，能在不显著削弱中子平衡的条件下，增加燃料棒的相对步距，扩大铅冷却剂的流通截面，将铅冷却剂的最大流速降低至 1.5～2.1 m/s，减小反应堆堆芯内的流体阻力，保证高达 10% N_{norm} 的铅冷却剂自然循环水平。如果燃料棒定位格架之间的步距较大，则可以使用无包壳的燃料组件设计，当燃料组件入口区域的流通截面被杂质局部堵塞时，无包壳的燃料组件设计能避免燃料组件出现过热。

在 300 MW 电功率的 BRS-300 最初设计方案中，堆芯采用[1]无包壳的燃料组件设计，截面呈正方形，燃料组件的定位格架内含 121 个正方形孔道（11×11），其中有 114 个孔道用于棒状燃料棒的插入，另外 7 个孔道则用于固定管的插入，固定管和定位格架共同形成燃料组件的构架。所有燃料组件中燃料棒的步距达到 13.6 mm，燃料组件的对边距达到 148.4 mm，燃料组件的步距达到 149.6 mm，燃料棒中芯块的有效密度达到 13.5 g/cm^3。

堆芯分 3 个区域装入燃料，便可从径向平衡铅冷却剂的加热和燃料棒包壳的最高温度，每个径向区域（Core-1、Core-2 和 Core-3）燃料组件内燃料棒的直径不同，但是燃料成分、燃料棒数量和步距等参数都是相同的，如表 3.3 所示。

表 3.3　BRC-300（最初设计方案）反应堆堆芯的燃料参数

参数	取值		
	Core-1	Core-2	Core-3
燃料组件数量/盒	57	72	56
堆芯半径/mm	637	959	1 148
堆芯高度/mm	1 100	1 100	1 100
燃料棒直径/mm	9.1	9.6	10.4
燃料棒包壳厚度/mm	0.5	0.5	0.55
（UN＋PuN）燃料装料量/t	4.36	6.31	5.97
已装入燃料组件中所有钚的含量/（% h.a.）[a]	14.0	14.0	14.0
已装入燃料组件的（^{239}Pu＋^{241}Pu）含量/（% h.a.）	9.7	9.7	9.7
堆芯增殖系数（分段设计寿期的平均值）	1.05	1.06	1.07
已装入燃料组件的平均燃耗/（% h.a.）	10.8	8.3	5.8
燃料棒包壳的辐照损伤/dpa	120	97	73

注：a)% h.a. 为重原子百分比。

燃料组件采用无包壳的结构设计，能使燃料组件的功率和其中的铅冷却剂流量对应起来，还能稳定设计寿期内的温度分布，因为 K_{eff} 达到 1 时，燃料成分几乎不会发生变化，这对于降低燃料棒最高温度以及保证必要的设计温度裕量而言至关重要。

堆芯四周都是铅冷却剂，既能生成武器级质量的钚，又能保证比铀增殖燃料更好的平均功率分布，特别是外围 Core-3 区域的较好平均功率分布，还能在反应堆内铅冷却剂液位下降时保证非常小（负数）的反应性价值。

在铅冷却剂反应堆中，堆芯的设计寿期不仅取决于已取出燃料的允许燃耗值，还取决于可以预测的燃料棒包壳腐蚀程度和辐照强度。根据 BREST 反应堆装置的设计方案，设计寿期为 1 500 个有效天（5 个日历年），1/5 个堆芯装料量的定期换料间隔时间为 300 个有效天，即分段设计寿期，核电厂内的外部燃料循环时间为 2 a。

堆芯的首炉料是天然铀或贫铀废矿、钚的混合物，经 VVER 堆型乏燃料的后处理以及近 20 年的钚衰变所得，部分^{241}Pu 会衰变为 Am。

表 3.3 中所列燃料棒最大燃耗和燃料棒包壳最大辐照损伤值的假设条件是每次换料时对称配置 Core-1 和 Core-2 区域内的剩余燃料组件，Core-3 区域内的燃料组件方向调转 180°。如果不能实现上述对称配置，那么燃料棒的最大燃耗和燃料棒包壳的最大辐照损伤值将比表中所列数值高 10%。

反应堆装置额定功率（热功率 700 MW）运行期间，堆芯功率为 689 MW，侧面反射层及所有结构的功率达到 7 MW，端面反射层的功率约为 4 MW，布置在堆芯中央的燃料组件的最大功率为 4.7 MW，堆芯的最大功率密度为 225 MW/m^3，最大线性功率为 43 kW/m。

与燃料燃耗和增殖，堆芯几何、密度以及核参数的温度和功率变化相关的反应性效应和系数如表 3.4 所示。

表 3.4　BREST-300 反应堆的反应性效应和系数

参数	取值
温度反应性系数 λ（$\Delta K/K$）:	
铅密度变化 λ_{Pb}	1.9×10^{-6}
堆芯径向膨胀 λ_{rad}	-6.7×10^{-6}
燃料棒轴向膨胀 λ_{ax}	-1.1×10^{-6}
T_{fu}最小时的多普勒效应 λ_d	-5.6×10^{-6}
多普勒常数（dg/dt）T	-5.2×10^{-3}
反应性效应 $\Delta\rho$（$\Delta K/K$）:	
燃料燃耗和肿胀 $\Delta\rho_{burn}$	-0.5×10^{-3}
燃料棒包壳腐蚀 $\Delta\rho_{corr}$	0.5×10^{-3}
温度 $\Delta\rho_t$	-0.2×10^{-3}
功率 $\Delta\rho_p$	-1.5×10^{-3}
镎 $\Delta\rho_{Np}$	-1.0×10^{-3}
最大反应性耗尽 $\Delta\rho_{run}$	0.3×10^{-3}
运行剩余反应性 $\Delta\rho_{op}$	0.4×10^{-3}
总剩余反应性 $\Delta\rho_t$	3.4×10^{-3}
缓发中子的有效份额 β_{eff}	3.6×10^{-3}
瞬发中子寿命/s	5.3×10^{-7}

堆芯内燃料的增殖完全补偿了燃料燃烧期间的反应性下降。

空泡反应性价值的空间依赖关系研究表明，如果只有堆芯中央区域含有大量蒸汽或气体气泡（约占 50%的体积），则可导致约 1.5β_{eff}的正反应性引入。一般而言，如果堆芯外围区域和反射层内存在气泡，会导致反应性的下降。

随着设计经验的积累以及铅冷却剂回路实验研究的发展，电功率为 300 MW 的 BREST 型号反应堆装置的结构图得以不断发展。BREST-300 反应堆装置的总体结构图如图 3.2 所示，这只是其中一个过渡设计方案。

在这个设计方案中，反应堆一回路采用半一体化的结构设计，铅回路的堆芯和其他所有主设备都布置在高 19 m 的金属容器中，容器下部直径 5.5 m，壁厚 70 mm，上部直径 11.5 m，壁厚 30 mm。容器上部设有可拆卸盖板，2 个旋塞和换料机。当容器充入约 600 m³ 的铅冷却剂时，含堆内设备的反应堆总质量约为 8 000 t。

接入蒸汽发生器和主泵壳体的反应堆容器上部较宽部分和直径达 6.5 m 的分隔围筒构成环形腔，8 台蒸汽发生器和 4 台主泵布置在环形腔内，内设 40 个密封盒的乏燃料堆内储存阱固定在围筒上部，密封盒沿直径达 3.7 m 的密封环布置，距离堆芯 5 m 远。旋塞上设 2 台换料机，内部小旋塞上的换料机用于执行堆内换料操作，外部大旋塞上的另一个换料机用于执行通过堆内储存阱的装料和卸料操作，换料期间无需排空已卸出燃料组件内的冷却剂。

反应堆回路采用非传统的冷却剂循环流程。主泵打压，将主泵支架或常压管道内的铅冷却剂向上唧送，将其抬升到相对入口腔冷却剂液位约 2 m 的高度（约为主泵停运时反应堆内的冷却剂液位）后，铅冷却剂通过通道（开槽或管道）进入自由冷却剂液位的环形压力腔，然后沿环形间隙向下流动，转弯后进入堆芯入口，而后途经堆芯时温度升至约 540 ℃的冷却剂依次进入较热冷却剂的共有混合腔、蒸汽发生器的入口腔以及直流蒸汽发生器的管道系统，最后传热给管内的汽水二回路工质（水和蒸汽）。

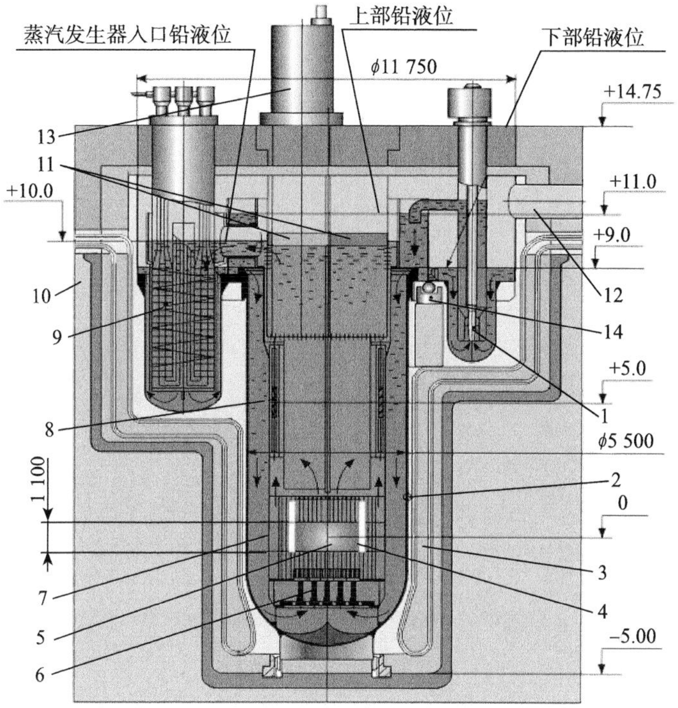

图 3.2　BREST-300 反应堆装置总图

1—主泵；2—反应堆容器；3—保温层；4—控制保护系统；5—堆芯；6—支柱；7—分隔围筒；8—燃料组件储存阱；9—蒸汽发生器；10—混凝土堆坑；11—旋塞；12—蒸汽混合物事故排放；13—转运机；14—支架

如图 3.2 所示，冷却剂流两次流出至自由液位，大幅提高了蒸汽发生器回路间泄漏事故工况下工质气泡的分离能力，避免了水和蒸汽工质突增并进入堆芯的潜在危险事故。

BREST-OD-300 反应堆装置的方案是 BREST-300 反应堆装置的设计延伸，如图 3.3 所示。

BREST-OD-300 反应堆装置采用了纯池式的反应堆结构，不设钢容器，设备和冷却剂系统直接布置在混凝土堆坑中，堆坑壁的铅冷却剂回路侧设有保温层，由空气的自然循环冷却。池式的反应堆结构能简化反应堆的制造和安装，并保证反应堆的抗震和抗其他外部影响的稳定性。除此之外，其他技术方案非常接近 BREST-300 反应堆装置的技术方案。

BREST-300 反应堆装置的基本技术方案与 BREST-OD-300 反应堆装置的基本技术方案相同或接近。

(2) 1 200 MW 电功率 BREST-1200 反应堆装置

在 21 世纪前 50 年的大型核动力装置体系中，1 200 MW 电功率的铅冷却剂快中子反应堆装置是基础堆型。

决定 BREST-1200 反应堆装置固有安全的主要设计方案和堆芯物理设计与 BREST-

300 几乎相同，所不同的是前者在环保、安全和生态等方面进行了部分设计优化。

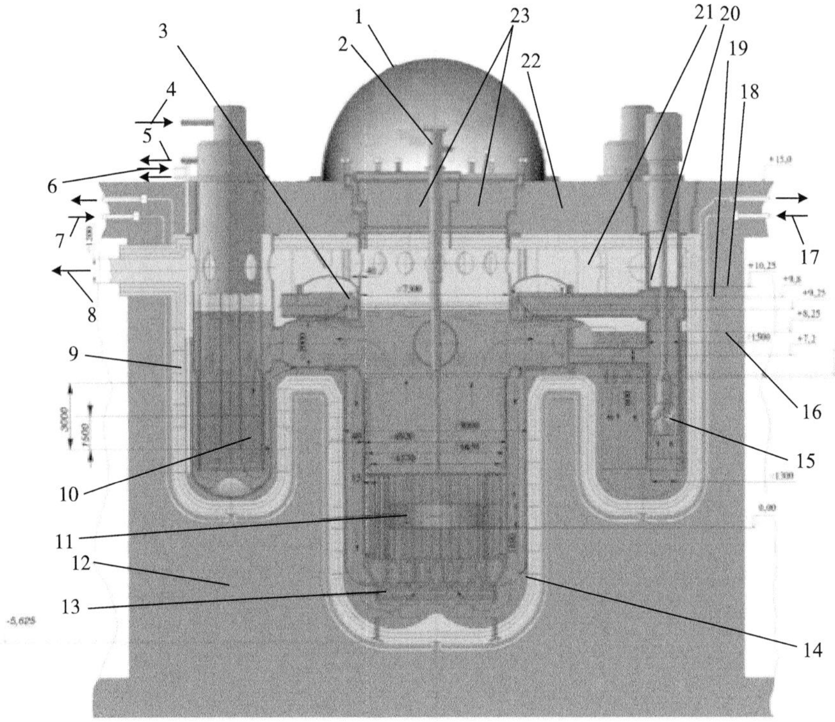

图 3.3　BREST-300 反应堆装置结构图

1—密封罩；2—堆内转运机；3—反应堆承压腔；4—给水入口；5—过热蒸汽出口；6—冷却系统空气；7—混凝土冷却系统空气；8—将蒸汽排往旁排池；9—保温层；10—蒸汽发生器；11—堆芯；12—钢筋混凝土堆坑；13—支撑格架；14—控制保护系统管道；15—主循环泵；16—主泵入口冷却剂液位；17—混凝土冷却系统空气；18—主泵承压腔中冷却剂液位；19—承压腔中冷却剂液位；20—主泵承压腔；21—氩气气体空间；22—顶部楼板；23—旋塞

在 BREST-1200 反应堆装置的一个设计方案中，堆芯燃料组件采用无包壳的设计，正方形定位格架的步距为 231.2 mm，正方形燃料组件插入 289（17×17）个孔道中，每个孔道的步距为 13.6 mm，其中有 272 个孔道用于燃料棒的插入，9 个中央孔道用于承压管的插入，而另外 8 个孔道则用于较小直径管子的插入，较小直径管子、中央承压管和定位格架共同形成燃料组件的构架。与 BREST-300 反应堆装置相同，为保证铅冷却剂的温度场和加热的径向平衡，燃料装料分 3 个区域进行，这 3 个区域的不同仅仅只是当中燃料棒的直径不同而已。堆芯的中央区域内有 148 盒燃料组件，燃料组件中的燃料棒直径 $d=9.1$ mm；中间区域内有 108 盒燃料组件，燃料组件中的燃料棒直径 $d=9.6$ mm；外围区域内有 76 盒燃料组件，燃料组件中的燃料棒直径 $d=10.4$ mm。所有燃料棒的包壳厚达 0.5 mm，燃料和包壳之间的铅补偿层厚达 0.25 mm，燃料棒的活性段高达 1 100 mm。

BREST-1200 反应堆装置堆芯中央断面区的设计寿期为 1 500 个有效天（5 a），中间区和外围区的设计寿期为 1 800 个有效天（6 a）。堆芯的换料间隔时间为 300 个有效天（1 a），每次换料需要更换 1/5 个中央区（30 盒燃料组件）、1/6 个中间区（18 盒燃料组件）以及 1/6 个外围区（13 盒燃料组件）。

BREST-300 和 BREST-1200 型铅冷却剂快中子反应堆装置的主要技术参数对比如表 3.5所示。

表 3.5　BREST-300 和 BREST-1200 反应堆装置的技术参数

参数	取值	
	BREST-300	BREST-1200
热功率/MW	700	2 800
电功率/MW	300	1 200
堆芯内燃料组件数量/盒	185	332
堆芯直径/mm	2 300	4 750
堆芯高度/mm	1 100	1 100
燃料棒直径/mm	9.1，9.6，10.4	9.1，9.6，10.4
燃料棒步距/mm	13.6	13.6
堆芯燃料	UN＋PuN	UN＋PuN
（U＋Pu）N 的燃料装料量/t	16	60
Pu/（^{231}Pu＋^{241}Pu）的装料量/t	2.2/1.6	7.34/4.93
燃料设计寿期/a	5	56
换料间隔时间/a	1	1
堆芯增殖系数	～1	～1
堆芯入口/出口的铅温度/℃	420/540	420/540
燃料棒包壳的最高温度/℃	650	650
铅的最大流速/（m/s）	1.8	1.6
蒸汽发生器出口蒸汽温度/℃	520	520
蒸汽发生器出口蒸汽压力/MPa	24.5	24.5
反应堆的净效率/%	≈43	≈43

铅冷却剂快中子反应堆具有良好的固有安全性，能实现核能的闭式燃料循环以及放射性废物的放射性当量深埋，随着核能概念研发的持续深入，表 3.5 中的个别参数值、技术方案以及功率序列等都可能发生变化，但是主要设计原则不变。

3.1.4　未来的 ALFRED 示范堆和 ELFR 商用堆

Alessandro 等[6]简要介绍了欧洲铅冷却剂快中子反应堆装置的发展战略，根据该发展战略，需经过示范堆、原型堆和商用堆 3 个阶段的发展，如图 3.4 所示。

铅冷却剂快中子反应堆工业堆的发展阶段包括：

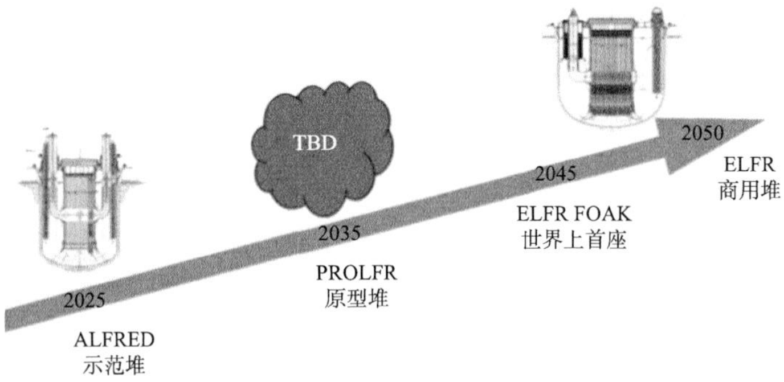

图 3.4　ELFR 商用堆闭式燃料循环示意图

第一阶段：建造 125 MW 功率的 ALFRED 示范堆，以证明铅冷却剂快中子反应堆系统的工作性能和发电可靠性。300 MW 功率 ALFRED 反应堆装置的结构如图 3.5 所示，堆容器及其内部情况如图 3.6～图 3.8 所示，堆芯结构及燃料组件如图 3.9～图 3.11 所示。ALFRED 反应堆容器的设计特点：1）反应堆罐体为平整球面底部的圆柱形；2）堆容器由保证堆芯及所有主部件固定的顶盖密封；3）堆容器顶部沿垂直轴分为承受所有质量的锥形裙边和保证密封的圆柱部分。

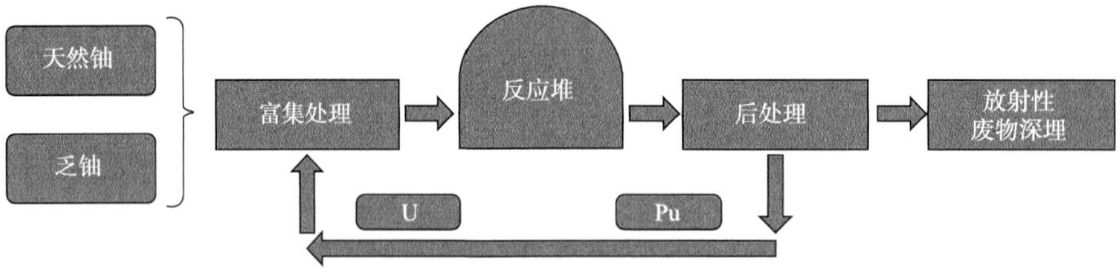

图 3.5　300 MW 功率 ALFRED 反应堆装置结构图
（一回路铅冷却剂温度为 400～480 ℃，二回路水/过热蒸汽温度为 335～450 ℃）

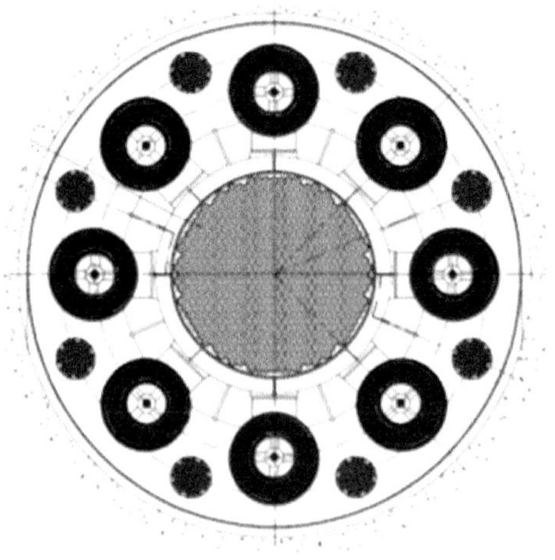

图 3.6　ALFRED 反应堆容器

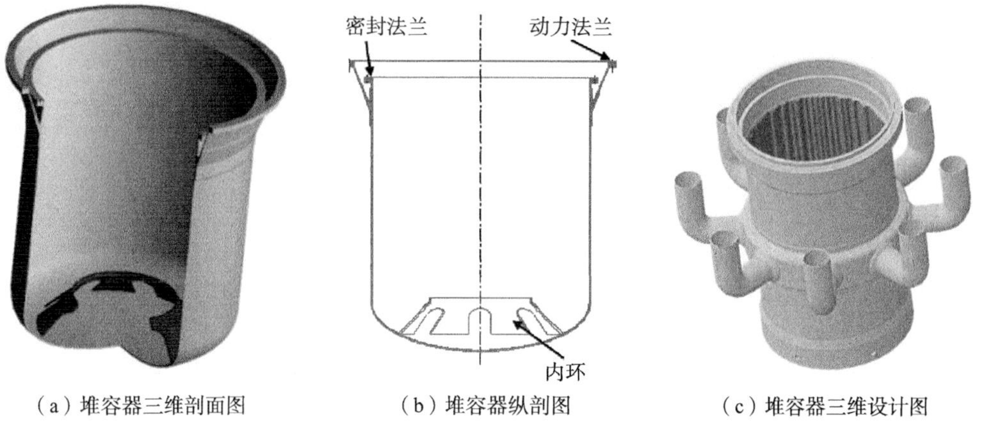

图 3.7　ALFRED 反应堆容器内部

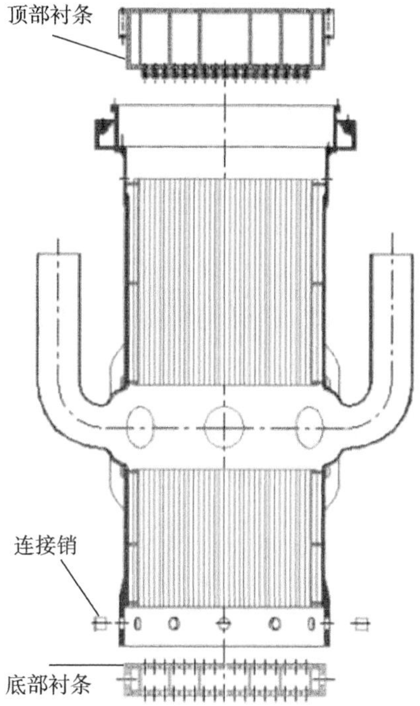

图 3.8　ALFRED 反应堆容器内部总图

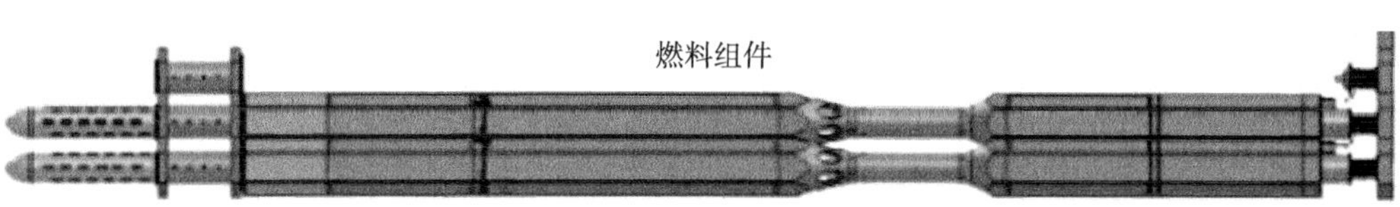

图 3.9　ALFRED 反应堆堆芯结构

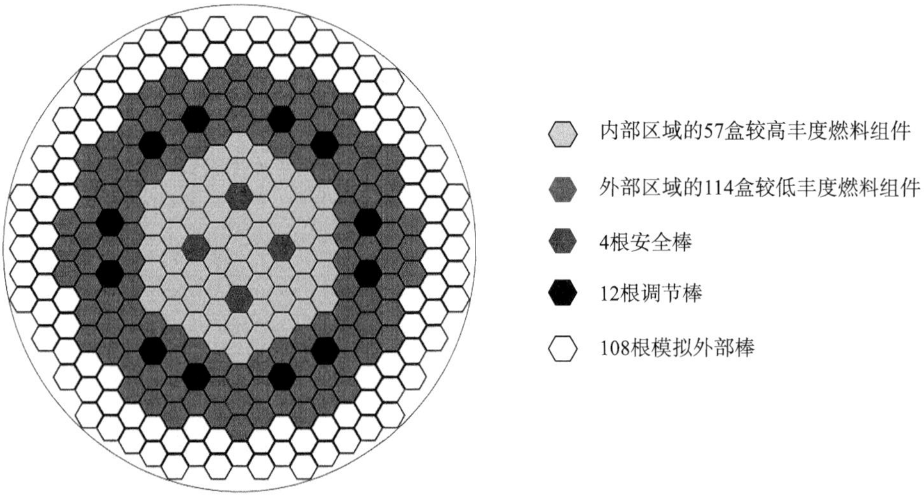

图 3.10　堆芯燃料组件（共 171 盒）分布图

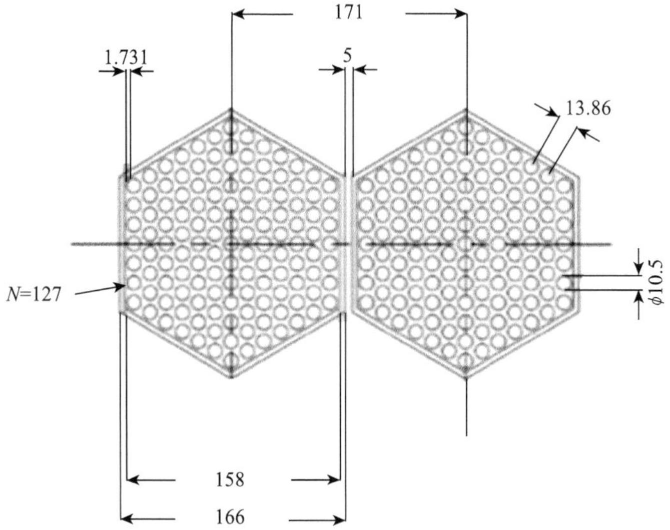

图 3.11　燃料组件示意图

第二阶段：PROLFR 原型堆，证明过渡设计阶段是否能制定出相似规则，一般通过 300～400 MW 功率的反应堆装置和靶回路实现。

第三阶段：ELFR-FOAK 商用堆，证明 ELFR 商用堆的工作性能。1 500 MW 功率 ELFR 反应堆装置的结构如图 3.12 所示，截面如图 3.13 所示。

(1) **反应堆调节和停堆系统**

ALFRED 反应堆装置设有两套独立的停堆系统，沿用了 MYRRHA 反应堆装置的设计。

在反应堆启动、功率调节和停堆等正常运行工况下，使用调节棒，只有在紧急情况下才使用事故保护系统：

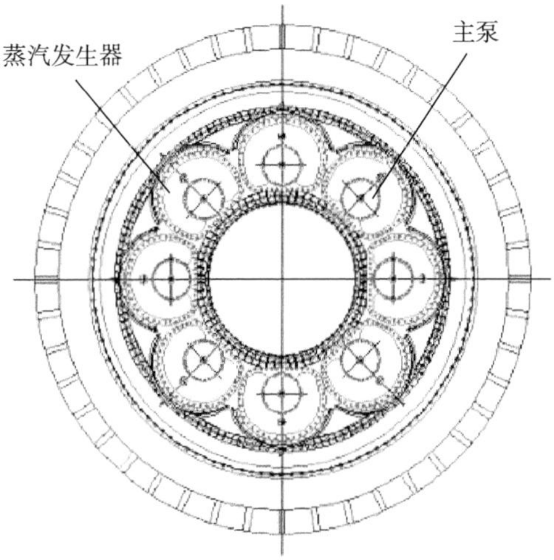

(a) 俯视图

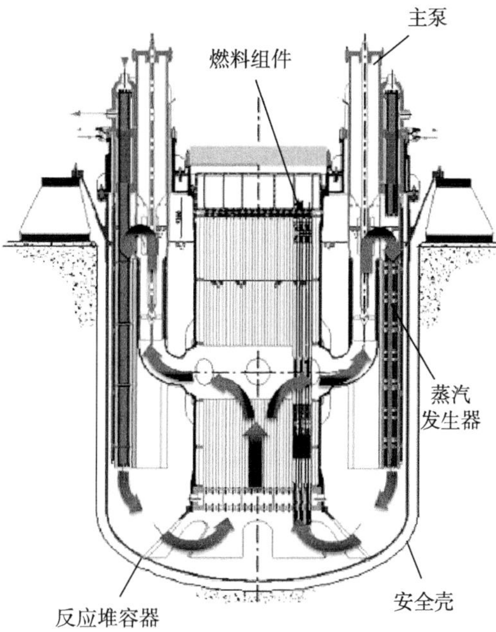

(b) 侧视图

图 3.12　1 500 MW 功率 ELFR 反应堆装置结构图
(一回路铅冷却剂温度为 400～480 ℃，二回路水/过热蒸汽温度为 335～450 ℃，压力为 18 MPa)

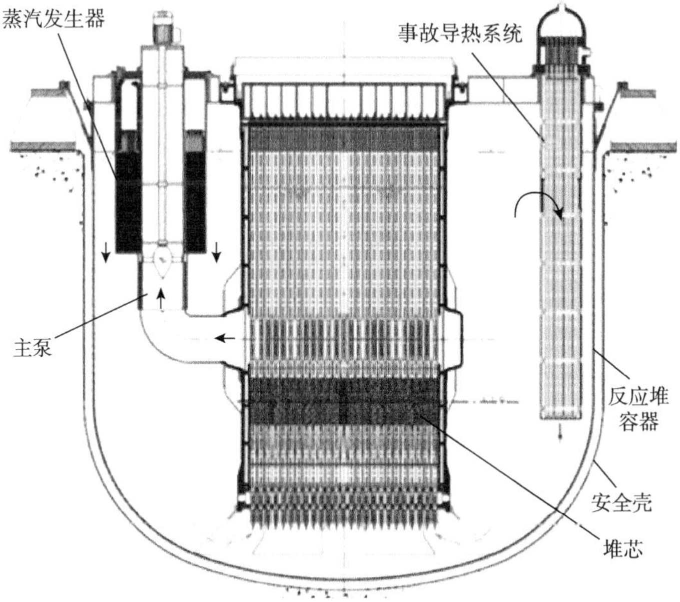

图 3.13　ELFR 反应堆装置截面图

1）当事故保护系统动作时，调节棒向下落棒；

2）在反应堆正常运行期间，调节棒主要起调节功率的作用。

安全棒采用备用原则，作为对调节棒功能的补充，只用在事故保护系统中：

1）在反应堆正常运行期间，安全棒处于提棒状态；

2）安全棒受气压驱动作用提棒和插棒；

3）安全棒下加钨配重，以维持其插棒状态；

4）即使一部分安全棒处于提棒状态，每套安全系统都能独立停堆。

在反应堆换料期间，两套系统的安全棒都属于插棒状态。

（2）安全性问题

VI 代反应堆装置的安全性主要通过核能工作者知识的完善以及反应堆装置的技术和运行经验积累得以实现。

安全系统应与反应堆装置设计为一体，而不是在反应堆装置建造完毕之后才增设的。

1）主要的安全方面：

（a）防止事故的发展；

（b）如果已无法防止事故的发展，则应限制事故后果，并终止事故的发展。

2）主要安全功能包括：

（a）反应性调控；

（b）堆芯导热；

（c）将放射性维持在设计范围内。

3）安全屏障包括：

（a）燃料棒包壳及其基质材料；

（b）反应堆回路材料；

（c）保证安全壳的密封性。

4）全部安全性的实现原则：

（a）全面原则，全面明确可能发生的事故；

（b）连续原则，小事件不会引起全面的后果（事故发展）；

（c）坚持原则，反应堆回路状态不会发生突变效应；

（d）简化原则，事故期间有充足的时间可以进行调试和检修工作；

（e）平衡原则，整个反应堆装置不能发生破裂。

（3）ALFRED 反应堆装置的基本设计条件

上述技术方案的分析表明，ALFRED 系统符合以下准则的要求：

1）燃料棒温度不超过 700 ℃；

2）在停止能源供应以及所有主泵停运期间，铅冷却剂温度急剧升高，反应堆回路内铅冷却剂的自然循环处于较高水平，燃料棒包壳受辐照蠕变等效应的作用仍未发生破损或破裂；

3）当发生长时间全厂断电或主泵无法运行时，由 DHR-1 导热系统安全导出反应堆后续产生的热量以及堆芯中的热量，而无须供电；

4）经铅冷却剂流量降低 70%条件下的最大功率试验证实，燃料棒包壳和尾部的结构强度有较大裕量；

5）反应堆停堆安全系统以及有效导出一回路余热的 DHR 导热系统保证了反应堆的安全性。

分析表明，ALFRED 反应堆装置的设计非常保守，当发生最严重的事故时，操作员需要花大量的时间（几个小时）才能想出处理方案。

（4）ALFRED 反应堆装置的扩展设计条件

ALFRED 反应堆装置的设计方案分析表明，整个反应堆装置的自我保护特性很好。即使反应堆在不良条件下运行，甚至是紧急停堆系统失效时，由于反应堆具有以下固有安全特性，因此它仍然能处于安全的受控状态，这些固有安全特性包括：

1）当所有主泵失效时，一回路的自然循环水平较为稳定；

2）一回路的热惰性较大；

3）DHR 非能动排热系统的有效运行。

在冷却剂加热至不超过 900 ℃温度（铅的沸点是 1 740 ℃）的时刻之前，反应堆装置的钢结构具有较大的结构强度裕量。

3.1.5　未来的铅铋冷却剂次临界反应堆装置 ADS 与临界反应堆装置 CLEAR-Ⅰ、在其 CLEAR-Ⅱ[7-8]

WU 和 CHEN 等在其文献[7-8]中简要介绍了中国次临界反应堆装置 ADS 和重原子核裂变临界反应堆装置的技术发展路线。根据该路线，制定了未来 CLEAR-Ⅰ反应堆装置项目的工作计划，即：A 阶段——设计建造铅铋低熔合金冷却剂的次临界反应堆装置 ADS，B 阶段——设计建造铅铋低熔合金冷却剂的临界反应堆装置 ER，包括 CLEAR-Ⅱ和 CLEAR-Ⅲ次临界反应堆装置。

CLEAR-Ⅰ反应堆装置研究阶段所采用的结构方案如第 1 章图 1.9 所示，其详细装置结构及主要技术参数如图 3.14 和表 3.6 所示。

（1）结构方案

1）铅铋冷却剂快中子反应堆技术的验证基础；

2）中子特性、热工流体特性以及安全特性；

3）参数调节测量技术的基本构成要素；

4）基础知识和中子物理研究；

5）燃料和材料物理研究；

6）同位素制备和核技术研究。

（2）设计原则

1）较为成熟的技术；

2）燃料和材料已众所周知，功率较小，采用压力容器的布置方案；

3）可靠的防护；

4）自然循环和非能动余热导出系统；

5）可开展各类实验；

6）操作方法制定以及换料系统。

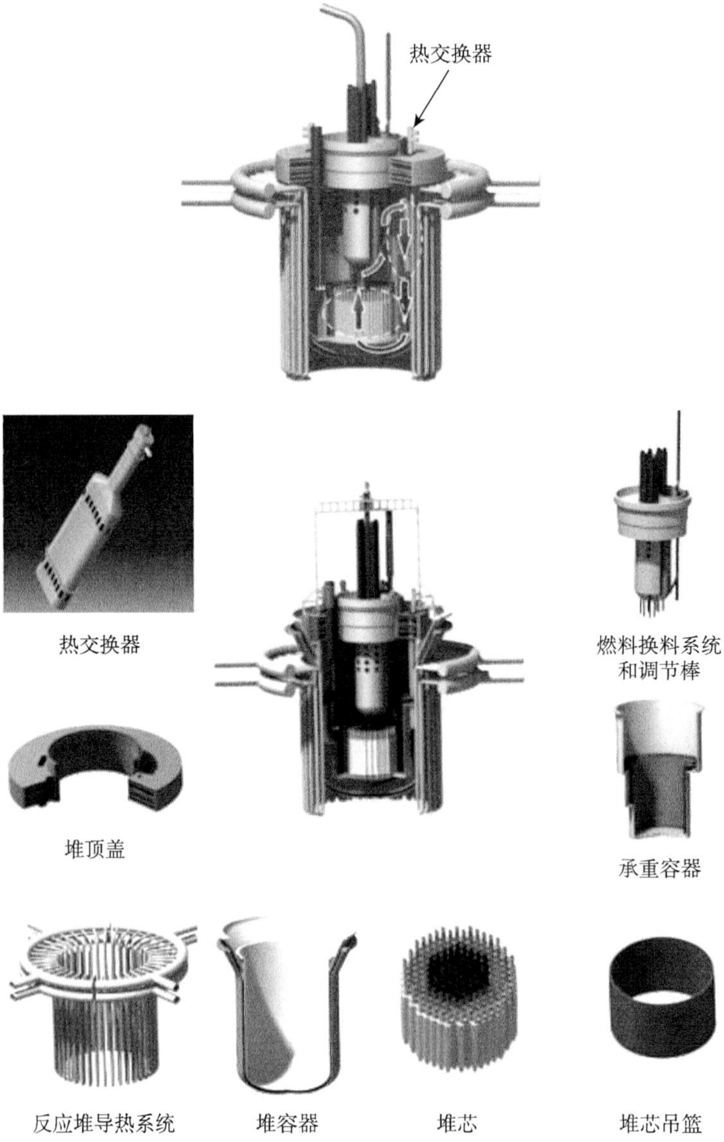

图 3.14　CLEAR-I 反应堆装置结构部件

表 3.6　CLEAR-I 反应堆装置主要技术参数

参数	取值
热功率/MW	10
燃料类型	UO_2（19.25%）
冷却剂循环方式	自然循环
铅铋冷却剂量/t	850
反应堆入口/出口温度/℃	260/390

续表

参数	取值
二回路冷却剂	水
二回路压力/MPa	4
二回路温度/℃	215/230
蒸汽发生器数量/台	4（2 条独立环路）
反应堆压力容器高度/mm	6 300
反应堆压力容器直径/mm	4 650

CLEAR-Ⅱ铅铋冷却剂反应堆装置是实验堆（见图 3.15 和表 3.7 所示），主要用于验证靶系统、燃料和材料的设计方案，研究靶系统的中子流以及堆内结构材料的破裂。

CLEAR-Ⅲ铅铋冷却剂反应堆装置是示范堆，其装置结构和主要技术参数详见图 3.16 和表 8。

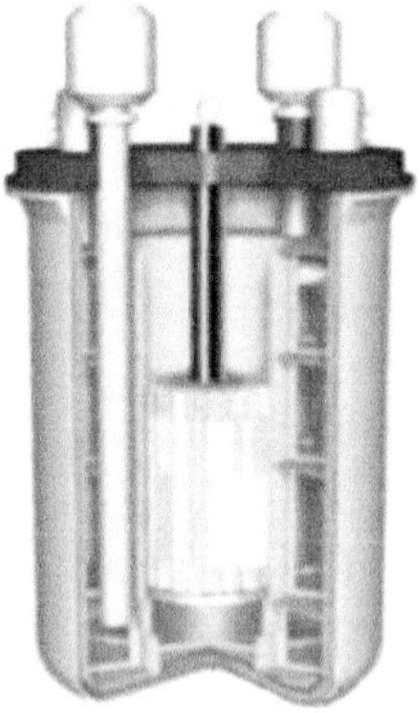

图 3.15　CLEAR-Ⅱ铅铋冷却剂实验堆

表 3.7　CLEAR-Ⅱ铅铋冷却剂实验堆主要技术参数

参数	取值
加速器功率	0.6～1 GeV（约 10 mA）
热功率	100 MW
靶类型	铅铋靶
燃料	MOX
冷却剂	铅铋

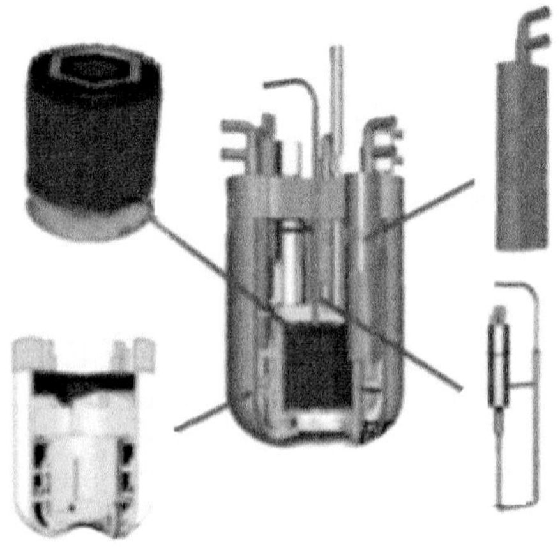

图 3.16 CLEAR-Ⅲ铅铋冷却剂示范堆
（靶的核废物后处理技术）

表 3.8 CLEAR-Ⅲ铅铋冷却剂示范堆主要技术参数

参数	取值
加速器功率	15 MW（1.5 GeV/约 10 mA）
热功率	1 000 MW
靶类型	铅铋靶
冷却剂	铅铋低熔合金

3.2 液态重金属冷却剂反应堆回路的蒸汽发生器

反应堆回路内的蒸汽发生器用于将液态重金属冷却剂的热量传给水和蒸汽工质。相较于水冷却剂反应堆装置的蒸汽发生器，液态重金属冷却剂反应堆装置的蒸汽发生器的不同之处在于其中的水和蒸汽工质压力较高，能达到 5.0～24.0 MPa，远远超出了液态重金属冷却剂的压力（0.01～0.09 MPa），并且所产生的饱和蒸汽温度能高达 400～500 ℃及以上。

相较于钠冷却剂反应堆装置的蒸汽发生器，液态重金属冷却剂反应堆装置蒸汽发生器最大的不同在于它是反应堆回路的组成部分，而非不具备放射性的中间钠回路。

液态重金属冷却剂反应堆装置的蒸汽发生器工质回路有以下几个结构设计方案，如图 3.17所示。

（1）设蒸汽分离器的结构设计方案，其中蒸汽发生器单元—分离器的工质回路采用自然循环；

（2）设蒸汽分离器、多流程强迫循环泵和蒸汽发生器单元的结构设计方案；

（3）设直流蒸汽发生器的结构设计方案，直流蒸汽发生器内只包括蒸汽发生器单元。

根据换热表面，设计并建造了以下几种蒸汽发生器：

（1）U 形管式蒸汽发生器，设蒸汽发生器单元和蒸汽过热器单元；

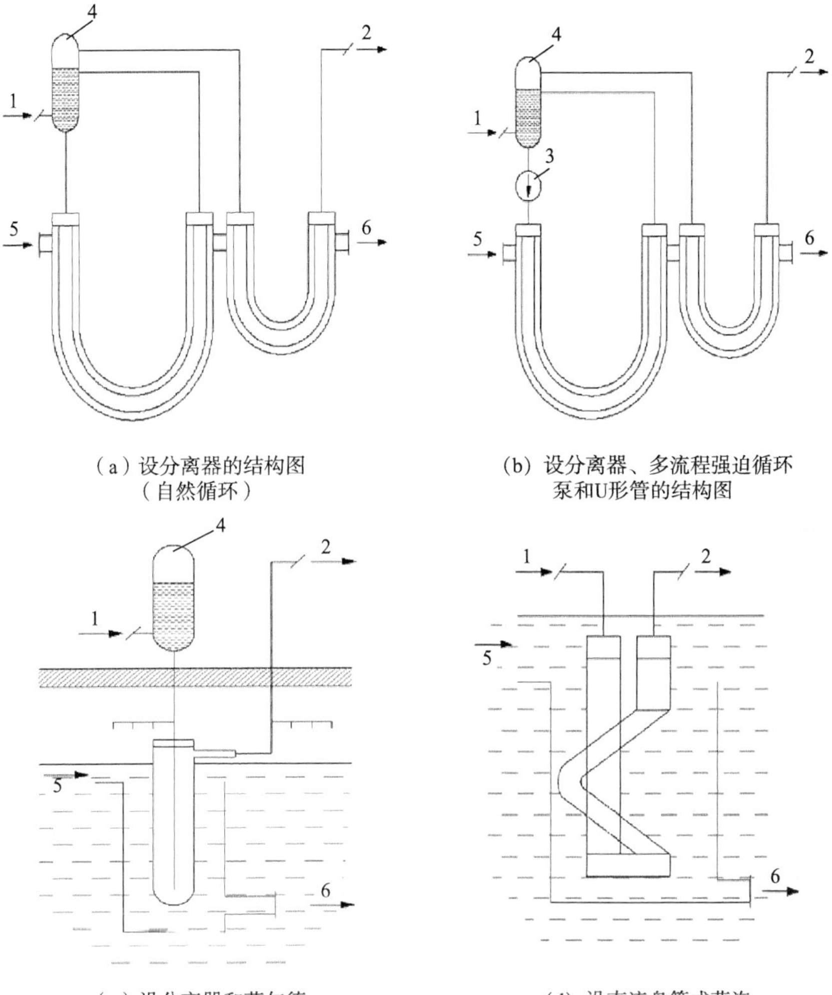

(a) 设分离器的结构图（自然循环）

(b) 设分离器、多流程强迫循环泵和U形管的结构图

(c) 设分离器和菲尔德传热管的结构图

(d) 设直流盘管式蒸汽发生器的结构图

图 3.17　液态重金属冷却剂反应堆装置蒸汽发生器结构图

1—给水管；2—排汽管；3—多流程强迫循环泵；4—分离器；

5—液态重金属冷却剂供给管；6—液态重金属冷却剂排放管

(2) 有两个管板的菲尔德传热管式蒸汽发生器，设中央下降管段，中央下降管段外壁和套管内表面之间是工质上升管段；

(3) 盘管式蒸汽发生器；

(4) 直流管式蒸汽发生器；

(5) 扁平盘管式卧式蒸汽发生器。

上述每个结构设计方案各有优势。设分离器的方案能增加蒸汽发生器的质量、尺寸和造价，工质压力高达 10.0 MPa 及以上时难以实现，但由于分离器中始终保证有水的存在，能保证反应堆的冷却，避免堆芯发生瞬态沸腾，从而提高反应堆装置的安全性和蒸汽发生器单元的可靠性。

由于设分离器的蒸汽发生器自然循环回路方案无须设置多流程强迫循环泵，能降低蒸汽发生器的造价，因此它能提高蒸汽发生器的可靠性，但却需要将分离器布置在略高于蒸汽发生器单元的位置，以增加自然循环的浮力。而直流蒸汽发生器的结构设计方案则较为简单，蒸汽发生器的尺寸也较小，当蒸汽压力高达 24.0 MPa 时，可以算是唯一一个可以接受的方案，但是相较于设分离器的方案，较难保证蒸汽发生器的可靠性。相较于 U 形管的蒸汽发生器单元方案，菲尔德传热管式蒸汽发生器单元方案的尺寸较小，但是当放射性液态重金属冷却剂事故进入其中时，相较于其他结构设计方案，蒸汽发生器单元中液态重金属冷却剂的清理和蒸汽发生器工作性能的恢复操作非常复杂。综上所述，在选择蒸汽发生器类型时，应该从质量尺寸、布置要求、蒸汽发生器所产生的蒸汽的参数值、蒸汽发生器单个模块的功率、反应堆装置总功率、水化学工况、保证管道启动的流体动力稳定性、所需的蒸汽过热值等其他方面综合考虑。

645、705 和 705K 项目核潜艇及其陆上原型试验台架反应堆装置的蒸汽发生器采用 U 形管换热表面。

在 U 形管的蒸汽发生器内，液态重金属冷却剂沿蒸汽发生管道纵向流动，经实验研究证实，这种设计方案的可靠性较高。在 MP-7 蒸汽发生器中，管道插入管板的位置曾发生过回路间泄漏，而且还发生过一次定位板破裂导致的蒸汽发生管道磨损事故。

实验研究表明，当液态重金属冷却剂沿传热管横向[9]和沿盘管式传热管流动时，管道壁的温度会有波动[9-10]，这可能是冷却剂在管道内流动所产生的涡流造成的。实验表明，在蒸汽发生器小破口的事故工况下，当轻相流入液态重金属冷却剂时，管道壁温度波动会加剧。由于汽水二元流体的分层和流动，传热管道壁温度的波动经慢慢叠加后能大幅缩减管道系统的工作寿期。如果管道壁材料继续这样负载运行，那么处于相同运行条件的几根传热管可能同时剪断或扯断，此时破裂前泄漏的原则已不适用。

3.2.1 可移动反应堆装置的蒸汽发生器

自 1954 年开始，645 项目试验核潜艇液态重金属冷却剂反应堆装置以及后期的 645、705 和 705K 项目批量生产的核潜艇液态重金属冷却剂反应堆装置的蒸汽发生器 MP-1、MP-2 都是由水压机厂试验设计局公司制造。

645 项目核潜艇反应堆装置的蒸汽发生器 MP-2 的额定运行工况设计参数如下所述：

(1) 蒸汽产量达到 96.5 t/h；

(2) 分离器内蒸汽压力达到 4.1 MPa 或 41.0 kgf/cm^2；

(3) 过热蒸汽温度达到 355 ℃；

(4) 蒸汽发生器入口给水温度达到 100.0 ℃；

(5) 多流程强迫循环泵内的锅炉水温度达到 173.0 ℃；

(6) 循环次数为 2 次；

(7) 铅铋冷却剂流量达到 930.0 m^3/h；

(8) 冷却剂温度：蒸汽发生器入口和出口温度分别达到 437.0 和 254.0 ℃。

MP-2 蒸汽发生器包括 3 个独立单元，从反应堆回路侧和汽水回路侧都可通过阀门切断这 3 个单元，每个单元又包括产生蒸汽的热交换器、蒸汽分离器、多流程强迫循环回路泵和管道，如图 3.18 所示。管道系统的材料是 1X18H9T 不锈钢。

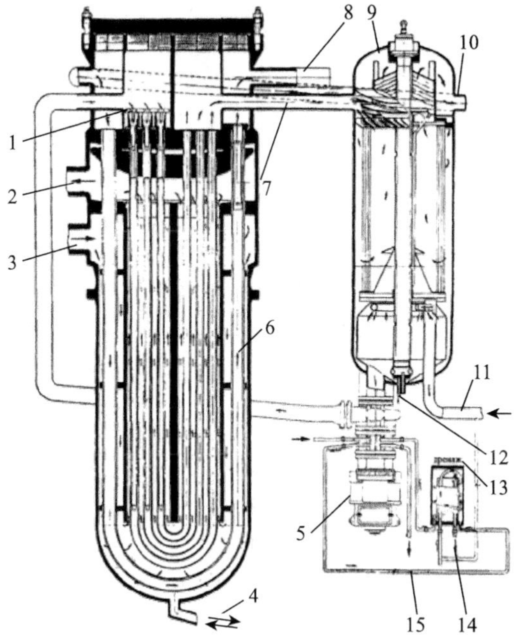

图 3.18　MP-2 蒸汽发生器结构图

1—节流器；2—冷却剂出口；3—冷却剂入口；4—充入口和排放口；5—多流程强迫循环泵 ЦН-38；6—蒸汽过热器；7—去分离器的汽水混合物；8—过热蒸汽；9—分离器；10—去蒸汽过热器的饱和蒸汽；11—给水；12—清洗口；13—排放；14—冷却水；15—密封水

通过 MP-7、MP-7M 和 MP-8 型蒸汽发生器的设计迭代，核潜艇用蒸汽发生器的设计得到了优化。

705K 项目核潜艇反应堆装置的蒸汽发生器包括热交换器（MP-8M 蒸汽发生器单元）、蒸汽分离器、悬挂在蒸汽分离器上的冷凝器、多流程强迫循环回路泵、连接管线和阀门，如图 3.19 所示。

705K 项目核潜艇反应堆装置蒸汽发生器 MP-8M 的额定运行工况设计参数如下所述：

(1) 蒸汽产量达到 90.0 t/h；

(2) 分离器内蒸汽压力达到 4.8 MPa 或 48 kgf/cm^2；

(3) 工质温度：过热蒸汽温度达到 420.0 ℃；给水温度达到 60.0 ℃；

(4) 液态重金属冷却剂温度：蒸汽发生器入口和出口温度分别达到 456.0 ℃和 270.0 ℃；

(5) 冷却剂流量达到 940.0 m^3/h；

(6) 蒸汽发生器管道系统管材是 EP-79 牌号的珠光体不锈钢。

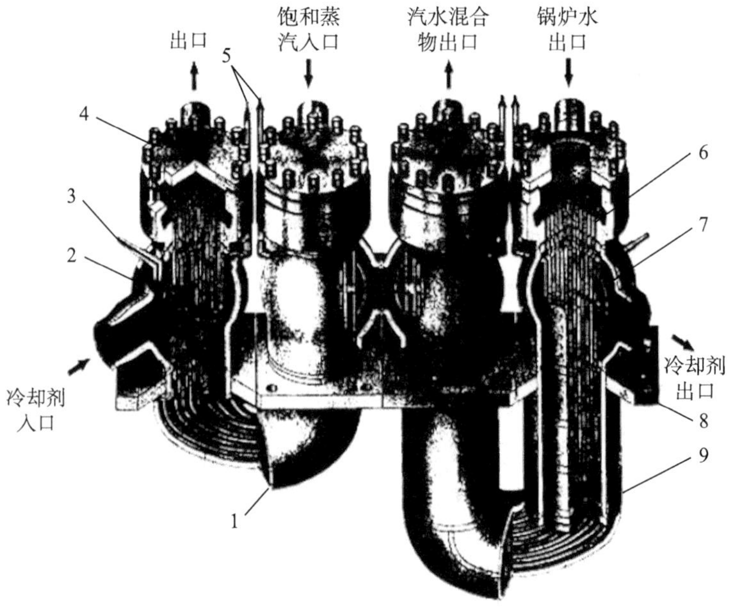

图 3.19　MP-8M 蒸汽发生器结构图

1—蒸汽过热器；2—冷却剂腔；3—排放管；4—动力顶盖；5—送风器；6—节流设备；7—传热管；8—支架；9—蒸汽发生器

3.2.2　未来铅铋冷却剂反应堆装置的蒸汽发生器结构设计方案

由水压机厂试验设计局开发的未来多功能铅铋冷却剂反应堆模块的蒸汽发生器是可移动液态重金属冷却剂反应堆装置蒸汽发生器的结构设计发展。

蒸汽发生模块沿堆芯四周布置在模块组内，采用池式一体化布置方案，通过锅炉水和汽水混合物管道与 2 台分离器相连。在其他设计方案中，由于蒸汽参数较高，因此不设分离器。分离器的布置位置标高根据反应堆装置所有运行工况下所必需的水和汽水混合物自然循环水平确定。冷凝器悬挂在每台分离器之上，冷凝器主要用于将反应堆装置冷却期间蒸汽发生器的热量传给外部工艺水或其他水介质。在 SVBR 反应堆装置的设计方案中，进入汽轮机的蒸汽参数比较有限，蒸汽压力为 9.5 MPa，蒸汽温度为 400 ℃，相较于过热蒸汽温度和压力较高的蒸汽发生器，这略微降低了工质的强迫热循环水平和整个动力装置的效率。菲尔德传热管式蒸汽发生器的结构设计方案和制造工艺已经验证，且在钠冷却剂反应堆装置 BN-350 中具有一定的运行经验，其蒸汽参数接近 SVBR 反应堆装置的蒸汽参数。SVBR 反应堆装置蒸汽发生器结构设计方案的绝对优势在于可靠性较高，结构已经验证，反应堆装置在启动和冷却工况下运行较为简单，动态工况运行下参数调节较为简单，整个反应堆装置的安全性较高。

在 SVBR-100 反应堆装置的设计方案中，采用了二回路工质多流程强迫循环的蒸汽发生器，内设分离器，蒸汽发生器的构成包括蒸汽发生器、蒸汽过热器、分离器、多流程强迫循环回路泵和连接管线，如图 3.20 和图 3.21 所示。SVBR-100 反应堆装置蒸汽发生器的额定运行工况设计参数如表 3.9 所示。

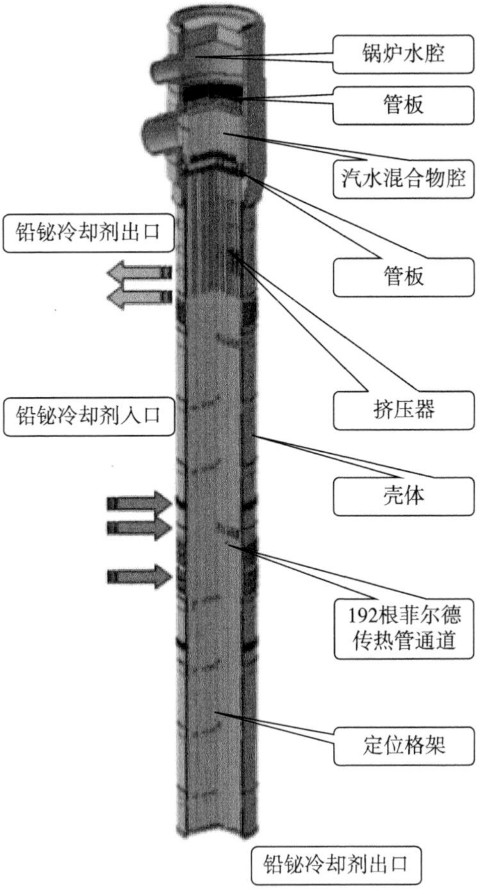

图 3.20 SVBR-100 反应堆装置的蒸汽发生器单元

蒸汽发生器的换热表面主要集中在 8 个蒸汽发生器单元和 4 个蒸汽过热器单元，这 12 个单元布置在反应堆装置的反应堆容器内，并连接蒸汽分离器。2 个蒸汽发生器单元的蒸汽产量对应经过一个蒸汽过热器单元的蒸汽流量。蒸汽发生器单元的结构类似，区别主要在于冷却剂的入口和出口腔位置、汽水腔尺寸和传热管内部构件的结构不同，如图 3.20 所示。

蒸汽发生器单元是再生式热交换器，布置在反应堆装置内，采用菲尔德传热管通道的立式蒸汽发生表面。菲尔德传热管通道的外套管采用双金属表层材料，在水或蒸汽及铅铋冷却剂中具有较高的耐腐蚀性。

蒸汽发生器单元和蒸汽过热器单元的传热表面由 253 根菲尔德传热管通道构成，传热管通道布置在沿等边三角形顶点分布的管束内，中央部分管道间距为 31 mm。

每根菲尔德传热管通道包括直径为 26×1.6 mm 的有底外部管道以及与外部管道共轴分布的中央管道。在蒸汽发生器单元中，每条通道内设 1 根直径为 12×1.0 mm 的中央管道。在蒸汽过热器单元中，中央管道直径为 15×0.5 mm，由直径为 19×0.5 mm 的管道构成其屏蔽，中央管道和屏蔽管道之间的环形间隙内充蒸汽，形成额外的保温层，从而起到提高菲尔德传热管热工效应的作用。

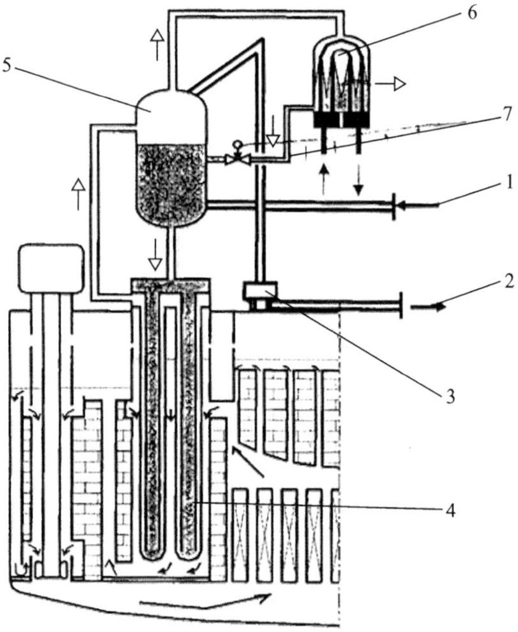

图 3.21　SVBR 反应堆装置蒸汽发生器原理图

1—给水供给管；2—排汽管；3—蒸汽过热器单元；4—蒸汽发生器单元；5—分离器单元；6—冷凝器；7—调节阀

蒸汽发生器单元内设由上管板隔开的锅炉水腔和汽水混合物腔，而蒸汽过热器单元内设由上管板隔开的过热蒸汽腔和饱和蒸汽腔，菲尔德传热管通道的中央管道与上管板相连。蒸汽发生器单元内管道的同轴度由中央管道上的专用凸缘保证，而蒸汽过热器单元内管道的同轴度则由螺丝凸缘保证，螺丝凸缘能加强蒸汽过热器的换热能力，外套管设有凹槽，以保证 19×0.5 mm 和 15×0.5 mm 直径管道的同轴度。

菲尔德传热管外部管道的上部敞开管端固定在下管板上，下管板将汽水回路和冷却剂回路密封隔开。

蒸汽发生器的冷却剂入口腔位于传热管中部，将蒸汽发生器单元的换热表面一分为二，介质在下半部分呈反流，而在上半部分呈直流。

在蒸汽过热器单元内，冷却剂自管束下方向上进入。在蒸汽发生器单元的结构中，汽水腔内有一处嵌入式焊接密封，它能保证汽水腔内部的通畅。蒸汽发生器单元的结构应能保证各单元的后期更换。

接触冷却剂的蒸汽发生器单元结构材料采用 10Х15Н9С3Б1 牌号的奥氏体不锈钢，它已被广泛应用于液态重金属冷却剂的反应堆装置。

为保证蒸汽发生管道在冷却剂和汽水介质中的耐腐蚀性，其中一种设计方案采用了双金属表层材料，外层采用 10Х15Н9С3Б1 牌号的不锈钢，内层采用 03Х21Н32МЭБ 牌号的不锈钢。

表 3.9　SVBR-100 反应堆装置蒸汽发生器的额定运行工况设计参数

参数	取值
蒸汽产量（t/h）	485.0
分离器压力（MPa）	9.5
温度（℃） 过热蒸汽 给水	 400.0 240.0
冷却剂温度（℃） 蒸汽发生器入口 蒸汽发生器出口	 495.0 345.0
冷却剂流量（m^3/h）	4 460

3.2.3　未来铅冷却剂反应堆装置蒸汽发生器的结构设计

（1）BREST 反应堆装置的蒸汽发生器

自 20 世纪 90 年代开始，俄罗斯就开始了与铅冷却剂快中子反应堆装置建造相关的科研和设计工作。为达到最大的效率，BREST-OD-300 反应堆装置、BREST-OD-1200 反应堆装置以及其他突破创新技术都采用了盘管式直流蒸汽发生器，所产生的蒸汽参数可与现代有机燃料动力装置的蒸汽参数媲美。目前，盘管式直流蒸汽发生器的计算、设计、制造和运行经验尚属空白，也未用于试验研究台架。相较于多流程强迫循环回路的蒸汽发生器结构设计方案，使用直流蒸汽发生器的反应堆装置的启停工况、停堆工况以及其他一系列事故工况在很大程度上取决于蒸汽汽轮机，且实现起来很复杂。

液态重金属冷却剂沿传热管横向和盘管式传热管方向流动的蒸汽发生器设计方案的特点在于管道壁温度存在波动，在持续负载运行的条件下，管束不可避免会发生剪断式破裂，此时破裂前泄漏的原则已不适用。

（2）BREST-OD-300 反应堆装置蒸汽发生器

蒸汽发生器是 BREST-OD-300 反应堆装置循环环路的组成部分。在一回路冷却剂将反应堆堆芯内的热量传给蒸汽发生器后，蒸汽发生器通过换热生成较高参数的过热蒸汽，而后过热蒸汽进入汽轮发电机做功，进而实现发电。

反应堆装置内设 4 条循环换热环路，每条环路都设有一台蒸汽发生器，蒸汽发生器的设计参数如表 3.10 所示。

表 3.10　BREST-OD-300 反应堆装置蒸汽发生器的设计参数

参数	取值
热功率/MW	175
蒸汽产量/（t/h）	⩾370
蒸汽发生器出口的过热蒸汽压力/MPa	25.0（16.0）

续表

参数	取值
温度/℃	
过热蒸汽	525
给水	355
冷却剂温度/℃	
蒸汽发生器入口	540
蒸汽发生器出口	≈420（450）
蒸汽发生器的冷却剂流量/（t/h）	35 700
蒸汽发生器干态下的质量/kg	90 000

注：在后续设计阶段，表中所列参数值可能发生变化。

蒸汽发生器采用垂直再生式潜水热交换器的设计，换热表面由螺旋管构成，蒸汽发生器布置在蒸汽发生器坑的承重板上，如图 3.22 所示。从蒸汽发生流程的角度而言，采用直流蒸汽发生器。蒸汽发生器内工质和冷却剂呈逆向流动。蒸汽发生器的工质管线结构分为 4 个相同的独立单元，采用 4 个单元的分区设计方案，能在蒸汽发生器发生回路间泄漏的事故工况期间只断开当前的事故换热表面单元，而不用断开整个蒸汽发生器。如果蒸汽发生器发生回路间泄漏的事故工况，当需要断开一个或两个单元时，由于所有 4 个单元的管道在盘管管束中交替出现，冷却剂会沿蒸汽发生器的整个高度方向以及冷却剂流动行程方向慢慢混合，因此不会出现不同温度的冷却剂流。每个单元包括给水腔、过热蒸汽腔以及连接它们的 145 根直径为 17×3 mm 的传热管，单根传热管的总长度约为 50 m，传热管固定在给水腔和过热蒸汽腔的管板上。

就工质管线而言，每根传热管包括入口下降管段、螺旋上升管段和出口上升管段。传热管的入口下降管段位于中央通道内，属于具体某个单元的传热管需要单独捆绑成管束，并装入外壳。传热管的螺旋上升管段是主要换热表面，捆绑成 19 个同轴管束，传热管上缠绕多条绕丝，相邻管束传热管的绕丝方向相反，每个管束绕丝的直径各不相同，第一个管束折向中央通道的外表面，每个管束传热管绕丝的上升角约为 9°，绕丝的轴向步距是 23.6 mm，传热管管束沿直径方向的轴线距离是 32 mm，传热管螺旋上升管段的平均长度约为 27.55 m。

传热管的螺旋上升管段和出口上升管段位于蒸汽发生器壳体和中央通道之间的环形空间内。传热管的出口上升管段按单元分类，并在此处插入外壳。位于冷却剂液位下方的传热管入口下降管段由完整的双层铣切格架固定，并在此处插入外壳。气腔区域内的入口下降管段和出口上升管段传热管由单个板条（板条与环箍一起焊在外壳上）制成的组装格架固定，设倾斜外壳，外壳和蒸汽发生器壳体壁身都设有孔，以保证其与反应堆气体空间相连。

通过蒸汽发生器壳体壁身的穿孔，冷却剂从入口短管进入蒸汽发生器的入口腔，蒸汽发生器的入口腔内设有孔定位格架，供冷却剂流通，孔的尺寸大小及其在蒸汽发生器壳体和定位格架上的位置选择需要从保证蒸汽发生器环形通道内冷却剂流均匀分布的方面考

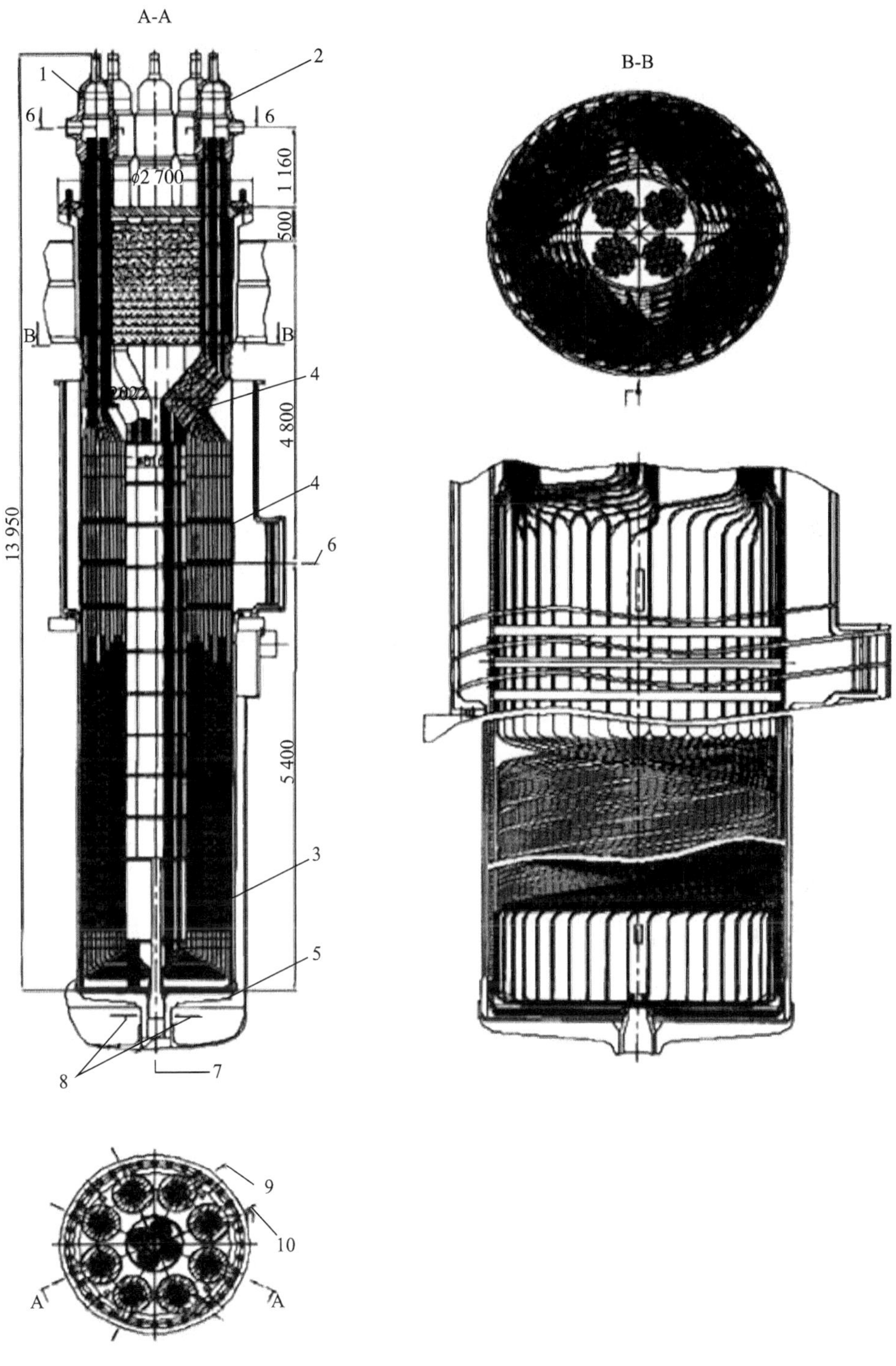

图 3.22　BREST-OD-300 反应堆装置直流蒸汽发生器的结构图（一种设计方案）

1—过热蒸汽腔；2—给水腔；3—直径 17×3 mm 传热管（580 根）；4—定位格架；5—出口格架；6—通道冷却剂入口；7—中央通道冷却剂入口；8—冷却剂出口；9—给水；10—过热蒸汽

虑。流经传热管螺旋段之后，冷却剂通过水平穿孔格架从蒸汽发生器壳体下方流出。

为避免中央通道内出现冷却剂不流动的区域，冷却剂通道采取自冷却剂扬程液位下方向上的设计方案。冷却剂沿外壳上升至入口短管液位后，溢出外壳，传热管在此处插入外壳，冷却剂沿传热管流经管间空间后，又沿排放管流出蒸汽发生器，并在此处汇入自环形通道流出的主要冷却剂流。自环形通道和中央通道流出的不同温度的冷却剂流在传热管区域外部慢慢混合，能避免传热管金属的循环加热。

在上述设计方案中，蒸汽发生器的制造应采用以下材料：

1）给水腔、过热蒸汽腔、传热管、蒸汽发生器顶盖和给水腔、过热蒸汽腔之间的过渡段、蒸汽发生器壳体、中央通道、定位格架、螺旋管和拉杆采用 10Х9НСМФБ－Ш 牌号不锈钢；

2）蒸汽发生器顶盖、蒸汽发生器壳体上部和出口格架采用 10Х15Н9С3Б1（EP302）牌号不锈钢。

上述设计方案的蒸汽发生器的主要不足之处在于液态重金属冷却剂反应堆装置盘管式直流蒸汽发生器的运行经验尚属空白，管束管道壁温度会有波动，运行期间不可避免地会发生几根传热管同时剪断式破裂的情况。

（3）ELFR 反应堆装置的蒸汽发生器

文献[6]中简要介绍了欧洲 ELFR 铅冷却剂反应堆装置蒸汽发生器的设计方案，铅冷却剂温度为 400～480 ℃，给水温度和蒸汽温度为 335～450 ℃，蒸汽压力为 18 MPa。

ALFRED 反应堆装置蒸汽发生器的主要技术方案如下所述：

1）立式传热管，外设保护套管，传热管内涂有一层保护层；

2）保护层内充过热蒸汽；

3）菲尔德传热管和保护套管之间的空间内充氦气，减少热损耗；

4）如果传热管出现泄漏，采用这种结构设计方案能避免放射性铅冷却剂进入二回路。

图 3.23 和图 3.24 所示的菲尔德传热管的蒸汽发生器结构接近 SVBR-100 反应堆装置的蒸汽发生器结构，主要的区别在于为降低水和蒸汽进入液态重金属冷却剂回路的概率，前者的每根传热管都在液态重金属冷却剂和水、蒸汽之间增加了中间氦回路腔，这一措施能大幅提高整个反应堆装置的安全性。

该技术方案的不足之处在于：

1）结构变得非常复杂；

2）焊缝数量大幅增加，较难实现焊缝的监控；

3）增设中间氦回路，结构更为复杂，不易于运行，降低了反应堆装置的可靠性；

4）大幅降低了蒸汽发生器的换热能力，增加了换热表面，增加了反应堆装置的质量和尺寸；

5）大幅提高了蒸汽发生器和整个反应堆装置的造价；

6）虽然减小了事故工况下水和蒸汽进入反应堆回路的数量，但并不能避免水和蒸汽进入反应堆回路。

经过对上述不足之处的综合考虑，这种结构方案实际上很难实现。

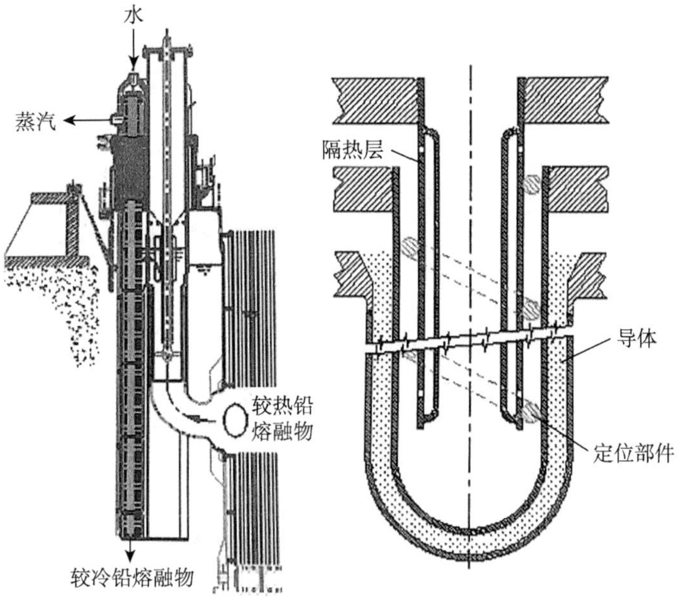

图 3.23　ALFRED 反应堆装置蒸汽发生器的菲尔德传热管示意图

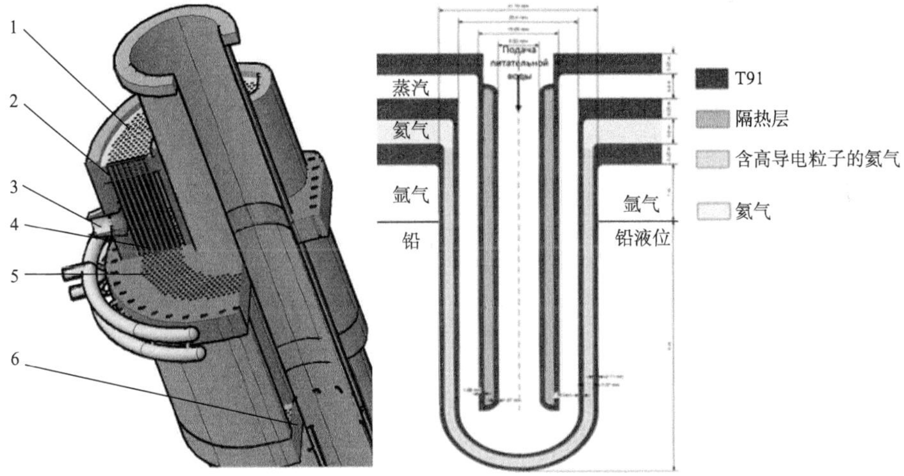

（a）三维成像图　　　　（b）剖面结构示意图

图 3.24　ALFRED 反应堆装置蒸汽发生器菲尔德传热管的三维成像图

1—水入口；2—第三层管板；3—蒸汽出口；4—菲尔德传热管；5—第二层管板；6—第一层管板

3.2.4　中小功率反应堆装置卧式蒸汽发生器的结构设计特点

当蒸汽发生器发生任意的回路间泄漏，直至蒸汽过热器和蒸汽发生器单元的所有传热管断裂时，液态重金属冷却剂反应堆装置蒸汽发生器如果采用水平或略微倾斜传热管（直管、扁平盘管等通道应尽可能小地深入自由冷却剂液位的下方）管道系统的结构设计方案，则蒸汽发生器具有最高的安全性，如图 3.25 所示[11]。此时，自泄漏点到自由冷却剂液位上方空间，冷却剂内会形成致密的蒸汽（汽水）通道，通道约深入液态重金属冷却剂自由液位下方 1.0～1.5 m，流体阻力最小的水和蒸汽通过爆破膜从通道排出反应堆回路，爆破膜设置在蒸汽发生器每个单元的气体空间内。事故工况下蒸汽发生器内的液态重金属冷却剂液位慢慢上升，反应堆装置内的自由冷却剂液位也随之略微上升，进而隔离事故工况下的蒸汽发生器气腔，在此期间，反应堆的冷却通过其他正常运行的蒸汽发生器或通道实现。按传统的工艺和方法，找出发生泄漏的传热管，并将其堵住。在此期间，无论泄漏点的尺寸有多大，无论是一个还是几个蒸汽发生器单元出现泄漏，都需要避免液态重金属冷却剂回路的超压以及水和蒸汽进入快中子反应堆堆芯的情况。

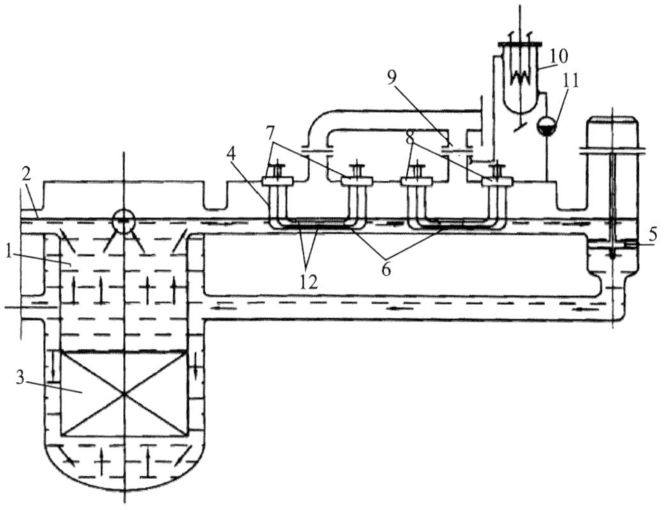

图 3.25　卧式蒸汽发生器反应堆回路原理图

1—反应堆；2—液态重金属冷却剂自由液位；3—堆芯；4—蒸汽发生器气体空间；5—主泵；6—水平管；7—蒸汽过热器母管；8—蒸汽发生器母管；9—爆破膜；10—事故蒸汽冷凝器；11—鼓风机；12—液态重金属冷却剂流导向板

如果泄漏点尺寸较小，进入卧式蒸汽发生器液态重金属冷却剂内的水和蒸汽在可展自由冷却剂液位发生分离，之后便可按照传统方法将其排出反应堆回路。

这种设计的蒸汽发生器可能存在一个缺陷，即水平流动的液态重金属冷却剂流会沿高度方向分层（温度梯度），因此管道系统需要增设垂直格架。

中小功率液态重金属冷却剂反应堆装置的卧式蒸汽发生器具有比其他液态重金属冷却剂反应堆装置更优越的特性，目前尚处于研发当中。

无论未来液态重金属冷却剂反应堆装置的蒸汽发生器采用何种结构设计方案，蒸汽发生器的结构都应该满足制造工艺的要求。蒸汽发生器制造最重要的环节是管道系统部件的生产自动化和逐道工序检验，若能满足这一要求，则能保证蒸汽发生器的可靠性，进而保证整个反应堆装置的安全性。

3.2.5 液态重金属冷却剂蒸汽发生器换热表面的计算特点

液态重金属冷却剂蒸汽发生器的计算方法和计算公式发展，其中包括铅铋低熔合金和铅冷却剂的蒸汽发生器，始自 20 世纪 40 年代末的最初阶段，主要包括理论计算和实验研究两个主要方向。所有液态重金属冷却剂（皮克列数 $Pe<1.0$）的特点是电子气对换热有很大的助力。液态重金属冷却剂的特性是钢材和铸铁的氧化表面不会被液态重金属冷却剂润湿以及换热特性在很大程度上取决于氧气和其他杂质（决定换热表面贴壁层状态）的含量，它们对换热有很大的影响。

由于工质压力（6.0～24.0 MPa）往往大于反应堆回路侧的压力（0.1～0.7 MPa），因此换热表面的几何形状（通常是外部环流的圆柱形传热管束）对液态重金属冷却剂的换热特性有非常大的影响。核潜艇铅铋低熔合金反应堆装置的蒸汽发生器采用了 U 形管的结构设计方案，换热表面呈纵向逆向流动。SVBR 反应堆装置的蒸汽发生器采用了菲尔德传热管的结构设计方案，传热表面呈纵向流动。而 BREST 反应堆装置的蒸汽发生器采用了近乎于横流的管道系统结构设计方案，管道系统内设下降管段直管，主要换热表面由倾斜角较小的盘管构成，相较于能被水和钠冷却剂润湿的表面，其特点在于会较早出现涡流分离，管道壁温度再次出现波动，经蒸汽产生期间温度波动以及冷却剂分层成水和蒸汽冷凝液的叠加作用，最后影响蒸汽发生器的换热和寿期内的工作性能。

文献[11]研究了液态重金属冷却剂、液态重金属冷却剂表面任意流动形式以及流经传热表面的不同热流方向的换热特性计算公式结构，还研究了液态重金属冷却剂内杂质对换热特性影响程度的计算公式结构。

3.2.5.1 不考虑液态重金属冷却剂中杂质的研究结果概述

在研究初始阶段，忽视了杂质以及其他一系列因素对建议的换热公式的影响。例如：文献[12]中指出，当钠和钠钾合金流经环形间隙时，对移动量的迁移理论进行实验验证结果表明，实验数据之间存在很大出入。该文献还建议通过以下经验式来计算蒸汽发生器（不设隔板）壳体内管道外部流动的换热：

$$Nu=61.2\left[RePr\left(\frac{A_n}{A_m}\right)^2\right]^{0.6} \tag{3-1}$$

$$Nu=24.0\left[RePr\left(\frac{A_n}{A_m}\right)^{1.8}\right]^{0.6} \tag{3-2}$$

式中：Re——雷诺数；

Pr——普朗特数；

Nu——努塞尔数；

A_n——冷却剂流通截面面积；

A_m——换热表面。

式（3-1）适用于更大功率的热交换器，而式（3-2）则适用于功率较小的热交换器。

文献[12]中建议通过以式（3-3）计算管束纵向流动的换热：

$$Nu=8Pe\left[d_e/l+0.027\left(\frac{s}{d}-1.1\right)^{0.46}\right] \tag{3-3}$$

式中：l ——传热管长度，m；

s ——传热管中心间距，m；

d ——传热管外径，m；

d_e——当量直径，m。

其中，$1.1<s/d<1.4$，$60<s/d_e<240$，$200<Pe<1\,200$。

文献[12]中还列出了其他几种条件下的计算式（由波尔松诺夫中央汽轮机科学研究院专家得出）：

$$Nu = 8Pe\,(d_e/l)\ (d_e/l \leqslant 300) \tag{3-4}$$

$$Nu = 0.026Pe^{0.6}(d_e/l \leqslant 7\,300) \tag{3-5}$$

文献[12]还建议通过式（3-6）计算管道纵向流动（三角格架的步距 $x=s/d=1.2\sim2.0$）的换热：

$$Nu = 7.55x - 20x^{-13} + 0.041\,x^{-2}\,Pe^{0.56+0.19x} \tag{3-6}$$

无限三角格架水力直径（$d_{\tilde{A}\infty}$，m）的计算式为：

$$d_{\tilde{A}\infty} = d\left(\frac{\sqrt[2]{3}\ x^2}{\pi} - 1\right) \tag{3-7}$$

文献[14-16]建议通过式（3-8）计算错列和顺列布置管束横流的换热：

$$Nu = Pe^{0.5} \tag{3-8}$$

当错列布置管束的 $1.2<s_1/d<2.4$、$1.2<s_2/d<1.5$，顺列布置管束的 $1.2<s_1/d<1.7$、$1.18<s_2/d<1.7$ 时，式（3-8）完全是正确无误的，管束窄截面的流速是决定流速。

文献[15]简要介绍了液态金属传热实验数据的处理结果，液态金属的传热能力取决于根据冲击冷却剂流速算出的皮克列数，计算式为：

$$Nu = 2Pe^{0.5} \tag{3-9}$$

文献[16-17]中建议的管束计算公式与克鲁日林内 Г. Н.[18]所得单根圆柱形管道内的横流换热特性计算式一致，即：

$$Nu = 0.99\sqrt{Pe} \tag{3-10}$$

或更精准地解析解式，即：

$$\overline{Nu} = 1.02\sqrt{Pe}\ \text{（管道壁热量传给冷却剂时）} \tag{3-11}$$

式（3-10）的计算误差为30%，近乎于式（3-9）的计算误差。

文献[17-18]建议通过式（3-12）计算液态重金属冷却剂热量传给圆柱形管道内横流的冷却剂时的换热系数（$50<Pe<125$）[详见后文式（3-22）]：

$$Nu = 0.99Pe^{0.5} \tag{3-12}$$

当皮克列数在300～700数值范围内浮动时，文献[17]建议采用以下计算式：

$$Nu = 1.0Pe^{0.35} \tag{3-13}$$

文献[19]建议通过式（3-14）～（3-16）计算液态金属向错列和顺列布置管束内横流和斜流的换热特性：

$$Nu = 2.0Pe^{0.5}C_\beta \tag{3-14}$$

$$C_\beta = (\sin\beta)^{0.5}\left(\frac{2\beta}{\pi}\right)^{0.5}\left(\frac{\alpha_{\text{long}}}{\alpha_{\text{tran}}}\right)(\cos\beta)^{0.8}\left(1-\frac{\beta}{\pi}\right)^{0.2} \tag{3-15}$$

$$\frac{\alpha_{\text{long}}}{\alpha_{\text{tran}}}=\frac{0.24}{\sqrt{\varepsilon}} \tag{3-16}$$

式中：C_β——考虑冲角减小导致的管束平均换热减弱的因子；

ε ——管间空间的体积比。

在文献[19]的式（3.9）中，传热管外径是决定尺寸，皮克列数由冲击冷却剂流速决定。当 $Pr=0.03\sim0.07$、$\beta=0.90°$、$Pe=10\sim100$、误差为±30%时，式（3-10）是正确无误的。

根据近年来各位研究人员的研究成果，可以得出以下结论：

谢尔巴科夫 С. И. 建议通过盘管式蒸汽发生器管束内铅冷却剂侧的换热数值研究所得出的式（3-17）计算此期间的换热特性：

$$Nu=5.5+0.025Pe^{0.8} \tag{3-17}$$

式中：传热管外径和管间较窄间隙内液态重金属冷却剂的流速是决定参数。

当 $s_1/d=1.88$，$s_2/d<1.47$，$Re=4.1\times10^3\sim1.54\times10^4$（瞬态），$Pe=150\sim450$ 时，俄罗斯物理动力研究院国家科学中心的研究人员卡梁金 С. Г. 及其同事通过实验得到了管束内横流换热特性的计算式：

$$Nu=2.19+0.109Pe^{0.6} \tag{3-18}$$

式（3-11）和式（3-12）的结构与莱恩方程式解理论研究所得的公式结构一致，而式（3-1）～（3-10）并未体现热边界层的存在以及液态金属导热性对换热过程的作用。

除式（3-17）和式（3-18）之外，上述计算换热特性的公式的条件是碱性金属，而非液态重金属冷却剂，且所有公式都忽略了换热表面不被液态金属润湿，冷却剂中可能存在杂质，换热表面可能形成杂质沉积层以及杂质颗粒汇集在贴壁层的情况。

在俄罗斯和国际液态金属冷却剂首席专家茹科夫 А. В. 教授的研究报告[20-23]中，最为完整且深入地分析 21 世纪初所完成的液态金属冷却剂（包括液态重金属冷却剂）换热的理论计算和实验研究结果。但该研究却基本忽略了液态重金属冷却剂中杂质含量和状态的分析，只使用干净冷却剂和污着冷却剂两个术语评价杂质的含量，分别列出了对应干净冷却剂和污着冷却剂的换热计算公式，未对液态重金属冷却剂中杂质的实际含量做出明确的界定。因此在进行工程计算时，存在不确定性，导致设计换热表面存在很大的裕量。

3.2.5.2　液态重金属冷却剂中杂质对换热特性的影响

2000 年初，在下诺夫哥罗德国立技术大学别兹诺索夫 А. В. 教授的带领下，开展了铅、铅铋冷却剂系统换热特性的实验研究，实验考虑了氧气杂质含量和状态对换热的影响[24-31]。实验方法的特点在于运行期间连续不间断地监测液态重金属冷却剂中氧气的热力学活度，有针对性地改变反应堆装置正常运行和事故工况下冷却剂和回路内的氧气含量，在回路温度明显不均匀（存在模拟堆芯和蒸汽发生器表面的热区和冷区）时开展实验，尽可能模拟影响甚或决定液态重金属冷却剂介质换热过程的冷却剂中杂质质量迁移过程，以及在反应堆回路真实运行工况和温度条件下开展管束内铅冷却剂纵流和横流的换热实验。

（1）可溶杂质

由下诺夫哥罗德国立技术大学开展的实验研究以及其他研究表明，在换热表面的释热区和吸热区，铅、铅铋低熔合金冷却剂中氧气的热力学活度变化有很大不同。分析表明，在反应堆回路正常运行期间，由于结构材料表面发生新相变，形成新沉积层和保护层，或者由于上述物质的破损，冷却剂中 O_2、Fe、Cr 等其他可溶杂质含量的变化可能对结构材料的表面状态有很大影响，还可能对接触管道壁的冷却剂表面层特性有影响，包括润湿角、表面张力系数和附着能力等方面。由于铅、铅铋冷却剂反应堆回路的杂质溶解度较小，因此可溶杂质对液态重金属冷却剂的导热性和黏度等热工物理特性影响也非常小，可以忽略不计。

实验证明，当液态重金属冷却剂深度脱氧（氧气的热力学活度 $a \leqslant 10^{-5}$）时，如果表面未形成氧化膜保护层，温度达到 500～600 ℃，润湿角 $\theta < 90°$，不锈钢表面会被铅、铅铋低熔合金冷却剂润湿，$Nu = f(Pe)$ 公式接近于莱恩积分解的理想情况，此时 $Nu \approx (7.0 \div 7.5) + 0.025Pe^{0.8}$。

应该指出的是，由于任意反应堆回路都具有氧气裕量（冷却剂氧化物、气体系统中的水蒸气等），还可能由于干的氢气在温度高达 500～600 ℃的液态重金属冷却剂中长时间加工处理，因此实际上通常很难达到这种理想情况。

(2) 弥散颗粒状不溶杂质及其衍生物

在设计中的俄罗斯反应堆装置中，设计考虑将氧气的热力学活度保持在 $10^{-4} \sim 10^{-2}$ 的运行标准水平，这样能避免氧气和液态重金属冷却剂产生化合物。在铅、铅铋冷却剂的试验研究台架和形式试验台架中，由于台架运行规程要求定期对台架进行释压操作，此时空气中氧气便会进入回路，氧化回路中的冷却剂和结构材料表面，表面会附着氧气，因此台架中总是有氧气杂质的存在，存在形式主要是各类不溶化合物，例如铅和铋的氧化物、水蒸气、不锈钢成分的氧化物等。

下诺夫哥罗德国立技术大学的研究人员莫罗德佐夫 A. A.、诺沃日洛娃 O. O. 及本书作者共同开展了吸热区和释热区液态重金属冷却剂环流的换热特性变化研究，在此期间，冷却剂中氧气含量在较大数值范围内浮动，并向回路投入了大量（事故用量）气态氧，在反应堆回路正常运行期间不允许投入如此大的用量。研究表明，向温度非常不均匀的铅冷却剂回路投入大量氧气时，吸热区（热区）的换热参数会略微下降，释热区（冷区）的换热参数则会大幅下降，直至 $Nu \approx \text{const}$，实验得出 $Nu \approx 2$ 的关系式[26]。当回路中投入氢气并发生脱氧时，换热参数又会上升至初始值。显而易见，实验数据说明了液态重金属冷却剂回路内物理化学过程的一系列特点，而此类冷却剂的研究分析表明，由于附着能力的作用，冷却剂的氧化物总是浸润着干净冷却剂，被干净冷却剂环绕，并构成独特的弥散系物质。

实验证明，如果回路中氧气过量，远远超出了溶解极限，那么在冷却剂排空之后，释热区（冷区）及其出口部分的管道和回路其他设备内表面上会形成氧化渣块沉积层。在液态重金属冷却剂的研究回路中，也发现了类似物质与干净冷却剂一同在回路内循环。当温度达到 20 ℃左右时，位于管道下部的氧化渣块沉积层呈类石状，很难通过机械的方式碎裂。如果将铅铋低熔合金回路内含有类似沉积层的管道样件放入 150～180 ℃温度的甘油内，沉积层则呈液态流动状，通过不锈钢丝或不锈钢棒即可轻松将其从管道样件中除去。质量鉴定结果表明，此类沉积层的黏度远远高于铅、铅铋低熔合金的黏度，但是当温度高于其熔点时，则呈非牛顿（流变）特性的液体状。此类沉积层的结构呈冷却剂氧化物的弥散系混合物（冷却剂氧化物含量较小），浸润有铅铋低熔合金。当投入大量氧气并生成固态冷却剂氧化物时，作为一种可能的设计方案，上述特有的物理化学过程能说明液态重金属冷却剂回路换热特性的变化。

当过多的氧气进入冷却剂时，回路冷区贴壁区域内的过饱和溶液氧化物就会快速结晶结块，并被干净冷却剂浸润，贴壁区域内形成具有独特特性的弥散系物质贴壁层（详见第 2.2.2 节），由于内含氧化物分子，贴壁层的分子电导率略低于干净金属的分子电导率，所形成的附聚物黏度远远高于干净金属的黏度。受上述特性变化的影响，由于导热性下降，公式 $Nu=f(Pe)$ 中的 A 系数（常数）减小，又由于贴壁区域内贴壁层的黏度 λ 和厚度增加，涡流黏度 λ_t 减小，导热性减小，黏度增加，导致 B 系数和皮克列数减小。实验表明，实验结果与理论概念相符，即氧化物在靠近贴壁层冷壁区域的地方开始出现结晶，但在靠近贴壁层热壁区域的地方却不会出现结晶。过饱和的液态重金属冷却剂溶液杂质在贴壁层内的自由冷却剂表面下方（即贴壁层自由冷却剂表面和冷却剂流体中心之间）出现结晶，壁面不被冷却剂润湿。由于杂质溶解度增大，冷却剂温度升高，在贴壁层的热壁区域不会形成冷却剂氧化物的附聚物。根据吸热区和释热区热电偶的显示读数（记录下冷壁区域的相关过程），随冷却剂流进入贴壁层热壁区域的冷却剂氧化物颗粒及其附聚物（浸润有冷却剂）不会在贴壁区域汇集，也不会对换热产生影响，或者影响甚微。受扩散过程的影响，热壁区域表面可能形成不含冷却剂的氧化铁和氧化铬的沉积层，沉积层厚度较薄。

3.2.5.3　液态重金属冷却剂导热特性计算公式的结构分析

当计算换热表面纵流和横流换热特性［$Nu=f(Pe)$］时，虽然研究人员的研究方法各异，但无论采用的是理论计算法还是实验研究法，本书建议通过如式（3-19）的二项式计算各类液态金属的换热特性。

$$Nu=\mathrm{A}+\mathrm{B}\cdot Pe^{\mathrm{C}} \tag{3-19}$$

式中：A、B、C——为单根传热管在液态重金属冷却剂中换热表面条件的常数。

式（3-19）中等号右边的部分采用二项式，因为液态金属流的导热值较大，当 $Pe>Pe_{cr}$（Pe 的临界值）且 Pe 值增加时，释热特性略微增加，这是与水和气体冷却剂所不同的地方。

液态重金属冷却剂的 A 系数在 2.0～8.0 范围内浮动，B 系数在 0.014～0.025 范围内浮动，C 系数通常在 0.8 左右浮动，有时能达到 0.73。

普遍认为 A 系数值首先取决于液态金属的分子导电率，B 系数值则取决于对流导热，皮克列指数约为 0.8，皮克列指数取决于皮克列数的数值范围。

上述二项式公式应该符合自换热表面钢壁材料到接触冷却剂流体中心外边界的贴壁层的状态。毫无疑问，贴壁区域内冷却剂和杂质的弥散系物质特性对换热有很大影响。由于二项式余因数对具有相同贴壁层的每根或几组传热管贴壁区域的换热产生影响，因此建议通过以下二项式余因数计算流经换热表面的冷却剂热工流体特性，局部传热管的具体几何形状，局部传热管的相对位置，是否设有散热片和定位板等扰流设备。

$$Nu=(\mathrm{A}+\mathrm{B}\cdot Pe^{\mathrm{C}})\cdot k_1k_2k_3 \tag{3-20}$$

式中：k_1——考虑传热管几何形状（圆管、间隙等）的系数；

k_2——考虑是否设有散热片等扰流设备及其参数的系数；

k_3——考虑换热表面孔道几何形状（表面间距、孔道形状等）的系数；还可能存在考虑换热组件特性的其他系数。

3.2.5.4 液态重金属冷却剂系统的换热过程模拟

由于实验所得的 $Nu = \mathrm{A} + \mathrm{B} \cdot Pe^{\mathrm{C}}$ 单个通道公式不能体现换热表面的实际结构，包括传热管步距、传热管排列设计、是否设有定位格架及其几何尺寸等要素，因此液态重金属冷却剂系统的工程设计并不能使用 $Nu = \mathrm{A} + \mathrm{B} \cdot Pe^{\mathrm{C}}$ 公式，必须进行全尺寸结构传热管束和换热组件换热的实验研究。由于一些闭合系数未知，因此只能在设计初步阶段通过计算程序计算换热结构。

通过换热设备以及保证典型结果的样件的全尺寸试验，以获取 1∶1 实物条件下换热设备的实际换热特性，包括质量交换过程和质量迁移过程，并将其与计算和研究结果相对比。在设计和运行时，研究人员会更关注某个具体换热设备的整体出口特性，而在必须修改换热设备结构时，则更为关注当中换热过程的局部特性或者其他特性。

由于实验所得的换热特性和 1∶1 实物条件下的换热特性存在差异，因此工程计算时必须使用单个换热部件在液态重金属冷却剂介质中的实验所得换热特性，后者是前者的必要但不充分条件。又由于以下因素，圆管或环形间隙换热时换热特性的计算公式不适用于实际的工程计算：

1）结构的几何形状不相似；

2）实验条件和 1∶1 实物条件下的流速场和温度场不相似；

3）严重影响换热的质量交换过程（贴壁层、贴壁层和冷却剂流体中心之间）以及循环回路中杂质质量迁移过程（由于回路温度不同等因素）不相似；

4）使用模拟流体替代液态重金属冷却剂时，即使二者的热工物理特性相近，也缺乏动态相似。

很难满足上述要求，有时甚至无法满足上述要求，因此应该在保证换热设备流通部分所有结构部件几何形状相似、流速场等动态相似以及样件各部件温度场分布相似的条件下，进行样件的实际介质最终试验。在设计中换热结构的传热管束和换热组件样件（含定位格架等构件）的热工物理实验中，广泛采用模拟低温流体，其热工物理参数值与实际冷却剂介质的热工物理参数值相同。从技术角度而言，高温液态重金属冷却剂及其回路中杂质的质量交换过程和质量迁移过程比低温模拟流体及其回路中杂质的质量交换过程和质量迁移过程更难以模拟。如果实验表明，液态重金属冷却剂中杂质的质量交换过程和质量迁移过程（如吸热区等）对换热特性有轻微影响，那么在考虑并分析杂质质量交换过程和质量迁移过程可能存在的差异的基础上，燃料组件试验完全可以采用模拟流体。

工程计算宜采用实际液态重金属冷却剂台架实验所得的计算式［式（3-20）］，它模拟了杂质的质量迁移过程和温度等运行工况参数，明显体现出了回路的不等温特性。

3.2.5.5 圆管、环形间隙中铅、铅铋冷却剂流动实验（监测表面纵流液态重金属冷却剂中的氧气）的换热特性计算公式

本节对比了管壁向液态重金属冷却剂流传热和液态重金属冷却剂流向管壁传热期间的冷却剂纵流换热特性实验结果。

通过 450～550 ℃高温铅、铅铋冷却剂（监测并调节液态重金属冷却剂中的氧气含量，$Pe=300\sim5\ 000$）的纵流实验研究得出了以下计算公式[24-31]，并按第 3.2.5.6 节所述的方法开展实验。

（1）当 12X18H10T 牌号管壁向液态重金属冷却剂流传热时：

1）如果冷却剂发生深度脱氧，则得出：

$$Nu=7+0.025Pe^{0.8}(300<Pe<4\ 500,\ a=10^{-5}) \tag{3-21}$$

2）如果冷却剂中氧气含量处于运行限值范围内，则得出：

$$Nu=5+0.025Pe^{0.8}(300<Pe<4\ 500,\ a>10^{-3}) \tag{3-22}$$

3）如果冷却剂中氧气含量超出运行限值范围，则得出：

$$Nu=4+0.019Pe^{0.8}(300<Pe<4\ 500,\ 10^{-1}<a<10^{0}) \tag{3-23}$$

（2）当 16X12MBCΦБAP－Ш 牌号模拟燃料棒包壳表面向铅冷却剂传热以及环形间隙（$d_2/d_1=4.2$）传热时，此时冷却剂中氧气的热力学活度为 $10^{-5}\sim10^{0}$：

1）如果运行期间冷却剂中氧气的热力学活度范围很大，则得出：

$$Nu=7+0.018Pe^{0.8}(500<Pe<5\ 000,\ 10^{-4}<a<10^{0}) \tag{3-24}$$

2）如果冷却剂发生深度脱氧，则得出：

$$Nu=5.6+0.018Pe^{0.8}(500<Pe<5\ 000,\ 10^{-5}<a<10^{-4}) \tag{3-25}$$

（3）当液态重金属冷却剂流向环形间隙（$d_2/d_1=2.35$）内 10X9HCMΦБ 牌号管壁表面传热时，此时冷却剂中氧气的热力学活度为 $10^{-5}\sim10^{0}$：

1）如果冷却剂发生深度脱氧，则得出：

$$Nu=2+0.015Pe^{0.8}(600<Pe<6\ 000,\ 10^{-4}<a<10^{-5}) \tag{3-26}$$

2）如果冷却剂中氧气含量处于运行限值范围内，则得出：

$$Nu=2+0.012Pe^{0.8}(600<Pe<6\ 000,\ 10^{-4}<a<10^{-1}) \tag{3-27}$$

3）如果氧化物事故沉积在换热表面（运行期间是不允许的），且 $600<Pe<6\ 000$ 时，则得出：

$$Nu=2 \tag{3-28}$$

通过下诺夫哥罗德国立技术大学实验所得的液态重金属冷却剂系统的换热数据，可以确定换热表面纵流时的换热特性、液态重金属冷却剂中杂质的实际含量、热流方向以及换热壁材料。

液态重金属冷却剂贴壁层弥散系物质的物理化学状态首先取决于上述参数值，而在回路运行以及所有可能产生的运行杂质条件下，弥散系物质的物理化学状态首先取决于氧气杂质的含量。文献[24,31]中简要介绍了换热表面纵流以及液态重金属冷却剂中杂质含量可监测调控条件下冷却剂温度场和流速场的实验测量结果。当氧气含量超过 10^{-5}，液态重金属冷却剂中所有可能产生的运行杂质（铁、铬等）都将呈各种氧化物的分子态或者更复杂的冷却剂氧化物和其他金属的化合物态。综上所述，基于上述条件，完全可以认为液态重金属冷却剂中的氧气含量决定了这种冷却剂系统的换热特性。可能换热表面不锈钢材料对换热特性的影响较小，并且只体现在贴壁层弥散系物质物理化学成分的特性中。

3.2.5.6　液态重金属冷却剂管束横流、监测冷却剂中氧气实验所得的换热特性计算式

本节简要介绍了下诺夫哥罗德国立技术大学所开展的热工物理研究，研究结果与第

3.2.5.5 节所列结果相同。

(1) **液态重金属冷却剂的管道横流特点**

液态重金属冷却剂的换热特性在很大程度上取决于冷却剂本身的特点，如不被润湿，密度较高，热容较低，导热性较好、普朗特数较小等。

之所以蒸汽发生器和热交换器的换热表面（已形成氧化膜保护层）不会被铅、铅铋冷却剂润湿，主要的决定因素是贴壁层状态，其贴壁层状态与换热表面能被润湿的其他冷却剂（水和钠冷却剂）的贴壁层状态具有本质的区别。接触换热表面的液态金属层特性（表面能源凝结等）与接触气体的液态重金属冷却剂自由表面特性类似，但与冷却剂空间的其他特性有较大差异。

管道横流的主要特点是边界层发生断裂，主要原因在于沿冷却剂流方向的压力增加，坚硬的管壁降低了液体流速。当冷却剂在圆柱形管道的上半部分内流动时，冷却剂的流通截面减小，流速增加，管壁表面液体的静压减小；而当冷却剂在圆柱形管道的下半部分内流动时，则是完全相反的情况，流速减小，管壁表面液体的静压增加。

受黏合力的作用，圆柱形管道表面的液体流速和动能较小。如果沿冷却剂流方向的压力增加，则会导致液体流速下降，出现回流，回流又会将边界层从表面挤走，从而导致冷却剂的断流以及涡流的形成，如图 3.26 所示。

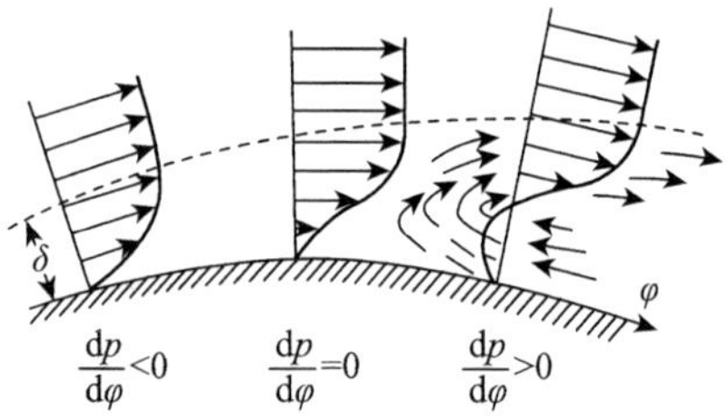

图 3.26　圆柱形管道表面的流速分布与回流形成示意图

能润湿换热表面的水和其他液态冷却剂紊流边界层的断裂角为 120°～140°，而不能润湿换热表面的液态冷却剂边界层的断裂角比前者略小，也就是说后者的断流出现得相对较早，因此二者的换热特性以及冷却剂流对管道壁材料的冲击作用可能存在差异。

由于铅、铅铋冷却剂的普朗特数（Pr）较小，导热性比水的导热性强，即使在较强涡流的条件下，分子电传热在贴壁层和冷却剂的涡流流体中心中仍然具有举足轻重的地位。液态金属的热边界层比流体动力边界层厚很多，甚至经常覆盖蒸汽发生器或热交换器孔道内的整个通道。

铅、铅铋冷却剂介质中的换热设备换热系数（Nu）较高，当换热表面和冷却剂的温差相对较小时，热流的密度较高。

液态金属的热容相对较小，导热性较高，换热强度较高，导致液态金属热交换器内冷却剂流向上的传热可能远远大于冷却剂和工质之间的传热。在此期间，液态重金属冷却剂沿长度方向上的加热和管壁隔开的冷却剂之间的局部温度位差比值可能很大。

液态重金属冷却剂系统的丰富运行经验表明，由于系统内具有表面特性的冷却剂与换热管壁有直接接触，过饱和液态金属溶液结晶，导致固体氧化物颗粒在液态重金属冷却剂的表面附近区域形成，并被冷却剂四面环绕，因此不会导致冷表面上冷却剂氧化物晶状沉积层的形成。形成的固体氧化物颗粒继续停留在液态金属的表面，液态金属与管壁有直接接触。边界层的断裂导致较大区域换热表面冷却剂中悬浮氧化物的附着能力下降。

影响蒸汽发生器和热交换器结构设计方案的液态重金属冷却剂的最本质特点是冷却剂密度较高，运行条件下能达到 10^4 kg/m^3 左右，比水和钠冷却剂的密度高一个数量级。液态重金属冷却剂流的动态扬程（$\rho v^2/2g$），也比水和钠冷却剂的动态扬程高一个数量级。冷却剂流对液态重金属冷却剂蒸汽发生器和热交换器管道系统部件的动力荷载会加剧震动水平，加剧管道系统部件的振动磨损，震动导致多周期疲劳，进而加剧管道系统部件的应力形变状态。

铅、铅铋冷却剂的热容较小，当反应堆装置的运行工况发生变更以及事故保护系统动作时，能导致较大的温度突变和剧烈的热冲击，形成很大的热应力，因此在液态重金属冷却剂回路蒸汽发生器和热交换器的设计和运行过程中，应该予以考虑。

由于冲击冷却剂流具有不稳定性，管道流动可能断裂以及自身的不稳定性（最主要的因素），在任意冷却剂流的管道横流和斜流换热过程中，换热表面温度存在实时波动。自身出现不稳定性的主要原因在于管道在管束中的布置方案（错列和顺列）以及管道间距。温度的波动频率随冷却剂流速的增加而加快。在这一方面，由于缺乏全面的实验数据，因此非常有必要进行此项实验。

(2) 实验段描述

实验分铅冷却剂自上而下流动、自下而上流动以及水平流动 3 种方案进行。

如图 3.27 所示，实验模型是换热表面，换热表面采用顺列布置管束，内置直径为 17×3 mm 的水平传热管，管材采用 10X9HCMФБ 牌号的铁素体马氏体不锈钢，这与 BREST-OD-300 反应堆装置蒸汽发生器的实物传热管相吻合。在本实验中，传热管长 120 mm，传热管的工作段长 100 mm，传热管束内设六纵列三横排的传热管，第一和三横排内置纵切的传热管试验件，长度达 100 mm，布置在实验段壳体的内表面上，如图 3.28 所示。传热管的纵向和横向步距是 25mm，相对步距 $S_1=S_2=1.47$。在 BREST-OD-300 反应堆装置蒸汽发生器的设计中，管束中传热管的缠绕角是 9°，而在本实验模型中，传热管呈水平布置，如此在开展热工流体计算时，铅冷却剂侧才能有设计裕量。

传热管束插入分配管和集流管，以进行固定，如图 3.29 所示。热交换器壳体呈 100 mm×49 mm 矩形截面的通道，长 1 330 mm，采用上述技术方案，能大幅减小实验段流通截面的面积，并相应增加传热管内的铅冷却剂流速。

当自上而下流动时，铅冷却剂通过均匀流速格架和 1 000 mm 长的冷却剂流稳定段进入实验段，在流经换热表面时，将热量传递给换热管内的铅铋冷却剂，待铅冷却剂冷却后，排空实验段内的铅冷却剂；当自下而上流动和水平流动时，冷却剂的流动过程与前述内容相似。

由电加热器保证实验段表面的供热，电加热器采用接入陶瓷信号控制装置的镍铬丝，镍铬丝直径分别为 1.0 mm 和 1.6 mm。电加热器的第一个主要单元紧密缠绕在传热管的外表面，呈双层缠绕。电加热器的第二个补偿单元缠绕在第一个主要单元上部，用以补偿热损耗，根据主要和补偿单元内设的微型热电偶温差算出的热损耗，调节补偿单元的功率水平。

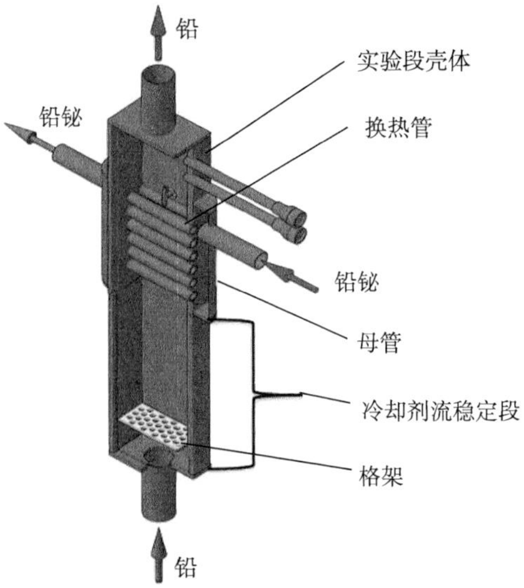

图 3.27　铅冷却剂自上而下流动的实验段

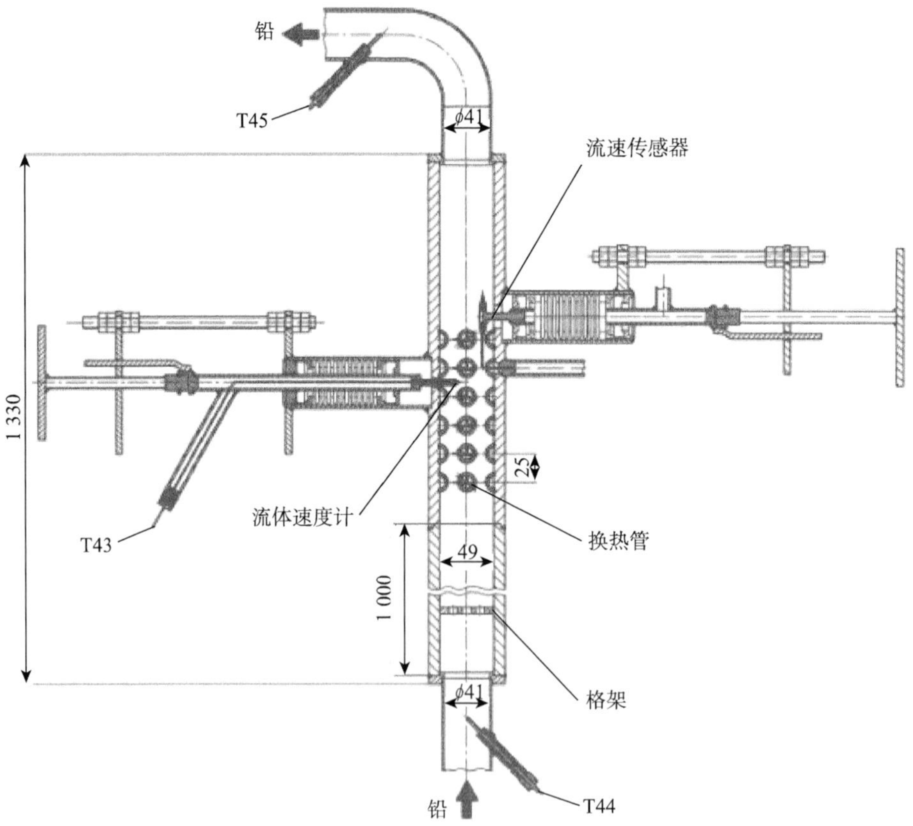

图 3.28　铅冷却剂自下而上流动方案的实验段剖面图

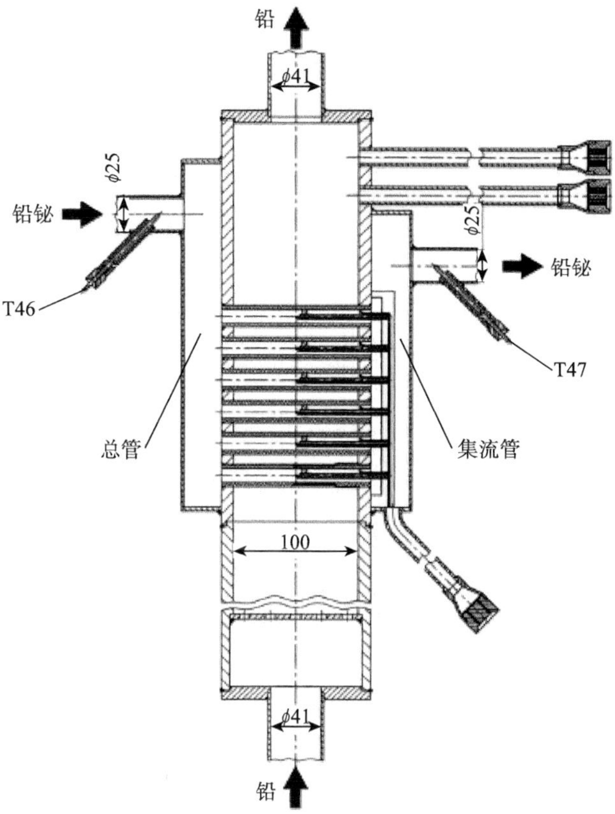

图 3.29　铅冷却剂自下而上流动的实验段正面剖面图

为测量入口和出口的冷却剂温度，设置了末端直径为 3.0 mm 的 TMПK-1-K-18-500 型插入式热电偶，测温导压管采用奥氏体不锈钢管材，进行单独校准，校准误差为±0.2 ℃。

为测量传热管内铅铋冷却剂的温度，在每根传热管的中心截面和出口截面都设置了末端直径为 1 mm 的 TMПK-1-K-8-1000 型微型热电偶，测温导压管采用奥氏体不锈钢管材，进行单独校准，校准误差为±0.2 ℃。

为测量高温铅冷却剂的温度场，在几排传热管间隙的纵截面设置了末端直径为 1 mm 的 TMПK-1-K-8-1000 型固定微型热电偶，测温导压管采用奥氏体不锈钢管材，进行单独校准，校准误差为±0.2 ℃。实验模型共设置了 6 个微型热电偶，在每根传热管上都设置了一个微型热电偶。微型热电偶沿传热管母线抽出，热电偶末端向冷却剂流体中心倾斜，偏离换热表面 4 mm。

为测量第四和五横排传热管间隙横截面的温度场，设置了末端直径为 1 mm 的 TMПK-1-K-8-1000 型可移动微型热电偶，测温导压管采用奥氏体不锈钢管材，进行单独校准，校准误差为±0.2 ℃，通过波纹管的移动装置调整微型热电偶的位置。

如图 3.30 所示，皮托管速度传感器既能测量间隙横截面的流速场，还能测量液态金属流潜在扬程（H_{pot}）和全扬程（H_{full}）差值，据此便能算出冷却剂指定测点的局部流速轴分量。

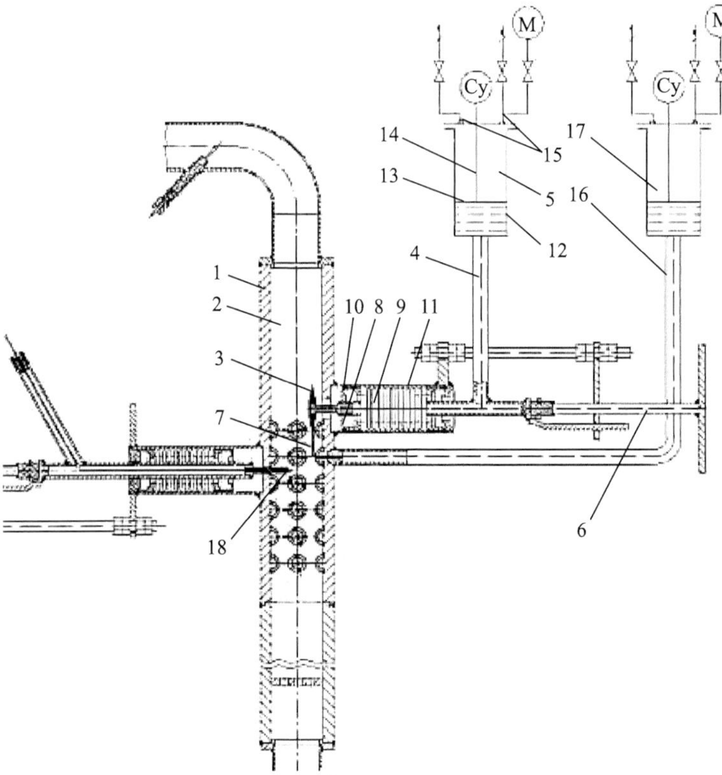

图 3.30 铅冷却剂自下而上流动的速度传感器

1—实验段壳体；2—液态重金属冷却剂流；3—整流器；4—全扬程取样通道；5—全扬程记录模块；6—移动装置；7—测温导压管；8—测量探头；9—波纹管；10—导向法兰；11—波纹管壳体；12—压力记录模块罐；13—自由铅冷却剂液位；14—电接触液位信号仪；15—气体系统；16—静扬程取样通道；17—静扬程记录模块；18—液体速度计

为测量换热表面的温度，在传热管的内表面和外表面设有 ТМПК-1-К-8-1000 型微型热电偶，热电偶的测温导压管采用奥氏体不锈钢管材，采用单独校准，校准误差为±0.2 ℃。微型热电偶设置在传热管的横截面上，距离传热管进入集流管壁的置入点 48 mm，与冲击冷却剂流呈不同角度，如图 3.31 和图 3.32 所示。在每根传热管的外表面，沿周长方向每隔 180° 设置 2 个微型热电偶，在每根传热管的内表面同样设置 2 个微型热电偶，用以测量局部热流，热电偶相对冲击冷却剂流的角度如表 3.11 所示。

为减小热电偶的热惯性，热电偶的末端采用测温导压管的表面，并按仪表制造厂的工艺将敏感元件的直径轧制到 1 mm。为测量传热管当前截面外表面和内表面的温度，将卡槽宽度铣切成（1+0.03）mm，在安装微型热电偶以及完成填隙处理之后，喷涂一层金属，热电偶的卡槽深度如表 3.11 所示。

采用等离子喷涂法进行喷涂，并采用氩气等惰性气体，涂层需与主表面齐平。

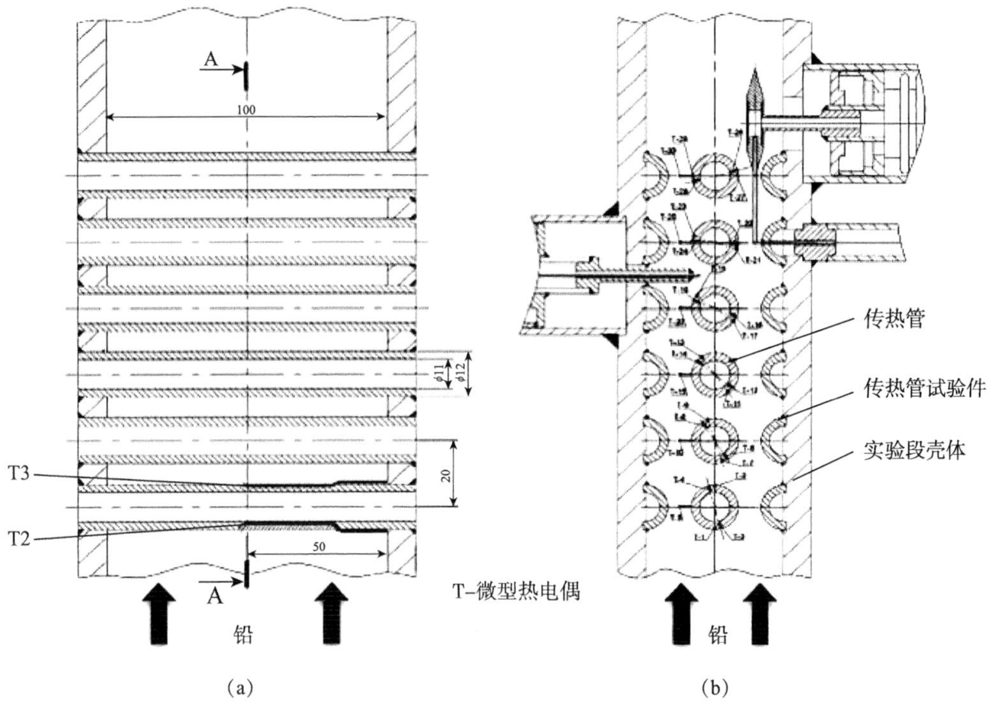

图 3.31　微型热电偶插入实验段的示意图

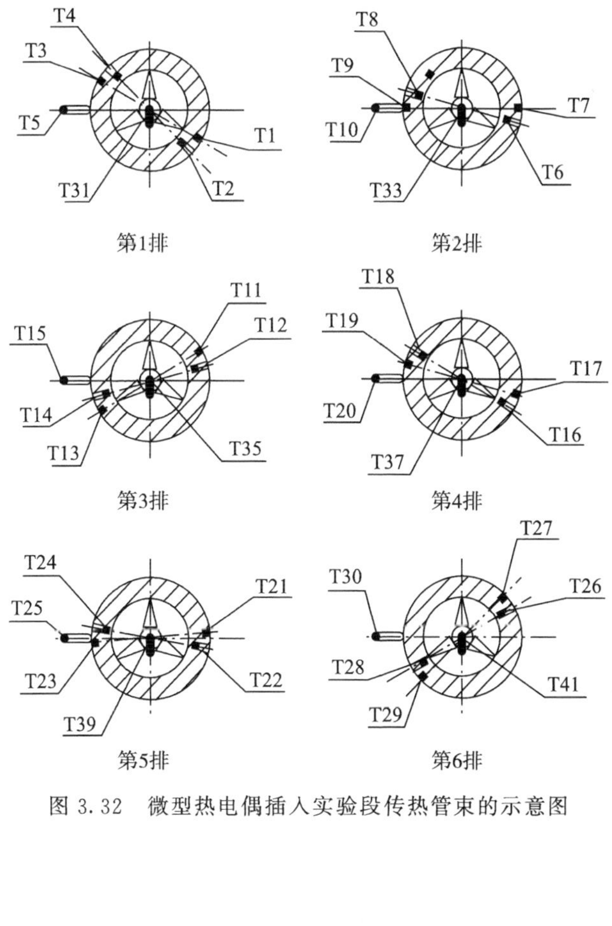

图 3.32　微型热电偶插入实验段传热管束的示意图

表 3.11　热电偶置入槽深度及相对冲击冷却剂流的安装角

排数	热电偶序号	安装角/° （测量误差为±0.5）	卡槽深度/mm （测量误差为±0.01）
1	T1	300	1.00
	T2	315	2.50
	T3	120	1.00
	T4	135	2.50
2	T6	185	2.50
	T7	270	1.00
	T8	105	2.50
	T9	90	1.00
3	T11	240	1.00
	T12	255	2.50
	T13	60	1.00
	T14	75	2.50
4	T16	300	2.50
	T17	285	1.00
	T18	120	2.50
	T19	105	1.00
5	T21	265	1.00
	T22	280	2.50
	T23	85	1.00
	T24	100	2.50
6	T26	240	2.50
	T27	225	1.00
	T28	60	2.50
	T29	45	1.00

（3）**实验数据处理方法**

由台架的计算机系统收集并处理来自实验段一次仪表、氧气热力学活度测量仪表以及磁力式流量计的实验数据，该计算机程序能获取并处理 0.3 s 以内产生的实时数据，计算材料的热工物理常数、Nu 和 Pe 值，实时抽取测量参数和计算结果，并保存数据，其逻辑算法原理图如图 3.33 所示。

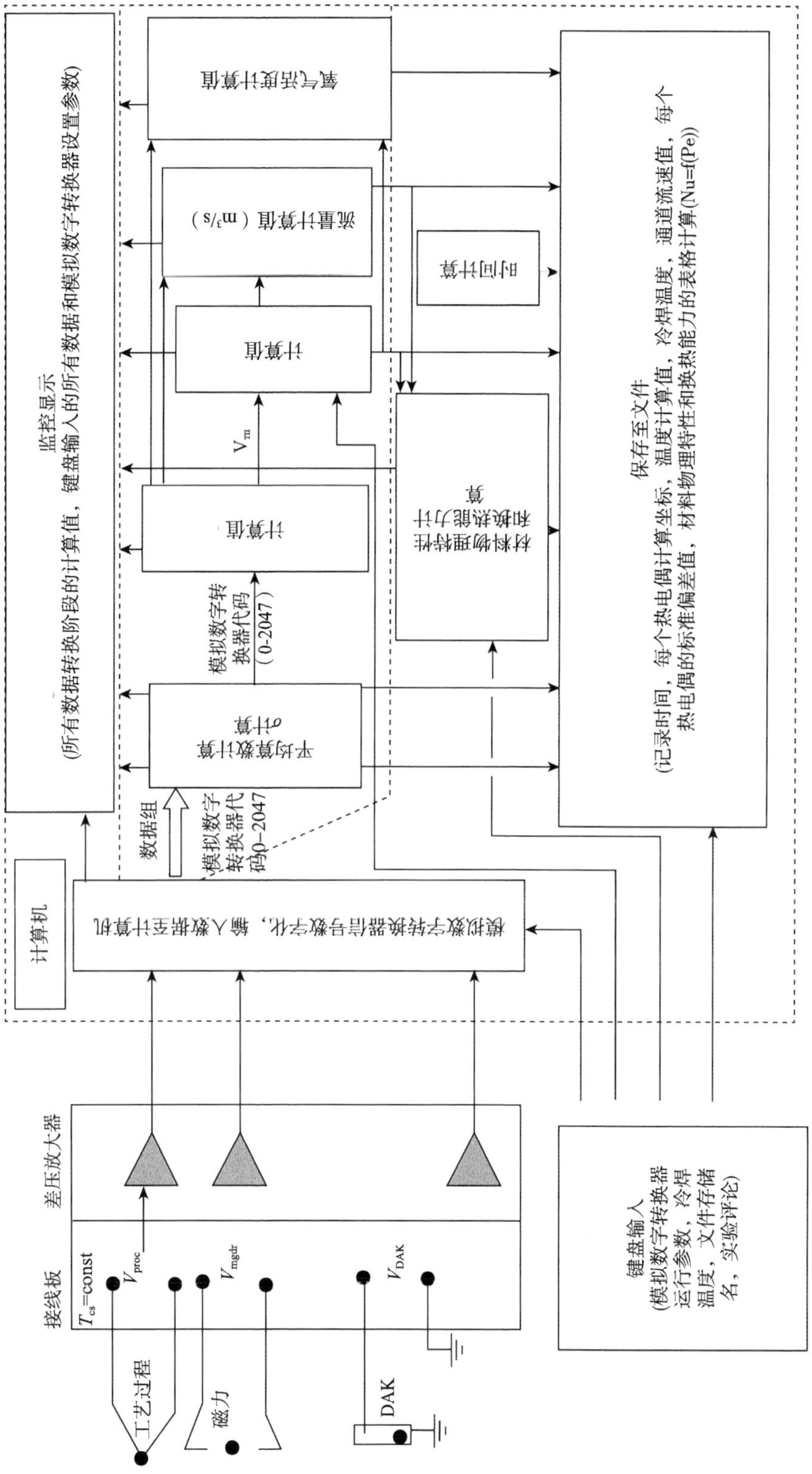

图3.33 换热特性实验期间测量仪表信号的输入和处理逻辑算法原理图

冷却剂温度（T_{fPb}）可根据铅冷却剂流内置的微型热电偶读数算出，如图 3.34 所示。

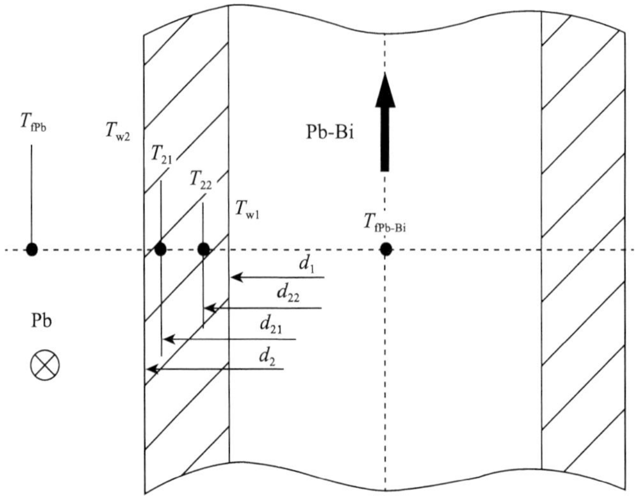

图 3.34　实验段温度分布

雷诺数（Re）按式（3-29）计算：

$$Re = v \cdot d_2 / v_f \tag{3-29}$$

$$v_f(\mathrm{Pb}) g 10^8 = 15.87\ g 10^3 / (T - 2.65) \tag{3-30}$$

式中：v_f——铅冷却剂的动态黏度，其值取决于温度，m^2/s；

v ——窄截面的冷却剂流速，m/s；

g ——自由落体加速度，取值为 9.81 m/s^2。

皮克列数（Pe）按式（3-31）计算：

$$Pe = Re g Pr \tag{3-31}$$

其中，铅冷却剂的普朗特数（Pr）取决于温度，可根据相关文献中数值算出。

如图 3.36 所示，局部热流密度（q，W/m^2）的计算式为：

$$q = \frac{2\lambda_w (T_{22} - T_{21})}{d_2 \ln (d_{21} / d_{22})} \tag{3-32}$$

根据 T_{21} 测量值和计算所得的局部热流密度 q，可算出内部管道的外表面温度 T_{w1}（℃），计算式为：

$$T_{w1} = T_{21} - \frac{1}{2\lambda_w} q d_2 \ln \frac{d_2}{d_{21}} \tag{3-33}$$

式中：λ_w——不锈钢（10X9HCMΦБ）的热导率，其值取决于温度，W/（m・K）。

$$\lambda_w = 20.148 + 0.018 \cdot T_w \tag{3-34}$$

式中：T_w——实验段管壁温度，取插入传热管壁的热电偶的平均读数值。

内置热电偶截面的局部换热系数［α，W/（m・K）］的计算式为：

$$\alpha = \frac{q}{T_{w1} - T_{fpb}} \tag{3-35}$$

努塞尔数（Nu）的计算式为：

$$Nu = \alpha \cdot d_2 / \lambda_f \tag{3-36}$$

式中：λ_f——铅冷却剂的热导率，取决于温度，W/（m·K）。

$$\lambda_f(\mathrm{Pb}) = 15.8 + 0.0108(T_{fl} - 600.4) \tag{3-37}$$

式中：T_{fl}——铅冷却剂温度，K。

局部流速（V）的计算式为：

$$V = \sqrt{2g H_d} \tag{3-38}$$

$$H_d = H_{tot} - H_{pot} \tag{3-39}$$

式中：H_d——动态扬程，m；

H_{tot}——全扬程，m；

H_{pot}——潜在扬程，m。

实验误差根据标准方法确定。

（4）试验条件

铅冷却剂在实验段的 3 种空间布置方案中，即 2 种垂直布置方案和一种水平布置方案，实验换热参数、温度场与流速场的工况参数如下：

1）铅冷却剂的温度 T＝450～500 ℃；

2）铅冷却剂中氧气杂质含量可调控以及存在固体氧化铅时，氧气的热力学活度 $a = 10^{-5} \sim 10^0$；

3）传热管束收缩截面管道内铅冷却剂流的平均流速 V＝0.4～1.5 m/s；

4）Pe 达到 3 000。

（5）换热特性实验研究结果

在铅冷却剂自上而下流动、自下而上流动以及水平流动 3 种流动方案中，当氧气的热力学活度值（$10^{-5} < a < 10^0$）、皮克列数以及微型热电偶相对传热管端部的安装角各异时，实验所得的关系式如图 3.35 所示，沿传热管圆周方向上的平均数值积分值如图 3.36 和图 3.37 所示。

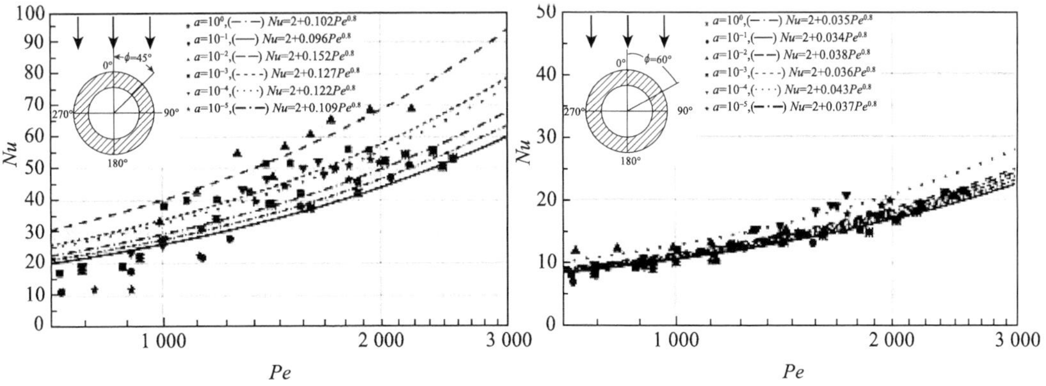

（a）φ=45°　　（b）φ=60°

图 3.35　传热管内铅冷却剂自上而下流动的局部换热特性曲线［$Nu = f(Pe)$］

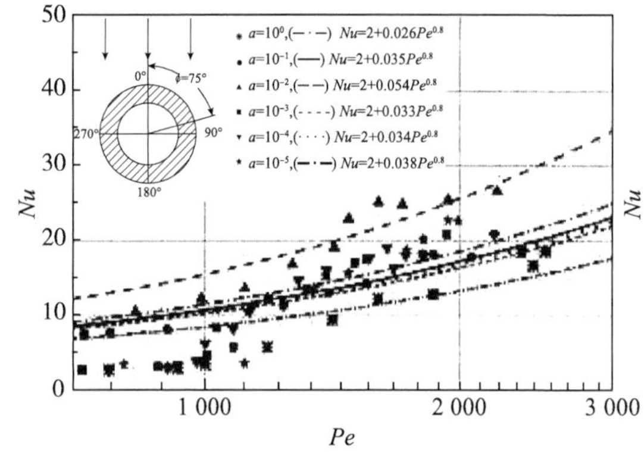

(c) φ=75°

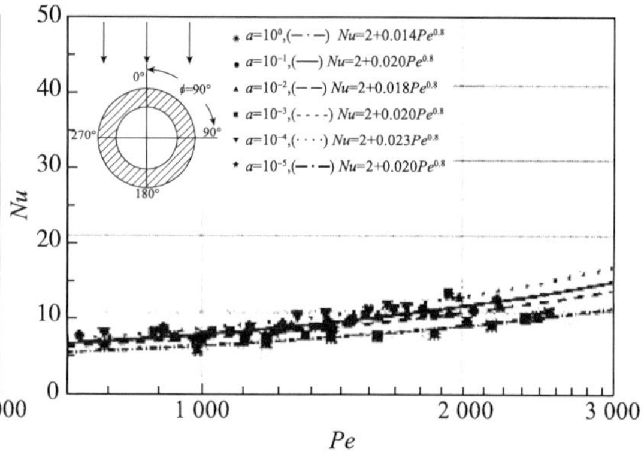

(d) φ=90°

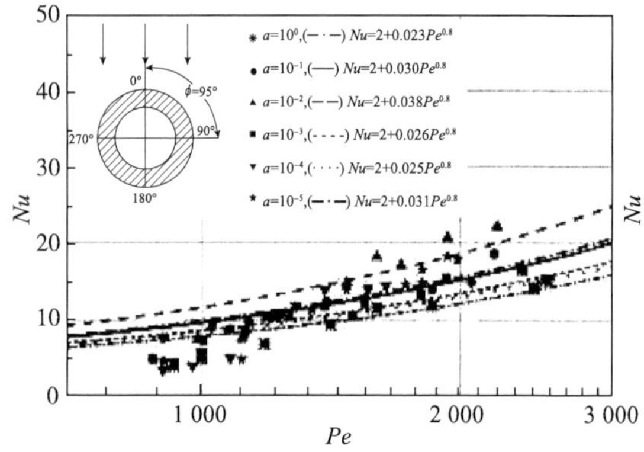

(e) φ=95°

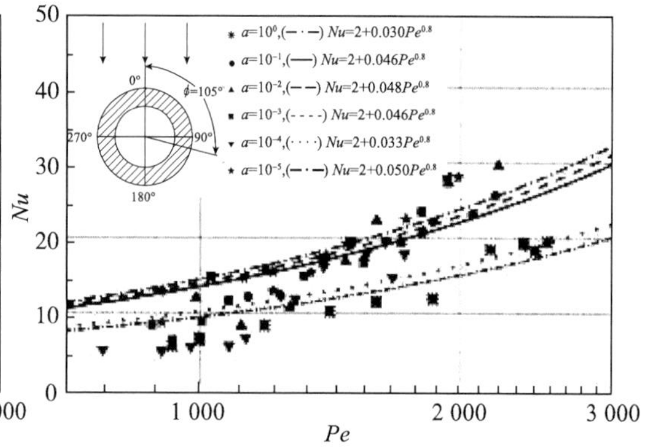

(f) φ=105°

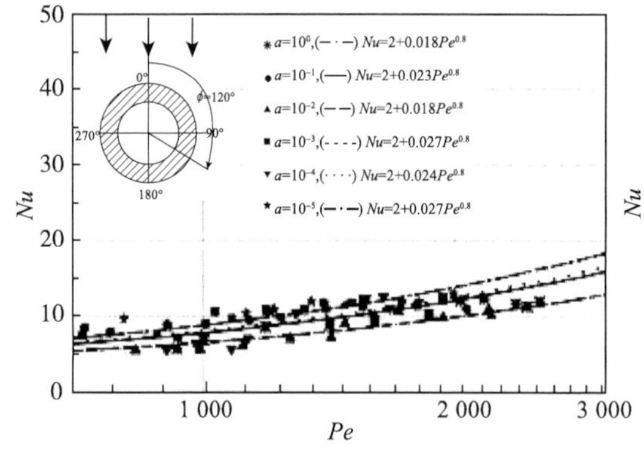

(g) φ=120°

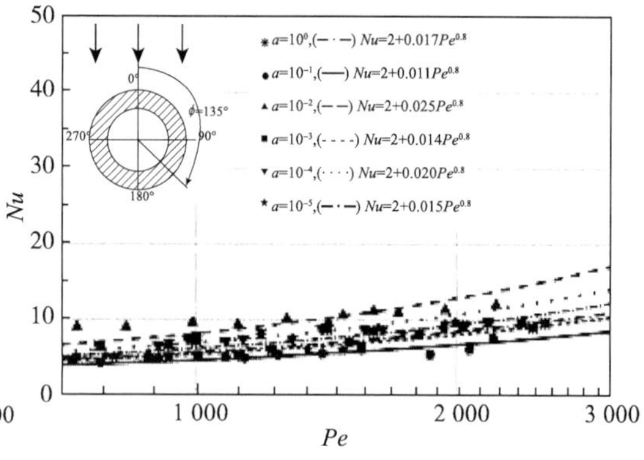

(h) φ=135°

图 3.35　传热管内铅冷却剂自上而下流动的局部换热特性曲线[$Nu = f(Pe)$](续)

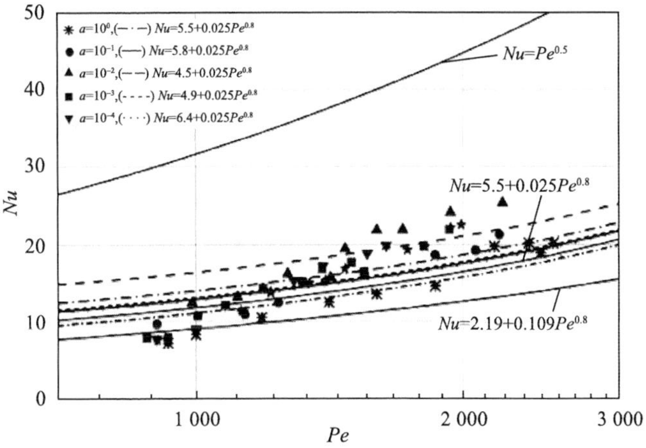

图 3.36　传热管内铅冷却剂自上而下流动的局部换热特性曲线[$Nu = f(Pe)$]

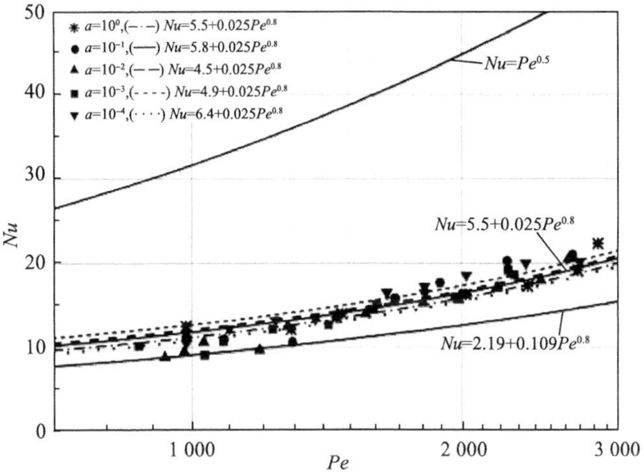

图 3.37　传热管内铅冷却剂自下而上流动的局部换热特性曲线[$Nu = f(Pe)$]

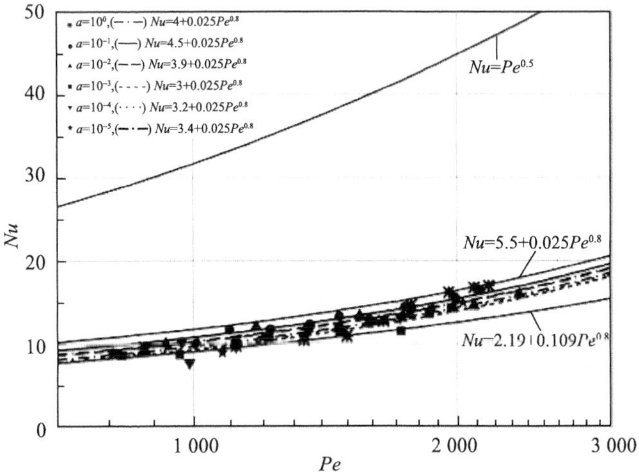

图 3.38　传热管内铅冷却剂水平流动的局部换热特性曲线[$Nu = f(Pe)$]

分析表明，当向循环回路投入干的氢气时，冷却剂会发生深度脱氧，$a \approx 10^{-5}$，换热指标下降，由于贴壁层物理化学特性被部分破坏（还原）或发生变化，导致表面被冷却剂润湿的特性（润湿角）发生变化，进而造成换热表面的流动条件发生变化，因此此时的换热特性与 $10^{-4} < a < 10^{-1}$ 氧气热力学活度时的换热特性几乎一致。从上述平均换热特性 $[Nu = f(Pe)]$ 的综合图表可以看出，如图 3.36～图 3.38 所示，当氧气热力学活度很低（$a \approx 10^{-5}$）以及表面可能被冷却剂润湿时，换热特性接近干净金属的理论计算值，该理论计算值通过盘管式蒸汽发生器传热管束内冷却剂流动时的液态金属侧换热数值理论研究（谢尔巴科夫 С. И.）得出，计算公式为：

$$Nu = 5.5 + 0.025Pe^{0.8} \tag{3-40}$$

其中，传热管外径以及传热管窄间隙内液态金属的流速是决定参数。

上述计算结果再次表明，当铅冷却剂发生深度脱氧时，贴壁层的状态、铅冷却剂流的特性、结构材料表面特性以及铅冷却剂的换热特性都接近汞和碱性金属的相关特性。

如果回路中投入的氧气量能达到 $10^{-4} < a < 10^{-1}$ 氧气热力学活度时的氧气含量，由于换热表面形成氧化膜保护层，换热表面不会被冷却剂润湿，能提高表面的粗糙度，使其慢慢延展，并慢慢优化换热特性。

当铅冷却剂发生最严重的氧化（非容许值）时，即氧气热力学活度 $a \approx 10^{0}$，由于进入液态重金属冷却剂最大黏度区域以及其他过程所导致的弥散杂质颗粒热扩散，在回路温度最低的区域，杂质层会慢慢积聚在贴壁区域冷壁段，导致换热特性下降，此时的换热特性比管道纵流时的换热特性小很多。换热表面的杂质层具有较大的热阻力，能降低换热特性。

(6) 沿传热管周长方向的温差分布

不同皮克列数值时，沿传热管周长方向上的温度分布如图 3.39～图 3.41 所示。不同皮克列数值时，传热管壁材料的温度分布如图 3.42～图 3.44 所示。

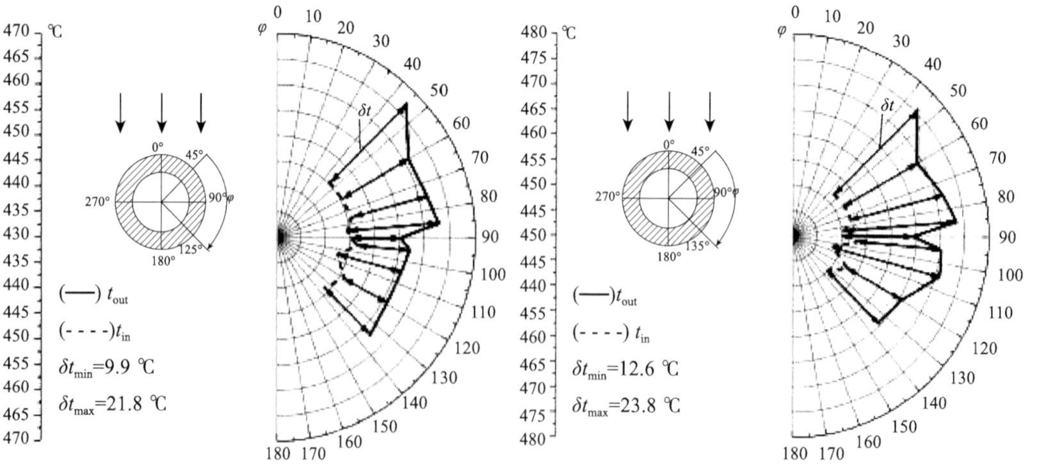

(a) Pe=800　　(b) Pe=2 000

图 3.39　铅冷却剂自上而下流动时沿传热管周长方向上的温度分布

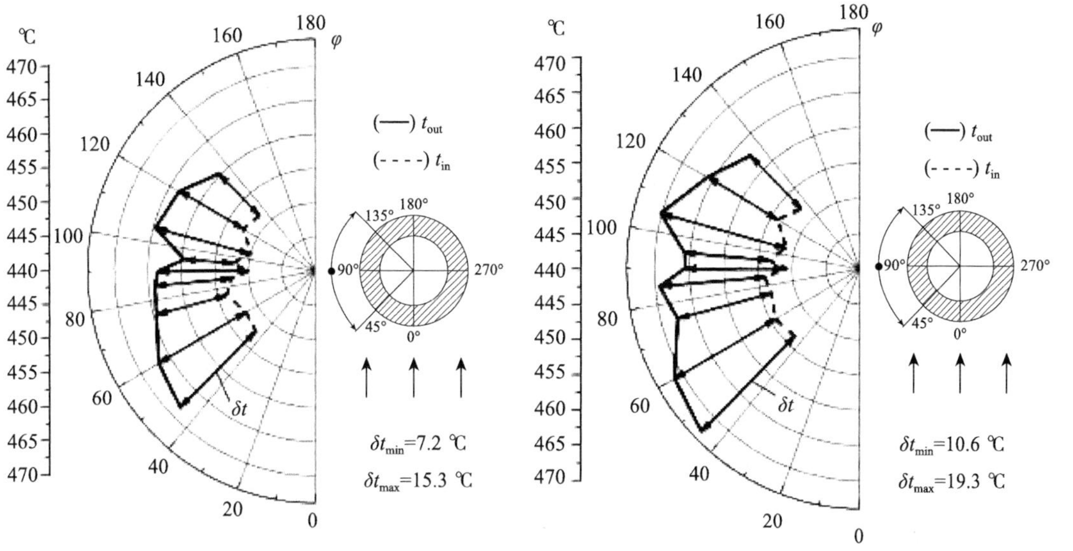

(a) Pe=1 100 (b) Pe=2 200

图 3.40 铅冷却剂自下而上流动时沿传热管周长方向上的温度分布

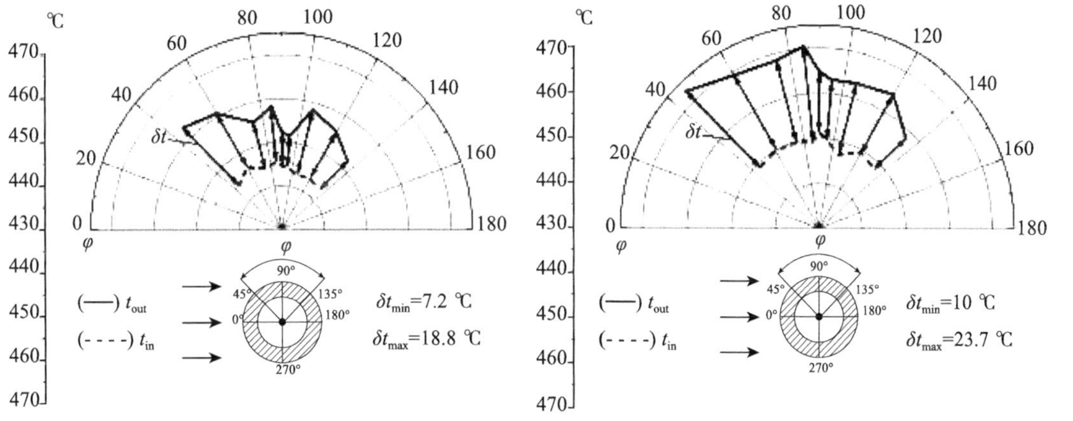

(a) Pe=800 (b) Pe=2 000

图 3.41 铅冷却剂水平流动时沿传热管周长方向上的温度分布

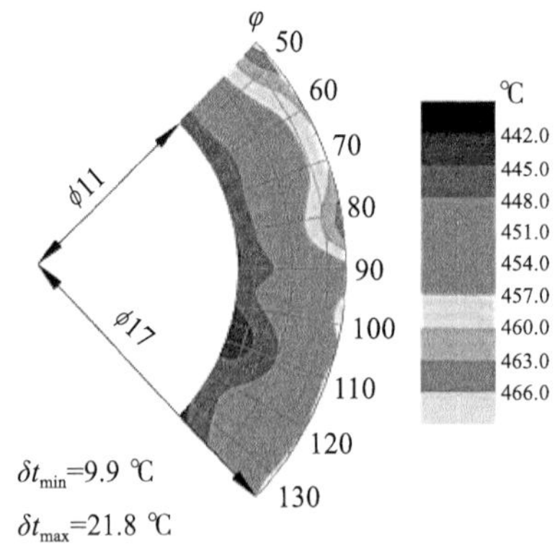

(a) Pe=800

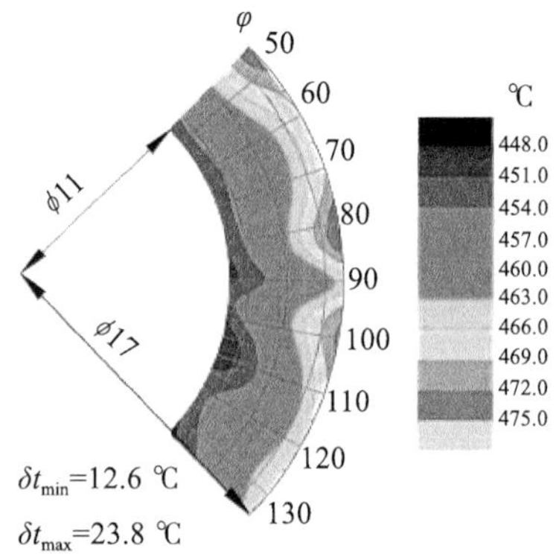

(b) Pe=2 000

图 3.42　铅冷却剂自上而下流动时传热管壁材料的温度分布

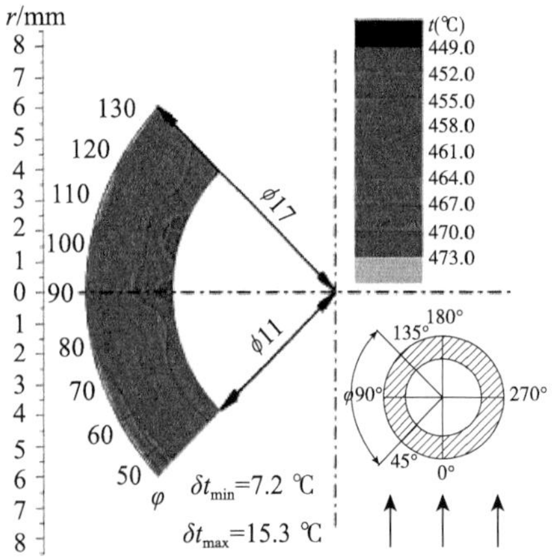

(a) Pe=1 100

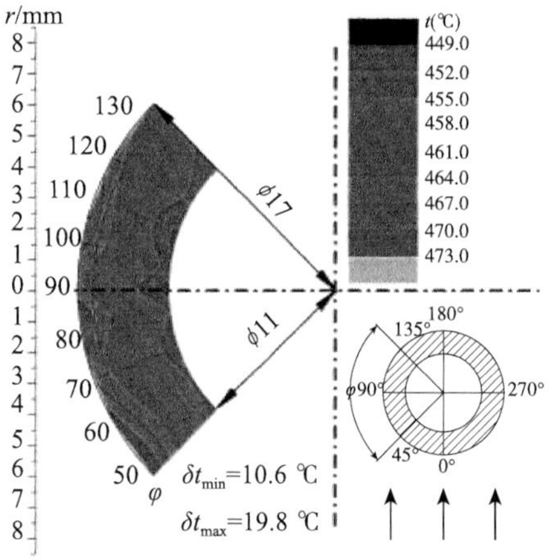

(b) Pe=2 200

图 3.43　铅冷却剂自下而上流动时传热管壁材料的温度分布

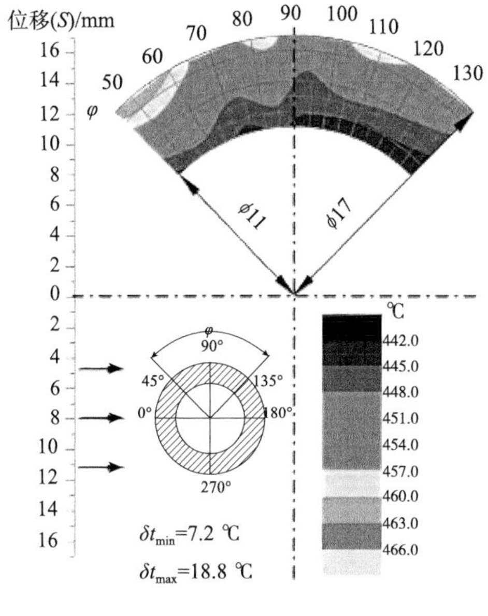

(a) Pe=800

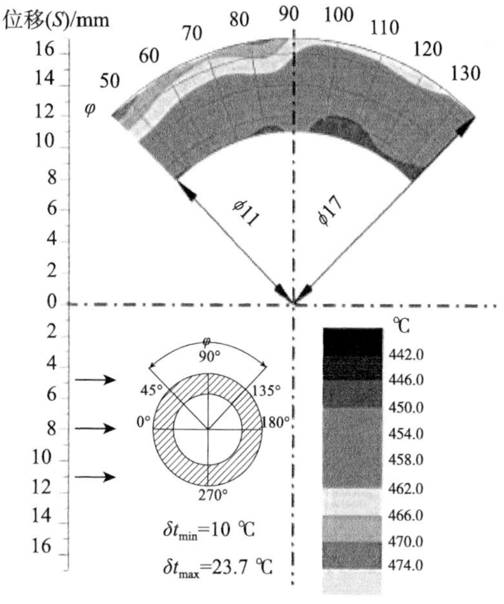

(b) Pe=2 000

图 3.44　铅冷却剂水平流动时传热管壁材料的温度分布

综上分析表明，沿传热管周长方向上的管壁温度分布不均匀，当 $\varphi\approx45°$ 时，冲击冷却剂流区域的温差最大，当 $\varphi\approx85°$ 和 $\varphi\approx105°$ 时，管壁边界层断裂点的温差也最大。而当$\varphi\approx90°$ 和 $\varphi\approx120°$ 时，换热较差区域的温差最小。当铅冷却剂在管壁内自上而下流动时，由于管束横流时冷却剂的流体动力特性，冷却剂的比定压热容较小、导热性较高以及热导率等特性，角距 $\delta\varphi\approx5°$，温差变化值 $\delta t_{max}-\delta t_{min}\approx10°$ 。

从热应力角度而言，沿传热管周长方向上的温差分布不均匀是决定传热管工作性能的重要因素，当然影响传热管工作性能的可能还有其他因素，包括蒸汽发生器事故小破口时轻相冷却剂流导致的温度波动，以及管道横流换热过程中冷却剂流断裂不稳定性导致的不锈钢管壁温度波动。受两相流离心力的作用，盘管式蒸汽发生器的传热管内会发生水和蒸汽的分离，从而导致沿传热管周长方向上的换热出现不均匀，蒸汽发生器运行期间的温度波动出现不均匀。

若上述因素叠加起来，蒸汽发生器管道系统的寿期和可靠性将会受到很大的负面影响。

(7) 沿传热管圆周方向的换热系数分布

在铅冷却剂自上而下流动、自下而上流动以及水平流动 3 种流动方案中，当氧气的热力学活度为 $10^{-5}<a<10^{0}$ 时，沿传热管周长方向上的换热系数分布（未注明尺寸）如图 3.45～图 3.47 所示。

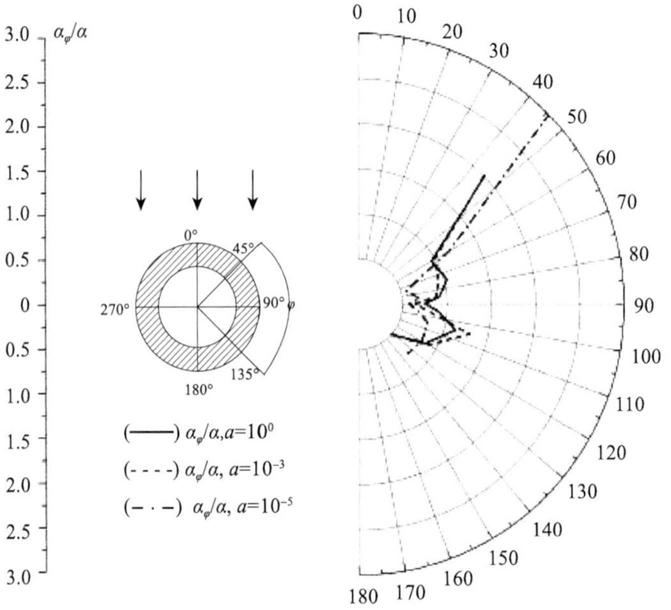

(a) Pe=1 100

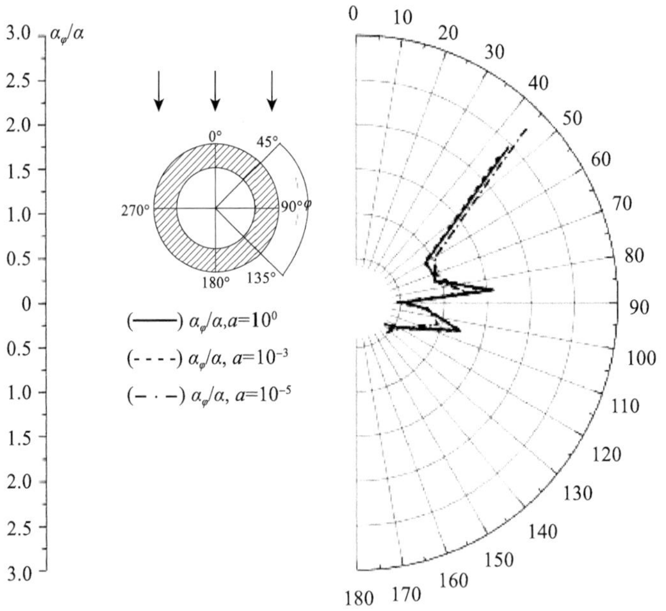

(b) Pe=2 000

图 3.45　铅冷却剂自上而下流动时沿第 2～6 排传热管圆周方向上的换热系数变化

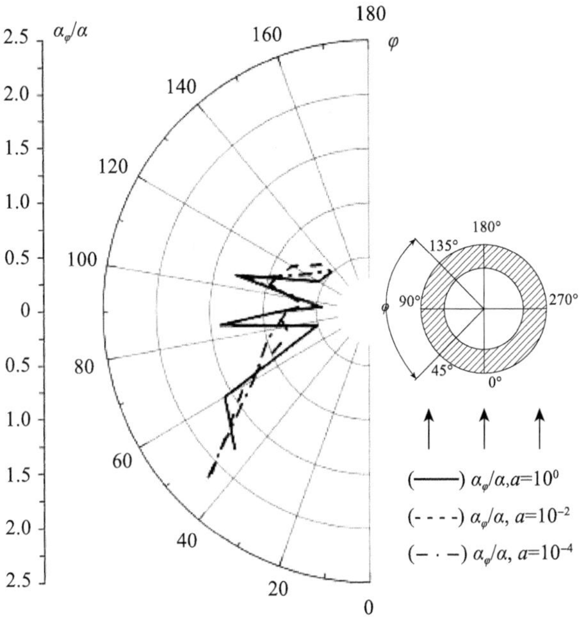

(a) Pe=1 200

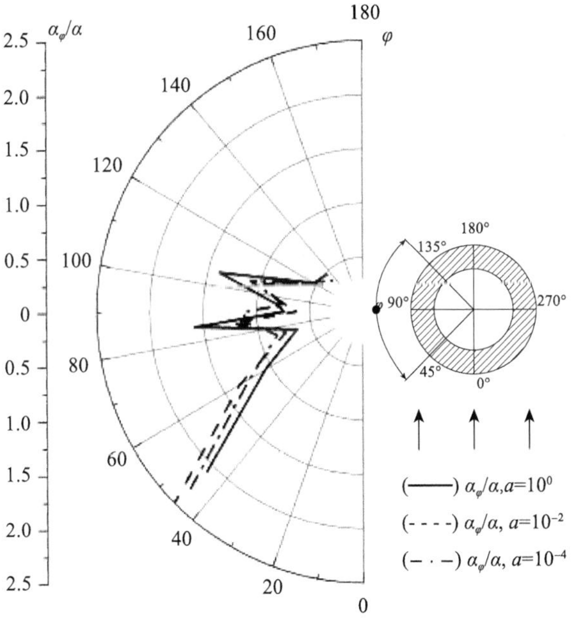

(b) Pe=2 200

图 3.46　铅冷却剂自下而上流动时沿第 2～6 排传热管圆周方向上的换热系数变化

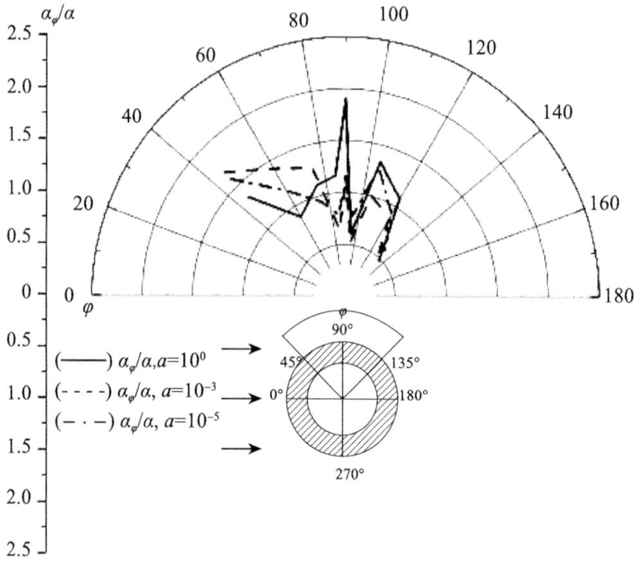

(a) Pe=1 000

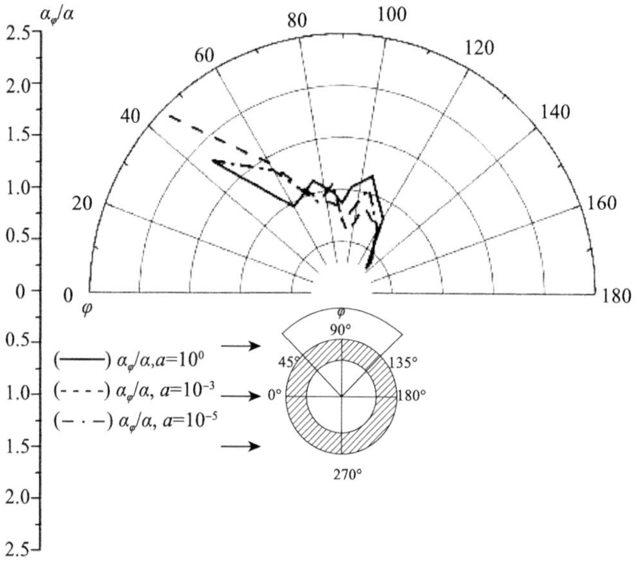

(b) Pe=2 000

图 3.47　铅冷却剂横向流动时沿第 2～6 排传热管圆周方向上的换热系数变化

综上分析表明，当氧气热力学活度改变时，铅冷却剂的换热表面流动特性也随之发生变化。顺列布置管束中，冲击冷却剂射流不是直接冲向 $\varphi\approx0°$ 的正面点，而是冲向与正面点有 $\varphi\approx45°$ 的点，因此此处的散热最强。然后，随着 φ 角的增大，边界层增厚，换热强度慢慢减小后，出现骤增，说明边界层已断裂，出现了涡流回流，增加了尾部的换热能力。在铅冷却剂的流动实验过程中，共计出现 2 个边界层断裂点，即 $\varphi\approx85°$ 和 $\varphi\approx105°$ 。第一个断裂点（$\varphi\approx85°$ ）可能对应层流边界层的断裂和涡流边界层的出现，第二个断裂点（$\varphi\approx105°$ ）则对应涡流边界层的断裂和涡流回流的出现。

冷却剂脱氧（$a\approx10^{-5}$）会减小传热管侧面换热系数的突变范围，由于传热管能被冷却剂局部润湿，能增加尾部冷却剂流断裂点的角度。

当氧气热力学活度低至 $a\approx10^{-5}$时，由于换热表面没有杂质沉积层，传热管正面部分和边界层增厚区域的换热参数能得到优化，杂质沉积层能形成额外的热阻力，并降低换热参数。

(8) 液态重金属冷却剂管道流动时的温度分布（未注明尺寸）

当氧气热力学活度 $10^{-5}<a<10^{0}$ 以及传热管束内不同铅冷却剂流动方式时，几排传热管之间横截面的铅冷却剂流温度分布（未注明尺寸）如图 3.48～图 3.51 所示，图中的相对温度为：

$$\Theta = T/T_{\text{mean}} \tag{3-41}$$

$$T_{\text{mean}} = (T_{\text{in}} + T_{\text{out}})/2 \tag{3-42}$$

式中：T ——由设在该测点的可移动流体速度计测得的温度；

T_{mean}——由设在几排传热管间窄截面、设在流体速度计前后的固定热电偶测得的铅冷却剂流平均温度；

S ——流体速度计的当前位置；

T_{in}——铅冷却剂流温度，由设在几排传热管间窄截面、设在流体速度计之前的固定热电偶测得；

T_{out}——铅冷却剂流温度，由设在几排传热管间窄截面、设在流体速度计之前的固定热电偶测得。

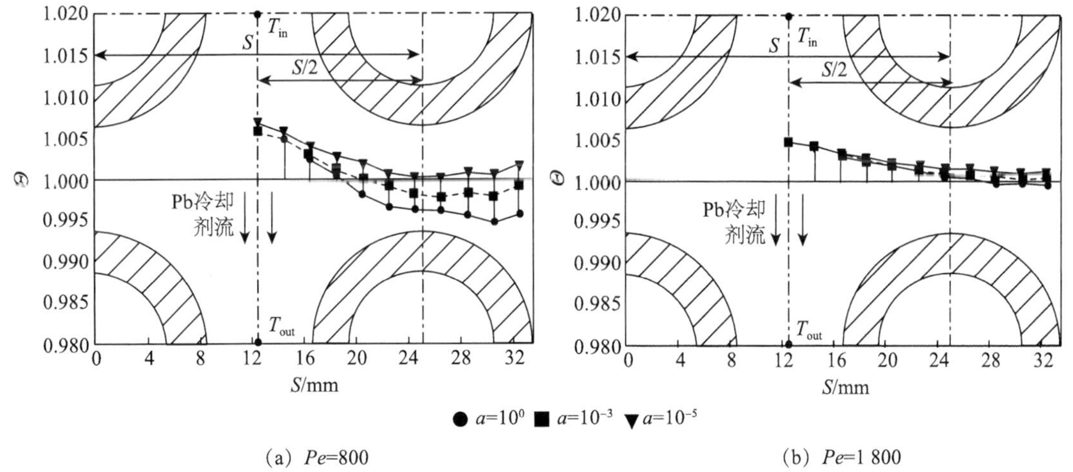

(a) *Pe*=800　　(b) *Pe*=1 800

图 3.48　铅冷却剂自上而下传热管束流动时的温度分布（未注明尺寸）

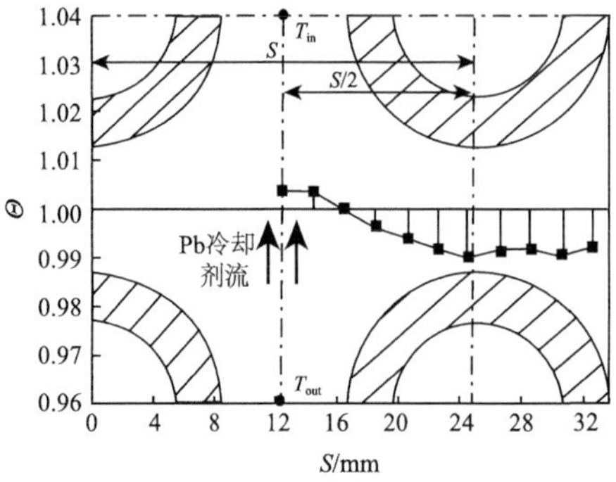

（a） Pe=400

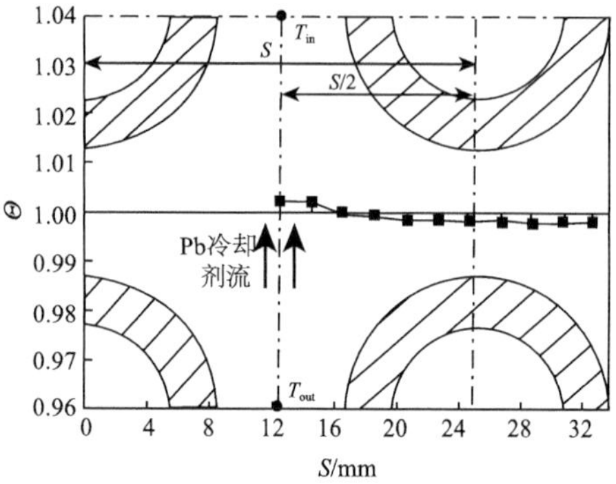

（b） Pe=650

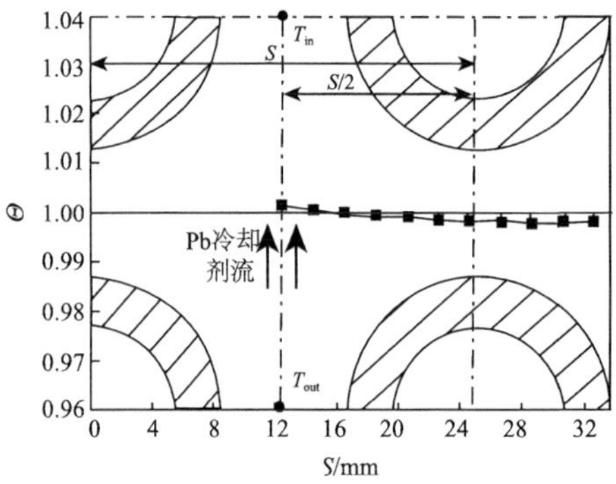

（c） Pe=1 200

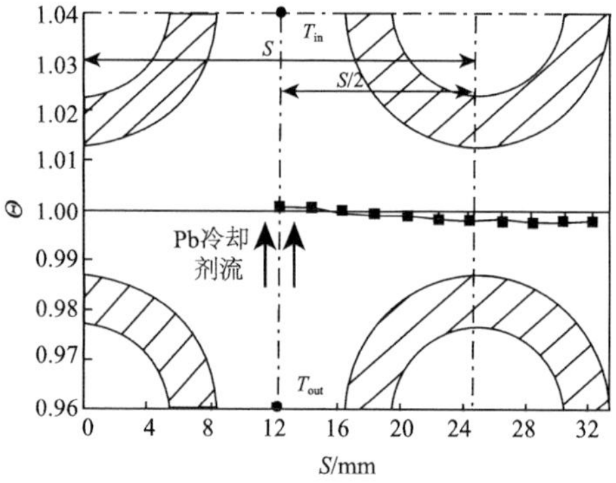

（d） Pe=2 100

图 3.49 铅冷却剂自下而上传热管束流动时的温度分布（未注明尺寸）

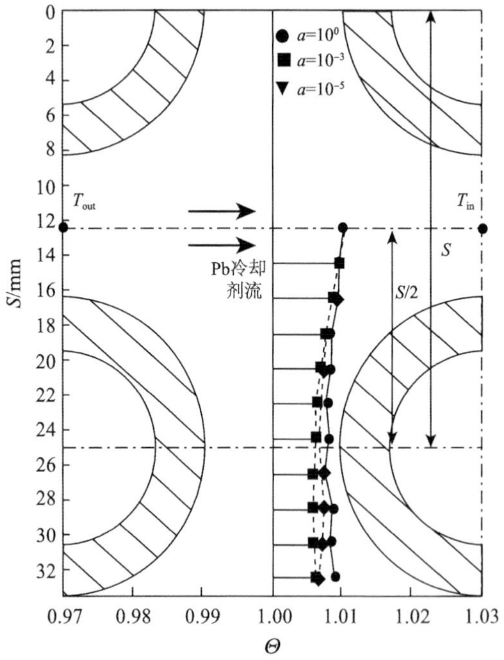

（a） Pe=800

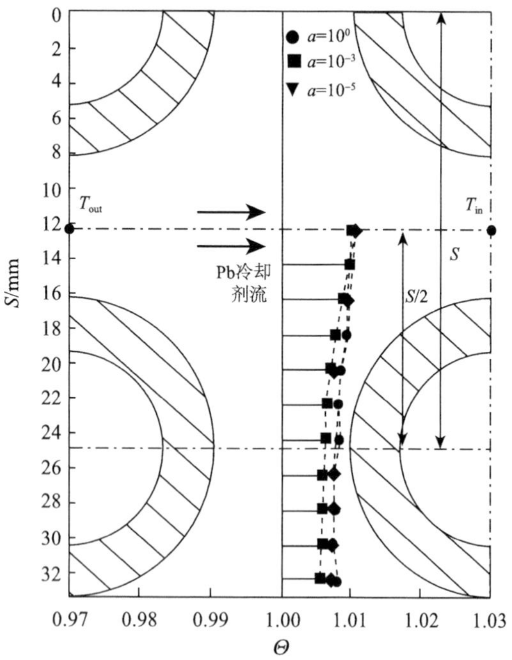

（b） Pe=2 000

图 3.50 铅冷却剂水平传热管束流动时的温度分布（未注明尺寸）

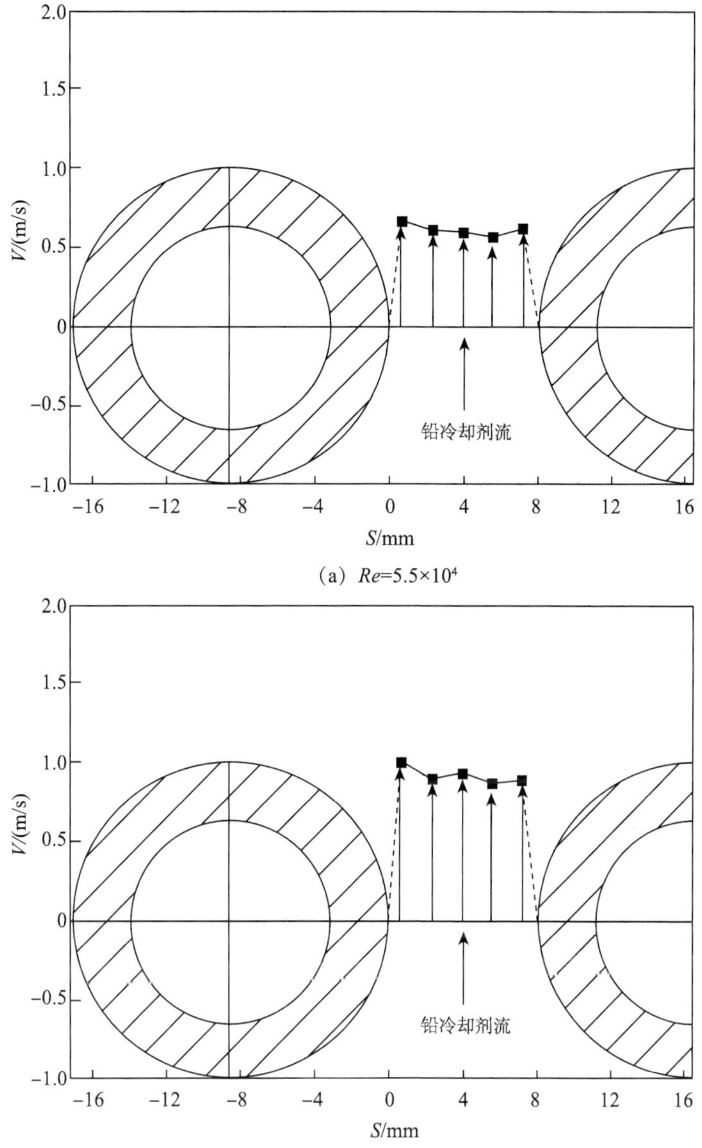

(a) Re=5.5×10^4

(b) Re=0.2×10^4

图 3.51　铅冷却剂自下而上流动时的流速分布

对图 3.48～图 3.51 进行分析表明，传热管的正面和尾部存在停滞区，说明这个区域内的冷却剂温度有所下降，随着冷却剂流速的增加，由于传热管尾部的涡流日益加剧，温度分布逐渐均匀。

如果铅冷却剂中氧气的热力学活度和氧气杂质含量下降，由于换热表面贴壁层特性发生变化，管道流动的流体动力特性也会随之发生改变，进而导致温度场渐趋均匀。当表面被冷却剂局部润湿时，冷却剂流对管道壁的断裂角增加，涡流加剧，传热管尾部的温度场慢慢均匀。

当铅冷却剂自下而上在传热管流动以及顺列布置传热管束的窄截面内冷却剂流速

$Pe=400$ 时，温度分布呈抛物线状，传热管的正面和尾部出现停滞区，说明此处的冷却剂温度有所下降，主要的热降集中出现在侧面区域，随着冷却剂流速的增大（$1\ 200<Pe<2\ 100$），温度分布渐趋均匀，说明传热管正面和尾部的涡流加剧，铅冷却剂的交混强度加强。

当 $Pe=400$ 时，流体速度计所显示的最大温差达到 6.9 ℃；

当 $Pe=650$ 时，流体速度计所显示的最大温差达到 2.1 ℃；

当 $Pe=1\ 200$ 时，流体速度计所显示的最大温差达到 1.7 ℃；

当 $Pe=2\ 100$ 时，流体速度计所显示的最大温差达到 1.3 ℃。

由此可见，换热表面流速的增加能大幅优化顺列布置管束内传热管正面和尾部的换热特性。

(9) 流速场研究

当几排传热管间窄截面内铅冷却剂自下而上流动以及不同的 Re 时，实验得出 $V=f(S)$ 的速度场关系式，其中，V 为铅冷却剂流速的轴向分量，S 为速度传感器全扬程管开口末端的当前位置，如图 3.51 所示。

由于换热表面不会被铅冷却剂润湿，导致边界层很薄，又由于沿实验段高度方向上的铅冷却剂存在温度梯度，造成铅冷却剂流发生热重力效应，通过实验段后的铅冷却剂在自下而上的方向上冷却，而热重力流自上而下逆向流动，受上述流体的影响，间隙截面的速度分布图呈平面的 W 字母状，管壁附近区域和冷却剂流体中心的流速差异不大。

当铅冷却剂在几排传热管之间的窄平面水平流动以及取不同 Re 值时，实验得出 $V=f(S)$ 的速度场关系式，其中，V 为铅冷却剂流速的轴向分量，S 为速度传感器全扬程管开口末端的当前位置，如图 3.52 所示。

(10) 空气和氢气等气体进入冷却剂流的换热特性研究

在液态重金属冷却剂反应堆装置蒸汽发生器的运行过程中，可能会发生蒸汽发生器回路间泄漏的事故工况，水和水蒸气进而进入液态重金属冷却剂流中。645 和 705 项目核潜艇可移动铅铋冷却剂反应堆装置的蒸汽发生器就曾发生过类似事故。

当泄漏点的尺寸较小，且一天内蒸汽流量只有不到几百克时，泄漏很难发现，蒸汽发生器甚至可能会较长时间地处于小破口的事故工况运行，为避免上述情况的发生，研究人员着重关注了管道壁材料的温度波动，因为它可能会与两相流混合物流动期间蒸发段的温度波动因素叠加，从而造成上述事故工况的发生。

并且，受上述过程的影响，传热管束材料的应力形变状态会发生变化，进而造成传热管束同时发生剪切断裂。

在液态重金属冷却剂、气体的二元流体以及取不同气体流量值的条件下，实验得出传热管外表面 T_1、内表面 T_2 与时间 t 的温度关系式，如图 3.53 所示。

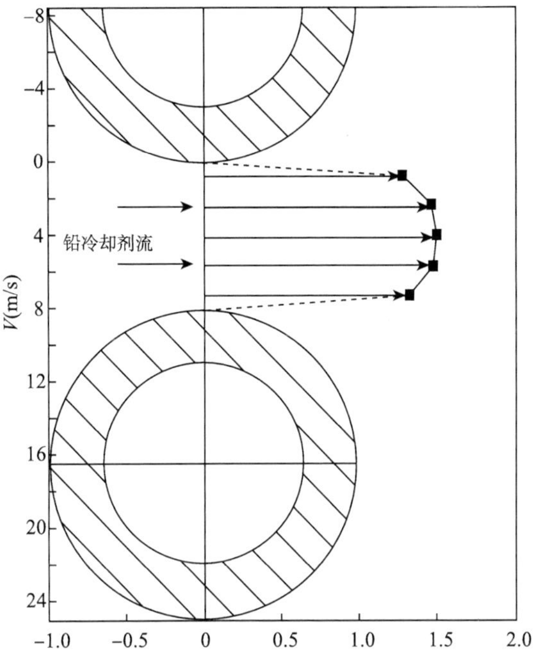

(a) *Pe*=2 000

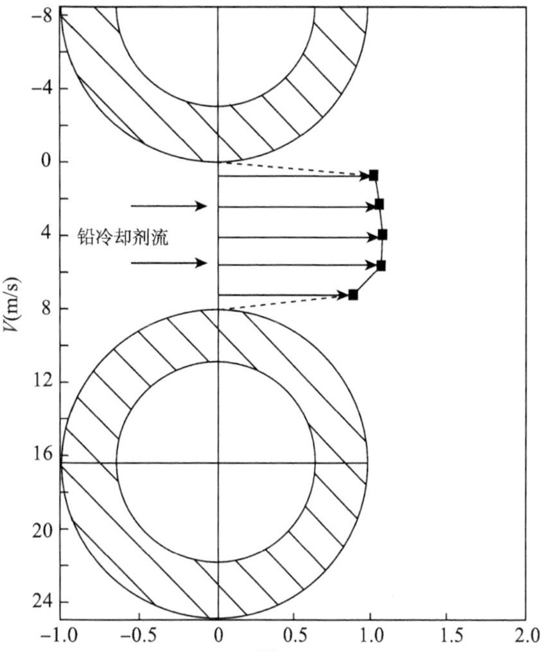

(b) *Pe*=1 300

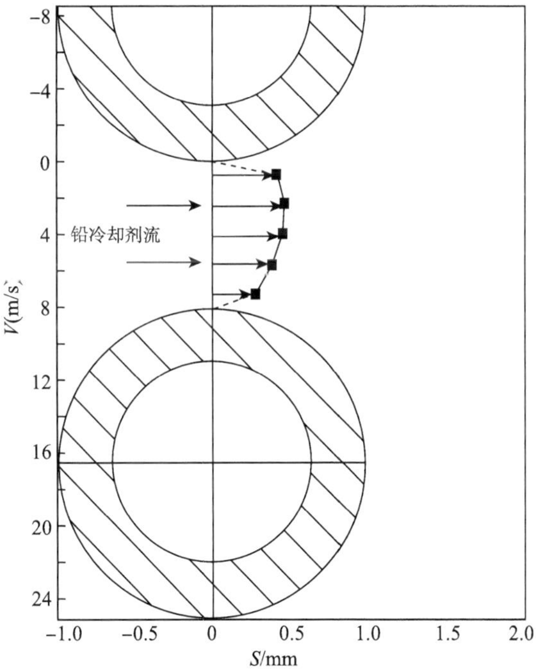

(c) *Pe*=700

图 3.52　铅冷却剂水平流动时的速度分布图

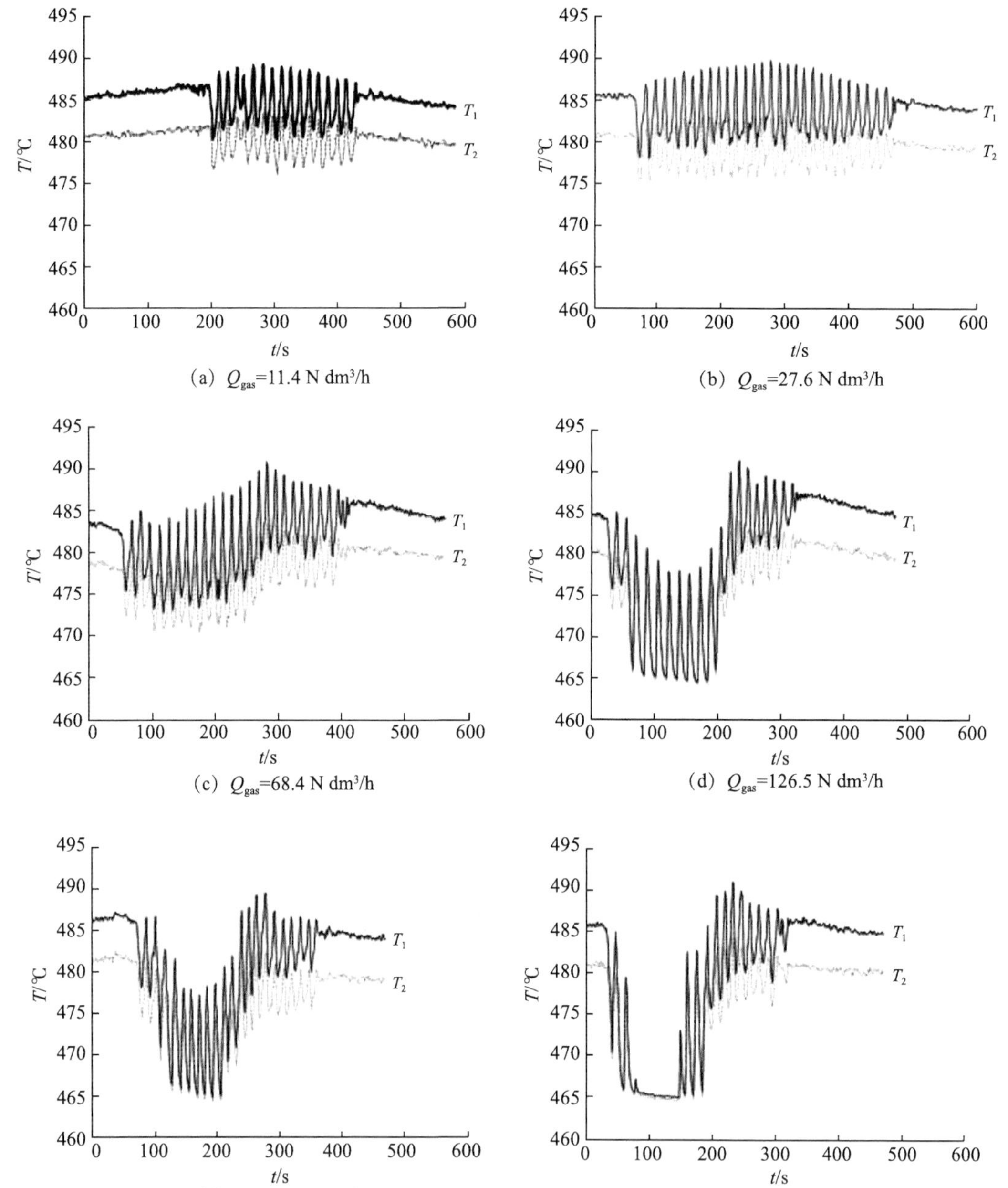

(a) Q_{gas}=11.4 N dm³/h　(b) Q_{gas}=27.6 N dm³/h

(c) Q_{gas}=68.4 N dm³/h　(d) Q_{gas}=126.5 N dm³/h

(e) Q_{gas}=186 N dm³/h　(f) Q_{gas}=250 N dm³/h

图 3.53　液态重金属冷却剂自下而上流动时被冷却剂或气体二元流体冲洗的换热表面温度变化

对温度图的分析表明，当向冷却剂流中投入轻相的氢气以及气体流量达到 11.4 L/h＜Q_{gas}＜186 L/h 的数量范围时，内外换热表面的温度会骤降，然后骤增，之后骤降骤增的过程继续反复，并周期性波动，恒定振动周期 t_{fluc} = 14.7 s。外表面的平均温度变化范围 A_{T_1} = 5 ℃，大于内表面的平均温度变化范围 A_{T_2} = 3.3 ℃。当中断气体供应时，温度变化范围减小，之后温度逐渐稳定下来。

当气体流量增大至 $Q_{gas}=250$ L/h 时，起初会出现温度波动，然后随着气体的继续供应管壁失去温度差，说明传热管表面的换热已完全停止。当中断冷却剂的气体供应时，管壁开始出现温度波动，且温度波动慢慢加剧，外表面和内表面的平均温度变化范围分别达到 $A_{T_1}=8$ ℃，$A_{T_2}=6$ ℃，振动周期 $t_{fluc}=14.8$ s。

如果传热管壁在长时间运行期间都存在上述周期性的温度变化，则会导致管壁热应力慢慢积累，并最终导致换热表面的疲劳损坏。

当液态重金属冷却剂和蒸汽二元流体的轻相水蒸气流量各异时，实验得出传热管束水平流动时传热管外表面 T_1、内表面 T_2 与时间 t 的温度关系式，如图 3.54 所示。

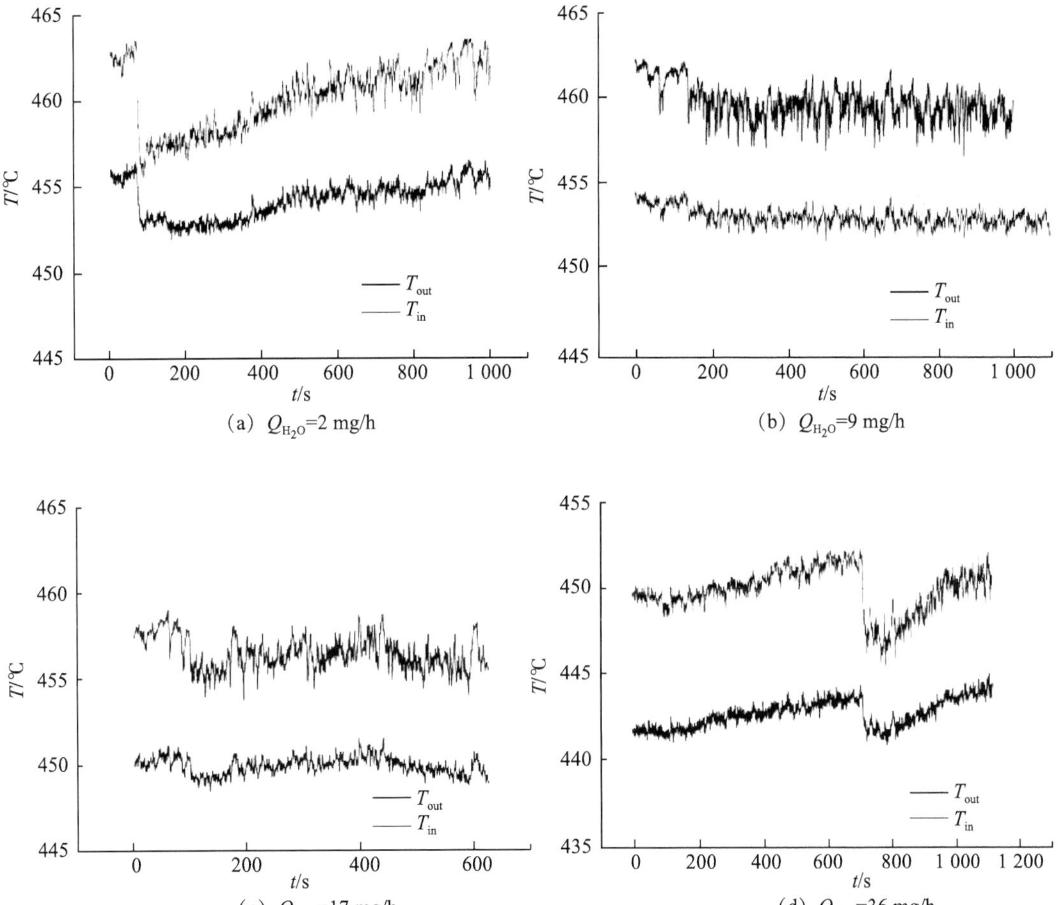

(a) Q_{H_2O}=2 mg/h　(b) Q_{H_2O}=9 mg/h　(c) Q_{H_2O}=17 mg/h　(d) Q_{H_2O}=36 mg/h

图 3.54　传热管束内液态重金属冷却剂和水蒸气二元流体水平流动时换热表面的实时温度变化图

液态重金属冷却剂与气体、水蒸气二元流体传热管束流动时的温度波动相似。

（11）**结论**

在上述实验所得数据的基础上，可以得出以下主要结论：

1）当液态重金属冷却剂中氧气含量较高，热力学活度达到 $10^{-1}\sim10^{0}$ 时，由于贴壁层特性的改变，则会导致换热特性的下降。

2）当液态重金属冷却剂中氧气含量较低，热力学活度达到 $a \approx 10^{-5}$ 时，换热特性接近部分作者通过干净液态重金属冷却剂管道横流实验所得的理论计算值。

3）当液态重金属冷却剂中氧气热力学活度接近水冷却剂中氧气热力学活度（$10^{-5} < a < 10^{0}$）时，铅冷却剂流对传热管的断裂角减小，导致换热加剧。

4）在液态重金属冷却剂管道横流期间，在沿传热管周长的方向上会出现温度的不均匀和温差，还会出现因冷却剂流自身不稳定性以及蒸汽发生器发生潜在泄漏所导致的传热表面实时温度波动。在设计蒸汽发生器管道系统时，尤其是寿期工作性能和可靠性设计，必须综合考虑以上因素。

3.3 铅、铅铋冷却剂反应堆回路的主泵

1952 年，俄罗斯联邦水压机厂试验设计局就已经开始制造铅铋冷却剂的反应堆装置及其主泵。其时，水压机厂试验设计局被授命制造并运行 645 项目核潜艇首个铅铋低熔合金冷却剂反应堆装置的涡轮驱动主泵和电驱动辅助泵，最后顺利完成任务，之后成功批量建造、运行可移动铅铋低熔合金冷却剂反应堆装置的电驱动铅铋合金泄漏回收辅助泵ЦНГ-141А 和 ЦНГ-141Б。ЦНГ-141А 和 ЦНГ-141Б 辅助泵的流量为 14 m^3/h，扬程为 12.5 m 高铅铋合金柱，温度为 370 ℃，转速为 2 950 r/min。705 项目核潜艇反应堆回路的主泵采用斜流叶轮，叶轮呈悬臂布置，705K 项目核潜艇反应堆回路的主泵采用下部流体静压轴承。铅铋冷却剂反应堆装置的主泵具备主涡轮驱动和启动电驱动，所有此类反应堆装置的主泵和辅助泵运行经验表明，几乎未出现过问题。

在目前仍处于设计中的俄罗斯 SVBR 和 BREST 等液态重金属冷却剂反应堆装置核电厂中，设备采用罐式或整体布置方案，有别于可移动反应堆装置的回路式布置方案。由于核电厂液态重金属冷却剂反应堆装置的主泵采用轴流泵的设计，而非离心泵或斜流泵，因此相较于环路式布置可移动反应堆装置的反应堆回路，前者的流体阻力要小很多，循环冷却剂的流量要大很多。为保证在主泵入口形成避免气蚀产生的增压（泵轴采用节流缝隙密封），并回收通过蒸汽发生器头部换气孔的泄漏冷却剂，可移动反应堆装置的反应堆回路必须增设潜水离心式辅助电泵。

而在核电厂机组罐式布置的液态重金属冷却剂反应堆装置回路内，无需设回收泄漏冷却剂的辅助泵，所以 SVBR 和 BREST 反应堆装置并未设置类似功能的辅助泵。

3.3.1 可移动铅铋冷却剂反应堆装置的主泵

在苏联首艘 645 项目核潜艇的液态重金属冷却剂反应堆回路中，铅铋冷却剂的循环通过 ЦН-14Ф 型涡轮驱动主泵实现。ЦН-14Ф 型主泵是立式单级离心泵，泵轴采用缝隙密封。通过 ЦН-17Ф 辅助泵的运行，可在叶轮入口处形成增压，避免产生气蚀。

之后，在批量建造的 705 和 705K 项目核潜艇铅铋冷却剂反应堆装置中，ЦН-14Ф 主泵的结构设计方案得到进一步的发展和改进。

705K 项目核潜艇的铅铋冷却剂反应堆装置采用铅铋低熔合金冷却剂强迫循环的设计方案，冷却剂的强迫循环由两台 ЦН-214 主泵实现。

ЦН-214 主泵是立式单级离心泵，TP-5 型涡轮减速器的扭矩通过齿轮联轴器传递出来，主泵和汽轮机采用 THA-930 涡轮泵组的设计，主要参数如下所述：

1）额定转速为 1 250 r/min；

2）额定流量为 996 m^3/h；

3）额定扬程为 24.5 m 高铅铋冷却剂柱；

4）铅铋低熔合金温度低于 330 ℃。

主泵配直流电机，主要用于反应堆的启动、冷却和反应堆回路热态的维持，不带电机运行的主泵转速达到 220 r/min。

主泵外设壳体，壳体焊在反应堆装置和可抽出行走部分的主循环回路管道上，如图 3.55所示，壳体法兰和主泵座舱盖法兰之间的密封采用镍密封圈。

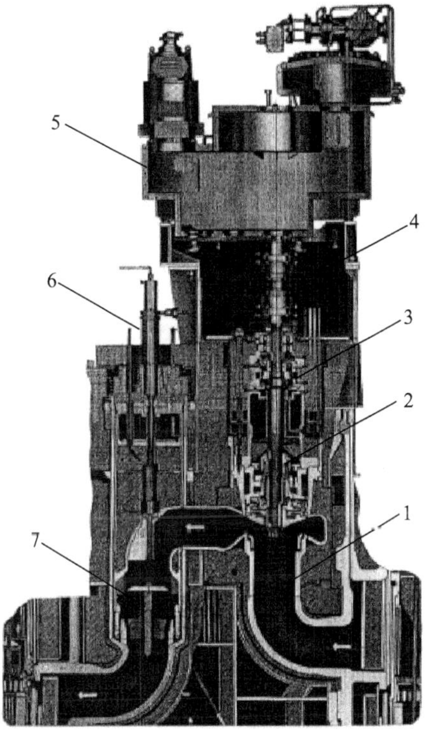

图 3.55　705K 项目核潜艇反应堆装置主泵结构图

1—主泵壳体；2—转子；3—旋转轴端面密封；4—涡轮减速器支撑；5—涡轮减速器；6—逆止阀驱动；7—逆止阀

壳体是整个主泵结构的承重部件，内设行走部分，包括座舱盖、带轴承和叶轮的转子以及带流体静压轴承的密封杯。密封杯将内充冷却剂的主泵腔和气体腔隔开。叶轮有 6 个较宽的叶片，通过上部圆盘的孔，卸除轴向作用力的荷载。

主泵设静密封，检修期间通过静密封，可以将气体腔与大气断开，以便进行上部轴承部件的更换。

冷却剂沿轴向入口短管进入叶轮，为将叶轮的动态扬程转变成潜在扬程，在主泵壳体的压力短管位置上设双涡纹的涡壳，第二条涡纹主要用于将径向荷载降至带流体静压轴承转子的下部支撑水平。

逆止阀设在主泵压力短管后的压力侧上。

悬臂布置、泵轴采用缝隙密封和辅助叶轮（为在斜流叶轮入口形成避免气蚀产生的增压）的批量生产主泵结构图如图 3.56 所示，主泵采用立式单级离心斜流泵，TP-4 涡轮减速器的扭矩通过齿轮联轴器传递给主泵轴，其主要参数如下所述：

1）额定转速为 2 000 r/min；

2）额定流量为 640 m^3/h；

3）额定扬程为 35 m 高铅铋冷却剂柱；

4）铅铋低熔合金温度低于 330 ℃。

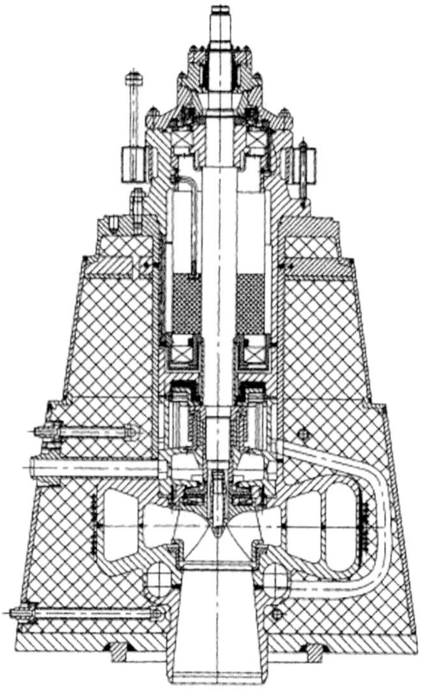

图 3.56　立式单级离心泵示意图

在反应堆启动、冷却以及维持停堆期间的热态回路时，为保证主泵的正常运行，当铅铋低熔合金冷却剂的温度高于其熔点时，启动电机通过启动联轴器接入主泵轴，不带电机运行的主泵转速达到 200 r/min。

此类主泵与其他液态重金属冷却剂反应堆装置主泵的区别在于叶轮悬臂布置在主泵轴上，采用这种结构设计方案能避免在液态重金属冷却剂介质中工作的滑动轴承滑出主泵。

与其他类型的液态重金属冷却剂主泵一样，此类主泵同样设有上部轴承部件、旋转轴端面密封（工质是汽轮机油）以及用于检修的泵轴静密封，主泵的出口短管呈螺旋形扩散器，设垂直隔板，以减小影响泵轴的径向力。

3.3.2　设计中核电厂机组铅铋冷却剂反应堆装置的主泵

(1) SVBR-100 反应堆装置的主泵

SVBR 反应堆装置主泵的结构图（一种设计方案）如图 3.57 所示。SVBR-100 反应堆装置的 ГЦНА-1709 型主泵是立式泵组，3 个轴承共用一个泵轴，包括轴向叶片的泵和气密电机。主泵内的冷却剂流向是自上而下，主泵导向装置出口呈轴向。主泵的主要参数如表 3.12 所示。

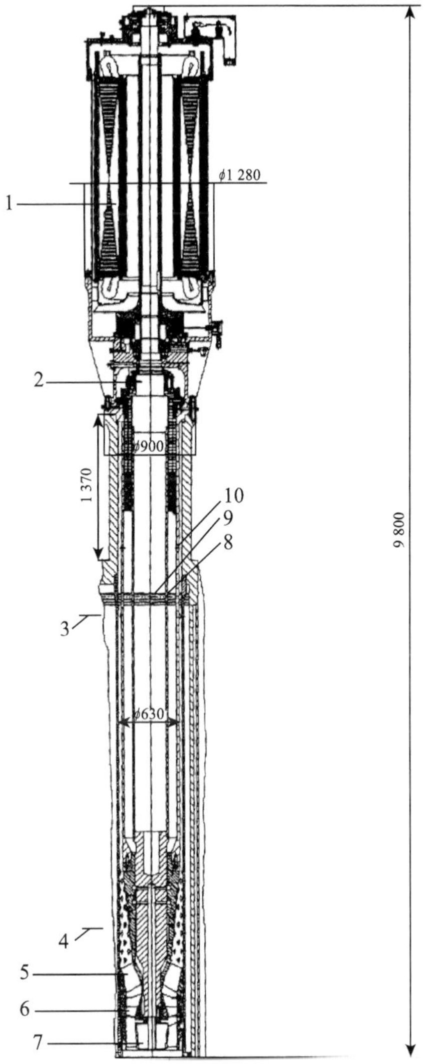

图 3.57　SVBR 反应堆装置回路主泵的结构图（一种设计方案）

1—密封电机；2—泵轴；3—冷却剂入口；4—冷却剂出口；5—液态重金属冷却剂入口短管的导流器；6—轴向叶轮；7—液态重金属冷却剂出口短管的导流器；8—带功率运行时的冷却剂液位；9—冷却剂充入液位；10—气体连接

表 3.12 ГЦНА-1709 主泵额定运行工况主要参数（一种设计方案）

参数	设计值
唧送介质	铅铋低熔合金
体积流量/（m^3/h）	2 270
扬程/（MPa/m）	0.7/6.8
工质温度/℃	345
同步转速/（r/min）	600
三相交流电压/V	6 000
电网频率/Hz	50
主泵功率/kW	≤700
线性电压/V	6 000
电流/A	112

此类主泵的特点是铅铋冷却剂沿专用通道从蒸汽发生器的出口腔自流入（自溢入）其入口腔，蒸汽发生器出口腔的出口位置有整个反应堆机组共有的自由冷却剂液位。

3.3.3 核电厂机组先进铅冷却剂反应堆装置的主泵

300 MW 电功率 BREST 铅冷却剂反应堆装置回路主泵的结构图（一种设计方案）如图 3.58 所示。与先进液态重金属冷却剂反应堆装置的所有轴流叶片泵相同，采用立式潜水泵，内部设自由冷却剂液位。在 SVBR 反应堆装置主泵的直流部分中，冷却剂自上而下循环；但在 BREST 反应堆装置的主泵中，冷却剂自下而上循环。与可移动反应堆装置的主泵相同，先进液态重金属冷却剂反应堆装置的主泵泵轴和周围环境密封采用旋转轴的水或油机械端面密封设计，前者效果更佳。在先进液态重金属冷却剂反应堆装置的所有类型主泵中，由于它们是潜水泵，具有下部滑动轴承，因此需要设检修用的静轴封，用于检修上部轴承部件。

与可移动液态重金属冷却剂反应堆装置主泵不同，先进铅、铅铋冷却剂反应堆装置的主泵设有电驱动，可将主泵转速控制在 10%～30%到 100%额定转速范围内。

主泵的设计要求延长主泵自然惰转（额定转速为零）的时间。BREST-OD-300 反应堆装置主泵的设计惰转时间为不低于 25 s，最低转速为零。

在 BREST 反应堆装置的主泵中，内置固定扬程的管道。冷却剂从主泵导流装置进入固定扬程管道和主泵可抽出部分支架所形成的环形间隙。固定扬程管道的上部边缘略微高于反应堆压力腔内的自由冷却剂液位，反应堆的压力腔与下降管段环形间隙、反应堆入口压力腔相连。准备内设固定扬程的管道，可表面主泵运行时通过主泵的冷却剂发生逆流。在冷却剂流入固定扬程管道入口附近区域，管道壁上有 2 个径向布置的孔。在铅冷却剂流出固定扬程管道缝隙间隙的出口处，设有流体旋转装置（弯管），它能将冷却剂流旋转 180°，图 3.58 中并未标出。

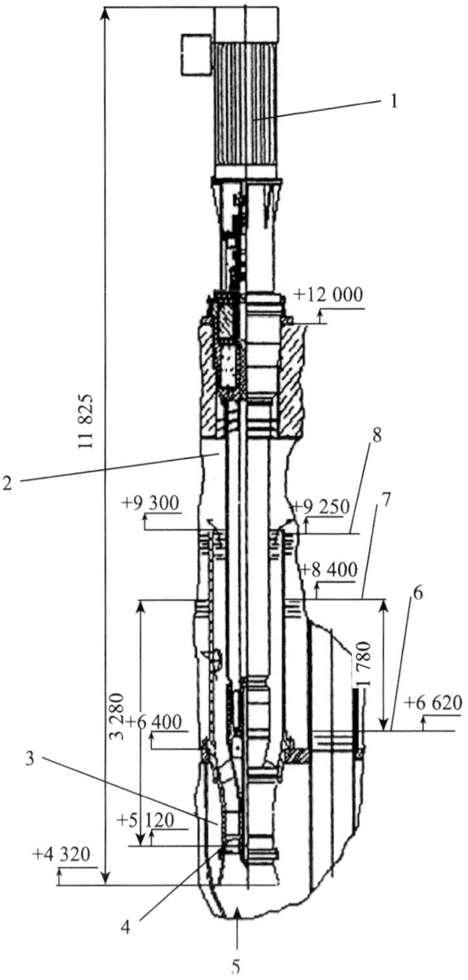

图 3.58　潜水式轴流电驱动主泵的结构图（BREST 反应堆装置设计方案）

1—电机；2—泵轴；3—出口导流器；4—叶轮；5—冷却剂入口；6—主泵入口的冷却剂液位；7—主泵停运时的冷却剂液位；8—主泵运行时的冷却剂液位

反应堆压力腔内自由冷却剂液位可以有变化，反应堆装置和主泵额定运行工况下达到最高位置，主泵停运工况下达到最低位置。反应堆装置和主泵额定功率运行时，主泵入口腔内的自由冷却剂液位处于最低位置，主泵停运时，则处于最高位置。

先进反应堆装置主泵的壳体和流通部分采用 08X15H9C3Б 牌号的防腐耐热不锈钢材料，泵轴采用 10X9HCMΦБ 牌号的不锈钢，上部轴承部件的零部件采用 12X18H10T 和 20X13 牌号的不锈钢。

BREST-OD-300 反应堆装置主泵的设计方案如图 3.59 所示，主要设计参数如表 3.13 所示。

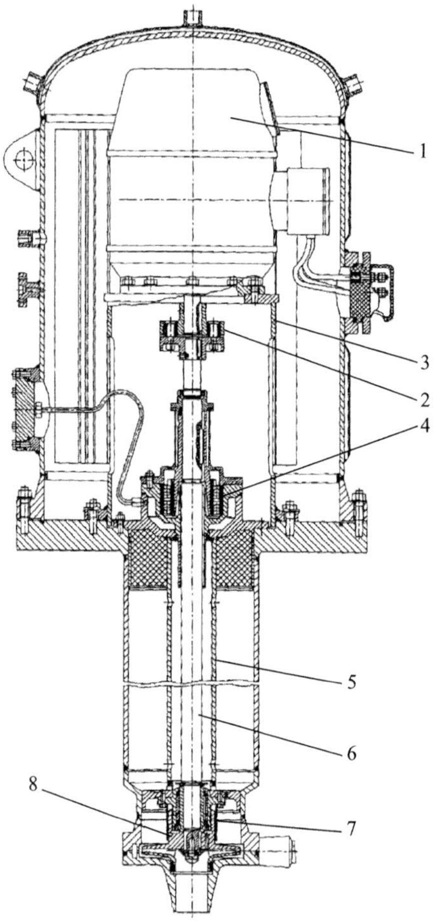

图 3.59 配流体静压轴承和密封水冷集气罩的潜水式离心电泵结构图

1—电机；2—联轴器；3—套筒；4—上部轴承部件；5—支架；6—泵轴；7—下部流体静压轴承；8—叶轮

表 3.13 BREST-OD-300 反应堆装置主泵额定运行工况的主要参数（一种设计方案）

参数	取值
唧送介质	铅熔融物
流量/（m^3/h）	3 850
扬程/m	3.2
唧送介质温度/℃	420～500（到 550）
入口压力/（MPa，kgf/m^2，atm）	0.161（1.61）
气腔中氩气压力/（MPa，kgf/m^2，atm）	0.11～0.15（0.1～0.5）
同步转速/（1/s，r/min）	6.2（365）
电机功率/kW	600

注：主泵入口压力由叶轮入口之上的冷却剂柱流体静压和气腔中的氩气压力叠加而成。其中，所有主泵停运时，叶轮入口之上的冷却剂柱高 3.28 m，所有主泵额定工况运行时，冷却剂柱高 1.5 m。

3.3.4　反应堆回路的辅助泵和研究试验台架的泵

可移动铅铋低熔合金冷却剂反应堆装置辅助泵的扬程和流量等特性与试验研究台架的液态重金属冷却剂回路泵的特性接近。铅、铅铋冷却剂的循环可采用同一种泵，二者的特性差异几乎不会影响循环泵的特性和运行条件。本章所述的离心泵的流量为 10～15 m^3/h 或更小值，扬程为 5～15 m 高唧送液体柱，泵内设离心叶轮，离心叶轮采用轴向入口和径向出口，唧送的液体金属温度由泵的用途决定，处于 350～550 ℃的范围内，液态重金属冷却剂自由液位之上的剩余气体压力为 0.01～0.1 MPa。

液态重金属冷却剂研究试验台架电泵的结构图如图 3.60 所示，泵的结构与可移动反应堆装置 ЦН-17Ф 型辅助电泵的结构相似，泵的电机通过联轴器与泵轴相连，泵轴的下部末端设离心叶轮。泵轴的上部末端与滚珠轴承一起固定在轴承组件上，下部末端则固定在流体静压轴承上。

泵轴插入设上部孔和下部孔的支架内，支架是泵可抽出部分的承重部件，泵的出口段设螺旋形扩散器弯管。

电机固定在杯上，电机设用于联轴器技术维保的开口。

在 705 和 705K 项目后续批量生产的核潜艇中，旨在通过主泵缝隙密封和蒸汽发生器换气口系统回收泄漏冷却剂的 ЦНГ-141А 和 ЦНГ-141Б 型辅助泵的结构设计方案延续了 ЦН-17Ф 型辅助电泵的结构设计方案。

705K 项目核潜艇的反应堆装置设两台 ЦНГ-141Б 型泄漏物回收泵，泵的外层设有罐体，如图 3.61 所示，泄漏物回收泵固定在圆柱形杯上，通过镍密封圈密封气体侧。

ЦНГ-141Б 型辅助泵是立式潜水离心泵，设铅铋冷却剂工质的下部流体静压轴承和润滑脂工质的上部径向止推滚珠轴承，主要参数如下所述：

1）额定转速为 2 950 r/min；

2）额定流量为 14 m^3/h；

3）额定扬程为 12.5 m 高铅铋冷却剂柱；

4）铅铋低熔合金温度低于 370 ℃；

5）驱动装置为异步驱动；

6）密封电机：三相电源电压为 380 V，电流频率为 400 Hz；

7）叶轮轴线之上的最小容许液态重金属冷却剂液位为 200 mm；

8）液态重金属冷却剂自由液位之上的气体（氩气）工作压力约为 0.1 MPa 或 1.0 kgf/cm^2（atm）。

蒸汽发生器和反应堆换气口内的泄漏冷却剂流入泄漏物回收泵的罐体。该罐体既可用于瞬态工况运行期间冷却剂回路系统内体积温度变化的补偿，还可用于诊断和检修工作期间排空蒸汽发生器时一个单元内冷却剂的接收。

罐体呈圆柱形的焊接容器，底部呈椭圆形，如图 3.60 所示，从罐体的结构角度而言，罐体又分为缓冲罐、接收罐和排放罐 3 个部分。

缓冲罐的冷却剂侧、气体侧与接收罐相连，下部是两台 ЦНГ-141Б 辅助泵的压力腔，反应堆回路主泵的两条泄漏冷却剂排放管接入缓冲罐，罐内设电加热管，在泄漏冷却剂回

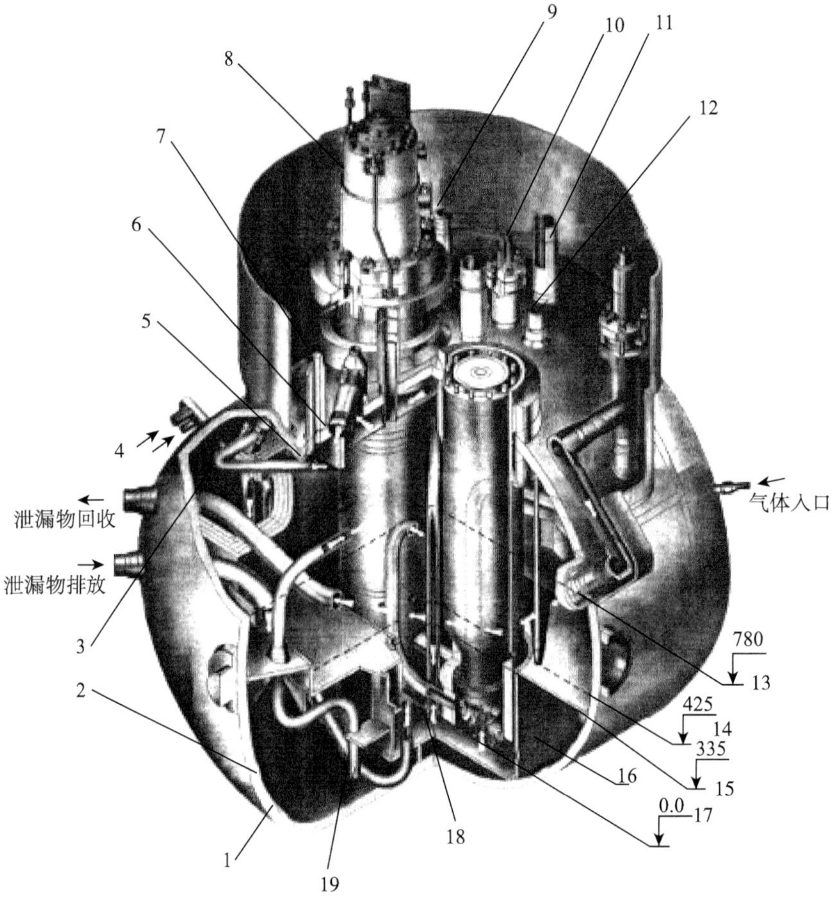

图 3.60　布置在罐内的 ЦНГ－141Б 辅助泵结构图

1—罐壳体；2—缓冲罐；3—接收罐；4—分离器气孔；5—排放罐中蒸汽气体混合物去往事故冷凝器的出口；6—蒸汽气体混合物去往事故冷凝器的出口；7—伽马探测仪接管；8—ЦНГ－141Б 电泵；9—合金供给和排出；10—电机；11—液位仪下方接管；12—电阻温度计外壳；13—溢流管液位；14—运行液位；15—运行液位；16—排放罐；17—测量起点；18—合金供给和排出；19—排放罐中合金的供给和排出

收泵罐体尚未加热之以及尚未形成其中的冷却剂循环时，能保证必要的温度。

接收罐是回收泵罐体的一个隔间，容积达到 50 dm^3，主要用于接收沿蒸汽发生器换气口通道由分离罐进入其内以及反应堆中间腔的液态重金属冷却剂。

排放罐通过溢流管与缓冲罐直接相连。经气体系统输送的气体给压，排放罐内的冷却剂排入缓冲罐。反应堆装置正常运行期间，排放罐处于干燥状态，并与缓冲罐的气体空间相连。

在回路充入冷却剂以及回路排空时，回收泵的罐体用作中间容器。回收泵罐体的总容积达到 1 850 dm^3，其中，缓冲罐的容积为 1 380 dm^3，排放罐的容积为 465 dm^3。

当冷却剂的最高容许液位达到 1 000 mm 时，冷却剂的容积为 1 590 dm^3。

由下诺夫哥罗德国立技术大学设计制造的试验研究台架液态重金属冷却剂循环电泵的结构更为简单，如图 3.61 和图 3.62 所示。НЦС-01 型电泵的转速 n＝800～1 500 r/min，主要用于铅和铅锂合金（Pb83Li17）冷却剂的试验研究台架，流量为 1.5 m^3/h，扬程为 3 m 高液体柱，介质温度为 500 ℃。НЦС-04 型电泵的转速 n=600～1 500 r/min，主要用于铅冷却剂的试验研究台架，流量为 6～8 m^3/h，扬程为 6 m 高液体柱，几千个小时之内介质温度能达到 505 ℃。

相较于 НЦС-01 电泵（如图 3.61 所示），由于 НЦС-04 电泵（如图 3.62 所示）直流部分部件的检验和更换操作更简单，因此更易于运行。

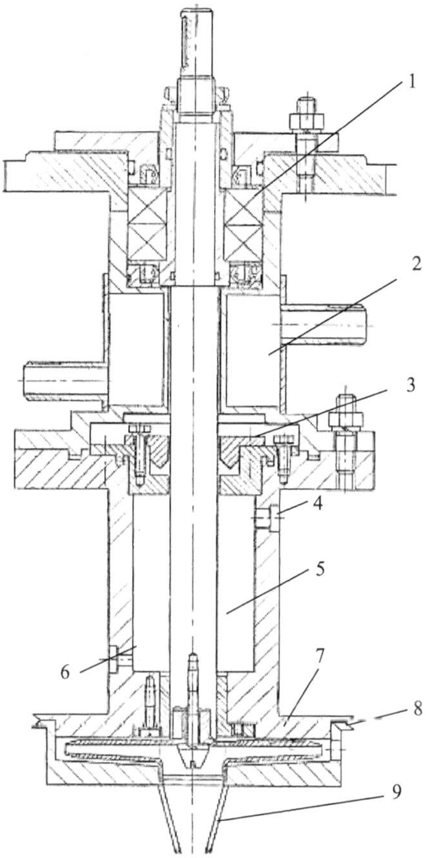

（a）结构图

（b）实物照片

图 3.61　下诺夫哥罗德国立技术大学 НЦС-01 型电泵结构图和实物照片

1—上部轴承部件；2—冷却腔；3—泵轴密封组件；4—气管；5—泵轴；6—冷却剂管；7—叶轮；8—压力管；9—入口短管

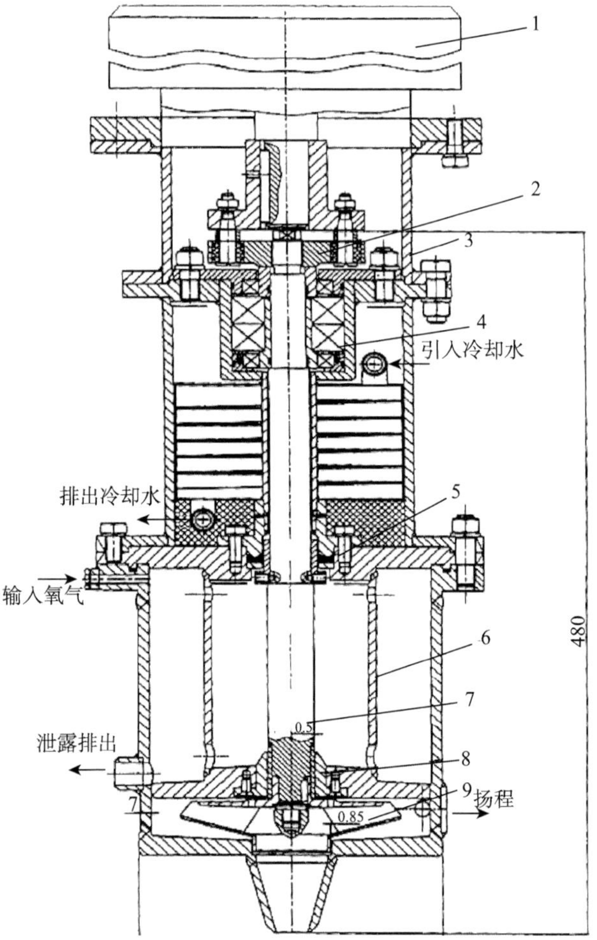

图 3.62　下诺夫哥罗德国立技术大学 НЦС-04 型电泵结构图

1—电机；2—联轴器；3—套筒；4—上部轴承部件；5—泵轴密封；6—支架；7—泵轴；8—滑动轴承的可拆卸轴套；9—叶轮

在日本和其他国家，试验研究台架的液态重金属冷却剂循环回路普遍采用电磁泵的设计。电磁泵的扬程比试验研究台架所采用的叶轮泵的扬程略小。相较于采用叶轮泵的类似回路，在采用电磁泵的液态重金属冷却剂回路中，杂质的质量交换过程、质量迁移过程及其状态都可能存在很大差异。通过电磁泵试验研究台架所得到的有关杂质工况和材料在液态重金属冷却剂中强度的研究信息可能不太准确，也不适用于采用叶轮泵的反应堆回路。

由下诺夫哥罗德国立技术大学设计制造的 HCO-01 НГТУ 轴流泵的结构图如图 3.63 所示，泵属于 FT-4 试验研究台架的一部分，FT-4 试验研究台架主要用于 BREST-OD-300 反应堆装置主泵样机（1∶3 的比例）的试验和设计方案验证，以及其他研究目的。

下诺夫哥罗德国立技术大学 FT-4 试验研究台架 HCO-01 电泵的主要参数如下所述：

1）唧送介质：铅熔融物（冷却剂中氧气含量可能慢慢增加，直至回路内产生氧化铅；氧气的热力学活度达到 10^{-5}时，铅冷却剂可能发生深度脱氧）；

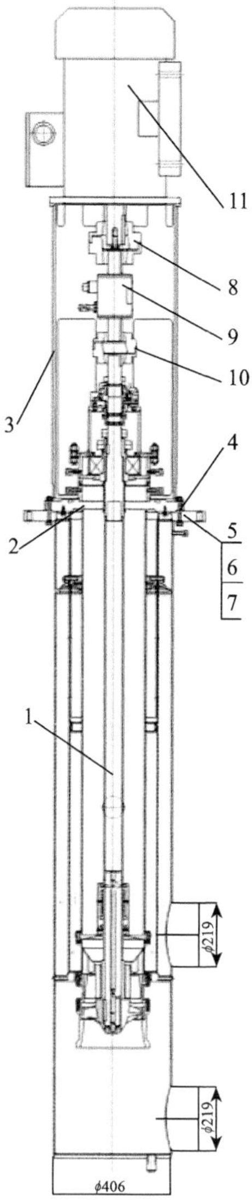

图 3.63　下诺夫哥罗德国立技术大学 НСО-01 НГТУ 轴流泵的结构图

1—泵箱；2—可抽出部分；3—套筒；4—垫片；5—螺帽；6—垫圈；7—双头螺栓；
8—HRC-150 联轴器；9—扭矩传感器；10—HRC-180 联轴器；11—电机

2）铅冷却剂流量：1 500～2 000 t/h（150～200 m^3/h）；

3）泵形成的压差：约 2.5 m 高铅冷却剂柱；

4）固定扬程管道上部边缘的位置（可变）：距离叶轮轴线 1 200～1 500 mm；

5）唧送的铅冷却剂温度：500 ℃（短时能达到 550 ℃）；

6）电泵泵轴的额定转速：约 3 000 r/min 和 1 500 r/min；

7）电泵驱动异步电机的转速调节方式：变频调速，使用变频器；

8）电驱动和异步电机：2 套（额定转速约为 3 000 r/min 和 1 500 r/min），使用变频器；

9）电泵的电机功率：50 kW；

10）旋转泵轴的气体侧密封：端面密封；

11）电泵气腔的气氛：氩气、氢气、氩气氢气混合物以及氩气氧气混合物；

12）滚动轴承和泵轴的冷却方式：水冷却；

13）电泵壳体加热系统：尼赫罗姆镍铬合金螺旋电加热丝；

14）固定扬程管道下部设 2 个径向布置的孔，$\varphi=75$ mm，孔的轴线比导流装置的上部边缘高 535 mm。

电泵的主要部件包括：

1）电机；

2）扭矩传递联轴器；

3）扭矩测量传感器；

4）滚动轴承组件；

5）旋转泵轴的气体侧端面密封；

6）支架；

7）壳体；

8）固定扬程管道；

9）电泵泵轴；

10）流体静压轴承；

11）整流装置；

12）轴向叶轮；

13）铅冷却剂的入口短管和排出管。

电泵还包括固定扬程管道（皮托・普朗特管）内铅冷却剂流的压力测量仪表、电接触铅冷却剂液位信号仪以及热电偶的温度传感器等。

电泵的结构及其布置位置应能保证泵可抽出部分的安装和拆卸。泵的结构应能保证固定扬程管道高度的调整（缩短）。固定扬程管道上部边缘的额定位置是距离流通部分 1 500 mm 的位置，最小高度为 1 200 mm。

依次（交替）安装 2 台异步电机，作为泵的电驱动，内设变频器，可开展较宽变化范围的泵轴转速和流通部分流速的试验，能实现 25～30 m/s 铅冷却剂流速条件下泵流通部分结构的检验和设计验证。

3.3.5 液态重金属冷却剂循环回路的滑动轴承

3.3.5.1 影响滑动轴承在液态重金属冷却剂反应堆回路中的工作性能的高温冷却剂特性

影响滑动轴承在反应堆回路中的工作性能的高温液态重金属冷却剂特性如下文中所述。

由于冷却剂温度较高，不能与有机化合物发生接触，高温液态重金属冷却剂的反应堆回路不能使用传统的润滑剂，滑动轴承运行的唯一介质是液态重金属冷却剂。

反应堆装置的铅、铅铋低熔合金和钠等所有液态重金属冷却剂的黏度都较小，但又不能算是传统概念上的润滑剂。

滑动轴承的工作表面不能被液态重金属冷却剂润湿，附着能力较小，冷却剂不能在接触表面停留，工作表面和其他回路表面上都应该有一层氧化膜保护层。

摩擦面的局部接触区域会释放出热量，热量可经液态重金属冷却剂有效导出，从而有利于接触副的工作。

结构材料与冷却剂的接触贴壁区域可能（或一定）形成氧化膜保护层和弥散系物质，其中弥散系物质中含有浸润冷却剂的杂质。下诺夫哥罗德国立技术大学开展的实验表明，上述物质同时还是耐磨保护层，有利于接触副的工作。如果上述氧化膜保护层和弥散系物质发生损坏，则工作表面上接触区域的摩擦过程将会大幅加剧。

3.3.5.2　无法制造出液态重金属冷却剂（铅、铅铋低熔合金和钠）反应堆回路泵的流体动压滑动轴承

液体磨损工况运行的滑动轴承计算基础是流体动力润滑理论。在最佳液体摩擦条件下，滑动支架的过程为：静止状态下轴颈在轴承中的位置如图 3.64 所示，轴颈中心 O_1 直接位于轴承中心 O 下方垂直荷载 P 的力作用线上。

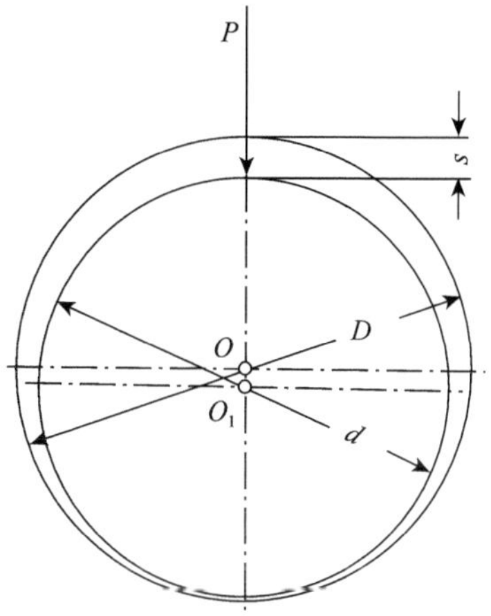

图 3.64　轴承中静止轴颈的位置

在轴颈接触轴承的下方未形成间隙，而在直径对侧形成了最大间隙：

$$s = D - d \tag{3-43}$$

其中，D、d 分别是轴承直径和轴颈直径，公差取决于选择配合。

当转速对应斯特里贝克曲线的 2 号点时，如图 3.65 所示，摩擦面之间形成连续的润滑层，润滑层将这两个摩擦面隔开，如图 3.66 所示。轴颈中心从 O_1 点移动至 O_2 点的旋转侧，轴承表面和轴颈表面之间形成楔形间隙，内充润滑层，又称油楔。在流经轴承轴线和 OO_2 中心线的平截面，润滑层的厚度最小 $h_{\min}$，但也足以覆盖表面不平整处，还能隔开工作表面。

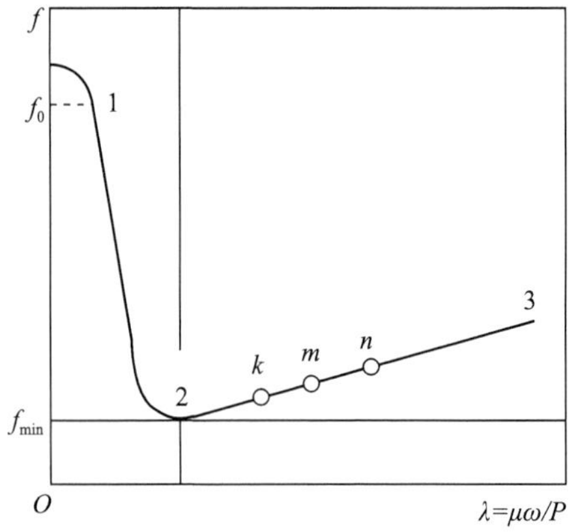

图 3.65　斯特里贝克曲线

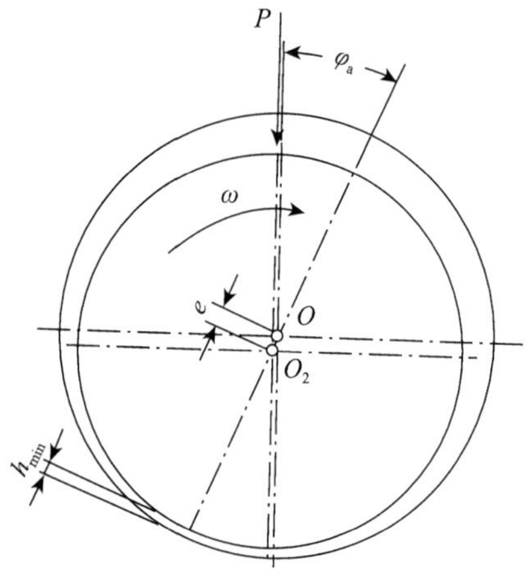

图 3.66　轴颈在轴承润滑层中悬浮

转速 ω 持续升高时，轴颈中心继续上升，同时移动至旋转侧，受油楔中出现的流体动力作用，轴颈在润滑层中慢慢浮起来。轴颈中心的后续动态位置 O_2、O_3 及其他位置如图 3.67 所示，纵坐标和中心线间的角度 φ_a 转向轴颈旋转侧，并慢慢变大，离心率（$e=OO_i$）减小，离心率指轴颈中心和轴承中心的距离，此时润滑层的最小厚度 h_{min} 慢慢增大，对于覆盖滑动表面所有不平整的地方完全是绰绰有余，避免了轴颈和轴承的直接接触。当转速趋于无穷大时，楔形间隙变成环形间隙，厚度不变，达到 $0.5s=0.5(D-d)$。当转速持续增加时，轴颈中心的移动轨迹呈半圆状，直径 $\delta=0.5s$。不同工况运行期间的轴颈中心位置完全取决于 φ_a 角度值和离心率 e。

润滑层的流体动力压力呈不均匀分布，在从纵坐标移动至轴颈旋转侧的区域，单位压力最大，如图 3.67 所示。压力分布图取决于轴颈的位置、润滑剂输入位置、润滑层边界以及其他一系列因素。当轴颈中心的位置处于曲线图上的 O_1、O_2、O_3 或 O_4 时，流体动力慢慢平衡作用于轴颈的外部荷载，给轴颈的旋转造成阻力，克服黏性液体阻力所耗费的

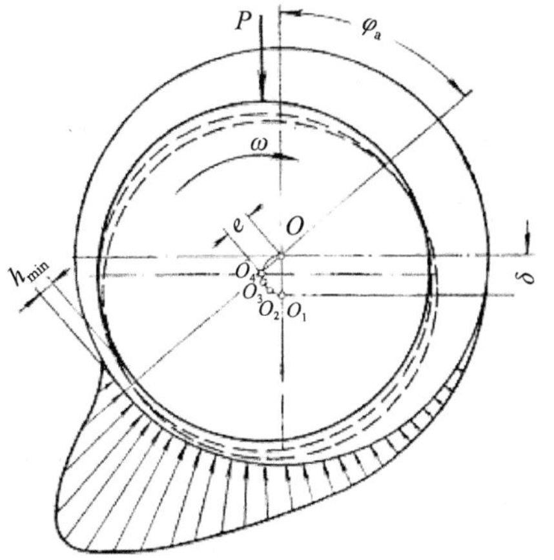

图 3.67　转速加快时轴颈中心的移动

功转变为热能。一方面，轴承工作区域排出的热量通过轴承零部件排入外部环境；另一方面，大部分的热量都传递给了润滑液体。单位时间内通过轴颈和轴承间隙的润滑液体流量（数量）取决于决定流体动力的一系列因素。

流体动压轴承的滑动过程需要具备两个必要条件：

1）泵轴和轴套表面完全不会被润滑液体润湿；

2）润滑液体的黏度较大。

而铅、铅铋冷却剂的回路都不具备上述两个条件。高温液态重金属冷却剂反应堆回路运行的必要条件是结构材料表面需要形成氧化膜保护层，因为氧化膜能保证已氧化表面不会被液态重金属冷却剂润湿，而已被氧化表面在保护气体介质中的润湿角 $\theta\approx110^\circ\sim120^\circ$。在当前条件下，只有液态重金属冷却剂能用作流体动压轴承的唯一液体润滑剂。在液态重金属冷却剂回路的运行条件下，铅、铅铋低熔合金的黏度系数较小，接近或略微接近正常运行条件下水的黏度系数。

综上所述，理论计算研究和实验研究都表明，无法制造出能在液态重金属冷却剂反应堆（钠、铅、铅铋低熔合金）回路内运行的流体动压轴承。

3.3.5.3　液态重金属冷却剂介质的接触（边界）摩擦工况

由于原则上无法制造出液态重金属冷却剂介质的流体动压轴承，且在回路启动、停运以及轴承通道被杂质颗粒突然堵塞时，液体静压轴承会进入接触摩擦工况，研究人员开始转而研究高温液态重金属冷却剂循环回路条件下接触摩擦轴承的工作性能。

核动力装置的动力回路需要考虑长寿期液体静压轴承（几乎无磨损）的制造费用。在铅、铅铋冷却剂的试验研究台架和工业研究台架中，需要制造循环泵，循环泵的技术经济指标应采用最佳指标，轴承的寿期较短。在试验台架停运期间，可根据相应的工作规程简易快速地更换一对轴承，而在反应堆回路内，由于具有放射性，是不能进行上述操作的。

在接触边界摩擦的工况条件下，摩擦面之间缺乏润湿摩擦面的传统液体或塑性润滑剂。在液态重金属冷却剂回路运行期间，可能形成弥散系物质层和固体润滑物，结构的金属表面上可能形成氧化膜，可能产生氧化物颗粒或金属和气体、蒸汽气体夹杂的其他化合物，这些夹杂物分散在贴壁层（被冷却剂浸润）的冷却剂中，接触表面还可能定期或长时间地被较小黏度的液态重金属冷却剂环绕，此时的冷却剂并非润滑剂。受上述因素作用，轴承组件接触副结构材料的干净金属表面不会直接发生接触，并且接触区的热量也能快速导出。

接触摩擦轴承在液态重金属冷却剂介质中的运行工况特点如下所述：

1）回路结构材料表面上一定有一层氧化膜保护层，以保证其在液态重金属冷却剂介质中的强度；

2）存在贴壁层，贴壁层特性与液态重金属冷却剂的特性存在差异；

3）回路中液态重金属冷却剂运行温度较高时，摩擦区的热量能被液态金属快速导出。

综上所述，由于回路启动、停运以及轴承通道被弥散系固体杂质颗粒突然堵塞时，必须保证主泵的液体静压轴承在接触摩擦工况下运行，因此接触摩擦轴承不太适用于铅、铅铋冷却剂的反应堆回路。

3.3.5.4　液体静压轴承

苏联645项目首艘核潜艇（第一代核潜艇）的主泵采用了流体静压轴承，用以唧送铅铋冷却剂，705和705K项目核潜艇铅铋冷却剂反应堆装置的辅助泵同样也采用了流体静压轴承。

由于流体静压轴承能保证液态重金属冷却剂工质的液体润滑工况，因此铅铋冷却剂反应堆回路的潜水式离心主泵采用了流体静压轴承的设计，主泵轴较长，但并不悬空，采用缝隙式密封的设计，设液态金属运行介质的下部轴承，运行期间扬程超过10 m高的铅铋低熔合金柱，能保证流体静压轴承的必要运行参数。

（1）流体静压轴承的工作原理

如图3.68所示，流体静压轴承的工作原理如下：泵轴（1）布置在轴套（2）中，在泵轴侧的轴套（2）中，沿轴套高度（长度）方向上设4～8条尺寸较小的凹槽（3），凹槽（3）不贯穿，每条凹槽与通道（4）相连，通道（4）设节流器（5）所有节流器（5）与压力总管（6）相连，压力总管（6）又与主泵或其他辅助泵的压力腔相连。

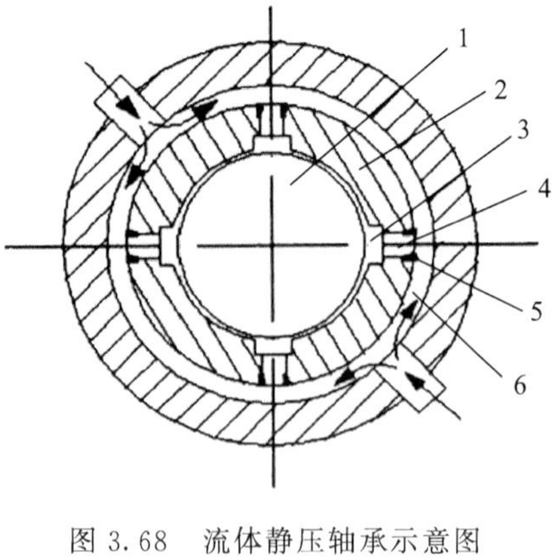

图3.68　流体静压轴承示意图

1—泵轴；2—轴套；3—凹槽；4—通道；5—节流器；6—压力总管

上述结构的技术实现方案如图 3.69 所示，其中流体静压轴承腔通过节流器与泵叶轮下方的压力腔相连。

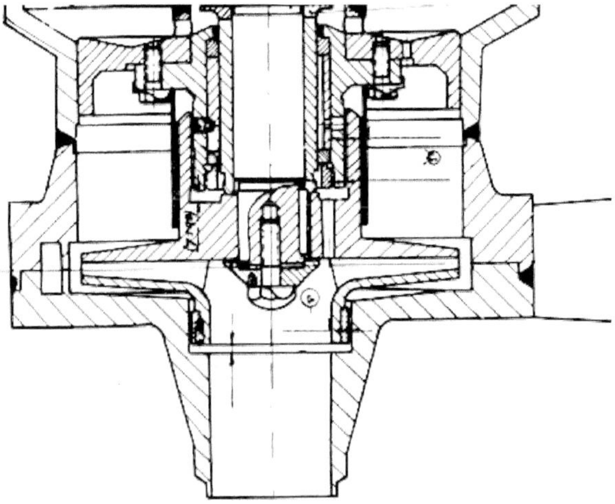

图 3.69　液态重金属冷却剂流体静压轴承离心泵的直流部分结构图

轴向叶轮和流体静压轴承结构设计方案的结构图如图 3.70 和图 3.71 所示。

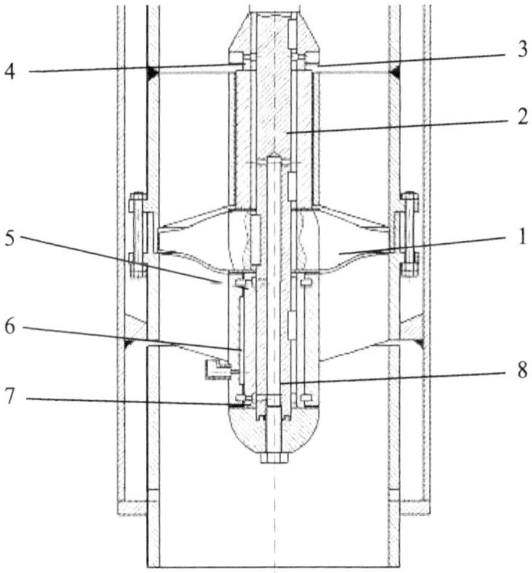

图 3.70　液态重金属冷却剂自上而下流动时轴向叶轮下方流体静压轴承结构图

1—轴向叶轮；2—泵轴；3—叶轮；4—叶轮节流器；5—流体静压轴承上节流器；6—流体静压轴承竖槽；7—流体静压轴承下节流器；8—流体静压轴承泄漏的中心排出通道

如果泵轴与轴承同轴布置，带槽轴套位于中部，且系统呈对称布置，则液体将通过节流器等量流入所有凹槽，如图 3.69 所示，而后液体将在泵轴和轴套的间隙中均匀分布，再通过 2 条端部环形间隙向外流出。如果采用毛细管的节流器，则通过节流器的液态金属量的计算式（哈根·普瓦泽伊公式）为：

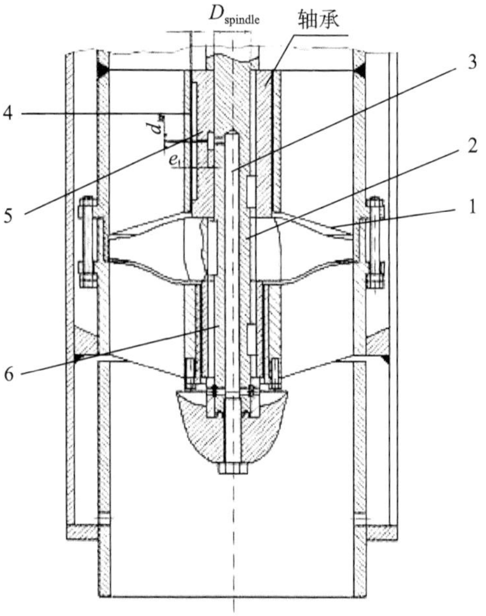

图 3.71　液态重金属冷却剂自上而下流动时轴向叶轮上方流体静压轴承结构图

1—轴向叶轮；2—泵轴；3—流体静压轴承内介质的中心供给通道；4—流体静压轴承竖槽；5—流体静压轴承节流器；6—中央通道液态重金属冷却剂引流管的节流器

$$Q=\frac{\pi\cdot r^{4}(P_{k}-P_{n})}{8\eta l} \tag{3-44}$$

式中：r ——毛细管半径；

l ——毛细管长度；

P_k——毛细管压力；

P_n——凹槽压力；

η ——黏度系数。

从间隙向一侧外流时，单位宽度的液体流量计算式为：

$$q_{n}=\frac{h^{3}}{2\eta}\frac{\delta P}{\delta n} \tag{3-45}$$

式中：n ——任意流向；

$\frac{\delta P}{\delta n}$ ——n 方向上的压力梯度；

h ——间隙中的液体层厚度。

如果泵轴偏离一条凹槽，并移动至其相反方向的凹槽处，则此处泵轴和轴套的间隙相应缩小，通过间隙的液体流量减少，是变薄液体层的立方，通过通道节流装置流入后面那条凹槽（泵轴移动至此）的液体流量减小，导致节流器的压差减小，后面那条凹槽的压力上升。然而，如果后面那条凹槽的泵轴和轴套间隙变大，流经此处的液体流量增加，导致间隙的压力下降，节流器的压差增加。如此这样，便会产生作用于泵轴移动反侧的作用力差，从而维持泵轴和轴套间隙的液体润滑工况。

流体静压轴承最大的优势在于液体层厚度变化与荷载的立方根成正比。

文献[33-35]与其他参考文献简要介绍了流体静压轴承的设计计算方法，以上研究成果在研究人员定期公开发表的摩擦和磨损问题论文或报告中已有所涉及。

(2) 液态重金属冷却剂主泵流体静压轴承的运行特点

在高温铅、铅铋冷却剂回路运行期间，冷却剂氧化物、不锈钢损坏产物和安装时回路的偶发性脏污等颗粒会进入液态重金属冷却剂流中，一般而言，杂质进入冷却剂流的过程会集中出现在流体动力扰动时，如反应堆功率和液态重金属冷却剂流量变化的瞬态过程，通过二元流体对回路进行工艺处理时，以及蒸汽发生器回路间泄漏的事故工况等。当固体杂质颗粒进入泵轴和轴套间隙时，可能会造成轴承工作表面的磨损，在可移动铅铋低熔合金冷却剂反应堆装置主泵的试验中，就曾发生过类似情况。

对于试验研究台架和液态重金属冷却剂设备试验台架，回路需要定期充入排空当中的冷却剂，因此经常发生泄漏，那么在回路运行期间，产生的杂质颗粒可能会慢慢累积，并浸有冷却剂，最终形成氧化渣块。流体静压轴承位于循环泵的下部，当液态金属从回路排入排放罐以及自由冷却剂液位下降时，即使循环泵内的液态重金属冷却剂已全部排空，液态重金属冷却剂表面和循环泵罐体内的氧化渣块也会进入流体静压轴承组件，并滞留在轴承的缝隙和较窄通道内，在台架冷却之后，尤其是失密封期间，氧化渣块的化合物会发生二次结晶。之后，在回路又充入液态金属时，氧化渣块就可能滞留在节流器以及流体静压轴承的通道和凹槽中，而此时轴承已切换到液态重金属冷却剂介质中的接触摩擦运行工况。在接触摩擦运行工况下，浸有液态重金属冷却剂的轴承凹槽内冷却剂氧化物便充当润滑剂，因此工作表面不会发生严重的磨损。在拆解流体静压轴承的循环泵时，曾多次发现有黄色的氧化渣块（疑似冷却剂氧化物）完全堵住了流体静压轴承的竖槽。

需要指出，在下诺夫哥罗德国立技术大学的 FT-1 试验研究台架中，凹槽中的氧化物消失（被还原），在台架回路的后续拆解和定期工艺处理时，发现轴承已切换至设计运行工况。

下诺夫哥罗德国立技术大学 FT-1 试验研究台架的循环泵部件如图 3.72 所示。在设备检查之前，循环泵已在试验研究台架中 40 多年，每年运行 1～2 个月的时间，其中铅铋低熔合金的流量达到 100 t/h，温度达到 250～450 ℃（短时能达 500 ℃），泵轴转速约 1 000 r/min。近 15 年以来，一直都在对铅铋回路进行定期的工艺处理，主要是通过液态重金属冷却剂和还原气体混合物的二元流体监测冷却剂中氧气的热力学活度。在整个运行期间，当冷却剂未完全排空时，发生过几次循环泵温度冷却至室温的情况。设备检查结果如图 3.72 所示，循环泵各部件未出现腐蚀或其他任意损坏，节流孔内无氧化渣块，如图 3.72d 所示，流体静压轴承的压力腔（凹槽）内也无氧化渣块，如图 3.72e 所示。

(a) 叶轮基盘和端面部分

(b) 叶轮的基盘、侧盘及叶片的排气边

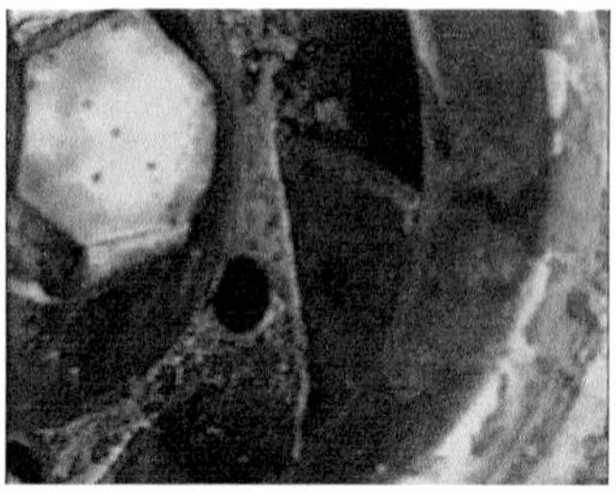

(c) 叶片的进气边和卸料口

(d) 流体静压轴承的节流孔

(e) 流体静压轴承的工作表面和压力腔

图 3.72 FT-1 试验台架主泵可抽出部分

在进行回路工艺处理之前，检查循环泵时，发现节流器和压力腔被冷却剂氧化物的氧化渣块堵住，可能是由于流体静压轴承曾处于液态重金属冷却剂介质的接触（边界）摩擦工况下运行，竖槽中浸有液态重金属冷却剂的大量氧化物便充当润滑剂用。采用滑动轴承的循环泵以及反应堆回路的大量运行经验表明，虽然流体静压轴承具有各种各样的问题和缺陷，但它却是能在铅、铅铋冷却剂介质中运行的滑动轴承的最佳结构设计方案，几乎不会发生任何磨损。

3.3.5.5 液态重金属冷却剂介质中的接触边界摩擦轴承

流体静压轴承的技术难点是需要供给液体润滑剂，原则上不能制造液态重金属冷却剂的流体动压轴承，研究人员开始转而研究高温液态重金属冷却剂循环回路条件下接触摩擦轴承的工作性能。核动力装置的动力回路需要考虑长寿期液体静压轴承的制造费用。在铅、铅铋冷却剂的试验研究台架和工业研究台架中，需要制造循环泵，循环泵的技术经济指标应采用最佳指标，轴承的寿期较短。在试验台架停运期间，可根据相应的工作规程简易快速地更换一对轴承，而在反应堆回路内，由于具有放射性，是不能进行上述操作的。

接触摩擦轴承在液态重金属冷却剂介质中的运行工况特点如下所述：

1）液态重金属冷却剂回路结构材料表面会自然形成氧化膜保护层和弥散系物质，以保证其在液态重金属冷却剂介质中的强度；

2）回路中液态重金属冷却剂运行温度较高时，摩擦区的热量能被液态金属快速导出。

出于以上因素的考虑，研究人员开始研究液态重金属冷却剂试验研究台架和试验台架主泵接触摩擦轴承的制造问题。

在液态重金属冷却剂介质的接触边界摩擦工况条件下，摩擦面之间缺乏润湿摩擦面的传统液体或塑性润滑剂[35]，在此期间，可能形成固体和弥散系的润滑物（金属表面的氧化膜等），接触表面可能定期或长时间地被较小黏度的液态重金属冷却剂液体环绕，此时的冷却剂并非润滑剂，接触近边界区域可能产生浸润冷却剂的弥散系杂志物质。

摩擦力的计算式（阿蒙东公式）为：

$$T = f \cdot N \tag{3-46}$$

式中：N ——摩擦面的正常压力；

f ——滑动摩擦系数，取决于表面材料和状态。

库仑定律关系式的计算结果更为准确，其中的 A 修正系数（常数）取决于分子吸力，计算式为：

$$T = f \cdot N + \mathrm{A} \tag{3-47}$$

德梁金公式不太适用于计算接触摩擦，计算式为：

$$T = f_{\mathrm{m}}(N + N_{\mathrm{m}}) \tag{3-48}$$

式中：f_{m}——分子粗糙度系数；

N ——切曲面的正常荷载；

N_{m}——表面间所有分子吸力合力。

$$N_{\mathrm{m}} = S_{\mathrm{e}} \cdot p_{\mathrm{m}} \tag{3-49}$$

式中：S_{e}——有效接触面面积；

p_{m}——平均单位吸力。

摩擦部件最大正常荷载的计算式为：

$$N = S_{\mathrm{e}} \cdot \sigma_{\mathrm{f}} \tag{3-50}$$

式中：σ_{f}——轴套材料的流限。

改造德梁金公式（3-48）之后，可得出以下计算式：

$$T = f_{\mathrm{m}} N\left(1 + \frac{p_{\mathrm{m}}}{\sigma_{\mathrm{f}}}\right) \tag{3-51}$$

如果 p_{m}远小于 σ_{f}，则 $f_{\mathrm{m}} \approx f$。

克拉格尔斯基 И. В. 建议采用以下公式计算摩擦系数值：

$$f = \frac{\alpha S_{\mathrm{e}}}{N} + \beta \tag{3-52}$$

式中：α、β ——取决于摩擦面分子特性和力学特性的参数。

泵轴和轴套表面呈相对滑行时，受以下作用力的影响，接触点发生剪切变形：

$$T = S_{\mathrm{e}} \cdot t_{\mathrm{av}} \tag{3-53}$$

式中：t_{av}——剪切强度限值。

较干表面摩擦力的计算公式为：

$$T = \frac{t_{\mathrm{av}}}{\sigma_{\mathrm{f}}} N \tag{3-54}$$

$$\frac{t_{\mathrm{av}}}{\sigma_{\mathrm{f}}} = f \tag{3-55}$$

从式（3-46）可以得出，摩擦力并不取决于接触表面的几何面积，而是与荷载成正比。从式（3-55）可以得出，摩擦系数不取决于荷载，而是取决于摩擦材料接触区域的物理力学特性。

接触摩擦轴承的材料根据工质特性、工质温度和压力、滑动速度、荷载、摩擦区域散热和所需的运行时间选定，应该具有工质的耐腐蚀性，不能使用会发生腐蚀破裂、晶间腐蚀、缝隙腐蚀和组织腐蚀的材料。从工艺角度而言，泵轴摩擦面的选材应该从表面层具有较高初始硬度和耐磨性，泵轴具有合理的粗糙度、较高的硬度和疲劳强度，以及保证轴承座的同轴度等因素综合考虑。在接触摩擦和滑动速度较小时，硬度较高材料的磨损比塑性材料的磨损更小。

如果有给定运行条件相近条件的运行数据，那么在利用负载工况和几何关系之间特性的基础上，便能轻松解决轴承副的选材问题。

目前，虽然尚缺乏铅、铅铋冷却剂高温回路运行条件下的接触摩擦轴承计算和运行实验数据，但可以推测出轴承组件的材料最宜采用硬度较高的不锈钢和铸铁，如含 HRC 54-62 的 45 号热处理不锈钢、含 HRC 50-52 的 40X 号不锈钢和含 HB 207-241 的 ВЧ 50-15 号珠光体铸铁。其中一个摩擦副的材料原则上可以采用 АПГС АГ-Т1 * 石墨，ЖГр 1、ЖГр 2 和 ЖГр 3 等牌号的铁石墨等金属陶瓷材料，СГ-Т 和 СГ-П 牌号的硅化石墨等碳化硅复合物，БСГ-60 等牌号的硼硅化石墨，以及 ЦМ-332 牌号的刚玉陶瓷和 ТК-21 牌号的皂石陶瓷等矿物陶瓷材料。上述材料的温度和其他特性都能满足液态重金属冷却剂高温回路的运行工况要求，但上述材料在铅、铅铋冷却剂介质中的试验运行数据同样也尚属空白。

氧化膜保护层是接触副表面在液态重金属冷却剂介质中的天然材料，既具有抗摩擦特性[11]，又具有贴壁区域内弥散系物质的特性。

下诺夫哥罗德国立技术大学 FT-2 试验台架 НЦС-04 泵的轴承采用了接触摩擦轴承的结构设计方案，如前文中图 3.62 所示，结构设计方案与 НЦС-01 泵轴承的结构设计方案相似，如前文中图 3.61 所示。

(1) FT-2 试验台架 НЦС-04 泵的主要参数

- 流量为 6～8 m^3/h；
- 扬程为 4～6 m 高液体柱；
- 工质为铅；
- 介质温度为 350～510 ℃；
- 泵轴转速为 800～1 500 r/min。

泵采用潜水式离心泵的设计，其中的介质液位比叶轮高出 50～100 mm 及以上。

泵轴及其轴套如图 3.73 和图 3.74a 所示，泵轴轴套呈圆柱形，采用 40X13 的不锈钢材料（按俄罗斯标准 ГОСТ 4543-71 的要求），轴套位于泵轴上。下部轴承座（接触摩擦轴承）的外径达到 32 mm（公差 H7），高度达到 60 mm，泵轴和轴承轴套的直径间隙 $S=0.7$ mm。轴承轴套如图 3.73 和图 3.74b 所示，轴承轴套呈杯状，带固定法兰，采用 20X13 的不锈钢材料（按俄罗斯标准 ГОСТ4543-71 的要求），内径达到 32 mm（公差 +0.55～0.6 mm），高度达到 43 mm。

1）试验参数为：

①НЦС-04 泵轴承的运行时长为 950 h；

②铅冷却剂的温度分别为：

- 达到 2%的运行时长时，温度为 510 ℃；

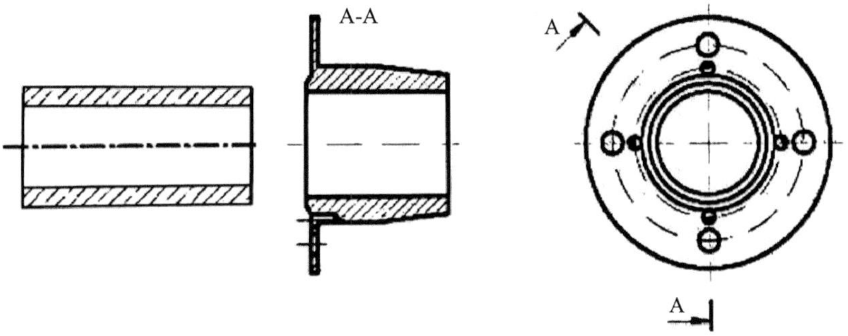

（a）泵轴轴套　　　　　　（b）轴承轴套

图 3.73　泵轴轴套和轴承轴套

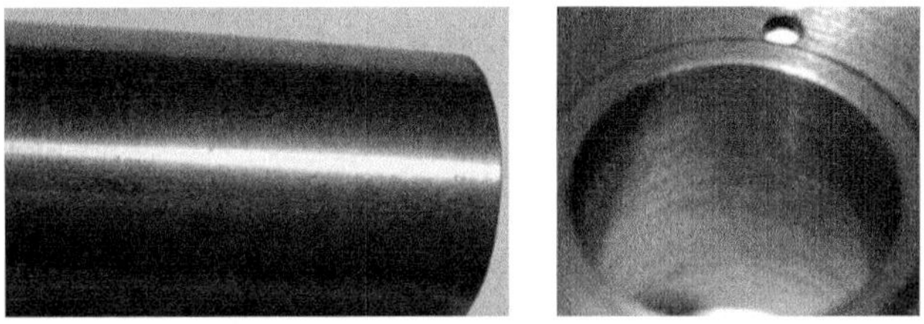

（a）泵轴轴套　　　　　　（b）轴承轴套

图 3.74　试验前的泵轴轴套和轴承轴套

• 达到 66％的运行时长时，温度为 500 ℃；
• 达到 32％的运行时长时，温度为 480 ℃。

③泵轴转速分别为：

• 达到 84％的运行时长时，转速为 1 500 r/min；
• 达到 15％的运行时长时，转速为 1 200 r/min；
• 达到 0.5％的运行时长时，转速为 1 000 r/min；
• 达到 0.5％的运行时长时，转速为 800 r/min。

④表示结构表面氧化膜状态的铅冷却剂中氧气的热力学活度：

• 达到 34％的运行时长时，氧气热力学活度为 10^0；
• 达到 33％的运行时长时，氧气热力学活度为 10^{-4}～10^{-1}；
• 达到 33％的运行时长时，氧气热力学活度为 10^{-4}。

2）试验结果为：

在试验刚开始时，轴承组件区域内的冷却剂就出现了冲击，而后待泵轴有转速后，通过泵轴轴套和轴承轴套之间的初始间隙（s＝0.7 mm）形成主冷却剂流量的旁路，然后随着初始间隙的慢慢增加，流量随之减小。

试验后的泵轴轴套如图 3.75a 所示，在轴套的径向和轴向方向上都出现对了不均匀的磨损。叶轮附近截面直径的最大变化达到 0.6 mm，这个区域出现的磨损也是最严重的。泵轴轴套直径的最小变化也达到 30 mm，而直径的初始值是 32 mm，公差是 H7。距离叶轮最远截面直径的最大变化达到 0.3 mm，泵轴轴套直径的最小变化达到 30.7 mm。

试验后的轴承轴套如图 3.75b 所示，目测可见内表面产生了缺陷。叶轮附近截面直径的最大变化达到 0.5 mm，轴承轴套直径的最大变化达到 33.6 mm，而直径的初始值是 32 mm，公差是＋0.55～0.6 mm。距离叶轮最远截面直径的最大变化达到 0.1 mm，轴承轴套直径的最小变化达到 33.1 mm。

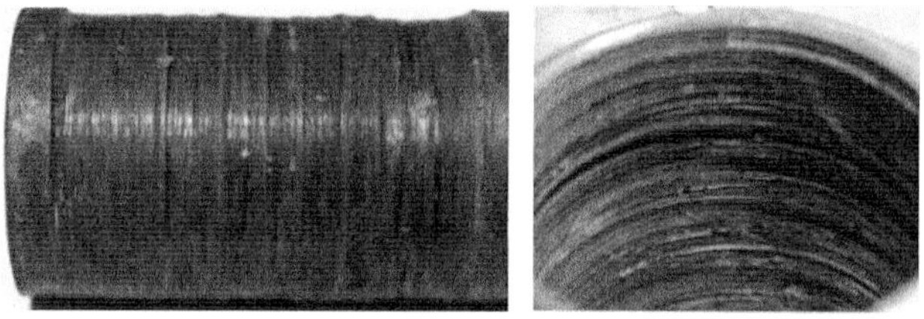

（a）泵轴轴套外表面　　（b）轴承轴套内表面

图 3.75　在 480～510 ℃温度铅冷却剂介质中运行 950 h 后泵轴轴套的外表面和轴承轴套的内表面

在泵轴轴套和轴承轴套的所有工作表面上都发现有深 1.0 mm、宽 2.0 mm 的环形划痕和浅槽，在泵轴轴套的叶轮侧表面上，浅槽痕迹更深，表明此处的磨损比侧表面的磨损更为严重。

在轴承的间隙里，未发现有冷却剂和结构材料的氧化物颗粒。虽然表面上有明显的磨损痕迹，但由于轴承表面上覆盖有一层密实的黑色氧化膜，受氧化膜的保护，表面不会被铅冷却剂润湿。

泵轴轴套和轴承轴套的端面未发现有任何损伤，泵轴轴套的内表面以及轴承轴套的外表面也未发现有任何损伤。

由于在试验台架运行之初未进行泵的试运转，又由于摩擦部件的单位荷载较大，导致接触摩擦轴承的表面发生较为严重的磨损。轴承组件的设计采用了流体动力轴承的计算方法。泵的结构设计基本能避免主冷却剂流中的杂质颗粒进入轴承组件间隙。上述磨损可能是在泵运行之初时产生的。根据试验台架的运行规程要求，泵安全就位后，在其运行之初，试验台架的表面需要与氢气长时间接触，此时温度高达 450～500 ℃，设备零部件制造时钢表面上形成的氧化膜会发生部分还原，之后试验台架和轴承组件内充入铅冷却剂，然后监测铅冷却剂的深度脱氧，冷却剂的深度脱氧会引发回路表面氧化膜的还原过程，然后在额定荷载条件下依次投入泵和轴承组件。轴承内的接触摩擦工况变差，氧化膜部分或全部破损，表面直接接触无氧化膜保护层覆盖的金属，最终可能导致金属从表面脱落并损坏。

当冷却剂通过日益增大的间隙循环运行以及铅冷却剂中氧气处于余量水平时，轴承摩擦表面上形成一层密实的氧化膜。间隙慢慢增大，能保证摩擦区的频繁散热效率，氧气也能随铅冷却剂进入摩擦表面，并进而形成氧化膜。泵进入稳定运行工况，后续也再未出现问题。

如果轴承的结构设计考虑留一条较大尺寸的间隙，且前期试运转过轴承组件，那么轴承组件的磨损就会比较小，也就不会给泵的运行增加许多限制条件。

在台架停运和检修期间，轻松完成了轴承组件的更换操作，期间并未出现任何难点和延误的情况。

(2) FT-216 试验台架 НЦС-01 泵的主要参数

- 流量为 1～2 m^3/h；

• 扬程为 2 m 高液体柱；

• 工质分别是：达到 95%的运行时长（1 710 h）时，采用铅冷却剂的工质；达到 5%的运行时长（100 h）时，采用铅锂低熔合金；

• 介质温度为 350～510 ℃；

• 泵轴转速为 800～1 500 r/min。

1）试验参数为：

①冷却剂的温度分别是：

• 达到 24%的运行时长时，铅冷却剂的温度为 480 ℃；

• 达到 54%的运行时长时，铅冷却剂的温度为 450 ℃；

• 达到 22%的运行时长时，铅冷却剂的温度为 500 ℃；

• 达到 34%的运行时长时，铅锂低熔合金的温度为 480 ℃；

• 达到 33%的运行时长时，铅锂低熔合金的温度为 490 ℃；

• 达到 33%的运行时长时，铅锂低熔合金的温度为 500 ℃。

②泵轴转速分别是：

• 铅和铅锂低熔合金冷却剂的运行条件下，达到 90%的运行时长时，转速达到 1 500 r/min；

• 铅和铅锂低熔合金冷却剂的运行条件下，达到 2.5%的运行时长时，转速达到 600、900、1 200 和 1 800 r/min。

③试验期间铅冷却剂中氧气的热力学活度（代表回路表面的氧化膜特性）分别是：

• 达到 34%的运行时长时，氧气热力学活度达到 10^{0}；

• 达到 33%的运行时长时，氧气热力学活度达到 10^{-4}～10^{-1}；

• 达到 33%的运行时长时，氧气热力学活度达到 10^{-4}。

下部轴承支架特性。泵轴轴套如图 3.76a 所示，轴套呈圆柱形，材料采用 12X18H10T 牌号的不锈钢，外径达到 25 mm，高度达到 32 mm，泵轴轴套和轴承轴套之间的直径间隙 s=0.6 mm。轴承轴套如图 3.76b 所示，轴套呈圆柱形杯状，带法兰，轴套内径达到 25.6 mm，轴套的高度和直径比为 1.3。

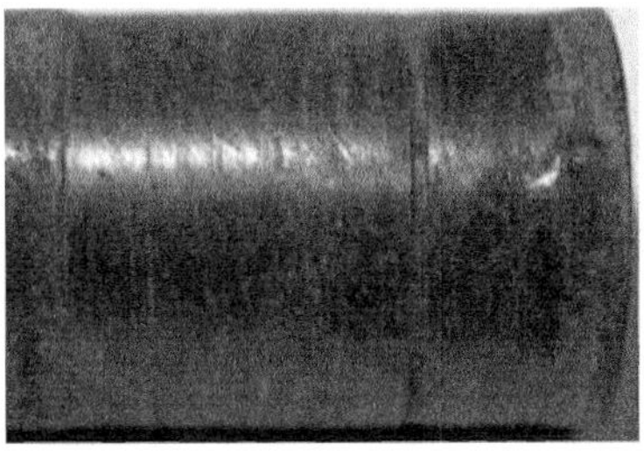

（a）轴套表面

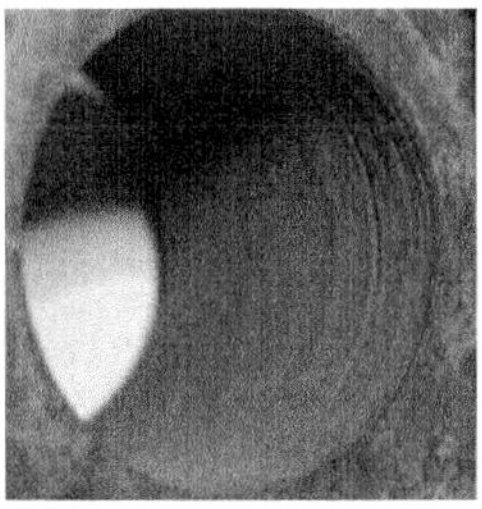

（b）轴承衬套表面

图 3.76　试验后 НЦС-01 型泵的轴套和轴承衬套表面

2）试验结果

泵轴轴套径向截面的磨损几乎呈均匀分布。在靠近叶轮的截面上，直径的最小变化为

24.3 mm；在距离叶轮最远的截面上，直径的最小变化为 24.4 mm。在泵轴轴套的表面上，发现有个别缺陷，如图 3.76a 所示，缺陷呈深 0.2～0.4 mm、宽约 1 mm 的非封闭浅槽以及深约 0.2 mm、宽约 0.2 mm 的环形划痕。表面形态类似粗糙机械加工后的表面形态，但轴承间隙内未发现有冷却剂和结构材料的氧化物痕迹。

轴承轴套的表面状态如图 3.76b 所示，与泵轴轴套的表面状态类似，表面磨损几乎呈均匀分布。在靠近叶轮的径向截面上，轴承轴套的最大直径为 26.2 mm；在距离叶轮最远的径向截面上，轴承轴套的最大直径为 25.7 mm。试验之后的直径间隙从 0.6 mm 增加至 1.3～1.9 mm。

摩擦面上有一层黑色氧化膜，表面不会被冷却剂润湿。

FT-216 和 FT-2 试验研究台架的热工物理实验方法以及 НЦС-01 和 НЦС-04 型离心泵的运行条件相似，因此在 НЦС-01 型离心泵运行的初始阶段，会出现干摩擦轴承组件工作表面最可能发生的氢气磨损现象。由于试验研究台架表面长时间接触氢气，且在 450～500 ℃温度下铅冷却剂会发生深度脱氧，因此在运行初始阶段，轴承工作表面氧化膜的全部或部分还原（损坏）可能导致接触摩擦轴承组件工作表面的氢气磨损，进而造成摩擦表面的黏着磨损和材料的脱落，如图 3.76a 所示。轴承间隙的磨损产物是磨料，受磨料和其他因素的叠加影响，摩擦副进而发生磨损。

НЦС-01 和 НЦС-04 泵接触摩擦轴承的实验结果对比表明：

①НЦС-01 泵的轴承磨损比 НЦС-04 泵的轴承磨损小很多；

②在上述试验中，除运行初始阶段之外，泵和轴承的运行都未出现过问题，试验期间一直都处于稳定运行状态，唧送的铅和铅锂低熔合金的温度是 500～510 ℃；

③干摩擦轴承的摩擦副表面上有一层黑色氧化膜；

④当运行介质是铅、铅铋冷却剂时，摩擦副的工作性能都能满足相关要求，其材料分别是：泵轴和轴承都采用 12X18H10T 牌号的不锈钢材料；泵轴采用 40X13 牌号的不锈钢材料，轴套采用 20X13 牌号的不锈钢材料；

⑤相较于 НЦС-01 泵，由于 НЦС-04 泵的动态和静态荷载较大，因此轴承表面的磨损情况更严重；当轴承接触表面面积和圆周速度相近时，НЦС-04 泵的流量比 НЦС-01 泵的流量多两倍及以上，扬程差也要多一倍或以上。

试验结果表明，试验研究台架和半工业研究台架的铅、铅铋冷却剂泵可以使用接触摩擦轴承，铅、铅铋冷却剂的温度可达 510 ℃，在更换之前轴承组件可运行 2 000 h 及以上。轴承的初始间隙尺寸应能保证摩擦副表面形成氧化膜保护层所需的液态金属流量的通过，直径间隙约 1.0 mm，在泵的运行初始阶段，必须试运转轴承组件，以使泵的各零部件表面形成氧化膜保护层。

由马霍维 K. A. 开展的试验结果表明，滑动轴承的接触副可以在铅、铅铋冷却剂中运行（详见第 2.2.2 节）。本次试验是铅冷却剂流的快速冷冻试验，铅冷却剂在直径 $\phi=14\times2$ mm 的管道内循环往复，管道材料采用 08X18H10T 牌号的不锈钢，经过 300 h 的运行，铅冷却剂温度可达 450～500 ℃，其中的氧气含量接近饱和状态。内有铅冷却剂流动的 U 形管段没入内充水和冰混合物的容器，冷冻速率为 100 ℃/s，能保留冷冻后的贴壁层杂质状态，杂志状态对应初始杂志状态。管横截面（含冻结后的铅）的微观试片分析表明，有杂质层的存在，可能是浸润有铅冷却剂的氧化铅和其他化合物，浸润深度约 30～40 μm，如图 3.77 所示。纵向切开管道样件之后，从管道中部能轻松取出其中的冷冻铅。取出管道内的冷冻铅后管道内表面和铅外表面的轮廓如图 3.78 所示。对图 3.77 和图 3.78 的分析表明，如果贴壁区域的尺寸接近轴承组件间隙的尺寸，那么在贴壁区域和冷却剂流换热以及导出摩擦所产生的热量的条件下，贴壁区域浸润有铅冷却剂的弥散系物质杂质层可用作良好的润滑剂材料。

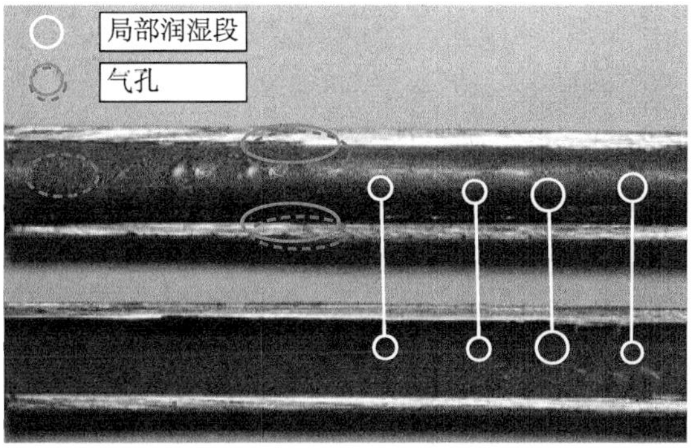

图 3.77 内含铅冷却剂流的管道在快速冷冻之后的微观试片
（贴壁层杂质厚度为 20～30 μm）

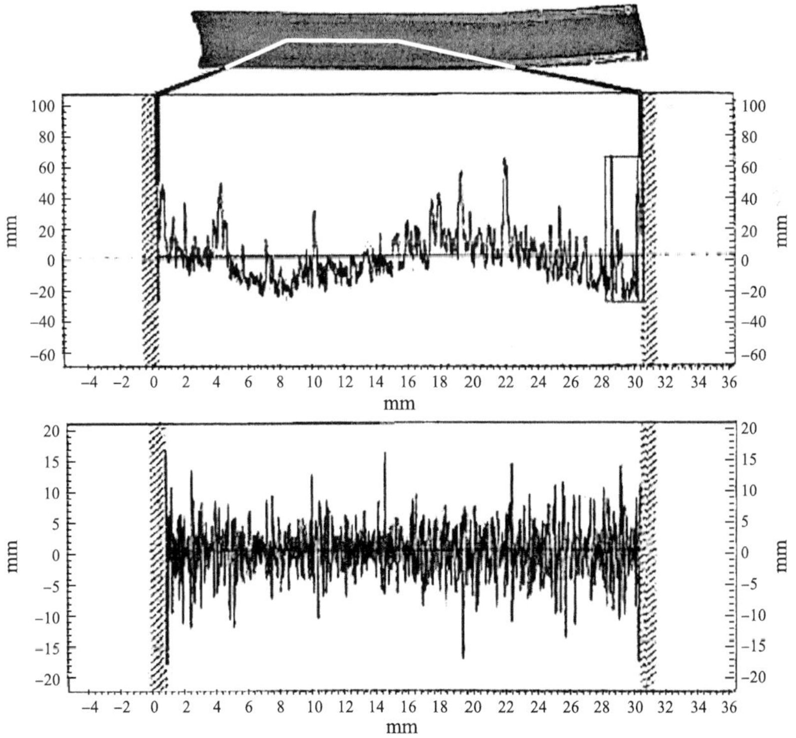

（a）管道内表面

图 3.78 管道内表面与从中取出的冷凝铅外表面轮廓图

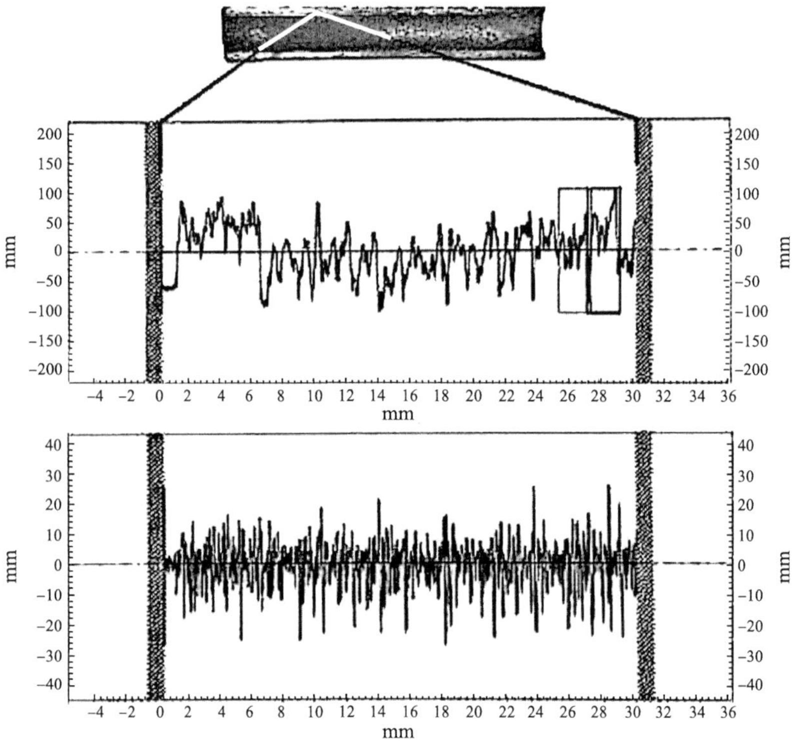

（b）从管道中取出的冷凝铅外表面

图 3.78　管道内表面与从中取出的冷凝铅外表面轮廓图（续）

3.3.5.6　迷宫螺杆流体静压动压轴承

接触副在高温液态重金属冷却剂介质中运行时，传统的流体静压轴承等其他轴承都会发生液体摩擦。在涡流流体的涡流摩擦过程中，都可能发生液体摩擦，此时应力和流速呈二元近似关系，替换使用较小黏度液体时所发生的黏滞摩擦。

流体静压动压轴承的工作原理如下：为加强相对滑动表面间隙中液体或气体的涡流摩擦，在这两个表面上都设有间歇性的重复凸缘，如图 3.79 所示。

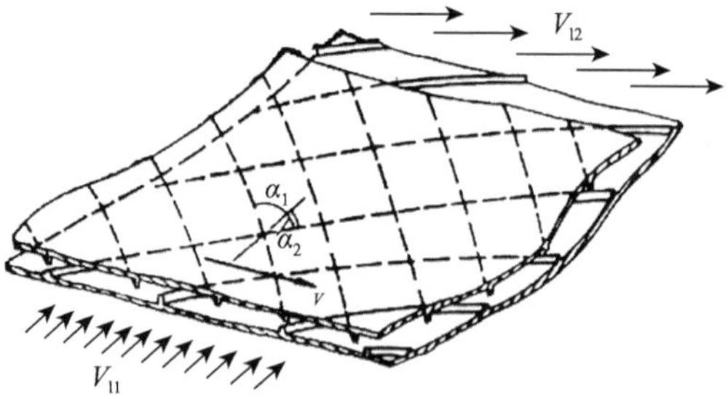

图 3.79　凸缘表面（相对滑动时凸缘间隙的涡流摩擦可用于液体流动）

上述凸缘沿不同标记的 α_1 和 α_2 锐角的构成线展开，与滑动速度 V 垂直。当上述凸缘与流动液体或气体相互作用时，为实现涡流摩擦的工况，对于哪些表面需要设凸缘、凸缘数量以及凸缘形状都没有原则上的要求。为实现滑动轴承的涡流摩擦工况，倾向于在圆柱形表面设凸缘的结构设计方案，其中一个表面是旋转表面，凸缘呈特殊截面的多丝扣相反方向螺纹，如果泵轴设右螺纹，则轴套设相反的左螺纹。

凸缘在各参考文献中名称各异，例如迷宫叶轮、迷宫装置、迷宫涡流装置、迷宫螺杆装置以及双螺纹装置等。戈卢别夫 A. И. 认为，由于上述装置的工作过程与迷宫密封、只有一个表面设螺纹的螺杆装置的工作过程相似，迷宫螺杆叶轮、迷宫螺杆泵和迷宫螺杆密封的术语名称最为准确。

下诺夫哥罗德国立技术大学的研究人员首次提出了将上述结构用于液体润滑滑动轴承（而非泵、密封或叶轮）的建议。由于上述结构间隙的涡流较为严重，因此涡流黏度较大。迷宫螺杆流体静压动压轴承的工作原理表面上与流体静压轴承的工作原理类似，但二者还是存在区别的，除结构设计方案不同之外，差异主要体现在迷宫螺杆流体静压动压轴承无需供应给定参数的液体，它自身就是通过轴承间隙唧送液体的泵。如果泵轴轴线和轴套轴线发生偏移，相反方向螺纹的泵轴和轴套间隙的各个方向会同时发生缩小和增大。间隙增加导致本区域流体阻力减小，液体流动更频繁，流量增大，泵轴液体侧较厚间隙中的压力下降。而在间隙缩小的一侧，则完全是相反的情况，此处的压力将会上升。受上述相反过程的影响，将会产生一股力量，将泵推回至初始运行状态，从而达到泵轴轴线和轴承轴线一致的目的。

就运行条件而言，在结构定型时，离心泵的迷宫螺杆轴承会造成泵轴高压侧泄漏冷却剂的额外堵塞效应。

迷宫螺杆轴承需要耗费掉一部分功率，这部分功率与唧送轴承内泄漏冷却剂所需的功率成比例。

(1) 结构图和材料

为对迷宫螺杆流体静压动压轴承进行试验，将其安装在由下诺夫哥罗德国立技术大学设计制造的 НЦС-04 泵内。泵轴轴套和轴承轴套如图 3.80 所示，二者轴套螺纹的剖面呈三角形，螺钉设左螺纹，轴套设 8 个丝扣的右螺纹。泵轴轴套和轴承轴套采用灰色的铸铁材料。

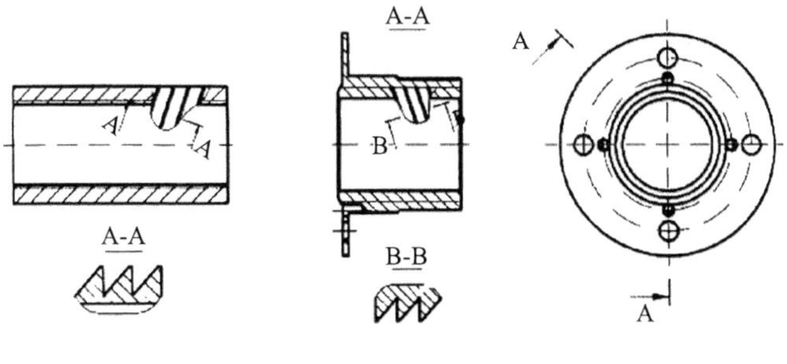

(a) 泵轴轴套　　(b) 迷宫螺杆流体静压动压轴承轴套

图 3.80　泵轴轴套与迷宫螺杆流体静压动压轴承轴套

(2) 铅冷却剂中迷宫螺杆流体静压动压轴承特性的实验研究

试验条件：

1) НЦС-04 泵轴承的运行时长为 720 h。

2）工质是铅冷却剂。

3）铅冷却剂的温度分别是：

• 达到 8%的运行时长时，温度为 510 ℃；

• 达到 60%的运行时长时，温度为 500 ℃；

• 达到 32%的运行时长时，温度为 480 ℃。

4）泵轴转速分别是：

• 达到 95.5%的运行时长时，转速为 1 200 r/min；

• 达到 0.5%的运行时长时，转速为 1 000 r/min。

5）表示氧化膜是否存在及其质量的铅冷却剂中氧气的热力学活度：

• 达到 40%的运行时长时，氧气热力学活度处于饱和线水平；

• 达到 35%的运行时长时，氧气热力学活度为 10^{-4}～10^{-1}；

• 达到 25%的运行时长时，氧气热力学活度为 10^{-4}。

在运行初始阶段，轴承并未试运转。由于泵的迷宫螺杆轴承和主叶轮共享同一个压力腔，因此运行初始阶段泵的流量和扬程都比后续阶段泵的流量和扬程略大。运行几天之后，流量下降约 15%，并趋于平稳，之后未曾出现任何问题。

（3）轴承磨损特性

泵轴轴套和轴承轴套凸缘顶点的磨损如图 3.81 和图 3.82 所示，径向和轴向两个方向上的磨损呈不均匀分布。叶轮附近截面泵轴轴套直径的最大变化达到 0.4 mm，直径从 32 mm（公差是 H7）减小至 31.2 mm（最小值）。距离叶轮最远截面直径的最大变化达到 0.3 mm，磨损从 32 mm（公差是 H7）减小至 31.4 mm。

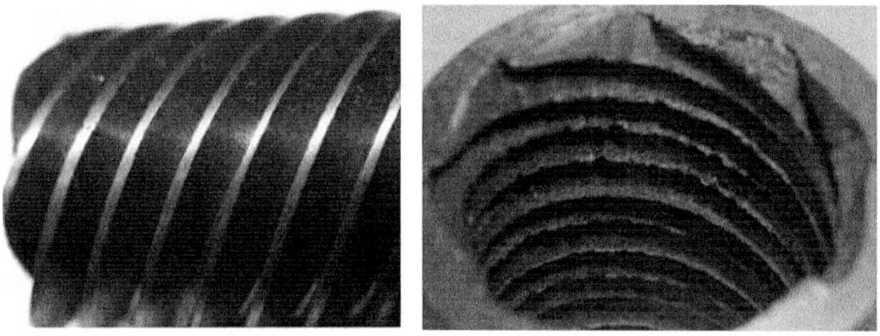

（a）НЦС-04泵轴轴套　　（b）迷宫螺杆流体静压动压轴承轴套

图 3.81　试验前的 НЦС-04 泵轴轴套与迷宫螺杆流体静压动压轴承轴套

3.3.6　液态重金属冷却剂泵的气蚀

3.3.6.1　传统的气蚀模型

液态金属的气蚀现象意指在静压降至某临界值（因为某些原因）的流体区域内流体的连续性被破坏，普遍认为这一临界压力值符合液态金属流体的饱和蒸汽压力。在这种情况下，气蚀过程会伴随产生大量气泡，气泡内充流体蒸汽和流体分离出来的气体。流体蒸汽的产生过程会伴随蒸汽气泡和气蚀附近流体的热量耗损，此处的流体温度略微下降，压力

（a）НЦС-04泵轴轴套

（b）迷宫螺杆流体静压动压轴承轴套

图 3.82 在 480～510 ℃温度铅冷却剂介质中运行 720 h 后
НЦС-04 泵轴轴套与迷宫螺杆流体静压动压轴承轴套的磨损区

慢慢低于初始饱和蒸汽压力，流体的持续沸腾略微延迟。压力下降区域内的气泡慢慢变大并汇集在一起，形成较大的气蚀气泡，流体中渐渐形成非常清晰的有限气蚀区，气蚀区内都是流动的气泡。

根据理论研究，干净的流体能承受较大的拉伸应力，当拉伸应力达到几百兆帕斯卡（几千 kgf/cm^2）时，流体会发生断裂。实践表明，当压力等于或接近流体的饱和蒸汽压力时，流体断裂，并产生气泡或气孔。造成理论研究和实践研究如此大差异的原因可能是流体中各类杂质的存在，如气体起泡和弥散颗粒，在这些杂志的表面会形成薄弱点，未来这些薄弱点将从晶核或中心点慢慢变成气蚀腔。

产生的气泡随流体进入压力高于临界压力的区域，由于气泡内蒸汽发生冷凝，气泡破裂。当达到一定程度上的蒸汽过度冷凝时，静压大于临界压力的流体区域内的蒸汽冷凝过程会略微滞后。气泡中蒸汽的冷凝速度很快，形成的冷凝物颗粒快速流向气泡中心，在气泡的原冷凝区域（坍缩区）出现流体冲击，造成瞬间的局部压力能达到几十兆帕斯卡。当流体中有小气泡的可溶气体存在时，气体便会从流体进入气蚀气泡。气体在气泡坍缩区快速收缩，温度上升。

当二次产生气泡在流体中流动时，大部分流体冲击都会导致二次产生气泡的局部压力波动和尺寸变化。

如果气泡在靠近结构材料表面区域或结构材料表面消失，则随之出现的较大频率局部点流体冲击可能会形成与材料表面层相作用的流体分裂器，并进而损坏材料的表面层，此时的材料表面类似气蚀腐蚀所造成的磨损。

伴随气蚀过程会出现较大的局部机械力、声学、化学、电力以及其他现象。

传统意义上，将气蚀分为表面气蚀和分离气蚀两类。表面气蚀一般出现在流体与流体限制壁的分界面上。在液压汽轮机和液压泵、不同几何形状的液压通道或管道、流量计及其他设备内的流体流动时，经常出现表面气蚀。

液压泵叶轮和船只螺旋桨之后的流体会发生涡流混合，进而出现分离气蚀。

伴随表面气蚀和分离螺旋气蚀过程会出现流体的二次流动，二次流动所需的能量会增大系统的能量损耗，并增加相应管线的流体阻力。而气蚀又会限制液压泵转子转速的加快，传递给流体或流体传出的功率的增加，导致液压泵各部件的震动，降低滑动轴承的承重能力。气蚀现象造成的最差结果是结构部件的加剧磨损，直至完全失去工作性能。

泵的直流部分和其他液压机械都可能发生气蚀过程。

可通过泵扬程和气蚀裕量（Δh，当前流体温度下泵入口流体总能量与饱和线流体能量差值）的气蚀特性关系式计算出泵的气蚀稳定边界值，计算公式为：

$$\Delta h=\frac{P_H-P_s}{\gamma}+\frac{C_{H2}}{2g}\ (\mathrm{m}) \tag{3-56}$$

式中：P_H——入口静压；

P_s——饱和蒸汽压力；

C_{H2}——绝对气蚀速率；

γ——混合物或流体的密度。

在不考虑流体阻力损耗的情况下，可通过以下伯努利方程明确泵入口短管的相对流动流体：

$$P_H+\frac{C_{H2}}{2g}\times\gamma=P_x+\frac{W_x^2-U_x^2}{2g}\times\gamma \tag{3-57}$$

式中：P_x——叶轮叶片间通道的入口平均压力；

W_x、U_x——叶片间通道入口的相对速度和圆周速度。

如果没有发生气蚀现象，则 $P_x>P_s$。流量和直流部分流速恒定时，降低压力 P_H，显然压力 P_x 也随之下降，并逐渐达到饱和压力，因此可以认为气蚀开始之初的气蚀裕量是泵叶片间通道入口平均压力等于饱和压力的裕量，气蚀裕量可通过以下伯努利方程式计算得出：

$$\Delta h_k=\frac{P_H^k-P_s}{\gamma}+\frac{C_{H2}}{2g} \tag{3-58}$$

给定流量条件下，每台泵都有临界气蚀裕量（Δh_k），当达到该裕量值时气蚀开始出现。

气蚀特性是根据气蚀试验结果建立的计算模型（如图 3.83 所示），分 4 个典型区。

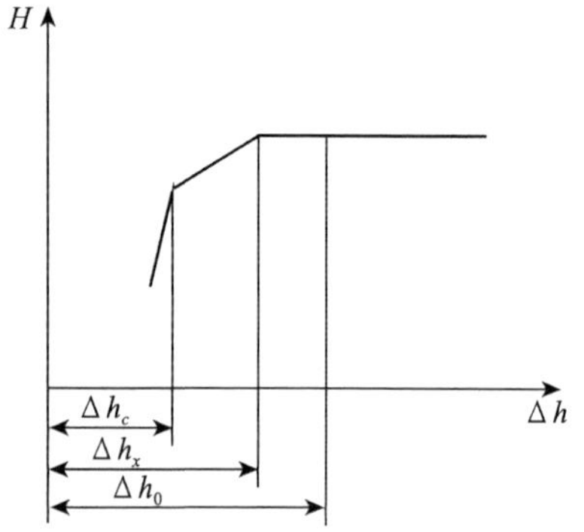

图 3.83　泵的气蚀特性

当 $\Delta h>\Delta h_0$时，区域 1 的直流部分未产生蒸汽，泵的运行未出现气蚀现象；

当 $\Delta h_k<\Delta h<\Delta h_0$时，区域 2 的叶片进气边外围工作表面出现气蚀区，气蚀区尺寸较小，不会影响流经泵的流体的流动特性和出口参数；

当 $\Delta h_c<\Delta h<\Delta h_k$ 时，区域 3 的气蚀区迅速变大，并改变工作通道内流体的流动特性，导致泵的扬程下降，而气蚀区尺寸又随压力下降而继续变大；区域 3 还包括符合允许

气蚀值的气蚀裕量区；

当 $\Delta h < \Delta h_c$ 时，区域 4 右边界的破裂气蚀裕量 $\Delta h = \Delta h_c$。当气蚀区慢慢扩大至有效流体脱离叶片工作表面时，泵叶片之后的气蚀区在涡流处关闭，此时扬程骤降，流量不稳定，噪音和震动都较强烈。

同一台泵的气蚀特性主要取决于唧送流体的热工物理特性和成分。

在泵的制造实践中，通过托马气蚀系数 $\sigma = \Delta h / H$ 归纳总结了气蚀试验的试验结果。而在俄罗斯的泵制造实践中，则通过所谓的速度系数归纳总结了气蚀试验的试验结果，速度系数可通过鲁德涅夫 C. C. 公式算出：

$$C = \frac{5.62n\sqrt{a}}{(\Delta h)^{3/4}} \tag{3-59}$$

其中 Δh 的计算公式为：

$$\Delta h = 10\left(\frac{n\sqrt{a}}{C}\right)^{4/3} \tag{3-60}$$

由于系数 C 越大，泵的吸力限值就越大，如果必须评估泵的抗气蚀特性，就需要使用系数 C。

根据气蚀试验得出的叶轮破裂特性，可以较为满意地确定 Δh_k 所代表的泵气蚀破裂时刻，但条件 $\Delta h > \Delta h_k$ 并不能避免空蚀的发生。

初始阶段的气蚀损伤一般只是直径为 1～2 mm 的单个小孔，而后随着时间的推移，这些小孔慢慢汇集在一起，形成较深的连续气蚀，表面有凹痕。抗气蚀的不锈钢腹板和盖板都不能有效防止空蚀的发生。

造成材料在气蚀过程中发生损坏的主要原因是破坏性气泡对防护表面的机械作用，而化学腐蚀、电化学现象以及局部温度升高则是加快材料气蚀损伤的继发因素。

在气蚀气泡不稳定性的超声波研究基础上，科恩菲尔德和苏沃洛夫总结出，当气泡在一系列定期震动之后破裂时，气泡表面会发生挤压，如图 3.84a 所示。

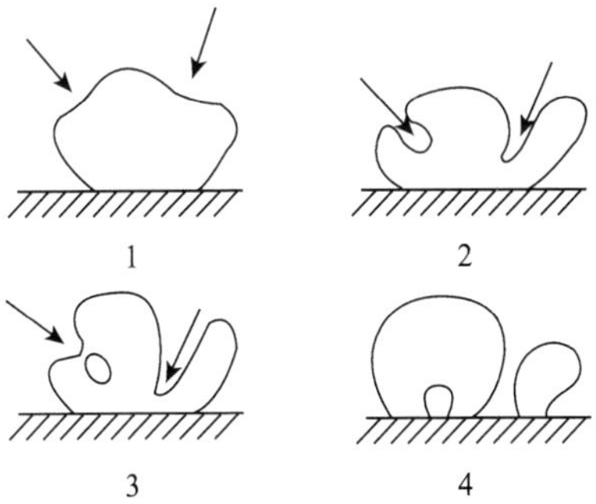

(a) 科恩菲尔德和苏沃洛夫的结论

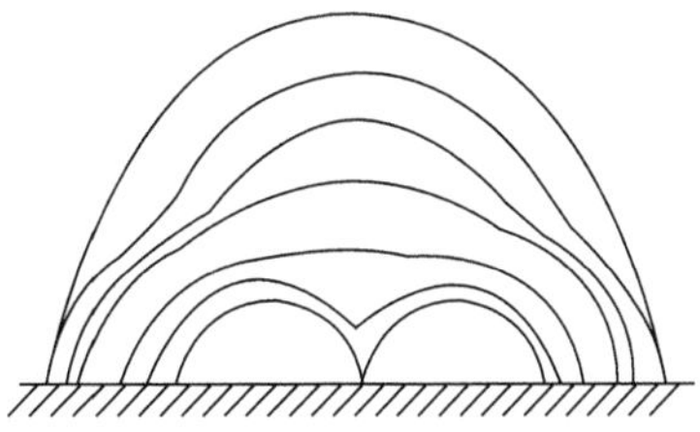
(b) 理论计算结果

图 3.84　气蚀气泡破裂时表面气泡形状的连续损坏

固定流体中气泡稳定性工况的理论分析表明，此时产生的水流以较快的速度撞向防护表面，这也是造成机械损伤的主要原因。相对防护表面呈不对称分布的气蚀气泡形状的连续变化数学计算结果如图 3.84b 所示，后几个损坏阶段的气泡形状呈内凹的环形，表明气泡的外壁可能已经破裂，并形成一股垂直于表面的射流[36]。

还存在另一种气蚀气泡破裂理论[36-37]，即利用高频摄影手段，可以发现流体中的球形气泡破裂并非瞬时过程，而是多次的衰减过程。

从图 3.85 中可以看出，压力较低气蚀区内的气泡慢慢变大，直至达到某个最大尺寸。

气泡刚随冷却剂流出气蚀区后，便进入高压区，气泡内的蒸汽在高压区冷凝，形成内部真空后，以较快的速度撞向流体。受流体弹性的影响，中心的流体呈逆向流动，截止到某个时刻就会形成新的气泡，气泡内的压力小于周围流体的压力，然后新产生的气泡慢慢又发生破裂，继续重复前文所述的过程，如图 3.85 所示。由于快速流向中心的流体质量的大部分动能在新气泡产生时刻会转变为向四周扩散的球面激波，因此这一过程呈衰减趋势[36]。

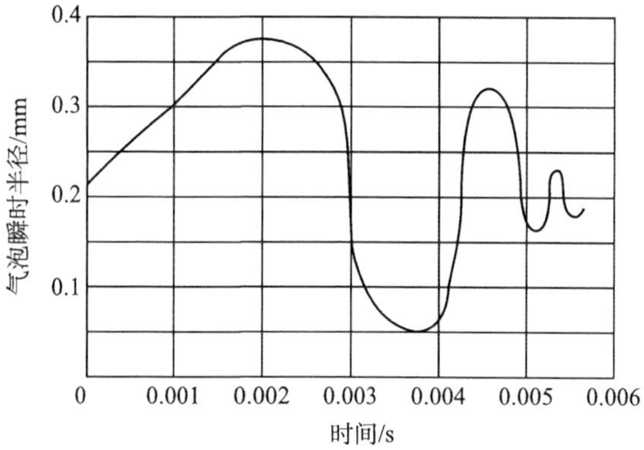

图 3.85　流体中球面气蚀气泡的发展和破裂

球面激波对防护表面的影响正是造成气蚀的主要原因。个别强大的激波会造成较大的气孔或者弧坑，而相对较弱的激波则会造成表面层形成极微小的气孔以及出现疲劳现象。气蚀强度可通过某个时段的质量损失进行估算，试验表明，可以通过气蚀和流速的幂定律进行计算：

$$\mu = c \cdot w^n \tag{3-61}$$

式中：μ ——气蚀造成的质量损失，g；

c ——取决于试验条件的系数，取值≈10^{-7}；

w ——相对流速，m/s；

n ——幂指数。

流体动力圆形管道的流动试验表明，幂指数 n 的绝对值接近 6。如果流速发生变化，气蚀区长度将发生变化，进而影响磨损特性。

在实物试验中，当需要确定气蚀对泵特性的影响幂指数时，通常采用能量法，即记录下由气蚀发展所造成的泵外部参数的下降，如取决于 Δh 的扬程或有效系数。但是采用能量法，并不能排除局部气蚀区（能发展到较大尺寸）在几乎所有泵运行工况（包括最佳运行工况）下存在的可能性。在运行完较短的一段时间之后，直流部分的表面大都发生过气蚀，为避免发生这种情况，必须保证较大的气蚀裕量，即降低入口高度或增加泵的扬程，限制运行工况，并选择性能较优的抗气蚀泵材料[36-37]。

为估算气蚀的出现和发展条件，在液压机械的气蚀模拟试验研究中，通过式（3-62）～（3-65）关系式将样机数据换算成 1∶1 实物的相应数据：

$$Q_H = \lambda^3 \times \frac{n_H}{n_M} \times Q_M \tag{3-62}$$

$$H_H = \left(\lambda \times \frac{n_H}{n_M}\right)^2 \times H_M \tag{3-63}$$

$$N_H = \lambda^5 \left(\frac{n_H}{n_M}\right)^3 \times N_M \tag{3-64}$$

$$\Delta h_H = \left(\lambda \times \frac{n_H}{n_M}\right)^2 \times \Delta h_M \tag{3-65}$$

式中：λ ——模拟系数；

Q_H、H_H、N_H、Δh_H——1∶1 实物泵的特性；

Q_M、H_M、N_M、Δh_M——泵模型的特性。

可通过以下 4 种方法明确气蚀的起点，并估算出气蚀的发展幂数：

1）声学法和震动法；

2）超声波法；

3）直流部分表面压力波动的录波法；

4）通过盖板和喷涂层明确气蚀点及其发展程度。

为减小气蚀或降低气蚀对侵蚀损耗的影响，最常用的方法是增加叶轮之前的工质压力，降低泵轴转速，选用抗侵蚀能力更强的材料，使用前置式叶轮，泵直流部分的定型和加工等。

为提高叶轮之前的工质压力，可提高所有设备的工质压力，亦可部分提高叶轮之前的工质压力，较为常见的是使用前置式叶轮或螺旋推进器。许多结构都能部分提高叶轮的入口工质压力，最常见的是喷射器结构，它能向叶轮入口唧送较高压力的工质。

降低叶轮侵蚀损耗的一个切实有效方法是优化其流体动力特性。工作表面的流体气蚀影响程度取决于叶片的压力分布图。发展到较大尺寸的气蚀本身就会影响压力分布，因此给气蚀流动的理论计算研究带来了较大的困难。压力分布图上的峰值促进了气蚀的产生。众所周知，当冲角达到一定值时，就会出现较窄的负压峰值，这可能就是气蚀气孔产生的原因。当入口边缘背面的冲角下降时，扬程破坏的程度就会降低。在泵的各个运行工况下，流量较大时，如果只有冲角下降，可能会导致叶片工作面出现较强的气蚀。而流动较为顺畅的较厚入口边缘侧面则对冲角的变化最不敏感。为提高叶轮的抗气蚀侵蚀特性，同时减小冲角，应该增加叶片入口部分的厚度，主要是背面入口部分的厚度，来避免通道入口缩小所造成的泵流体特性变化。而直流部分的选材以及表面的加工质量等因素则有较大影响。

3.3.6.2　液态重金属冷却剂流的气蚀特点分析

（1）叶轮泵的传统气蚀概念（含唧送介质特性和某个叶轮泵结构特点）

不同专家对于术语“气蚀”的诠释都各不相同。

卡列林 B. Я. 认为：“气蚀就是破坏流体流动的连续性，一般发生在压力下降至某个临界压力值的区域。伴随气蚀过程会产生大量气泡，气泡内充流体蒸汽和流体分离出来的气体”[36]。

米扎伊洛夫 A. K. 和马留申科 B. B. 认为：“气蚀是一种流体动力现象，它取决于机械各机构的流体动力质量和流体的物理特性。当压力下降至小于等于饱和蒸汽压力的水平时，气蚀过程即开始，伴随气蚀过程还会发生流体连续性的破坏，并产生充满蒸汽以及溶于流体的气体的气孔。……气蚀过程中的流体沸腾是热力学过程，它取决于流体的压力、温度、热量隐藏下的汽化和热容等特性”[37]。

罗日杰斯特文斯基 B. B. 认为：“气蚀是一种滴状流体受当前流体研究点负压而产生的拉伸应力作用而破裂的现象。滴状流体破裂时，形成内充蒸汽、气体或蒸汽气体混合物的气蚀气泡和气孔。……当进入压力较高区域时，气蚀气泡并非总是自行消失，只会受气体压缩而变化”[38]。

阿尔祖马诺夫 Э. C. 认为：“普遍而言，气蚀指内充蒸汽或流体所分离出的气体的滴状流体区（空泡）。……许多研究表明，影响气蚀产生的主要因素是：

1）流体的拉伸应力阻力；

2）流体中的可溶气体和空泡核含量，即气体的亚微观累积量（0.1～10 μm）；

3）流体的物理和热力学特性，如表面张力、饱和蒸汽压力和黏度等特性；

4）流体经过较低压力区域的通过时间”[39]。

罗马金 A. A. 认为：“……流体的沸腾和冷凝（后续）过程是气蚀，气蚀伴随有流体冲击……。气蚀会造成叶片叶轮和其他部件的损坏，降低泵的有效系数、扬程和流量。当气蚀发展得很厉害时，泵会完全丧失工作性能，随即停运”[40]。

布德夫 B. M. 认为：“当某个流体区域的静压下降至低于流体饱和蒸汽压力值的水平时，流体会出现气蚀现象。……可以认为，流体气蚀过程的特点取决于气蚀区前后流体静压的绝对值，……在很多具体的情况下，气蚀的出现、发展和后果在很大程度上都可能取决于很多其他因素，如流体颗粒在较低压力区域内的停留时间，流体温度、密度、表面张力、黏度、流体中的可溶气体量、流体的热力学特性以及流体的流动工况（层流或涡流）等”[41]。

巴什塔 T. M. 等认为：“……由流体压力局部下降所造成的流体流动连续性的局部破坏以及蒸汽和气体气泡（气孔）的产生过程叫气蚀”。

其他学者对气蚀现象的定义比较相似。

实际上，在以上所有定义中，气蚀的共有特征是连续性的破坏、滴状流体的破裂以及随流体流动并逐渐衰减而退的气泡和气孔等的产生。叶片间空间压力达到临界压力值的条件适用于叶轮泵运行气蚀工况的计算，可用作气蚀出现的条件，在此过程中，代表气蚀开始的临界压力取当前温度条件下的流体饱和蒸汽压力。

对参考文献的分析表明，研究气蚀时，所有作者几乎都将泵唧送的流体视为水或者物理特性接近水物理特性的其他流体（盐溶液等），却极少开展石油、煤油和汽油等有机流体的泵直流部分计算（与水存在差异），这些有机流体的特性与水的特性差异以经验系数计，实际的唧送流体密度取唧送介质的密度值。虽然这些作者承认气蚀过程的影响因素包括流体的热力学特性、饱和蒸汽压力和表面张力等，但他们仍然认为，气蚀和其他特性的计算公式应采用水介质试验所得的经验公式。诸如文献[37-41]的作者们所建议的，几乎所有直流部分计算方法都采用了所有经验公式通用的条件，但唯独忽略了唧送介质的物理特性（密度、黏度和饱和蒸汽压力除外）存在差异。

为了按现有方法设计叶轮泵的流通部分，必须给定流量值（唧送量）、扬程值和转速值。

反应堆回路运行条件下主泵的流量和扬程还取决于反应堆的热功率和回路的流体阻力。从原则上讲，叶轮泵的转速可以设定为范围很大的任意值，不同的扬程和流量对应不同的结构类型，但是从经济性和技术合理性两个角度出发，还是应该设定范围较小的泵转速值。而最佳转速值则主要是根据经验选定，并考虑泵的类型，一般而言泵的类型取决于流量扬程比，如离心泵的扬程较高、流量较小，轴流泵的扬程较低、流量很大，而斜流泵则处于离心泵和轴流泵的中间水平。更确切地讲，转速是根据同一种唧送介质或与之特性相近的唧送介质泵的建造经验选定的，而直流部分的设计则是根据半经验关系式完成的。影响泵转速值设定的主要因素是气蚀特性。

显而易见，所有文献[36-41]的作者都认为建造新泵的必要条件首先是了解唧送介质的气蚀特性，即唧送介质的饱和蒸汽压力，而唧送介质的热力学和物理等其他特性则可以通过引入经验公式的方式予以考虑或者直接忽略。

（2）喷嘴、喷射器和循环回路局部区域的气蚀

滴状流体的气蚀研究一般采用滴状流体流经局部收缩通道的方式，如喷嘴、喷射器和文丘里流量计等。由于截面收缩，流速变快，导致本区域的静压降低。当流速足够快、收缩点的压力下降至临界压力时，气蚀随即出现，气蚀的出现破坏了流体流动的连续性，形成了蒸汽（蒸汽气体混合物）气泡，如图 3.86 所示。

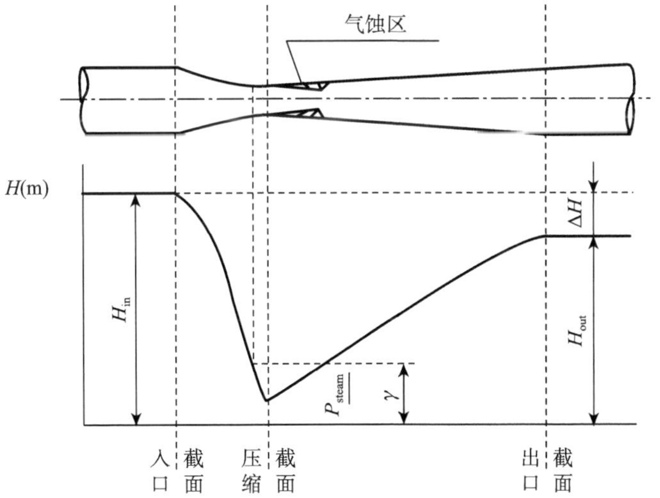

图 3.86　文丘里喷嘴的气蚀出现过程

另一种经典方法是让滴状流体流经型材，从而出现气蚀，如翼板和叶片，如图 3.87 所示。由于电流线存在偏差，测点 A 区域内的流体压力下降，导致气蚀区的形成，气蚀区的特性取决于未出现扰动的流体的压力 p_0 和流速 v_0、型材形状、冲角和介质特性。当流经铅铋冷却剂回路的管道和垫圈焊接区域时，可能会形成压力下降的局部区域，如图 3.88 所示。

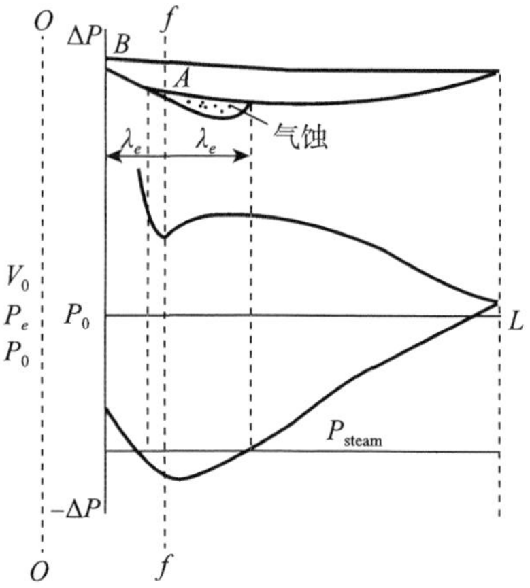

图 3.87　型材表面的压力分布特点和气蚀区形成流程图

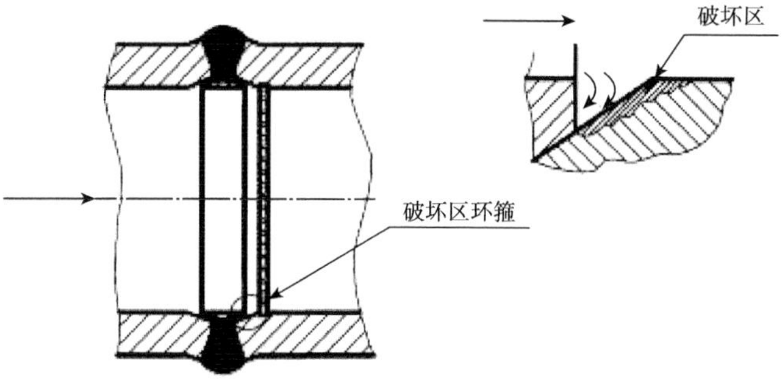

图 3.88　流经垫圈时管道焊接区域的流体破坏

(3) 避免反应堆回路出现传统气蚀的液态重金属冷却剂特性

每台叶轮泵气蚀特性的一个决定因素是唧送流体的物理特性。普遍认为，气蚀出现的条件是泵局部区域的压力下降至临界压力值，从而破坏唧送介质流动的连续性，产生密度远低于唧送流体密度的新相物质。上述条件可以认为是最为普遍的气蚀定义，但却只能通过气蚀试验才能明确下来。其实所有作者都普遍认为气蚀出现得最合理、最简单的条件是流体压力下降至沸腾的饱和蒸汽压力水平，产生蒸汽气泡，根据各类参考书和流体状态表即可轻松简单地明确这一饱和蒸汽压力值。

铅冷却剂和其他冷却剂（水、钠等）的气蚀特性存在很大差异，但与铅铋冷却剂的气蚀特性比较类似。

决定叶轮泵气蚀过程的铅冷却剂特性包括[11]：

1）$t=127$ ℃时，饱和蒸汽压力达到 1.44×10^{-17} Pa（较低），$t=527$ ℃时，饱和蒸汽压力达到 5.38×10^{-5} Pa；

2）大气压力下沸点较高（$t_b=1\ 750$ ℃），反应堆回路运行条件下沸点更高；

3）$t=350$ ℃时，表面张力 $\sigma\approx400$ N/m，高于水的表面张力；

4）$t=450$ ℃时，密度很大，$\rho=10.5\times10^{-3}$ kg/m^3；

5）$t=400$ ℃时，导热率 $\lambda=16.58$ W/（m·K），大于水的密度，但小于钠的密度；

6）$t=400$ ℃时，动态黏度 $v\approx 20.99\times 10^{-8}$ m^2/s。

不锈钢和铸铁的表面不会被铅润湿，但却形成氧化膜保护层，干氩气气氛中氧化不锈钢的润湿角 $\theta=110°\sim120°$。

铅和氧化不锈钢、铸铁表面的附着作用特性远远小于铅分子的内聚作用特性。而钠和水与氧化不锈钢、铸铁表面的附着作用特性则远远大于钠分子、水分子的内聚作用特性。

事实上，台架的铅流体中总是有不溶固体杂质颗粒的存在，即氧化铅、结构材料成分的氧化物和其他化合物，它们构成了空泡核，并决定了空泡核的数量。在上述不溶固体杂质颗粒的疏水裂缝中有气体（蒸汽气体混合物）的存在，它们构成铅冷却剂流动连续性的破口，慢慢产生气泡，之后这些气泡再慢慢汇集在一起。

回路铅冷却剂流的空泡核（弱点）可以是极微小的不溶气体（蒸汽气体混合物）气泡，直径仅为几微米的大小，此处的冷却剂扰动表面与保护气体系统的气体相接触。

由于铅的沸点超过反应堆回路结构材料不锈钢的熔点，因此相较于水和钠，燃料棒包壳的传热表面和冷却剂都不会产生蒸汽膜和气泡。

铅冷却剂的特性分析表明，反应堆回路的主泵不可能发生传统的气蚀过程，冷却剂流中不会产生铅蒸汽，也不会发生铅蒸汽的坍缩。铅铋冷却剂也具有上述类似特性。

在传统的泵制造业中，存在气蚀的概念。文献[38]的作者认为，受扩散的影响，气蚀气泡变大的过程比汽蚀气泡变大的过程缓慢。作者在文献中列出了水中空气气泡与水的空气饱和值和压力变化限值（液压汽轮机、液压泵和液压螺旋桨）的关系曲线，这些空气气泡的存在和变大时间可能达到 30～100 μs，在解决实际任务时，总是能碰到它们的初始尺寸和浓度的信息。当流速达到 10 m/s 时，空气气泡的存在和变大时间为 300～1 000 μs。流体中的可溶气体不会影响流体的体积强度，更不应该较多地影响气蚀过程的发展。

对比不同气泡半径下的表面张力和气泡内压力之后，可以明确的是，当流体的内部压力 p 下降至临界压力值时，气泡比较稳定，而当气泡压力继续下降时，气泡会变大，同时失去稳定性。除此之外，流体的惯性和气体从流体扩散到气泡都会影响参与气泡体积变化的物理过程，当压力快速变化时，前者的影响更大，后者会导致外部流体动力条件缓慢变化时气泡的快速变大。

唧送介质流内是否有不溶气体的存在主要取决于在这之前的截止状态。在未发生扰动的介质（容积较大）中，气体气泡处于不稳定状态，可以慢慢汇集在一起，并漂浮在重力场内。

在各类参考文献中，术语“气蚀”广泛应用于人为气蚀过程，通过向流通性较差的低压区输送气体，人为地制造气蚀过程，此时气蚀流动（更准确地说是气蚀模型）发展得较好，且主要用于船用各部件的研究，如螺旋桨和带水翼船只的支架、翼板等。还开展过向泵入口处水输入空气的试验。但是始终有一个开放性问题悬而未决，即这些试验到底能在何种程度上模拟实际的气蚀过程？上述研究以及其他研究都认为，贴壁区域、不锈钢壁略微起伏表面的凹槽以及铅冷却剂中的固体弥散杂质颗粒表面都存在最小程度的气蚀，证明铅冷却剂柱内有气体的存在，在特定条件下能造成铅冷却剂的断流[41]。

3.3.6.3　泵内液态重金属冷却剂流的气蚀特性

下诺夫哥罗德国立技术大学的前期研究结果表明，现有的传统轴流泵计算方法和结构设计方案建议不适用于 BREST 和 SVBR 反应堆装置主泵的设计和建造。

由于唧送介质流的绝对压力下降，叶轮泵的气蚀过程才开始慢慢出现，并逐步发展壮大。几何吸入高度 H_s 是叶轮泵的一个主要气蚀特性，这一简单易懂的特性取决于唧送介质抽出罐内的介质液位和泵入口短管表面或轴线（立式泵或卧式泵）的标高差。当罐内自由冷却剂液位低于立式泵的入口短管时，可通过式（3-66）计算 H_s 值：

$$H_s = \frac{p_0}{\gamma} - \frac{p_{in}}{\gamma} - \frac{v_{in}^2}{2g} - h_{loss.\,0\text{-}in} - h_{pump\ DC} \tag{3-66}$$

式中：H_s——泵叶轮轴线和罐内自由液体表面的标高差；

p_{in}，v_{in}—泵入口短管的压力和流速；

p_0——罐内自由液体表面之上的压力；

γ——液体的比重；

$h_{loss.\,0\text{-}in}$——泵入口管线的能量损耗，如入口处和管道长度摩擦的总能量耗损等；

$h_{pump\ DC}$——泵直流部分从入口短管到气蚀出现区域（最低压力区域）的能量损耗。

几何吸入高度的最大值即是临界吸入高度，在这之后，泵流量发生断流，其计算公式为：

$$H_{s,max} = \frac{p_0}{\gamma} - \frac{p_{cr}}{\gamma} - \frac{v_{in}^2}{2g} - h_{loss.\,0\text{-}in} - h_{pump\ DC} \tag{3-67}$$

式中：p_{cr}——泵流量发生断流的泵直流部分最小压力。

在各类参考文献中，普遍认可以下条件：

$$p_{cr} = p_{evap} \tag{3-68}$$

式中：p_{evap}——泵直流部分热力学条件下唧送介质的汽化压力。

本书作者建议将式（3-63）的右边部分拆分成以下 3 个分量：

1）代表将自由液位处唧送介质输入至泵入口区域的分量，包括自由液体液位之上的压力以及从自由液位到泵入口的能量损耗，即 $\left(\frac{p_0}{\gamma} - h_{loss.\,0\text{-}in}\right)$。该分量说明了流体进入泵区域的泵外部特性（就气蚀出现和泵流量断流而言），该分量的值完全可以通过计算轻松得出。

2）代表从泵入口短管到压力、泵轴转速和流速等其他运行工况参数下降的一个或几个气蚀出现区域的泵直流部分分量。该分量说明了气蚀方面的构造形式和泵转速，$h_{pump\ DC}$ 通常不是计算值，取决于泵的结构，可能只能通过试验得出。

3）代表唧送介质气蚀特性的分量，它既不取决于泵的外部条件，也不取决于泵的类型或结构设计方案，而取决于唧送介质的物理特性，如表面张力、饱和蒸汽压力和温度的关系式、气体含量以及唧送介质的杂质含量和形态等。

为完成泵结构的优化设计，还必须考虑以下因素：

1）泵直流部分类似运行条件下唧送介质的气蚀特性。在气蚀特性的实验研究过程中，采用何种类型的泵并不重要，如离心泵、轴流泵和斜流泵等，也无需模拟介质输入区域或泵自身的结构。如果用于唧送铅、铅铋低熔合金冷却剂的泵结构的试验验证采用水的介质，则没有丝毫的实质意义，只会造成经济损失和时间的浪费，因为 705 和 705K 项目核潜艇反应堆装置主泵的设计建造经验表明，水和液态重金属冷却剂的物理和气蚀特性具有很大差异。

在气蚀试验期间，必须尽可能地遵循与 1∶1 实物泵的温度和杂质工况完全一致的原则，需要确认的主要参数应该是最低压力值，此时气蚀造成泵特性的剧烈变化。试验应该在可能的铅冷却剂流最低压力或其他压力条件下进行，铅冷却剂流最低压力或其他压力取决于冷却剂流的局部流速和相应的叶轮泵转速。

2）介质输入泵的区域的流体特性。例如，在 BREST-OD-300 反应堆装置的运行条件下，指的是从蒸汽发生器入口处自由铅冷却剂液位到主泵入口短管区域最低流量和其他流量条件下本区域的特性。当所有运行工况下的主泵流量有所变动时，上述特性值是泵的必要设计输入。

3）铅、铅铋冷却剂的特点是流通通道壁的表面不会被其所润湿，并形成氧化膜保护层。与水和钠冷却剂所不同的是，正是由于上述特点，受表面张力的作用，正常运行压力分量下降至零或负压值，形成贴壁腔（气蚀），从而导致冷却剂流表面可能脱离泵直流部分的通道壁，当流体继续流动、绝对压力上升时，冷却剂流表面则又返回至通道壁。如果通道壁的正常流速分量很大，则通道壁表面可能发生侵蚀破坏，如图 3.89 和图 3.90 所示。

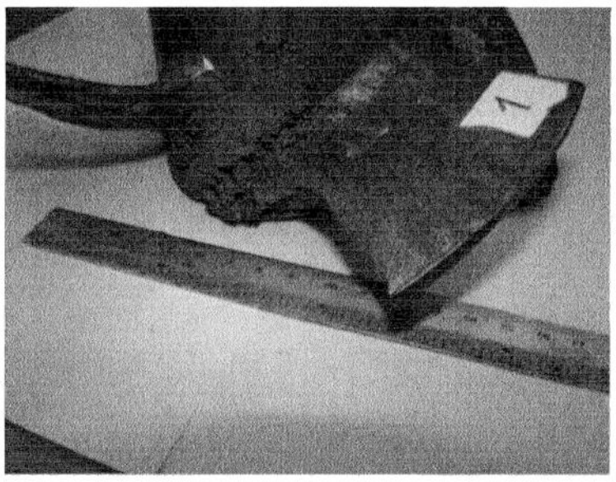

(a) 4 个叶片轴向叶轮出口区域在铅冷却剂中的侵蚀破坏（T=440 ℃，n=1 200 r/min，采用 08X18H10T 牌号不锈钢材料）

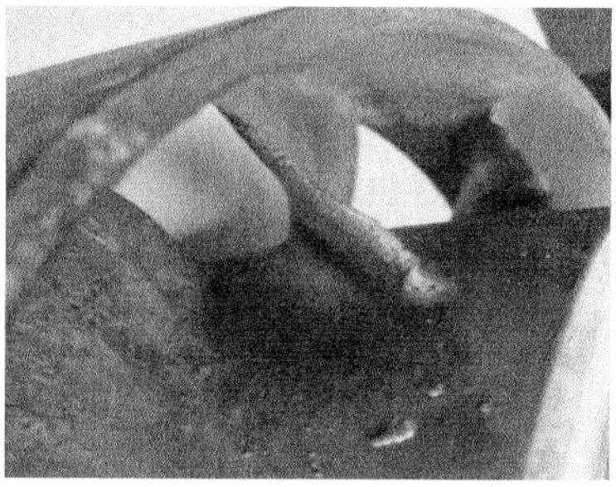

(b) 8 个叶片轴向叶轮出口边缘在铅冷却剂中的侵蚀破坏（T=440～480 ℃，n=1 200 r/min，采用 ЭП-302 牌号不锈钢材料）

图 3.89　通道不同区域表面在铅冷却剂中的侵蚀破坏情况

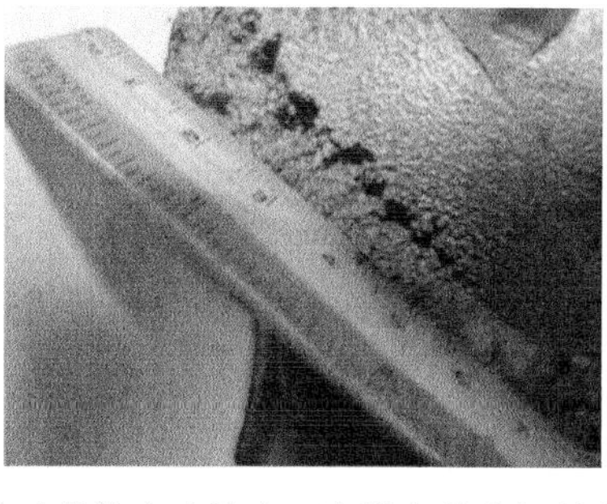

图 3.90　4 个叶片轴向叶轮出口边缘在铅冷却剂中的侵蚀破坏
（T=440 ℃，n=1 200 r/min，采用 08X18H10T 牌号不锈钢材料）

上述过程已不是传统意义上的气蚀过程，但个别专家仅因为相同的表面侵蚀后果，就将成因不同、流动过程不同的这两个过程混为一谈。二者的成因不同，处理办法也可能不同。显而易见，液态重金属冷却剂流的压力增加有利于抑制上述两个过程的出现。

3.3.6.4　离心泵的铅冷却剂气蚀试验研究

本项试验研究的目的旨在明确不同温度（450～550 ℃）条件下液态重金属冷却剂的以下气蚀特性：

1）当气体系统的压力不同时，泵流量的断流（中断流量）条件；

2）纯气蚀的出现可能性；

3）铅冷却剂的最高吸入高度；

4）泵流量断流期间泵电机的特性变化。

铅冷却剂的气蚀特性试验研究是在下诺夫哥罗德国立技术大学的 FT-3 试验研究台架上完成的，它是 2009-302 FT NK 试验研究台架前期研究工作的继续和扩展[41]。2009-302 FT NK 试验研究台架的研究结果初步表明，铅冷却剂流中会发生气蚀，但不会发生传统的汽蚀。

（1）依次按两种方法完成的 FT-3 试验研究台架研究

如图 3.91 所示，第一种试验方法的实质如下：关闭阀门 B1，泵（1）将罐（2）、罐（3）相连管线内的铅冷却剂唧送至承压罐（6）内，铅冷却剂的温度为 450～500 ℃，铅冷却剂的流量可以有所变动，受泵转速和自由铅冷却剂液位之上压力 P_0 的影响，自由铅冷却剂液位的标高在距离泵叶轮轴线（台架充铅后的初始冷却剂液位）－1 000～200 mm 的范围内波动，之后，由于气蚀的出现，泵流量发生断流。

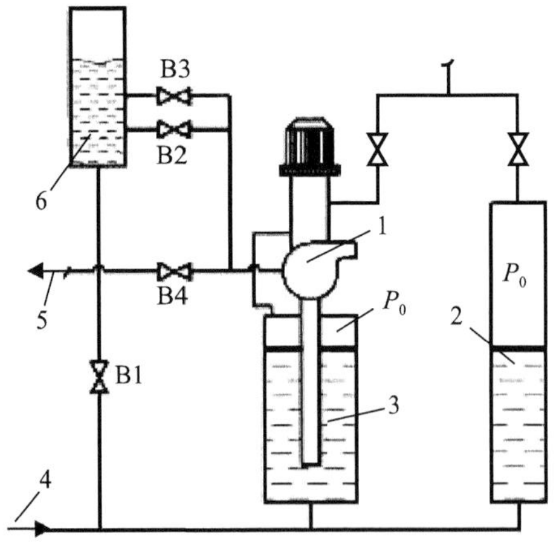

图 3.91　FT-3 试验研究台架的试验示意图（第一种方法）

1—带电机的液态金属离心循环泵；2—排放罐；3—泵的入口短管；4—喷射器的铅冷却剂供给管；5—喷射器的铅冷却剂排放管；6—承压罐

在任意情况下，如果泵流量之前并未出现断流，那么当罐（2）和罐（3）内的自由铅冷却剂液位达到泵入口短管的下部边缘时，由于气体进入泵内，泵流量随即发生断流。罐（2）和罐（3）内自由铅冷却剂液位下降期间的几何吸入高度（H_s^i），速度扬程随铅冷却剂流量下降而下降的变化特点（根据泵的扬程流量特性），以及入口和入口管道的能量损耗变化特点（泵直流部分的能量损耗和泵的最低静态深入水平 h_{st}）如图 3.92 所示。

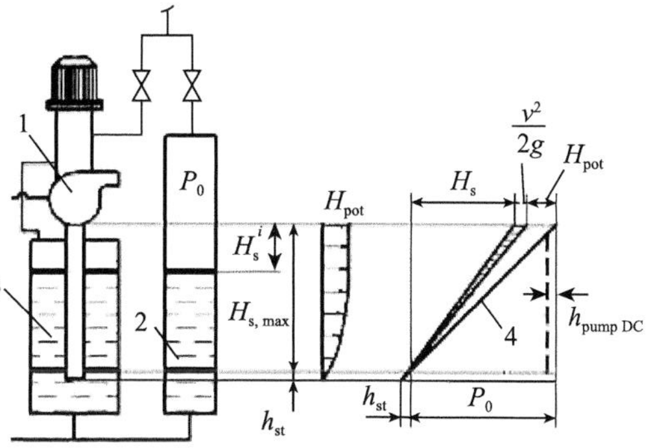

图 3.92　FT-3 试验研究台架试验期间离心泵入口管道各部件的压力变化（第一种方法）

1—带电机的液态金属离心循环泵；2—排放罐；3—泵入口短管；4—绝对压力管线（无常量 P_0）

在试验中，最大吸入高度根据铅冷却剂唧送罐内铅冷却剂液位的电接触液位信号仪确定，试验所得的最大吸入高度可初步用于铅冷却剂叶轮泵的设计。

第二种试验方法为：铅冷却剂在管道内的循环流程是 НЦС-04 泵（1）—阀门 B3—承压罐（6）—阀门 B1—泵（1），如图 3.92 所示。通过调节上部罐和下部罐之间阀门 B1 的位置，设定下部罐内的铅冷却剂液位 $H=500$ mm，泵的入口压力约为 $P_{in}=0.05$ MPa（0.5 kgf/cm^2，atm），回路内的气体压力约为 0.1 MPa（1 kgf/cm^2，atm），之后气体系统内的气体压力下降至大气压力水平，台架的气体空间真空度达到 0.02 MPa（0.2 kgf/cm^2，atm），直至泵直流部分压力下降和气蚀出现所造成的泵流量断流时刻，也即确定了气蚀出现和泵流量锐减的临界压力值。

然后对比分析了按两种试验方法得到的 P_{cr} 值。

所有试验的可变参数包括：

1）泵的流量（FT-3 试验研究台架泵的流量是 0.1～6 m^3/h）；

2）泵的转速：2009-302FT NK 试验研究台架，泵的转速是 1 500～2 400 r/min；FT-3 试验研究台架，泵的转速是 900～1 200 r/min；

3）泵的压差；台架气体系统的气体（氩气或氢气）；台架回路内的气体压力是 0.02～0.15 MPa（0.2～1.5 kgf/cm^2，atm）；

4）铅冷却剂中氧气的热力学活度：2009-302FT NK 试验研究台架氧气的热力学活度是 10^{-1}；FT-3 试验研究台架，氧气的热力学活度是 10^{-3}～10^{-4}。

在所有试验期间，铅冷却剂的温度是 450～550 ℃，铅冷却剂的流量可通过容积法和电接触液位信号仪得出。

试验所得的最大吸入高度值和临界压力值（接近水的饱和蒸汽压力）是论证叶轮泵转速、泵所需扬程和铅冷却剂流量、铅冷却剂物理特性的初始数据。

对图 3.93 上所列不同转速条件下流经上部短管的泵扬程流量特性 [$\Delta H=f(G)$] 图的分析表明：

1）上述关系曲线为离心泵所特有；

2）气体系统的气体压力和泵的扬程流量特性之间存在关系曲线，为铅冷却剂所特有。

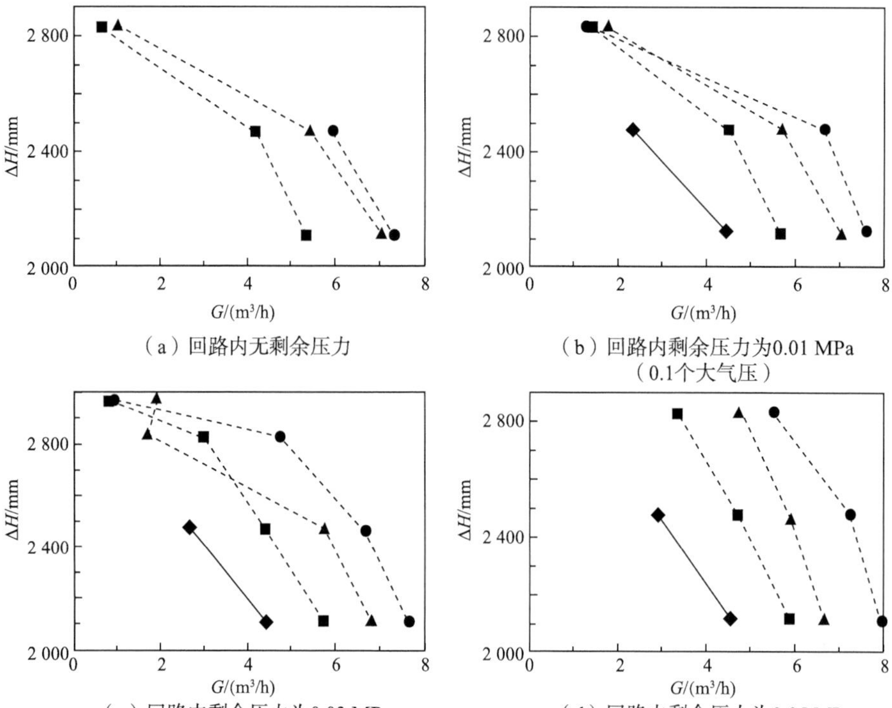

（a）回路内无剩余压力

（b）回路内剩余压力为0.01 MPa（0.1个大气压）

（c）回路内剩余压力为0.03 MPa（0.3个大气压）

（d）回路内剩余压力为0.05 MPa（0.5个大气压）

图 3.93　不同转速条件下流经上部短管的泵扬程流量特性

最大吸入高度 $H_{s,max}$ 和电泵转速 n 的关系曲线表明，自 $n \geqslant 1\ 000$ r/min 开始，$H_{s,max}$ 值不取决于转速，能达距泵叶轮轴线 1 115 mm 埋深深度，如图 3.94 所示。

上述结果和 450～500 ℃温度条件下泵流量断流时刻声学效应的分析表明，在泵叶轮出现气蚀、自由铅冷却剂液位下降至泵入口短管的下部边缘、气体进入泵以及射流断流时，都可能发生泵流量的断流。在试验期间，当温度达到 450～500 ℃、铅冷却剂密度达到 10.5×10^3 kg/m^3 时，所有情况下的高度都超出了 1 050 mm，这可能是因为泵叶轮的铅冷却剂流中存在负的临界断裂应力 p_{cr}。

在电泵启动、将排放罐内铅冷却剂唧送至承压罐（运行工况）和中断电泵流量的时刻，通过上部阀门将铅冷却剂唧送至承压罐时的电机功率变化特性如图 3.95 所示，此时泵、承压罐和排放罐内的自由铅冷却剂液位上方气体系统的气体压力是可变的。运行工况的时间长短取决于排放罐内的铅冷却剂容积和泵流量。在通过上部阀门唧送铅冷却剂的工况下，承压罐内的冷却剂流（落到自由冷却剂液位上的）截获气体以及泵内的铅冷却剂充满气体物质的过程都得以加强。从图 3.95 中可以看出，泵流量中断期间电机功率的变化特点取决于保护气体系统中的气体压力。由于泵唧送介质的密度发生波动，说明泵直流部分的相应通道出现了铅冷却剂和气体的二元流体，因此当气体压力超过 0.13 MPa（1.3 kgf/cm^2，atm）时，功率变化更加平稳，偶有功率波动。

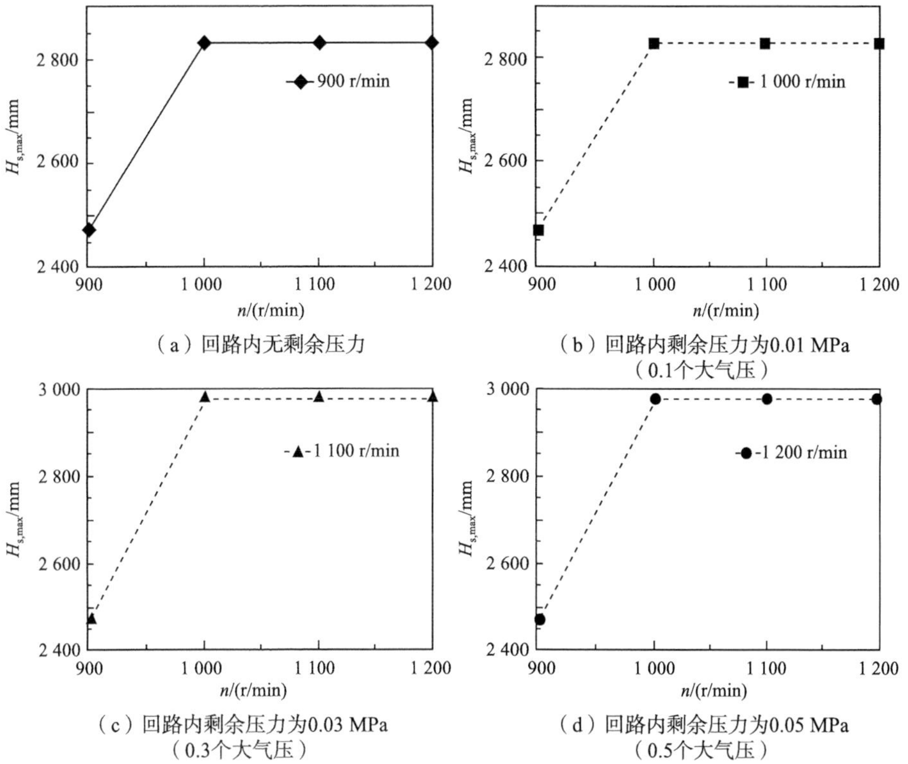

（a）回路内无剩余压力
（b）回路内剩余压力为0.01 MPa（0.1个大气压）
（c）回路内剩余压力为0.03 MPa（0.3个大气压）
（d）回路内剩余压力为0.05 MPa（0.5个大气压）

图 3.94　电泵不同转速条件下最大吸入高度 $H_{s,max}$ 的关系曲线

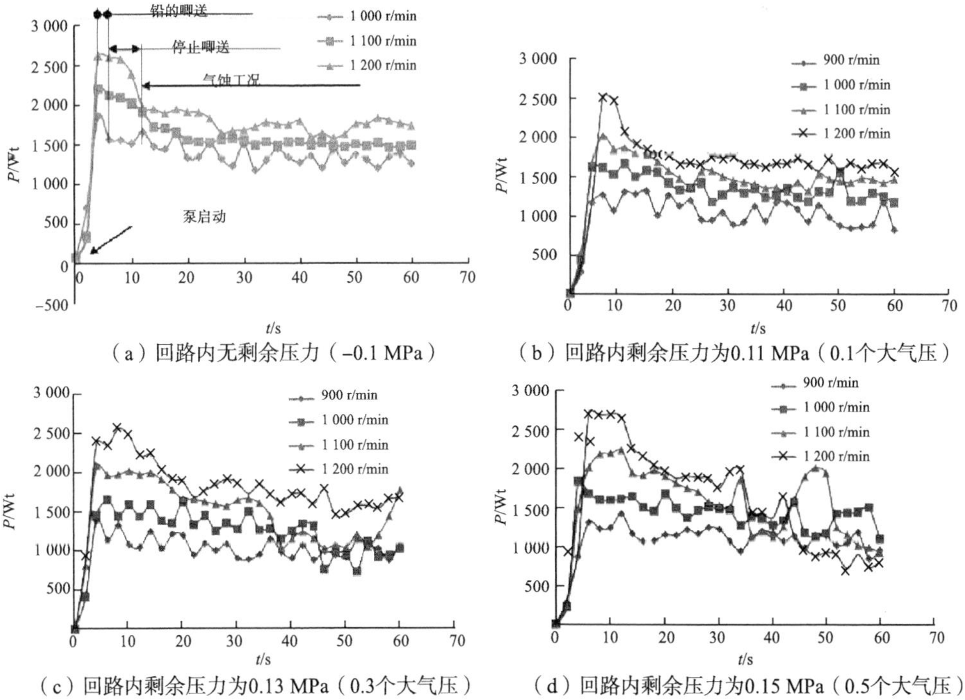

（a）回路内无剩余压力（–0.1 MPa）
（b）回路内剩余压力为0.11 MPa（0.1个大气压）
（c）回路内剩余压力为0.13 MPa（0.3个大气压）
（d）回路内剩余压力为0.15 MPa（0.5个大气压）

图 3.95　FT-3 试验研究台架试验期间泵电机的实时荷载变化（按第一种方法）

(2) 气蚀出现过程中泵电机的荷载变化

1) 第一种试验方法

在泵流量中断的时刻，所有情况下的泵电机电流和功率都出现了显著的变化。

在循环电泵流量中断的时刻，2009-302 FT NK 试验研究台架的电机电流（I，荷载）变化特点如图 3.96 所示。

按第一种试验方法开展试验时，即气蚀导致泵承压罐中的流量中断，在流量中断时刻，FT-3 试验研究台架的电机荷载变化特点如图 3.97 所示，类似于图 3.96 所示的过程。

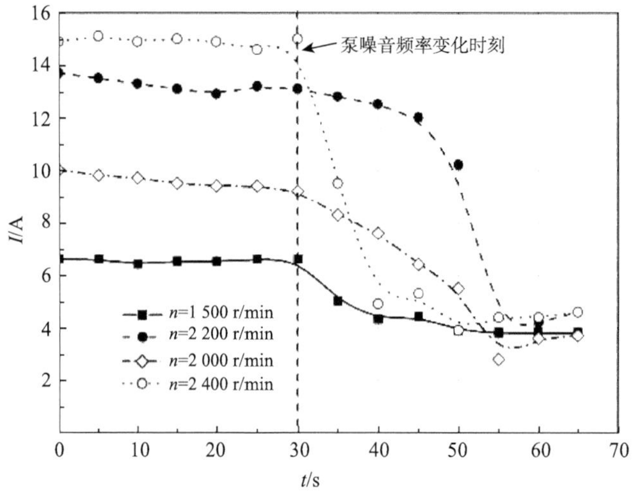

图 3.96　2009-302 FT NK 试验研究台架气蚀期间泵电机荷载变化的时间关系（初始转速不同）

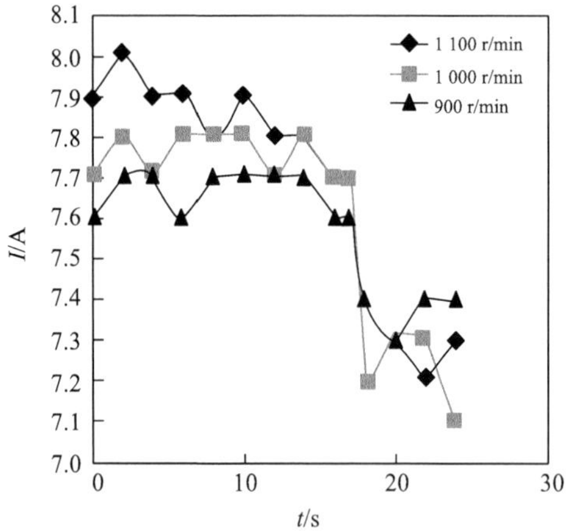

图 3.97　FT-3 试验研究台架气蚀出现期间泵电机荷载变化的时间关系（初始转速不同）

从图 3.95 和图 3.97 中可以看出，在第一种方法的 FT-3 试验研究台架试验期间，由于泵扬程下降，造成泵内承压罐的二元流体流量中断的瞬态过程，这一瞬态过程在很多程度上取决于泵的转速。随着泵转速的增大，瞬态过程的时长也相应延长。在流量中断之后，电机荷载局部增大，说明二元流体的密度可能变大，流量可能短时恢复。冷却剂排空和短时保护气体气氛条件下泵的空转荷载和时间的关系曲线如图 3.95 所示，荷载的实时变化关系曲线如图 3.96 所示。对上述两个关系曲线的对比分析表明，气蚀出现时的泵电机荷载首先超出了补偿泵填料密封能量损耗的空转荷载，而用于克服气蚀工况下泵腔内二元流体阻力的电机荷载几乎是气蚀出现前工况下泵荷载的二分之一。

2）第二种试验方法

微调承压罐排放管上的阀门，承压罐内的铅冷却剂液位可设定并维持在 960 mm 左右高度，如此可减小通过泵轴填料密封的空气吸入量，并保证在气体系统真空处理初始阶段泵的入口压力能下降至 0.043 MPa（0.43 kgf/cm^2，atm）左右水平。随着真空度的继续增加，当转速 n=1 000 r/min 和 1 100 r/min 时，电机荷载达到常数值，此时的叶轮入口压力为 0.66 MPa（0.6 kgf/cm^2，atm）。之后，随着真空度的持续增加，如图 3.98 所示，随着气体系统内绝对压力的下降，电机荷载分别从 7.7 A 和 7.9 A（分别对应 1 000 r/min 和 1 100 r/min 转速）平稳下降至同一个荷载值 7.4 A，远超出 7 A 的空转荷载。当叶轮处于纯气体气氛时，此时无铅冷却剂，空转荷载在很大程度上取决于旋转泵轴填料密封的较大能量损耗以及其他能量损耗。

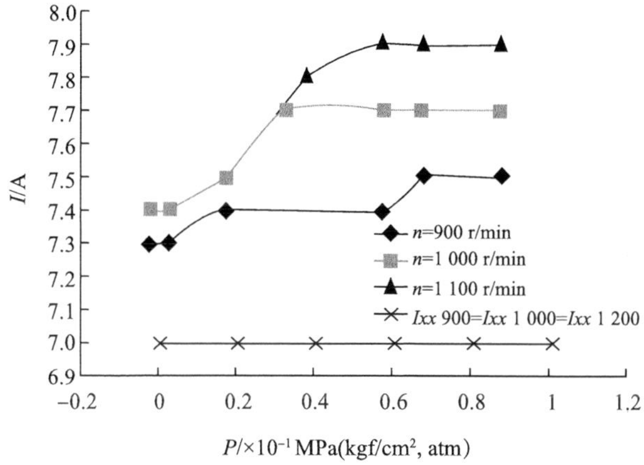

图 3.98　FT-3 研究试验台架电机荷载和叶轮入口压力的关系曲线

泵的有效荷载几乎减少了二分之一，那么相应地，由于泵的直流部分内形成了二元流体，泵的质量流量和扬程也都减少到初始值的 0.7～0.8 倍。当气蚀出现时，泵的流量未发生断流，随着扬程的减小，泵仍然继续唧送铅冷却剂。

气蚀出现的临界压力值为 0.03～0.05 MPa（0.3～0.5 kgf/cm^2，atm），在这之后，泵的运行工况过渡至较为发展的气蚀工况，在维持较小流量和较小扬程的条件下，气体压力为 0.02 ≅ 0 MPa（0.2 ≅ 0 kgf/cm^2，atm），此时在泵直流部分的铅冷却剂流中可能存在−0.01 MPa（−0.1 kgf/cm^2，atm）的负断裂拉伸应力。

（3）喷嘴气蚀特性的实验研究

流量可变条件下喷嘴的压力分布如图 3.99 所示。压力分布的分析表明，当铅冷却剂的流量达到 0.43 m^3/h 时，喷嘴的压差为 0.054 MPa（0.54 kgf/cm^2，atm），而当铅冷却剂的流量达到 0.55 m^3/h 和 0.5 m^3/h 时，喷嘴的压差为 0.101 MPa 和 0.14 MPa（1.01 kgf/cm^2， atm 与 1.4 kgf/cm^2，atm）。喷嘴压差的差异可能是测量误差和喷嘴出口反压不同造成的，而喷嘴流体阻力的剧烈增加则可能是喷嘴直流部分气蚀开始扩展造成的。

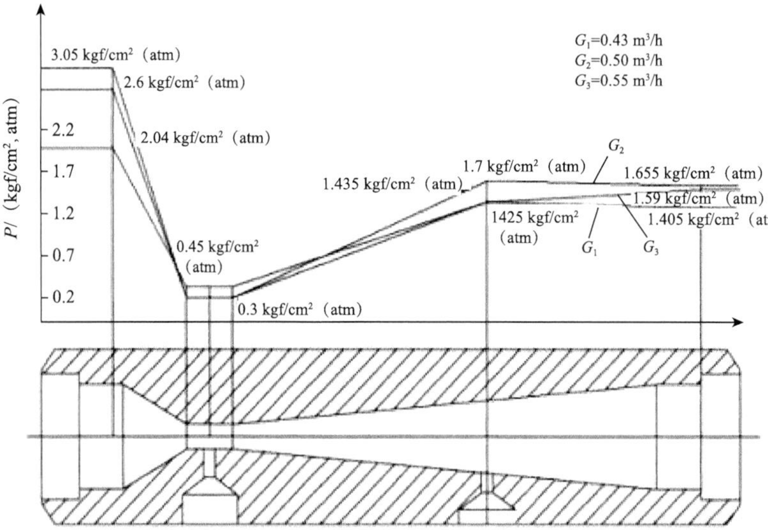

图 3.99　沿喷嘴长度方向上的铅冷却剂流的平均压力关系曲线

在组织从气体系统空间到喷嘴收缩区域铅冷却剂流（通过气体供给管）的气体循环时，流体阻力只是略微增加。如图 3.100 所示，喷嘴收缩区域的铅冷却剂流速在很大程度上取决于其出口反压，那么当流速达到 5.0～5.42 m/s 的相对较小值时，喷嘴开始出现气蚀。开始出现气蚀的喷嘴收缩区域的负压为 0.3～0.4 kgf/cm^2（atm），这与第一种和第二种方法的试验结果相符。

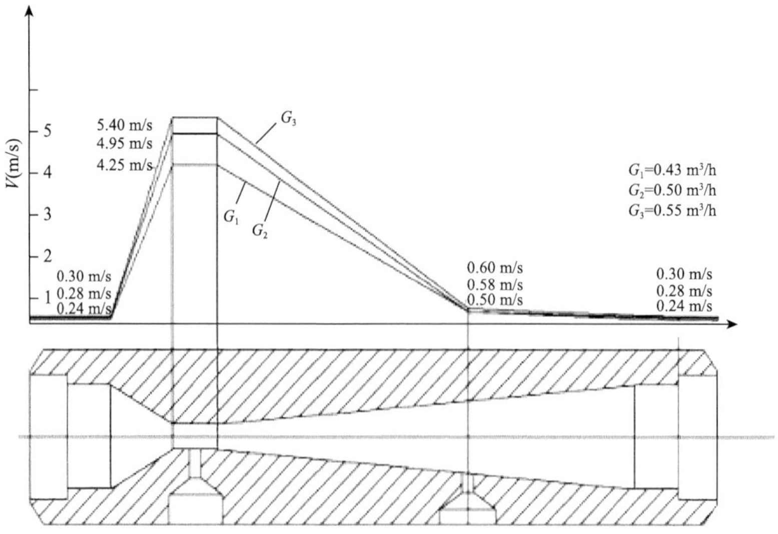

图 3.100　沿喷嘴长度方向上的铅冷却剂流的平均流速关系曲线

(4) FT-3 试验研究台架 НЦС-04 泵直流部分的检查结果

泵在气蚀工况下的总运行时长约为 40 h，此时铅的温度达到 450～500 ℃，铅中氧气的热力学活度达到 10^{-4}～10^{0}，保护气体系统中是氩气、氢气和氩气氢气混合物。在约 40 h 的总运行时长中，泵在最后 17 h 内处于 1 200 r/min 转速的激励动态工况运行。

每个实验阶段的循环包括：

1）通过上部阀门，将下部容器中的铅输入上部容器，并截住来流中的气体；

2）在 1.0～1.5 s 内排空下部容器；

3）泵停止唧送，将电机荷载维持在远高于空转的荷载水平，打开上部压力容器和下部排放罐之间的阀门，在 1.5～2 s 内将上部压力容器中的剩余铅排入下部排放罐；

4）当排放罐和泵入口短管内的铅液位升高时，恢复排放罐到压力容器的铅唧送，这个循环的完整持续时间为 3～5 s，循坏次数为 17×3 600/4＝153 000。试验结束后，取出泵的可抽出部分，检查直流部分的状态。

在 FT-3 试验研究台架的气蚀试验过程中，包括最后几个小时以及其他运行工况，相关管线的流量和扬程都未曾发生变化，泵内也未发现有敲击声杂音和震动，个别气蚀工况下的噪音特性有所变化。上述试验结果与 2009-302 FT NK 试验研究台架的试验结果有很大的差异，在后者的试验中，当运行工况切换至气蚀时，噪声和震动特性总是有较大的显著变化。

在 2009-302FT NK 试验研究台架泵的气蚀工况试验十几个小时后，当转速达到 2 200 r/min 时，在 08X18H10T 牌号不锈钢叶轮上，并未发现腐蚀侵蚀的磨损痕迹，但在叶轮表面黑色或深咖啡色氧化膜上发现浅色斑点，这说明氧化膜已局部脱落。

气蚀工况试验四十几个小时后，在最后 17 h 之内，FT-3 试验研究台架的泵一直处于激励动态工况运行状态。当泵的转速达到 1 200 r/min 时，在叶轮表面与目及可测的 08X18H10T 牌号不锈钢直流部分其他表面处，均未发现腐蚀侵蚀的损坏痕迹，而在叶轮侧盘外表面、叶片端面及其附近承压表面处，原有的深色氧化膜均出现浅色圆形区域，这说明此处的氧化膜均已消失。泵直流部分的材料表面未发现腐蚀侵蚀的磨损痕迹。

3.3.6.5　轴流泵铅冷却剂的气蚀试验研究

(1) FT-4A 试验研究台架的研究试验

轴向叶轮旋转试验研究台架的冷却剂循环流程图如图 3.101 所示。FT-4A 试验研究台架的试验段照片如图 3.102 所示。

台架通道内的铅冷却剂循环如下所述：泵轴旋转时，轴向叶轮将铅冷却剂自下而上送入整流器，主冷却剂流从导向装置向上流动，直至罐顶部，然后旋转 180°，向下流入叶轮入口，一部分流速较小（约 0.5～0.8 t/h）的铅冷却剂流入流体静压轴承。

高温铅冷却剂循环流的计算参数如下所述：

1）温度为 400～550 ℃；

2）转速 n＝1 200 r/min；

3）流量为 1 000～1 200 t/h；

4）扬程约 1.5 m 高铅冷却剂柱；

5）叶轮入口压力为 0.08～0.05 MPa（0.8～0.5 kgf/cm^2，atm）。

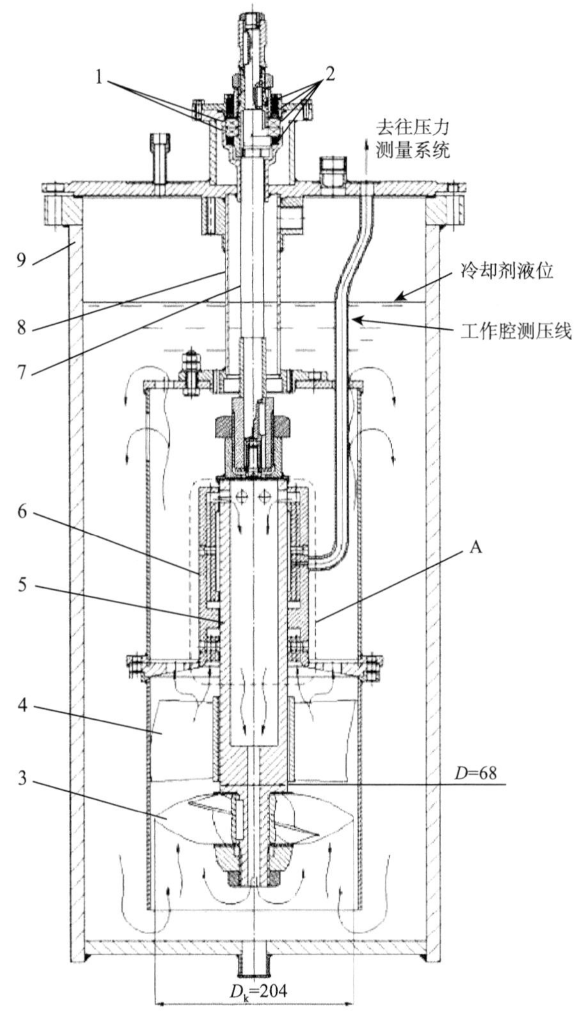

图 3.101　FT-4A 试验研究台架实验段的冷却剂循环流程图

1—上部轴承部件；2—气体密封部件；3—轴向叶轮；4—整流器；5—主泵泵轴模拟件；6—轴承壳体；7—泵轴；8—可抽出部分壳体；9—液态重金属冷却剂罐

图 3.102　FT-4A 试验研究台架的实验段（可抽出部分）照片

FT-4A 试验研究台架的试验结果：

1）在第 1 组研究中，罐内充水，温度为 20～25 ℃，压力为大气压力，如图 3.102 所示，轴向叶轮的转速分别为 300、500、750、1 000、1 200 和 1 500 r/min，每个运行工况下的尺寸测量试验时间约 1 h；

2）在第 2 组研究中，共 5 次循环，罐内充铅，罐加热至 450～470 ℃温度，如图 3.102 所示，罐内不锈钢表面形成氧化膜，轴向叶轮的转速分别为 300、500、750、1 000和 1 200 r/min，每个运行工况下的尺寸测量试验时间约 1 h，氧气的热力学活度 $a=10^{-1}\sim10^{0}$；

3）在第 3 组研究中，由于未形成铅的强迫散热体系，本组研究按循环完成，共 25 次循环，循环包括如下内容：

• 泵运行，泵轴转速为额定转速，通过绝热加热的方式，温度在 20～40 min 内从 420 ℃升至 550 ℃；

• 泵停运，冷却剂自然冷却至 420 ℃；

• 泵运行，泵轴转速为额定转速，温度在 20～40 min 内从 420 ℃升至 550 ℃。

4）在第 4 组研究中，运行工况与第二阶段的运行工况类似，铅冷却剂中氧气的热力学活度 $a=10^{-4}\sim10^{-3}$，共 60 次循环，试验的总时长约 80 h。

完成第三阶段试验后，检查了试验台架的状态，并发现了以下情况：

1）质量较差的 3 号不锈钢材料（主要用于激发试验期间的磨损）的轴向叶轮叶片上有黑色氧化膜保护层；

2）表面未出现侵蚀损耗的痕迹；

3）由于当前截面的叶片厚 1 mm 及以下，且 3 号不锈钢材料在 550 ℃的温度下具有较差的强度特性，在叶片的外围边缘发现一处沿冷却剂流动行程的压褶（2～4 mm），如图 3.103 所示；

4）08X18H10T 牌号不锈钢材料整流器的叶片未发现有侵蚀损耗的痕迹，如图 3.104 所示。

（a）轴向叶轮

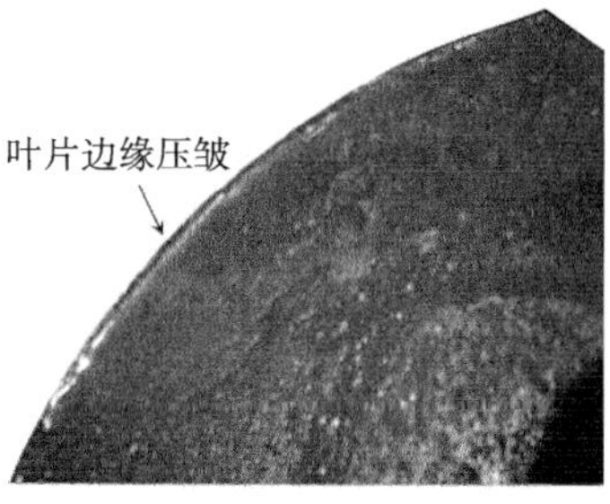

（b）边缘压皱的轴向叶轮

图 3.103　第三阶段后的轴向叶轮

（a）试验前

（b）第三阶段铅试验后

图 3.104 整流器

检查完毕之后，移开外围的弯曲段。在第 4 和 5 组研究完成之后，泵直流部分的表面状态未发生变化。所有试验完成之后，未发现任何气蚀磨损的痕迹，也未发现类似气蚀变化的噪声特性变化。

在以上试验中，无论是罐内充水工况，还是罐内充铅工况，电机均存在电流荷载。充水时电机电流荷载 $N=7.5$ kW（$n_{nom}=1\ 455$ r/min），充铅时电机电流荷载 $N=45$ kW（$n_{nom}=2\ 960$ r/min），未发现表明铅冷却剂介质气蚀扩大的电驱动荷载变化。

研究表明，原则上可以制造含流体静压轴承的轴流泵。之后，利用 FT-4 试验研究台架，下诺夫哥罗德国立技术大学与中央机械制造设计局开展了轴流泵直流部分气蚀特性的深入研究。

(2) 下诺夫哥罗德国立技术大学 FT-4 试验研究台架轴流泵的样机研究试验

由于 420～550 ℃高温铅冷却剂轴流循环泵的试验（冷却剂流量达 2 000 t/h）是世界首创，因此本项研究的目的旨在明确铅冷却剂流气蚀过程的类型和特性，并对比轴流泵和离心泵的气蚀特性试验结果。

下诺夫哥罗德国立技术大学 FT-4 试验研究台架的主要参数如下所述（见图 3.105）：

1）冷却剂采用符合俄罗斯标准 ГОСТ 3778-98 的 C0 牌号铅熔融物；

2）冷却剂质量为 1×10^4 kg；

3）铅冷却剂温度为 450～500 ℃（短时能达到 550 ℃）；

4）冷却剂流量最大可达 2.0×10^3 kg/h（200 m^3/h）；

5）铅冷却剂中氧气的热力学活度为 10^{-5}或 $10^{-4}\sim10^0$，外加固体氧化铅；

6）泵驱动采用 2 台变频调速异步电机，$n_{nom}=1\ 500$ r/min 和 3 000 r/min，$N_{nom}=50$ kW；

7）试验研究台架的螺旋电加热丝总功率为 100 kW，电压为 380/220 V；

8）在第一个阶段，铅冷却剂回路电泵的滑动轴承采用缝隙密封的流体静压轴承；

9）叶轮和整流器共 4 套，其中 2 套由中央机械制造设计局提供，另 2 套由下诺夫哥罗德国立技术大学提供（见图 3.106）；

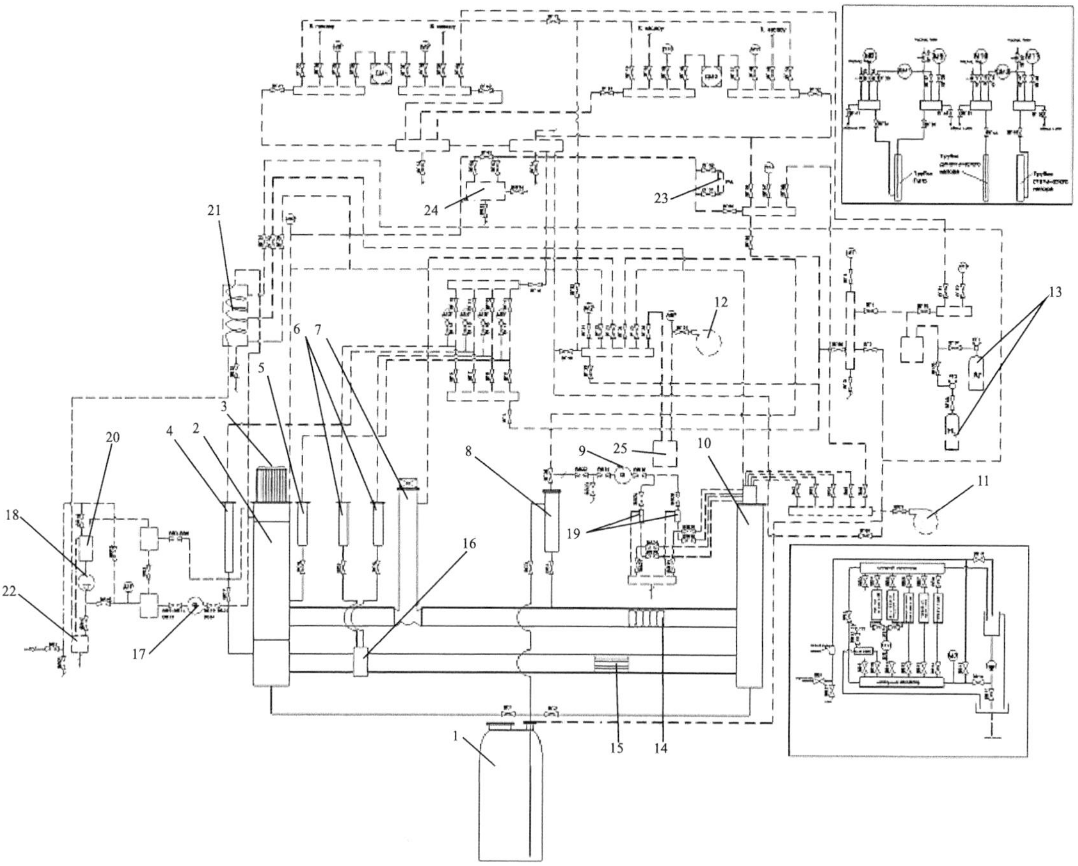

图 3.105　下诺夫哥罗德国立技术大学的 FT-4 试验研究台架原理图

1—熔罐；2—电泵；3—电机；4—泵叶轮入口压力罐；5—泵出口压力罐；6—流量计垫圈压力罐；7—主调节阀；8—过滤器；9—水空气混合物喷洒系统过滤器；10—蒸汽发生器；11—压缩机；12—泵的真空；13—气罐；14—补偿波纹管；15—喷射整流器；16—流量计垫圈；17—泵部件水冷却过滤器；18—泵部件冷却水泵；19—承压水箱；20—水冷却缓冲罐；21—补偿器；22—排放罐；23—气体转子流量计；24—加湿器；25—扩容罐

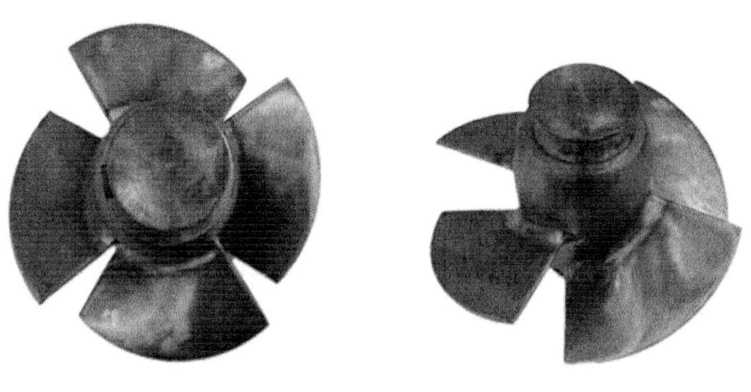

（a）下诺夫哥罗德国立技术大学的叶轮设计方案

图 3.106　叶轮设计方案

（b）中央机械制造设计局的叶轮设计方案

图 3.106　叶轮设计方案（续）

10）气体系统内的气氛采用氩气、氢气、氩气氢气混合物以及氩气氧气混合物；

11）铅冷却剂回路设备和管道加热系统采用含堇青石珠的尼赫罗姆镍铬合金螺旋电加热丝。

下诺夫哥罗德国立技术大学 HCO-01 型试验研究台架的电泵如图 3.107 所示，它主要用于 BREST-OD-300 反应堆装置主泵样机直流部分的试验和设计验证以及流体静压轴承的结构方案检查和设计验证，必须保证台架内主循环回路的冷却剂循环，HCO-01 型试验研究台架电泵的特性详见第 3.3.4 节内容。

在气蚀试验中，泵轴转速分别为 600、800、1 000、1 200、1 400和 1 600 r/min，唧送的冷却剂温度约为 420～550 ℃，冷却剂中氧气的热力学活度为 10^{-4}～10^{-3}，气体系统中的氩气压力约 0～0.13 MPa（0～1.3 kgf/cm^2，atm）。

在长达 48 h 的寿期气蚀试验中，电泵的泵轴转速为 1 600 r/min，冷却剂温度为480～500 ℃，铅冷却剂中氧气的热力学活度为 10^{-4}～10^{-3}，气体系统中的氩气压力为零，最大的圆周速度约为 18 m/s。

(3) 下诺夫哥罗德国立技术大学 FT-4 试验研究台架轴流泵直流部分方案

气蚀试验初始阶段的试验结果：

在直流部分特性的气蚀试验中，泵轴转速分别为 600、800、1 000、1 200、1 400、1 600和 1 800 r/min，气体系统的压力 P_r 分别为 0.11、0.08、0.06、0.04、0.02 和 0 MPa（atm），铅冷却剂温度 T=440～480 ℃，短时能达到 550 ℃，铅冷却剂中氧气的热力学活度为 10^{-4}～10^{-3}，在气蚀试验后半段能达到 10^0，液态重金属冷却剂的运载速度 U=6～18 m/s。

当泵轴转速 $n\approx$ 1 000～1 200 r/min 时，出现气蚀，而当泵轴转速 $n\geqslant$1 200 r/min 时，气蚀逐渐发展，在此期间发现 BREST-OD-300 反应堆装置主泵样机的 DC1、DC2 和 DC3 3 个直流部分的特性有所变化，如图 3.108～图 3.111 所示。当泵轴转速 n=1 200 r/min、$P_r\geqslant$0.02 MPa 时，由于气蚀的出现和发展、回路内冷却剂的气体饱和、可控铅冷却剂体积流量的略微增加，相较于回路内气体剩余压力（P_r=0.11 MPa）条件下的扭矩，泵轴的扭矩几乎缩短一半。

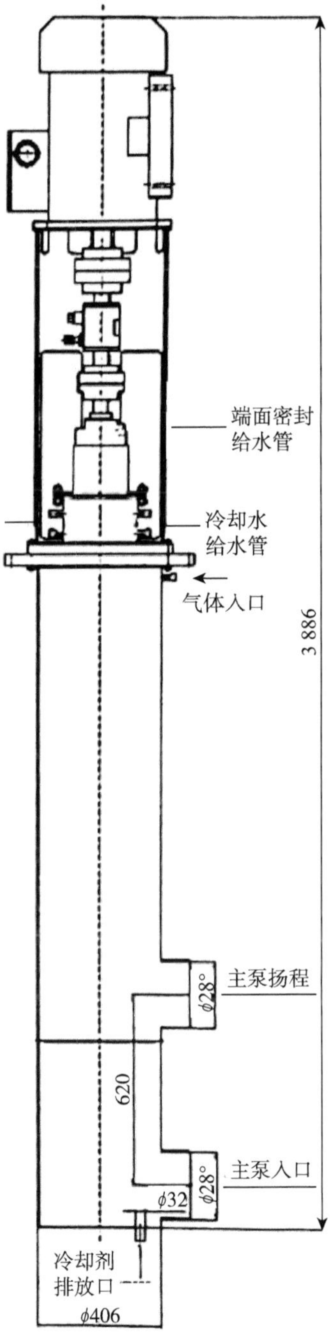

图 3.107　下诺夫哥罗德国立技术大学 HCO-01 试验研究台架电泵

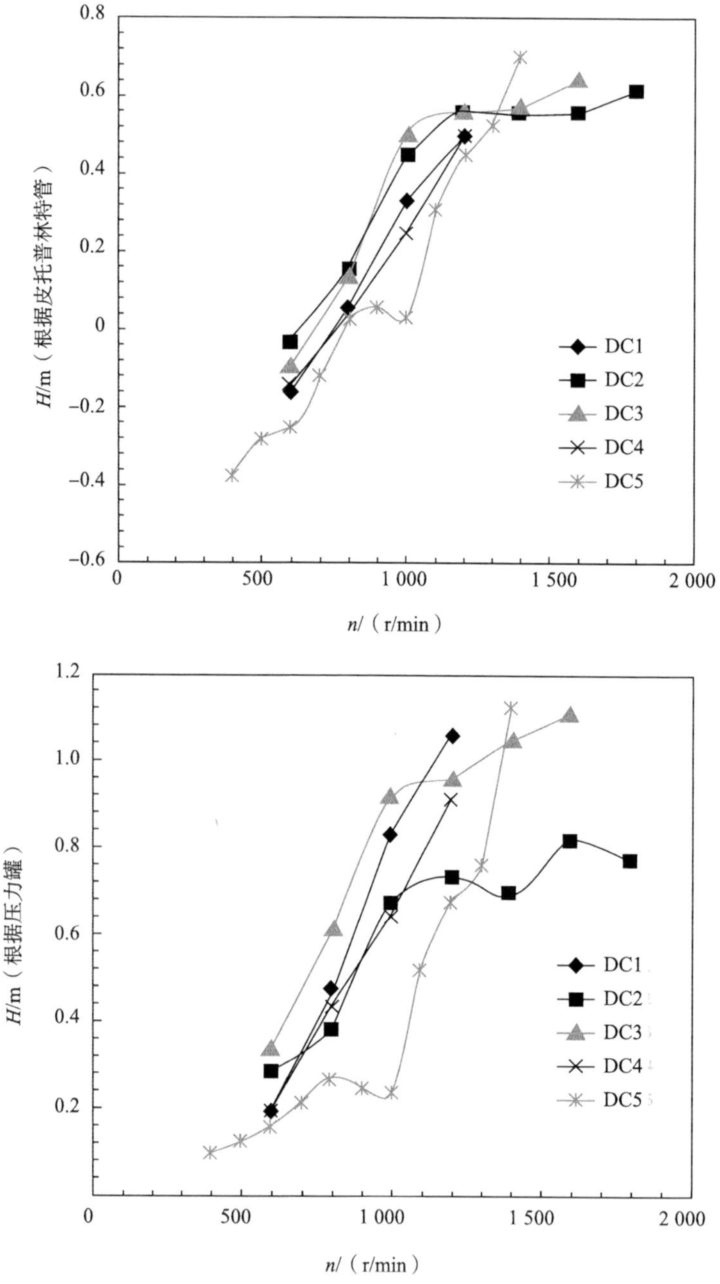

图 3.108　下诺夫哥罗德国立技术大学 FT-4 试验研究台架泵直流部分扬程和泵轴转速的关系曲线（P_r=0.11 MPa）（DC1～DC5 不同结构设计方案）

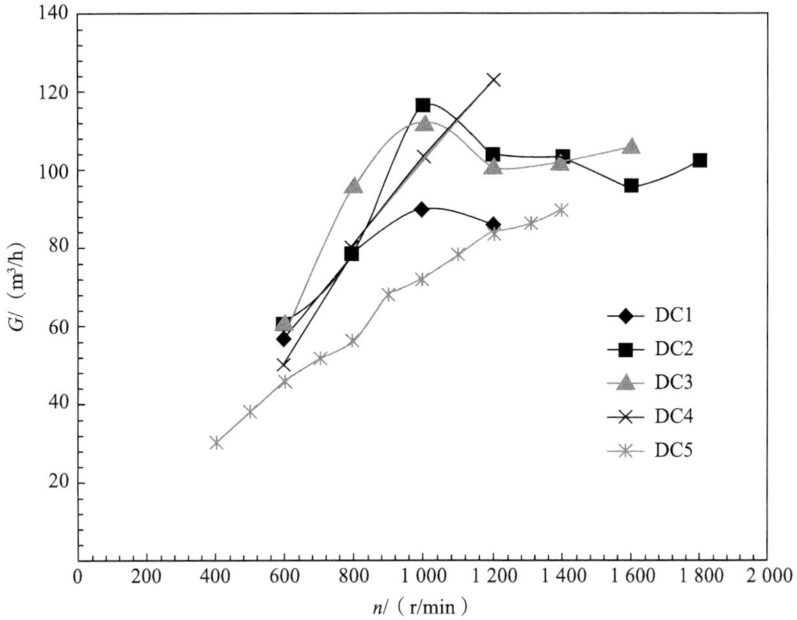

图 3.109　下诺夫哥罗德国立技术大学 FT-4 试验研究台架泵直流部分流量和泵轴转速的关系曲线（P_r=0.11 MPa）（DC1～DC5 不同结构设计方案）

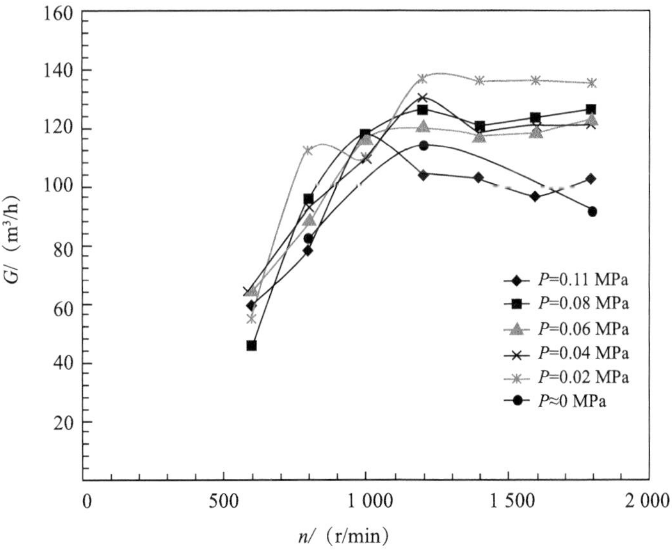

图 3.110　流量和泵轴转速的关系曲线（P_r=var）（泵的某个设计方案）

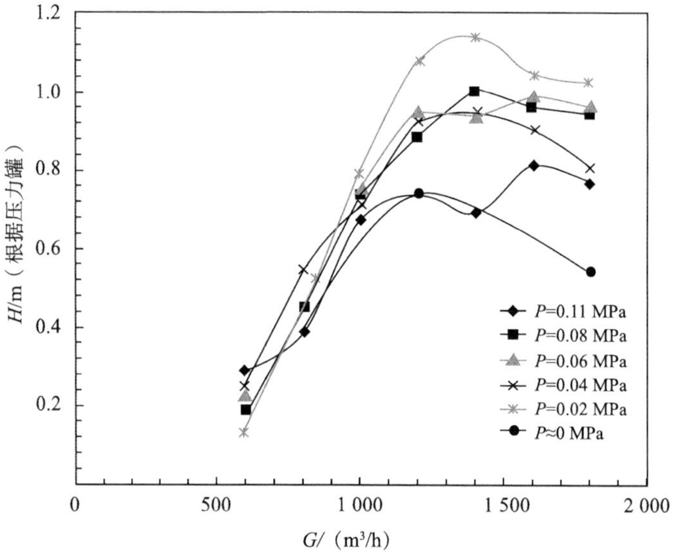

图 3.111　泵扬程（出入口压差）和流量的关系曲线
（P_r＝var）

气体压力条件下泵扬程和流量关系曲线表明，随着流量和扬程的增加，处于任意值的气体压力也会增加，如图 3.111 所示，直至曲线图上拐点所对应的某个压力值，这一拐点说明气蚀已开始发展。

轴流泵直流部分的试验表明，不会出现传统的蒸汽气蚀，但是在铅冷却剂反应堆装置的运行条件下，会出现气体气蚀。这一试验结果与铅冷却剂的离心泵直流部分的试验结果完全一致。

(4) 下诺夫哥罗德国立技术大学 FT-4 试验研究台架轴流泵直流部分状态的检查

在第一阶段的气蚀试验期间，泵的直流部分运行约 240 h，泵轴转速为 600～1 800 r/min，回路内的气体压力为 0.11～0 MPa（1.1～0 kgf/cm²，atm）左右。

在第二阶段的气蚀试验期间，泵的直流部分运行约 68 h，泵轴转速为 1 800 r/min，回路内的气体压力约为零，对应泵的入口压力（0.5 kgf/cm²，atm），未考虑流速的影响。试验期间的铅冷却剂温度为 450～480 ℃，短时能一次性升至 550 ℃。冷却剂中氧气的热力学活度维持在 10^{-4}～10^{-3}水平。在第二阶段的试验期间，当气体系统中的气体压力约为零时，由于台架泵在不断抽真空，空气不可避免地在回路内积聚，铅冷却剂中氧气的热力学活度增至 10^{0}，泵的流量约 105 m³/h，泵直流部分铅的运载速度约 18 m/s，泵的扬程（压差）约 1 m 高铅冷却剂柱。

泵直流部分的检查表明，试验结束后其表面并未发生气蚀。

参考文献

[1] Проф Е О Адамова. Белая книга атомной энергетики/Под общ. Ред[M]. Изд-во ГУП

НИКИЭТ, 2001.
[2] Сухарев Ю П. Физика ядерных реакторов деления 6 учебное пособие [М]. Нижегород. госуд. техн. ун-т. Нижний Новгород: 20012-324.
[3] Суворов Г П, Кузько О В, Бугреев М И. Опыт создания и эксплуатации стенда 27/ВТ. Тяжелые жидкометаллические теплоносители в ядерных технологиях, ТЖМТ-98: сб. докл. конф. ГНЦ РФ ФЭИ. Обнинск, 1999: 70-79.
[4] Ильин В, Олесников А. Отечественные атомные подводные лодки [J]. Техника и вооружение, 2000(4/6): 69-75.
[5] Лихачев Ю И, Попов В В. Особенности расчета на прочность твэлов для транспортных ЯЭУ со свинец-висмутовым теплоносителем (ЖМТ). Тяжелые жидкометаллические теплоносители в ядерных технологиях, ТЖМТ-98: сб. докл. конф. ГНЦ РФ ФЭИ. Обнинск, 1999.
[6] Alessandro A, Mansani L, Frogheri M. The ELFR Industrial Plant and Alfred Demonstration[C]//Доклад (12) на четвертой конференции. Тяжелые жидкометаллические теплоносители в ядерных технологиях (ТЖМТ-2013). ГНЦ РФ ФЭИ. Обнинск, 2013.
[7] WU Y C. Development plant and R@D status of China Lead-Based Reactor (CLEAR) [C]//Доклад (28) на четвертой конференции. Тяжелые жидкометаллические теплоносители в ядерных технологиях (ТЖМТ-2013). ГНЦ РФ ФЭИ. Обнинск, 2013.
[8] CHEN H L, ZHOU G M, ZHOU Z T, et al. Thermal-Hidraulic Desing and Subchannel Analysis for China LEAD-based Research Reactor (CLEAR)[C]//Доклад (5) на четвертой конференции. Тяжелые жидкометаллические теплоносители в ядерных технологиях (ТЖМТ 2013). ГНЦ РФ ФЭИ. Обнинск, 2013.
[9] Ярмонов М В. Характеристики теплообмена при поперечном обтекании пучков труб потоком ТЖМТ. Дисс. Канд. Техн. Наук: 05. 04. 11. НГТУ, Нижний Новгород, 2014: 243.
[10] Боришанский В М. Теплоотдача при поперечном обтекании пучков труб жидким металлом [J]. Жидкие металлы, Госатомиздат, 1963: 181-183.
[11] Безносов А В, Бокова Т А. Оборудование энергетических контуров с тяжелыми жидкометаллическими теплоносителями в атомной энергетике: учебное пособие[М]. Нижегород. гос. техн. ун-т. Нижний Новгород, 2012: 536.
[12] Рассохин Н Г. Парогенераторные установки атомных электростанций [М]. Атомиздат, 1980.
[13] Кириллов П Л. Справочник по теплогидравлическим расчетам[М]. 2-е изд., пераб. И доп. Энергоатомиздат, 1990.
[14] Чечеткин А В. Высокотемпературные теплоносители[М]. Л.: Гоэнергоиздат, 1962.
[15] Кружилин Г Н[J]. Журнал техн. Физ., 1935, 6(6).

[16] Андриевский А А. Теплоотдача к одиночной трубе в поперечном потоке с малым числом Прандтля [J]. ИФЖ, 1959(2):46-51.

[17] Андриевский А А. Теплоотдача при поперечном обтекании цилиндра расплавленным натрием [J]. Атомная энергия, 1959, 3(7):254-256.

[18] Юрьев С С. Коэффициент теплоотдачи при косом обтекании пучка твэлов и труб[J]. Атомная энергия, 1969, 1(56):66-67.

[19] Жуков А В. Теплогидравлический расчет реакторов. В 3-х ч. Ч. 1 Общие вопросы [M]. Обнинск: ГНЦ РФ ФЭИ, 2001:210.

[20] Жуков А В. Теплогидравлический расчет реакторов. В 3-х ч. Ч. 3 Т. 2 Конвективный теплообмен при однофазном течении (классические и современные представления и решения)[M]. Обнинск: ГНЦ РФ ФЭИ, 2006:400.

[21] Жуков А В, Юрьев Ю С, Кузина Ю В. Теплогидравлический расчет реакторов. Ч. 4 Температурные поля в теплообменниках ЯЭУ при малых скоростях течения теплоносителя с опрокидыванием циркуляции [M]. Обнинск: ГНЦ РФ ФЭИ, 2008:114.

[22] Жуков А В, Юрьев Ю С, Кузина Ю В. Теплогидравлический расчет реакторов. Ч. 5 Переменное энерговыделение в теплогидравлике реакторов[M]. Обнинск: ГНЦ РФ ФЭИ, 2009:178.

[23] Безносов А В, Драгунов Ю Г, Рачков В И. Тяжелые жидкометаллические теплоносители в атомной энергетике[M]. ИздАт, 2007.

[24] Безносов А В. Экспериментальные исследования теплоотдачи от круглой трубы к свинцовому теплоносителю при регулируемом содержании кислорода [J]. Атомная энергия, 2005,5(97):345-349.

[25] Молодцов А А. Характеристики теплообмена от свинцового теплоносителя в оборудовании ЯЭУ при эксплуатационном содержании в нем примесей: дисс. канд. техн. наук: 05. 04. 11. Молодцов Антон Анатольевич. Н. Новгород, 2007.

[26] Безносов А В. Теплоотдача от свинцового теплоносителя к продольно обтекаемой трубе/ А. В. Безносов [8 4@] // 275725AB8O 2KAH8E CG51=KE702545=89. /45 @=0OM=5@35B8:0. 2006. K?. 3. !. 83 90.

[27] Семенов А В. Теплообмен свинцового теплоносителя в круглой трубе и кольцевой щели при условии регулирования и контроля его примесей: дисс. канд. техн. наук: 05. 04. 11. Семенов Андрей Валерьевич. Н. Новгород, 2003:251.

[28] Новожилова О О. Результаты исследований и обобщения характеристик теплообмена при продольном обтекании поверхностей тяжелыми жидкометаллическими теплоносителями: дисс. канд. техн. наук: 05. 04. 11. Ольга Олеговна Новожилова. Н. Новгород, 2010:212.

[29] Савинов С Ю. Теплообмен и гидродинамика тяжелых жидкометаллических теплоносителей в поперечном магнитном поле: дисс. канд. техн. наук: 05. 14. 03.

Сергей Юрьевич Савинов. Н. Новгород, 2010:242.

[30] Безносов А В. Исследования теплообмена от свинцового теплоносителя к продольно обтекаемым трубкам [J]. Теплофизика и аэромеханика, 2007, 14(3).

[31] A. V. Beznosov, M. V. Yarmonov, A. D. Zudin, et al. Experimental Research of Heat-Exchange Characteristics and Specifics of Heavy Liquid-Metal Coolant Crossflow Around Pipes [C]//22nd International Conference on Nuclear Engineering, 2014, Prague, Czech Republic.

[32] Ернавский С А. Подшипники скольжения[M]. Машгиз, 1963:243.

[33] Риппел Г. Проектирование гидростатических подшипников[M]. Машиностроение, 1967:136.

[34] Воскресенский В А, Вьяков В И. Расчет и проектирование опор скольжения (жидкостная смазка)[M]. Машиностроение, 1980:224.

[35] Карелин В Я. Кавитационные явления в центробежных и осевых насосах [M]. Машиностроение, 1975.

[36] Михайлов А К, Малюшенко В В. Лопастные насосы. Теория, расчет и конструирование[M]. Машиностроение, 1977.

[37] Рождественский В В. Кавитация. Л-д: Судостроение, 1977.

[38] Арзумонов Э С. Кавитация в местных гидравлических сопротивлениях [M]. Энергия, 1978.

[39] Ломакин А А. Центробежные и осевые насосы[M]. Л-д.: Машиностроение, 1966.

[40] Будов В М. Насосы АЭС[M]. Энергоатомиздат, 1986.

[41] Bokov P A, Antonenkov M A, Kustov M S, et al. Peculiarities of Hydrodynamics of Lead and Lead-bismuth Coolant Flows of Reactor Circuits 20nd International Conference on Nuclear Engineering, Proceedings of 18th International Conference on Nuclear Engineering ICONE 18, 2010 Xi'an, China.

第 4 章　液态重金属冷却剂反应堆装置工艺过程的控制基础

4.1　概述

核电厂工艺过程的特点是几十个主系统和辅助系统必须配套运行，许多工艺间不易进入，单位功率较大，工艺过程负载较大，这就需要保证较高的自动化水平，只需配备较少的维护人员，便可实现设施的最佳控制。核电厂的工艺过程自动化控制系统是人机系统，通过一系列技术设备实现正常运行工况和事故工况下主工艺过程的自动控制，而技术设备的运行监测和备用以及非自动化操作的控制（其中包括突发情况）则由核电厂运行人员实现。

根据《核电站安全保障总则》（ОПБ-88/97）和其他标准文件（НП-001-97、ПНА ЭГ-01-011-97）的要求，核电厂的系统和部件按功能、对安全的影响以及安全功能的特点进行分类。按功能可分为正常运行系统和部件以及安全系统和部件两大类。安全系统和部件按安全功能的特点可分为保护性安全系统和部件、隔离性安全系统和部件、保障性安全系统和部件以及控制性安全系统和部件四大类。按对安全的影响可分为四类安全等级。

在核电厂系统和部件的设计、制造和供货文件中，应明确哪些系统和部件属于Ⅰ、Ⅱ和Ⅲ类安全等级，以及适用于这些系统和部件的标准文件要求。其设备编码应体现相应的功能，如编码 Н 代表正常运行部件，编码 З 代表保护性部件，编码 Л 代表隔离性部件，编码 О 代表保障性部件，编码 У 则代表安全控制系统部件。如果某个部件同时具备几种功能，则都需要体现在相应的编码中，如 2Н、2З 和 2НЗ 等。

根据《核电站反应堆装置的核安全标准规范》（НП-082-07）的要求，反应堆装置应该包括反应堆堆芯反应性和反应堆装置功率控制保护系统、中子通量密度（功率）监测控制保护系统、中子通量密度变化率监测控制保护系统、反应堆堆芯反应性和反应堆装置功率控制保护所必需的工艺参数监测控制保护系统，以及反应堆次临界状态切换和维持控制保护系统。在以上系统中，至少需要一个停堆系统起事故保护的作用。反应堆装置的设计方案应对正常运行控制系统、安全控制系统和这两个系统部件以及反应堆装置诊断系统的构成、结构、主要特性、数量和布置条件的要求进行说明和论证。

液态重金属冷却剂快堆工艺过程自动控制系统的特点是通过冷却剂、燃料、反应堆结构、堆芯运行工况和有效反应性稳定的最佳优化组合，可以实现事故工况下反应堆的固有安全。

随着核能在能源中占比的日益增多，机组的灵活操作已逐渐成为核能经济性的必要条件。受较小的资金量和较严重的通货膨胀影响，核能已面临失去大量投资的危机，因此目前采用 1 000 MW 及以上电功率的传统大功率核电机组和 150～300 MW 较小电功率的小型模块化模块堆共同建造的技术路线，前者投运周期较长，而后者的建造周期则要短很多。虽然快中子反应堆单个模块化设备的造价高于大堆设备的造价，但是若从设备制造的精确性、安全设备设计的简化、燃料成本较低以及其他因素综合考虑，这并不是最主要的问题。模块化液态重金属冷却剂快中子反应堆机组的壳体壁厚较薄，能提高机组操作的灵活性，并可实现反应堆堆芯内冷却剂流量的平稳调节等。

机组操作灵活性的要求由以下必要性决定：

(1) 根据每天负荷图表计划因子的要求，必须调节反应堆装置和整个机组的功率；

(2) 受机组所在电网功率计划外变化的影响，必须调节发电的频率偏差；

(3) 受计划外参数输入切断的影响（如根据系统间弱耦合调节功率过流），必须按上一级控制系统的信号调整功率。

如果按负荷图表的计划因子调节机组功率，则每天必须在夜间将机组功率降至 60%～70%的额定功率水平，在个别情况下，需要在非工作日停堆。所必需的功率调整速率为 2～3%/min，有时能达到 5%/min。可通过汽轮发电机电功率的快速微调（5%）调节频率。

缩短计划停启动和换料的时间，能提高机组运行的经济效率。由于辅助中间操作采取自动控制的方式完成，相较于多个操作员的工作机制，一个或两个操作员能更轻松地实现机组系统设备的配套运行，因此机组的集中控制能较快地完成计划停启动和换料。

构建控制系统时，必须同时考虑工艺要求和人机工程因素。如果人机系统的兼容性和协同配套条件（信息模拟系统和控制机构等）处于最佳水平，则能提高机组运行的安全性和经济性，改善运行人员的工作条件，有利于操作员选择出正确及时的解决方案，并付诸实践。若能实现集中控制系统和局部控制系统、各子控制系统和设备的最佳功能配置，则能大幅优化控制系统。

除核电厂的工艺过程控制需要采用自动控制系统外，操作调度控制、工业生产或经济活动管理以及检修工作的计划、准备和管理都需要采用自动控制系统。

4.2 电网中核电厂的自动控制系统结构

一般而言，核能行业自动控制系统的层次结构包括 4 个层次，如图 4.1 所示[1]。

4.3 核电厂工艺过程自动控制系统的构建原则

根据 НП-001-97 标准文件的要求，核电厂的每台机组都应该设置以下系统来控制正常运行系统和安全系统的工艺设备：

(1) 正常运行控制系统；

(2) 安全控制系统；

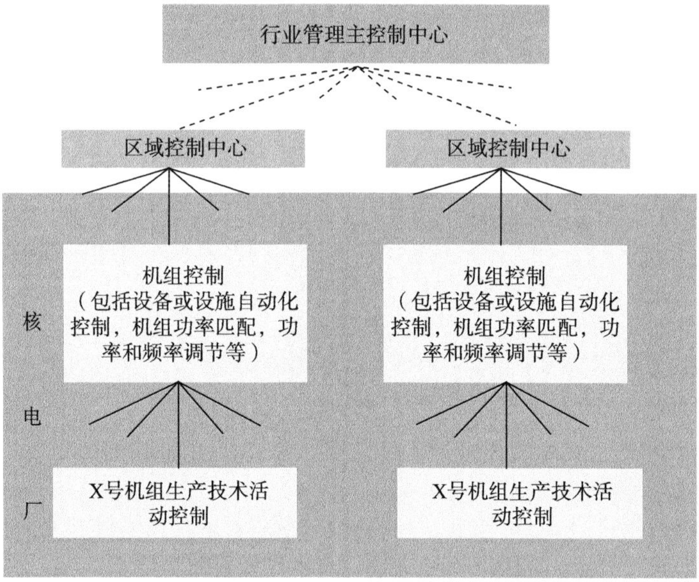

图 4.1　核能行业自动化控制系统的层次结构

（3）独立的信息记录存储设备；

（4）安全保护系统，在任意正常运行工况和任意正常运行偏离工况（包括设计事故工况）下，它都能保证可靠的紧急停堆，并维持反应堆的次临界状态；

（5）安全隔离系统，在事故工况下能阻隔放射性物质，放射性剂量不超过设计阈值；安全隔离系统决定了反应堆的布置、系统和设备工艺间内的放射性物质分布以及这些工艺间的结构设计特点；

（6）安全保障系统主要为安全系统供应工质和供电，并创造必要的运行条件，包括为最终用户供能；核电厂设独立的应急可移动电源（独立的可移动柴油发电机等）和应急机动保障介质（水和空气等）输送源，机组还应配置必要且充足的消防保护设备，包括机组所有工质的探测和灭火设备。

控制系统的构建取决于其安全级别。属于安全控制系统的控制系统需要设置 3 条独立的通道（3 路传感器、3 路控制系统、3 路执行机构），就地布置的通用事故保护装置（火灾等事故）以及应急冷却控制板，通过控制板上显示的信息，可以在安全棒按独立通道落棒之后实现本装置的监控。

提高反应堆和核电厂（尤其是核岛）固有安全性的最佳解决方案是尽可能减少较高安全级别系统的设置，充分利用反应堆装置回路内较高水平的自然循环和循环稳定性，SVBR-100 液态重金属冷却剂反应堆装置的设计对此进行了最充分的考虑。

核电厂的工艺过程自动控制系统主要用于最佳地实现两个相互关联的功能组，它们分别是信息功能以及设备控制和参数调节功能，如图 4.2 所示。

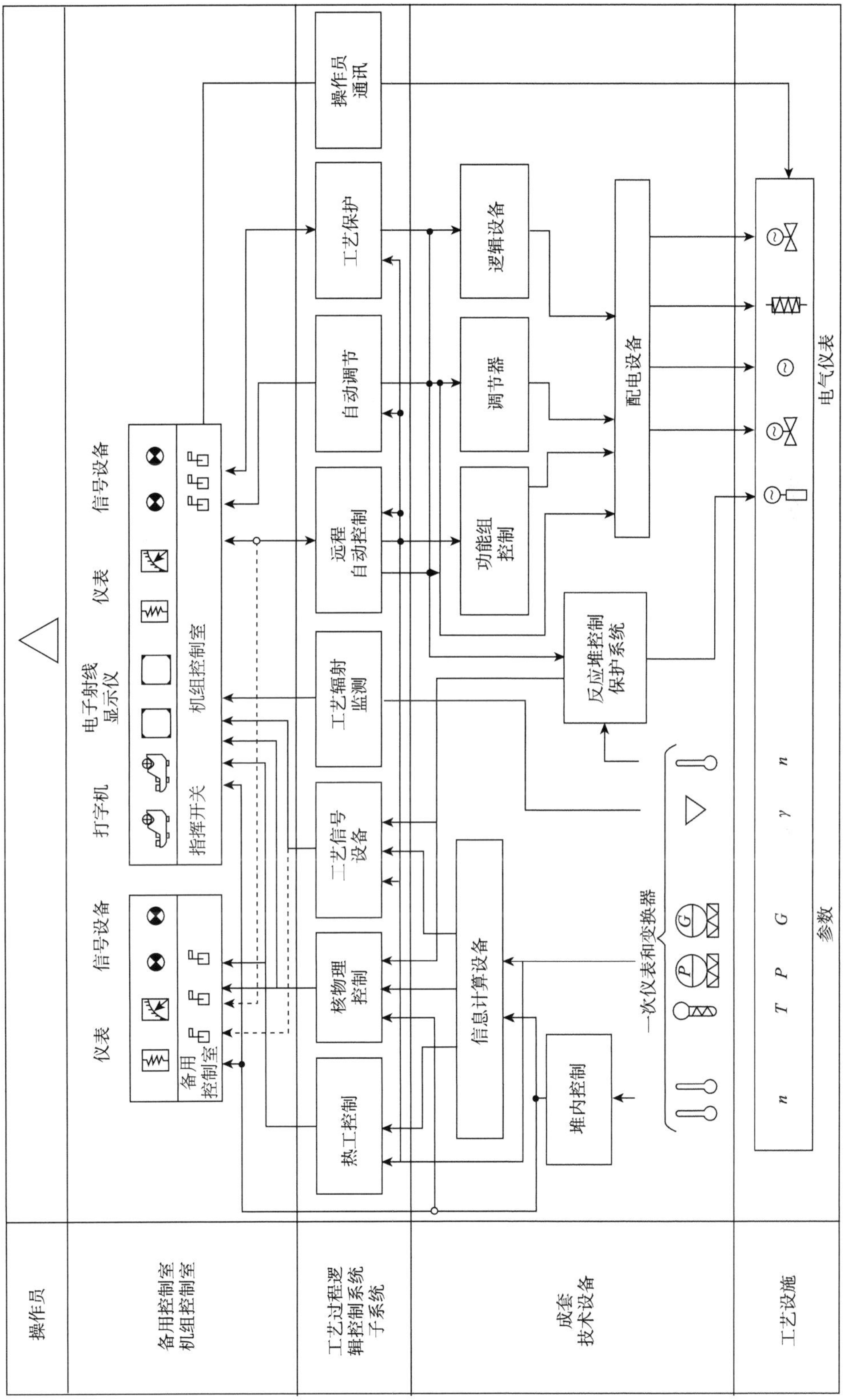

图4.2　核电厂机组工艺过程自动控制系统的结构图

一般而言，信息功能包括设备运行、工艺过程参数和工艺过程信息的收集、处理、存储、分配、提交以及单个机组和整个电站的效率计算。

系统的控制功能包括：

（1）机组设备、机械装置、阀门和其他部件以及全厂系统的自动远程控制；

（2）流量、温度和压力等参数的自动调节；

（3）单个设备、设备组和工艺系统的工艺保护（包括事故保护）；

（4）工艺过程的优化。

上述功能由工艺过程自动控制系统的子系统实现。一般而言，工艺过程自动控制系统的子系统按功能和工艺特征进行分类，如热工监测子系统等其他子系统。除此之外，工艺过程自动控制系统还包括局部或辅助多功能（监测、调节和保护）控制系统，如反应堆控制保护系统、汽轮机控制系统等其他系统，它们通过信息交换控制通道与工艺过程自动控制系统的其他子系统相连，但并不是完全独立的系统。

工艺过程自动控制系统的信息功能一般由以下子系统实现：

（1）核物理监测子系统：主要用于获取决定物理安全的参数以及堆芯和整个反应堆（反应堆启动和带功率运行时的升功率时间）受监测参数的所有变化情况，并进行堆芯参数的运行计算。

（2）热工监测子系统：主要用于收集工艺过程的热工参数（温度、压力和流量等）信息，水、蒸汽、反应堆冷却剂及其他工质的质量信息（工质杂质的成分、状态和浓度等），并进行热工过程计算。热工监测子系统的任务是收集设备状态的信息，包括振动、热位移、阀门的打开和关闭等。

（3）工艺辐射监测子系统：主要用于获取反应堆装置各部件以及机组其他部件状态的运行信息以及发生可能的事故工况时的辐射安全运行信息，如放射性介质，放射性设备、回路和系统的密封等。

（4）设备和管道应力应变状态监测子系统与剩余寿命预测子系统：主要用于监测决定应力应变状态的参数（应力、位移和温度等），记录应力最大监测点和部件的实际运行模型，并估算剩余的寿命。

（5）工艺信号子系统：主要用于处理机械装置、设备和阀门状态的信号和信息（打开—运行工况—关闭，打开—关闭”等），工艺过程工况偏离以及光或声信号条件下设备或工艺系统和监控设备运行损坏的信号和信息。运行人员接收到的信号应能提醒他注意到正常运行工况发生偏离和事故工况的出现，了解具体原因并在最复杂的情况下采取正确的处理方案，避免操作失误。

工艺信号子系统包括工艺信号和事故信号这两种信号。工艺信号包括机械装置状态和阀门位置信号、运行参数和规定运行限值的容许偏差信号以及工艺过程偏离的预警信号。事故信号包括紧急停堆信号、工艺参数和规定运行限值的不容许偏差信号、保护装置投入的信号以及备用装置启动的信号。光信号可以采用不同模拟系统区段使用不同颜色灯光或间歇闪光信号或固定信号的信号盘，可以按重要程度设置不同的光信号，伴随光信号可以设置不同音调的声信号。

为最大化的信息合理分配，根据对机组安全性与主工艺过程的影响程度，监测参数按重要程度可分为以下几个类别：

（1）代表正常和瞬态运行工况下主要工艺参数的最重要参数组，如果能对其进行连续不断的冗余监测，则能保证装置的安全运行。属于这一参数组的液态重金属冷却剂快中子反应堆参数包括以下内容：

1）反应堆功率；

2）中子注量率变化率；

3）堆芯出口冷却剂温度；

4）反应堆回路主泵转速；

5）发电机输出到电网上的功率以及安全系统和工艺保护的相关参数等。

（2）能体现机组运行质量指标的参数以及机组工艺过程和运行控制优化所必需的参数。属于这一参数组的液态重金属冷却剂快中子反应堆参数包括以下内容：

1）保护气体系统的压力；

2）反应堆回路内冷却剂的自由液位；

3）汽轮机进口新蒸汽压力；

4）蒸汽流量等。

（3）机组辅助回路、辅助系统、辅助设备和辅助机械装置的运行参数，上述设备的切断无需操作员或自动系统进行干预；

（4）用于计算的参数组，如技术经济指标和运行工况的优化指标等。

一般而言，核电厂参数调节系统由低级控制水平的局部控制装置构成，后者通过中等控制水平的参数定值器相连，因此可以直接在核电厂现场完成设计、制造、交付、调试以及单个控制装置的设计优化。BN-600 型反应堆装置启动之后，给水流量控制装置的调试持续了两年左右的时间，反应堆功率自动控制装置通道的设计优化（运行工况模拟了主控制装置的运行工况）持续了半年到两年的时间。

控制装置的整体结构是标准结构，与装置本身的特点和冷却剂的类型无关。控制装置类型基本与异步电机、步进电机、主泵驱动电机等设备的控制执行机构匹配，给水流量控制装置的结构最为复杂。

4.4　信息控制子系统

实现信息功能的子系统包括设备和管道上的一次传感器，将一次传感器信号转换为便于向其他子系统接收和输出信号的转换装置，包括数据记录设备、信息传输设备（数字仪表、指针式仪表和显示电路等）、必要的计算设备（电子计算机等）、电缆线路以及配电设备等其他主要部件。

信息控制子系统的结构如图 4.3 所示。

远程自动控制子系统主要用于机械装置和截止调节阀驱动（电动、液压和气动）的就地控制和主控室控制，由运行人员控制或按预设的逻辑程序自动控制。远程控制可以采用独立远程控制、选择远程控制或组群远程控制的方式。独立远程控制的特点是需要为每个（单台）驱动电机设置配电设备，主要是为输入开启或关闭指令。当存在功能相互关联的

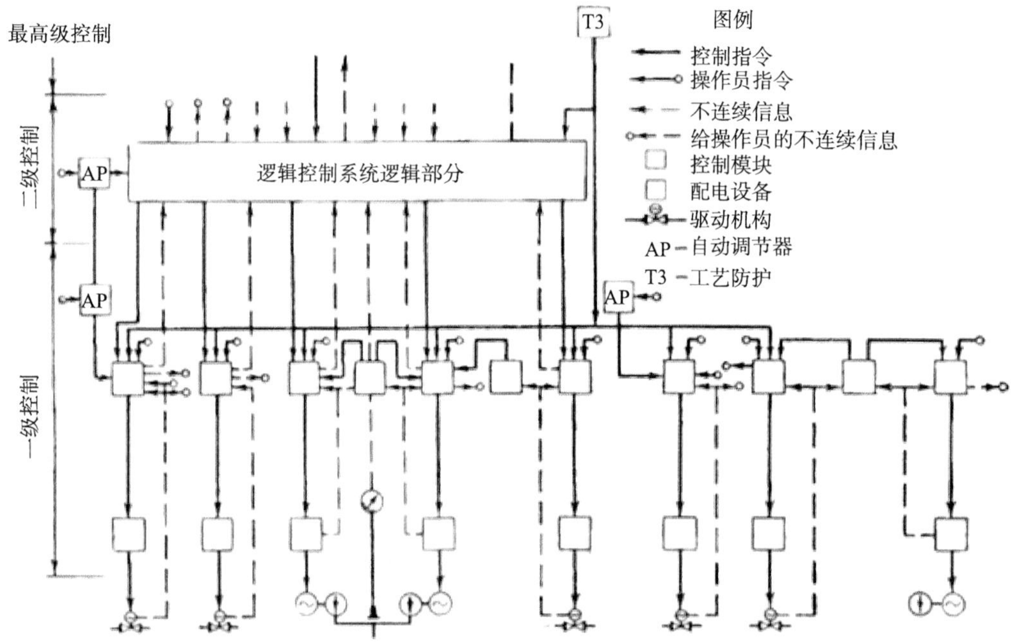

图 4.3　信息控制子系统结构图

设备、机械装置和阀门时，应该同时控制它们的电气驱动，此时宜采用组群远程控制的方式，如通过关闭所有入口和出口管道上的阀门切断蒸汽发生器。在选定远程控制的控制流程中，机械装置的投入或停运操作分别通过专用配电设备（多位开关和拨号器）选择具体的控制对象以及组群对象共同的设备输入具体指令两个阶段完成。

功能组群控制是动力装置的组成部分，主要实现单个设备和机械装置相关联的具体功能，由一个或几个逻辑程序决定，如图 4.3 所示。蒸汽发生器、主泵和汽轮机润滑系统都属于功能组群的范畴。功能组群可用于机组某些区域的启动或停运，因此应该实现信息、控制和保护的综合兼容功能。信息功能主要是为运行人员输出功能组群部件状态和逻辑程序实现准备情况、逻辑程序实现过程以及阻碍逻辑程序实现的故障的信号或信息。控制功能主要是按控制逻辑程序完成组群个别部件的依次投入或切断操作。保护功能主要是连续不断地监测工艺参数，即使工艺参数有所偏离以及偏离信号影响到设备的切断或投入时，仍然能继续监测，保护功能独立于功能组群控制的主要逻辑程序之外。

功能组群是分几个控制级别的层次结构。执行机构的控制级别最低，一般包括自动实现上一级控制级别的指令、远程控制驱动电机以及实现必要的保护和联锁。第二级控制级别一般解决与机械装置和阀门自动控制直接相关的问题，实现启动和停运逻辑程序的两个指令，属于子组群的控制级别，其基础是按预设的逻辑程序依次（分阶段）完成一系列操作。在本层次结构中，组群控制级别位于子组群之上，最高的机组控制级别是功能组群控制的上一个控制级别，一般是专用电子计算机或者专用电子计算机和其他设备的组合（操作员处于领导或非能动角色）。

4.5　机组回路和系统参数的自动调节子系统

自动调节子系统为生产过程的自动化奠定了基础，主要功能包括将参数稳定在额定水平（消除或减小参数和额定限值的偏差），维持相互关联参数值（如汽轮发电机的功率和反应堆功率）的一致，按特定原则（逻辑程序调节）实时调节相关参数（如反应堆的冷却逻辑程序），以及维持可调节参数值的最佳水平（优化功能）。

为完成本系统的预设任务，本系统可以接收工艺参数的相关信息，形成调节规则和操作序列，并输出控制装置的运行信息。

4.6　工艺保护子系统

工艺保护子系统主要用于事故工况的预警、已发生事故工况的隔离以及机组设备和机械装置损坏的预防。机组的所有主工艺设备都是工艺保护设备，当出现相应的信号时，出现故障的设备、机械装置及其组群便会单独自行切断或进行状态切换，机组功率下降或完全停堆。本系统能断开出现故障的部件，投入相应的备用部件，自动调整（无需运行人员的干预）或按运行人员的指令调整组群和整个机组的运行工况。反应堆控制保护系统的保护设备可以协同动作或者配合工艺保护子系统动作。

4.7　通信子系统

通信子系统主要用于各工艺间、各维护站点运行人员的指令传输和信息交换。

运行通信一般采用 3 种方式，包括核电厂值班长（或其他运行领导）及其下属操作员的双向通信，主控室操作员（高操工程师）及其下属就地操作员（机操和巡查员等）的双向通信，全厂和控制室人员的检索通信。双向运行通信可以采用电话、扬声器、选择器、多频道工业电视以及等其他形式。本系统还能记录下运行人员和进入站内的班组之间的对话。

4.8　控制室

为控制正常运行系统和安全系统的工艺设备，核电厂应该设置以下控制室：

（1）主控室

主控室可实现核电厂与电网的通信，协调机组的运行，并控制站内系统。这里汇集了机组的运行信息，主控室控制设备的故障信号系统以及配电设备位置的信号系统等，是核电厂值班长或其替代人员的工位。

（2）机组控制室

部分机组控制室布置在专用工艺间内，主要用于工艺过程的自动集中控制，通常由控制操作员和自动化设备完成。

(3) **备用控制室**

核电厂的部分机组布置在专用工艺间内，主要用于在机组控制室出现故障时将核电厂机组可靠地切换至次临界冷却状态，在任意时间内维持反应堆的次临界冷却状态，投入安全系统以及获取反应堆状态的信息。

备用控制室的功能如下所述：

1）控制安全系统；

2）将反应堆切换至次临界状态；

3）维持反应堆的次临界状态；

4）反应堆余热导出；

5）监测反应堆装置的状态。

备用控制室独立于机组控制室之外，具有充足的生存和居住条件。

机组控制室和备用控制室的控制台设置以下系统的（部分）部件：

1）正常运行控制系统；

2）安全控制系统；

3）站内系统操纵台，主要用于控制站内系统和装置，如风机和净水设备等；

4）站内闭式燃料循环系统和设备的操纵台，主要设在具备闭式燃料循环工艺过程、相应系统和设备的核电厂；

5）就地控制（维护）台，主要用于运行人员对设备、机械装置和阀门就地控制（维护）台及其附近区域的仪表（压力表等）进行监测。运行人员按机组控制室和备用控制室给出的指令进行就地操作和控制，包括阀门的手动控制、驱动电机的启动和停运等。

4.9 SVBR-100反应堆装置的监测诊断系统

根据相关文献[1]的描述，SVBR-100型液态重金属冷却剂反应堆装置的监测诊断系统如下文所述。

SVBR-100型反应堆装置的监测诊断系统对象包括：

1）反应堆装置的安全屏障；

2）反应堆装置的堆芯和堆内构件；

3）一回路主泵；

4）蒸汽发生器；

5）布置在堆本体和控制区内的多流程强迫循环回路的设备和管道。

监测诊断系统设计时需要解决的主要任务包括：

1）为找出损伤和缺陷的出现机理和特征，需要分析诊断对象所发生的物理过程；

2）收集并研究类似部件或其零部件的特有损伤和缺陷数据；

3）选择诊断方法，并研发诊断对象的模型；

4）研发诊断逻辑算法，并对其进行适应性改造；

5）编写诊断对象的结构要求（以保证对象的诊断）以及相应的技术文件；

6）选择或研发诊断设备；

7）研究连接设备和诊断设备；

8）编写监测诊断系统的运行维修文件；

9）开展反应堆装置设备样机的诊断系统试验在反应堆装置设备样机。

（1）监测诊断系统应能保证

1）反应堆装置设备的监测，包括蒸汽发生器换热表面积垢的监测、发现蒸汽或气体进入堆芯、反应堆热功率的计算、堆芯中子物理参数和热工参数的计算、堆芯部件（燃料组件和燃料棒）状态的监测、堆芯功率局部波动的监测以及反应堆装置设备剩余寿命的监测；

2）反应堆装置主工艺设备的运行诊断，包括监测反应堆装置设备部件的震动负载和紧固可靠性、发现控制保护系统工作机构堵塞和驱动电机故障、多流程强迫循环回路、非能动余热导出系统和蒸汽气体混合物接收系统的管道和设备密封监测以及反应堆容器完整性的监测；

3）创建反应堆装置主工艺设备（由监测诊断系统控制）技术状态的资料档案，以优化并提高换料期间已停运设备的预防性检查、诊断和维修质量；

4）通过机组顶部液位系统与机组的工艺过程自动化控制系统交换数据，以解决机组的任务，并获取监测诊断系统运行所必需的信息；

5）诊断监测诊断系统的自有软件技术设备。

（2）监测诊断系统的结构

每个系统的软件技术设备包括能解决一个或者多个监测诊断任务的测量通道和程序技术综合系统。

测量通道和程序技术综合系统的构成和功能一般在技术任务书的准备阶段确定，并在技术施工设计阶段明确。各系统通过监测诊断系统的局域网进行整合。

（3）监测诊断系统的构成

为完成预设的任务和功能，监测诊断系统还包括以下系统：

1）反应堆装置设备监测系统；

2）密封监测和泄漏探测系统；

3）振动噪声监测和声学诊断系统；

4）综合分析系统。

SVBR-100 反应堆装置监测诊断系统结构如图 4.4 所示。

（4）反应堆装置设备监测系统的任务

1）根据一、二回路的参数计算反应堆的热功率；

2）计算堆芯的中子物理参数和热工参数；

3）根据堆芯出口冷却剂温度的测量结果和堆芯外的中子通量探测器信号，监测堆芯功率的局部波动；

4）根据堆芯出口冷却剂温度的测量结果，监测燃料组件流通截面的变化；

5）基于反应性平衡和堆芯外的中子通量密度探测器噪声信号测量结果，发现蒸汽或气体进入堆芯；

6）根据一回路冷却剂是否含有缓发中子发射体，监测燃料棒的破损情况；

7）根据蒸汽发生器入口和堆芯入口的冷却剂温差测量结果，监测蒸汽发生器换热表

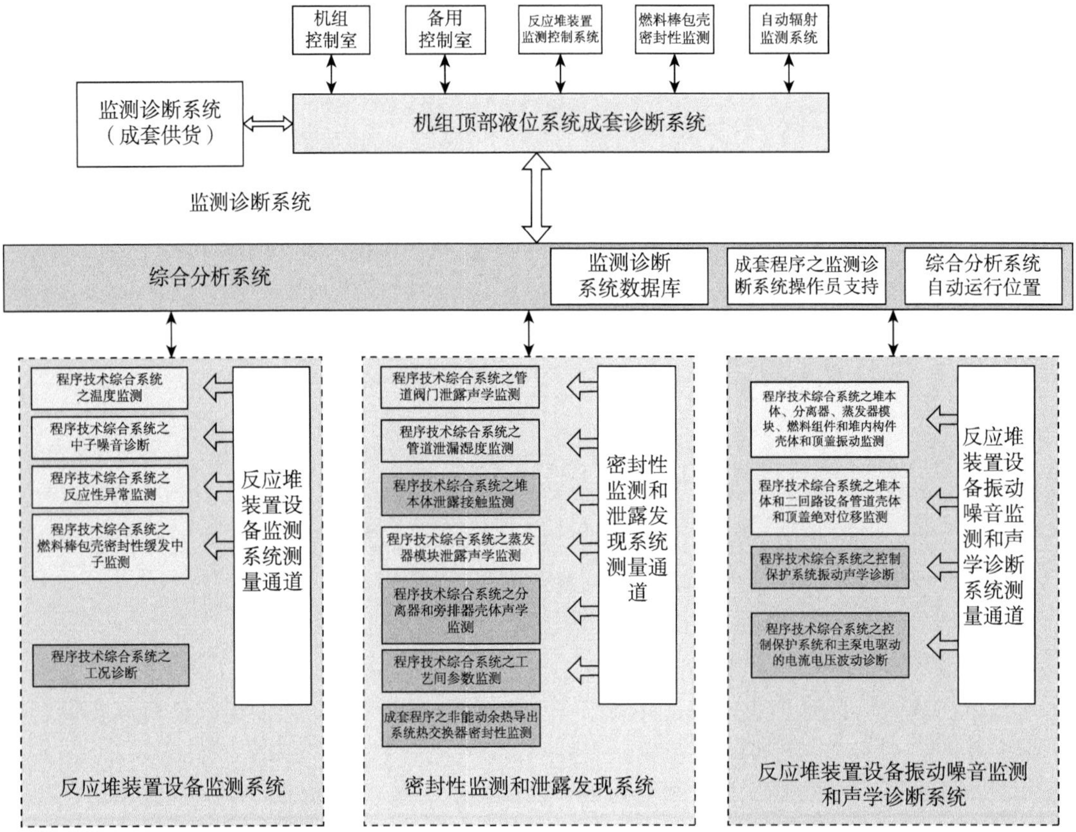

图 4.4　SVBR-100 反应堆装置监测诊断系统结构图

面是否出现积垢。

(5) 密封监测和泄漏探测系统的任务

1）根据蒸汽发生器入口腔金属表面的噪声测量结果，监测反应堆装置蒸汽发生器的密封性，看是否发生回路间泄漏；

2）根据反应堆容器和安全壳的间隙内是否存在液态重金属冷却剂，监测反应堆装置的密封性；

3）根据管道表面金属的噪声测量结果和保温层下方空间的湿度，监测锅炉水管道、汽水混合物管道、汽轮机蒸汽输送管道和给水管道的密封性；

4）根据汽水分离器壳体表面金属的噪声测量结果，监测汽水分离器壳体的密封性；

5）根据管道表面金属的噪声测量结果和保温层下方空间的湿度，监测非能动余热导出系统管道（蒸汽管道和凝水管道）的密封性；

6）根据非能动余热导出系统水箱内水液位的测量结果，监测非能动余热导出系统热交换器、工业水热交换器以及非能动余热导出系统水箱的密封性；

7）根据气体系统冷凝器内冷凝液液位的测量结果和气体系统反应堆密封隔间的辐射环境状态，监测气体系统管道和气体系统冷凝器管道的密封性，看气体是否通过反应堆容器发生泄漏，中间回路的传热管是否发生泄漏；

8）监测阀门、阀杆处的泄漏；

9）根据旁排设备壳体表面金属的噪声测量结果，监测旁排设备的密封性；

10）根据保护断开装置壳体表面金属的噪声测量结果，监测电驱动截止阀壳体的密封性；

11）根据管道表面金属的噪声测量结果，监测蒸汽气体混合物接收系统管道的密封性。

（6）振动噪声监测和声学诊断系统的任务

1）根据先前发现的堆内构件和燃料组件异常振动状态，监测并诊断堆内构件和燃料组件的固定条件和硬度特性；

2）根据蒸汽发生器管道系统的振动监测结果，诊断蒸汽发生器的完整性；

3）根据反应堆容器和顶盖振动状态的监测结果，诊断反应堆容器和顶盖的完整性；

4）根据先前发现的汽水分离器异常振动状态，监测并诊断汽水分离器的固定情况和硬度特性；

5）监测反应堆容器和顶盖、二回路管道和设备的绝对位移；

6）根据控制保护系统工作机构和驱动电机振动状态的监测结果，诊断控制保护系统工作机构和驱动电机的完整性；

7）根据控制保护系统工作机构堵塞和齿轮、齿条故障时的噪声监测结果，诊断控制保护系统工作机构和驱动电机的完整性；

8）根据电机电流和电压波动的监测结果，诊断控制保护系统和主泵驱动电机。

（7）反应堆装置设备监测系统软件技术设备的功能

反应堆装置设备监测系统的软件技术设备主要用于保证反应堆装置主设备的监测和诊断，包括以下测量通道和程序技术综合系统：

1）中子噪声诊断；

2）反应性异常监测；

3）温度监测；

4）燃料棒包壳密封性监测（根据缓发中子原理）；

5）工况诊断。

（8）密封监测和泄漏探测系统的软件技术设备

密封监测和泄漏探测系统的软件技术设备主要用于保证反应堆装置一、二回路管道和设备完整状态的监测，包括以下测量通道和程序技术综合系统：

1）管道和电驱动截止阀阀门栓泄漏的声发射监测；

2）管道泄漏的湿度监测；

3）反应堆本体泄漏的接触式监测；

4）蒸汽发生器泄漏的声发射监测；

5）气体系统、非能动余热导出系统和保护断开装置系统的管道、冷凝器，旁排设备和汽水分离器等反应堆装置设备工艺间的环境参数监测；

6）非能动余热导出系统热交换器的密封性监测；

7）汽水分离器、旁排设备、非能动余热导出系统和保护断开装置系统壳体的声发射监测。

（9）反应堆装置设备振动噪声监测和声学诊断系统的软件技术设备

反应堆装置设备振动噪声监测和声学诊断系统的软件技术设备主要用于反应堆装置主设备的振动和热位移估算，包括以下程序技术综合系统：

1）反应堆容器和顶盖、分离器、蒸汽发生器、燃料组件和堆内构件的振动监测系统；

2）控制保护系统的声学振动诊断系统；

3）反应堆容器和顶盖、二回路管道和设备的绝对和相对位移监测系统；

4）控制保护系统和主泵驱动电机的电流和电压波动诊断系统。

（10）综合分析系统的软件技术设备

综合分析系统能保证根据部分特征生成诊断信息，能解决以下主要任务：

1）根据诊断模型，计算反应堆装置的各项参数；

2）根据堆芯和反应堆装置各项参数的给定变化，从当前状态预测瞬态工况下反应堆堆芯的热工流体参数；

3）预测已发现异常情况下的参数变化；

4）输入运行和参考信息的数据库；

5）为运行人员提供信息支持保障，以维持并保证设计规定的反应堆装置运行可靠性和效率水平；

6）和工艺过程自动控制系统交换数据；

7）从堆用主设备（控制保护系统、燃料棒包壳密封性监测系统和主泵等）监测系统接收数据。

4.10 小结

SVBR-100 型试验反应堆装置的监测诊断系统能保证提前发现运行参数偏离允许值的情况，可及时向运行人员告知异常情况的出现和进一步发展，来保证反应堆装置运行的安全性、可靠性和效率。推广监测诊断系统能根据主设备状态的监测结果从额定寿期运行过渡至当前技术状态运行。

参考文献

[1] Дворников П А, Ковтун С Н, Лукьянов Д А, и др. Система контроля и диагностирования РУ СВБР-100, №13 [C]//Доклад на четвертой конференции. Тяжелые жидкометаллические теплоносители в ядерных технологиях (ТЖМТ-2013), ГЦН РФ ФЭИ, г. Обнинск, 2013.

第 5 章　液态重金属冷却剂机组参数调节和设备的控制基础

5.1　概述

根据标准文件的要求，核电厂机组的监测控制系统应根据本系统技术任务书中规定的质量、可靠性和测量方法，实现正常运行条件所有可能的变化范围内的反应堆装置和整个核电厂参数和参数变化的监测和记录，向上一级控制系统递交相应的参数信息，并实现正常运行系统的远程自动化（自动）控制。机组的监测控制系统应该配置能保证数据收集、处理、记录和存储的设备，以便能及时清楚地明确正常运行偏离和事故工况的初始事件及其进一步发展，确定一二类安全重要系统和安全重要部件的实际运行逻辑算法，其中包括监测控制系统，反应堆实际逻辑算法偏离以及运行人员操作等。在设计机组时，还应该设置控制安全系统，控制安全系统的设计材料应该包括反应堆装置和机组监测控制系统对系统可能发生的故障的响应分析，技术设备和程序整体的功能可靠性分析以及控制调节回路的稳定性分析。

当发生需要投入控制安全系统的情况时，控制安全系统应能自动投入运行。还应该采取一定的技术措施，在 10～30 min 内，阻碍操作员人工干预控制安全系统的动作。核电厂的每台机组应该设置备用控制室，通过备用控制室应能实现反应堆向次临界冷却状态的可靠切换、反应堆次临界冷却状态的长时间维持、安全系统的投入以及反应堆状态信息的获取。

现阶段，俄罗斯液态重金属冷却剂快中子反应堆的技术发展路线有两条，即较小电功率（约 100 MW）的铅铋冷却剂反应堆回路以及较大单机功率（≥1 000 MW）的铅冷却剂反应堆回路。经过批量生产建造和多年运行经验的累积，现已掌握铅铋冷却剂反应堆装置陆上模式堆和核潜艇的主要技术。

相较于单机功率较大的反应堆装置而言，地区模块化核电厂机组的建造、投运和主要技术掌握时间短很多，且投资风险也小很多。而且，对于功率较小的机组而言，反应堆可以处于半峰值工况运行，此时的装机容量利用系数较低。机组的功率调节通过调度运行表实现，在这个调度运行表中，机组的功率值体现在时间功能上，例如以 1 d 为周期。

较大单机功率（≥1 000 MW）的反应堆回路采用铅冷却剂，反应堆处于基准工况运行。

由于液态重金属冷却剂快中子反应堆机组的初始运行周期和整体核能局势不同，上述技术路线可能会有所变化。

无论机组处于何种运行工况，对控制系统的功率和其他参数精准动态控制都提出了很严格的要求。当电网频率出现较大偏差时，核电厂的所有机组都应能以分钟或更小的单位调节汽轮发电机的功率，减轻调节系统频率所造成的机组运行工况荷载。一般是通过传热回路的蓄热能力实现功率的调节，无需调节反应堆的功率。当电力系统出现事故时，如调节频率的机组发生故障或系统间耦合受到破坏，可能必须将部分核电厂从基准运行工况切换至静态或不稳定的调节工况。调节工况和基准运行工况下机组自动调节系统的任务都是补偿机组内部和外部的扰动。

（在静态运行工况下，瞬态过程结束后，按电力系统电流的频率变化成正比地调节反应堆和整个机组的功率变化；在不稳定运行工况下，当频率和额定值存在差值时，机组功率发生改变。在频率与额定频率值的偏差不等于零时）

5.2　基本要求

在液态重金属冷却剂机组的额定或个别运行工况条件下，应严格遵循以下能量守恒的原则：

（1）反应堆热功率和核功率：

$$N_{p} \approx \sum q_{\text{fiss. ev}}/t \tag{5-1}$$

式中：$q_{\text{fiss. ev}}/t$——单次裂变事件功率。

（2）反应堆回路热功率：

$$N_{1} \approx G_{\mathrm{I}} C_{p}(T_{\text{out}}^{\text{core}} - T_{\text{in}}^{\text{core}}) \tag{5-2}$$

式中：G_{I}——反应堆内液态重金属冷却剂流量；

C_{p}——比定压热容；

$T_{\text{out}}^{\text{core}}$、$T_{\text{in}}^{\text{core}}$——反应堆液态重金属冷却剂的出口温度和入口温度。

（3）工质回路（汽水回路）热功率：

$$N_{\mathrm{II}} \approx GD_{0}(i_{0} - i_{\text{f. w.}}) \tag{5-3}$$

式中：D_{0}、$G_{\text{f. w.}}$——蒸汽产量和给水流量，$D_{0} \approx G_{\text{fw}}$；

i_{0}、$i_{\text{f. w.}}$——汽轮机入口的蒸汽焓和给水焓。

（4）汽轮机功率：

$$N_{t} \approx \mu_{\text{torq}} n \tag{5-4}$$

式中：μ_{torq}——扭矩；

n——汽轮机轴转速。

（5）汽轮发电机电功率：

$$W \approx V_{\mathrm{I}} \tag{5-5}$$

式中：V_{I}——回路速度。

在编写守恒公式时，应该考虑到在能量的生成和输送过程中存在不可避免的损耗，在一种能量转换成另一种能量的过程中同样存在不可避免的能量损耗。

核动力装置回路和系统的决定性参数值应该对应反应堆动态运行工况期间的相应功率，根据设定的程序，这些参数值随着反应堆功率的变化而变化，或者保持常数值。在反应堆装置投入和退出动态功率水平运行工况期间，以及从一个功率水平切换至另一个功率水平的瞬态工况期间，在不同的情况下，即使反应堆功率水平保持不变，上述参数值可能都各有不同。而且，上述参数值都应该处于有限的数值范围之内，不能超出反应堆装置各设备、机械装置和其他部件的潜在危险限值，也不能超出报警系统、事故预警系统及其他自动保护系统的动作阈值。

在模拟反应堆装置及其设备特性（物理、结构和技术经济特性）、反应堆装置在电力系统中的运行以及其他一系列因素的基础上，反应堆装置的设计采用了流量、温度和压力等主要参数与反应堆装置动态功率水平的静态调节程序。这一静态调节程序应该满足实际可操作性的主要条件，也即堆芯到汽轮发电机部分功率的输送和转换守恒公式的技术可实现性。

铅、铅铋冷却剂反应堆回路采用静态调节程序的论证基础是冷却剂的特性分析以及反应堆回路设备的特性分析。有别于水冷却剂，所有的液态重金属冷却剂都具有很低的热容。由于铅、铅铋低熔合金的沸点较高，因此不似沸水堆，需要调整设备状态。反应堆回路的热量守恒公式是：

$$Q_r = G_I C_p (T^r_{out} - T^r_{in}) \tag{5-6}$$

式（5-6）表明，当热功率改变时，反应堆回路内的流量 G_I 或反应堆的入口和出口冷却剂温差或者上述两个参数都发生相应的变化。而当指定其中某一个参数随反应堆热功率变化而变化时，调节系统的设计能更加简化和可靠。

在钠冷快堆的初始发展阶段，反应堆回路内的钠流量呈不连续的逐步变化趋势。在后续的 BN-600、BN-800 和 BN-1200 的设计中，当反应堆装置的功率发生改变时，一二回路主泵的转速以及反应堆回路、中间回路内的钠冷却剂流量都采用了平稳的调节方式。

在所有的铅、铅铋冷却剂反应堆装置中，都采用了并一直采用静态的调节程序，此时回路内的冷却剂流量随反应堆热功率的变化而发生同步的线性变化。

虽然平稳调节主泵转速的驱动电机控制比较复杂，造价也更高，但是若反应堆回路内的冷却剂流量能实现平稳调节，则能将瞬态工况和安全棒落棒期间回路部件的热循环应力降至允许值范围以内，从而保证回路部件和整个回路的寿期内工作性能。

对于中小功率液态重金属冷却剂反应堆装置而言，由于其功率运行调节要求较高，因此冷却剂流量的平稳调节具有特殊意义。

只能在有限的范围内选定调节程序，并改变液态重金属冷却剂反应堆装置的反应堆出入口温差和堆芯出入口温差。由于液态金属冷却剂的热容较小，导热能力较好，瞬态工况条件下冷却剂和部件温度的变化幅度很大，变化过程很快，因此不能选择反应堆出入口冷却剂温差变化很快的调节程序。液态重金属冷却剂的堆芯出口温度取决于反应堆燃料棒及其他部件的材料强度。

液态重金属冷却剂反应堆装置的反应堆入口冷却剂（从蒸汽发生器中出来的）温度接近汽轮机的蒸汽温度，蒸汽温度的变化不宜过快或者不能太快，因此在反应堆装置的所有动态运行工况期间，反应堆的入口冷却剂温度最好保持固定值。值得注意的是，汽轮机的入口蒸汽压力不能有太大的波动。进入汽轮机的蒸汽流量是唯一可以有大幅变动的蒸汽参数，蒸汽流量的调节通过调节汽轮机功率实现，此时 t_0、$p_0 \approx \text{const}$。

在苏联 645、705 和 705K 项目核潜艇的反应堆装置中，由于主泵驱动采用了涡轮传动

（多速度级叶轮）设计，且反应堆启动和冷却期间需要投入转速较低（$n=200$ r/min）的辅助驱动电机，回路才能使用线性变化静态调节程序，根据该程序，回路内铅铋低熔合金冷却剂的流量和反应堆功率成正比。

5.3 液态重金属冷却剂反应堆装置的静态参数调节程序

由于可移动反应堆装置的质量和尺寸有限，因此堆芯出入口温差很大，$\Delta t_{\text{core}}\approx$ 200 ℃，反应堆回路内的液态重金属冷却剂流速为 2.5～3.5 m/s。

在 705 和 705K 项目的核潜艇反应堆装置中，蒸汽发生器中的工质呈逆流状态，鉴于此及核动力装置设备的其他特点，堆芯的入口和出口温度与反应堆功率的关系曲线并不完全是线性关系，且随着功率的上升而略微升高。

至于个中缘由，主要是液态重金属冷却剂的反应堆回路采用了直流蒸汽发生器，因此可以任意选择一种传热介质的温度调节程序。换热定律（能量守恒公式）决定了蒸汽发生器的加热和待加热介质温度的相互关系。苏联时期，业内人士普遍认为，由于叶轮材料硬度较高，主泵具有 260～330 ℃以下温度铅铋冷却剂的唧送能力，因此可移动液态重金属冷却剂反应堆装置才选择了静态调节程序。

如图 5.1 所示，在反应堆装置所有动态运行工况下，即从最低动态功率水平（N_{MDPL}）到额定功率水平（100%N_{nom}），堆芯入口温度（$t_{\text{in}}^{\text{core}}$）、堆芯出口温度（$t_{\text{out}}^{\text{core}}$）、堆芯温差（$\Delta t_{\text{core}}$）、反应堆回路气体压力（$p_g$）、蒸汽发生器中蒸汽压力（$p_0$）、汽轮机入口蒸汽温度（$t_0$）等参数一直处于固定值或接近固定值水平。

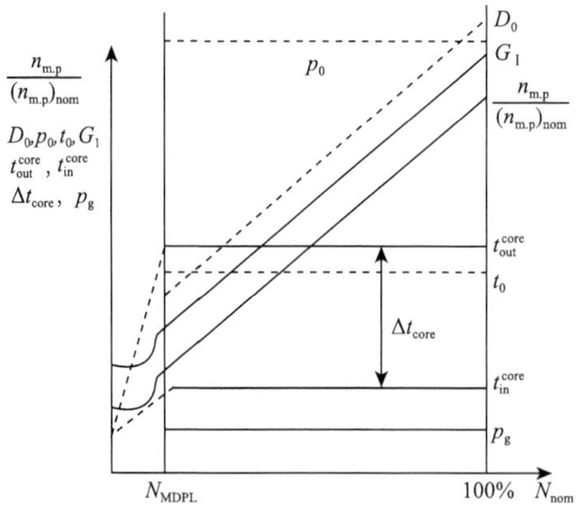

图 5.1 苏联批量建造可移动核动力装置的静态参数调节程序

（$\Delta t_{\text{core}}\approx\Delta200$ ℃，为堆芯温差 const）

D_0—蒸汽产量；G_1—回路内液态重金属冷却剂流量；p_0—汽轮机入口蒸汽压力；

$\frac{n_{\text{m.p}}}{(n_{\text{m.p.}})\ \text{nom}}$—主泵额定转速；$t_{\text{out}}^{\text{core}}$—堆芯出口温度；$t_0$—汽轮机入口蒸汽温度；

Δt_{core}—约等于堆芯温差常数（≈200 ℃）；$t_{\text{in}}^{\text{core}}$—液态重金属冷却剂堆芯入口温度；

p_g—反应堆回路气体压力

以下参数与功率变化基本呈线性关系：

1）堆芯液态重金属冷却剂流量 G_{I}、反应堆回路主泵额定转速 $n_{\mathrm{m.p.}}/(n_{\mathrm{m.p.}})_{\mathrm{nom}}$；

2）蒸汽产量和给水流量。

可移动核动力装置的特点是能有针对性地调节汽轮机的转速，通过主要齿轮传动式涡轮机调节与汽轮机相连的螺旋桨转速，并进而调节核潜艇的航速。而核电厂机组核动力装置的特点则是维持汽轮机和发电机转子转速不变。通过调节汽轮机的蒸汽流量，作用汽轮机的转速调节器，实现自动调节系统对核电厂发电机电力荷载的调节。

可移动核动力装置的特点还包括反应堆装置所产生的蒸汽数量超出汽轮机的蒸汽流量，这样便产生了机动的蒸汽裕量，而且冷凝器还会消耗掉部分蒸汽。而对于核电厂机组而言，不能出现冷凝器不断消耗蒸汽的工况，只有在瞬态工况条件下才允许这种情况的出现。

铅、铅铋冷却剂机组（目前尚处于设计阶段）的静态调节程序选择还取决于冷却剂的特性，反应堆回路的设备、机械装置和材料情况，可能在未来的设计过程中尚待确认，也可能视安装后投运的核电厂机组的启动调试情况再行确认。

SVBR 反应堆装置的铅铋低熔合金冷却剂循环流程与可移动反应堆装置的铅铋低熔合金冷却剂循环流程相类似，但是仍然存在一些差异，前者的主泵采用潜水式轴流泵，不设铅铋低熔合金泄漏回收的辅助泵，液态重金属冷却剂的循环通过蒸汽过热器和蒸汽发生器单元实现，而非依次通过蒸汽发生器 U 形管段部分的蒸汽过热器和蒸汽发生器实现，而后者的液态重金属冷却剂循环则是同时通过蒸汽发生器的蒸汽过热器和蒸汽发生器单元（采用菲尔德传热管）实现。SVBR-100 反应堆装置的静态调节程序（设计文件阶段）与可移动反应堆装置的调节程序基本类似，如图 5.1 所示。液态重金属冷却剂固定机组的特点是在额定工况下需要设定比可移动反应堆装置低的反应堆堆芯温差（约 150 ℃），这主要是出于降低功率密度和机组运行寿期较长要求的考虑。在 SVBR-100 反应堆装置中，液态重金属冷却剂流量的平稳调节通过调节主泵驱动电机的转速实现，这就提高了反应堆装置电气设备的设计难度。在 SVBR-100 反应堆装置的设计过程中，设计人员曾考虑过蒸汽发生器不设蒸汽过热器的方案，此时蒸汽发生器所产生的汽轮机蒸汽温度同样保持固定值不变，在蒸汽发生器的蒸汽压力和汽轮机的入口压力条件下，对应饱和温度。

在 BREST-OD-300 铅冷却剂反应堆装置中，有别于可移动反应堆装置和 SVBR-100 反应堆装置，由于反应堆入口冷却剂高度和蒸汽发生器出口冷却剂高度之间存在静态差异，因此铅冷却剂的循环流程通过堆芯和蒸汽发生器实现。

主泵将蒸汽发生器出口腔内的冷却剂唧送至反应堆的压力腔。在设计过程中，设计人员曾考虑过以下两种不同的主泵方案：

1）传统的主泵设计方案；

2）在一台主泵停运、其他主泵运行时，在主泵出口设置降低冷却剂回流流量的固定扬程管道，其实就相当于是逆止阀。

上述两种不同主泵设计方案的主泵特性如图 5.2 所示，可以明显看出，在传统的主泵设计方案中，系统的工作点取决于主泵响应特性和反应堆回路管线的交叉情况。而在固定扬程管道的主泵设计方案中，系统的工作点则取决于固定扬程管道上部边缘的高度 $H_{\mathrm{f.h.p.}}$ 和管道下部孔（视窗）的高度 $H_{\mathrm{w.f.h.p.}}$，主泵高度的基准点宜取整流器叶片的上部边缘高度。

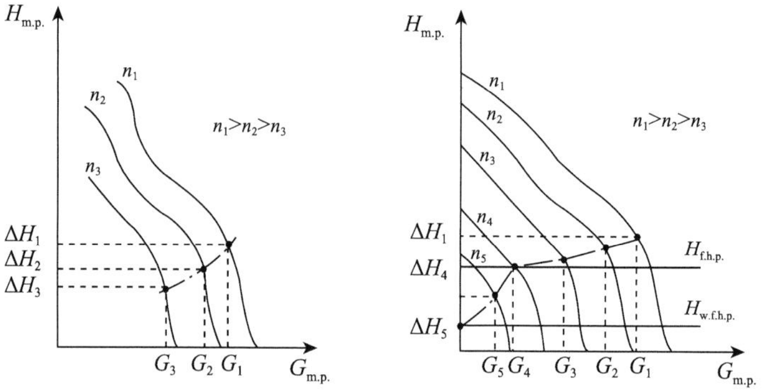

（a）传统设计方案　　（b）固定扬程管道设计方案（管道下方有孔）

图 5.2　BREST-OD-300 反应堆装置主泵的扬程流量特性

在主泵启动→转速增加导致扬程升高→固定扬程管道下部孔对应高度的过程中，流量为零。

当转速增加至扬程对应的固定扬程管道下部孔高度时，泵内才开始有流量，并逐步形成到反应堆压力腔的循环。随着转速持续增加、扬程持续上升、液态重金属冷却剂液位持续攀升至固定扬程管道上部边缘高度，流经固定扬程管道下部孔的流量相应增加。当转速增至扬程对应的固定扬程管道上部边缘高度时，形成流经固定扬程管道下部孔和环形出口的流量。当转速继续增加时，蒸汽发生器出口腔的自由冷却剂液位高度随主泵扬程、流量的增加而下降，导致主泵入口压力下降，且液态重金属冷却剂流转向装置造成额外的流体阻力，导致固定扬程管道内形成射流压力，又由于固定扬程管道本身就存在高度差异，因此之后的流量和压差能实现平稳调节。

液态重金属冷却剂反应堆装置的回路不设流量计，位于堆芯出口的热电偶应能产生相应信号，并将信号输入至主泵转速设定系统。在反应堆装置的所有动态运行工况条件下，液态重金属冷却剂的堆芯出口温度应该接近固定值。位于反应堆压力腔、蒸汽发生器出口腔、反应堆堆芯出口和蒸汽发生器入口（可能需要）以及监测反应堆功率的电离室内的液位计应能产生校正信号，并将信号输入至主泵转速调节系统。在反应堆装置的初期启动调试工作期间，在校准电离室时，包括记录电离室位置和反应堆的实际热功率，应根据工质回路的能量守恒定律匹配电离室的电流。相较于 SVBR-100 反应堆装置，BREST-OD-300 反应堆装置冷却剂循环流程的回路参数调节系统设计更为复杂。

迄今为止，核电厂的控制系统结构非常复杂，较少取决于机组的类型，并随着新自动化工艺设备的接连问世不断更新。

由于核电厂机组的多回路工艺流程比较庞杂，且大部分主要参数都相互关联，因此必须在综合考虑反应堆装置物理、结构和技术经济特性分析，反应堆装置在电力系统中的运行分析及其他因素的基础上，选择反应堆装置参数和反应堆功率的关系曲线程序。值得注意的是，此处的“参数和功率的关系曲线程序”仅针对机组的稳定运行工况。在实际的参数值大幅波动瞬态工况下，上述参数值与静态阶段的静态值之间可能存在偏差，无法对应

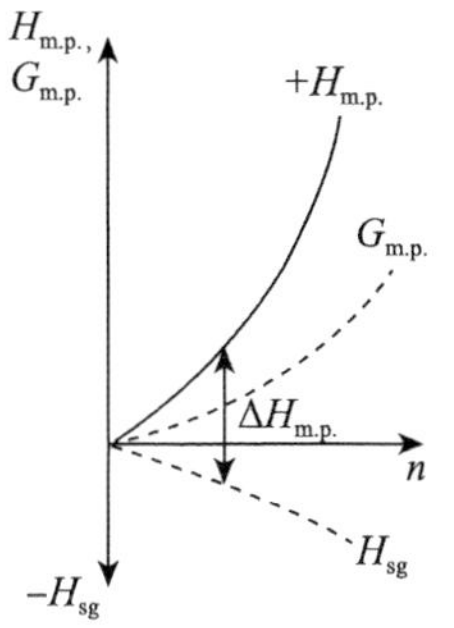

（a）传统设计方案

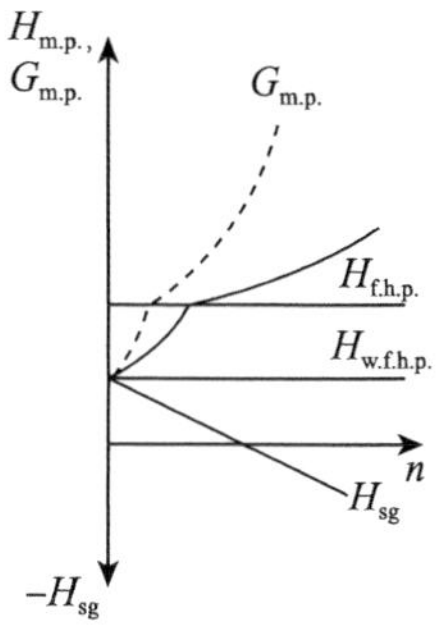

（b）固定扬程管道设计方案
（管道下方有孔）

图 5.3　BREST-OD-300 反应堆装置主泵特性变化和主泵转速变化的关系曲线

程序规定的参数值水平。此处的偏差不能达到或者超出自动保护的动作阈值范围，即使发生正常的瞬态工况，设备也不会被意外切断，反应堆装置的功率也不会意外下降，或者反应堆的事故保护也不会意外动作。反应堆装置参数和功率的关系曲线程序仅针对从最低动态功率水平 N_{MDPL} 到额定功率水平 N_{nom} 的动态功率水平运行工况，按预设程序自动调节参数。在停堆工况到最低动态功率水平运行工况的瞬态过程中，可以按预设的程序，进行手动远程控制或自动控制，但是期间必须避免机组各部件的结构受到热冲击，产生热周期应力或其他应力等危险情况，参数与额定值的偏差不能达到事故保护动作的阈值。在此工况下，原则上可以闭锁单个事故保护的动作，但该操作不可取。反应堆装置或机组静态调节程序应该满足的主要条件是实际可实现性，在机组主要参数值的条件下，相应的反应堆功率和反应堆所产生的热量必须能导出反应堆，并经液态重金属冷却剂传递给水和蒸汽等工质。核电厂回路、系统能量转换和传递过程可以体现在以下几个公式（含一定公差）中。

经液态重金属冷却剂传出的反应堆功率 N_r 的计算公式为：

$$N_r \approx (1/\eta_r) G_1 \overline{C_r} (t_{out} - t_{in}) \tag{5-7}$$

式中：η_r——考虑反应堆热损耗的有效系数；

C_r——冷却剂热容；

t_{out}——反应堆出口冷却剂温度；

t_{in}——反应堆入口冷却剂温度。

该功率值应等于反应堆的物理功率，反应堆物理功率取决于中子物理及其他核反应的特点，而上述特点又取决于堆芯的中子通量密度和中子能谱、反应堆结构和采用的材料等因素。

通过电离室读数，相应的堆芯中子通量密度，反应堆出入口温度和决定堆内液态重金属冷却剂流量的主泵转速等热工参数值监测反应堆的功率，还可使用其他堆内监测仪表进行监测。可通过计算算出电离室读数（电流 J_k）是否符合堆芯和整个反应堆的实际功率。在实践中，一般是通过回路的能量守恒定律确定电离室读数（电离室校准）和反应堆实际功率的关系曲线，具体做法是在依次变更的动态功率水平运行工况下，通过解能量守恒方程式，确定反应堆的实际真实功率。根据工质回路参数测量仪表的读数，回路参数包括反应堆装置所产生的蒸汽温度和蒸汽压力、反应堆入口的给水温度和给水压力、蒸汽流量、给水流量、蒸汽发生器排污水的流量以及其他参数，同时兼顾相应设备和管道的热损耗、组织和非组织的水和蒸汽泄漏等因素，确定反应堆的热功率。根据计算得出的每个功率值，确定监测反应堆功率的仪表的读数是否相符，并校准电离室。

有别于 VVER 反应堆装置，铅、钠和铅铋冷却剂反应堆装置采用了通过反应堆功率的液态金属流量调节程序（几乎成正比），这主要是出于液态金属热容较低以及反应堆装置功率变化时需要降低各部件应力等其他因素的综合考虑。

换算成额定流量的反应堆回路冷却剂相对流量与反应堆功率成正比，或基本成正比，关系式如下：

$$G_{\mathrm{I}}/G_{\mathrm{I_{nom}}} \approx N/N_{\mathrm{nom}} \tag{5-8}$$

主泵运行和生物屏蔽产生的热量都是反应堆回路的热源。

从式（5-7）可以看出，反应堆的出入口冷却剂温差接近固定值：

$$(t_{\mathrm{out}} - t_{\mathrm{in}}) \approx \mathrm{const} \tag{5-9}$$

如图 5.4 所示，调节程序可选择上述温度值在所有功率范围内都保持固定值不变，或者保持同步增加，或者在反应堆功率增加时保持同步下降。

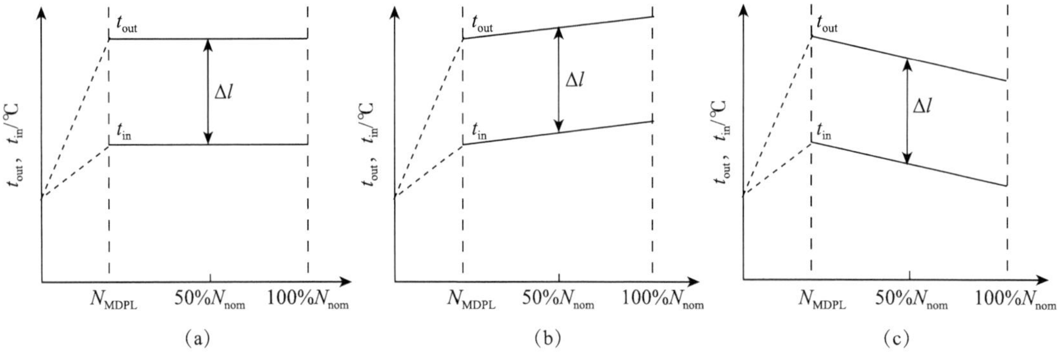

图 5.4 反应堆回路液态重金属冷却剂的温度曲线

在反应堆功率变化的条件下，当堆芯的出入口冷却剂温度接近固定值时，从机组功率机动调节角度而言，能减小反应堆回路设备的热周期应力，从而为设备运行创造良好的条件。

在所有运行过和设计中的先进液态重金属冷却剂反应堆装置中，反应堆冷却剂的加热值基本一样，都是 150～200 ℃，堆芯出入口温度的绝对值取决于反应堆装置的类型。在额定功率的条件下，堆芯的出口和入口温度：

1）在 705 和 705K 项目核潜艇反应堆装置中，分别是 465 和 265 ℃；

2）在 SVBR-75/100 反应堆装置的设计方案中，分别是 495 和 345 ℃；

3）在 BREST-OD-300 反应堆装置的设计方案中，分别是 540 和 450 ℃。

回路内液态重金属冷却剂流量和反应堆功率的同步调节可通过以下执行机构实现：

1）移动吸收棒或采取能改变堆芯中子通量密度的其他反应性干预措施；

2）通过改变节流阀或涡轮传动装置转速调节器类似部件的位置，调节反应堆回路泵驱动电机的转速或其他调节器，调节泵的转速和反应堆回路的冷却剂流量。

在稳定功率工况条件下，堆内产生并经液态重金属冷却剂导出的功率应等于蒸汽发生器工质回路的热功率，计算公式（计算精度为有效系数值）为：

$$N_r \approx N_I(1/\eta_I) \approx N_{II}[1/(\eta_I\eta_{II})] \tag{5-10}$$

考虑损耗的蒸汽发生器工质回路热功率的计算公式为：

$$N_{II} \approx D_0(i_0 - i_{f.w.}) + \sum\delta N_{IIi} \text{ 或 } N_{II} \approx G_{f.w.}(i_0 - i_{f.w.}) + \sum\delta N_{IIi} \tag{5-11}$$

考虑热损耗和泵运行所产生的热量等因素的反应堆功率、反应堆回路功率、工质回路功率和汽轮机功率应该都是相同的值，计算公式为：

$$N_t \approx (1/\eta_t)M_{torq}n_t \tag{5-12}$$

考虑损耗的汽轮机输入功率应等于发电机的电功率，发电机的电功率可通过发电机电流荷载的发电电压算出，计算公式为：

$$N_g \approx (1/\eta_t)U_I \tag{5-13}$$

汽轮机扭矩 M_{torq} 等于发电机制动力矩 $M^g_{brak.\,torq.}$。

$$N_g \approx (1/\eta_t)M_{torq}n_t \approx (1/\eta_t)M^g_{brak.\,torq.}n_g \tag{5-14}$$

机组的自动调节系统应能保证各回路主要参数的调节，以便实现各回路功率的均匀匹配，具体公式为：

$$N_r \approx (1/\eta_t)N_I \approx [1/(\eta_I\eta_{II})]N_{II} \approx [1/(\eta_I\eta_{II}\eta_t)]N_t \approx [1/(\eta_I\eta_{II}\eta_t\eta_g)]N_g \tag{5-15}$$

（此处，η_{II}包括工质循环有效热系数 $\eta_{w.m.}$）。

机组的主要工艺过程一般是通过调节以下主要设备的参数实现：

1）反应堆，需要调节的参数包括由电离室监测的堆芯中子通量密度、由堆内热电偶监测的反应堆出口温度和平均温度等、控制保护系统吸收棒驱动电机调节系统的执行机构以及影响堆芯中子通量密度的吸收棒调节机构。

2）反应堆一回路主泵，需要调节的参数是反应堆内的液态重金属冷却剂流量，由回路主泵的叶轮转速决定。由于反应堆装置正常运行工况下的流体特性不会发生变化，又由于流量计需要设在液态重金属冷却剂流体动力特性比较稳定的较长管段处，这边便存在回路尺寸变大的问题，再加上流量计本身具有较大测量误差，因此此处不设流量计，也就无法监测液态重金属冷却剂反应堆回路内的冷却剂流量。涡轮传动装置主泵的调节系统执行机构包括电-液控制模块、汽轮机转速调节器和调节汽轮机蒸汽流量的节流阀，电传动装置主泵的调节系统执行机构则是交流电频率调节器或能调节主泵转速的其他调节器。调节系统的调节机构是能调节回路冷却剂流量的主泵转子叶轮。

3）蒸汽发生器，需要调节的参数包括由给水流量计监测的蒸汽发生器给水流量以及蒸汽发生器之后的过热蒸汽温度。蒸汽发生器给水调节系统的一个主要功能是匹配反应堆回路 N_I 和汽水回路 N_{II}的热功率，使其保证相同的功率水平。调节系统的执行机构包括给水阀驱动电机、调节阀梳形端子板或给水泵转速调节部件。调节系统的调节机构包括给水阀的分流活门以及能调节蒸汽发生器进水流量的给水泵转子叶轮；

4）汽轮机，需要调节的参数是汽轮机转速，它主要取决于汽轮机输入功率和汽轮机向发电机输入的功率的比值。汽轮机的输入功率取决于汽轮机的蒸汽流量，蒸汽流量的改变会导致汽轮机功率的基本线性改变。汽轮机的蒸汽温度和蒸汽压力测量结果只能在较小的数值范围之内。汽轮机的转速等于发电机的转速，决定了发电机的输出电力参数，包括交流电发电机的频率和电流。汽轮发电机转速调节系统的一个主要功能是匹配汽轮机 N_{I}、汽水回路 N_{II}的热能与发电机的功率（电力荷载），使其保证相同的功率水平。汽轮机转速调节系统的执行机构是能调节汽轮机入口新蒸汽流量的调节部件驱动电机（节流阀等）。调节系统的调节机构是节流阀或其他部件，通过上述装置的调节可以调节蒸汽流量，以使电流频率、发电机转速和汽轮机转速均维持额定固定值水平，允许较小偏差。

5）发电机，发电机的电力荷载取决于核电厂厂用电力荷载的总功率和输送给外部用户的电力荷载。在机组的基准运行工况下，总的电力荷载是固定值，并不发生实时变化。在机组的半峰值荷载工况运行条件下，核电厂的厂用功率分量仍然是固定值，而输送给外部用户的电力荷载则是随电网调度计划表而变化。发电机的可变参数是其外部电力荷载，但是可以通过输入汽轮发电机的热功率进行相应补偿。当汽轮发电机的输入和输出功率不匹配（不相等）时，就需要调节汽轮发电机的转速和发电机交流电电流频率。调节系统应能维持汽轮机转速接近额定值的固定转速。

如果汽轮发电机转速与额定转速的偏差值已经远超允许的范围，保护系统将自动断开发电机和用户，机组的厂用电供电切换至外部供电电源，汽轮机主汽门（快速截止阀）动作，反应堆装置功率下调程序投入。

蒸汽动力装置凝给水系统的主要调节参数包括：

1）汽轮机冷凝器的液位，保持一定的液位能保证液位上升时冷凝器的传热管不被淹没，并避免液位下降时凝水泵运行的中断；

2）凝水泵的凝水流量，应该对应给水泵的流量，主要是通过维持除氧器内的额定液位保证，可以是固定值或者按预设程序的变化值；

3）反应堆装置蒸汽发生器内的给水流量，应符合反应堆功率；

4）低压和高压再生预热器和除氧器内的凝水液位。凝水液位维持子系统应避免液位上升和凝水进入汽轮机，或者液位下降和蒸汽漏入再生预热器的出口短管内；

5）反应堆装置蒸汽发生器入口给水温度，由汽轮机汽缸蒸汽取样系统保证。

核电厂液态重金属冷却剂反应堆装置特别设有回路和冷却剂氧气杂质含量调节系统，该系统通过冷却剂中氧气的热力学活度监测仪读数，调节回路的氧气含量，该系统亦可根据回路工艺操作规程运行。其运行取决于用于还原冷却剂氧化物的回路加氧和加氢设备的设计结构。内设固态质量交换体的调节系统的执行机构是质量交换体的电加热元件或其他部件，调节机构则是工作部件（氧化铅）和液态重金属冷却剂流的接触面积。

内含气态质量交换体的调节系统执行机构是去往气态质量交换体的含氧或含氢气体混合物输送管线的阀门驱动电机，调节机构则是液态金属射流和含氧（含氢）气体混合物的接触面积、质量交换体内气体混合物的氧气（氢气）含量。

5.4 取决于稳定工况功率的液态重金属冷却剂反应堆装置参数调节程序

液态重金属冷却剂核动力装置参数和反应堆功率的特性曲线如图 5.5 所示。可以看出，蒸汽发生器的给水温度取决于汽轮机气缸和热能装置其他部件的流量和取样热焓、凝水流量和给水流量，当反应堆功率发生变化时，只会发生轻微变化，只有当一个或几个再生预热器事故断开时才会骤降。如果给水温度骤降，则会导致蒸汽发生器内液态重金属冷却剂冻结的禁止情况。蒸汽发生器的入口给水压力取决于给水泵的扬程，应等于汽轮机入口蒸汽压力 p_0（固定值）与给水泵到汽轮机转速调节器管段的流体损耗的总和，当反应堆功率和汽轮机蒸汽流量增加时，本管段的流体损耗也会略微增加。汽轮机的蒸汽温度 t_0 应接近固定值，这是汽轮机正常运行的必要条件。在蒸汽过热的流程中，蒸汽温度测量仪表的信号可以修正蒸汽发生器的蒸汽产量值，还可以采取其他措施维持汽轮机入口蒸汽温度的固定值不变。给水流量值 $G_{f.w.}$ 通常由给水阀进行调节，蒸汽产量 D 与功率变化基本呈线性关系。给水流量一般大于蒸汽产量，多出来的部分刚好是蒸汽发生器给水冲洗的流量以及动力装置其他潜在用户的流量。

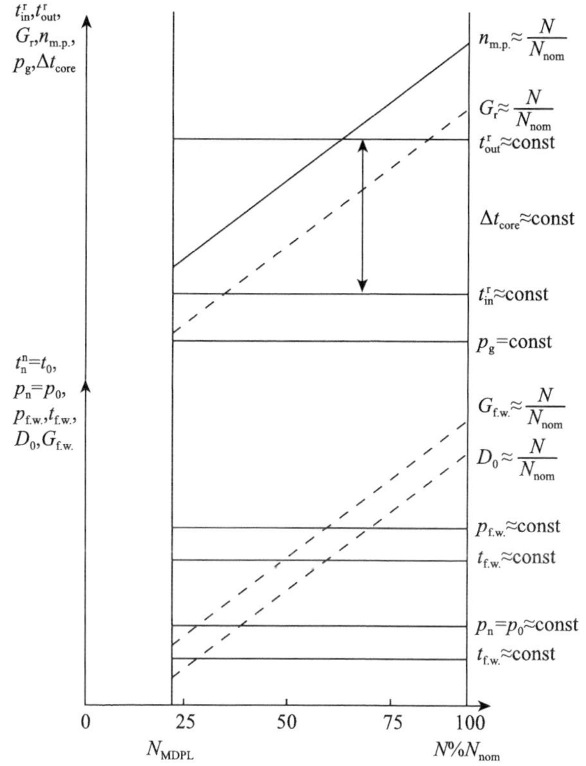

图 5.5　机组主要参数和反应堆功率的关系曲线

根据调节程序，按反应堆的功率调节反应堆装置的参数，必要时根据蒸汽冷凝回路的调节程序进行调节。液态重金属冷却剂回路保护气体系统的气体压力几乎保持固定值不变。

液态重金属冷却剂的反应堆装置无须设置类似 VVER 反应堆装置中的蒸汽或气体补偿系统那样的用于冷却剂体积变化的补偿系统。在液态重金属冷却剂反应堆功率变化的过程中，冷却剂的体积变化相对较小，堆内的气体容积和气体系统所接入部件的体积完全能够进行补偿。在液态重金属冷却剂反应堆装置中，特别是在 BREST 反应堆装置中，当反应堆功率变化时，主循环回路设备内的冷却剂液位会进行重新分配。

反应堆功率增加时，泵壳体、泵与反应堆压力腔相连管线内的液态重金属冷却剂液位上升，而蒸汽发生器内的冷却剂液位则下降。泵停运时，反应堆回路所有部件内的冷却剂液位都处于同一位置。在反应堆功率变化期间，反应堆回路的冷却剂体积和保护气体容积的总和仍然保持固定值不变，反应堆入口液态金属冷却剂温度和堆芯入口液态金属冷却剂温度在较大程度上取决于蒸汽发生器的给水和蒸汽的温度、压力。由于汽轮机之前的蒸汽温度不能发生剧烈变化，经同步调节沿蒸汽发生器循环的液态重金属冷却剂、水和蒸汽流量后，水、蒸汽和汽水混合物的温度和压力也不会发生大幅变动，因此蒸汽发生器的出口液态金属温度不会剧烈波动。为降低反应堆功率骤变所造成的温度应力，以及出于其他因素的考虑，堆芯的出入口温差值 Δt_{core} 只能轻微波动，并处于 150～200 ℃的范围之内。如果需要大幅降低 Δt_{core} 值，则需要大幅增加反应堆回路内的液态重金属冷却剂流量、主泵流量以及回路的质量和尺寸。从提高过热蒸汽参数的角度而言，提高堆芯和反应堆出口液态重金属冷却剂温度毫无疑问是最佳的选择，但由于燃料棒包壳材料和反应堆回路其他部件材料的工作性能有限，因此较难实现。反应堆功率变化时，通过相应调节回路主泵的转速，反应堆回路内的液态重金属冷却剂流量几乎能与反应堆功率变化呈线性关系。

而在实际运行中，由于回路热工物理特性（换热系数、热导率和流体特性等）与流量等运行工况参数为非线性关系，因此图 5.5 所示关系曲线并不总呈线性关系。在试验或示范反应堆装置的启动调试工作期间，应该对保证实际参数调节程序的调节器进行微调，且在后续批量生产的反应堆装置设计文件中有所体现。

5.5 反应堆回路主设备的参数调节系统

核电厂的参数调节系统通常由单个局部调节器（调节系统的低控制级）构成，它们由统一的参数定值器（中控制级）相连。采用这种原则构建系统，能分别设计、制造并交付每个调节器，并在运行过程中不断改进调节器的设计。BN-600 钠冷却剂反应堆装置给水流量调节器的调试工作持续了 2 a 左右，经过多次调试和设计优化，在反应堆功率变化时，该调节器保证了循环回路冷段的温度不变，并保证了设备的热稳定性。BN-600 的反应堆功率自动调节通道的设计优化持续了 1～1.5 a 的时间，贯穿了整个运行阶段，期间考虑了主要调节器的备用。

总体而言，调节器的结构都是标准结构，并不取决于反应堆装置的特点（结构设计方案）。调节器的外观与必须进行控制的执行机构外观基本一样。安全棒和补偿棒的驱动机构可采用异步电机或步进电机。若采用步进电机，则需要变更部件和功能流程图，去掉转速传感器的转速反馈线路。

5.5.1 核反应堆功率调节

除基本要求之外，对反应堆参数调节系统还提出了一系列特殊要求，包括较高的可靠性，必须大力加强中子通量密度传感器的信号（几微安），必须通过特殊特性的信号控制执行机构等，因此控制反应堆的技术设备与核电厂其他设备的参数调节系统所采用的普通工业设备不同。

按功率信号的形成方式，反应堆的调节系统包括：

1）液态重金属冷却剂中子通量密度调节；

2）热工参数调节；

3）组合调节。

液态重金属冷却剂反应堆的调节系统通常采用组合调节方式。

按功率空间分布的调节方式，反应堆的调节系统包括[1]：

1）反应堆积分功率（平均功率）调节；

2）反应堆局部功率调节；

3）组合调节。

积分功率调节系统通过中子通量密度的变化进行调节，而本系统内的中子通量密度传感器则通常采用一个或者几个电离室。电离室的电流与电离室区域内的中子通量密度成正比。一般而言，中子通量密度的测量采用 2 个或者 2 个以上的电离室，它们分布在不同的测量点，以使其总电流能更准确地反映出反应堆的平均体积功率。还可以从几个电离室信号中选出最大的信号，作为反应堆的功率信号，这样能避免一个或者几个传感器故障（进水）时调节器错误地升功率。

中子通量密度的调节系统简图如图 5.6a 所示[1]。

电离室（1）的信号通过信号综合器（2）或最大信号选择器进入定值器（3），再由定值器（3）形成与反应堆功率相对偏差成正比的信号，计算公式为：

$$(I - I_3)/I_3 = (N - N_3)/N_3 \tag{5-16}$$

式中：I、I_3——电离室的实际电流和额定电流；

N、N_3——反应堆堆芯的实际中子注量率和额定中子注量率。

由于反应堆放大系数与反应堆功率基本成正比，因此必须选择上述信号关系式，该信号从实际的功率水平值并经定值器（3）形成。在所有动态功率水平运行条件下，由式（5-16）和定值器形成的输出信号的开路系统（调节对象到调节器）放大系数总是接近固定值，如此便能保证不同运行工况下的瞬态过程质量接近最佳值。将信号除以定值器的误差 I_g，或者向定值器输入电离室电流的对数信号，即可得出式（5-7）中的信号。在后一种情况下，当电离室的实际电流与额定电流 J_g 的偏差处于最小值时，定值器形成的信号关系式如式（5-17）（底数 a 取决于定值器的信号偏差值）：

$$\log_a I - \log_a I_3 = \log_a(I/I_3) \approx (I/\log_a)[(I - I_3)/I_3] \tag{5-17}$$

定值器（3）形成的失配信号进入放大器（4），并在此处放大至执行机构驱动电机装置（5）和吸收棒（6）工作所需的功率。受反应堆结构和功率的影响，调节器（3）可以控制一个或几个执行机构（6）。通过设置反馈电路（7），保证必要的调节系统内的瞬态过程质量，反馈电路的输入信号是执行机构的移动速度信号或放大器（4）的出口电压或中间点电压信号。

在维持反应堆功率和电离室电流的比例关系的条件下，类似的调节系统具有十分优异的工作性能。但是在反应堆运行期间，功率和电离室电流的比值可能出现较大的偏差。

出现较大偏差的原因可能是由于水汽进入电离室时电离室安装位置的功率密度分布发生了变化（中子通量密度保持不变），造成电离室的特性发生变化，如中子通量密度相同

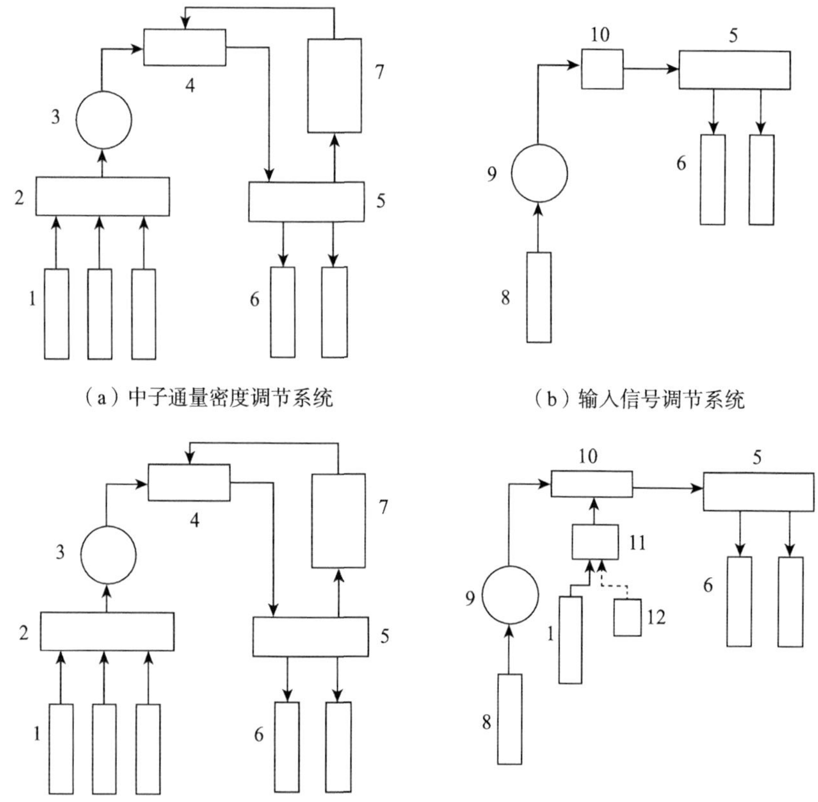

（a）中子通量密度调节系统　　（b）输入信号调节系统

（c）组合串联流程图　　（d）组合调节流程图

图 5.6　反应堆功率调节简图

1—电离室；2—信号综合器；3—定值器；4—信号加强器；5—驱动机构驱动（电机）；6—驱动机构；7—反馈电路元件；8—出口温度或平均温度等调节参数传感器；9—调节参数定值器；10—配信号加强器的调节器；11—微分器；12—冷却剂流量信号（传感器和主泵转速）

时电离室安装位置的电流发生变化，在此期间维持电离室电流固定不变的功率调节器会调节反应堆的功率，进而对这一偏差值造成持续的影响。

而按热工参数调节原则构建的调节系统则没有上述设计缺点。在当前反应堆入口流量和入口温度的条件下，当反应堆功率变化时，铅、铅铋冷却剂反应堆的出口温度也将发生变化，而出口温度也可以用作调节器的输入信号。控制信号可以取反应堆堆芯的出入口冷却剂温差 Δt_{core}，原则上还可以取反应堆回路冷却剂的平均温度信号。反应堆功率调节器的输入信号（或校正信号）可以取汽轮机之前的过热蒸汽压力。

采用上述输入信号的调节系统流程图如图 5.6b 所示。相较于图 5.6a 所示的调节流程，本流程具有最佳的静态特性，由于产生的反应性扰动几乎瞬间影响到中子通量密度和电离室电流的变化，且冷却剂温度传感器的信号记录存在一定的延迟，因此反应性扰动的产生过程较慢。但是如果采用本流程，那么在不改变调节结果的条件下，很难保证反应堆装置所有运行工况下的最佳瞬态过程质量。

如图 5.6c 所示，组合串联流程采用了中子通量密度和液态重金属冷却剂温度热工参数的信号。图 5.6a 流程中的中子通量密度定值器（3）由液态重金属冷却剂温度的热工参数调节器（10）控制。反应性扰动的信号几乎瞬间经电离室（1）记录，并经调节器处理，而反应堆功率和电离室电流比例失衡所造成的慢切断则由定值器（3）的信号变化补偿。

以上方案中最佳的组合调节流程图如图 5.6d 所示[1]，其调节回路与图 5.6b 相似，但是电离室（1）的补充信号通过微分器（11）进入调节器（10）。通过可调参数传感器（8）的信号，按热工参数处理扰动信号。本电路不设与定值器（3）最快移动速度相关的快速动作限值，如图 5.6c 所示。由于本调节回路考虑了热工参数信号以及逐渐减弱的中子通量密度信号的输入，减轻了系统动态调节的荷载，在无需重新调节调节器的条件下，不同反应堆功率水平下的瞬态过程接近最佳值。在冷却剂流量可变的液态重金属冷却剂反应堆装置中，当反应堆功率变化时，本流程的主泵转速传感器可产生补充的流量脉冲，流量脉冲通过微分器（11）进入调节器（10）。流量脉冲是超前脉冲，在出现可调参数传感器（8）记录下的偏差之前，中子通量密度几乎随流量变化而变化。

如何选择有效的控制保护系统执行机构对于调节质量至关重要。显然，加快反应性扰动信号的处理速度，必须加快中子吸收棒的移动速度。如果将效率较高、移动速度较快的中子吸收棒接入调节器，则又违背了核安全的要求，因为当调节器出现故障时，可能会快速引入超过缓发中子份额 β 的正反应性，而这是不能出现的。考虑到上述因素，调节机构又分为效率较低但移动速度较快的自动调节机构和自重较重但作用较慢的调节机构，如补偿棒组的补偿棒束。当调节棒移动至上部工作行程（上端部）的特定点时，发出一个或几个补偿机构向上移动或上升一格或一格以上的信号。由于反应堆功率的升高，调节棒下移至自行程的中间位置，然后停止补偿棒组的移动。通过所有或大部分调节机构的下移可大幅降低反应堆功率。

5.5.2 蒸汽发生器参数调节

液态重金属冷却剂反应堆装置采用多流程强迫循环回路式和直流式两种蒸汽发生器。

苏联 645、705 和 705K 项目铅铋冷却剂反应堆装置的试验装置和所有批量生产装置都采用了多流程强迫循环回路式蒸汽发生器的设计方案。设计人员按照上述结构设计方案设计了 SVBR 反应堆装置的蒸汽发生器。在设计过程中，曾考虑了设管段和分离器的蒸汽发生器方案，它与多流程强迫循环回路式蒸汽发生器的区别在于蒸汽发生器汽水分离器和管道系统之间不设主泵，而是借助水和汽水混合物的自然循环，实现汽水分离器中水向管道系统的输送以及管道系统中汽水混合物向汽水分离器的输送。

反应堆回路和汽水回路热功率平衡的条件是维持蒸汽发生器汽水分离器内的液位不变或者可变，如果热平衡被打破，则蒸汽发生器多流程强迫循环回路汽水分离器内的液位将上升或下降。

而工质参数较高的铅冷却剂反应堆装置则采用了直流蒸汽发生器的设计方案，蒸汽发生器的汽水分离器参数较高，$P_0 \approx 16.0 \sim 24.0$ MPa，虽然这种结构设计方案具有诸多优点，但蒸汽发生器的结构会非常复杂，且降低了蒸汽发生器的可靠性。

5.5.2.1 多流程强迫循环回路式蒸汽发生器蒸汽分离器的液位调节

多流程强迫循环回路式蒸汽发生器的运行特点是膨胀效应，具体表现在反应堆功率增加时能短时升高汽水分离器内液位以及反应堆功率下降、给水流量不变时短时降低汽水分离器内液位。如果由于蒸汽管道破裂等其他因素造成多流程强迫循环回路汽水分离器压力的剧烈下降，导致饱和温度 t_s 急剧下降，而蒸汽发生器水空间的实际温度高于饱和温度 t_s，水空间内开始出现蒸汽气泡，增加了水空间的几何形状，并导致汽水分离器内液位的急剧攀升。

维持汽水分离器内液位的 3 个脉冲信号的流程如图 5.7 所示[1]。蒸汽流量计（5）、水流量计（6）以及汽水分离器（1）内液位的液位计（3）的信号都进入调节器（7），调节器（7）控制给水阀（8）。液态重金属冷却剂反应堆装置中一般设几台多流程强迫循环回路式蒸汽发生器和几台汽水分离器，蒸汽发生器和分离器由复杂的蒸汽和水管线相连，因此在汽水分离器液位调节系统的设计和运行时必须予以考虑。液态重金属冷却剂反应堆装置中一般设 2～4 台蒸汽发生器，并配相应数量的多流程强迫循环回路分离器，汽水分离器内的液位不宜或者不能进行分别调节。蒸汽发生器及其连接管线的结构设计方案特点在于每台蒸汽发生器无需都采用 3 个脉冲信号的流程，因此可以通过水和蒸汽流量的总信号，同时调节相连汽水分离器内的液位。

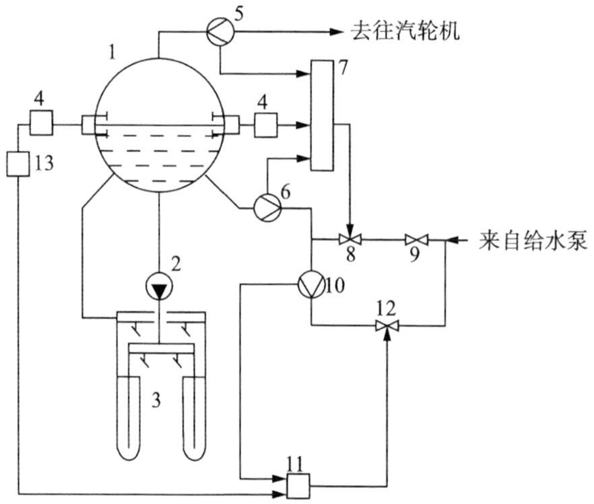

图 5.7 蒸汽发生器多流程强迫循环回路分离器的液位调节流程图

1—蒸汽分离器；2—回路泵；3—菲尔德传热管管系；4—液位计；5—蒸气流量计；6—水流量计；7—给水供量调节器的加法器；8—给水阀；9—截止阀（截止止回阀）；10—流量计；11—稳定调节器；12—小流量给水阀；13—调节器

由于流量下降时主给水阀的调节特性变差，因此宜增设较小功率水平（≤15% G_{nom} 左右）的液位调节专设系统。如图 5.7 所示，本流程还设置了旁排管线，排放管线上设调节阀和小流量给水流量计，当调节阀全开时，管道内有 10%～25%的给水流量。根据流量计（10）的信号，稳定调节器（11）调节给水阀（12），并在小功率水平条件下维持给水输送旁排管线内的额定流量。当截止阀（9）关闭时，给水阀（12）将给水输入蒸汽发生器。通过按液位计（4）信号工作的液位调节器（13）设置稳定调节器（11）的额定值。在较小功率水平的条件下，由于使用节流装置（额定工况运行需要）测量蒸汽流量的方法比较复杂，蒸汽发生器汽水分离器液位调节器的调节流程一般不采用 3 个脉冲信号的调节流程。

还可通过调节器（13）直接控制给水阀（12），从而实现小功率水平条件下的汽水分离器液位和给水流量调节。很显然，相较于稳定调节器的流程，上述流程的给水流量扰动信号处理效果较差。由于部分功率水平下的液位变化速度较慢，且核电厂机组小功率水平运行的时间有限，因此在一个调节器（11）运行以及定期手动设置的条件下，仍然能保证必要的调节质量。

5.5.2.2　直流蒸汽发生器参数调节

在所有曾运行和设计中的反应堆装置中，只有 BREST 铅冷却剂反应堆装置的设计文件采用了高压（≥16.0 MPa）盘管式直流蒸汽发生器。

液态重金属冷却剂直流蒸汽发生器的特点包括：

1）过热蒸汽温度只在较小程度上取决于过热蒸汽流量；

2）由于蒸汽发生器的饱和压力和饱和温度一直维持在固定值，液态重金属冷却剂的蒸汽发生器出口温度（反应堆入口温度）只在较小程度上取决于给水流量。

上述特性及其他特性决定了液态重金属冷却剂回路直流蒸汽发生器调节流程的搭建。

在铅、铅铋冷却剂的反应堆装置中，蒸汽发生器的液态金属流量变化几乎与反应堆功率变化呈线性关系。直流蒸汽发生器的参数调节流程是所有静态运行工况下的液态金属流量和给水流量应该成正比关系。

直流蒸汽发生器的调节流程如图 5.8 所示，本流程包括给水流量稳定调节器（8），受选定的可调参数的影响，它的设置可通过蒸汽发生器之后的蒸汽温度调节器（6）进行调节。如图 5.8 所示，为处理液态重金属冷却剂的流量扰动信号，可向调节器（8）输入冷却剂流量（3）的额外脉冲信号，当冷却剂流量改变时，调节器（8）即刻设置必要的给水流量值，其他的调节器则只用于校正工况。

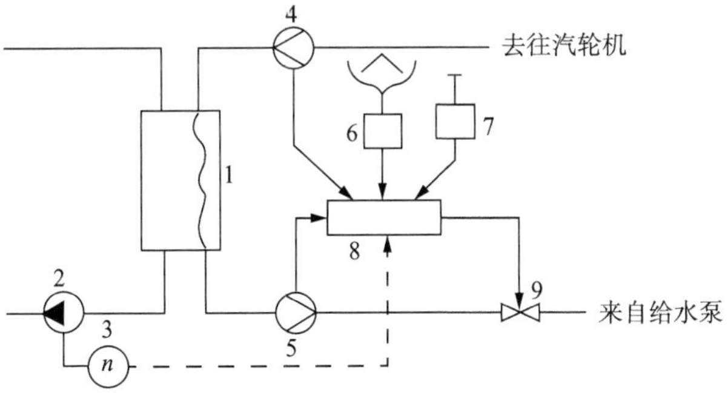

图 5.8　直流蒸汽发生器的调节流程图

1—蒸汽发生器（组）；2—液态重金属冷却剂主泵；3—主泵转速调节器（液态重金属冷却剂流量）；4—蒸汽流量传感器；5—给水流量传感器；6—蒸汽温度调节器；7—蒸汽压力调节器；8—给水流量稳定调节器；9—给水阀

由于蒸汽发生器的运行负载范围很大，导致调节其中水流量的给水阀压差变化很大，为改善给水阀的运行条件，可通过液压联轴器、给水泵管道转速调节器或其他设备调节给水泵的转速。

5.5.2.3 汽轮机前的蒸汽压力调节

在稳定运行工况下，由蒸汽输入汽轮机的功率应该符合发电机的电力负载。如果由反应堆产生并传递给汽轮机的热功率与发电机功率不匹配，则会导致发电机转速和电流频率发生变化（降低或升高）。反应堆功率和发电机额定转速条件下的电力荷载匹配性应能保证机组所有相互关联系统的协同运行。在机组运行期间，汽轮机之前的蒸汽压力可能出现扰动信号。汽轮机前的蒸汽压力调节可通过以下方式实现：

1）通过改变汽轮机转速调节器执行机构（节流阀）位置，可调节汽轮机的蒸汽流量；

2）调节反应堆功率以及由反应堆装置产生并输入汽轮机的蒸汽流量；

3）将蒸汽排入蒸汽轮机的主冷凝器或其他排放设备内，并降低汽轮机之前蒸汽管道内的蒸汽压力。

只有在维持汽轮机蒸汽温度和蒸汽压力近乎于固定值时，才能保证核电厂液态重金属冷却剂机组蒸汽轮机的工作性能。汽轮发电机的功率可通过设计运行工况下汽轮机最后一个透平级出口蒸汽压力变化时的汽轮机蒸汽流量变化进行调节，出口蒸汽压力取决于冷却水温度、冷凝器真空度以及冷凝器管道系统传热表面的状态。

当汽轮机处于较强大电网系统运行时，电网系统频率几乎不取决于本汽轮机的功率，这时才能通过蒸汽流量的调节实现汽轮机入口蒸汽压力的调节，其原理是利用蒸汽压力调节器对汽轮机转速同步器的作用关系。汽轮机转速调节系统是静态调节系统，汽轮机蒸汽流量调节阀的位置应对应每个汽轮机转速值、发电机转速值和发电机的电流频率。当电网频率不变时，充分利用本系统中蒸汽压力调节器对汽轮机转速同步器的作用关系，可调节汽轮机的蒸汽流量，并改变调节阀位置和上述转速、频率的曲线关系特性，进而处理电网频率的外部扰动信号和反应堆功率的内部扰动信号。

充分利用压力调节器和汽轮机同步器关系的系统适用于基准工况和调节工况运行的机组。当机组处于调节工况运行时，反应堆功率调节器的设置应根据电网频率和必要的机组功率变化。

通过改变蒸汽产量调节汽轮机前蒸汽压力的原理是利用压力调节器对反应堆功率定值器的作用关系。当扰动信号强烈和可调参数波动很大时，上述方法能保证机组固定功率水平运行工况下机组各设备热功率的匹配。电网电流频率的变化以及由此带来的调节阀部件移动，都会造成压力的变化，但调节器调节的是蒸汽发生器的蒸汽产量，以使蒸汽产量达到维持蒸汽管线运行参数时汽轮机所必需的蒸汽产量，而非汽轮机的蒸汽消耗量（会微调蒸汽管线的蒸汽压力）。

通过将蒸汽排入蒸汽轮机的主冷凝器或专设热交换器的汽轮机进汽压力调节方式适用于事故工况，包括汽轮机蒸汽流量的主汽门（快速截止阀）动作以及汽轮发电机从电网断开等情况。上述调节系统还可用于机组正常运行和非事故工况运行期间反应堆的余热导出，主要起反应堆装置蒸汽回路超压保护的作用。在上述运行工况条件下，还设置了一些蒸汽接收设备，如蒸汽轮机冷凝器、工艺冷凝器和旁排设备，但是蒸汽仍然可能排入大气环境。当出现事故工况信号或汽轮机进汽压力升高时，控制蒸汽排汽的阀门处于正常的关闭和打开状态，显然上述系统只能处理需要降低汽轮机进汽压力的扰动信号。

调节系统能维持核动力装置不同功率水平工况运行所对应的蒸汽回路的多个蒸汽参数

值。在苏联和俄罗斯的可移动铅铋冷却剂反应堆装置中，调节系统将不同功率水平运行工况期间的蒸汽压力维持在 46.0 kgf/cm^2 左右，并将蒸汽动力装置升功率运行工况期间的过程蒸汽压力维持在 18 kgf/cm^2 左右。

5.5.3　液态金属回路主泵的流量调节

液态重金属冷却剂反应堆回路主泵的流量调节可通过主泵电动传动装置或汽轮传动装置的转速调节实现。

在苏联和俄罗斯的所有可移动核动力装置铅铋冷却剂反应堆回路中，由于电机和电机转速调节系统的能力有限，且对反应堆装置的机动性有较高要求，又出于提高经济性的要求，因此主泵都设有汽轮传动装置和启动电机。

通过汽轮传动装置蒸汽流量和反应堆功率的同步调节，实现主泵内液态重金属冷却剂的流量调节。在反应堆装置不同功率水平工况的运行条件下，蒸汽发生器所产生的新蒸汽进入汽轮传动装置。反应堆停开堆和冷却工况期间的冷却剂循环由主泵的运行保证，此时主泵直流电电机的转速维持在较低的固定值水平，约 200 r/min。

在俄罗斯 BREST 和 SVBR 反应堆装置的设计中，液态重金属冷却剂反应堆回路主泵的驱动电机采用了电机的结构设计方案。相较于涡轮传动装置的结构设计方案，上述方案虽然略微降低了反应堆装置的经济性，但如果采用能平稳地、可靠地并经济地调节液态重金属冷却剂回路泵转速和流量（通过调节电动传动装置的电流频率）的现代电机，就能简化电动传动装置及其转速调剂系统的设计。

随着液态重金属冷却剂反应堆装置技术的不断完善，液态重金属冷却剂反应堆回路未来可能采用汽轮传动装置的主泵，相较于电动传动装置的方案而言，涡轮传动装置方案的经济性更高，并具备其他一系列优势。

5.5.4　液态重金属冷却剂反应堆机组的调节流程

液态重金属冷却剂机组的调节系统应考虑核动力装置堆芯和其他部件的核物理特性以及热工物理特点。

液态重金属冷却剂机组主要参数的调节流程在前文中（图 5.6）已有描述，流程图如图 5.9 所示。为进行反应堆功率的调节，采用能接收冷却剂温度脉冲并控制中子调节吸收棒（2）的合并调节器（3）。为优化瞬态过程的动态特性，通过微分器（10），向调节器（3）输入电离室（1）和主泵转速（对应反应堆内的冷却剂流量）的信号。液态金属冷却剂的流量调节通过流量调节器（11）实现，流量调节器（11）设置主泵驱动电机的转速。主泵转速调节器可通过所有释热环路（独立的蒸汽发生器和主泵释热环路组）共用的定值器（12）手动设置，或者按机组汽轮发电机电流频率偏差的相应信号通过机组功率调节器（13）自动设置。与此同时，定值器（12）的脉冲信号输入调节器（3），当机组功率变化时，冷却剂出口温度也会随之发生变化，此处的定值器（12）实际上就是机组功率定值器。新蒸汽温度校正调节器（14）的信号可输入流量调节器（11）中，如果蒸汽发生器的蒸汽温度出现偏差，调节器（14）便会调节进入蒸汽发生器的冷却剂流量和温度，将过热温度调至所需值。在反应堆装置采用多个环路的结构设计方案时，更宜通过向定值器（4）输入调节器（3）的脉冲信号，实现蒸汽发生器之后过热蒸汽温度的调节。蒸汽发生器的给水阀由流量稳定调节器（8）控制，而流量稳定调节器（8）由维持蒸汽发生器出口蒸汽温度不变的校正调节器（9）设置。汽轮机之前的蒸汽压力调节器（6）调控汽轮发电机转速调节器的同步器（7）位置。

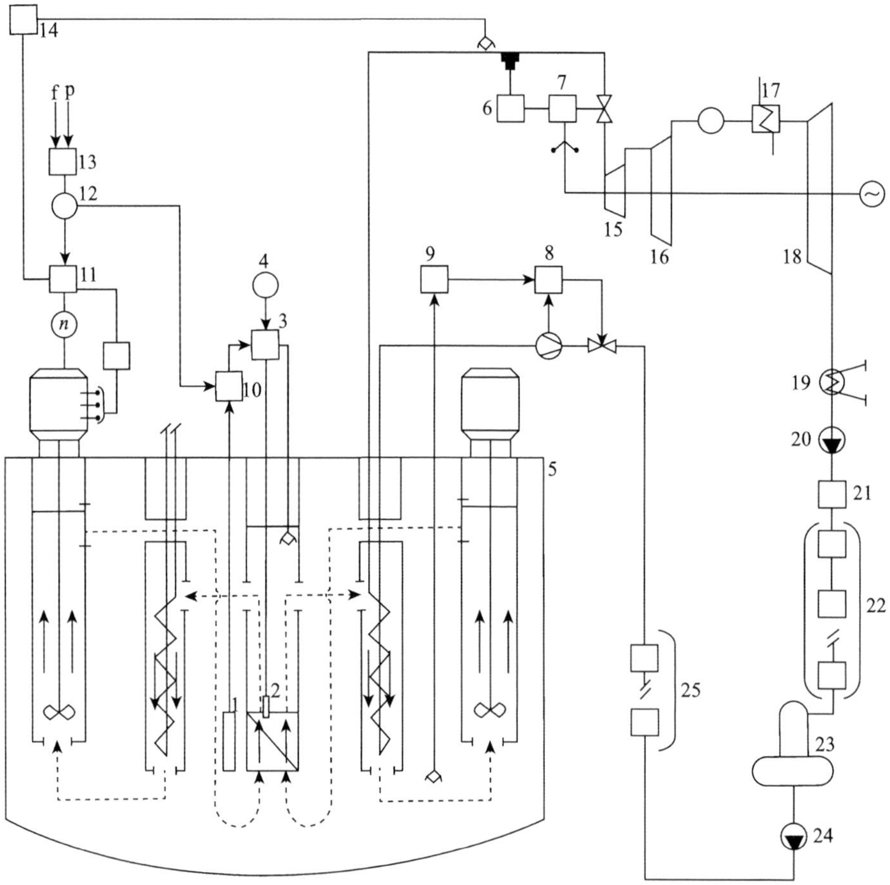

图 5.9　液态重金属冷却剂机组的调节流程图

1—电离室；2—控制保护系统吸收棒；3—调节器；4—定值器；5—反应堆本体；6—汽轮机前的蒸汽压力调节器；7—汽轮机转速调节器的同步器；8—流量稳定调节器；9—校正温度调节器；10—微分器；11—液态重金属冷却剂流量调节器；12—功率定值器；13—机组功率自动调节器；14—新蒸汽温度调节器；15—高压缸；16—中压缸；17—中间过热器；18—低压缸；19—冷凝器；20—冷凝泵；21—冷却室；22—低压预热器；23—除氧器；24—给水泵；25—高压预热器

5.6　液态重金属冷却剂反应堆装置的动态模型

液态重金属冷却剂反应堆装置的综合动态模型建立于设计阶段，必要时在其生命周期的所有阶段可进行相应的修正。动态模型主要用于反应堆装置正常运行、瞬态和事故工况运行期间的物理过程计算，包括建立一整套相互关联的计算体系，其中含模拟反应堆装置动态运行工况的计算程序。

动态模型的任务包括：

1）模拟机组各运行工况并检查反应堆装置设计方案的可靠性和工作性能；

2）确定机组设备的最佳特性；

3）挑选并论证参数调节的规则；

4）设计机组的控制逻辑算法；

5）计算论证反应堆装置的安全性；

6）建立用于验证设计方案等用途的反应堆装置机组运行基准原则的模拟机；

7）建立工艺过程自动化控制系统的测试基地，进行工艺过程自动控制系统设备的制造。

为挑选并论证设计中液态重金属冷却剂反应堆装置的最佳结构设计方案，并进行设计方案验证，需要进行大量的计算和分析研究工作，在反应堆装置综合模型的整个生命周期中，必须考虑以下因素：

1）设计变更时的模型变更（设计过程）；

2）变更计算程序（明确计算方法和过程的数学描述）；

3）根据液态重金属冷却剂反应堆装置的启动调试工作结果进行模型变更；

4）根据液态重金属冷却剂反应堆装置的运行结果进行模型变更。

反应堆装置动态模型的研发必须整合不同的核物理知识体系，才能保证这些知识体系在整个设计生命周期内的应用。

需要进行整合的知识体系、经验和技术体系包括：

1）铅铋低熔合金与铅熔融物等液态重金属冷却剂的热工水力特性，如 SVBR-100 反应堆装置采用的 TRIANA 计算程序、反应堆回路与设备；

2）水、蒸汽的热工水力特性，如 SVBR-100 反应堆装置采用的 TPP 计算程序、汽轮机、工质回路与设备；

3）主要执行机构的标准模型和控制逻辑算法；

4）功能模块控制逻辑算法的建立方法，如 SVBR-100 反应堆装置采用的 SimInTech 程序。

综合动态模型包括以下内容：

1）动力装置模型，包括反应堆回路、工质回路、安全系统及其他系统模型；

2）控制系统和执行机构模型，包括主泵驱动电机（含主泵和蒸汽发生器等）、控制保护系统调节机构的驱动电机以及调节阀、控制模块等设备的驱动电机；

3）统一的信号基础；

4）监测控制设备。

SVBR-100 反应堆装置一回路的模拟采用 TRIANA 计算程序，计算和结构的数据准备采用 SimInTech 程序。SVBR-100 反应堆装置（一种设计方案）综合动态模型的主要要素如图 5.10～图 5.15 所示[2]。

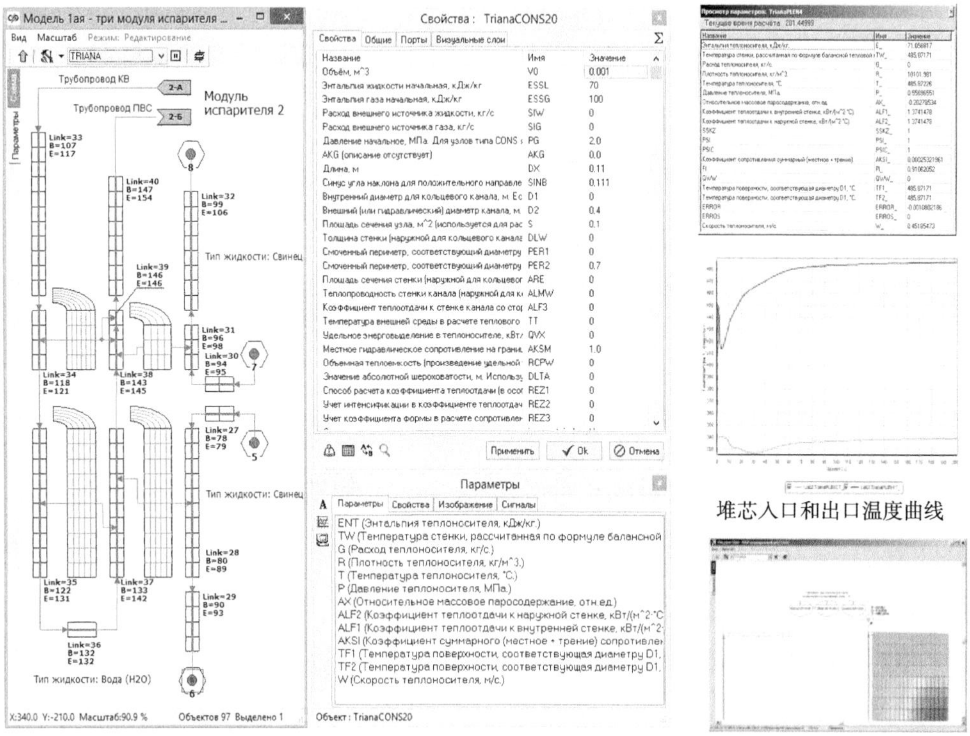

图 5.10　SVBR-100 反应堆装置综合动态模型的多流程强迫循环回路示意图
（反应堆装置一回路 TRIANA 程序模拟、SimInTech 程序计算数据处理与结果呈现）

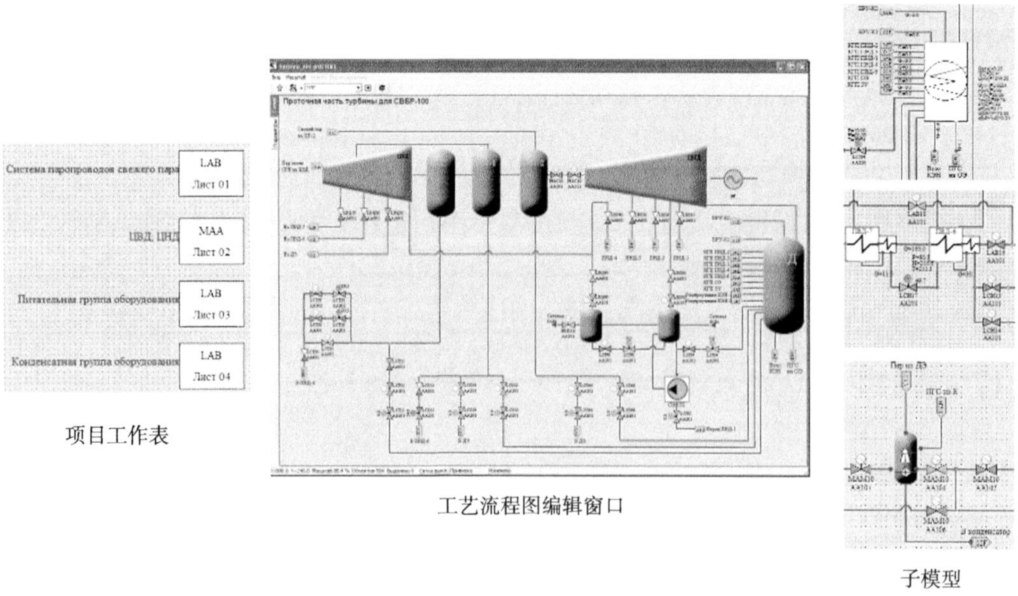

图 5.11　SVBR-100 反应堆装置综合动态模型的汽轮机示意图
（反应堆装置二回路 TPP 程序模拟、SimInTech 程序计算数据处理与结果呈现）

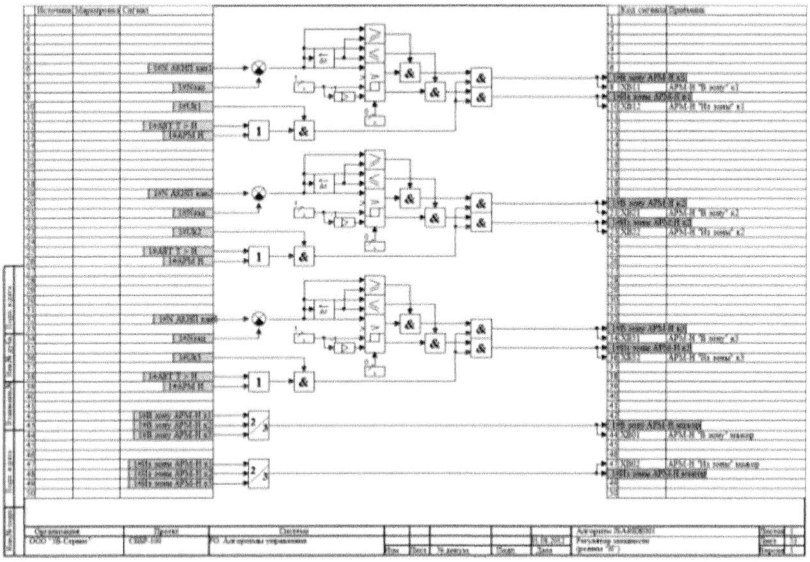

图 5.12　SVBR-100 反应堆装置综合动态模型的功率调节器示意图
（控制系统逻辑算法功能模块与 SimInTech 程序数学计算准则）

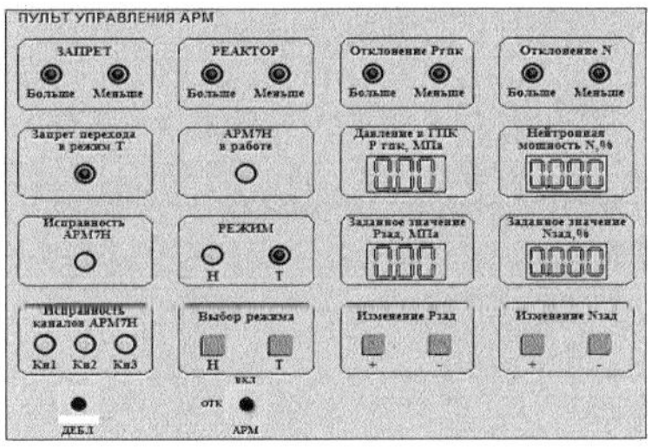

虚拟控制站可安装在个别电脑上，
亦可远程接入模型计算服务器

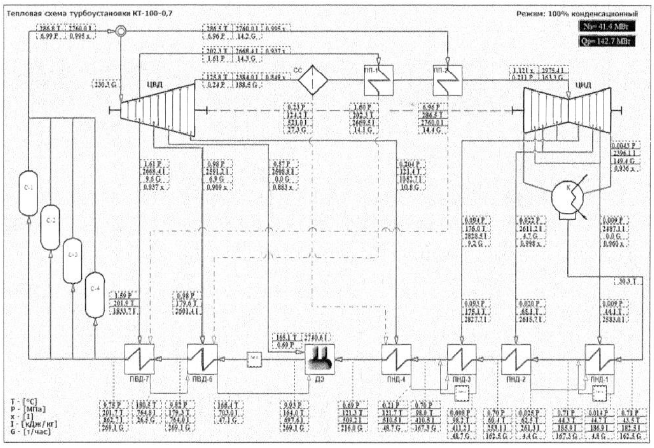

模拟核电厂操作员工作的录像和虚拟控制站

图 5.13　计算控制界面示意图
（模型控制和模拟结果展示的 SimInTech 程序直观图形接口）

在反应堆装置的综合动态模型中，经研发和测试的逻辑算法和调节器结构图可用作机组液态重金属冷却剂反应堆装置实际控制系统逻辑程序设计的工艺设计条件。

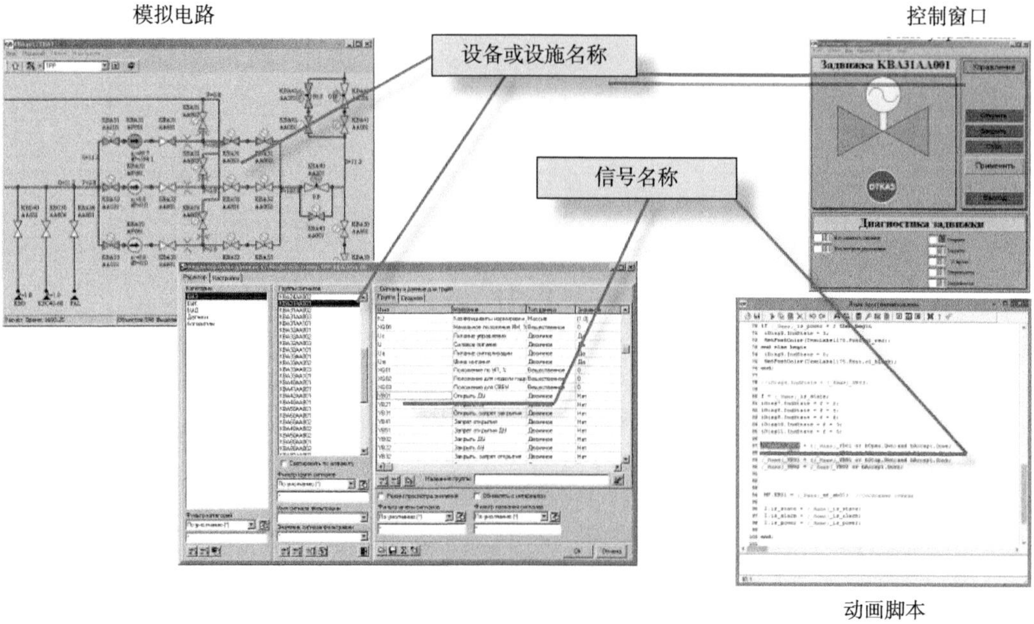

图 5.14　信号数据库（统一数据库要素）示意图
（保证综合动态模型各部分信号自动连接的 SimInTech 程序信号数据库）

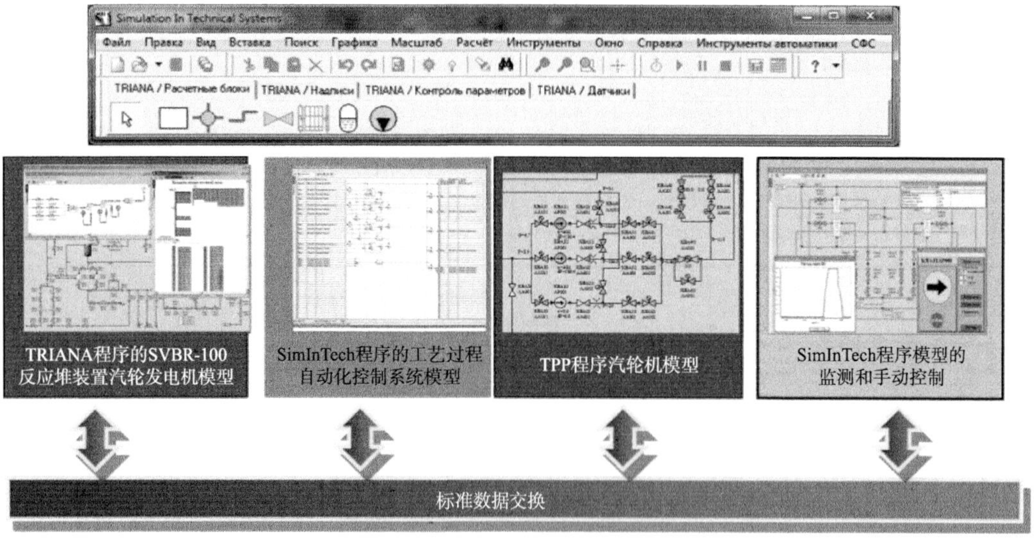

图 5.15　模型开发统一媒介示意图
（保证机组各系统数据与统一协同计算模型充分耦合的 SimInTech 程序媒介界面）

5.7　液态重金属冷却剂反应堆装置机组的运行基准原则模拟机

在机组液态重金属冷却剂反应堆装置的设计过程中，必须设计出机组运行基准原则的分析模拟机。

模拟机的研发旨在进行设计方案验证，直观演示机组原型堆系统和设备的物理和热工流体过程，并演示机组参数调节控制的基准原则。通过模拟机获得的信息可用于后续的机组启动调试工作和运行工作。模拟机还可用于培训运行人员以及提高其操作熟练程度。

在建立和使用模拟机时，我们应该清楚模拟机只能模拟预设的反应堆装置过程，并不能尽数模拟实际的反应堆装置。

模拟机的特性包括以下要素：

1）基于网络技术的分配程序方案；

2）自由的设备配置；

3）实时工况。

在此，笔者谨以 SVBR-100 反应堆装置（一种设计方案）机组的运行基准原则模拟机为例进行相应说明[3]。

模拟机包括以下模型：

1）堆芯模型，包括反馈、余热和控制保护系统的点模型；

2）反应堆回路模型，包括循环回路、主设备和非能动余热导出系统；

3）蒸汽发生器、分离器、高压预热器、低压预热器、除氧器、冷凝器和汽轮机；

4）控制保护系统的控制逻辑算法和热力调节器；

5）图形界面。

本模拟机采用 In SIDE 作为研发程序媒介，兼具所有模型。

（1）堆芯模型的示意图如图 5.16 所示，主要包括以下内容：

1）点中子，能根据首炉燃料驻堆时间初期到中期的状态，实时模拟反应堆稳态、瞬态和事故工况期间的运行；

2）热力模型，能计算出燃料、燃料棒包壳和铅铋冷却剂的实时温度分布，并利用这一温度分布估算出反馈情况，热力模型一般通过单相冷却剂隔离通道的标准工程方法模拟具体的换热过程；

3）反馈模型，考虑了与燃料和冷却剂温度变化、燃料燃耗变化相关的分量，还考虑了堆芯结构材料的膨胀效应；

4）余热，近似关系表现为余热设计值数据的十一次方，取的是余热的设计数值；

5）控制保护系统模型，描述了对反应性的影响，考虑了控制保护系统各类棒组在堆芯中的位置，模拟机内含设计和可选的两套调节棒组。

（2）模拟机的反应堆一回路包括堆芯、堆芯出口和蒸汽发生器模型侧冷却剂分配腔、外围缓冲罐、主泵、主泵压力腔、堆芯下部腔室、蒸汽发生器模型、中央缓冲罐、恒温调节通道、反射层、控制保护系统通道、堆芯之前的入口过滤器和中央缓冲罐内冷却剂排往外围缓冲罐的溢流孔。

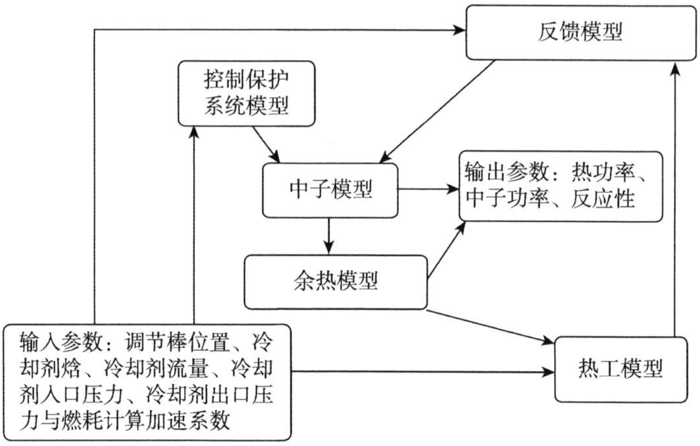

图 5.16　堆芯模型示意图

反应堆回路模型包括基于单速均匀近似中质量、能量和脉冲守恒方程解的热工水力动态模型，该模型考虑了各部件的高差、各部件内冷却剂的密度差以及罐体、腔室和通道的容积。

蒸汽发生器模型的换热可通过一回路冷却剂和多流程强迫循环回路汽水混合物的耦合换热模型计算出来。

管道金属的导热能力是金属的温度函数。

(3) 模拟机的工质回路（二回路）包括含蒸汽汽水分离器和泵的多流程强迫循环回路，非能动余热导出系统，新蒸汽和乏蒸汽的蒸汽管道，减压装置系统（含蒸汽排入大气的快速减压装置、蒸汽排入凝结器的快速减压装置、蒸汽排入除氧器的快速减压装置以及蒸汽排入厂用总管的快速减压装置），凝给水系统（含低压预热器、高压预热器、除氧器和冷凝器），供热装置和汽轮机组。

工质回路模型包括两相压缩介质，考虑了模拟系统的高差、几何参数和容积并包括以下过程：

1) 等效蒸汽发生器模型内一回路冷却剂和二回路介质的换热过程；

2) 蒸汽发生器的蒸汽产生过程；

3) 多流程强迫循环环路内工质回路介质移动的流体动力过程；

4) 分离器内的给水和分离器锅炉水混合过程；

5) 分离器内的湿蒸汽排入蒸汽轮机；

6) 分离器内的锅炉水排入蒸汽发生器模型；

7) 分离器内的蒸汽排入非能动余热导出系统罐以及非能动余热导出系统罐内的冷凝液返回分离器；

8) 非能动余热导出系统罐热交换器内的凝水和冷却水的换热过程。

还采用传统的核准法模拟蒸汽轮机内的过程。

(4) 模拟机的控制和调节模型和逻辑算法包括：

1) 机组的静态参数调节程序；

2) 自动控制主要逻辑算法的实施；

3）中子吸收棒驱动电机的控制系统；

4）中子通量密度监测通道；

5）反应堆功率自动调节器；

6）反应堆的预警保护；

7）降低并限制反应堆的功率；

8）反应堆的事故保护；

9）可选控制保护系统模型；

10）反应堆装置的自动监测仪表模型，它能体现出反应堆装置主要部分反应堆本体、主泵和多流程强迫循环回路的运行状态；

11）蒸汽轮机的自动监测仪表模型，它能体现出蒸汽轮机主要部分再生加热系统、凝给水系统、新蒸汽管道系统、蒸汽中间过热系统、汽轮机的自动调节保护系统和供热装置的运行状态。

（5）人机界面：

图形界面模拟了机组主控室操作人员的自动化工位。通过计算机和键盘控制机组的各个部件。模拟流程图的各个部件、显像仪、信号盘、按钮、开关、调节器、逻辑算法以及各个部件的位置等都应该符合实际的设备状态和连接管线等。

人机界面的技术实现能保证机组各个部件的荷载，保持各个部件的状态，并记录下各个部件状态的低谷值和视听信号。机组人机界面的各区域模拟流程图（模板）如图 5.17～图 5.28 所示。

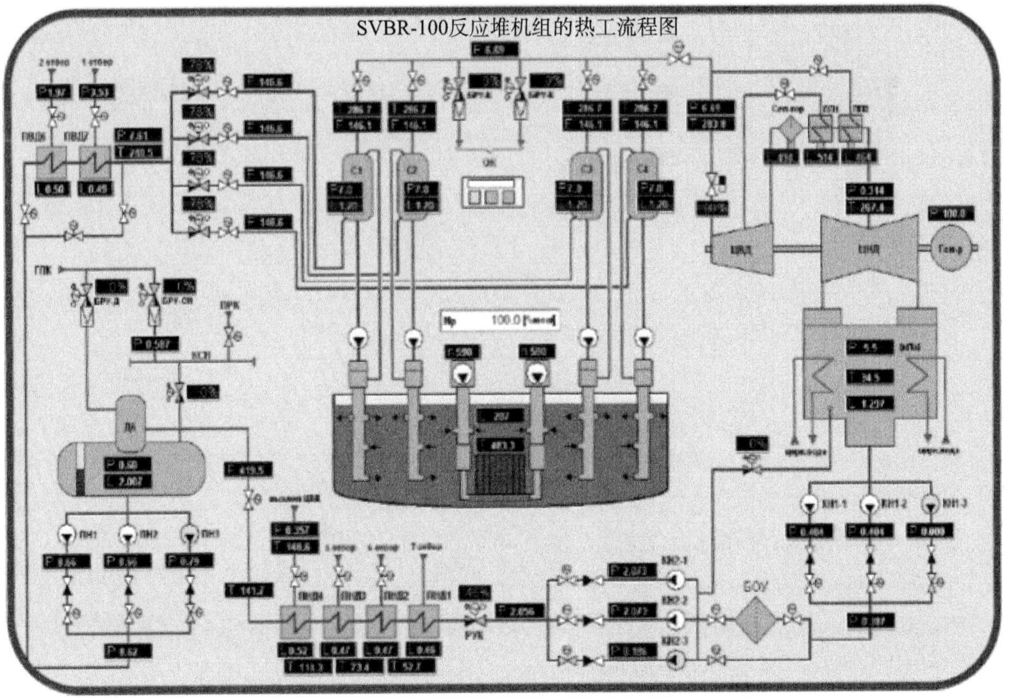

图 5.17　模拟机机组的模拟热力流程图（模板）

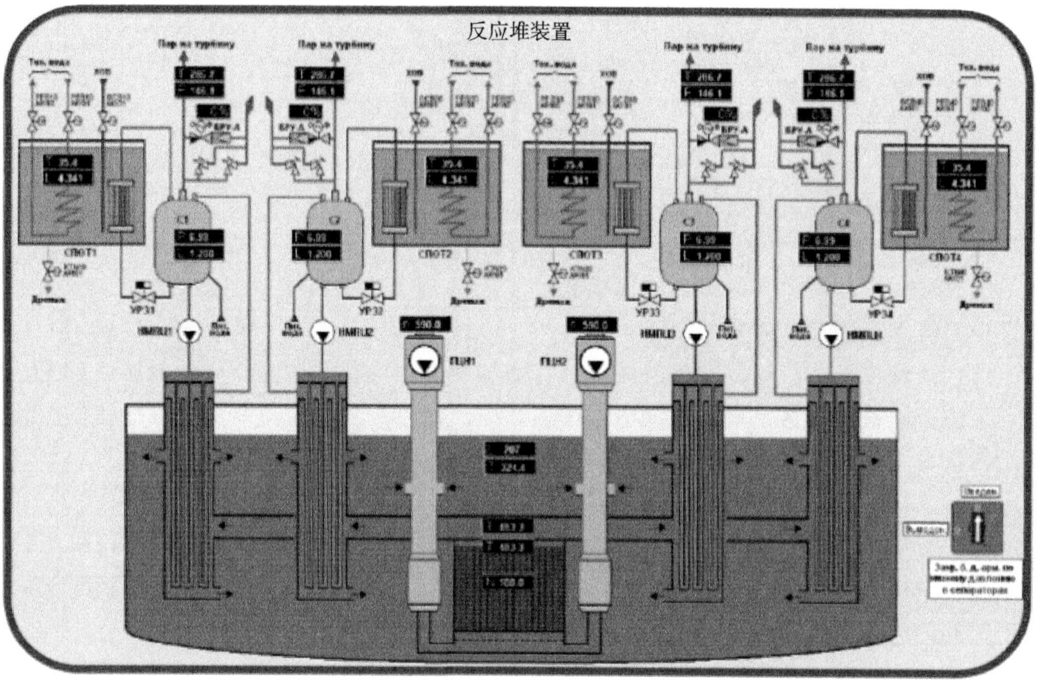

图 5.18　模拟机反应堆装置的模拟流程图（模板）

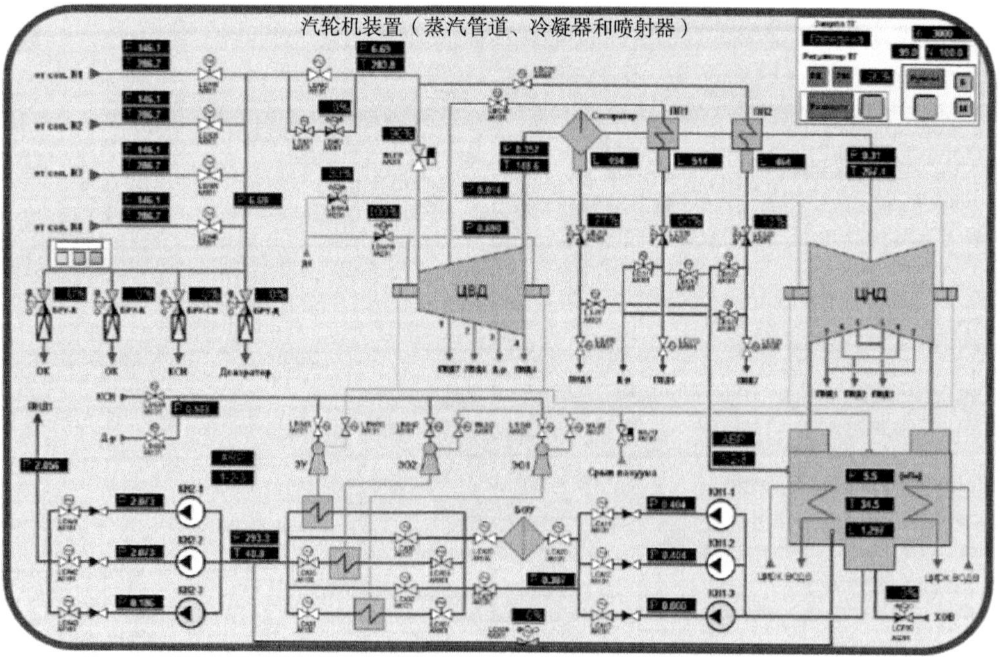

图 5.19　汽轮机装置（蒸汽管道和冷凝器和喷射器）模拟机的模拟流程图（模板）(1)

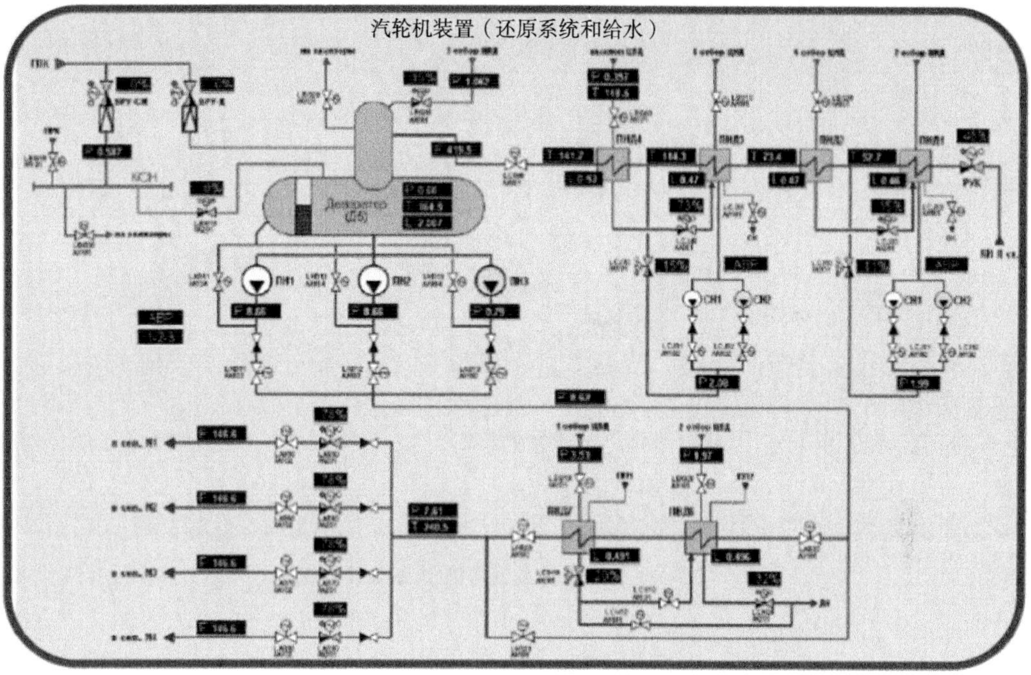

图 5.20　汽轮机装置（还原系统和给水）模拟机的模拟流程图（模板）（2）

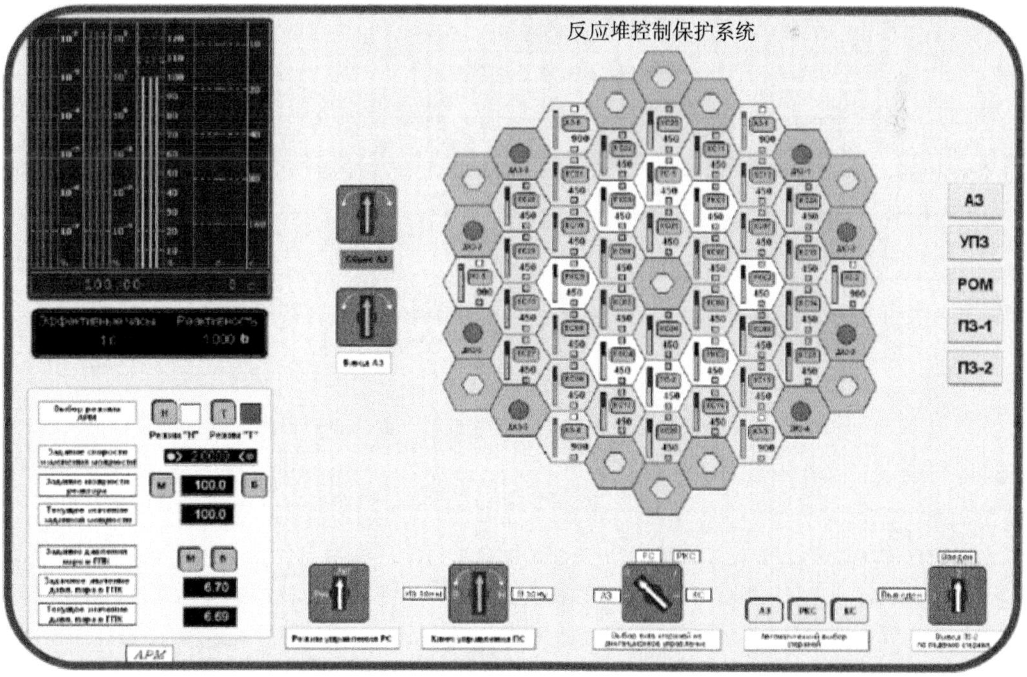

图 5.21　模拟机反应堆监测系统和控制保护系统的模拟流程图（模板）

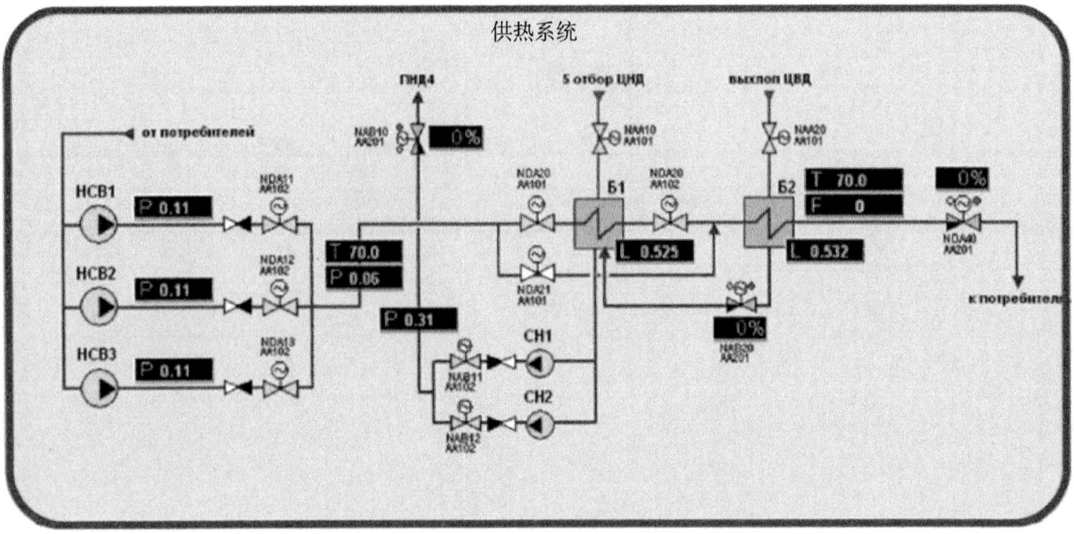

图 5.22 模拟机供热装置的模拟流程图（模板）

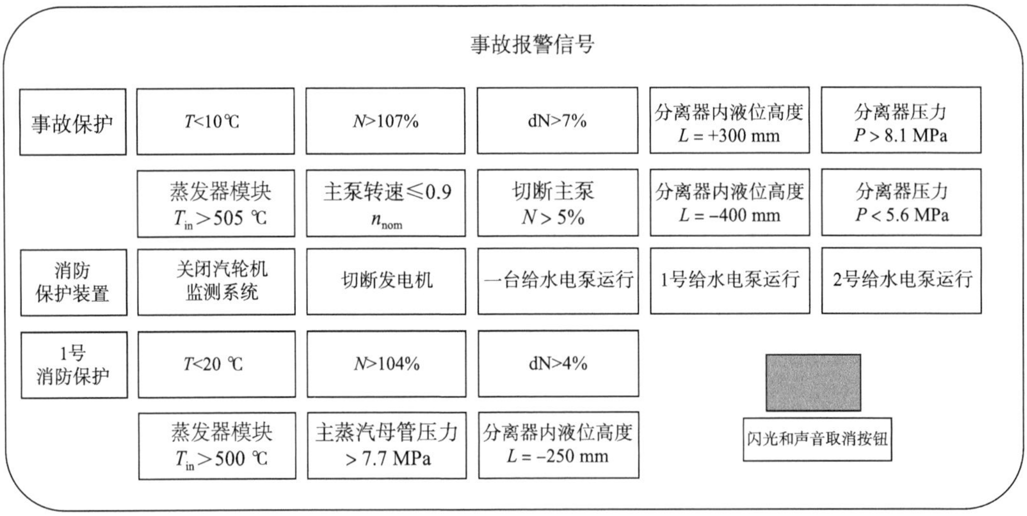

图 5.23 模拟机信号系统（事故报警信号）的模拟流程图（模板）

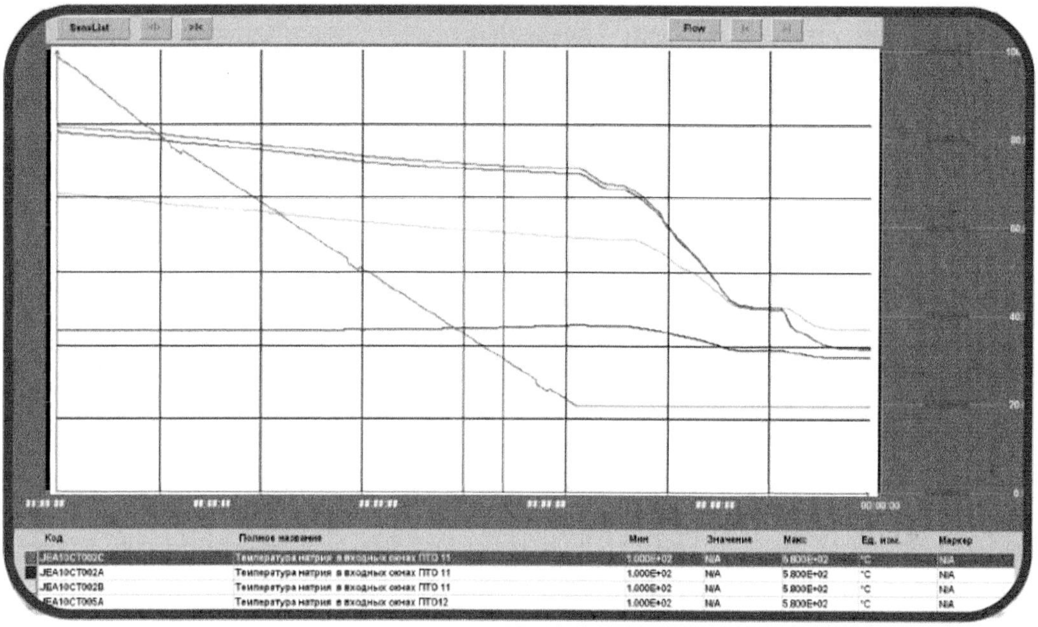

图 5.24　模拟机图表模板

· 机组冷启动；
· 反应堆升至动力功率水平；
· 汽轮发电机预热和投运；
· 反应堆升至额定功率，投入低压和高压预热器；
· 机组部分功率水平运行；
· 机组计划停堆和冷却；
· 机组应急停堆；
· 堆芯预热导出工况。

图 5.25　模拟机学习任务

· 模拟机全配置工况，即相互耦合的所有模型均处于当前运行状态；
· 功率按每分钟 2%的梯度自动下调（功率自动调节系统控制）；
· 反应堆功率降至 20%时，断开汽轮机；
· 反应堆功率降至 5%时，通过旁排阀排出蒸汽，成正比地降低液压气动阀压力，从 7 MPa 降至 1.6 MPa（旁排阀投运和启停工况）；
· 反应堆功率降至 5%时，自旁排阀投运工况切换至非能动余热导出系统冷却工况；
· 功率自动调节系统断开，一根调节棒完全插入堆芯；
· 反应堆功率降至 3%时，安全棒插入。

图 5.26　模拟机运行期间的停堆逻辑实例

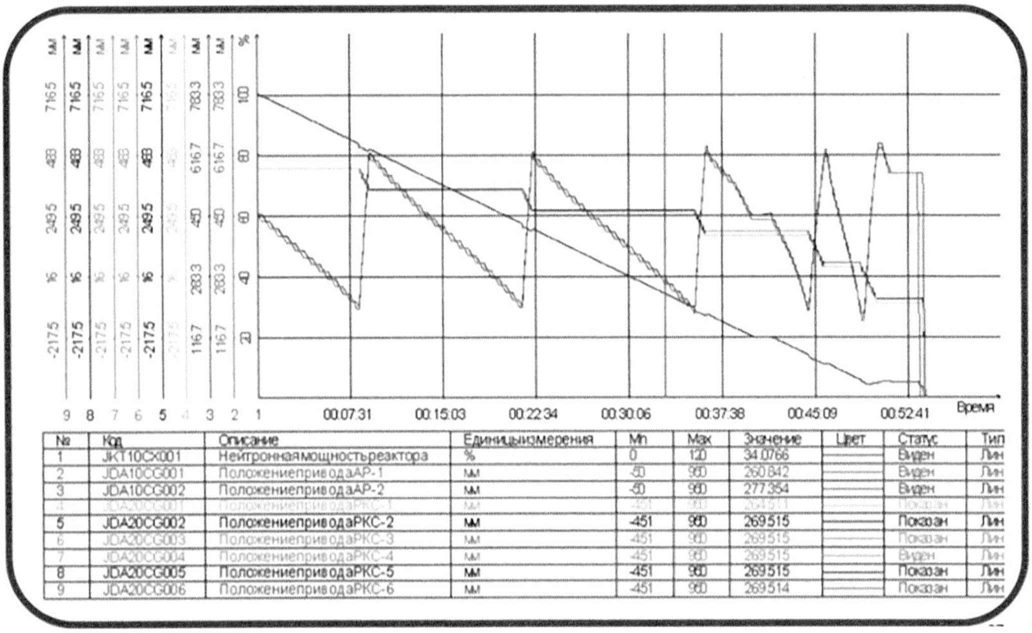

图 5.27　模拟机停堆工况运行期间的参数记录实例（1）

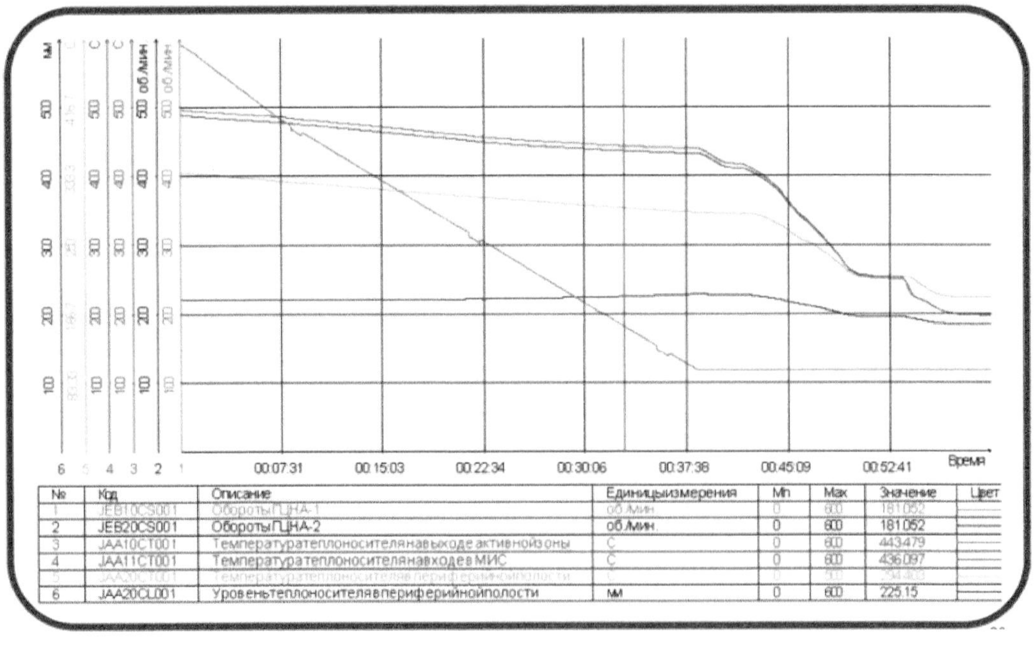

图 5.28　模拟机停堆工况运行期间的参数记录实例（2）

综上所述[3]的 SVBR-100 机组虚拟原型是建造该堆型全尺寸模拟机的一个必要步骤，它主要采用了设备的设计特性，而设备的实际最终特性在虚拟原型建立之时是无法得出的，它们只能通过 SVBR 反应堆装置设备全尺寸样机的试验结果才能得出。虽然模拟机具有上述不足之处，但是仍然可用于机组科研技术方案的设计验证、运行人员的培训以及本科生和硕士生的专业培养。

笔者认为，通过本模拟机可以积累丰富的 SVBR 反应堆装置机组模拟经验。

参考文献

[1] Шальман М П, Плютинский В И. Контроль и управление на атомных электростанциях: Москва[J]. Энергия, 1979.

[2] Паршиков И А, Петухов В Н, Тимофеев К А, и др. Разработка и применение комплексной динамической модели реакторной установки СВБР-100 для проектирования опытно-промышленного энергоблока[C]// Доклад (9) на четвертой конференции. Тяжелые жидкометаллические теплоносители в ядерных технологиях (ТЖМТ-2013), ГНЦ РФ ФЭИ, г. Обнинск, 2013.

[3] Драгунов О Б, Тошинский Г И. Тренажер базовых принципов работы энергоблока с РУ СВБР-100[C]//Доклад (8) на четвертой конференции. Тяжелые жидкометаллические теплоносители в ядерных технологиях (ТЖМТ-2013), ГНЦ РФ ФЭИ, г. Обнинск, 2013.

第 6 章　液态重金属冷却剂反应堆回路的正常运行工况特点

6.1　概述

液态重金属冷却剂反应堆装置运行工况的建立、设计和实施总则与任意堆型的机组和核电厂毫无二致。

核电厂及其各部件的运行是指安全实现核电厂建造初衷的所有活动，包括带功率运行、停开堆、试验、技术维保、检修、换料、在役检查以及其他相关活动。

在核电厂整个生命周期之内，它基本处于正常运行状态，且运行参数皆在设计规定的运行限值和条件范围内。

设计限值指设计规定的正常运行、事故情形和事故工况期间各系统（部件）和整个核电厂的参数值和状态特性。而事故情形则指发生偏离安全运行限值和/或条件的核电厂状态，但却尚未发展成放射性产物和/或电离辐射排放量超出设计规定边界值的事故。

运行限值指正常运行期间各系统（部件）和整个核电厂的参数值和状态特性。

在核电厂运行时，应保证全员高度戒备和心理准备的安全文化，承认保证核电厂安全是优先目的，也是内部需求，能激发全员在完成所有安全重要工作时的责任感自我认知和自我监督。

在核电厂设备、管道、回路和系统投入正式运营之前，应该完成所有启动调试工作，达到设计功率，进行核电厂的综合试运行，完成设备和管道检修期间的运行前金属检查大纲，解决启动调试工作中发现的各类缺陷，达到设计功率，完成综合试运行，并获得监管部门的相应许可文件。

核电厂回路和系统的正常运行工况应只能在安全运行条件下实现。安全运行条件指设计规定的安全重要系统（部件）的最小参数值、最小特性、最差的工作性能状态和最低技术维保条件，在安全运行条件下，必须满足安全运行和/或安全准则的限值要求。

在核电厂设备投入工作之前，应该检查和投入设计工艺防护和工艺防护连锁，禁止断开正常的工艺防护。

核电厂的运行只能由经过相关培训并获得资质的人员操作，对人员的技能和资质培训要求应该符合核能行业的标准规范。

决定安全运行的主要文件是工艺规程。工艺规程的编制是基于核电厂安全总则，并考虑了核动力装置设备管道的安装和安全运行规范、设备管道供货技术条件以及设备管道安装运行规程的要求。

运行人员需严格按照设备、机械装置、部件和系统的技术说明书和运行维保规程以及职责说明的要求，开展相关的生活活动，还应该认识到任意规程都不能预见运行期间所有可能出现的状况，那么运行人员就应该预见运行期间所有可能出现的状况，且应该掌握运行维保规程和自己的专业知识。

保证液态重金属冷却剂反应堆回路正常运行工况的运行人员和自动装置系统的具体操作取决于机组的具体结构设计和功能用途、冷却剂类型、反应堆功率以及机组机动性和其他特性的要求。

反应堆装置、汽轮机装置（有时是整个动力装置）、设备、回路和系统的维护（运行）必须严格按照相应运行维保规程的要求完成。动力装置的每个维保控制工作点都应该具备《技术说明书和运行维保规程》的文件，它规定了当前工作点固定运行人员的具体操作。维保一般采用就地维保和远程控制维保两种方式。运行人员的领导是机组值班长，值班长还统管高级工程师、反应堆操作工程师、汽轮机操作工程师以及机组的其他较大部门。值班长的工位设在主控室，并根据技工、反应堆操作员、汽轮机操作员和其他配合部门的工作情况，进行具体的沟通、协调和领导工作。

《技术说明书和运行维保规程》文件的结构比较传统，如果不考虑具体的对象，那么总体上包括以下几个章节：

1）准备接入，包括预热、工质充入等；

2）接入；

3）在动态运行工况下根据直接用途进行相应维保；

4）断开；

5）停堆维保；

6）封存（长期停堆）维保；

7）故障和缺陷及其消除措施。

技术说明书部分应包括本对象的结构描述、安装和结构原理图。回路、系统、反应堆装置、汽轮机装置以及其他装置的维保规程可配原理图（回路简图或其他），大致说明当前章节所述具体工况下的阀门和设备状态。维保规程每个章节的开头部分都是回路和系统的设备和阀门初始状态描述，结尾部分都是当前章节所述所有操作完成之后的设备和阀门最终状态，而当前章节则明确规定人员和自动装置的具体操作，以实现既定目标和任务。在维保规程的各个章节中，都给出了设备可调可控参数和状态的具体值，保证了运行人员的工作和自动装置系统的运行。

机组的每个工作点都会进行运行手册的轮班记录，运行日志必须记录下必要的参数值和运行人员的所有操作（行为），记录所有故障和相应的处理措施。还应计算设备的运行寿期，填写意见和故障日志以及其他运行文件。

总体而言，液态重金属冷却剂机组的维保与其他堆型机组的维保相似。液态重金属冷却剂的物理特性决定了液态重金属冷却剂设备、回路、系统和机组的设计方案和运行特点。

下文将详细研究液态重金属冷却剂应用所决定的反应堆回路维保特点以及其他维保专

设系统的特点。采用传统设计方案的设备、回路和系统的运行工况此处暂不赘述。

6.2 铅、铅铋冷却剂反应堆回路机组的投入准备（维保特点）

6.2.1 初步预热

在初步预热、液态重金属冷却剂充入准备、液态重金属冷却剂充入反应堆回路和钝化的过程中，通常会针对设备、回路和系统开展一部分的启动调试工作，包括在冷态（反应堆回路尚未预热和充入液态重金属冷却剂）条件下无法完成的自动装置系统的启动调试工作。

铅的熔点为 326 ℃，铅铋低熔合金的熔点约为 125 ℃。接触液态重金属冷却剂的所有反应堆回路区域的温度应该明显超出液态重金属冷却剂的凝结温度。在反应堆回路内设置温度测点并不能保证当前测点温度与回路所有测点实际温度的一致性，因此个别测点的回路预热温度需比冷却剂凝结温度高出 50～100 ℃。

只要熔化后的液态重金属冷却剂接触到回路腔室内空气中的氧气和腔室壁面上吸附的氧气，就会形成冷却剂氧化物，进而可能降低回路的工作性能。因此，在反应堆回路预热开始之前和预热过程中，都应该进行回路除氧的操作，可以对回路进行定期的真空操作(或多或少)，然后回路再充入氩气或氦气等保护气体，还可以定期向回路输入保护气体，将其压力增加至几十分之一兆帕（几个 kgf/cm^2，atm），再将气体压力降低至大气压力。如果回路除氧操作时的回路表面温度较高，则能有效去除回路表面吸附的氧气。

由于苏联核潜艇铅铋冷却剂反应堆装置回路的初步预热是在反应堆堆芯装料之后进行，因此需要更多地关注反应堆回路的湿度监测，直至回路充入液态重金属冷却剂。如果回路保护气体中的水分子（氢原子）含量增加，则会导致快中子反应堆功率突增的最严重反应堆装置事故。

如果反应堆尚未装料，那么在反应堆回路的预热过程中，对液态重金属冷却剂充入回路、已充入液态重金属冷却剂反应堆的燃料组件装料以及回路保护气体的湿度监测和不允许水分含量的要求都不会太高。

在可移动铅铋冷却剂反应堆装置及其陆上原型试验台架中，反应堆回路管道和设备的预热一般采用蒸汽和水加热系统。在 SVBR-100 反应堆装置的一个设计方案中，采用蒸汽输入加热作为反应堆容器的外部加热系统。而在液态重金属冷却剂反应堆装置的设计方案和相应的试验研究台架中，更多地采用管状电加热元件或带陶瓷电绝缘信号控制装置的尼赫罗姆镍铬合金螺旋电加热丝的电加热方式。反应堆堆内构件的预热可采用管状电加热元件，也可采用气体加热，具体通过从专用加热用热交换器到回路预热区的气体循环或气体绝热预热实现。由于液态重金属冷却剂在加热和熔化过程中会发生体积变大的情况，导致压力局部大幅升高，进而造成结构部件在不是最佳的工况下发生变形，直至出现损坏，根据这一最新要求，设备和管道加热系统应能保证自设备自由表面开始的持续预热，在该加热系统中，液态重金属冷却剂可以冷却至低于其熔点的温度（即冻结）。

在可移动铅铋低熔合金冷却剂的反应堆装置中，可通过将外部能源的蒸汽或水（相应参数）输入蒸汽发生器、进而形成蒸汽或水循环的方式，也可通过反应堆回路内的保护气体，加快反应堆回路的预热过程。

根据结构部件的强度要求，预热过程的速度可以取最大允许值。当液态重金属冷却剂回路所有测点的温度都高出冷却剂凝结温度 50～100 ℃时，保持一天到几天的预热，确保回路所有区域都充分预热之后，才能算作预热结束，回路已做好液态重金属冷却剂的充入准备。在可移动铅铋冷却剂反应堆装置中，回路预热一般持续 20～30 d。

6.2.2　反应堆回路的铅、铅铋冷却剂充入准备及其充入

在苏联的核潜艇上，反应堆回路的铅铋冷却剂充入采用容积为 1 m^3 的可移动扬液器，扬液器自带电加热系统。

在铅、铅铋冷却剂核电厂机组的设计中，考虑了增设冷却剂接收、存储、反应堆回路冷却剂充入准备和充入的专设系统[1]。

因为从制造供货厂到核电厂机组的液态重金属冷却剂供货和运输可能会持续相当长的一段时间（1 个月到 1 年）[1]。机组的设备应该配有电加热罐或蒸汽加热罐，用以接收和存储制造供货厂供来的冷却剂。在机组积攒回路充入所必须的一定数量的冷却剂以及冷却剂和回路（预热等）做好充入准备之后，回路可以充入液态重金属冷却剂。

在机组加热容器（加热罐）中液态重金属冷却剂的积攒过程中，冷却剂会发生沉淀，并通过沉淀自然清除其中的不溶杂质颗粒。当熔化后金属温度较低时，由于温度下降导致液态重金属冷却剂中任意杂质的可溶性下降，通常会发生沉淀。在沉淀之后，自由冷却剂表面便可以清除杂质[2]。只能通过机械过滤器将排放罐（熔罐）中的冷却剂输入反应堆回路，必要时可通过机械过滤器排出并排空反应堆回路内的冷却剂。如有必要，可以向回路的液态重金属冷却剂补投入氧气，以便反应堆回路的内表面形成氧化膜保护层。

加热罐中的冷却剂可通过专用泵唧送入反应堆回路，加热罐（加热容器）中的冷却剂还可通过保护气体给压输入反应堆回路。通过排放罐自流的方式向回路充入冷却剂基本不可行，因为排放罐通常布置在低于反应堆回路各部件位置的高度上。

在初步充入工况下，进入反应堆回路的冷却剂温度应该高出冷却剂凝结温度 100～150 ℃。这主要是出于以下两方面的因素：一方面，考虑到液态重金属冷却剂的热容较小，以上温度能避免冷却剂发生局部冻结；而另一方面，以上温度又能限制冷却剂和回路区域温差较大所造成的热冲击。回路大量充入冷却剂的速度取决于可能出现的热冲击和反应堆堆芯装料期间的物理测量规程。

可通过回路液位计和熔罐液位计监测整个充入过程。如果反应堆回路充入冷却剂时，尚未装入堆芯，而只是插入燃料组件模拟件，那么只能在回路充完冷却剂之后，才能进行燃料组件装料。在堆芯已完成装料的回路逐步充入冷却剂时，亦或在回路已充入冷却剂的反应堆燃料组件装料时，确定堆芯的中子物理特性。针对后一种情况，应该确保燃料组件装料的自由冷却剂表面区域不含杂质（氧化渣块），以免氧化渣块进入燃料组件通道以及固体弥散杂质堵住燃料组件通道。

6.2.3 接触冷却剂的回路结构材料的表面钝化

在反应堆回路设备和管道的制造过程中，结构材料表面可能发生所谓的回路外钝化过程，即结构材料（燃料棒）表面在液态重金属冷却剂介质、二氧化碳气氛、水蒸气介质和其他介质中形成氧化膜保护层。在安装工作完成之后，接触液态重金属冷却剂的部分回路内表面（焊缝等）已丧失之前形成的氧化膜保护层。在结构部件制造期间，金属表面（钢材等）遇空气发生氧化，并形成自然的氧化膜，但是这些氧化膜的特性不足以保证工作条件下结构材料接触冷却剂所必要的强度，必须进行额外的工艺处理措施，以形成回路的氧化膜保护层。

铅、铅铋冷却剂的一个特点是由于冷却剂中含有自由态氧、冷却剂氧化物和一些其他杂质（H_2O 等），因此与之相接触的钢材、铸铁和其他金属表面会形成氧化膜保护层。形成氧化膜保护层的必要条件是冷却剂中含有一定热力学活度（$a > 10^{-5}$）的氧气，接触区域温度 $T \geqslant 350 \sim 400$ ℃，结构材料包含金属成分。

如果回路和冷却剂中的氧气含量过剩，即氧气的热力学活度 a 高于 $10^{-1} \sim 10^{0}$，则会形成保护特性较差的缺陷氧化膜保护层。

工艺钝化工况指的是可移动液态重金属冷却剂反应堆装置回路结构材料表面有目的性地形成氧化膜保护层的工况，一般包括恒温钝化和非恒温钝化两个主要阶段。

恒温钝化阶段的特点是通过外部能源，而非反应堆堆芯运行，维持铅铋冷却剂的温度不变（300～330 ℃），与铅铋冷却剂相接触的回路所有区域的表面温度不变，回路中必须有液态重金属冷却剂的循环。在恒温钝化工况下，需要根据氧气热力学活度测量仪表的显示读数，连续不间断地监测冷却剂中的氧气含量。当用于形成结构材料成分（铁和铬等）表面氧化膜保护层的氧气含量以及进入氧化膜保护层的冷却剂氧化物含量下降时，需要向冷却剂中投入氧气，以补充氧气的含量。可通过固体质量交换器溶解冷却剂氧化物的方式，也可通过向回路投入气体质量交换器中氧气（其中混杂有保护气体和水蒸气等）的方式，还可通过反应堆装置设计方案中采用的其他设备，向机组反应堆装置内的冷却剂投入氧气。为监测整个钝化过程，可以向回路内定期放入可抽出的见证样件，见证样件材料采用回路的材料。恒温钝化阶段一般持续几天，主要取决于回路的冷却剂温度，约为330 ℃。

在非恒温钝化阶段，投入反应堆回路主泵，主泵转速远低于额定转速。在非恒温钝化阶段，可以认为回路的投入准备工作已完成，可投入回路。

实质上，非恒温钝化阶段是反应堆功率水平、回路内液态重金属冷却剂最高温度和局部流速都受限的正常运行工况。在非恒温钝化工况下，同样需要连续不间断地监测冷却剂中的氧气含量。当冷却剂中的氧气含量下降时，通过恒温钝化工况的类似方法向回路投入氧气，回路的氧气输入量应能避免回路冷区形成固态冷却剂氧化物及其沉淀物（结渣）。非恒温钝化阶段同样可以持续几天，在此期间，需要监测放入回路中的定期可抽出见证样件表面形成的氧化膜保护层状态。本钝化工况可视为反应堆回路的特有试运行。

铅、铅铋冷却剂创新反应堆装置机组同样必须完成反应堆回路表面钝化的类似工况和回路主泵试运行。

不同机组堆型和不同结构的钝化工况具体条件（液态重金属冷却剂的温度和流速等）会有所不同。

如果回路充入冷却剂时堆芯尚未装料，而是内设模拟燃料组件，则需要确定整个反应堆回路部件的流体特性，并调节主泵泵轴转速的预设系统。可在反应堆回路内放入非堆用过滤器，进行反应堆回路冲洗和冷却剂净化的工艺操作，待操作完毕之后取出过滤器。

在完成钝化、堆用燃料组件装料、自动装置系统的综合启动调试工作以及必要的回路和冷却剂工艺等操作之后，匹配反应堆回路的特性和机组其他系统的特性，然后反应堆回路才能算作已投入。

6.2.4 额定和部分运行工况下液态重金属冷却剂回路的维保特点

在设备按其直接功能运行期间，在充分利用自动装置系统的基础上，运行人员需要完成的主要操作是进行传统的监测，并严格按照相关运行维保规程的要求维持必要的参数值。如果监测参数值出现不变的偏差，偏差尚未达到预警报警系统装置的动作阈值，运行人员应该对出现的状况进行分析，利用自己的专业知识，采取必要的措施排查并解决引起偏差的相关原因，保证反应堆装置的运行安全。

在按直接功能运行期间，除需要监测反应堆堆芯的中子物理特性和热工机械设备的工艺参数之外，还必须监测冷却剂、反应堆回路和气体系统中的杂质成分和含量，并将杂质维持在允许的设定值范围内。

液态重金属冷却剂的特点是凝结温度较高。在液态重金属冷却剂回路和系统的运行过程中，除特定情况之外，应该避免回路管道和设备中的液态重金属冷却剂冻结。而在正常运行工况下无法形成液态重金属冷却剂循环的回路区域，则应该监测此处的冷却剂温度。

如果液态重金属冷却剂冻结，则应根据特殊工艺的要求将它预热至熔点以上温度，以避免结构材料损坏和损坏累积。

反应堆回路的保护气体遇循环液态重金属冷却剂中的自由冷却剂表面，气体和冷却剂之间会发生杂质的质量交换，在采取气体系统的运行操作时，可能会改变冷却剂中的杂质含量和杂质状态。

在形式试验台架、试验研究台架和其他台架（装置）中，由于需要定期更换试验设备，定期检查和维修，经常发生液态重金属冷却剂回路的定期失密封。在此期间，空气中氧气会进入回路热区或回路冷区，并被结构壁面和氧化渣块等吸附在表面，慢慢累积，导致冷却剂中形成氧气和氧气化合物。在台架的回路中，氧气累积量几乎总是过剩，总是需要采取工艺操作，即投入含氢气体混合物，以便氧气和氢气发生反应，并以冷凝液或水蒸气的形式排出回路。与液态重金属冷却剂研究试验台架不同，液态重金属冷却剂反应堆回路是密封的，具有放射性，因此几乎不存在回路失密封所导致的空气中氧气进入回路。在回路正常运行期间，应该会发生由正常和设计的腐蚀侵蚀过程以及钢材成分通过氧化膜保护层扩散所造成的冷却剂脱氧的情况。但是在反应堆回路中，不能发生冷却剂的深度脱氧，此时氧气的热力学活度 a 低于 $10^{-6}\sim10^{-5}$，冷却剂的深度脱氧可视为事故情况，必须查明冷却剂脱氧的具体原因。如果冷却剂脱氧的原因是钢材成分通过氧化膜保护层扩散和出现设计磨损，因为二者都需要少量氧气以实现设计计算数量的钢材磨损产物的氧化，则可以通过回路冷却剂质量调节系统的运行，即投入含氧气体混合物、固体质量交换器或其他设备，保证液态重金属冷却剂中氧气的热力学活度，并维持氧化膜保护层。如果冷却剂快速脱氧的原因是回路设备部件的接触表面发生事故磨损，则不宜也不允许氧化事故进入回路的磨损产物，因为此时投入的大部分氧气将主要用于形成冷却剂氧化物，使回路结渣，直接导致回路的个别通道被堵住，也可能引发其他不良过程，那么此时必须首先排查回路快速脱氧的原因，然后再根据现行的各种标准调节液态重金属冷却剂的质量。

在反应堆装置正常运行期间，相较于 VVER、RBMK 水冷却剂反应堆装置和 BN 钠冷却剂反应堆装置的冷却剂质量监测维持系统（杂质去除等），液态重金属冷却剂中氧气含量监测调节系统的运行工况相似。但是相较于水和钠冷却剂反应堆装置，液态重金属冷却剂反应堆装置此类系统的质量和尺寸都小很多，且能耗也小很多。

铅、铅铋冷却剂（尤其）反应堆回路的运行特点是回路和气体系统中会累积放射性钋的化合物。当气体系统发生泄漏以及检修期间或其他情况下回路中的液态重金属冷却剂进入工艺间时，放射性钋会在工艺间内扩散开来。在铅铋低熔合金冷却剂反应堆装置的运行期间，就曾发生过放射性核素钋的扩散，它以气溶胶和冷却剂溢出物的形式，落在地板上，飞溅在工艺间壁面上。经验表明，发生液态重金属冷却剂事故溢出的回路区域的钋放射性可通过刷漆有效隔离，具体是在个别区域喷涂 2～3 层的油漆或其他涂料。针对工艺间地板沾染有钋化合物气溶胶的区域，可通过湿式洒扫、吸尘器除尘或其他方式去除钋化合物。

不可避免的是，随着液态重金属冷却剂反应堆装置运行经验的不断累积，对反应堆回路正常运行工况的理解也可能随之改变。

6.2.5 停堆工况和封存期间液态重金属冷却剂回路的维保特点

停堆工况的特点是反应堆回路和其他回路的一系列设备都已断开，回路个别区域内液态重金属冷却剂的流量已减少或者循环已中断。在停堆工况期间，液态重金属冷却剂回路的运行特点是内含冷却剂的回路任意区域的温度不能低于铅或铅铋低熔合金的熔点。当回路某个区域的冷却剂发生冻结时，通过这一区域的冷却剂循环随之中断。如果后续采取预热并熔化液态重金属冷却剂，则当前区域的冷却剂容积便会增加。如果用软木塞堵住冷却剂冻结区域的两侧，则回路的相应壁面又会出现超出弹性极限的应力形变状态。当一次加载时，回路的相应壁面可能发生塑性形变，而当多次加载时（5～25 次循环试验），回路的相应壁面直接发生损坏。只应该在自由冷却剂液位区域温度局部升高、并沿已冻结液态重金属冷却剂通道逐步预热时，预热当前区域，并熔化其中的冷却剂。

回路已预热区域和未预热区域都不能发生失密封的情况，也不能接触到大气。在排空回路区域内的液态重金属冷却剂时，壁面上可能会残存冷却剂（包括氧化渣块）尚未排空的区域，主要是以冷却剂流动痕迹和滴状物等形式存在。热态和冷态的液态重金属冷却剂表面遇空气，表面便会形成氧化膜。如果空气中有水分且尚未排完的冷却剂表面形成了冷凝液，则会产生氢氧化物，加热时会转化为氧化物。下诺夫哥罗德国立技术大学完成的实验表明，在正常运行条件下，如果将铅或铅铋低熔合金的样品放入蒸馏水冷凝液中，蒸馏水表面接触大气，则液态重金属冷却剂的样品完全溶解，并产生氢氧化物。而如果将样品放入自来水或工业水中，样品表面则会产生含硫和其他杂质的化合物包覆层，从而阻拦了样品的溶解。在实验的初始阶段，为避免回路和部件产生氧化物以及氧化物累积，应避免液态重金属冷却剂回路区域充入蒸馏水和纯净水，还应避免回路区域接触含水蒸气的气氛，回路最好一直保持保护气体的气氛。

在温度低于液态重金属冷却剂熔点的回路区域维保期间，应避免采取换置含波纹管阀门的操作，尤其是水平轴阀杆的阀门，以避免阀门发生损坏。

如果从较窄流通截面排出冷却剂，那么流通截面可能会被回路自由表面散落的氧化渣块（氧化物）堵住，失去流通能力，后期只能进行更换。而只要通道尚保有气体通过能力，就可以将当前区域加热至 330～350 ℃及以上，投入含氢气体混合物，还原冷却剂的氧化物，清洗整个通道。如果当前区域完全被堵住，则只能进行报废处理，此时需要将其切除，并进行更换。

至于其他方面，则无需考虑液态重金属冷却剂的特点，只需参照其他冷却剂的现行类似维保规程，进行液态重金属冷却剂设备、回路和系统的运行维保。

参考文献

[1] Багдасаров Ю Е. Технические проблемы реакторов на быстрых нейтронах[M]. Атомиздат: 1969:367.

[2] Усынин Г Б, Кусмарцев Е В. Реакторы на быстрых нейтронах[M]. Энергоатомиздат, 1985:288.

[3] Безносов А В, Драгунов Ю Г, Рачков В И. Тяжелые жидкометаллические теплоносители в атомной энергетике[M]. ИздАт, 2007:434.

第 7 章　液态重金属冷却剂反应堆回路的特有事故现象

7.1　概述

反应堆回路和整个核电厂的事故现象是指安全运行边界值和/或条件被打破的状态，一般由设备故障、运行人员误操作、自动装置系统故障或者与放射性产物和/或电离辐照排放量超出设计规定边界值无关的其他原因所造成。事故是指与放射性产物和/或电离辐照排放量超出设计规定边界值相关的状态。

事故工况是指反应堆装置的运行及其在事件和事故工况下的运行。运行人员和自动装置系统的所有操作都应该旨在隔离已经出现的不良后果，并尽可能地保证反应堆装置的后续安全运行或者反应堆装置的安全停堆和机组的安全停运。

标准文件和反应堆装置的总设计方给出了反应堆回路（包括液态重金属冷却剂反应堆回路）设计事故、超设计事故、假想事故和其他事故情况的一整套清单。

本章简要介绍了由铅、铅铋冷却剂物理化学特性、铅、铅铋冷却剂设备物理化学特性所决定的液态重金属冷却剂反应堆回路的特有事故。本章首先研究了水、蒸汽、空气、结构材料和核燃料成分和有机化合物杂质进入冷却剂和反应堆回路的情况，后续需要进行特殊的工艺处理，还研究了回路内冷却剂溢出和保护气体排入机组工艺间的情况。毫无疑问，本章的内容无法预见到铅、铅铋冷却剂反应堆装置每个具体回路中可能出现的所有事故情况和事故工况。

当出现事故现象和事故工况的信号时，运行人员应充分利用相应的自动装置子系统甄别具体的事故情况，并严格参照现行的运行维保规程采取相应的处理措施。如果自动装置子系统无法进行具体事故情况的甄别，且现行的规程对当前出现的事故情况也未作出具体的指示，则运行人员应能凭借自己的专业知识独立决断，并采取相应的处理措施，以保证反应堆装置的后续安全运行，或者如果实在无法独立决断并采取相应处理措施，最起码可以实现反应堆装置的安全停堆。

对于运行人员，使用运行维保规程较为便捷，格式见图 7.1，当然还可以采用其他方案。

表×　×××

序号	出现故障和参数偏离等情况的特征、信号或其他信息	事故情况甄别及可能的处理方案	运行人员动作	
			操作性	非操作性
1				
2				
⋮				

图 7.1　运行维保规程使用表格样例

第二列是事故时可能出现的故障信号、参数变化信号或其他操作信号。如果同一个事故伴随以上特征，则在第二列列出。

应该指出的是，由于信息收集、处理和传递系统未设置事故情况，虽然该事故情况可能会持续发展，因此至今未曾向运行人员或自动化系统发出故障信号，也未曾对事故情况进行处理。

在得知事故情况的特征信号之后，运行人员将利用自己的专业知识，对出现的情况和信号进行分析，必要时可补充一些信息。

运行人员将对比第三列的信息和分析结果，必要时可补充一些信息。在最终甄别事故情况之后（主要依靠维保规程中的信息），运行人员即刻执行第四列的操作，第四列的操作可能旨在进一步甄别事故情况，也可能旨在采取隔离或其他处理措施，但需要严格参照运行维保规程中的相应内容执行。

第五列是非操作性动作，如蒸汽发生器事故单元断开等，可以由运行人员或其他工作人员在反应堆装置运行期间完成，也可以由检修人员按照检修工艺完成，如找出并堵住蒸汽发生器的事故传热管和事故单元。

在运行维保规程的个别章节中，由于表格承载内容有限，因此采用大量篇幅描述可能发生的事故，有时能用几页或几十页。

在正常运行与事故工况下，事故发生时运行人员的操作都应尽量保证安全运行，提高经济性。

7.2　蒸汽发生器回路间泄漏

蒸汽发生器回路间泄漏的事故情况是液态重金属冷却剂动力回路中最具潜在危害的一种事故情况。蒸汽发生器回路间泄漏是指将汽水回路腔室和液态重金属冷却剂回路腔室隔离开来的蒸汽发生器结构部件出现失密封的事故情况。蒸汽发生器的回路间泄漏过程会伴随有水、汽水混合物或蒸汽进入液态重金属冷却剂回路，视反应堆装置的具体堆型，压差为 4.0～24.0 MPa（40～240 kgf/cm^2）。

7.2.1 蒸汽发生器回路间泄漏尺寸和区域所决定的泄漏过程特性

事故具有以下特点：

1）蒸汽冷凝器和气体系统的其他设备和管道内出现冷凝液，并慢慢累积；

2）反应堆回路设备内的液态重金属冷却剂自由液位脉动并升高；

3）液态重金属冷却剂回路气体系统的压力上升；

4）氧气热力学活度测量仪的读数表示氧气含量能升至 10^0；

5）由水分子辐照分解所造成的保护气体系统中氢气含量不断上升；

6）由于冷却剂和回路表面的放射性杂质排入气泡，并进入气体系统，导致气体系统的放射性上升；

7）根据电离室读数，反应堆堆芯的放射性和中子通量密度脉动，当主泵转速和堆芯中冷却剂压力变化时，尤为明显。

根据进入液态重金属冷却剂回路的蒸汽（冷凝液）流量，运行人员或者自动装置系统能找到某一个特征。当泄漏量非常小时，可能只能找到蒸汽冷凝器、气体系统其他设备和管道内是否出现了冷凝液，并慢慢累积，此时的事故确定时刻则可能远远滞后于蒸汽或水开始进入液态重金属冷却剂回路的时间。

需指出保护气体系统中气体的含水量增加不能算作事故特点，因为它对应管道、冷却器和蒸汽冷凝器等设备某个气体温度下的饱和气体压力。

根据泄漏点的尺寸，就事故过程分析和隔离而言，主要分以下几种事故：

1）蒸汽发生器小泄漏，回路设备的冷却剂自由液位未明显升高或保护气体系统压力未明显上升；

2）蒸汽发生器中等泄漏，回路的冷却剂自由液位升高，气体系统压力升高，此后稳定在安全运行限值范围内；

3）蒸汽发生器大泄漏，冷却剂自由液位持续升高并超出安全运行限值范围或冷却剂回路的气体、气体和蒸汽混合物压力不断上升；

4）假想事故，蒸汽发生器一个、几个或全部单元管束的部分或所有水和蒸汽管道断裂。

就前 3 种事故而言，设计仍能保证设备和回路的寿期内工作性能。就假想事故而言，则需满足相应的安全要求。

反应堆回路的运行应考虑以下两种事故：

1）保证核电厂机组继续运行发电的蒸汽发生器泄漏；

2）无法保证反应堆装置动态工况运行的蒸汽发生器泄漏。

任意结构设计或布置方案的蒸汽发生器可能出现以下几种泄漏事故：

1）A 类事故：蒸汽发生器管道系统上管板或位于冷却剂自由液位上方气体空间内的上半段管道捆扎点出现泄漏。

此时若自由液位上方的蒸汽发生器部件出现泄漏，水、蒸汽进入气体空间。原因可能是捆扎工艺不合格，出现热冲击，水和汽水管道给水质量不达标等。

其他条件不变时，此时设备内的冷却剂自由液位小幅升高或不升高，对回路的影响较小。就泄漏点尺寸而言，对反应堆装置长期运行的潜在危害最小。由于铅铋冷却剂反应堆装置的蒸汽发生器有多个扩口节和管板焊接点，且工艺监测较难，根据长期积累的运行经验，该类事故可能发生。

2）B 类事故：节热器（экономайзер）初始管段出现泄漏，导致蒸汽发生器最低温度的水进入回路。

泄漏原因可能是隐藏的工艺缺陷，导致材料的疲劳应力较大，蒸汽发生器管道材料发生振动磨损，或冷却剂侧或工质侧发生腐蚀侵蚀。一般而言，水流点在冷却剂自由液位下方的埋深较小，在自水流点至气体空间的区域，蒸发后的水会形成连续汽水腔，但对回路其他区域的扰动较小。铅冷却剂小泄漏事故特点则在于铅在流动点定期发生局部冻结，从而阻止水进入其中。

如果泄漏点较小，一天泄漏几千克，在限制条件下，则可继续长期运行，不会导致严重后果。

如果壁面材料的周期热应力和退化不断累积，在相同的运行条件下，则可能发生几根传热管同时断裂的情况，此时破裂前泄漏的设计概念已不适用。

3）C 类事故：蒸汽发生器节热器区域（B 类情况除外）和蒸发区域出现泄漏。

C 类事故与 B 类事故相似，不同之处在于，由于水、蒸汽流动孔在液态重金属冷却剂自由液位下的埋深较大，其他条件不变时，冷却剂回路的局部压力与自由液位均可能大幅升高。该类事故潜在危害最大，需开展大量计算验证和分析。

4）D 类事故：蒸汽发生器饱和蒸汽段和过热蒸汽段的部件出现泄漏。

D 类事故与 B、C 类事故相似，不同之处在于，由于不发生水在冷却剂中蒸发导致体积增加的相关效应，因此冷却剂自由液位变化较小，事故后果较轻。相较于水流动的局部和整体压力波动，蒸汽流动的局部和整体压力波动较小。

7.2.2　蒸汽发生器泄漏区域液态重金属冷却剂回路的局部过程

视具体的泄漏位置和泄漏点尺寸，进入液态重金属冷却剂回路的介质都会引起回路局部区域（直接接触区域）和整体区域的特性扰动，如图 7.2 所示。

接触区域的局部扰动特性首先取决于工质的瞬时流量、流动点的时间导数与介质的聚集状态。水和蒸汽的流量取决于泄漏点的尺寸，形状，所处位置区域（节热器、蒸汽发生器还是蒸汽过热器区域）以及当前区域的孔道方向等。

其重要特点在于，随着事故的进一步演变，铅、铅铋冷却剂的流动孔形状几乎保持不变或者缩小，形成的氧化物能将其堵死。

钠和锂等碱性金属作冷却剂，则完全相反，其流动过程对流动孔、相邻管道结构材料、蒸汽发生器壳体壁面与回路结构材料的形状有较大影响。由于它们会产生强碱，且温度会局部升高，因此不论泄漏点尺寸多小，均能发展成蒸汽发生器大泄漏，若不采取任何措施，则演变成假想事故。由此可见，冷却剂的以上固有安全特性差异决定了反应堆装置在该事故下的安全性。

假设水和蒸汽进入回路，存在气泡流动、射流流动和最大流动 3 种典型工况。

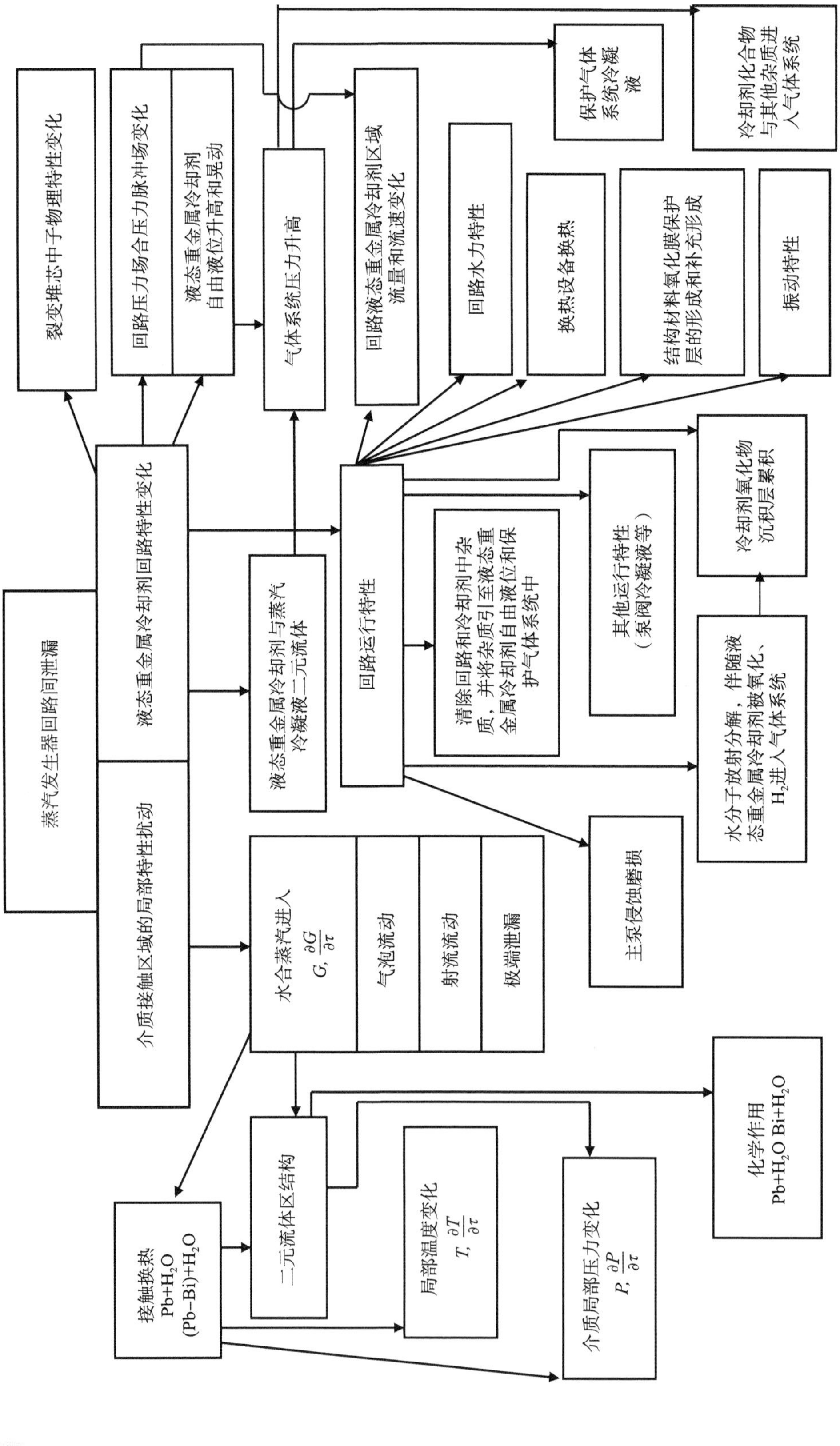

图7.2　蒸汽发生器泄漏过程的流程图样例

工质主要通过呈各种聚集态或数列的大小气泡向冷却剂气泡流动，可通过冷却剂与水和蒸汽二元流体的换热过程、流体动力特性与结构的实验研究和分析，进行佐证。保证气泡流动的工质最大质量流量主要取决于流动孔大小形状、水和蒸汽工质的压差和聚集态、冷却剂压力和温度、冷却剂平均携带流速与流动点的其他保守特性。形成泄漏的材料缺陷可能是纵横尺寸均较大的裂缝、疲劳裂缝等，或者是垂直尺寸相同的圆孔。

由于管板焊接点出现泄漏，导致蒸汽发生器出现气泡流动事故。由于相邻传热管与带定位销的传热管接触，导致管道发生振动磨损，进而出现射流流动事故。

就科学技术理论知识和实验论证而言，充分利用破裂前泄漏的设计概念对气泡流动事故发展的预测具有重要意义。

理论和实验研究表明，在铅铋冷却剂回路中，蒸汽过热器段的气泡流动将一直持续下去，直至流动孔增大几百微米。而在铅冷却剂回路中，由于蒸汽发生器入口给水温度小于节热器段的冷却剂熔点（326 ℃），因此泄漏时冷却剂大量涌出，冻结后的冷却剂又中断工质流动，导致流动点自行堵住，此时可能出现以下情况：

1）铅可能挤出泄漏点，之后重复上述动态过程；

2）铅发生氧化，体积变大，进而形成流动孔密封；

3）流动孔未被堵塞。

研究结果表明，射流流动通道的尺寸为几百微米到蒸汽发生器传热管内径大小。受水、汽水混合物和蒸汽侧表面的极小扰动与冷却剂侧最终扰动作用，射流表面产生比射流半径短或长的波浪，此即为射流破碎过程。

不同物相边界线的动态作用会引起短波浪和长波浪的不稳定性，二者的振幅实时快速增加，由于短波浪振幅增加，导致较小气泡脱离开来，喷出射流，喷射过程可一直持续至整条射流变成气泡状或滴状。根据射流流动破碎的偶然过程，可得出喷射产生的气泡尺寸分布情况。

上述射流过程的规模完全堪比蒸汽发生器流动点的假设初级流动通道规模。当射流规模较大时，流动区域蒸汽发生器流动通道结构部件壁面的水和蒸汽射流的动态扬程将对破碎过程起决定性作用。

输入短波浪条件下气泡脱离时刻对应自由表面破坏时刻等一系列的简化假设条件[1]，其中气泡尺寸的数量级取决于不稳定波浪的长度，根据该数量级，便可估算出整个过程的特性，计算公式为：

$$d \approx \frac{\sigma}{[\rho^{n}(U^{n})]^{2}} \tag{7-1}$$

式中：σ ——液态重金属冷却剂和蒸汽分界面的表面张力系数；

ρ^{n}、U^{n}——蒸汽密度和流速。

输入喷射过程中蒸汽射流流速来不及变化的简化前置条件，便可通过雷利公式计算得出整条射流的长度 L，计算公式为：

$$L \approx U_{0}\tau \approx KU_{0}\sqrt{\frac{\rho^{n}}{(\rho^{c}-\rho^{n})}\frac{r}{\sigma}} \tag{7-2}$$

式中：τ ——整条射流的存续时间；

ρ^c——液态重金属冷却剂密度；

r——射流半径；

K——比例系数，$K \approx 8 \sim 10$。

工质流动期间的整条射流长度相对较小，超出流动孔尺寸不到两个量级，约为几百毫米。考虑到蒸汽发生器管道系统内有结构部件，因此相对蒸汽发生器传热管轴线的整条射流的横向长度可能不超过传热管的步距，产生的气泡的最大尺寸则不超过传热管之间的尺寸。喷射过程中产生的工质气泡几乎是瞬间便消失在液态重金属冷却剂内，之后，视具体的流动孔形状、尺寸、冷却剂流速和流向，而非流动孔方向，或者浮起来并在冷却剂自由液位的相应区域分离，或者被液态重金属冷却剂流俘获并在距离泄漏点较远的区域分离。如果是后者，那么轻相物质的运输过程还取决于气泡的尺寸以及液态重金属冷却剂的流向和流速。根据液态重金属冷却剂中蒸汽气泡（尺寸小于 1.0 mm）的上浮速度不超过 0.05～0.1 m/s，可以分析所形成的单个气泡的特点。

理论和实验研究表明，伴随有液态重金属冷却剂流的流动蒸汽（水）射流不会对反应堆装置回路条件下的相邻传热管产生破坏性的危害作用。

在最大流动的事故情况中，蒸汽和水工质将液态金属全部挤出或者挤出蒸汽发生器单元管道系统的大部分空间（反应堆回路的压力相应升高），此时需要反应堆安全棒即刻落棒。最大流动事故的隔离逻辑算法应该包括旨在保护动力装置的汽水回路部件操作，如蒸汽发生器事故保护系统动作或其他操作。

在当前事故的发展过程中，在事故发生初始时刻形成的水和蒸汽射流合并，形成复杂体积结构的腔室，液态重金属冷却剂挤出。损坏点的压力升高，液态重金属冷却剂、液态重金属冷却剂混合物和轻相物质的边界线转移方向，不受结构壁面限制。

在边界线的移动过程中，边界上的流体应该和液态重金属冷却剂混合，并形成比较均质的混合物。当前事故的发生可能导致液态重金属冷却剂全部流出蒸汽发生器的事故壳体以及回路其他部件内的冷却剂自由液位上升。

这个过程中的极端情况（实验中不止出现一次）是形成从泄漏点到液态重金属冷却剂自由液位的整条蒸汽（汽水）通道，通道壁面上的冷却剂被蒸汽流截获，然后以微小的滴状物分散开来，随后进入冷却剂自由液位上方的气体蒸汽空间。

无论流动特点如何，由于流动区域液态重金属冷却剂侧的局部压力和局部压力脉动发生变化，工质流量和工质流量脉动也会随之而变，如图 7.2 所示。前者主要取决于接触边界处液态重金属冷却剂与蒸汽和水的换热过程，而换热过程又会引起局部温度和压力的变化，还会引起液态重金属冷却剂、工质以及前二者混合物的温度和压力脉动。

介质局部热工物理特性的扰动又会导致事故蒸汽发生器中液态重金属冷却剂流或它和轻相物质的混合物的热工物理特性（流量、温度和压力）变化，热工物理特性变化包括流动流量和换热等。无论进入液态重金属冷却剂回路的介质的聚集状态如何，由于液态重金属冷却剂回路的温度和压力以及传递给接触边界的热量都能避免接触边界发生剧烈汽化从而产生气泡，因此冷却剂和水的换热只能通过接触边界的汽泡实现。

当泄漏区域的压力总体升高时，由于工质气泡的振动、介质接触边界的换热过程以及自流动孔流出的介质的扩展等因素，压力应该出现局部脉动。上述过程的综合效应能导致回路区域内的压力发生大幅动态扰动。

流动时出现的反作用力以及二元混合物或一元流体（包括脉冲流体）的动态扬程都会导致蒸汽发生器管道系统部件、定位部件和壳体部件内产生额外的作用力和应力，这些作用力和应力又会引发缺陷传热管、相邻传热管和其他部件发生变形和位移，进而对蒸汽发生器部件的强度特性带来不良后果，虽则如此，但是却不会导致部件的损坏。

7.2.3　液态重金属冷却剂回路的特性变化

水、蒸汽进入设备和回路的影响取决于泄漏点尺寸、位置与动力装置的功率工况等因素，下文将对其伴随过程进行定性分析。

（1）***液态重金属冷却剂回路压力场和压力脉动的变化***

在事故发展初始阶段和已稳定的事故工况下，如果进入循环回路内的液态重金属冷却剂，在维持回路和回路每个区域内循环的过程中，会出现压力的低频脉动，脉动周期等于冷却剂在回路内的循环周期，或是后者的倍数。二元流体慢慢压缩，事故发展过程中形成的接触边界压力逐渐升高，二元流体在回路中循环往复，引起回路部件的压力脉动。在工质流量对应蒸汽发生器小泄漏工况的气泡流动和射流流动事故情况下，液态重金属冷却剂回路压力场的变化不会明显影响到罐式布置反应堆回路内液态重金属冷却剂的整体流量和流速。

视泄漏点的具体尺寸，由于传热环路通道内二元流体的流体阻力增加，蒸汽发生器事故单元和相应传热环路的冷却剂流量可能减少。应该指出的是，气升效应会加快回路上升段的二元流体流量，并阻止回路下降段的二元流体流量。

当大量蒸汽进入回路时，必须对回路部件压力场和流量场的变化过程开展动态计算分析，以估算出反应堆回路内出现的最大压力和回路内冷却剂流量的调配情况，该最大压力值能保证安全防护膜的启动以及部件不被损坏。

液态重金属冷却剂回路、蒸汽发生器的结构设计和当前事故的隔离逻辑算法应能避免液态重金属冷却剂大量涌入工质回路管道和设备的汽水腔室，主要是为避免发生需要冲洗工质回路内残余的液态重金属冷却剂和其他放射性核素杂质（包括具有 α 放射性的 ^{210}Po）的复杂事故情况，它具有较大的潜在危害。毫无疑问，最好不要将事故蒸汽发生器管道系统的压力降至反应堆回路的压力水平，即使发生保护回路不超压的气体系统安全防护膜爆炸事故时，亦是如此。

在蒸汽发生器中小泄漏的事故情况下，无论泄漏点的尺寸是多少，液态重金属冷却剂自由液位都将上升。主泵转速下降时，由于回路内的平均压力下降，气相物质的单位体积和总体积相应增加，冷却剂自由液位上升；主泵转速升高时，则完全相反。

水和蒸汽（较轻成分）在液态重金属冷却剂自由表面分离，进入反应堆回路的气体空间，成为了保护气体系统的组成部分，使得保护气体系统的压力升高。气体系统的压力升高是当前事故情况的一个特征。分析表明，在当前事故条件下，为降低保护气体系统的压力以及安全有效地隔离事故，必须将一台或几台专用蒸汽冷凝器接入气体系统，冷凝器及其换热表面最好直接布置在反应堆本体的气体空间内[3]，并保证较轻成分已从液态重金属冷却剂中被分离出去。

当泄漏点的尺寸相对较小时，从液态重金属冷却剂中分离出来的蒸汽在气体系统的冷凝器内冷凝，此时气体系统的压力可能不会明显升高。气体系统内出现并累积冷凝液同样是当前事故情况的特征。蒸汽最好不要在气体系统的管道和其他部件内冷凝，因为需要采取一些结构设计措施，例如，在气体系统管道接入反应堆本体气体空间的区域设置冷却器。

(2) **回路流体特性变化**

冷却剂流出现第二种轻相物质可能导致回路及其部件流体特性的变化。由于能量消散更快，液体和蒸汽二元流体的流动阻力总是大于单一流体。在轻相物质气泡内含冷凝液时的局部流动阻力通道与混合物流动工况下内径等于轻相物质气泡尺寸的通道中，该效应尤为明显。此时上升流具有气升效应，下降流具有逆效应，通道间可能很不稳定，混合物流量可能堵住个别通道。在主循环回路较大通道中，存在体积浓度达百分之几的气相物质，这并不影响回路的流体特性。

在特定压力和温度条件下，主泵流通部分中存在少量气相物质，体积为 1.0%～3.0%，不会导致流通部分壁面的侵蚀损耗。如果冷却剂回路含有蒸汽气泡，则可能改变蒸汽发生器管道系统等设备的振动特性。主泵叶片、局部流体阻力等因素造成的压力脉动与大量弥散气相物质交相叠加，能加快叶片的压力脉动频率，优化回路部件的振动特性。铅铋冷却剂回路与水冷却蒸汽发生器的运行经验表明，需要关注振动磨损和腐蚀、侵蚀损耗问题。当流体速度较低时，由于液态重金属冷却剂的密度比水、锂和钠大一个数量级，因此动态扬程（$\rho U^2/2g$）较大。

结构材料的损坏取决于特有腐蚀作用与可能出现的侵蚀作用。受较硬壁面高频动态位移的影响，冷却剂的结合层可能发生移动，脉动速度和加速度均较快。

即使脉动振幅较小，质量力脉冲都会加速硬壁面氧化膜保护层和壁面本身的损坏过程。如果此时回路中存在气相物质或气相物质，则会促进表面的氧化、结构材料表面不被液态重金属冷却剂润湿的效应以及上述不良效应的中和。

(3) **液态重金属冷却剂自由液位的上升和脉动**

水和蒸汽杂质进入液态重金属冷却剂回路，会挤出部分液态重金属冷却剂，并导致相应部件内的冷却剂自由液位升高，如图 7.3 所示。

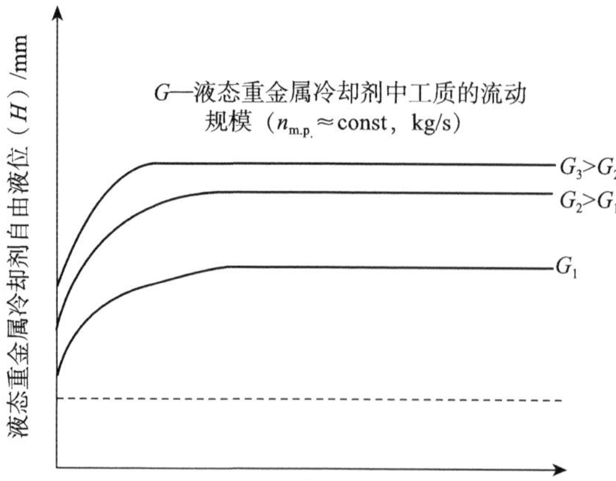

图 7.3　冷却剂自由液位变化和事故发展时间的曲线

在蒸汽发生器小泄漏、中等泄漏和大泄漏的气泡流动和射流流动事故情况下，根据水和蒸汽的流量以及泄漏点的位置，可以正确地分析出具体形状回路内液态重金属冷却剂自由液位的上升情况。液位变化和时间的曲线特点呈幂函数，在后期液位慢慢稳定下来。当液位未达到事故液位水平时，且安全防护膜尚未爆炸，反应堆装置可以保持动态功率水平的运行。

当主泵转速下降时，由于回路平均压力下降以及在回路除气时刻之前气相物质的单位体积和总体积增加，平均冷却剂自由液位将随功率下降而升高。

此时还需考虑工质通过冷却剂层鼓泡的特点。不考虑气升效应时，铅、铅铋冷却剂自由空间中汽水、蒸汽气泡的上浮速度不超过 0.2～0.3 m/s，气泡尺寸不超过 3.0 mm。由于水蒸发，蒸汽温度升高，静压下降，导致气泡尺寸变大，严重变形的上浮气泡分裂成尺寸较小、上浮速度较慢的小气泡。小气泡继续上浮，逐渐变大变形，再分裂成小气泡，在到达介质分界面之前不断循环往复。

由于能量消散较快，受气泡尺寸和流道形状影响，挤压空间的气泡上浮速度较慢。自流动点出现一定流量的汽水混合物或蒸汽开始，蒸汽将冷却剂自由空间垂直区域或受挤压通道内的冷却剂完全挤出，当接触冷却剂或结构壁面两侧时，形成含轻相物质的通道，流体阻力大幅降低，出现鼓泡临界类似现象。

当工质通过冷却剂层旁排时，在冷却剂自由表面气泡破裂的时刻，由于表面张力的做功和破裂蒸汽气泡体积的聚能效应，滴状冷却剂具有较大的动能，它们可以上浮到 1 m 及以上的高度，然后被蒸汽流俘获，并随之进入气体系统的管道和结构的缝隙，并在此处冻结。液态重金属冷却剂系统的运行经验表明，冻结后的滴状冷却剂既能妨碍部件发挥其正常功能，又能妨碍其后续拆解，如果需要拆解，就必须将部件加热至高于液态重金属冷却剂熔点的温度。由于进入气体系统管道的蒸汽总能携带冷却剂颗粒及其化合物，颗粒尺寸为一微米到几百微米，因此冷凝液总含有大量液态和胶态冷却剂化合物颗粒。

(4) **设备换热条件变化**

在蒸汽发生器小泄漏事故时，事故确定前二元流体的长时间换热过程值得研究。气体、蒸汽和流体的不同二元流体实验研究表明，受边界层破裂影响，气体、蒸汽气泡能加快壁面和流体的换热过程。

如果蒸汽发生器内有不超过 3.0%的较小体积含汽率，蒸汽发生器换热特性的变化几乎不影响实际的换热过程，而且受二元流体的影响，反应堆通道的换热特性不太会发生显著变化，但由不同通道之间可能存在的冷却剂流量不稳定所造成的换热特性变化除外，后者可能导致堆芯中子物理特性和功率密度的变化或者蒸汽发生器各单元内冷却剂流量的变化。当不具备急剧凝结的条件时，动力循环回路内循环的气泡尺寸不应超过几百到几千微米，而且不大可能有气泡会接触到不被冷却剂润湿的换热表面或等温表面。之后，气泡将破裂分流，其中的轻相物质随之进入壁面和液态重金属冷却剂之间的边界区域，并形成冷却剂流和贴壁区域间蒸汽的动态传质平衡。

如果边界附近汽泡内有涡流流动，由于动态过程存在不稳定性，那么在垂直上升或下降方向上的液态重金属冷却剂流中，就会出现脉动波，脉动波幅能避免汽泡接触热阻的增大。亚尔莫诺夫的实验表明（见第 3.2.5.6 节内容），当蒸汽发生器换热管束中的换热管呈横流或盘管流动时，如果轻相物质进入冷却剂，换热管束壁面会产生温度脉动，再加上换热管内冷却剂流中蒸汽和水分离引起的壁面温度脉动，最终可能导致蒸汽发生器换热管材料老化，甚或几根换热管同时断裂。

当液态重金属冷却剂中的体积含气率增加时，由于通道内液态重金属冷却剂流量的相对不充分或通道间冷却剂流量不稳定所造成的冷却剂温度脉动，可能导致回路某些通道的温度总体升高，而绝非仅仅是传热壁面局部过热。由于冷却剂自由液位不能升高，因此上述体积含气率的液态重金属冷却剂不能进行长时间循环，但是短时间循环是可以的。

当发生大量水和蒸汽进入液态重金属冷却剂回路的假想事故时，必须中断反应堆装置的功率水平运行。而当液态重金属冷却剂回路冷却时，由于较热的冷却剂流量较小，表面不会出现过热的现象。

(5) 冷却剂中子物理特性变化

当二元流体中的蒸汽和汽水混合物进入反应堆堆芯的通道时，通道内的循环冷却剂和整个堆芯的中子物理特性都将发生变化。在液态重金属冷却剂的裂变快中子反应堆中，如果蒸汽和汽水混合物进入堆芯，则会导致反应性脉动和反应性值的总体升高。为避免发生反应堆功率突增的最严重事故，快中子反应堆堆芯中的水分子数量或质量应设限值。

(6) 铅、铅铋冷却剂、水、杂质及结构材料系中水分子辐照分解和化学作用的影响

当水分子经过反应堆堆芯时，受电离辐照的作用，水分子可能发生辐照分解，水分子辐照分解的量化指标主要取决于中子能谱、中子通量密度、反应堆堆芯通道中的水分子浓度以及水分子在堆芯通道中的留存时间。水分子辐照分解所形成的氧气几乎瞬间就与液态重金属冷却剂和结构材料成分发生作用，产生相应的氧化物。

该事故的一个特点是液态重金属冷却剂中的氧含量上升。

根据氢分子和氧化物的概率相遇特性以及氧化物的还原反应势，少量氢气与冷却剂中的氧化物、杂质反应，大部分氢气则在液态重金属冷却剂的自由液位处分离并进入气体系统，能还原自由表面残存的冷却剂氧化物。该事故的另一个特点是液态重金属冷却剂回路气体系统的保护气体中出现氢气杂质。

除上述机理之外，由于以下两个因素，水和蒸汽进入液态重金属冷却剂可能会增加冷却剂的氧化电势：

1）给水中的氧气杂质（1 kg 水中含 1 mg 氧气杂质）；

2）在水蒸气和铅、铋的接触边界处水蒸气会氧化铅和铋。

干净水蒸气氧化液态重金属冷却剂的过程取决于气泡中蒸汽和氢气的温度和浓度，以及液态重金属冷却剂中氧气的热力学活度值。在铅、铅铋低熔合金的运行温度和其他特性条件下，由于它们会和干净的水蒸气作用，因此氧气的热力学活度不太可能会增至 10^{-3}～10^{-2}以上。如果冷却剂中含有熔化状或弥散相的 Fe、Gr、Ni 等结构材料成分，由于它们具有比铅和铋更强的亲氧性，水蒸气将会剧烈氧化这些杂质。而进入液态重金属冷却剂回路的蒸汽和水将会促成与液态重金属冷却剂相接触结构材料表面氧化膜保护层的形成。

给水中含有的 Fe 和其他定量杂质也会伴随水和汽水混合物进入液态重金属冷却剂回路，当蒸汽发生器回路间泄漏事故工况持续较短时间时，它们将会对回路的后续工作性能造成轻微影响。

(7) 工质进入动力回路对设备其他特性的影响

根据泄漏点尺寸和事故工况的持续时间，水和蒸汽进入动力回路可能会对设备运行特性产生不良的影响，如水蒸气进入液态重金属冷却剂回路主泵滚动轴承的冷却区时，水分可能发生冷凝，并进而被不适用于类似运行条件的轴承的润滑脂所稀释和冲净。

当主泵转速和回路区域的局部压力变化时，在回路冷却剂中分离的蒸汽气泡体积将会发生变化，导致液态重金属冷却剂的自由液位发生脉动。

在工质于液态重金属冷却剂回路中停留期间，自泄漏时进入回路至回路中冷凝液排出时刻，工质将带走回路冷却剂、内表面和气体系统中的放射性杂质和非放射性杂质，机组中会出现含氚、^{210}Po 和其他同位素的其他放射性废物，而相应的系统应能保证此类放射性废物的接收、暂存和可能的后处理能力。

考虑到有可能发生当前事故，液态重金属冷却剂回路和系统中需要增设额外的监测仪表和设备。蒸汽发生器回路间泄漏事故工况的后果可能会影响机组回路和系统设备的维保特性、放射性去污特性及其他特性。

7.2.4 进入液态重金属冷却剂回路的水、蒸汽及气泡在其中的移动过程模拟

文献[1-5]作者通过实验和理论计算研究了轻相物质进入液态重金属冷却剂工况的过程特性，有以下几个工况：

1）气泡流动工况；

2）射流流动工况；

3）形成轻相物质腔和气蚀（分界面呈混乱形状）的流动工况；

4）形成自流动点至液态重金属冷却剂自由表面上方气体（蒸汽气体）空间的轻相物质连续通道的流动工况。

以上实验研究了气泡或气泡群脱离流动孔的特性、二元流体流动特性与气泡在液态金属自由表面的破裂特性。实验的轻相物质为自铅或铅铋冷却剂层排出的水蒸气、汽水混合物、冷凝液与气体，包括 Ar、He、H 及其混合物。流动孔直径为 0.5～10.0 mm，扁平裂缝直径为 1.0～2.0 mm 或 10～20 mm，流动孔压差为 1.0～240 kgf/cm^2，在挤压和自由空间条件下，流动孔距离液态金属自由表面的埋深为 200～3 500 mm，液态金属温度为 350～600 ℃，轻相物质温度为 20～200 或 300 ℃。

通过灵敏度为 0.5～1.0 mm 的三电极电接触跨时传感器和灵敏度为 0.5～3.0 mm 的微型热电转换器监测液态重金属冷却剂和蒸汽空间内的过程特性，并采用专用程序处理接收到的信号。在实验期间，变换上述敏感元件的插入深度及其相对流动孔的方向，并通过视频和拍照的方式记录气泡的破裂过程，包括流动流量变化时液态金属自由表面的状态、流动孔的深度以及流体相对流动孔的流向。通过声学传感器记录下单个气泡和气泡组的破裂时刻，以及气泡在铅或铅铋低熔合金冷却剂自由表面的后续破裂时刻。通过电接触传感器和目测的方式，监测液态金属自由液位的高度和垂直移动（膨胀）。通过流量计以及流量容器中冷凝液的液位变化值和压力变化值监测轻相物质的流量。

工质和液态金属的换热过程如下文所述[6-7]。

受动力装置构造形式和运行工况参数的影响，事故开始时刻流动孔入口的水温可能从

100 ℃的最低给水温度到流动孔附近区域水压力条件下的饱和温度不等，汽水混合物的温度为 250～340 ℃，蒸汽温度为 250～520 ℃。

在流动孔通道中以及流动孔通道之后，由于流速急剧加快，流动射流的压力将下降，其中的部分水在蒸汽发生器的节热器和蒸汽发生器单元蒸发，切断射流，并形成含冷凝液滴和蒸汽空间的气泡，冷凝液滴中的冷凝液温度下降至液态重金属冷却剂局部区域压力条件下的饱和温度值（如果前者大于后者），在此期间的气泡尺寸大于 0.5 mm，根据拉普拉斯双曲型方程，造成气泡压力增大的表面张力可忽略不计。冷凝液滴的体积沸腾将击碎冷凝液滴，并缩减气泡的尺寸。在射流流动工况下，当其他条件不变时，流动孔的压差越大，液态金属中的气泡就越小。

因此在流动孔附近区域，液态金属熔融物会形成含冷凝液滴的气泡，冷凝液滴外部是节流时部分冷凝液沸腾与气泡四周液态金属换热形成的汽泡。

汽水和蒸汽气泡开始在液态金属熔融物和水、蒸汽二元流体中流动，其垂直分速（即上浮速度）取决于以下几个因素：

1）气泡在液态金属相对空间中的垂直移动分速，可通过斯托克斯或雷布钦斯基・阿达玛方程式计算得出，受气泡尺寸影响，实验中的气泡垂直移动分速为 0.01～0.15 m/s。

2）二元流体的垂直分速（气升速度）。由于下降段的干净金属和上升段含水、蒸汽气泡的轻相金属混合物存在密度差，导致产生循环浮力，因此其垂直分速可从 0 增至 0.7～0.9 m/s（实验数值）。局部流体区域内每个气泡流向和流速模块的综合静态值均考虑了流体的涡流脉动。

3）流体的载流速度和流向。

在液态重金属冷却剂和工质二元流体的流动工况下，液态金属和气泡内的水、蒸汽的换热通过以下几种方式实现：

1）气泡边界处液态重金属冷却剂到蒸汽的对流换热。显而易见，冷凝液或多或少都会与温度高达 400 ℃的液态金属表面长时间直接接触，但是又由于接触区域会形成汽泡，直接接触时间不会太长。

2）从铅接触外表面到冷凝液滴接触内表面的汽泡对流传热。

3）从气泡和蒸汽接触表面（可能表面多半有杂质）到汽泡内蒸汽空间和冷凝液滴表面的辐照传热。

4）冷凝液滴内部的对流换热。

气泡中蒸汽的温度接近气泡压力条件下的饱和温度。

在蒸发过程中，由于冷凝液产生蒸汽，气泡在液态金属中上浮，导致静压下降。受二元流体中相互接触气泡的凝聚、涡流脉动、流速差与其他效应作用，导致其体积和尺寸增大。

同时，由于气泡尺寸变大距离处流体的剪切应力（压差）、流体遇到格架等机械障碍以及贴壁区域应力等因素，二元流体中的较大气泡（几毫米及以上）可能破裂。由于流体的对流换热和液态重金属冷却剂的热传导，单个气泡附近局部区域的液态重金属冷却剂温度发生下降，水滴随之轻微蒸发。气泡组移动时，由于冷却剂热容较小，冷却剂的局部温度大幅下降。

冷凝液滴蒸发后气泡内的蒸汽过热方式如下：

1）铅和蒸汽边界处从铅到蒸汽的对流传热；

2）从铅表面到蒸汽的辐照传热。

此时，可能整个或部分气泡表面均覆盖有降低换热能力的杂质层。

在气泡破裂时刻，铅冷却剂自由表面产生动态效应，设备出现波浪和振动，气泡越大或尺寸较大的气泡越多，动态效应就越剧烈，冷却剂构成物进入排气管道并再次冻结的概率也就越大。

需指出，在水、气体和蒸汽进入冷却剂的实验中，几乎都记录下了轻相物质和蒸汽从流动孔流出的脉动特性，气泡在液态金属内都呈气泡组漂浮状态。

7.2.5　液态重金属冷却剂和水、蒸汽直接接触换热过程的理论计算分析

铅、铅铋冷却剂和工质通过蒸汽层热传导和热辐照换热，热能守恒公式为：

$$[E_2 + \alpha_k(t_{Pb} - t_s)]F_2 = -r\rho' \frac{dV}{dt} \tag{7-3}$$

式中：E_2——液滴表面的辐照密度；

α_k——自铅和蒸汽分界面至蒸汽和冷凝液的缩小分界面、通过增厚汽泡的分子对流热导率；

t_{Pb}、t_s——冷却剂温度和饱和水滴温度；

F_2——液滴表面积；

V——液滴体积；

r——汽化热；

ρ'——水的密度。

辐照表面的辐照密度计算公式为：

$$E_2 = \frac{\sigma_0(T_1^4 - T_2^4)}{\frac{1}{A} + \left(\frac{1}{A_1} - 1\right)\frac{F_2}{F_1}} \tag{7-4}$$

式中：σ_0——斯特藩玻耳兹曼常数；

T_1、T_2——辐照表面和被辐照表面的温度；

A_1、A_2——物质的吸收能力；

F_1——辐照表面积。

金属温度 900 K 时的辐射率和吸收率相等，辐射率（ε_1）和电阻率（ρ_0）关系式为：

$$\varepsilon_1 = 0.35 T_1 \rho_0^{0.5} \tag{7-5}$$

既然只有铅表面的直接相邻薄层参与金属表面辐照的吸收和释放，那么表面本身的状态将会对辐照特性起决定作用，即使只有非常薄的致密氧化铅层或铅和水蒸气化学反应形成的其他杂质层，也能改变表面的物理化学状态，并对辐照或吸收能力产生较大影响。

但是很难想象，在实际的直接接触换热过程中，压力、流速等参数会有局部或整体波动，但铅和蒸汽分界面的氧化物依然比较致密。

因此，针对该课题，氧化膜对冷却剂辐射率的影响可忽略不计。

在冷凝液滴表面蒸发的蒸汽将引起汽泡内的对流。对换热进行保守估算时，可以合理地认为液滴和加热表面的蒸汽隔离层内只有扩散过程，并认为只通过分子热传导实现了换热，其计算公式为：

$$\alpha_k = \frac{\lambda''}{\delta''} \tag{7-6}$$

式中：λ''——蒸汽导热系数；

δ''——蒸汽层厚度。

根据式（7-4）～（7-6），可以得出：

$$\frac{\sigma_0 (T_1^4 - T_2^4)}{\dfrac{1}{A_2} + \left(\dfrac{1}{A_1} - 1\right)\dfrac{F_2}{F_1}} F_2 + \frac{\lambda''}{\delta''}(T_1 - T_2) F_2 = -r\rho' \frac{dV}{dt} \tag{7-7}$$

将式（7-7）等号两边的部分都除以液滴表面积 F_2 可得到：

$$\frac{\sigma_0 (T_1^4 - T_2^4)}{\dfrac{1}{A_2} + \left(\dfrac{1}{\varepsilon_1} - 1\right)\dfrac{R_k^2}{R_n^2}} + \frac{\lambda''}{R_n - R_k}(T_1 - T_2) = -r\rho' \frac{dR_k}{dt} \tag{7-8}$$

式中：R_k、R_n——水滴和蒸汽气泡的半径，如图 7.4 所示。

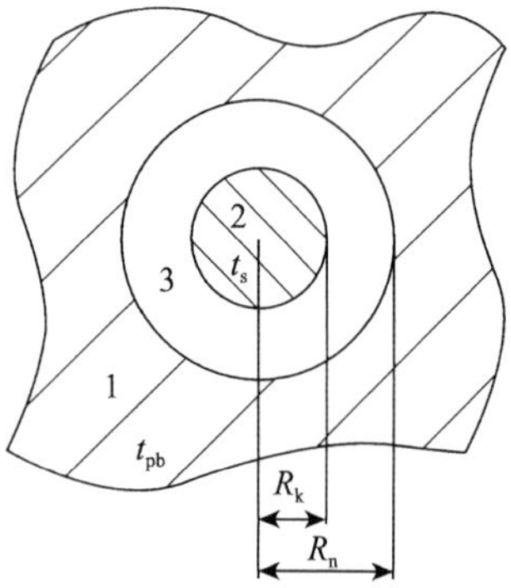

图 7.4　换热计算附图

1—铅铋冷却剂；2—水滴；3—汽泡

液滴蒸发能导致蒸汽气泡体积 V_n变大，那么 V_n和 V 的比值为：

$$-\frac{dV}{dV_n} = \frac{\rho''}{\rho'} \tag{7-9}$$

式中：ρ''——饱和蒸汽密度，$\rho' \gg \rho''$。

继而可以得出：

$$-\frac{dR_k}{dR_n} = \frac{\rho'' R_n^2}{\rho' R_k^2} \tag{7-10}$$

对式（7-10）求解，可得出：

$$R_n(R_k) = \sqrt[3]{\left(\frac{\rho'}{\rho''} + 1\right) R_{init}^3 - \frac{\rho'}{\rho''} R_k^3} \tag{7-11}$$

式中：R_{init}——水滴初始直径。

铅冷却剂中水滴蒸发的微分方程为：

$$\frac{\sigma_0(T_1^4-T_2^4)}{\dfrac{1}{A_2}+\left(\dfrac{1}{\varepsilon_1}-1\right)\dfrac{1}{\sqrt[3]{\left(\dfrac{\rho'}{\rho''}+1\right)\dfrac{R_{\text{init}}^3}{R_k^3}-\dfrac{\rho'}{\rho''}}}}+\frac{\lambda''(T_1-T_2)}{R_k\left(\sqrt[3]{\left(\dfrac{\rho'}{\rho''}+1\right)\dfrac{R_{\text{init}}^3}{R_k^3}-\dfrac{\rho'}{\rho''}}-1\right)}=-r\rho'\frac{dR_k}{dt}$$

(7-12)

1 mm 初始直径（$R_{\text{init}}=0.5$ mm）、10mm 初始直径（$R_{\text{init}}=5$ mm）冷凝液滴与铅冷却剂液位下方 0.5 m、6.5 m 流动深度的方程式解［式（7-12）］如图 7.5 所示。可以看出，在瞬态过程后的最初几秒内，液滴直径呈线性变化。从图 7.6 可以看出，液滴蒸发的大部分能量都是通过辐照传递出来的。

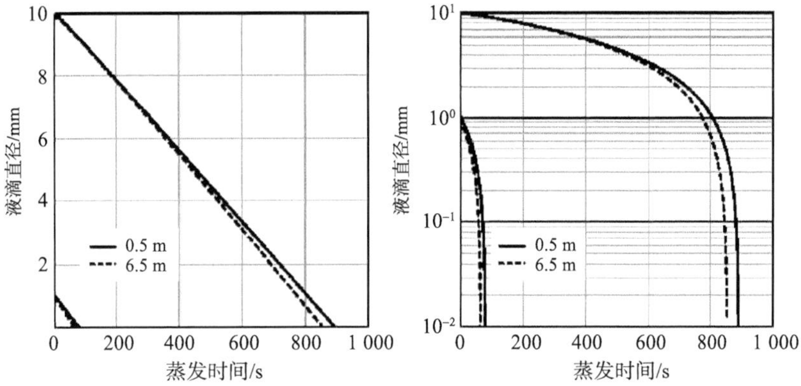

（a）正常坐标　　（b）对数坐标

图 7.5　冷凝液滴蒸发的计算特性

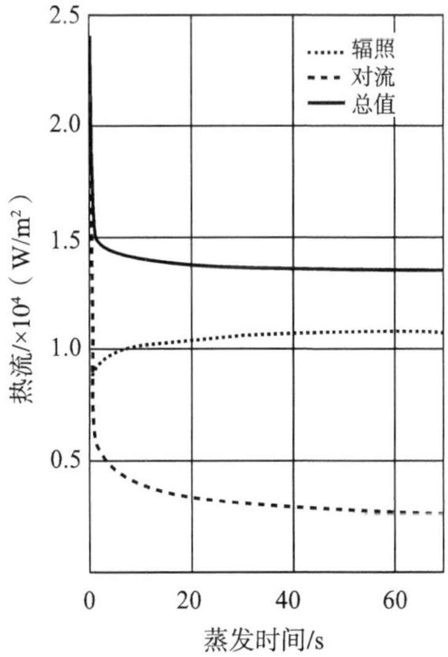

图 7.6　初始直径 1 mm 液滴蒸发的热流时间关系曲线（$R_{\text{init}}=0.5$ mm）

冷凝液滴蒸发时间和初始直径的关系曲线如图 7.7 所示，主要分液态重金属冷却剂表面附近流动（深达 0.5 m）与流动孔最大埋深流动（深达 6.5 m）两种极端情况。

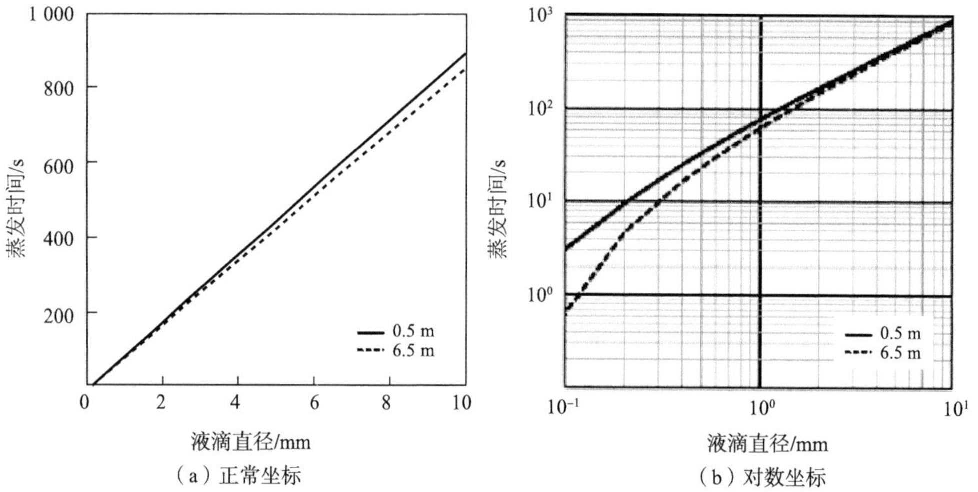

图 7.7　蒸发时间和液滴初始直径的关系曲线

从图 7.7 中可以看出，最大直径（10 mm）液滴的蒸发时间约为 14 min，而较小直径（0.1 mm）液滴的蒸发时间仅达 3 s。流动孔埋深不同时，较大直径（10 mm）液滴的蒸发时间差约为 4%，较小直径（0.1 mm）液滴的蒸发时间差约为 80%。

计算冷凝液滴的载流距离，必须对比液滴蒸发时间、气泡上浮速度与铅冷却剂中液滴的必要停留时间。

冷却剂中工质上浮速度和液滴直径的关系式可通过斯托克斯公式计算，$Re \leqslant 1$ 时，流体中固体球的移动速度计算公式为：

$$U = \frac{2}{9}\frac{(\rho - \rho')ga^2}{\mu} \tag{7-13}$$

式中：U ——上浮速度；

ρ'——内部流体（工质）密度；

ρ、μ ——外部流体（液态重金属冷却剂）密度和黏度；

a ——气泡半径。

斯托克斯公式的计算结果如图 7.7a 所示。

随着液滴尺寸增大，悬浮气泡和液滴渐趋平衡，而非球形。扰动因素是惯性力和黏性力，阻碍因素是毛细力，气泡形状取决于雷诺数和韦伯数，计算公式为：

$$Re = \frac{a_e U_i \rho}{\mu} \tag{7-14}$$

$$We = \frac{a_e U_i^2 \rho}{\sigma} \tag{7-15}$$

式中：μ、ρ ——连续相的动态黏度和密度；

σ ——表面张力系数；

a_e——体积等于气泡体积的球形半径；

U_i——距离颗粒较远冲击流体的非扰动流速。

当 Re 为平均值、We 值较小时，气泡形状近球形；当 $Re=10^2\sim10^3$、We 值达到几个单位值时，气泡形状可近似模拟成扁椭状，气泡移动轨迹可能呈螺旋状。如果 We 值持续增加，那么气泡底部更接近于扁平状。当 $We>10$、Re 值更大时，气泡呈倒杯状或球冠状，且垂直上浮，上浮速度如图 7.8 所示。

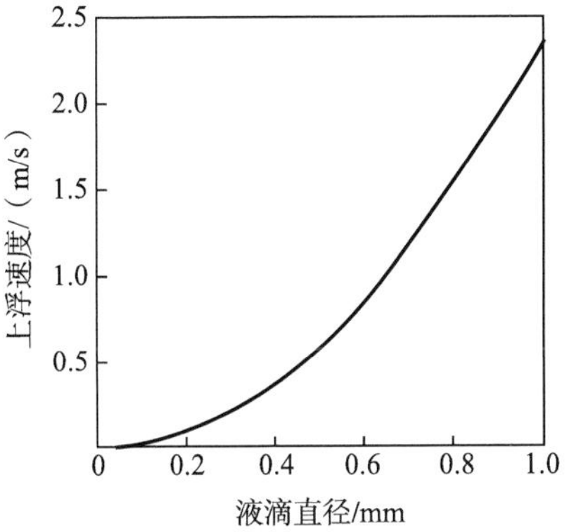

（a）根据斯托克斯公式（7-9）计算的结果

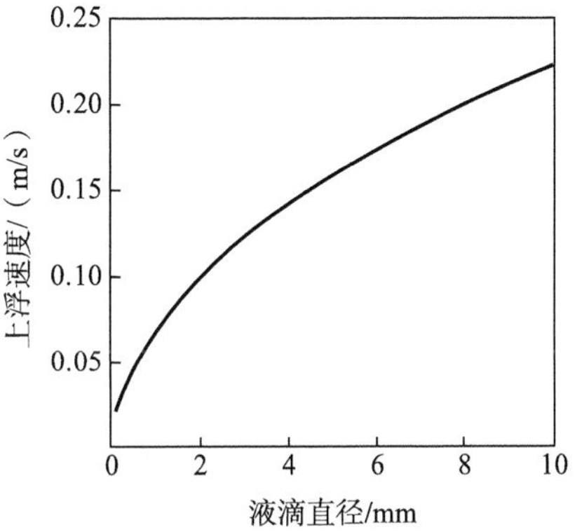

（b）根据公式（7-11）计算的结果

图 7.8　自底部起点开始的工质上浮速度计算结果

$$U_i=\frac{2}{3}\sqrt{ag} \tag{7-16}$$

式中：a ——球冠曲率半径。

球冠状气泡通过体积当量球面半径 a_e的上浮速度经验公式为：

$$U_i=1.01\sqrt{a_e g} \tag{7-17}$$

实验中，当 $Re\leqslant10^4$，$We\leqslant10$，工质液滴或气泡的横向直径为 50 mm 时，若不考虑气升效应，工质在冷却剂中的上浮速度不超过 0.3 m/s。由于气升效应导致冷却剂液位升高，因此轻相物质气泡的最大上浮速度约为 1 m/s，图 7.8b 中上浮速度对应的保守液滴直径取 10 mm。

可通过对比工质气泡的上浮速度和回路内冷却剂的下降速度，计算出二元流体中汽水气泡的移动情况。水、蒸汽气泡上浮速度的计算结果如图 7.9 所示，负值表明气泡自输水点沿冷却剂流向移动。从图 7.9 中可以看出，如果液态重金属冷却剂自由表面不具备分离条件，那么大小为 11.5 mm 的气泡就能随冷却剂流移动。

根据上浮速度与气泡尺寸（图 7.9）、工质蒸发时间与（图 7.7）的关系曲线，可以计算出完全蒸发前尚未分离的工质液滴的移动距离，计算结果如图 7.10 所示。从图 7.10 中可以看出，在不具备气泡分离条件的最远距离，约 33.5 m，直径 5.4 mm 液滴随冷却剂流移动，直至完全蒸发，较大和较小尺寸的液滴则在二元流体中移动较短距离后便蒸发。

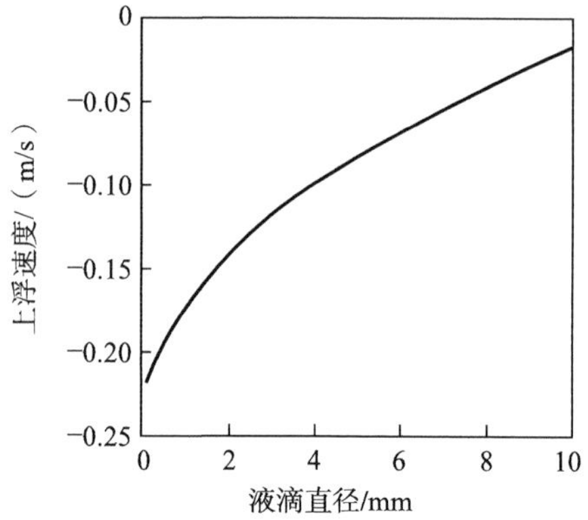

图 7.9　气泡上浮速度

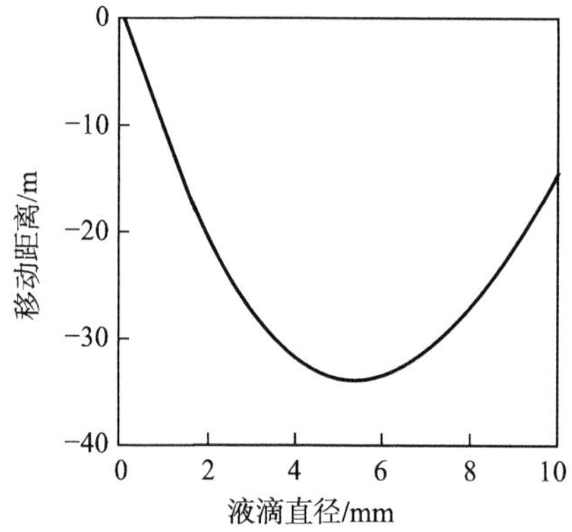

图 7.10　气泡完全蒸发前的移动距离

实验结果表明，在 20～100 ℃初始温度条件下，几毫米尺寸的液滴在 400～500 ℃铅冷却剂中悬浮几米后，才完全蒸发。

7.2.6　气泡流动工况

在气泡组流动工况下，气泡组分离直径接近流动孔的局部平均值。上浮过程中，由于水蒸发，静压下降，蒸汽与较高温度的液态重金属冷却剂换热，导致气泡尺寸变大。单个气泡破裂时液态重金属冷却剂自由表面的后续表现如图 7.11 和图 7.12 所示，鼓泡特性如表 7.1 所示。

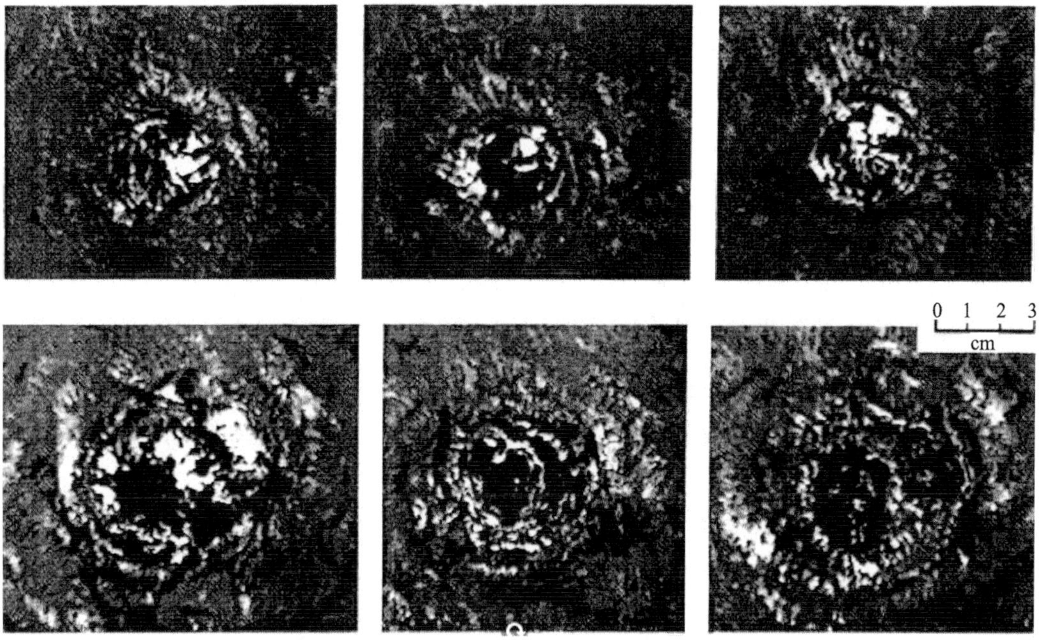

图 7.11　氦气鼓泡时铅铋低熔合金冷却剂自由表面的后续表现照片

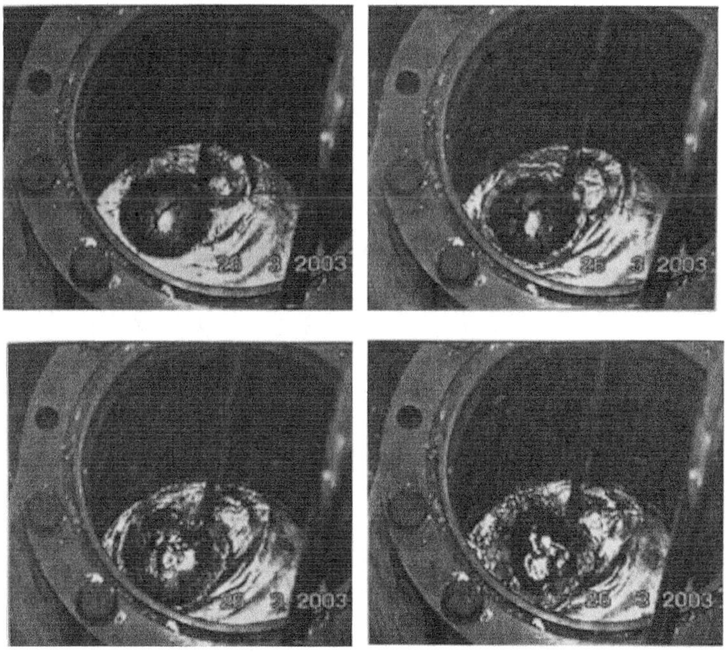

图 7.12　氩气开始鼓泡时铅冷却剂自由表面的后续表现图片
（第一个大气泡破裂）

表 7.1　气泡流动工况下的鼓泡特性

参数	数值
气体流量/（dm^3/h）	70
鼓泡载荷/（$dm^3/h \cdot dm^2$）	1
气体压力/［MPa，（kgf/cm^2，atm）］	0.4，4
喷嘴埋深/mm	3 000
喷嘴直径/mm	0.6
铅冷却剂温度/℃	400

在不同试验台架和装置中，冷却剂和轻相物质的混合物、水蒸气、氦气、氩气、氢气及其混合物鼓泡时，单个气泡和气泡组通过铅、铅铋低熔合金、铅锂低熔合金的上浮速度完全一样，可能存在概率因素。

当轻相物质自朝下的圆孔沿侧面水平方向流动时，除气泡分离直径发生变化外，其他流动特性均未改变。

别兹诺索夫 A. B. 等的研究表明，脱离流动孔的气泡尺寸主要取决于流动孔流动尺寸和压差相近时的流动孔尺寸和形状。当气泡自人造裂缝，较大气泡自水平裂缝、圆孔和垂直裂缝流动时，脱离流动孔的气泡尺寸最小，如图 7.13 所示。如果在上浮气泡的移动路径上放置经液态金属润湿的倾斜管子、水平管子和棒状物，其表面有冷却剂氧化物，气体不会附着在其表面。如果轻相物质和障碍物之间存在液态金属夹层，那么轻相物质会绕过障碍物，否则将会沿未经液态重金属冷却剂润湿的表面散流。

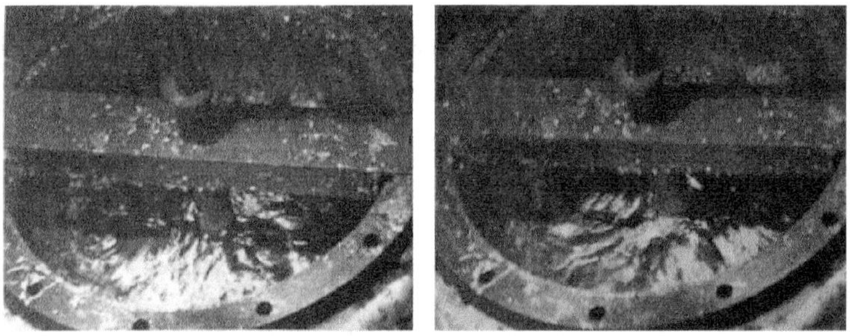

（a）流动圆孔

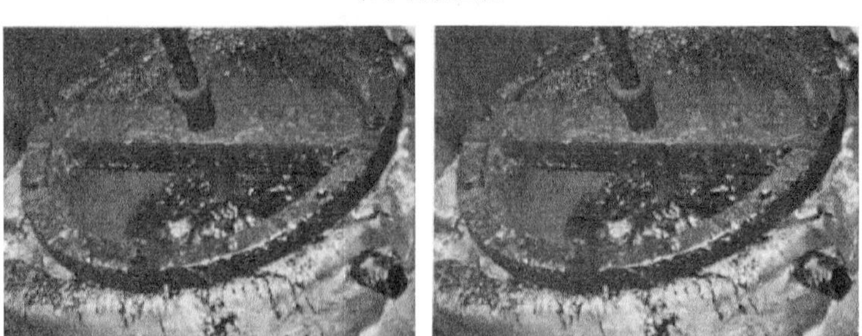

(b) 水平裂缝

图 7.13　输入鼓泡用水时 480 ℃铅冷却剂的自由表面图片

如果固体金属表面未经冷却剂润湿，那么轻相物质气泡与其直接接触，就会导致气泡中的气体沿表面散流，气泡沿表面爬升，即使在气泡爬升路径上放置尺寸超过 2.0 mm 的钢丝网，也不会改变液态重金属冷却剂中气体的移动特性。

轻相物质气泡尺寸与上浮速度的分布测量结果如图 7.14～图 7.18 所示。

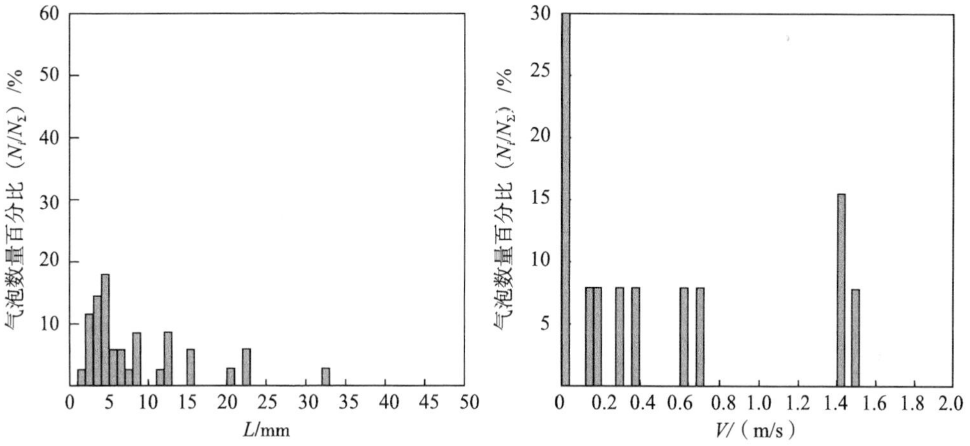

（a）气泡弦长　　（b）气泡上浮速度

图 7.14　蒸汽鼓泡时工质气泡弦长和上浮速度的柱状分布图（d_c=2.0 mm）

蒸汽通过铅冷却剂鼓泡，且 2.0 mm 直径蒸汽流动喷嘴在自由液位下方的埋深为 1 000 mm，电接触探头在自由液位下方的埋深为 200 mm，流动喷嘴前的工质压力为 4.0 MPa，脉冲蒸汽流量为 12～26 g/s 时，气泡弦长 L（mm）和上浮速度 V（m/s）的柱状分布图如图 7.14 所示。

由铅冷却剂液位下 1 000 mm、电接触探头埋深为自由铅冷却剂液位下 200 mm、工质压力 p=6.0 MPa 以及蒸汽脉冲流量为 15～25 g/s 时，气泡弦长 L（mm）和上浮速度 V（m/s）的柱状分布图如图 7.15 所示。

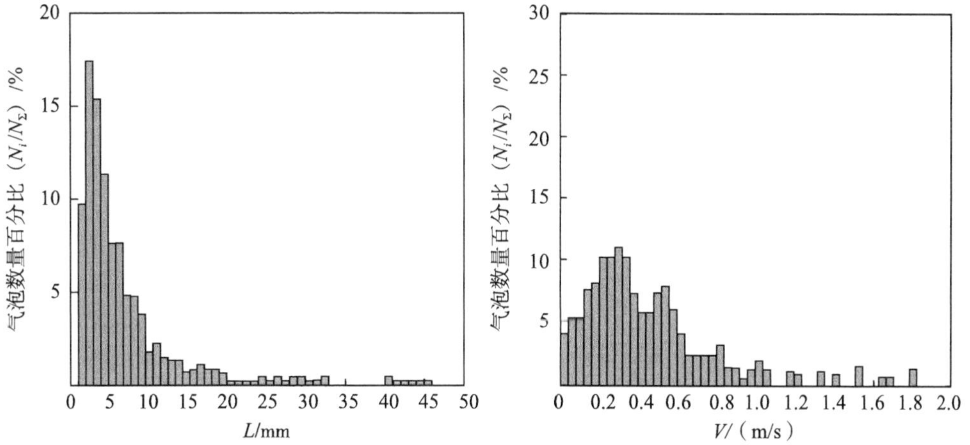

（a）气泡弦长　　（b）气泡上浮速度

图 7.15　工质冷凝液鼓泡时工质气泡弦长和上浮速度的柱状分布图

水、蒸汽气泡上浮速度和气泡直径（d_{bub}）的柱状分布图如图 7.16 所示，水通过 1.4×15 mm 水平裂缝的喷嘴输入，电接触探头相对铅冷却剂自由表面的埋深约为 60 mm，在流动孔上方的铅冷却剂中放置多孔板，流动孔在铅冷却剂自由液位下方的埋深 h_c= 400 mm，流动孔的入口水压为 0.038～0.044 MPa（0.38～0.44 kgf/cm^2，atm），水的流量为 0.73 dm^3/h。水、蒸汽气泡上浮速度和气泡尺寸的柱状分布图如图 7.17 所示，水通过 1.4×15 mm 裂缝的喷嘴输入，电接触探头相对铅冷却剂自由表面的埋深约为 160 mm，在流动孔上方的铅冷却剂中放置多孔板，流动孔在铅冷却剂自由液位下方的埋深 h_c= 4 400 mm，流动喷嘴的入口水压为 0.038～0.044 MPa（0.38～0.44 kgf/cm^2，atm），水的流量为 0.73 dm^3/h。气泡上浮速度的柱状分布图如图 7.18 所示，水通过 1.4×15 mm 的水平裂缝进入铅冷却剂，电接触探头布置在水流动孔和自由液位附近，流动孔在冷却剂液位下方的埋深为 2 630 mm。

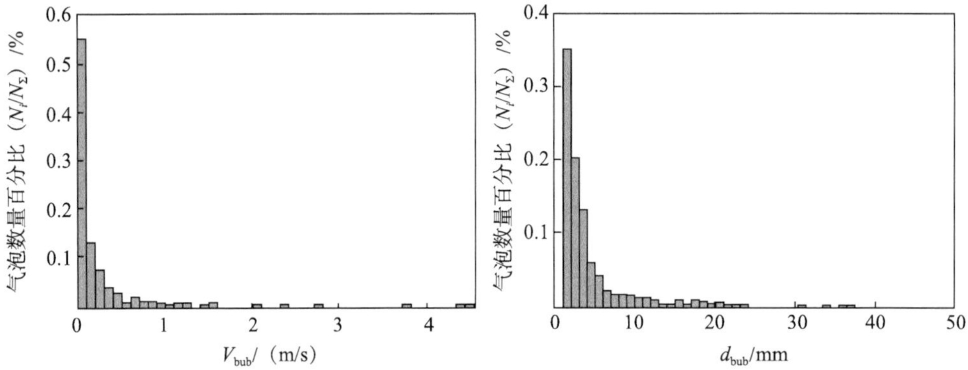

(a) 气泡上浮速度　　(b) 气泡尺寸

图 7.16　水、蒸汽气泡上浮速度和气泡尺寸的柱状分布图

（喷嘴尺寸为 1.4×15 mm）

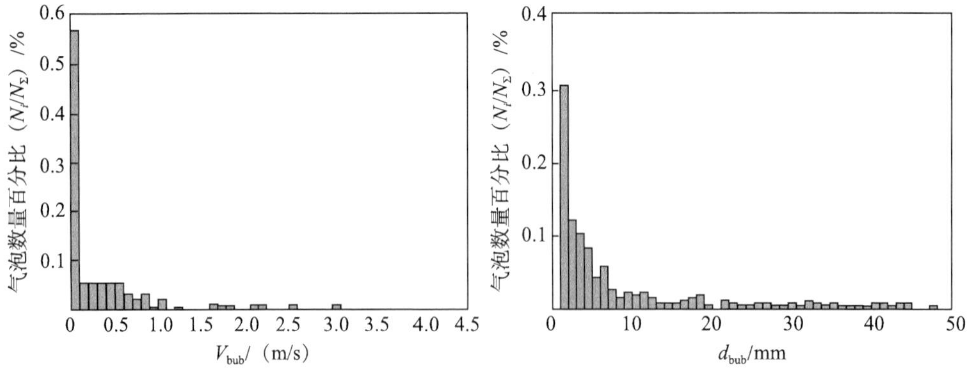

(a) 气泡上浮速度　　(b) 气泡尺寸

图 7.17　水、蒸汽气泡上浮速度和气泡尺寸的柱状分布图

（喷嘴尺寸为 1.4×15 mm）

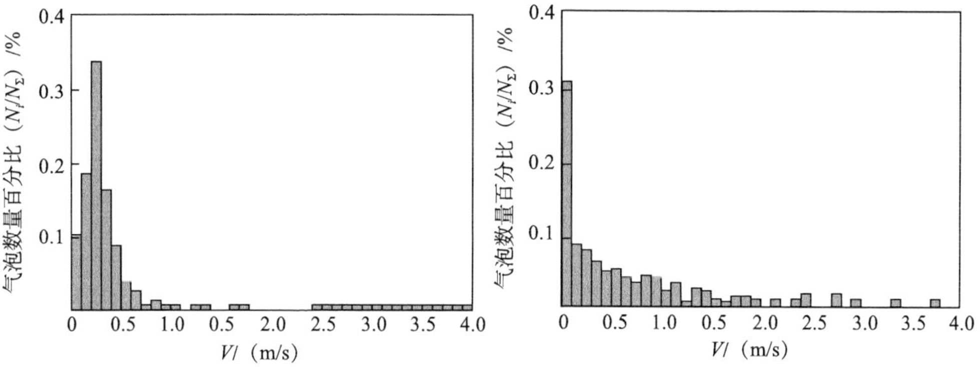

（a）水流动孔附近的电接触探头　　（b）自由液位附近的电接触探头

图 7.18　水通过 1.4×15 mm 水平裂缝喷嘴进入铅冷却剂时气泡上浮速度的柱状分布图
（流动孔在冷却剂液位下方的埋深为 2 630 mm）

未发生气升效应时，实验所得轻相物质气泡的上浮速度为 0.01～0.1 m/s。当气升效应导致二元流体中气泡发生较大规模的伴随流动时，实验所得气泡的上浮速度能达到 0.7～0.8 m/s，甚至更大。在上浮过程中，3.0 mm 直径的气泡依然能保持近乎于球形，而 5.0 mm 以上直径的气泡则发生了形变，并在二元流体中破裂。破裂时刻及之后的气泡上升速度将下降至流体的载流速度。

气体、蒸汽气泡的鼓泡特性相同，且都有别于汽水混合物和冷凝液的移动特性，汽水混合物和冷凝液移动时的气泡尺寸变得更大。

水进入冷却剂时，布置在冷却剂与气泡不同上浮高度的热电偶能记录 1.0、3.0 mm 直径气泡经过敏感元件附近所导致的温度脉冲减少，如图 7.19 所示。

从图 7.19b，可以看出，在水通过蒸汽鼓泡的初始时刻，液态重金属冷却剂自由液位上方的蒸汽温度大幅波动，之后才逐渐平稳下来。

下诺夫哥罗德国立技术大学的实验表明，当 20 ℃水进入 450～480 ℃铅冷却剂，铅冷却剂自由液位每平方米单位面积的蒸汽荷载为 7～30 m^3/h，流动孔埋深为 400 mm 时，蒸汽温度为 100～140 ℃；而当流动孔埋深为 1.6 m，裂缝入口水压为 0.038～0.044 MPa（0.38～0.44 kgf/cm cm^2，atm），蒸汽温度约为 250 ℃，如图 7.20 所示，此时水的流量为 0.73 dm^3/h，如图 7.20 和图 7.21 所示。

鼓泡时，液位的上升值（膨胀值）为进入液态金属的轻相物质的体积。在自由表面气泡首次破裂前的初始时刻，液位的上升值最大。而随着轻相物质流量的增加，其他条件不变时，气泡破裂的频率增大，表面产生较大的破裂浪，破裂直径减小，破口加深，破裂浪峰值升高。

实验和理论计算分析表明，当轻相物质以气泡的形式进入液态金属时，液态重金属冷却剂回路内的自由液位首先升高，然后经气泡分离并进入保护气体系统，蒸汽在专用冷凝器内冷凝，冷凝液自回路排出之后，逐步趋向平稳。如果液态金属自由液位的上升值未达到事故阈值，且根据电离室的测量结果，此时堆芯尚未进水，回路和装置仍可继续保持短时间运行。

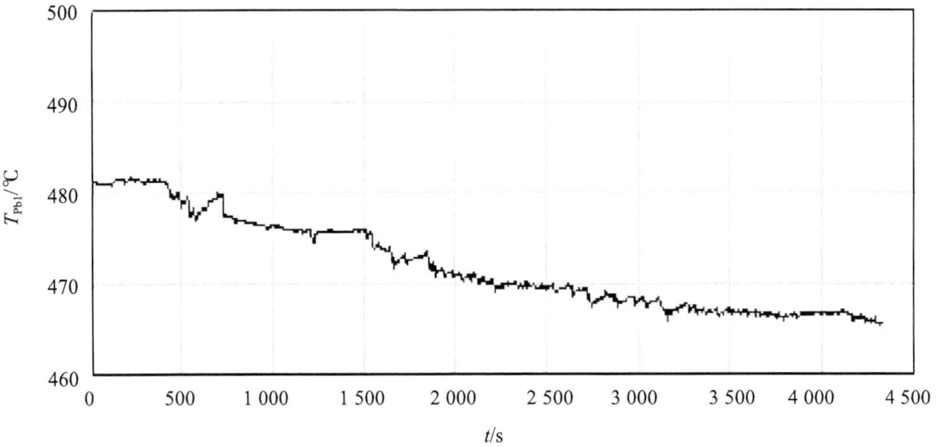

（a）喷嘴附近区域的铅冷却剂温度变化

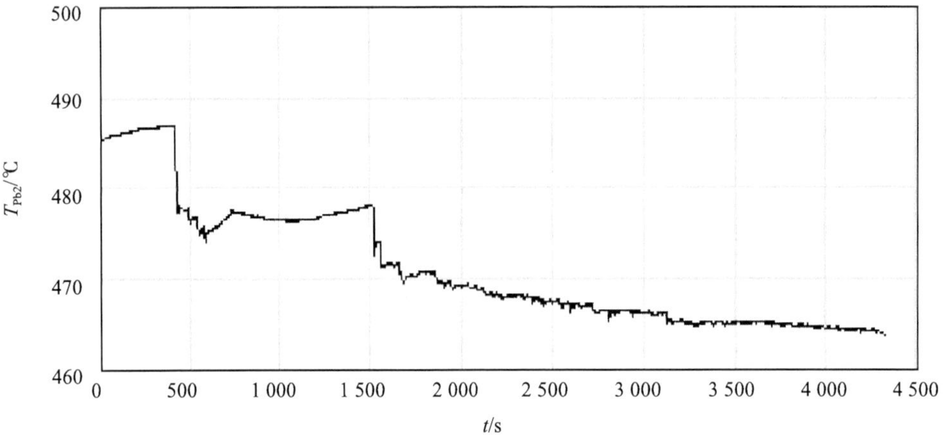

（b）自由液位附近区域的铅冷却剂温度变化

图 7.19　喷嘴（T_{Pb1}）和自由液位（T_{Pb2}）附近区域的铅冷却剂温度变化

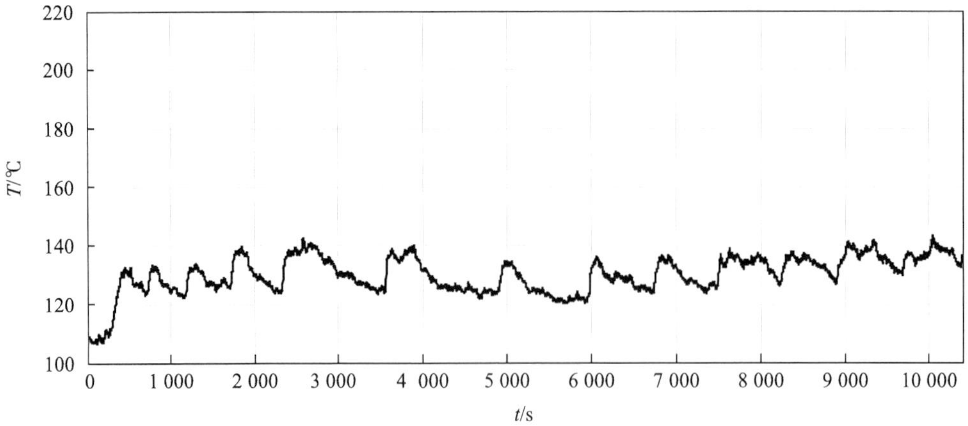

图 7.20　水通过 1.4×15 mm 裂缝进入铅冷却剂时的蒸汽温度变化

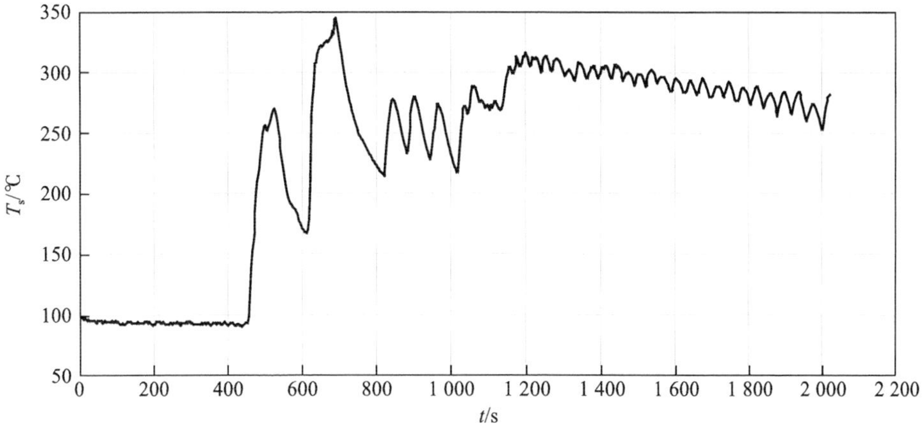

图 7.21　水通过 1.4×15 mm 水平裂缝喷嘴进入铅冷却剂时的蒸汽温度变化

7.2.7　射流工况

轻相物质射流进入液态金属的特点是体积稳定。自流动孔流出后，轻相物质射流快速破裂成悬浮在冷却剂中的单个气泡。射流长度取决于流动孔空间方位、压差、形状与轻相物质流量，射流表面形状由电接触探头和微型热电转换器测得。

液态金属中断前，当流动孔压差小于 20.0 MPa 时，轻相物质水平射流较短，不超过流动孔直径的 50～100 倍。此后，射流分裂成气泡，其移动特点类似上升二元流体中轻相物质的气泡流动工况。当轻相物质对自由表面的蒸汽（气体）荷载增加时，表面会形成向上突出、表面混乱的构成物，如图 7.22 所示，随着高度增加，横截面减小，顶部的个别构成物定期脱落。实验中形成的构成物能增高 1.5 m 及以上。

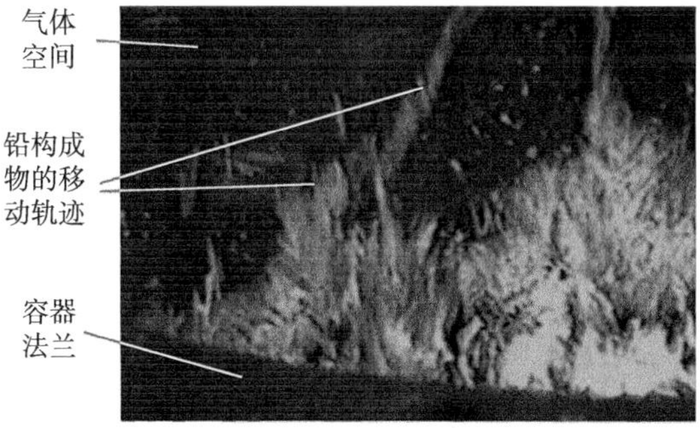

图 7.22　氩气通过 410 mm 厚铅冷却剂层鼓泡时直径 350 mm 容器的气体空间图片
（直径 2.0 mm 流动圆孔，每平方米铅冷却剂的单位鼓泡荷载为 100 m^3/L）

7.2.8　轻相物质与液态重金属冷却剂接触表面呈混乱形状的流动工况

针对轻相物质进入铅冷却剂自由液位和被挤出铅冷却剂的过程，下诺夫哥罗德国立技术大学开展了实验研究。实验中，轻相物质的压力为 240 kgf/cm^2，铅冷却剂的温度为 600 ℃，流动罐高 4.0 m，内径约 0.3 m[3]。

240 kgf/cm^2（atm）压力的蒸汽和水，自 14×2 mm 尺寸的中央管先后进入铅冷却剂自由液位与中央管和 56×4 mm 尺寸同轴管的环形间隙。结果表明，当流量达到 20～50 kg/s时，在 1.5 m 左右高度处，铅冷却剂和轻相物质分界面的平均上浮速度约为 30 m/s。在上浮过程中，分界面呈严重的不均匀性，结构部件受到较大的破坏性动态冲击载荷。如果在环形间隙放置阻力系数约达 10 的节流格架，模拟蒸汽发生器管道系统的运行条件，那么在其他条件不变的条件下，分界面的上浮速度就会减慢 4/5，达 4.0～6.0 m/s，这样也不存在动态冲击载荷。在节流格架的布置点，铅冷却剂和工质混合物的均质过程可能会抑制住分界面的上升，降低上浮速度，结构部件几乎未受到损坏，这是与不设节流格架实验的不同点。蒸汽进入环形间隙时，除上文所述顶部上浮分界面外，还出现了底部下降分界面，其移动特点与上分界面相同，因此气相物质的上下膨胀移动过程也是相同的。

7.2.9 形成自流动点至液态重金属冷却剂自由表面轻相物质连续通道的工况

针对形成自流动点至铅、铅铋冷却剂自由表面上方气体或蒸汽气体空间的轻相物质连续通道过程，进行了实验。实验中，流动孔在液态金属下方的埋深范围为 200 mm 至 1 500～2 000 mm，轻相物质进入冷却剂自由空间和挤压空间，挤压空间由位于流动孔之前、压力为 8.0 MPa 的垂直管道形成，该压力值与形成轻相物质连续通道的轻相物质流量取决于流动孔在液位下方的埋深与模拟蒸汽发生器管道系统传热管的液态金属挤压体积。

在形成连续蒸汽通道的初始时刻，液态金属自冷却剂自由液位上方气体空间的蒸汽入口区喷出。

铅冷却剂的喷出过程如图 7.23 所示。流动孔直径 $\phi=1.0$ mm，压差为 8.0 MPa，铅冷却剂温度为 450 ℃。此后，蒸汽通道的流量渐趋平稳，通道壁面的液态金属构成物随蒸汽流流走并破裂，最终以弥散态进入冷却剂自由液位下方的空间。

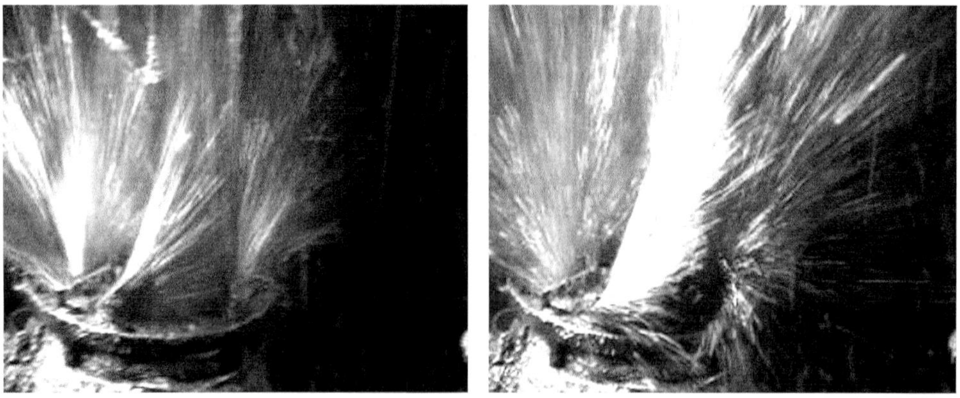

图 7.23 实验容器中铅冷却剂液滴经蒸汽喷出的 2 个画面（时间间隔为 0.08 s）

流动孔附近管道未发生剩余形变，其他部件和定位管也未受到损坏。

根据以上实验研究和理论计算分析结果，笔者认为在此可以提出铅、铅铋冷却剂反应堆装置蒸汽发生器的一个新结构设计方案[4]。

即使发生蒸汽发生器回路间泄漏、几根传热管同时断裂等任意事故工况，该设计方案仍能保证铅、铅铋冷却剂反应堆装置的安全性。

笔者建议蒸汽发生器管道系统的工作表面采用卧式管道，它在液态金属液位下方的埋深值尽量取最小值，卧式蒸汽发生器壳体的气体体积大于或等于其中的冷却剂体积。通过防爆膜、冷却器和过滤器，液态金属自由液位上方的空间与大气相连。蒸汽发生器根据冷却剂的路径，分别设置卧式蒸汽过热管道、卧式蒸发管道，二者末端嵌入蒸汽过热器单元和蒸汽发生器单元的管板。该设计方案既能用于设分离器和工质多次循环回路的蒸汽发生器，还可用于直流蒸汽发生器。为增加换热面，卧式管道可以采用弯曲管道的设计，如卧式扁平盘管。

文献[8]中分析了 BREST-OD-300 反应堆装置蒸汽发生器回路间泄漏事故的隔离系统设计，文献[9]中则介绍了小功率铅铋冷却剂反应堆装置的安全性研究结果。

7.2.10　液态重金属冷却剂与水、蒸汽和气体二元流体的特性

在蒸汽发生器回路间泄漏工况下，当液态重金属冷却剂回路工质呈气泡或射流流动时，便产生二元流体。当轻相物质气泡在其中流动时，气泡尺寸分布与冷却剂流体横截面内气泡数量的瞬时分布变化可能受以下因素影响：

1）二元流体与蒸汽发生器管道系统、蒸汽发生器孔道、燃料组件、燃料组件孔道的定位格架等部件（障碍物）作用时发生的气泡破裂；

2）受冷却剂流中心和贴壁区域涡流脉动作用、涡流黏性切应力和切应力导致的气泡破裂；

3）气泡沿主循环回路管线移动时，局部测点二元流体动静压分量变化及气泡中介质温度、凝聚态变化所造成的气泡尺寸变化，气泡变大或缩小；

4）受大小气泡、变形和未变形气泡上浮速度不同以及马格努斯效应影响，气泡沿流体或横跨流体随涡流移动，形成气泡的相对移动和凝聚汇合，并产生更大的气泡；

5）二元流体在重力和离心力等质量力场流动所引起的回路局部区域堵塞和气泡凝聚；

6）当结构材料表面附近区域局部流体动力特性变化时，受表面张力作用，轻相物质发生凝聚，在未经液态重金属冷却剂润湿的表面形成夹层，带走冷却剂流体中部分轻相物质，再将轻相物质带入冷却剂，实现轻相物质的动态平衡；

7）轻相物质在液态重金属冷却剂自由表面分离，再将二元流体中的部分轻相物质带入气体系统。

显而易见，前两个因素均能减小气泡的尺寸，减缓液态重金属冷却剂的均质过程，但气泡在冷却剂中凝聚则能增加气泡的尺寸，堵塞回路的局部区域。

下文将对二元流体的变化过程进行详细说明。

(1) 回路部件直流通道的气泡分散和破裂

前文分析表明，冷却剂中心和贴壁区域涡流的黏性切应力和切应力可导致液态重金属

冷却剂回路内轻相物质气泡的破裂。

在回路各个位置，液态重金属冷却剂和轻相物质二元流体的介质载流速度均不同，取两个测点，其轻相物质表面的冷却剂局部流速也不同。由此可见，表面区域的不同动态扬程值能导致轻相物质表面变形，特定条件下能截断轻相物质流。

轻相物质流中断产生的气泡尺寸取决于涡流规模，与冷却剂的局部流速几乎成反比。柯尔莫戈洛维 A. H. 院士建议采用不可混溶流体临界液滴半径（r_{cr}）的假设条件公式计算轻相物质气泡的尺寸，计算公式为：

$$r_{cr}\left(\frac{\sigma}{k_{r}\rho_{g}v^{2}}\right)^{\frac{3}{5}}\cdot\lambda_{0}^{\frac{8}{5}}=L^{\frac{2}{5}}\left(\frac{\sigma}{k_{f}\rho_{g}}\right)^{\frac{3}{5}}\cdot\frac{\sqrt{2}}{U^{\frac{6}{5}}} \tag{7-18}$$

式中：σ ——表面张力系数；

v ——动态黏度系数；

ρ_g——轻相物质密度；

U ——均质各向同性流体流速；

λ_0——涡流内部尺寸；

k_r——阻力系数（半径）；

k_f——阻力系数（形状）；

L ——轻相物质尺寸。

在其之后，许多研究人员则建议采用考虑涡流流速脉动、导致轻相物质流中断和其他效应的涡流脉动范围限制的其他类似公式进行计算。考虑到受轻相物质流中断的影响，无法准确算出气泡尺寸，因此通常采用实验经验公式进行计算。

在围绕通道硬表面流动的异质涡流中，管道横截面不同位置的流体速度和空间流速梯度均不同。列维奇 B. Γ. 建议采用式（7-19）计算壁面距离较小时液滴破裂的临界半径 a_{cr}[1]（假设条件下可计算液态重金属冷却剂中轻相物质气泡的尺寸）：

$$(a_{cr})_{prist}=\frac{1}{U}\sqrt{\frac{\sigma}{\rho}}\sqrt{\frac{Y}{h\frac{Y}{\delta_{0}}}} \tag{7-19}$$

式中：U ——平均流速；

σ ——表面张力系数；

ρ ——轻相物质密度；

δ_0——黏度层厚度；

Y ——壁面距离。

根据式（7-17），$a_{cr}<r_{cr}$。

在液态重金属冷却剂动力回路中，蒸汽发生器的管道系统内可能是冷却剂向下流动，也可能是冷却剂向下流动。如果形成尺寸超过几毫米的较大水和蒸汽气泡，那么它们就会破裂成尺寸不超过蒸汽发生器孔道中冷却剂流道最大横截面的小气泡。当气泡上浮速度接近蒸汽发生器孔道下降冷却剂流的流速时，这些小气泡可能悬停在孔道中。考虑到蒸汽发生器单元的管道系统具有较多类似孔道，且其中的流体速度呈不均匀分布，孔道间存在流量脉动等其他因素，因此可以确定，气相物质可能在蒸汽发生器的管道系统中发生局部悬停，且很不稳定，之后可能凝聚上浮，或者破裂并随冷却剂流移动。

(2) 沿回路移动时的气泡尺寸变化

当气泡自回路顶点向底点、自底点向顶点移动时，受液态重金属冷却剂柱静压变化的影响，气泡尺寸发生变化。计算结果表明，对于尺寸超过几十微米的气泡，表面张力的作用可忽略不计。此时，冷却剂自由表面附近蒸汽气泡的内压接近保护气体系统的压力，约为 0.1 MPa（1.0 kgf/cm^2，atm），回路底点的最大静压约为 1.1 MPa（11.0 kgf/cm^2，atm），静压变化导致的气泡中过热蒸汽的最大体积变化 $V_1/V_2=P_2/P_1\approx 11.0$，球形气泡的直径$\sqrt[3]{P_2/P_1}\approx d_1/d_2\approx 2.2$，气泡几乎变大一倍。

在以下两种情况下，冷却剂流中气泡和结构材料表面的作用机理完全不同：

1）结构材料表面经液态重金属冷却剂润湿；

2）结构材料表面未经液态重金属冷却剂润湿。

针对 BREST 反应堆装置蒸汽发生器管道系统模拟管段内水和空气混合物下降流的特性，别兹诺索夫 A. B. 等开展了实验研究。经水润湿的模拟管道系统采用钢管，而未经水润湿的模拟管道系统则采用氟塑料管。在未经下降流润湿的表面，气泡频繁凝聚，沿倾斜管道表面移动，倾斜角与堆用蒸汽发生器相同。在此期间，破裂后的较大气泡或悬浮在下降流中，或遇其他气泡变大后悬停在原处。当液态重金属冷却剂和轻相物质的二元流体流经未被润湿的氧化表面时，润湿角 $\theta=110^\circ\sim120^\circ$，也可能发生类似过程。

当流体流速从 1.0 m/s 降至 0.1 m/s，又从 0.1 m/s 升至 1.0 m/s 时，流体某个测点的局部流速和压力发生变化，导致蒸汽气泡的表面体积和直径发生相应变化，该变化值接近回路静压变化时的对应数值。

当气泡中的蒸汽温度从 450 ℃升至 540 ℃，又从 540 ℃降至 450 ℃时，气泡的体积将会变大或变小 10.0%左右，可忽略不计。

当水在蒸汽发生器节热器和蒸汽发生器管段进入液态重金属冷却剂时，工质气泡的体积和尺寸均大幅增加。如上文所述，气泡在进入冷却剂的时刻便破裂，而后由于内部水的蒸发，尺寸可能增加不到一个数量级。

计算结果表明，受回路部件入口区域轻相物质分布的影响，蒸汽发生器管道系统和回路内轻相物质气泡的当量直径最大值不超过 2.0～5.0 mm，最小值不超过几毫米，且以上部件入口区域气泡的最大尺寸不超过或接近 2.0～5.0 mm，因此气泡必定在回路直流通道内凝聚，在以上部件内，气泡自上而下的尺寸分布取决于气泡的破裂效应，气泡尺寸不超过 1.0～3.0 mm；但气泡自下而上的尺寸分布则取决于入口区域的气泡尺寸分布和凝结过程。

液态重金属冷却剂回路主泵直流部分和主泵出口处气泡的平均尺寸和尺寸分布取决于主泵转速、叶片的形状和数量以及主泵入口和出口的部件结构，可能无法进行正确估算。当铅、铅铋低熔合金冷却剂在主泵直流部分内流动时，冷却剂的流动会形成质量力，质量力的数值和方向取决于流体的流速场，并最终取决于压力和黏性力。

质量力能引起移动流体的液体循环，二次流和其他力的作用能导致气泡的凝聚与液态重金属冷却剂中气泡的分散，单位体积液体质量力 F 的计算公式为：

$$F=j\rho \tag{7-20}$$

式中：j ——决定质量力的加速度；

ρ ——流体密度。

剩余质量力意指流体横截面个别区域的质量力差值 ΔF，计算公式为：

$$\Delta F = F_1 - F_2 \tag{7-21}$$

主泵直流部分内主要是由个别流体区域加速度不同所导致的惯性力。当介质呈旋转流动时，就会产生惯性离心力和科里奥利力，离心力来自旋转轴，主要取决于旋转流动的流速以及与旋转轴的距离。影响惯性质量力场内流体的剩余质量力取决于加速度值或当前系统内的加速度变化范围。

质量力矢量方向的符号及其表面的法向导数（$F=\text{const}$）符号对作用力的特点有很重要的意义，相对符号时质量力对流体产生有效作用，相同符号时质量力对流体产生保守作用。

介质在质量力场移动的一个最重要特点是产生有别于普通涡流的二次流，它可能是质量力作用于流体时产生的部分介质旋转流动。

通常可分为层流、较大涡流层流、涡流与较大涡流 4 种流动工况。

在研究部分系统时，后两个工况毫无二致。而当前条件下的主要流动工况是有较大涡流的涡流流动工况。

分析表明，主泵直流部分内流体的能量值与主泵转速立方（n^3）成正比。如果主泵叶轮的转速减少 1/2，则会导致流体中轻相物质的破裂能减少约 7/8。由于轴流泵直流部分的冷却剂流动特点，蒸汽（气体）成分不会沿垂直于叶轮轴的方向剧烈流动。在 BREST 反应堆装置回路中，当流体受离心力作用自主泵叶轮位置升至流体流向变为水平流向（在固定扬程管道的出口处）的位置时，已具备气泡向主泵泵轴移动以及泵轴表面形成汽泡的条件。随着汽泡厚度的增加，夹层上可能产生表面波，之后构成物分离，并悬浮在二元流体中。虽然长泵轴附近的蒸汽可能发生分离，但概率较低。

（3）气泡凝聚

在铅、铅铋冷却剂流中，由于变形和未变形的大小气泡上浮速度不同，且受马格努斯效应等因素影响，导致气泡沿涡流横流，并造成气泡的相对移动与凝结。

（4）气泡凝结导致气泡凝聚

笔者采用斯莫鲁霍夫斯基 M. 提出的弥散系物质凝结理论原则研究轻相物质在涡流中的凝聚。

相同尺寸球形弥散构成物单位体积的弥散介质数量为 n_0，为达到较低的 3 种、4 种和其他数量弥散构成物相遇概率，n_0的值就需要非常小。假设第一种近似的弥散介质（液态金属）呈静止状态。两种弥散构成物的相遇概率可通过构成物颗粒扩散流体和球面半径 R 的方程解算出，计算公式为：

$$\frac{\partial n}{\partial t} = D\,\frac{1}{r^2}\cdot\frac{\partial}{\partial r}\left(r^2\,\frac{\partial n}{\partial r}\right) \tag{7-22}$$

式中：n ——构成物数量；

D ——扩散系数；

R ——构成物之间的距离。

对式（7-19）求解后，得出：

$$n=n_0\left[1-\frac{R}{r}+\frac{2}{\sqrt{\pi}}\frac{R}{r}\int_0^{\frac{r-R}{\sqrt[2]{Dt}}}\exp(-z^2)\,\mathrm{d}z\right] \tag{7-23}$$

单位时间内穿过表面（$r=R$）的所有构成物数量（即单位时间内的所有凝聚次数）的计算公式为：

$$M=D\cdot 4\pi n_0R\left[1+\frac{R}{\sqrt{\pi Dt}}\right] \tag{7-24}$$

假设凝聚过程自时间 t 开始，当 $t=R^2/D$ 时，单位时间内分离构成物的相遇次数计算公式为：

$$M=4\pi DRn_0 \tag{7-25}$$

考虑分离气泡移动的计算公式为：

$$M=8\pi Dan_0^2 \tag{7-26}$$

凝聚速度的计算公式为：

$$\frac{\mathrm{d}n}{\mathrm{d}t}=-8\pi DRn^2 \tag{7-27}$$

对式（7-26）求积分，能算出气泡凝聚造成的实时气泡耗损量，公式为：

$$n=\frac{n_0}{1+\dfrac{t}{T}} \tag{7-28}$$

其中：

$$T=\frac{1}{8\pi DRn_0} \tag{7-29}$$

当气泡尺寸 $10^{-2}\sim10^{-1}$ mm 取保守假设条件时，根据计算结果，微米数量级和更小尺寸气泡的凝聚时间能快达几秒，甚至更短。显然，随着气泡尺寸增大至微米的数量级（甚至更多）以及流体中气泡浓度的相应降低，相遇概率减小，由于它已不适用于布朗运动的原则，因此扩散流体不能算作布朗流体。

如果弥散介质（液态重金属冷却剂）的流速梯度不等于零，那么 1 s 内构成物相遇次数的计算公式为：

$$M\approx n_0\int\vartheta_x\cdot 2(R_1+R_2)\cdot\cos\theta d\Delta y=\frac{4}{3}n_0G\ (R_1+R_2)^3 \tag{7-30}$$

式中：R_1、R_2——沿直线轨迹（平行于 x 轴）移动 2 个气泡的半径；

ϑ_x——气泡沿 x 轴移动的速度；

Δy ——构成物间距；

G ——流体的流速梯度；

θ ——构成物颗粒向径和 x 轴的角度。

如果构成物的尺寸相同，即 $R_1=R_2=R$，其总相遇次数的计算公式为：

$$N_{\mathrm{grad}}=\frac{32}{3}n_0^2GR^3\ \frac{32}{3}n_0^2Ga^3 \tag{7-31}$$

从式（7-30）可以得出，构成物的相遇次数随构成物变大至近乎于涡流大小的尺寸而大幅增加。

相较于布朗运动，相对的混合凝结作用可通过比值得出，计算公式为：

$$\beta = \frac{N_{\text{grad}}}{N_{\text{br}}} = \frac{4Ga^3}{3td} \tag{7-32}$$

式中：N_{br}——布朗运动的颗粒相遇次数。

由于弥散介质和液态重金属混合物与蒸汽气泡间存在密度差，因此其随流体中涡流脉动的移动方式不同，那么在超过完全近似的条件下，必须考虑二者的密度差，又由于不同尺寸轻相物质气泡的流速不同，因此增加了气泡的相遇和凝结概率。根据斯莫鲁霍夫斯基M. 的理论原则，涡流中不同尺寸构成物的加速度计算仅针对涡流搅混计算，公式为：

$$\frac{N_{\text{uskor}}}{N_{\text{trub}}} \approx \frac{\rho}{\rho_0} \cdot \frac{a}{\lambda_0} \tag{7-33}$$

分析表明，一种凝聚方式占主导地位取决于气泡平均尺寸和涡流搅混强度。

需指出，由于气泡接触时气泡表面会形成阻碍其凝聚的杂质膜，上述研究结果和实验数据之间存在较大出入，研究时沿流体的气泡尺寸分布几乎相同。

由回路上升段和下降段内不同尺寸气泡不同流速引起的凝结取决于沿相邻轨迹移动的不同尺寸气泡的相互追赶和后续凝结过程，其凝结概率首先取决于液态重金属冷却剂中沿类似轨迹移动的气泡浓度和不同尺寸气泡的流速差，还取决于阻力导致气泡凝聚的气泡绝对尺寸。

由于系数和关系式存在较大的不确定性，因此不适合建立以上过程的数学模型。定性分析表明，由于在小泄漏和气泡沿相邻轨迹移动的条件下，当液态重金属冷却剂内是气泡流动工况（不超过1.0%～3.0%的体积含汽率）时，气泡浓度较小，因此这种凝结方式的发生概率至少比上一种凝结方式的发生概率低一个数量级。

在液态重金属冷却剂回路中，由质量力（重力和离心力等）场内二元流体流动引起的气泡悬停工况时的气泡凝结只出现在回路的垂直上升段（如 BREST 型反应堆装置的主泵出口），受离心力作用，此处可能出现气泡向中心区域的定向移动（分离）和气泡凝结过程的加剧。

值得注意的是，当主泵转速非常高时，上述区域的涡流很强，气泡破裂也更频繁。当设备和不同直径的较长管道单独布置时，在接近水平空间方位的较长管道中，流体中的气泡更易发生凝聚，并形成沿通道上部空间移动的较大气泡。而在罐式布置的液态重金属冷却剂回路中，由于浮至水平通道上部空间、甚至达到其上方冷却剂自由表面的气泡会分离，并在尺寸不变的情况下进入气体系统，因此重力场内几乎不发生这种凝结。

受表面力的作用，在不被液态重金属冷却剂所润湿和被二元流体所环绕的结构材料表面形成轻相物质夹层的相位凝结方式应该发生在结构材料的所有表面。在结构材料的微观表面起伏内，非常有可能含有气体和蒸汽。当结构材料表面有氧化膜时，液态金属流和固体之间可能存在较厚的汽泡，如果确实有汽泡的存在，那么也就意味着冷却剂流中的气泡伴随发生了分离和返回的过程。

(5) 冷却剂自由表面的工质分离过程

在液态重金属冷却剂和气体的分界面，二元流体中蒸汽和水的气泡会发生分离过程，而在罐式布置回路中，由于限制主循环回路内上部流体的冷却剂自由表面比较分散，气泡的分离过程更加剧烈。

自由表面的气泡分离过程如图 7.24 所示，受浮选效应影响，回路内的结构材料成分氧化物、氧化铅或其他化合物等杂质会随气泡进入介质分界面，从而达到回路净化和自由表面杂质聚焦的效果。

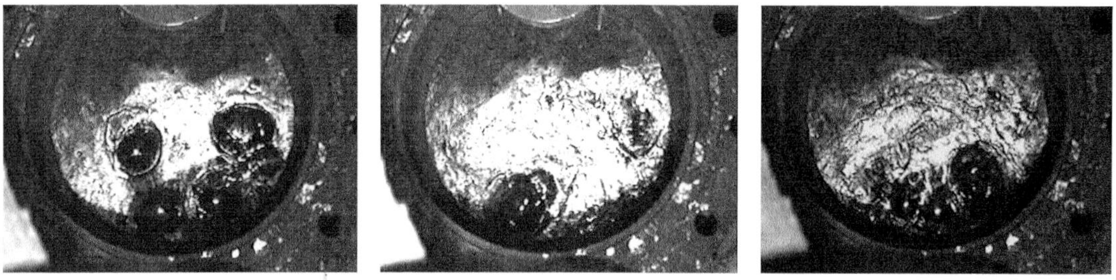

图 7.24　水蒸气通过铅冷却剂层鼓泡时的冷却剂自由表面

在罐式设备布置的主循环回路中，二元流体的气泡分离过程取决于流体流速、水平管段长度、气泡分离的上升流和下降流深度、气泡尺寸及其上浮速度。

轻相物质气泡在冷却剂中的上浮速度则取决于气泡尺寸、形状、不同物质分界面的表面活性物质以及轻相物质和冷却剂的密度和黏度。

(6) 气体空间中液态重金属冷却剂和蒸汽二元流体射流溅落至自由表面的工质分离过程

在液态重金属冷却剂回路中，冷却剂射流可能溅落至自由表面。蒸汽发生器通风管喷头（蒸汽分离器）内的铅铋冷却剂曾溅落至缓冲罐的自由表面，BREST 反应堆装置主泵固定扬程管道出口区的铅冷却剂还曾溅落至反应堆承压腔，冷却剂杂质调节系统的气体质量交换器也采用类似设计（详见第 2.2、2.3 节）。

在溅落的流体中，液态重金属冷却剂和轻相物质二元流体的蒸汽和气体气泡会发生剧烈的分离过程。

同时，溅落至液态重金属冷却剂自由表面的射流会带走气体空间中的气体。

7.2.11　回路设备管道中冷却剂和轻相物质二元流体流动特点的实验研究

下诺夫哥罗德国立技术大学的科研人员通过铅、铅铋冷却剂试验台架和试验装置开展了大量实验研究。液态重金属冷却剂流的载流速度从 0.009 m/s 到 3.5 m/s 不等，冷却剂温度为 350～450 ℃，轻相物质采用水蒸气、氩气、氢气及其混合物。而循环回路设备中气泡的上浮速度实验研究结果则表明，气泡的上浮速度既取决于与流动喷嘴的距离，还取决于喷嘴到设备内气泡监测点的管线特性。

设备管道上升段和下降段的二元流体和轻相物质（气泡）的流速差不超过 0.1～0.4 m/s，且取决于气泡的尺寸和流体的涡流程度。当其他条件不变时，由于介质和液态重金属冷却剂边界面的表面张力不同，氢气气泡的平均静态尺寸小于氩气气泡和水蒸气气泡的平均静态尺寸。

当流体流速为 0.01 m/s 和 0.1 m/s 时，气泡在冷却剂下降流（模拟蒸汽发生器）和上升流中移动，显然，在流体转弯处、阀门直流部分、弯管和泵直流部分等流速场剧烈变化的区域，二元流体移动过程中较大气泡破裂所形成的气泡尺寸非常小，仅达几十微米或几百微米。

所有实验结果的分析表明，无论蒸汽、气体及其化学成分从何地输入，冷却剂流都会带走轻相物质，并将其带入液态重金属冷却剂回路，此时液态重金属冷却剂的流速从百分之一到几米每秒不等，体积含气率从百分之一到百分之几十个不等。通常轻相物质呈气泡组的状态，气泡组内的气泡数量、流体中气泡组的记录周期以及气泡组内气泡的平均尺寸取决于流动工况以及电接触传感器敏感元件（气泡监测用）的投放点和局部安装点。

单个气泡组内气泡的平均静态数量从 8～10 个到 20 个不等。而在瞬态工况（包括回路除气工况）下，更多的是单个气泡以及中等数量的气泡。当流量最小时，单个气泡组内的气泡通常会每隔 3.0～2.0 s（或更短时间）重复出现，而当流量和含气量都较多时，则会每隔 0.1 s（或更短时间）重复出现。

在 D_n25 管道的实验条件下，气泡组的时间间隔为 15.0 s 到 30 s 左右。

随着液态重金属冷却剂含气量和流量的增加，气泡组的时间间隔接近最低限值。如果冷却剂流量减小，那么气泡组的时间间隔就会延长，而如果液态重金属冷却剂的流量和含气量都同时下降，那么气泡组的时间间隔就会增至 55～60 s。

当流量较小以及含汽量较大时，单个气泡组内的气泡尺寸通常不会相同，从 0.1～1.0 mm 最小值到几毫米不等，气相物质气泡的尺寸可达几十毫米（20～30 mm）。随着冷却剂平均流速的加快和轻相物质含量的减少，单个气泡组气泡的尺寸变化减小，平均尺寸为 2.0～4.0 mm，气泡组总是出现在较长通道上部母线的区域内。

7.2.12 托卡马克惯性约束区液态重金属冷却剂冷却回路蒸汽发生器回路间泄漏事故的特点

与其他设计方案相同，托卡马克惯性约束区热电转换系统的回路数量和构成均取决于经济性和安全性。有别于惯性约束常用的锂冷却剂，液态重金属冷却剂的物理化学特点决定了其与水和蒸汽接触时的防爆安全性和消防安全性。根据这一安全准则，惯性约束的能量转换流程可采用 2 个回路的设计。下诺夫哥罗德国立技术大学的实验研究表明，在动力回路的运行条件下，当蒸汽通过铅锂低熔合金层鼓泡时，锂会发生完全燃烧，鉴于该冷却剂具有这个特点，因此建议采用 3 个回路的设计。而铅、铅铋低熔合金则能与工质朗肯循环（水和蒸汽）兼容，鉴于二者具有这一特点，因此可采用两个回路的设计。

在锂或铅锂低熔合金冷却剂的能源转换系统中，中间回路的冷却剂可采用铅或铅铋低熔合金。

实验研究表明，横向磁场内铅铋低熔合金二元流体的磁流体动力阻力为 1.0 T [1 T=1 N/（A·m）]，当其他条件不变时，明显超出一元流体的阻力。当托卡马克惯性约束的液态重金属冷却剂回路发生蒸汽发生器回路间泄漏的事故情形时，甚至是冷却剂流中水蒸气的含量相对较小时，惯性约束通道的磁流体动力阻力值都应该会增大。当通过惯性约束通道的液态重金属冷却剂的总流量保持不变时，由于液态重金属冷却剂内含有轻相物质，通道间的流量可能发生剧烈脉动。

在正常运行条件下，惯性约束通道壁面隔离保护层的液态重金属冷却剂流磁流体动力阻力会发生大幅减小。如果水和蒸汽进入液态重金属冷却剂回路，则会导致冷却剂氧化电势的增加，并进而造成回路内表面电气绝缘保护层的形成以及托卡马克惯性约束横向磁场内液态重金属冷却剂流的磁流体动力阻力的减小。

7.2.13　加速嬗变装置液态重金属冷却剂靶回路蒸汽发生器（热交换器）回路间泄漏事故的特点

在铅铋低熔合金或镓冷却剂（很少用）的靶回路中，靶产生的热量可通过带压的水冷蒸汽发生器或热交换器导出。如果发生回路间泄漏，导致蒸汽或水进入靶回路，则会导致回路设备内冷却剂压力的升高，并进而造成液态重金属冷却剂靶出口背压以及接触粒子加速器质子输入腔室的靶腔室压力的升高。

在液态重金属冷却剂靶中，靶腔室与加速器腔室直接相连，如果发生回路间泄漏的事故情形，则会导致含放射性杂质的液态重金属冷却剂进入（涌进）真空加速器腔，此时就需要排出含放射性杂质的冷却剂或更换加速器的相应单元。

在液态重金属冷却剂靶中，靶腔和粒子加速器腔由牢固密实木塞、遮网和挡板隔开，当材料密度不变时，冷却剂不会进入粒子加速器腔。

无论采用何种类型的液态重金属冷却剂靶，当发生蒸汽发生器回路间泄漏的事故情形时，靶回路的蒸汽发生器（热交换器）结构设计应能避免靶直流部分压力的大幅升高，如卧式管道结构设计的热交换器，但是在采用类似结构设计方案的靶回路中，气体系统内会累积一定数量的冷凝液，并在后续排出气体系统，该冷凝液将具有较高的放射性。

7.2.14　蒸汽发生器回路间泄漏事故发生时，蒸汽发生器和液态重金属冷却剂回路部件的应力形变状态

当发生蒸汽发生器回路间泄漏事故时，回路和蒸汽发生器结构部件受到的动态荷载取决于以下几个因素：进入液态重金属冷却剂回路的水和蒸汽工质的流量、时间导数、泄漏点位置、回路和蒸汽发生器的结构、事故发生时刻反应堆装置的运行工况等其他因素。一般而言，设计事故是指 24 h 内工质泄漏流量达几千克的小泄漏事故，或者节热器管段和蒸汽发生器初始管段中单根传热管突然断裂的事故，此时泄漏点位置在液态重金属冷却剂自由液位下方的埋深达最大值。BREST-OD-300 反应堆装置蒸汽发生器的设计泄漏阈值为 1.6～5.12 g/s[8]。外围传热管受到泄漏初始时刻液压冲击、汽水射流以及由工质挤出的蒸汽发生器中冷却剂流的动态荷载。

蒸汽发生器单元相邻换热管的最大作用力约为 6 kN。假想事故是指一个或全部蒸汽发生器单个或所有单元中全部换热管突然断裂的事故，此时如果蒸汽发生器的管道系统采用常用材料，那么经科研论证后，可以认为全部传热管的突然断裂均可造成摩擦等因素所导致的泄漏。在 BREST-OD-300 等现代反应堆装置的设计中，设计事故的最大工质流量为每秒几千克，而假想事故的最大工质流量则能达到较大泄漏值。

目前，针对蒸汽发生器大泄漏事故隔离与可移动反应堆装置蒸汽发生器壳体中铅铋冷却剂的冻结消除，俄罗斯开展了大量理论计算、实验研究及动态研究工作，具备一定经

验[10]，许多科研人员还发表了钠冷却剂反应堆装置中工质进入钠冷却剂事故的大量研究成果。

研究液态重金属冷却剂反应堆装置上述事故动态发展过程的目的旨在：

1）获得事故时回路的最大压力值作为强度计算数据输入；

2）确定蒸汽发生器泄漏点上方冷却剂向自由液位的体积膨胀条件与体积膨胀对蒸汽发生器管道系统上方结构的动态荷载；

3）确定蒸汽发生器事故段的压力与冷却剂、工质对其各部件的动力荷载；

4）为论证蒸汽发生器事故保护系统与以上事故处理方法的逻辑提供建议。

(1) 液态重金属冷却剂回路的动态过程

文献[9]中针对铅、铅铋冷却剂反应堆装置事故的动态发展过程进行了计算分析和研究，如表 7.2 所示。其中，初始事件是指蒸汽发生器底部一根传热管突然断裂造成给水和蒸汽相向流动的假想事件。初始事件的发展过程至少可分为以下两个典型阶段：第一阶段，持续时间较短，由于存在水沸腾效应的高压工质突然进入冷却剂回路，导致高频振动在回路中出现并扩展开来。实验表明，回路的局部脉冲压力可能大于工质压力，且在实际的蒸汽发生器设计中以及概念设计和设计所用冷却剂压力和温度条件下，可能出现泄漏的位置不具备蒸汽气泡的沸腾条件。决定第二个阶段的因素是蒸汽和沸腾水沿冷却剂回路的移动，如表 7.2 所示。

表 7.2　蒸汽发生器单根传热管破裂的泄漏值

参数	ANGSTREM 反应堆装置	BRS-300 反应堆装置
给水流量/（kg/s）	0.58	4.5
给水温度/℃	150	270
蒸汽流量/（kg/s）	0.66	1.32
蒸汽温度/℃	435	540
工质压力/MPa	4.0	25.5

当 ANGSTREM 和 BRS-300 反应堆装置的蒸汽发生器发生泄漏时，冷却剂回路的计算特性如图 7.25 和图 7.26 所示。

文献[9]确实引起广泛关注，但笔者很难认同其部分观点。例如，实际运行期间，在回路发生事故并内含工质、气腔和自由液位时，高频压力脉冲很难在不到 1 s 的时间内出现并扩展开来。此外，由于气泡中的给水和冷却剂只能通过汽泡实现换热，该换热过程能大幅减缓高频压力脉冲，尤其是在局部压力变化时，而这些因素都被忽略[9]。

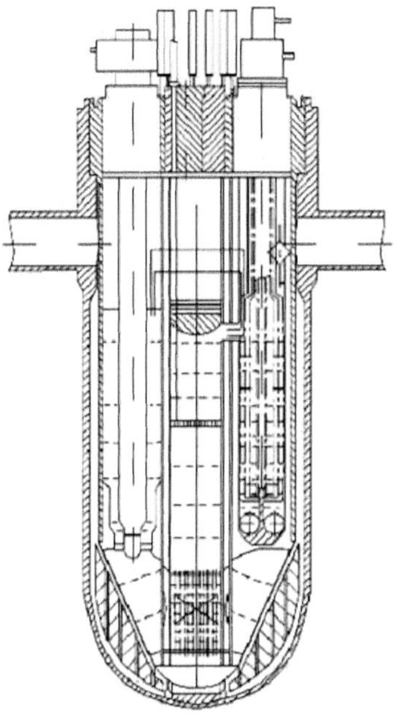

（a）冷却剂回路设计示意图

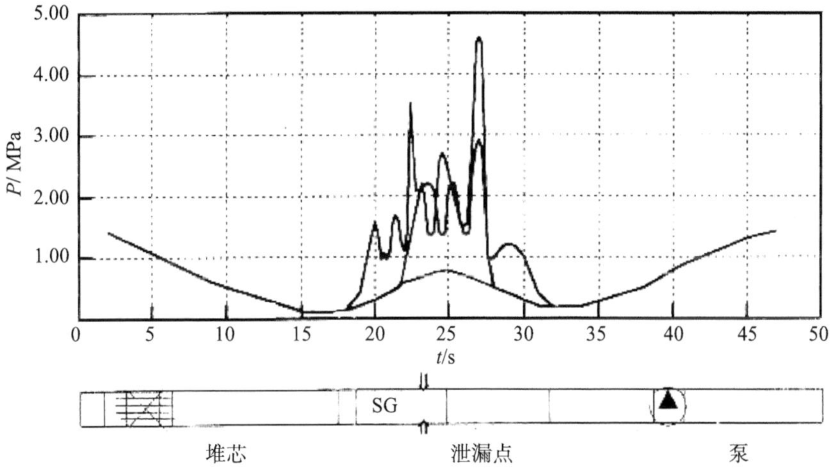

（b）冷却剂回路的计算参数变化

图 7.25　ANGSTREM 反应堆装置铅铋冷却剂回路示意图和计算参数变化

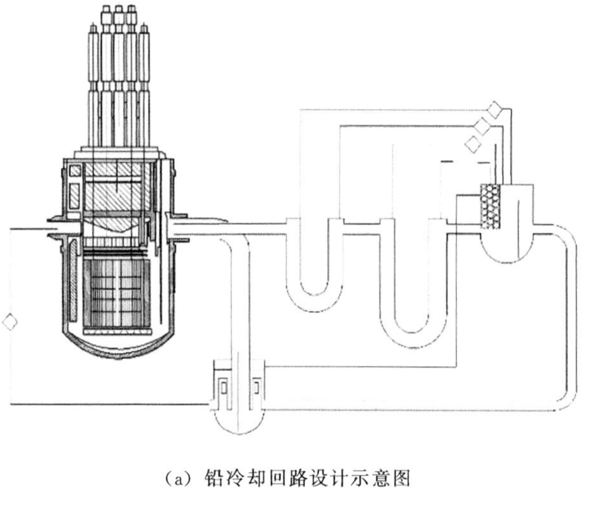

(a) 铅冷却回路设计示意图

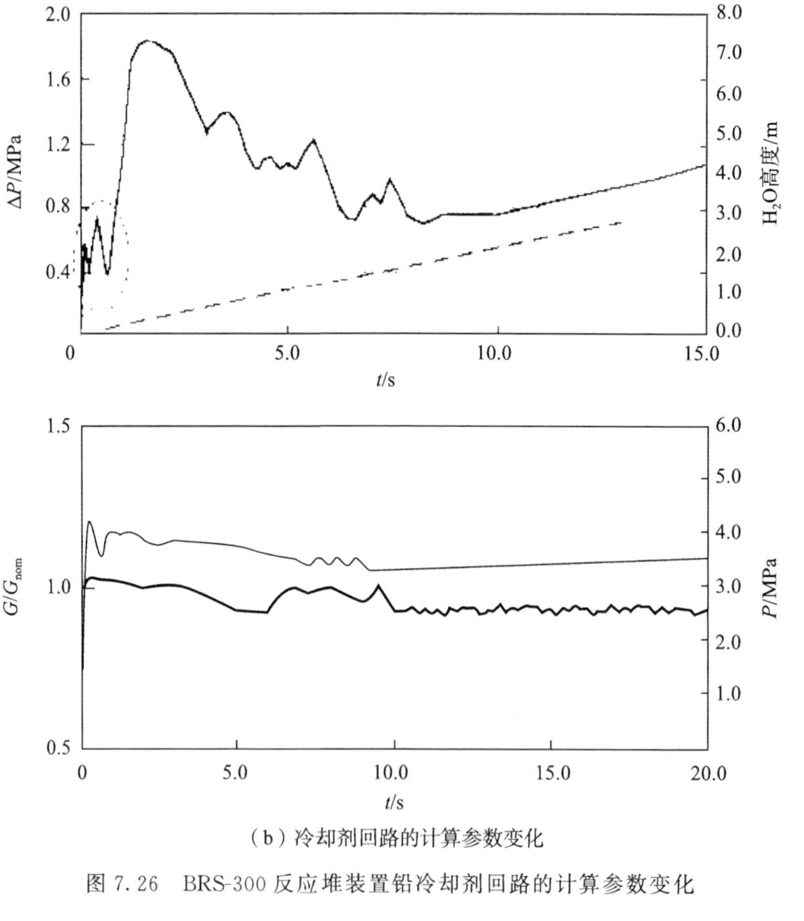

（b）冷却剂回路的计算参数变化

图 7.26 BRS-300 反应堆装置铅冷却剂回路的计算参数变化

(2) 蒸汽发生器泄漏点上方至液态重金属冷却剂自由液位下方的冷却剂体积膨胀

在蒸汽发生器管道系统上方存在液态重金属冷却剂自由液位的罐式布置反应堆回路

中，当隔开水腔和蒸汽腔、避免水和蒸汽进入回路的壁面破损时，冷却剂体积可能自下而上向自由表面膨胀，并对反应堆顶盖产生动态荷载。

针对冷却剂和工质分界面的扩张速度和形状等动态过程，别兹诺索夫 A. B. 开展了一系列实验研究，实验条件为：铅冷却剂温度为 500～600 ℃，自由液位上方初始压力为 0.01～0.04 MPa（0.1～0.4 kgf/cm^2，atm），初始时刻投入铅冷却剂的水、蒸汽压力为 20～24 MPa；在后续流动工况下，铅冷却剂温度为 100～250 ℃，压力为 1.0～24.0 MPa[3]。

为研究铅罐顶盖（如图 7.27 所示），特焊入一根模拟蒸汽发生器孔道的套管（如图 7.28 所示），置入 $D_n14\times2$ 的工质接管。

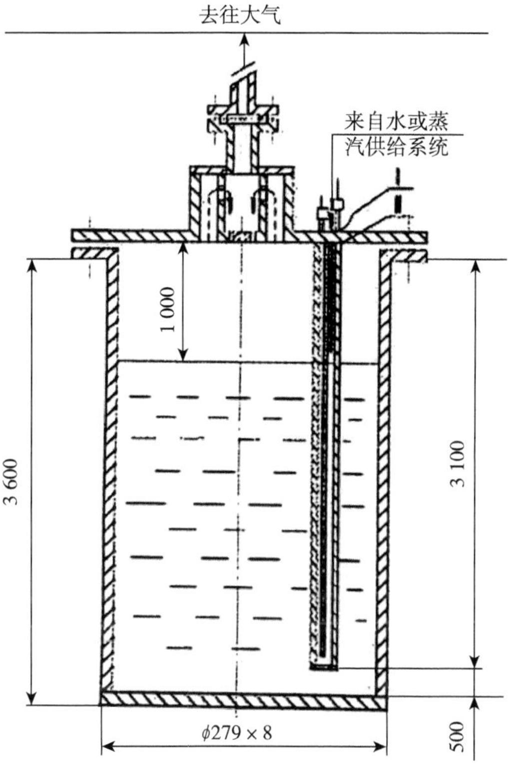

图 7.27　实验铅罐示意图

套管底部设排放孔，在自由液位顶部设 4 条凹槽，便于管内介质排出。管内置入电接触式液位仪，监测介质分界面的上浮速度和形状，如图 7.28 所示。

实验方法为：

1）完成台架安装和启动调试工作后，充入工质，做好试验准备；

2）利用电加热器将罐中铅冷却剂加热至（580±10）℃，并维持该温度；

3）工质回路给压至 22.0～24.0 MPa，并维持该压力；

4）电动蒸汽发生器将工质加热至 100～250 ℃；

5）快速打开工质回路和实验段间的阀门，在 4～10 s 内将工质输入实验段，至套管中接触式液位仪开始录波时，停止工质输入，液位仪的录波输入速度为 0.5 m/s，录波出现变化的瞬时动态过程平均时长为 0.02～0.1 s；

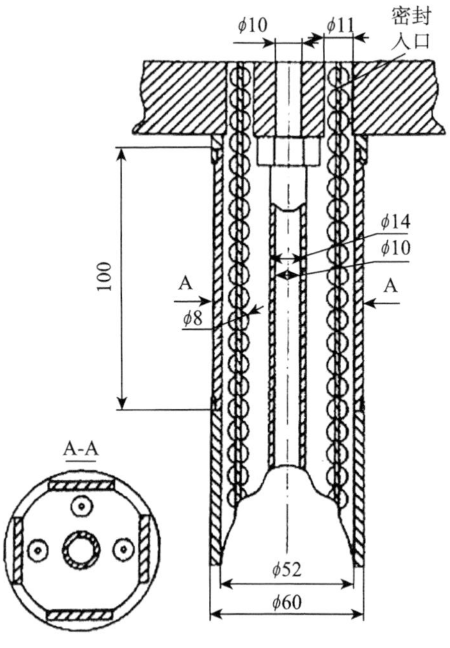

图 7.28　实验套管顶部

6）记录工质输入前后罐中铅冷却剂的温度、电动蒸汽发生器的壁面温度（工质温度）、实验段入口工质压力及铅罐中冷却剂液位上方的压力等参数；

7）根据接触式液位仪敏感元件间距与电路闭合时的录波时间比值，计算工质和铅冷却剂分界面的平均移动速度；

8）根据相同温度下接收罐出现水液位的压力计读数差，计算工质平均流量。

实验后拆除带热态实验段的罐顶盖，检查各部件状态，必要时拍照。

针对以下不同结构的实验段，按以上方法开展了上述初始条件的 3 组实验：

1）实验段结构采用上文所述的套管结构；

2）实验段结构同上，不同之处在于距排放口底端 50 mm 处，在 950 mm 长的套管壁上钻孔，孔眼直径为 6 mm，步距为 10 mm；

3）实验段结构与第 2 种相同，不同之处在于在铅冷却剂自由液位下方 100 mm 处，放入模拟蒸汽发生器孔道流体阻力的节流器，如图 7.29 所示。

在第一组和第二组实验中，初始压力为 22.0～24.0 MPa、温度为 100～250 ℃的工质输入充铅的蒸汽发生器模拟自由孔道，铅冷却剂的温度为 580 ℃，结果表明，介质分界面的移动速度几乎相同，当液位上升 1.0～1.5 m 时，平均值达到 20～30 m/s。

由接触式液位仪测得的底部平均移动速度较小，受加速移动影响顶部的平均移动速度可达 50 m/s，其中平均工质流量为 20～50 kg/s。

实验期间，目测发现铅罐出现几毫米的位移，并出现低频振动和较大噪音。实验结果的静态分析表明，在以上 3 组实验中，由于下部、上部和中部液位仪的电路闭合次序错误，导致环形间隙（$\delta=16$ mm）中冷却剂的不均匀分界面升高，并挤出堪比接触式液位

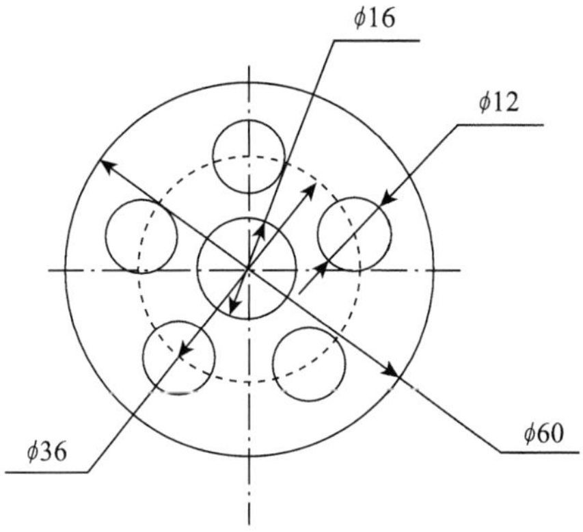

图 7.29 蒸汽发生器孔道流体阻力的模拟节流器

仪间距达 270 mm 时的工质量，这表明介质分界面沿环形间隙周长方向移动，且非常不均匀。

实验过程如为：进入套管的工质不均匀地流向环形间隙，挤出环形间隙扩孔处某个区域的铅冷却剂之后，通过套管的排放孔形成密实流动通道（无须鼓泡），然后流入高于自由铅冷却剂液位的罐体，再从罐体通过铅冷却剂分离器和排放管排入环境。在这之后，排出通道间隙内的所有铅冷却剂，包括含工质夹杂的实心构成物或较大的液态凝聚物，直至间隙内的液态重金属冷却剂完全排空。部分工质通过 4 mm 直径的排放孔排入自由液位。在第一组初期实验中，受反作用力的动态作用，套管和顶盖的可拆卸、不可拆卸紧固件出现损坏，管内 14×2 mm 工质导流管也发生严重形变，如图 7.30 所示。之后，采用焊接连接，焊缝脚增大，但管内结构部件未损坏。在第一组和第二组实验中，2 mm 左右直径的电接触液位仪电线（12X18H10T 牌号钢材）均断裂，电线顶部固定，底部未固定，仅自由悬挂在间隙中。

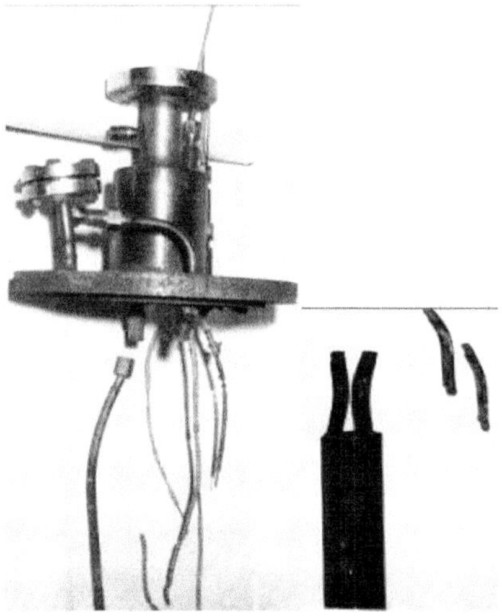

图 7.30 第一组实验后罐顶盖和拆除套管的照片

原因是介质分界面的动态荷载较大，受环形间隙水平分力作用，电线失去稳定，进而断裂。在所有情况下，受该区域动态荷载冲击与前期被挤走铅冷却剂流的影响，在铅罐顶盖上方接触时液位仪电线的密封入口通道中，均充有冷却剂与氧化铅，通道只能在钻出以上物质后才能恢复。实验期间，由于冷却剂对顶盖产生动态荷载与热冲击，因此冷却剂液滴可能通过顶盖密封飞溅到带石棉橡胶垫、由 12 个 M16 螺母拧紧的轮齿上，此时顶盖及其部件上有被挤出的铅冷却剂。

罐内大部分铅冷却剂的平均温度未曾下降，不超过 10～20 ℃，依然在温度自动维持系统的脉动范围之内，这证明由于工质和液态重金属冷却剂接触边界的过热汽泡热阻较大，输入铅冷却剂内的大部分水未发生蒸发。

蒸汽发生器自由孔道中工质和液态重金属冷却剂分界面的移动实验结果表明，在孔道流体阻力忽略不计时，保守考虑大大增加了蒸汽发生器结构部件的设计难度，它们能保证蒸汽发生器在当前事故条件下的强度。之后，还曾考虑改变实验段的结构，在套管和工质导流管的间隙放入模拟蒸汽发生器孔道流体阻力的节流器。第三组实验结果与前两组实验差别迥异，条件不变时，不同相物质分界面的平均移动速度为 4～6 m/s，比前两组实验结果几乎小一个数量级，且分界面移动过程的特点发生很大变化，即铅罐未出现前述低频振动，噪音下降许多，通过排放管、随蒸汽移动的弥散相铅冷却剂大幅增加，结构部件并未损坏。

在内设模拟孔道流体阻力节流器的孔道间隙中，根据流体阻力幂定律，由于节流器能拦截分界面的移动，截断局部管段的冷却剂流，并平衡二元流体分界面，因此才导致工质和冷却剂分界面的移动特点发生变化。在节流器安装孔及其之后的管段，受较大切应力作用，流体发生均质化，并在分界面的前部管段形成较小的铅冷却剂颗粒，工质流也出现铅冷却剂的弥散液滴。工质和冷却剂分界面的移动速度比前两组实验慢很多，且由于密度较小、流速减缓，结构受到的动态荷载比前两组实验几乎小两个数量级。

(3) **液态重金属冷却剂与水和蒸汽二元流体对冷却剂中结构部件的动态作用**

理论计算和试验结果均表明，当流动孔压差为 10 MPa（100 kgf/cm^2）时，由于液态重金属冷却剂的密度较大，约为 10 kg/dm^3，单位自由表面能较大，约为 $400～500\times10^{-3}$ J/m^3，冷却剂自由表面的水、蒸汽射流长度不超过流动孔直径的 50 倍，且射流对蒸汽发生器事故换热管相邻管道和其他部件产生的动态荷载较小，因此不会出现事故发生与演变时能造成设备损坏的严重应力形变状态。

实验时曾多次发现，冷却剂和水、蒸汽上升二元流体与悬浮在重力场的工质气泡对多孔挡板产生较大的动态荷载，挡板孔眼正对流体流向。当输入铅冷却剂的水的压力达零点几个兆帕或每平方厘米几千克力，轻相物质体积含量为 20%～30%时，受疲劳应力作用，放置于冷却剂中的多孔挡板的定位焊接破裂，如图 7.31 所示。受上升二元流体作用，在定位焊接破裂后，多孔挡板沿中央管道上移，为避免发生类似情况，需要增加多孔挡板与中央管道固定焊缝的焊缝脚长度与焊缝数量。二元流体对障碍物的动态荷载更大。接触固体表面或自由表面时，轻相物质气泡瞬间破裂，此时表面力脉冲可能很大。

当个别气泡或气泡组鼓泡时，液态重金属冷却剂的自由表面状态主要取决于破裂气泡尺寸、气泡组中的气泡数量以及单位自由表面的鼓泡载荷值［每平方米液态重金属冷却剂

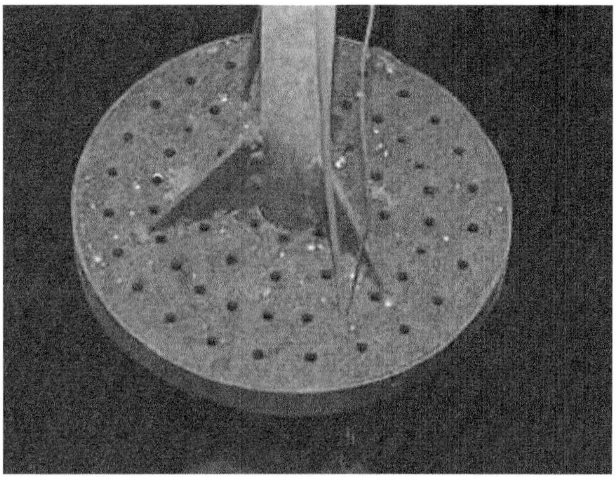

图 7.31　改装并完成实验后直接接触蒸汽发生器 M3 多孔板样件的外观

($m^2_{sq.\ LHMC}$) 的几个立方米蒸汽 ($m^3_{st.}$ /s)]。个别气泡的破裂过程如前文中图 7.11 和图 7.12所示，单位蒸汽荷载不同时、自不同形状流动孔流出气泡组的破裂过程如前文图 7.13所示。脱离主成分的铅滴数量和质量均较小，且表层铅对结构部件障碍物的动态荷载也较小。

当轻相物质单位荷载较大，且破裂的气泡更大时，冷却剂自由表面如前文图 7.22 所示，形成的凸起物高度不低于 1.5 m，并伴随较大铅块（尺寸超过几十毫米）的脱落，具有较大能量，能对该区域内的结构部件障碍物产生较大的动态荷载。

当水进入液态重金属冷却剂并达到鼓泡临界，形成自流动点至铅罐上方蒸汽空间的连续蒸汽通道时，几毫米尺寸的较小铅冷却剂液滴的排放过程如前文图 7.23 所示。此时，液滴能上浮至铅罐以上几米的高度，鼓泡初始时刻的动态载荷为最大值，然后过渡至大部分冷却剂液滴的准静压，这些液滴自液态金属蒸汽通道壁面脱离，且均匀分布在流速达每秒几十米的蒸汽流中。

下诺夫哥罗德国立技术大学研发出蒸汽发生器回路间泄漏事故工况下蒸汽发生器部件应力形变状态的计算实验研究方法，该方法考虑了管道系统及其他部件形变的直接测量难度[11]。究其原因，则主要是蒸汽发生器直流通道温度较高，液态重金属冷却剂具有腐蚀性，且体积有限，因此该方法建议通过实验确定代表应力形变状态的间接参数，再通过理论计算确定各部件的应力形变状态。

上述计算实验研究方法包含适用于管道系统部件的以下几个阶段：

1）根据有限元方法，对实验段管道的特有振动部分进行计算分析；

2）建立实验段；

3）通过实验确定管道在空气中的固有振动频率，检验计算模型是否正确；

4）确定静态荷载下的管道固定条件；

5）通过实验计算模拟冷却剂质量的附加质量对振动频率的影响，将其与计算值对比；

6）研究模拟管道对冲击荷载的作用；

7）校准受动态荷载作用的仪表读数和模型；

8）在实验段未装入冷却剂时，确定大气环境下模拟泄漏的事故传热管流量与相邻传热管应力的曲线关系；

9）确定高温冷却剂条件下事故传热管流量和相邻传热管应力的曲线关系；

10）形成蒸汽发生器管道受射流作用的形变与验证模拟管道行为的热机械程序实验数据库。

通过该方法能避免进行冷却剂流量和管道形状等不同条件下的多次高温冷却剂实验，这些实验不但成本高昂，还具有潜在的危险性。

7.2.15 蒸汽发生器回路间泄漏事故信号出现时的操作员动作逻辑实例

（1）机组保持功率运行的蒸汽发生器回路间泄漏

当蒸汽发生器发生中小泄漏事故时，机组仍能在较长的时间内继续运行。

根据蒸汽发生器管道系统的不同泄漏尺寸，进入反应堆回路的蒸汽和水流量可大可小。当27VT/5型试验台架的反应堆处于有限功率水平运行时，模拟了蒸汽进入反应堆回路的事故情形，其中蒸汽的泄漏量达到每小时几百克到几千克。即使有这样大量的蒸汽泄漏量，环路式布置的反应堆回路依然维持其工作性能，回路内的液态重金属冷却剂质量约为50 t，缓冲罐内冷却剂自由液位的表面积约为1.5 m^2，从蒸汽发生器和反应堆顶点出来的通风管进入此处的冷却剂自由液位。

显然，即使回路采用其他布置和结构设计，且液态重金属冷却剂的体积、进入蒸汽冷凝器的蒸汽路径与蒸汽流量均不相同，机组仍能继续运行。

因此可以认为，如果当前事故情形下进入反应堆回路的蒸汽冷凝流程的设计较为合理，那么当1 kg/h流量的蒸汽进入回路时，机组仍能继续安全运行，只需完成控制液态重金属冷却剂和反应堆回路内运行杂质含量的工艺操作（如清除冷却剂氧化物）即可。但是由于回路局部区域可能会累积一定质量的氧化渣块，因此不宜保持长时间运行。业界普遍认为，苏联试验核潜艇反应堆回路正是因为大量氧化渣块聚集在回路局部区域，破裂后进入其中一个反应堆的堆芯入口，最终造成蒸汽发生器回路间泄漏事故进一步演变时反应堆装置的永久损坏。如果当时在堆芯入口设置保护装置，就不会发生类似事故。

该事故的另一个特点是无论泄漏量有多大，保护气体系统蒸汽冷凝器的冷凝液收集器内都会有冷凝液的累积。从事故情形开始进一步扩散到运行人员发现当前事故情形的时间间隔取决于冷凝液收集器中液位仪动作前的收集器容积。当泄漏量特别小时，时间间隔从几小时到几天不等。

如果液态重金属冷却剂及其回路内累积了一定数量的蒸汽气泡，那么回路部件内的可控冷却剂液位就会升高，但是当小泄漏发生时，液位升高和保护气体系统内气体压力上升（处于允许的运行脉动范围内）的事故信号可能都不会出现。

当保护气体系统蒸汽冷凝器内的液位信号仪发出信号时，操作员应该核实当前事故信号是否还存在其他特征，例如回路部件内的液态重金属冷却剂液位是否升高，气体系统内的压力是否升高，以及堆芯反应性是否存在脉动等。

在当前事故情形发生时，根据蒸汽发生器、工质回路和反应堆回路的结构设计方案特点，运行人员可能会采取相应措施，以确定并隔离蒸汽发生器的事故单元，同时还应避免液态重金属冷却剂涌入工质回路腔室。

如果决定继续保持机组的事故工况运行，则必须关注该事故发展的相关特点。

有别于钠冷却剂中间回路的蒸汽发生器，在液态重金属冷却剂反应堆回路的蒸汽发生器中，由于移动射流对泄漏点、相邻换热管与壳体结构形成侵蚀，因此水、蒸汽进入冷却剂的事故并不会进一步演变，泄漏可能长时间维持原状或中断。

设计蒸汽发生器时，需考虑事故段应能被找到并堵住，以及事故单元能更换。

操作员的离线操作包括降功率、反应堆应急冷却和缺陷处理，蒸汽和水通过该缺陷进入反应堆回路。

为避免蒸汽发生器管道系统和工质回路其他部件的内部腔室被含 ^{210}Po 杂质的放射性冷却剂意外沾污，此处必须维持余压压力，液态重金属冷却剂回路泄漏点的压力决不能超过事故蒸汽发生器管道系统内的压力。

根据蒸汽发生器的结构设计方案，可通过排空内部冷却剂或使用氦检漏仪的方法，找出管道系统单元的事故段。由于很难锁定某根破损传热管，因此一般堵住几十根传热管或整个事故单元，再进行逐一排查。

需明白的是，当回路和反应堆装置冷却的压差减小时，壁面形成的小裂缝或小破损会自动关闭，且蒸汽发生器的回路间泄漏点会不易被察觉。

如果在出现蒸汽发生器回路间泄漏事故特点时机组依然保持运行，则需增加清除冷却剂和回路中冷却剂氧化物的工艺操作频率，具体操作是投入含氢气体混合物，并利用氢气进行氧化物的还原。此时，工质回路的高纯水供给量增加，进入冷却剂回路的沾污水排放量也增加。

（2）机组无法保持功率运行的蒸汽发生器回路间泄漏

由液态重金属冷却剂回路内液位计发出的冷却剂液位持续升高信号同样是蒸汽发生器回路间泄漏的事故情形信号，此时机组已不能继续维持动力功率水平的运行。冷却剂液位持续升高信号出现时，会伴随出现反应堆回路保护气体系统内气体压力升高的信号。当上述两个信号都出现时，运行人员能根据反应堆装置的运行规程判断当前事故情形的出现，随之将中子功率降至零，开始反应堆装置的应急冷却。在此期间，蒸汽发生器各单元的压力应始终保持高于蒸汽发生器区域内的反应堆回路压力，如此方能避免有放射性的液态重金属冷却剂进入事故蒸汽发生器的工质腔室，并避免钋和其他放射性元素在工质回路内的进一步扩散。工质回路腔室内表面放射性沾污的清除是一项复杂的科技任务，耗时较长，且费用昂贵，还具有较大的潜在危险。

事故冷却后，反应堆装置进入检修状态，检修人员需找出并堵住蒸汽发生器管道系统的事故区域，蒸汽发生器泄漏点的堵塞技术取决于反应堆装置和蒸汽发生器的类型，泄漏区域和泄漏点尺寸。处理完蒸汽发生器缺陷并完成必要检查之后，反应堆装置可根据反应堆装置的运行规程和检修技术（必要时）投入运行。

7.3　发生放射性保护气体和冷却剂流动的气体系统和冷却剂回路部件泄漏

液态重金属冷却剂重原子裂变反应堆的冷却回路系统通常是指反应堆堆芯内的设备和

腔室以及反应堆本体，还包括铅或铅铋冷却剂和保护气体（氧气和氦气）。液态重金属冷却剂制备和回路充入系统、反应堆回路内液态重金属冷却剂排空和接收系统、换料系统、乏燃料暂存后处理系统均不属于反应堆回路的范畴。

在正常运行和事故工况下，回路中的冷却剂直接接触保护气体，并就此交换蒸汽、气体和气溶胶等介质和杂质。

蒸汽发生器回路间泄漏与冷却剂回路部件泄漏等事故仅适用于整个冷却剂回路系统，包括冷却剂回路和保护气体系统。

7.3.1 保护气体系统泄漏

7.3.1.1 概述

在铅铋冷却剂回路中，当进行冷却剂外部取样、换料、插入并取出见证件与检修等日常操作时，保护气体系统曾发生泄漏，导致含^{210}Po、结构材料腐蚀产物与放射性惰性气体的气溶胶杂质持续或部分进入大气。在可拆卸连接处，气体系统的气体还曾发生泄漏，泄漏量由辐射监测仪表测得，后续只切断了事故段阀门，便消除了该事故。

上述操作期间，大气中的空气不可避免地会进入气体系统和冷却剂，之后仅需投入氢气，还原冷却剂的氧化物即可。

文献[12]中简要介绍了 SVBR-75/100 反应堆装置一回路气体系统大泄漏和冷却剂同时加热至 600 ℃的辐照后果计算结果，研究了小概率事件发展序列的事故，这些事件依次是反应堆装置全厂断电、气体系统和安全壳受外部作用而发生断裂、反应堆内的铅铋冷却剂加热至 600 ℃以及铅铋冷却剂直接与大气相接触，并假设反应堆内的燃料棒状态仍然处于运行安全限值的范围内，即有 0.1%左右的燃料棒与冷却剂发生了直接接触。

在此条件下，^{210}Po、放射性惰性气体和易挥发裂变产物等放射性物质在大气中的释放量可能会增加。在晴朗无风天气的最差（从不利于放射性物质扩散角度而言）气象条件下，分析了放射性元素在大气中的迁移情况。

研究表明，放射性元素的近地表浓度水平和土壤的表面沾污决定了附近公众的剂量水平，根据俄罗斯辐照安全规范的要求，公众的剂量水平不应超过作用的限值，一旦超出限值范围，需即刻组织公众的撤离。由于需要更换实验段等部件，试验研究台架经常会出现冷态或热态回路的失密封情况，属正常操作，而台架保护气体系统的失密封运行则与反应堆装置的运行条件有本质上的差异。

7.3.1.2 保护气体系统泄漏事故工况下操作员的动作逻辑实例

无论事故泄漏点的尺寸有多大，保护气体系统泄漏事故的特点是会出现气体系统部件工艺间空气中放射性核素的放射性增大信号，包括放射性惰性气体和^{210}Po 等。如果泄漏点尺寸较大，其特点则是保护气体系统压力持续下降，回路需要定期自动补充保护气体。

如果气体系统正常运行压力的维持可通过气体补充系统的运行实现，那么在无需降低机组功率水平的情况下即可保证机组的工作性能，在此期间反应堆工艺间专设通风系统的荷载增大，以保证机组各工艺间的运行允许条件。如果气体系统正常运行压力的维持不可通过气体补充系统的运行实现，则必须将机组功率下降至能保证以上条件的功率水平。

当出现保护气体系统泄漏事故情形的信号时，运行人员应能快速确定泄漏点所在区域，并遵循所有必要的辐照安全要求。

快速切断气体系统管段的阀门，持续监测气体系统的压力与气体系统工艺间空气的放射性，便能锁定泄漏区域。如果切断气体系统某个管段时，气体压力渐趋平稳，不再下降或升高，通风系统工作时工艺间空气的放射性渐趋于平稳或持续下降，那么气体系统的这个管段可视为事故管段，此处即为气体泄漏点。后续在保证辐射安全要求的条件下，允许运行人员前往并隔开泄漏区域，消除泄漏。

如果快速切断气体系统区域的操作仍然不能确定事故区域，那么这就说明，泄漏点位于反应堆回路内不可被隔离的气体系统区域内，或者泄漏点尺寸实在太小。在这种情况下，就必须保证运行人员能在遵守必要要求的前提下接近泄漏区域，通过便携式放射性监测仪表确定气体系统的泄漏位置，并消除泄漏。

7.3.2　液态重金属冷却剂回路泄漏

伴随液态重金属冷却剂管道壁泄漏的放射性冷却剂自生物屏蔽流出可谓最严重的事故。由于其回路压力比 VVER 反应堆装置小 1 个或 2 个数量级，因此泄漏事故、事故解决措施以及事故后果完全不同，放射性钠冷却剂自回路流出后，遇空气能发生火灾，而其他放射性冷却剂（液态重金属）自回路流出后，与空气的反应也是完全不同的。

目前在建的 BREST 铅冷反应堆装置和 SVBR 铅铋冷却剂反应堆装置均采用罐式或一体化布置。核潜艇反应堆装置的主循环回路采用一体化环路式的布置方案，内设通风系统、泄漏物排出回收系统和排放系统等辅助系统的支线管道，直径为 D_n25～D_n60，但是核电厂机组的反应堆装置与之不同，其不设液态重金属冷却剂系统的管道，只设几年或几十年才使用一次的首次充排管道。

如果液态重金属冷却剂回路发生泄漏，那么冷却剂便会与大气接触，空气中的氧气与之发生化学反应，生成铅或铋的氧化物。如果冷却剂是液态，则在冷却剂的接触分界面处形成扰动，并在其上产生一层薄膜或氧化物层，薄膜和氧化物层均不是扩散屏障。

位于液态重金属冷却剂自由表面附近气体空间的回路钢表面高温区急剧吸附空气中的氧气，并生成钢材成分的氧化物和冷却剂氧化物。

在可移动铅铋冷却剂反应堆装置中，曾发生过空气在换料和检修等工作期间接触铅铋低熔合金冷却剂自由表面的情况，还发生过回路的事故泄漏。在 МП-7 型蒸汽发生器的运行期间，出于工艺原因，其中一个壳体的壁面产生了裂缝，导致回路内的冷却剂流出，在降低裂缝处的压差并持续一段时间之后，可能由于内部形成了冷却剂氧化物，导致裂缝自行堵塞，然后恢复运行。

当温度达到 150～200 ℃时，受盐水的持续外部作用，发生晶间腐蚀，主泵缝隙密封的泄漏排放管出现贯穿裂缝，泄漏排放管采用奥氏体不锈钢，尺寸为 68.0×4.0 mm，在出现贯穿裂缝的管道内，出现氧化铋沉积层。在以上两种情况下，流动孔的压差为每平方厘米几千克力。

在 705K 项目批量生产的核潜艇反应堆装置中，回路中的冷却剂曾通过 ЦНГ-141Б 泵的支架、电机间隙与事故时坏掉的气体压力计部件进入工艺间[10]。

针对其他冷却剂反应堆装置回路内冷却剂的事故流动过程，进行了详细的理论和实验研究，包括 VVER 型反应堆装置回路内水冷却剂流动和泄漏通道内水冷却剂沸腾的过程特点，以及钠冷却剂反应堆装置内钠冷却剂流入惰性气氛和空气的过程特点。当铅、铅铋低熔合金冷却剂在较窄通道内流动时，二者的特点是可能不会润湿回路的结构材料壁面，密度较高，热容较小，能快速冻结，并形成超出流动通道初始覆盖产物体积的氧化物。

在设计方分析铅和铅铋冷却剂流动的伴随过程时，当凝聚状态不变时，曾认为其与冷凝液通过流动孔的流动过程类似，但这种观点正确与否，仍待实验论证。

针对铅、铅铋冷却剂通过圆形截面流动孔和裂缝进入大气过程的特点进行了实验研究，并将其与水通过圆形截面流动孔流动的特性进行了对比[13]。

实验装置包括承压电加热罐，管道壁可替换的实验段（设不同形状的流动孔），接收罐，气体系统，电加热系统与信息收集处理提交系统等，如图 7.32 所示。实验段设两个法兰，由可拆卸管道壁或垫片经垫圈压紧，其中一个法兰与介质供给短管焊接，承压罐中介质通过承压阀进入实验段，另一个法兰呈压紧环形状。

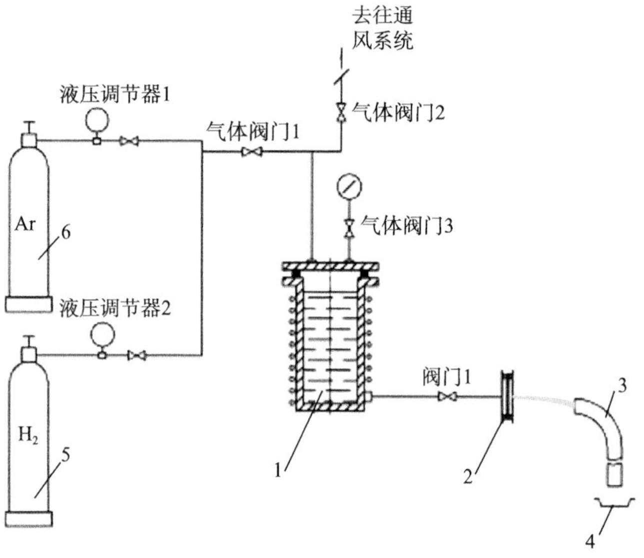

图 7.32　试验台架示意图

1—承压罐；2—实验段；3—接收罐；4—油罐间；5—氢气罐；6—氩气罐

其中，垫片中心设有直径 1.0 mm 的圆孔，其他垫片则通过多次弯曲碳化钢板的方式形成贯穿裂缝，然后将裂缝边与带中心孔的圆环垫片焊接。

实验分为以下两个阶段：第一阶段，研究水冷却剂通过孔和裂缝的流动过程；第二阶段，研究铅铋低熔合金通过孔和裂缝的流动过程。

（1）第一阶段研究结果（水冷却剂）

实验中，流体柱高 0.8 m，温度为 7 ℃，实验结果如表 7.3 和表 7.4 所示，如图 7.33 和图 7.34 所示。

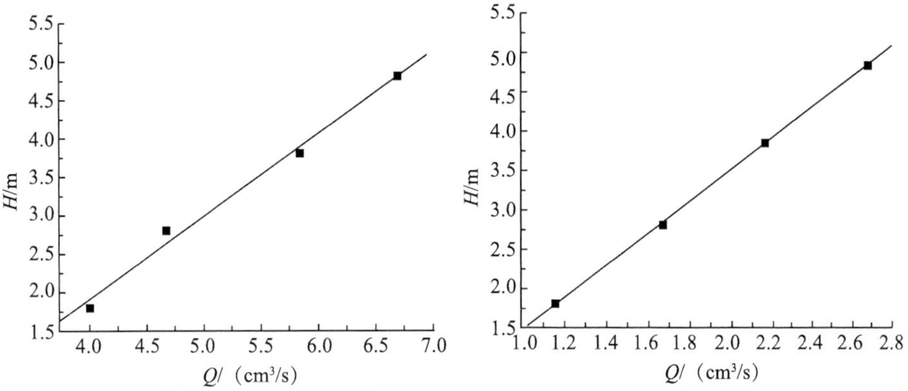

（a）直径ϕ1.0 mm的圆柱孔　　（b）裂缝

图 7.33　水流动的扬程流量特性

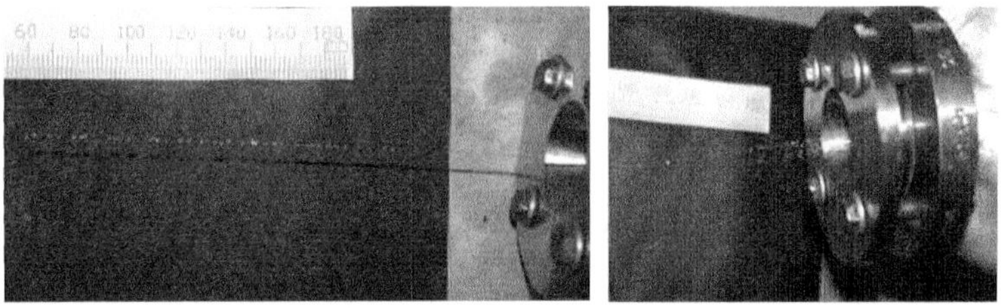

（a）来自流动孔　　（b）来自垂直裂缝

图 7.34　流动孔出口的水流

表 7.3　水冷却剂通过圆柱形孔流动过程的研究结果

剩余压力/（kgf/cm²）	计量罐充水时间/s	计量罐充水体积/mL	流量/×10⁻⁶（m³/s）	扬程/m	流速/（m/s）	液压阻力系数（ξ）
0.1	60	240	4	1.8	5.093	0.362
0.2	60	300	5	2.8	6.37	0.354
0.3	60	350	5.83	3.8	7.423	0.353
0.4	60	400	6.67	4.8	8.493	0.306

表 7.4　水冷却剂通过裂缝流动过程的研究结果

剩余压力/（kgf/cm²）	计量罐充水时间/s	计量罐充水体积/mL	流量/×10⁻⁶（m³/s）	扬程/m	ξ
0.1	60	70	1.17	1.8	266.2
0.2	60	100	1.67	2.8	203.0
0.3	60	130	2.17	3.8	163.0
0.4	60	160	2.67	4.8	135.8

流经 1.0 mm 尺寸流动孔时，在距流动点约 0.1 m 处，射流破裂成个别液滴。当剩余压力增加时，流动特点未曾改变，而经过裂缝时则立即破裂成个别液滴。

(2) 第二阶段研究结果（铅铋冷却剂）

在液态金属实验中，流体柱高 0.8 m，温度为 450 ℃，实验结果如表 7.5 和表 7.6 所示，如图 7.35 和图 7.36 所示。

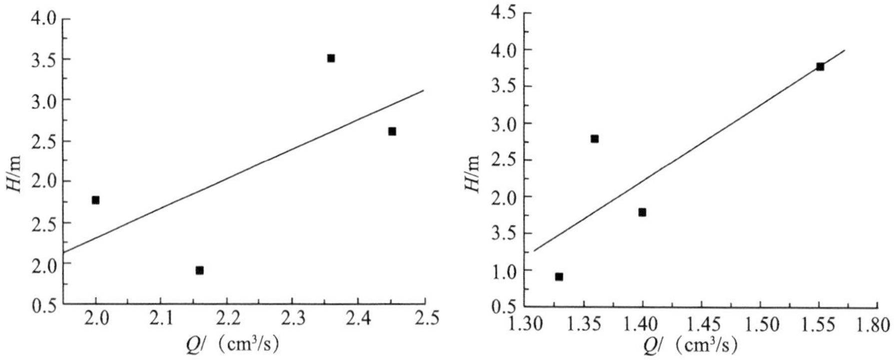

（a）直径 ϕ1.0 mm垂直平面孔　　（b）垂直裂缝

图 7.35　液态重金属冷却剂流动的扬程流量关系

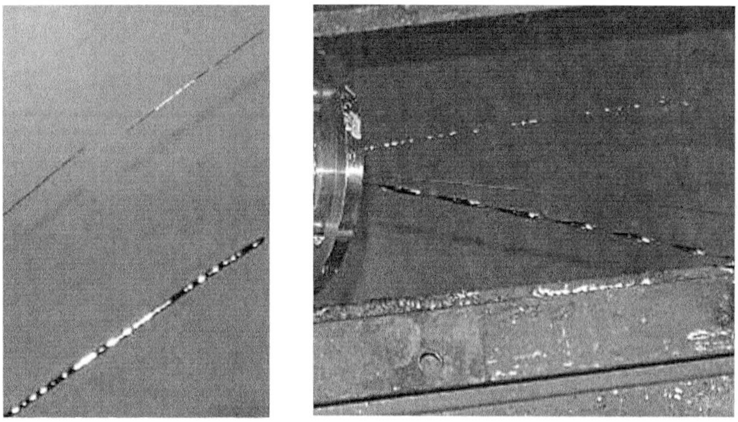

（a）来自直径 ϕ1.0 mm流动孔（自下变大）　　（b）来自垂直裂缝

图 7.36　铅铋低熔合金流动图（扬程 H=0.9 m）

表 7.5　液态重金属冷却剂通过 1.0 mm 直径圆柱形孔流动过程的研究结果

剩余压力/(kgf/cm²)	测量时间/s	流出金属体积/mL	流量/×10⁻⁶(m³/s)	扬程/m	流速/(m/s)	ξ
0.1	55	119	2.16	0.9	2.75	2.33
1.0	181	362	2.00	1.77	2.546	5.36

续表

剩余压力/(kgf/cm^2)	测量时间/s	流出金属体积/mL	流量/$\times10^{-6}$(m^3/s)	扬程/m	流速/(m/s)	ξ
2.0	105	257	2.45	2.6	3.119	5.24
3	110	260	2.36	3.5	3.011	6.57

表 7.6　液态重金属冷却剂通过裂缝流动过程的研究结果

剩余压力/(kgf/cm^2)	计量罐充水时间/s	计量罐充水体积/mL	流量/$\times10^{-6}$(m^3/s)	扬程/m	ξ
0.1	43	57	1.33	0.9	103.1
1.0	34	47.6	1.40	1.8	185.6
2.0	35	47.6	1.36	2.8	306.6
3.0	31	48.1	1.55	3.8	319.7

当铅铋低熔合金流经圆柱形流动孔时，在距流动点约 0.5 m 处，整条射流分裂成长达 50～60 mm 至 90～100 mm 的个别区域。

射流分裂后的液态金属表面出现明显弯曲，如图 7.36 所示。当凝聚状态不变时，由于金属表面形状并非流经流动孔时的抛物线状，因此可以假设金属表面发生局部冻结。部分金属遇障碍物会发生泼溅，据此可以明确射流内仍然是液态。

经过裂缝时，受裂缝形状影响，流体分裂成呈扁螺旋状的几个小射流，如图 7.36 所示。最细的小射流在飞溅过程中也会冻结，并形成细小的金属纤维。

综上，可得出凝聚状态不变时铅铋低熔合金流动过程有别于其他流体流动过程的结论。如果流动孔的通道存在涡流，$Re\approx20\ 000$，则阻力系数增至 5。泄漏点的流体阻力系数随剩余压力增加而增加，并导致流体特性曲线变直，因此才能出现表层金属在流动中冻结以及溅落到较硬表面时的射流泼溅。

关闭承压罐到垫片的铅铋冷却剂管道阀门，垫片设 $D_n1.0$ mm 的流动孔，待装置冷却、静置几天并预热后，发现液态金属可以通过 $D_n1.0$ mm 的流动孔，但相同条件下，由于裂缝被冷却剂氧化物堵住，因此失去流通能力。

在 FT-1 型试验台架中，一侧连接大气的 D_n25 阀门尾端设有连接回路的冷却剂预热管 D_n25。由于可能出现温度脉动，阀门栓大气侧发生泄漏，液态金属侧则依然保持密封，氧气通过阀门栓扩散，形成冷却剂氧化物后，堵住阀门和管道。

由于冷却剂系统壁面的裂缝中有冷却剂氧化物，因此可得出切断经过其中的流量时裂缝可能自行关闭的结论，这点有别于钠冷却剂系统。

当见证件安装点温度为 550～600 ℃，出口区流体出现局部扰动时，D_n40 管道内形成约 2 mm 直径的贯穿孔与厚 4.0 mm 的侵蚀痕迹，在经过玻璃布、螺旋电加热丝段和保温层后，呈单个射流的冷却剂冻结，并自泄漏点顶部开始形成凸起物。

为避免换热达到临界值，堆芯内产生液态重金属冷却剂蒸汽，冷却剂的沸点较高，接近或超出燃料棒包壳的熔点。目前，铅、铅铋冷却剂反应堆装置的设计方案应能避免堆芯干烧、燃料棒包壳熔化和反应堆容器熔化，比如增设安全壳。

液态重金属冷却剂回路泄漏的主要问题是钋沾污。针对铅铋冷却剂反应堆装置的钋沾污问题，文献[14]简要介绍了俄罗斯联邦国家科技中心物理动力研究院（IPPE）和其他国家的基础研究成果和相关处理经验，例如，在真空和气体中加热含钋的铅冷却剂时所产生的钋排放量、钋化学形态与辐照环境规律等。该文献还分析了 SVBR-75 铅铋冷却剂反应堆装置正常运行时钋放射性核素的放射性危害，严重超设计事故时放射性钋排往大气的后果。

放射性铅、铅铋冷却剂的处理需要高精尖技术，并采取特殊措施保证辐射安全。正常运行时，反应堆回路处于密封状态，放射性核素钋并不具有危害。但检修期间打开回路或者放射性冷却剂事故排往维保工艺间，均会导致回路泄漏。

文献[14]还指出，通过对液态重金属冷却剂反应堆装置泄漏事故处理的科研攻关和严格的辐射监测工作，加深了业内人士的认知，并督促其思考，采取何种措施、开发何种钋防护设备，才能避免其在上述事故发生时受到过多的辐照。

IPPE 专家对俄罗斯和其他国家公开发表的含钋介质钋排放量数据进行了研究总结，结果表明，当温度为 300～800 ℃时，由于铅铋熔融物表面的钋真空蒸发速率是铅铋低熔合金中钋元素计算蒸发速率的 1‰，因此它主要存在于钋化铅中。如果合金上方有保护气体或空气，则钋的蒸发速率会降低几个数量级。

正如文献[14]所言，在获悉铅铋熔融物中钋的释放机理、回路气体系统和外部介质中钋的迁移过程、工艺间空气和沾污情况、自然环境之后，才能开发出预测工艺间内部和外部辐照环境的计算模型，并评估钋事故排往大气的后果。当保护气体的泄漏量达到 0.5%/d 体积量时，通过估算 SVBR-75 反应堆工艺间和中央大厅的 ^{210}Po 排放量，可预测出 ^{210}Po 的空气和表面沾污度符合卫生标准。

在处理铅铋冷却剂反应堆装置冷却剂泄漏事故方面，包括去除冻结的铅铋低熔合金块，泄漏表面喷漆等，俄罗斯具有一定经验，因此能保证其后续安全运行。

针对罐式或一体化布置的反应堆回路，回路泄漏与冷却剂流入工艺间的事故处理逻辑有很大不同。

无论采用何种结构设计方案，该事故的主要特点都是回路中的冷却剂液位持续下降，工艺间空气的放射性持续上升。

一般在去往排放罐的冷却剂排放管线阀门泄漏时，回路中的冷却剂液位才会持续下降，俄罗斯钠冷却剂反应堆装置运行期间曾发生类似情况，回路中的冷却剂大量流出，同时出现回路冷却剂液位下降和冷却剂排放罐液位升高的信号，事后向回路补充冷却剂，拧紧排放阀，便可终止该事故。

无论何种反应堆装置，主泵转速变化及由此导致的回路部件压力再分布，均能改变回路设备的冷却剂自由液位。在 BREST 和 BREST-OD-300 反应堆装置中，该效应尤为明显，主泵转速变化时回路部件自由液位的再分布变化能达到几米。

当出现冷却剂液位下降的信号时，运行人员应首先检查工艺间空气的放射性和排放罐的冷却剂液位。待事故确定后，反应堆的中子功率降至零，主泵转速和部分区域的冷却剂压力相应降低。在一体化布置的反应堆装置中，可通过逐个切断回路个别区域的方式，锁定冷却剂泄漏点。如果回路中冷却剂液位渐趋平稳，且被切断回路区域空气的放射性也逐渐稳定，则当前区域即可视为事故段，此时运行人员应尽量确认具体的泄漏点，并进行手工检修。

在其他布置方案的反应堆装置中，可根据其结构特点采取相应的处理措施。

7.4　空气中氧气和结构材料成分进入冷却剂和回路的事故

7.4.1　空气进入气体系统和液态重金属冷却剂回路的事故

与其他冷却剂的类似试验台架相同，在液态重金属冷却剂试验台架正常运行期间，操作规程应包括试验台架的定期失密封操作，主要是实验段更换和回路设备检查维修等。在液态重金属冷却剂的回路中，类似操作只能在高于液态金属熔点的较高温度下开展，例如主泵可抽出部分和阀门的更换。

以上操作期间，空气中的氧气必然会接触回路中的冷却剂，形成氧化物，而钢结构部件的高温表面也必然会吸附氧气，并将其带入回路。在冷却剂试验台架运行初始阶段，运行难度较大，需要定期切除并更换被氧化铅和氧化铋等氧化渣块堵住，完全或部分失去流通能力的管道、阀门、通道及其他部件，直至 20 世纪 70 年代才系统掌握了液态重金属冷却剂的相关技术。在利用含氢气体混合物还原氧化铅和氧化铋等技术广泛应用于各类试验台架之后，运行变得非常简单。

在放射性回路进行类似操作时，需要使用密封工装和密封容器，试验台架无需使用类似设备，只需吸出作业区内的粉尘和冷却剂蒸汽即可。

在苏联首批铅铋冷却剂反应堆装置中，由于缺乏冷却剂系统的运行知识和经验，因此运行时大量冷却剂氧化物或氧化渣块慢慢累积所导致的冷却剂和氧气作用的问题未引起足够重视[10]。在 645 项目试验核潜艇动力装置运行期间，回路定期长时间失密封，蒸汽发生器长时间发生严重的回路间泄漏，导致堆芯通道被氧化渣块堵住，进而发生堆芯熔毁的最严重事故[10]。而由于堆芯被氧化渣块堵住，导致 27/VT5 型试验台架无法维持正常运行[15]。

文献[16]研究了正常运行、换料、检修与回路部件发生事故泄漏时的氧气源和氧气进入冷却剂回路的伴随过程，并基于这些研究成果开发出氧气进入回路事故后果的消除方法和处理工具。

通过含氢气体混合物以及液态重金属冷却剂和还原性气体混合物的二元流体可还原冷却剂氧化物，进而清除回路内的氧气化合物[16]。705 和 705K 项目批量生产核潜艇与试验台架的反应堆装置采用大量类似措施，这样在空气中氧气进入液态重金属冷却剂回路时，就能避免发生任意严重的事故后果。

俄罗斯的铅、铅铋冷却剂回路设计方案能避免大量冷却剂氧化物在回路中突发超量累积，经济投入较小，运行简单（详见第 2.3 节）。

如果空气进入回路气体系统，氧气与冷却剂作用，并在冷却剂自由表面形成氧化膜

(图 7.37)，但由于自由表面会有所波动，导致氧化膜结构疏松且有许多裂口，并不能妨碍自由表面的进一步氧化。在回路未采取任何工艺操作时，长时间静置，会自动形成浸润冷却剂的较大氧化渣块。如果惰性气体或蒸汽通过冷却剂层鼓泡，尤其是惰性气体或蒸汽中含有氧气杂质时，则会形成更多更大的氧化渣块，如图 7.38 所示，氧化渣块内含冷却剂氧化物与其他运行条件所决定的其他杂质。

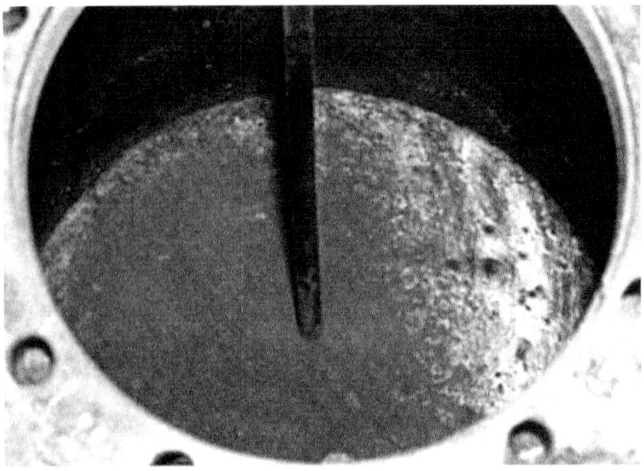

图 7.37　液态重金属冷却剂表面厚度呈动态变化的氧化渣块层
(通过中央管道给气导致外围区域的氧化渣块层更厚)

图 7.38　含空气杂质的水蒸气通过铅冷却剂层鼓泡后从自由表面取出的氧化渣块

当温度不低于 350～400 ℃时，定期吹扫气体空间，排出水蒸气，向氧化渣块接触表面投入新的含氢气体混合物，使其充分还原。冷却剂自由表面的充分净化时间取决于接触区域介质温度、混合物中氢气的浓度、气体和蒸汽混合物的吹扫周期以及氧化渣块厚度和化学成分。形成氧化渣块的冷却剂全部杂质的密度小于冷却剂的密度，并悬浮或上浮在冷却剂中。

如果内表面和设备壁面的冷却剂自由液位存在上升下降波动，则会形成氧化渣块层，如图 7.39 所示，还原氧化铅和氧化铋，便能去除。

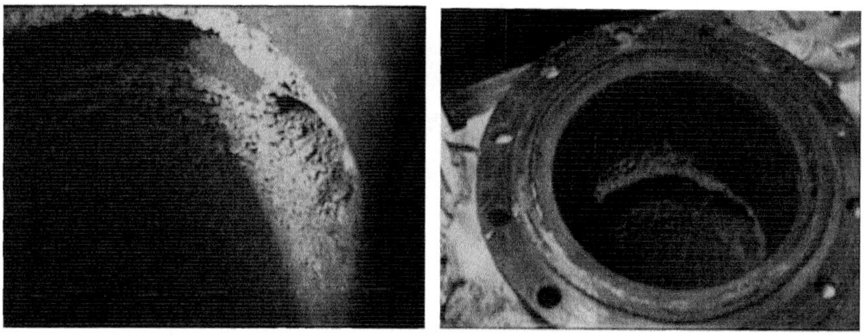

图 7.39　FT-1TPG 铅铋冷却剂试验台架分离罐壳体含氧化渣块沉积物的内表面

当温度不低于 350～400 ℃时，持续或定期将含氢气体混合物投入冷却剂，便能轻松快速还原冷却剂自由表面的氧化渣块层，并防止表面波动。

如果冷却剂自由表面的氧化渣块被带走，含氧气体蒸汽介质通过蒸汽发生器的小泄漏点进入冷却剂，则自由液位下的内表面会形成氧化渣块沉积和氧化物。

当冷却剂全部或部分排出，并带走水平或倾斜表面残留的氧化渣块时，冷却剂回路的内表面会形成氧化渣块沉积。当温度较低时，待其静置后，充入冷却剂，氧化渣块沉积物会继续残留在回路内表面。若继续重复以上操作，则沉积物变厚，直至堵死通道，使其失去流通能力。如果通道气体侧或冷却剂侧被堵住，则需切除并更换该事故段，这在初始阶段经常发生。

当冷却剂自由液位下方形成大量氧化物时，向回路输入冷却剂和还原气体混合物的二元流体，即可轻松快速地还原这些氧化物。

在铅、铅铋冷却剂的非恒温回路中，由于杂质在冷却剂中的溶解温度下降，因此蒸汽发生器和热交换器的换热表面从未形成结晶物，但由于接触未经冷却剂润湿壁面的冷却剂体积受限于具有特殊表面性能的表面，因此在换热设备流体动力稳定区、出口段与换热设备之后的管段，通常会形成浸润冷却剂的大量氧化物[16]。冷却剂中杂质的结晶不会出现在经其润湿的壁面，而是出现在冷却剂分界面，并形成被冷却剂包围的氧化渣块颗粒物，之后这些颗粒物慢慢凝聚。

需注意，冷却剂回路的氧气投入量应为可控可调，回路应该储存一定量的氧气，此二者系运行条件下保证钢材等结构材料强度的必要条件。为形成接触冷却剂结构材料表面的氧化膜保护层，热核反应堆惯性约束区回路形成电绝缘保护层，以及通过上述保护层扩散的结构材料成分氧化，必须保证质量交换设备氧气的投入量可控可调，氧气以气相物质或活性氧化物元素的形式投入[17]。

只有在冷却剂回路或气体系统泄漏，压力同时降至大气压时，空气才能进入回路，此时冷却剂中的氧气含量增加。事故处理完毕后，必须投入含氢气体混合物，还原冷却剂和回路的氧化物。

由于气体扩散，导致冷却剂回路保护气体系统的压力大于大气压，此时空气中氧气原则上可通过小泄漏点进入气体系统，但发生概率很小，不具有实际意义。

7.4.2 结构材料成分进入冷却剂和回路的事故

在液态重金属冷却剂回路运行期间，结构材料出现腐蚀和设计磨损。根据 IPPE 专家的计算结果，考虑到结构材料表面氧化膜保护层的质量、冷却剂的杂质成分与回路正常运行工况，每年进入 BREST-OD-300 反应堆装置回路中冷却剂的结构材料及其化合物能高达到几十到几百千克。

在国内的回路运行实践中，固定在可移动反应堆装置主泵叶轮轴上的特形螺栓突然松开，受轴向力作用，叶轮下移，叶轮部件与壳体固定部件接触并摩擦，导致几百克 08X18H10T 奥氏体不锈钢成分事故进入铅铋冷却剂，相当于冷却剂质量的 0.005‰。MP-7 蒸汽发生器的定位板还曾出现破损，导致管道系统相邻传热管接触并摩擦，最后发生蒸汽发生器回路间泄漏与事故段壳体铅铋低熔合金冻结的严重事故，冷却剂中 12X1MΦ 珠光体不锈钢成分质量达 1 kg，约为冷却剂质量的 0.005‰。在以上两种事故工况下，回路运行特性未受到较大影响。

核电厂机组反应堆回路的冷却剂质量比可移动反应堆装置回路多 1 个或 2 个数量级，甚至更多。在可移动反应堆装置中，冷却剂回路设备某个表面发生事故机械磨损或摩擦，导致磨损物进入冷却剂，磨损物质量一般不会达到其他类似事故（0.3～1.0 kg）的 1 个、2 个数量级或更多。最好能在大量磨损物进入冷却剂之前，根据设备运行特性的变化，确定事故，并对其进行隔离。

由于结构部件可能发生磨损，导致材料成分进入冷却剂回路与冷却剂的深度还原，后者可能是金属杂质和钢材成分事故进入回路的源头。当回路中有氧气储量时，在不输入氧气的条件下，钢材表面的氧化膜保护层可能被还原。如果回路运行时间较长，则表面无氧化膜保护层的回路热段材料成分为最大值，未被氧化的金属杂质可能慢慢累积，并加剧结构材料的腐蚀磨损，潜在危害较大。

大量铅铋冷却剂研究和运行经验表明，当冷却剂深度还原、氧气热力学活度不超过 10^{-6}时，向回路输入氧气使其热力学活动增至不低于 10^{-4}～10^{-2} 水平，不会达到预期效果，因为输入初始时刻的氧气热力学活度急剧升高，之后再下降至初始值或略高于初始值、但远低于当前氧气输入量对应的预期计算值水平。

此时，冷却剂的氧气吸附效率达百分之几，同时浸润冷却剂的大量氧化物在回路累积。不同铅冷却剂试验台架的研究表明，以上效应在部分情况下弱很多。

史马特科 Б. А. 等认为，原因可能是氧气输入时形成的冷却剂氧化物表面被金属杂质及其化合物堵住，还可能是形成的氧化物颗粒进入贴壁区域，导致氧进入回路金属杂质的可能性减小或氧进入金属杂质过程的动态特性减弱。

文献[16]还研究了冷却剂和回路中金属杂质及其化合物的清除方法，并提出了相关建议。冷却剂自由表面与接触其下冷却剂（近表层和边界层）的结构材料表面是这些杂质的天然清除通道。

通过单一冷却剂流或冷却剂和气体的二元流体，将结构表面壁面不能被氢气还原的钢材成分杂质冲到冷却剂流中，并利用自由表面的杂质颗粒重力选效应，将其运至局部凝聚点，再通过过滤器、电磁阱等设备将其去除。

研究表明，由于不能被氢气还原的杂质较少，因此通过设备不断清除冷却剂自由表面杂质的做法较难较贵，甚至无甚必要而仅需液力机械设备清除、气体吹扫、机械过滤器过滤、机械设备舀出、磁铁吸出即可[16]（详见第 2.3 节）。

该事故的特点是冷却剂样品中铁、铬和其他结构材料成分含量增加，后期检查和维修时发现回路部件有磨损，运行人员无须采取任何操作。

7.4.3　液态重金属冷却剂回路中含氧化合物、结构材料成分的累积与传质

液态重金属冷却剂回路中颗粒物、聚集物等固体杂质的清除方法与设计方案应能避免大量杂质累积，以防其影响到回路的运行特性。

下文将针对违背回路工艺操作规程时弥散颗粒及其化合物在冷却剂回路中的累积和传质过程进行详细描述。

（1）液态重金属冷却剂回路自由表面的杂质状态

铅冷却剂回路的运行经验表明，与铅铋冷却剂回路相同，自由表面氧化渣块等杂质的运行状态分为：

1）在铅罐隔板附近，呈 1 mm 厚的致密薄膜层，厚度可变，如图 7.36 所示，局部区域有裂口，冷却剂局部流速较快。目测发现，受冷却剂动态扬程作用，表面无杂质的个别区域呈微凸起状，表面的杂质膜向外围区域移动，形成褶皱。杂质的化学成分主要是氧化铅、氧化铋与最少化学含氧量的黑色氧化物（Pb_2O、$PbO+Pb$ 等），一般出现在冷却剂首次充入回路或还原性气体或蒸汽混合物长时间处理冷却剂回路后的初始运行时刻，且回路没有固体弥散杂质的其他来源和累积源，它们主要是不能被氢气还原的结构材料腐蚀产物、润滑油高温分解物与燃料棒基质破裂物，不具有磁性或磁性较弱。

2）浸润冷却剂的连续松散厚粉层，厚度可达几十毫米，在相互垂直方向，局部形成几百毫米尺寸的石块结构（图 7.38），无裂口，厚度可变，石块为再结晶结构。杂质的化学成分主要是冷却剂氧化物，并含有质量分数达百分之几的氧化物或其他化合物质量的结构材料成分，包括铁和镍等，当然其中也含有 80%、不发生化学反应的冷却剂，氧化渣块呈红棕色或黄色。

一般情况，回路长时间运行后，且受轴套、叶轮、主泵轴承、热交换器和蒸汽发生器换热管等回路设备部件的腐蚀侵蚀、机械磨损和接触应力等因素作用，气体系统会定期发生泄漏，空气中氧气和结构材料成分等大量杂质进入回路。

由于铁、镍和铬含量较少，导致杂质无磁性或磁性较弱，因此不能进行含氢气体混合物的还原处理。在有温度梯度的外壁或管道等结构部件表面，氧化渣块可能发生附着。

在研究液态重金属冷却剂技术的初始阶段，完成冷却剂充排操作后，回路通道一般会发生堵塞，失去流通能力，降低热交换器的换热能力，使设备无法维修，并造成其他不良后果。当回路系统无必要的冷却剂工艺设备，未进行杂质清除等冷却剂工艺操作，或违背工艺操作规程，也可能出现类似状况。在试验台架和装置的回路运行期间，禁止出现以上状况，后续恢复也耗时耗力。

3）在自由表面区域形成厚度不超过几毫米的较薄杂质层，不含冷却剂氧化物，呈相互不粘连的粉状，未浸润铅冷却剂，未附着自由表面的微小弥散颗粒杂质。受液位晃动、

气体流向等外部作用或自下而上冷却剂射流的动态扬程作用，自由表面个别区域升高，杂质很容易沿表面移动。杂质的化学成分主要是铁、镍、铬与其他结构材料成分的氧化物或化合物，以及内含冷却剂与铁、铅铁或其他结构材料成分的化合物杂质，具有磁性。一般出现在还原性气体或蒸汽混合物处理冷却剂和回路并排出水蒸气后[17]。在后续运行期间，如果空气和水蒸气进入回路，产生的冷却剂氧化物与杂质混合、再结晶后，形成浸润冷却剂的多相物质。

4）中间情形。冷却剂自由表面累积有几毫米尺寸的氧化渣块层，成分主要是不同化学成分的冷却剂氧化物、夹杂物或冷却剂浸渍。根据回路运行的温度和流体动力工况、回路材料、还原混合物的回路处理周期、冷却剂体积和接触冷却剂的结构材料表面积比率、回路运行总时间等因素，自由表面氧化渣块中可能含有百分之几十的结构材料成分化合物杂质。

该状态是正常的运行状态。在回路运行期间，整个冷却剂自由表面从未非常干净过，但刚完成回路杂质或自由表面氧化渣块清除时刻除外。只有在冷却剂流动态扬程导致的个别区域升高的上升流位置，才完全不含杂质。

(2) 自由液位上方气体空间的杂质传质

冷却剂自由表面的部分杂质可能呈微小弥散状，未浸润冷却剂。根据颗粒的物理化学形态，其尺寸可达几微米至几十微米。在颗粒从自由表面进入气体空间时，如果颗粒的上浮速度符合气体系统的某些条件，那么其中的粉状杂质颗粒可能发生传质。颗粒通过气体系统给排气时的扩散效应，自然和强迫循环时的对流流体或其他绕流移动，其化学成分是冷却剂氧化物和/或钢材成分化合物的颗粒。

设备垂直表面几乎不会形成较厚的粉状杂质沉积层，概率很小，但会形成较薄的附着物，用纸巾擦拭即可。在气体系统内表面，杂质沉积物会积聚在管道设备底部、流体动力分离区与冲击分离区的重力场，直至通道的流通截面被堵死。这些表面或浸有润滑油，如抹有润滑脂的轴承、浸有润滑油的泵油封系统等，或浸有氧化物还原和蒸汽发生器回路间泄漏时所产生的水和冷凝液。

以上因素与气体系统中粉状杂质的其他传质过程可能造成以下不良后果：

1）流体阻力增加，直至通道中的气体流量完全中断；

2）蒸汽冷凝器等气体系统换热设备的换热能力下降；

3）冷却剂流经反应堆堆芯与燃料棒包壳泄漏时，冷却剂中杂质的放射性活度增加，气体系统管道设备出现 γ 射线等电离辐射源和杂质沉积，导致附近区域的辐射环境变差；

4）由于出现了放射性沉积物，导致间隙被杂质堵住，妨碍可抽出部分等部件的拆除，降低了气体系统设备的维修能力；

5）气体系统部件的检修难度变大；

6）润滑油遇粉状杂质，性能发生变化，导致气体系统轴承部件的性能变差；

7）气体系统一次仪表性能降低，如压力计和燃料棒包壳泄漏 γ 监测仪等。

在气体系统管道与冷却剂罐（内设液态重金属冷却剂自由液位）气体空间的连接点，放入过滤器，便可减小粉状杂质对气体系统特性的不良影响。

(3) 冷却剂自由液位下方的杂质传质

根据杂质的形成源、物理化学成分和形态，自由表面的杂质可能进入自由液位附近、与回路其他区域交换体积的冷却剂。

杂质自自由液位进入冷却剂回路的主要机理为：

1）杂质溶解在自由表面冷却剂和杂质的分界面；

2）当气体在回路工艺操作期间鼓泡，工质在蒸汽发生器回路间泄漏或铅冷却剂射流、液滴溅落至冷却剂自由表面期间鼓泡时，射流或液滴会带走弥散杂质颗粒及其构成物；

3）当回路运行工况改变时，冷却剂液位暂时下降，其下形成的弥散杂质及其构成物颗粒附着在结构材料表面，此时冷却剂将其溶解并带走；该机理多出现在自由液位与自由液位隔板的分界面。

当罐式布置反应堆装置的功率改变时，全部冷却剂自由液位均发生变化，表面的氧化渣块可能附着在蒸汽发生器管道系统与其他结构部件的垂直隔板和表面。在自由液位隔板附近表面波动时，下方的冷却剂射流可能粘附、溶解并带走弥散颗粒及其构成物。

在 BREST 反应堆装置中，自主泵固定扬程管道流出的冷却剂射流将自由表面的杂质颗粒和气体气泡带入循环回路。

进入冷却剂液位下方的杂质颗粒可能溶解在冷却剂中，并呈浸润冷却剂的弥散颗粒及其构成物状。杂质与铅或铅铋冷却剂、结构材料分界面的传质过程可能导致弥散杂质聚集在贴壁层，而杂质与重力分离区、流体动力分离区或通过其他设备的传质过程则可能导致回路个别区域的杂质含量局部增加。

如果浸润冷却剂的弥散杂质积聚在回路局部区域，则其聚集物在压力波动时破裂、进入堆芯入口，导致事故发生，645 项目核潜艇的可移动反应堆装置就曾发生类似情况。

在液态重金属冷却剂回路中，几乎不会形成类似水冷却剂回路加热表面的水垢杂质沉积，换热表面附近或局部区域形成的氧化渣块等杂质均浸有冷却剂，作为杂质基质的冷却剂质量占比不低于 80%，呈弥散相物质，具有特定性能。在温度高于冷却剂熔点的条件下，杂质的黏度比纯冷却剂高，但绝非固体。受较小切应力作用，杂质出现形变并流动。就换热表面附近沉积物的厚度而言，它是牢牢粘附在表面的松散物质，而非固体，通过涡流即可轻松去除。当温度低于冷却剂的凝结温度时，上述杂质呈石块结构，牢牢粘附在表面，通过机械方式很难去除。

7.5　润滑油等有机化合物进入液态重金属冷却剂回路的事故

7.5.1　概述

铅、铅铋冷却剂与润滑油等有机化合物的接触情况有：

1）设备制造和回路安装后，设备部件和整个设备中尚有润滑油残留；

2）蒸汽发生器回路间泄漏时，水蒸气冲洗主泵轴承润滑脂或按操作规程给轴承上润滑脂，导致润滑脂进入冷却剂；

3）正常运行时，泵轴油封系统的润滑油及其蒸汽进入冷却剂回路（设计工况），该油封能切断冷却剂回路和大气；

4）泵油封系统中的润滑油事故进入冷却剂回路。

在铅铋冷却剂可移动反应堆装置的建造运行阶段，由于润滑油的物理特性更佳，当时的主泵旋转轴封技术要求使用锭子油、汽轮机油等润滑油作为工质，而非水。但随着VVER反应堆装置主泵轴封技术的掌握和完善，BN-350、705项目核潜艇等液态重金属冷却剂反应堆装置主泵轴封大量润滑油进入回路事故的经验积累，以及使用润滑油设备的消防设计[7,18]，液态重金属冷却剂反应堆装置的主泵轴封亦可使用高纯水作为工质，但须避免出现润滑油进入回路的情况。

安装前后冲洗设备，可去除回路安装后、冷却剂首次充入时表面残留的大部分有机化合物。即使冷却剂接触局部润滑油膜，也不会影响回路的物理化学过程。

按运行文件定期为回路主泵滚动轴承补充润滑脂时，其下专用腔的设计应能防止润滑脂在供货技术条件规定的寿期内进入冷却剂。如果主泵可抽出部分的寿期延长，为轴承补充润滑脂则可能导致旧润滑脂掉入冷却剂。当可移动反应堆回路的冷却剂质量达10 t或固定反应堆装置的冷却剂质量达1 000 t以上时，在4 000～6 000 h时间内，进入回路的旧润滑脂仅达0.1～0.3 kg。

在油封主泵回路的正常运行期间，液态金属可能接触润滑油蒸汽。

在切断冷却剂回路和大气的油封主泵气腔中，向自由表面移动的气流接触润滑油，携带润滑油滴，导致其接触冷却剂，且此时气体中富含润滑油蒸汽。

任意方向气流中润滑油滴的临界尺寸可通过以下等式算出：

$$\rho_{\mathrm{oil}} \cdot gv = k_{\mathrm{f}} \cdot \rho_{\mathrm{gas}} \frac{v^2}{2} S \tag{7-34}$$

式中：ρ_{oil}——润滑油密度；

ρ_{gas}——气体密度；

S——润滑油滴最大截面面积；

g——自由溅落加速度；

v——润滑油滴体积；

k_{f}——球状物的阻力系数，$k_{\mathrm{f}}=0.5$。

冷却剂回路中润滑油的携带量计算条件如下：采用氦气作为气氛，压力为2 kgf/cm²(atm)，温度约为50 ℃，使用AU牌号锭子油（符合ГОСТ 1642-50标准要求），在润滑油滴半径r（m）和气体流速u（m/s）的关系式中，r约为$6\times10^{-6}u^2$。由于主泵间隙中气体的平均流速不超过0.01 m/s，且存在润滑油滴快速凝聚、热扩散和表面附着等其他效应，因此携带效应可忽略不计。

当温度达50 ℃时，在平衡饱和状态下，AU牌号锭子油（符合ГОСТ 1642-50标准要求）自由表面上方气体的油滴蒸汽含量为4.4 kg/m³，分压为2 mm高水银柱。假设泵气腔内的气体流量为3×10^{-2} m³/h，由于浸润表面较大，气体流量较小，导致所有气体均包含油滴蒸汽，可得出单台泵自由液位的最大润滑油输入量约为0.03 g/h，而实际条件下，由于部分油滴蒸汽被带走，并在气体系统冷段冷凝，因此最大润滑油的输入量较小，对冷却剂回路的物理化学过程影响不大。

在BN-350钠冷却剂反应堆装置、铅铋冷却剂可移动反应堆装置、陆上原型堆试验台架及其他液态金属冷却剂反应堆装置中，由于运行人员操作有误，导致主泵油封系统的润滑油多次进入液态金属回路。

针对润滑油接触钢表面和铅铋冷却剂时的高温分解过程，下诺夫哥罗德国立技术大学卡拉图申娜娅 И. В. 开展了相关研究[19-20]。

7.5.2　理论计算分析

分析时，假设润滑油进入铅冷却剂时，形成主要成分是氢气、甲烷和碳的多元系物质，它们是润滑油高温分解的最终产物。气态 H_2、CH_4 与蒸汽态 C_nH_m 进入保护气体系统，之后可以将其去除。通过热力学分析研究了润滑油、含氧杂质的高温分解物与铅或铅铋冷却剂中氧气杂质的作用情况，其目的在于解决以下问题：

1）针对保证结构材料耐腐蚀性的氧化膜保护层，针对减小托卡马克热核反应堆惯性约束区和分流器冷却系统中冷却剂流磁流体动力阻力的电绝缘保护层，回路中碳杂质对以上二者状态和性能的影响机理；

2）液态重金属冷却剂回路中的碳是否能与保护气体的氢气杂质或回路工艺操作时投入气体混合物中的氢气反应。

在冷却剂和保护气体的分界面，可能与二氧化碳发生反应，如图 7.40 所示。

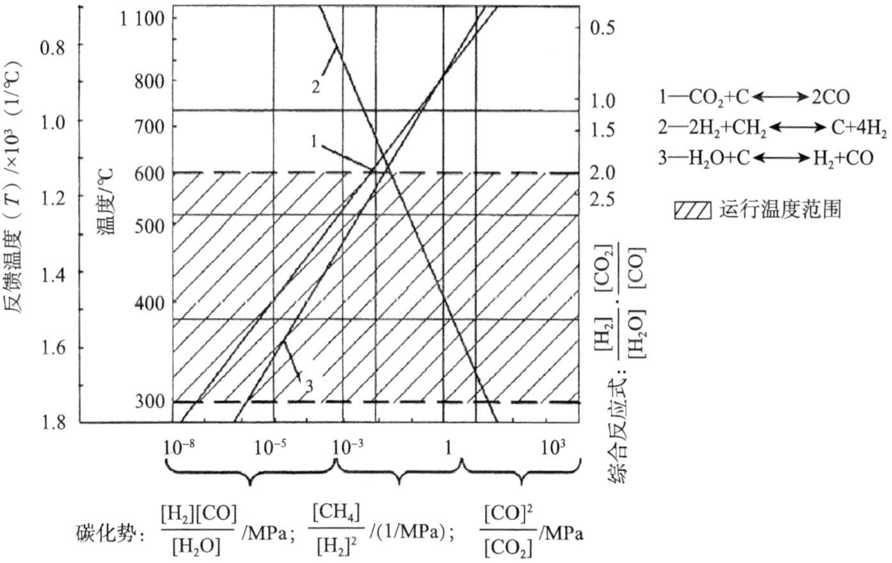

图 7.40　保护气体杂质与液态重金属冷却剂自由表面游离碳作用的温度关系曲线

相较于氢与碳反应，碳与氢反应的可能性更大，并生成甲烷。在运行温度条件下，二氧化碳无法完全消耗掉碳，因此当冷却剂回路形成 CO 时，自由表面会形成石墨碳或炭黑，当然概率很小。

在保护气体系统中，如果用氢气还原一氧化碳，则会形成微弥散相炭黑，并附着在设备和管道表面，其数量取决于分解物的总量与氢气、一氧化碳的分压比。氢气可以消耗完冷却剂和回路表面的碳，但需保证回路热段温度达到 500 ℃左右。

通过结构材料表面的氧化膜保护层、电绝缘保护层与可能出现杂质颗粒的贴壁层，进入冷却剂和壁面贴壁层的润滑油高温分解物、润滑油杂质与钢材接触。假设以上保护层的基质采用铁（Fe_3O_4）、铬（Cr_2O_3）、镍（NiO）的化合物，此时对氢气、一氧化碳、自由表面的固体碳或冷却剂中的饱和碳等润滑油高温分解物的作用过程进行了热力学分析。结果表明，在游离碳进入贴壁层时，由于保护层被还原或工艺操作时接触到碳、含湿润含氢混合物的气泡，导致性能下降。

对冷却剂中的结构材料溶解杂质和碳混合物的热力学分析表明，当铅或铅铋冷却剂接触珠光体铬镍不锈钢、奥氏体铬镍不锈钢与铁素体马氏体铬镍不锈钢时，内含润滑油高温分解物，运行温度条件下镍可能碳化，温度更高时铁可能碳化。如果系统内有碳和氧，则铁、铬的氧化过程与镍的碳化过程均至关重要。

综上所述，润滑油进入回路，不会削弱结构材料表面氧化膜保护层与电绝缘保护层的工作性能，自由表面析出的碳与氢气作用，生成甲烷，再排出气体系统。

7.5.3 实验研究

7.5.3.1 润滑油高温分解过程实验研究

润滑油受热发生高温分解，形成气态、液态和固态分解产物。润滑油气态高温分解物的色谱分析表明，其内含大量低价和高价碳氢化合物，并混杂氢。

由下诺夫哥罗德国立技术大学完成的不同温度下气态物质分解析出的动态特性研究表明，润滑油高温分解，形成氢气、易挥发气态物质（VM-4 真空润滑油约为 69%，AU 锭子油约为 59%）、正常条件下的冷凝物（分别是 20%和 32%）与焦炭等少量烧结固体颗粒（分别是 11%和 9%），初始和最终产物的误差为 20%。

以上二者的性能无甚区别，VM-4 真空润滑油的分解温度为 240 ℃，AU 锭子油的分解温度为 320 ℃，冷凝液开始频繁析出的温度为 380 ℃，实验结果如表 7.7 所示，气态物质高温分解并自汽轮机排入气体和冷凝液的总空间时其与冷凝液析出的温度时间关系曲线如图 7.41 和图 7.42 所示。

表 7.7 VM-4 真空润滑油和 AU 锭子油高温分解时气态物质和凝聚产物的析出

序号	实验条件	润滑油	气化温度/℃	$\frac{V_{\tilde{a}}}{V_{u}^{\Sigma}}\cdot 100\%$	冷凝液析出温度/℃	$\frac{V_{\hat{e}}}{V_{\hat{e}}^{\Sigma}}\cdot 100\%$
1	润滑油高温分解	VM-4	240	796	100	85
			410	400	390	100
			440	96	—	—
			450	100	—	—
		AU	320	3	380	90
			400	47	400	100
			430	93	—	—
			440	100	—	—

续表

序号	实验条件	润滑油	气化温度/℃	$\frac{V_{ã}}{V_{u}^{\Sigma}}\cdot 100\%$	冷凝液析出温度/℃	$\frac{V_{ê}}{V_{ê}^{\Sigma}}\cdot 100\%$
2	接触铅铋冷却剂时润滑油的高温分解	VM-4	300	3	380	57
			400	63	400	71
			440	95	410	100
			450	100	—	—
		AU	320	3	400	22
			400	54	410	56
			440	91	420	100
			450	100	—	—
3	接触铅铋冷却剂及其氧化物时润滑油的高温分解	VM-4	220	3	400	17
			400	40	410	66
			440	68	450	100
			450	100	—	—
		AU	200	1	380	6
			400	41	420	33
			440	86	430	67
			450	100	440	100

7.5.3.2　润滑油接触干净铅铋冷却剂时的高温分解过程实验研究

向不含氧化物的铅铋低熔合金表面输入 100 mL 的润滑油，其中表面积 $S=0.004\ m^2$，冷却剂质量 $m_{Pb\text{-}Bi}=2$ kg。

接触铅铋冷却剂时，开始频繁排出气体的 VM-4 真空润滑油高温分解温度为 300 ℃，AU 锭子油（符合 ГОСТ 1642-75 标准要求）高温分解温度为 320 ℃；而开始频繁析出冷凝液的 VM-4 真空润滑油高温分解温度为 380 ℃，AU 锭子油（符合 ГОСТ 1642-75 标准要求）高温分解温度则为 400 ℃。此时，其分解速率略快于接触钢材时的高温分解速率。

上述结果已经铅铋冷却剂中 AU 锭子油（符合 ГОСТ 1642-75 标准要求）的高温分解实验研究证实，实验采用 D-001 声学探头。

经砂纸砂洗后，将 D-001 声学探头的波导管置于润滑油中，形成录波器信号。然后将间隙内有润滑油滴的波导管放入加热至 250～400 ℃温度的铅铋合金，则 2.5 h 内再次出现录波器信号。实验采用氩气和氢气，氧气的热力学活度为 10^{-6}～10^{-5}。

实验结果表明，$T=250$～280 ℃时波导管的润滑油未发生高温分解，如图 7.43 所示。

合金温度升高时，信号频繁丢失。在间歇性升至 370 ℃过程中，氢气气氛中，当 $T=340$ ℃时，波导管表面的润滑油在 1 h 内完全分解；当 $T=370$ ℃时，7 min 内完全分解。而在氩气气氛中，当 $T=310$ ℃时，1.5 h 内完全分解；当 $T=350$ ℃时，7 min 内完全分解。当温度超过 350 ℃，润滑油几乎瞬间分解。

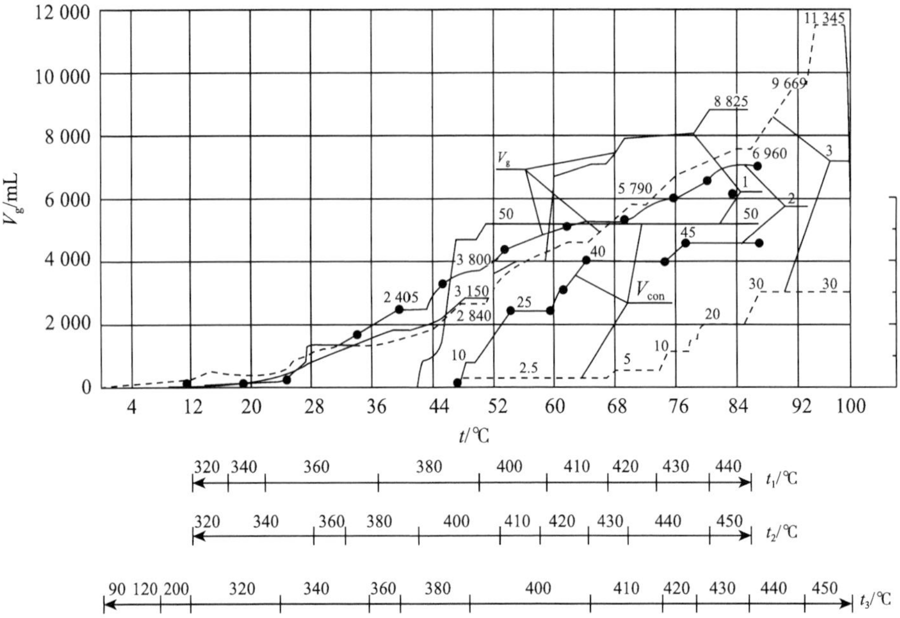

图 7.41 汽轮机油高温分解时气态物质和冷凝液的析出

t_1—AU 锭子油高温分解；t_2—接触液态重金属冷却剂时 AU 锭子油的高温分解；

t_3—接触液态重金属冷却剂及其氧化物时 AU 锭子油的高温分解；

V_g—气态物质体积，mL；V_{con}—冷凝液体积，mL

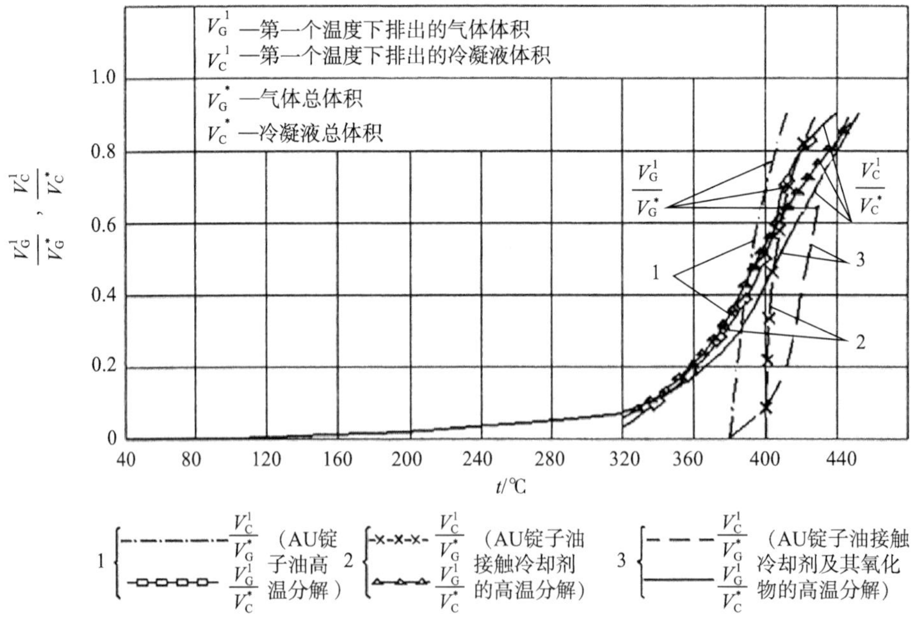

图 7.42 汽轮机油高温分解时气态物质和冷凝液的定额析出

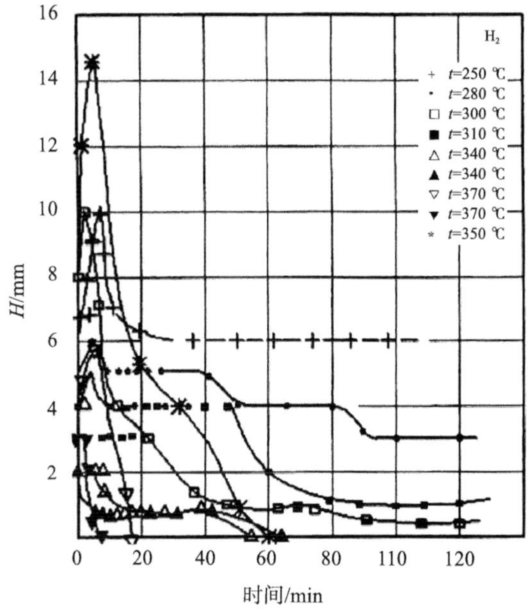

图 7.43　位于液态重金属冷却剂和氢气自由表面上方波导管间的锭子油滴高温分解时超声波探头的信号振幅变化

7.5.3.3　润滑油表面接触铅铋冷却剂及其氧化物时的高温分解过程实验研究

向含氧化渣块的铅铋低熔合金表面输入 100 mL 的润滑油，其中表面积 $S=0.004\ m^2$，冷却剂质量 $m_{Pb\text{-}Bi}=2$ kg，氧化渣块质量 $m_{clinker}\approx 0.5$ kg。

相同实验条件下，VM 真空润滑油和 AU 锭子油遇铅铋冷却剂、表面有氧化物的铅铋冷却剂以及铅冷却剂时的分解特点均相同，不同之所仅在于气态物质的形成。与铅铋低熔合金作用时，VM-4 真空润滑油的气化阈值温度为 300 ℃，AU 锭子油的气化阈值温度为 320 ℃；与铅、铋氧化物作用时，VM-4 真空润滑油的气化阈值温度为 220 ℃，AU 锭子油的气化阈值温度则为 200 ℃，且由于冷却剂成分氧化物还原、润滑油在氧化物参与时分解更剧烈，导致大量气态物质的排出。

相较于接触干净冷却剂时的润滑油高温分解过程，以上条件下析出冷凝液较少。就质量为 0.5 kg 的氧化渣块而言，VM-4 真空润滑油条件下罐中的铅铋冷却剂质量增加 0.38 kg，AU 锭子油条件下的冷却剂质量则增加 0.42 kg，这表明润滑油的高温分解物能还原氧化渣块。

7.5.3.4　润滑油与冷却剂液位下方铅铋冷却剂、结构材料作用过程的实验研究

研究静态条件下有机润滑油输入对液态金属冷却剂自由表面的影响旨在：

1）确定润滑油高温分解物在自由液位下方的扩散可能性；

2）确定回路燃料棒间隙形成润滑油及其高温分解物沉积的可能性和效率；

3）分析润滑油进入回路对氧气热力学活度测量仪读数与工艺参数的影响；

4）分析结构材料表面沉积物的厚度变化、力学特性变化与成分变化；

5）分析结构材料强度与按可移动反应堆装置标准工艺喷涂的燃料棒氧化膜保护层接

触润滑油高温分解物对氧化膜保护层性能的影响。

(1) **实验装置描述**

静态条件下润滑油与铅铋冷却剂作用的实验研究是在 FT-34、FT-35 和 FT-M2 型试验台架上完成的。

FT-34 型试验台架是马弗炉，内置 3 根不锈钢细颈瓶，$V_{Pb-Bi}=12\ cm^3$，结构材料和介质接触面积与铅铋低熔合金体积的比值计算公式为：

$$\frac{S}{V}=\frac{38.81\times10^{-4}\ M^2}{12\times10^{-5}\ M^3}=323.4\ \frac{1}{M} \tag{7-35}$$

自氩气瓶向细颈瓶的气体空间输入氩气，其中均置入 12X18H10T 钢材样件。

FT-35 型试验台架设有 3 个 12X18H10T 钢材的非流动加热罐，罐内铅铋冷却剂质量均为 2 kg 左右，结构材料和介质接触表面与合金体积的比值计算公式为：

$$\frac{S}{V}=\frac{0.172\ M^2}{2\times10^{-4}\ M^3}=860\ \frac{1}{M} \tag{7-36}$$

此外还设有润滑油输入设备与样件固定设备。氧气含量通过冷却剂液位下方 15 mm 埋深的 3 个浓缩电池监测，电池的陶瓷由 IPPE 供货，通过派勒克斯玻璃管将一个电池与气体空间、含润滑油的自由表面隔开，如图 7.44 所示。

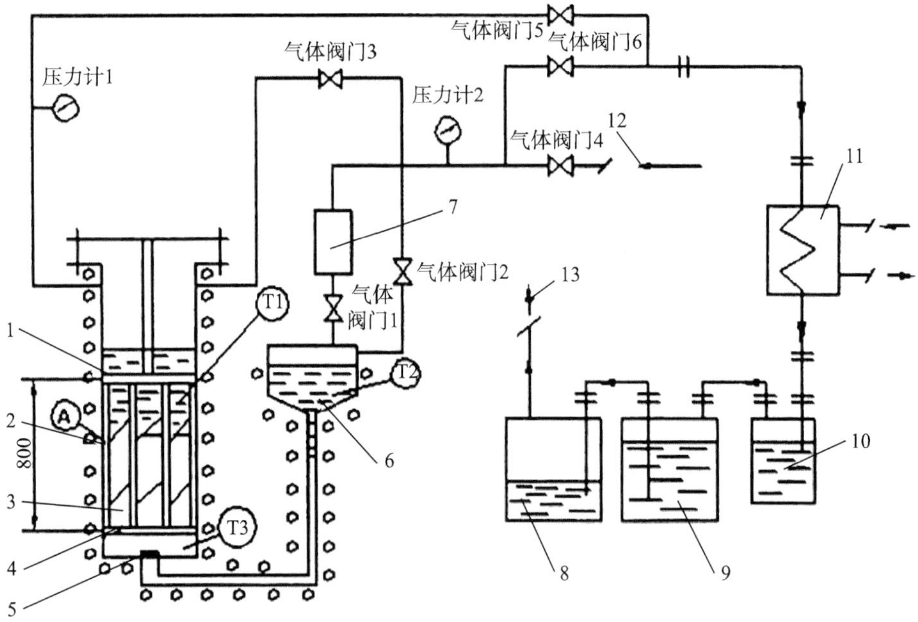

图 7.44 润滑油高温分解物通过液态重金属冷却剂鼓泡的试验台架示意图

1—上部格架；2—套管；3—模拟燃料组件；4—下部格架；5—分配喷嘴；6—分解产物制备罐；7—计量器；8—计量罐；9—增压罐；10—冷凝液收集器；11—冷凝器；12—减速器气体；13—气体排入气体系统

FT-M2 型试验台架的构成包括：

1) D_n40 套管，高 1.9 m，采用 08X18H10T 钢材，顶部设有用于安装模拟燃料组件的法兰密封；

2）润滑油分解物质制备容器，即 D_n80 管，高 0.25 m；

3）连接套管底部喷嘴的 D_n10 管，用于连接套管和容器；

4）润滑油计量器；

5）气体系统；

6）试验台架供电系统与远程参数控制系统；

7）润滑油分解物质监测系统，包括工业水冷却的热交换器、冷凝液收集器、气态物质监测增压罐。

冷却剂中的氧气含量通过由 IPPE 设计的 DAK45 探头与 V7-21 高电阻数字电压表监测，测量通道误差不超过测量值的±15%。

管内的模拟燃料组件有 7 根燃料棒，均采用堆内冗余设计，步距为堆内步距，燃料棒高 0.8 m，空间方位为纵轴，包壳两端有端塞，其中一根外围燃料棒被切成两段，由端塞连接，长约 0.35 m。燃料棒通过多孔格架和端塞柱状凸缘固定。

通过电加热螺旋丝加热所有组件和管道，采用氩气作为保护气体。

(2) 实验方法

实验期间，研究了向铅铋冷却剂表面输入 AU 锭子油时，润滑油及其分解物质与冷却剂、结构材料的作用过程。在 FT-34 型试验台架上，研究了润滑油输入时铅铋冷却剂液位下方的高温分解过程与结构材料的耐腐蚀性。将 3 根去润滑脂的细颈瓶预先放入马弗炉，瓶内均充入 12 cm 高介质，样件尺寸为 10 mm×20 mm×1 mm，埋深为冷却剂液位下方 10 mm，分别向 2 根细颈瓶内的冷态铅铋低熔合金表面倒入 2.5 cm^3 的润滑油，氩气吹扫 3 min，然后加热马弗炉。实验持续时间为 98 h，温度为 450 ℃。实验结束后，当温度 T＝200 ℃时，样件从铅铋低熔合金上浮至气体空间；当温度降至室温时，取出样件，沿其高度方向切成 5 段，并进行金相分析。

处理实验结果时，完成了以下工作：

1）制作显微切片，用不同倍数的光学显微镜和电子显微镜拍照；

2）使用 PMT-3 显微硬度计，研究近表层的力学特性；

3）使用 DRON-3 通用伦琴射线衍射仪，开展 X 射线相位分析；

4）使用德国产 Lama-1000 初次改进的激光微探头质量分析仪，开展定性元素分析；

5）采用俄歇光谱学法，开展元素分析。

在实验第二阶段，研究了 AU 锭子油进入 FT-35 型试验台架对冷却剂表面的影响。

本次实验样件为 20 mm×80 mm×1 mm 的 12X18H10T 钢材条状样件，埋深为介质液位下方10 mm。一段时间后，部分样件从介质上浮至加热罐的气体空间，实验时，温度为 300～400 ℃，静置时间为 48～144 h，氧气的初始热力学活度为 10^{-4}～10^{-2}。输入冷却剂表面的润滑油为定量，输入量为 0.1～5 mL。

在 FT-M2 型试验台架上，将内含 7 根燃料棒（均采用堆内冗余设计）的燃料组件置于铅铋低熔合金液位下方，并在 300～330 ℃温度条件下，通过专用容器将 VM 真空润滑油长时间接触冷却剂产生的高温分解物排出，直至其停止排出。期间监测燃料棒间空间中合金的氧气含量、合金温度、气体压力与气态物质成分。实验后，检查台架状态，取出模拟燃料组件，切断燃料棒包壳样件，并进行分析。

（3）**主要研究结果**

在FT-34型试验台架上，当$T=420$ ℃，且静置98 h时，相较于标准状态，润滑油输入介质表面未改变12X18H10T钢材的耐腐蚀性。其他研究结果如下所述：

1）根据Lama-1000质量分析仪微探头的定性分析结果，在沿样件高度方向的沉积层中，AU锭子油高温分解物碳的含量未增加，这表明静态条件下，高温分解物未曾通过铅铋低熔合金与润滑油的分界面移动；

2）根据显微硬度测量结果，介质与润滑油分界面附近样件近表层的碳化物含量未增加；

3）根据DRON-3伦琴射线衍射器的X射线分析结果，润滑油分解物质达到0.5%～5%时，碳未曾在冷却剂液位下方扩散。

12X18H10T钢材样件的表面未曾出现碳扩散形成的新物相，衍射图上清晰可见γ-Fe、α-Fe等铁基钢材的特有界线与含Fe_2O_3、Fe_3O_4等铁和铅氧化物杂质的合金界线。在未接触润滑油的实验条件下，衍射图的曲线特点与样件和冷却剂液位的相对位置无关。润滑油输入时，由于铁氧化物被气态高温分解物还原，样件越靠近介质和润滑油的分界面，衍射图上的铁氧化物界线越不清晰。

在FT-M2型试验台架实验过程中，含润滑油高温分解物的铅铋低熔合金中的氧气含量约为10^{-1}～10^{0}。第一次压送分解物质时，由于H_2、C_nH_m等分解物具有还原性，且投入多余的还原合金，导致冷却剂剧烈还原，氧气含量降至5×10^{-5}。

润滑油输入后，在330 ℃平均温度条件下，由于形成平均流速达0.02 N·dm^3/h左右的气态分解物质，导致回路气体系统中气体压力升高。

燃料棒包壳与模拟燃料组件表面的目测结果表明：

1）在10～15 mm高的顶部燃料棒和底部格架，发现少量0.1～1 mm大小的黑色沉积颗粒物，分析表明，成分是冷却剂氧化物与碳化合物。外围燃料棒样件底部发现长约70 mm的连续亮膜，成分是冷却剂，而在中央燃料棒样件的相同高度处，虽未形成亮膜，但却形成铅铋低熔合金的亮点。

2）在250～300 mm高的燃料棒样件中段，表面干净，与初始颜色几乎相同。

3）在80～90 mm高的外围燃料棒顶部，有一层厚约1 mm的疏松沉积物，成分是冷却剂氧化物与碳化合物，位于冷却剂自由液位上方，长期接触润滑油分解物质和铅铋低熔合金成分的氧化物，只在鼓泡时刻接触冷却剂。

4）实验前的样件初始状态如下：外表面的双层氧化膜厚达2.5～10 μm，内表面的氧化膜厚达8～12 μm，镀膜时颗粒表面氧化的晶须深达20 μm，钢材显微硬度P为50 g，外表面的显微硬度H_{st}为277、269、269、277 kg/mm^2。

5）实验后自燃料棒包壳底部切下的样件状态如下：氧化膜厚达1～15 μm，晶须深达30 μm，整个外表面的沉积物（含铅铋颗粒物斑渍）厚达100 μm，钢材显微硬度P为50 g，外表面的H_{st}为269、286、269、269 kg/mm^2，沉积物显微硬度H_{dep}约为80 kg/mm^2。

6）实验后自燃料棒包壳中段切下的样件状态如下：氧化膜厚达1～10 μm，晶须深达300 μm，相较于标准状态，钢材结构发生了变化，氧化膜下出现厚约10 μm的亮条，钢材显微硬度P为50 g，外表面的H_{st}为269、252、262、252 kg/mm^2，亮条显微硬度$H_{1.band}$约为 245 kg/mm^2。

7）实验后自接触冷却剂液位上方液态润滑油分解物质的燃料棒包壳顶部切下的样件状态如下：氧化膜厚达 1～15 μm，晶须深达 300 μm，整个外表面的沉积物厚达 40～100 μm，氧化膜显微硬度 P 为 20 g，外表面的 $H_{ox.f.}$ 为 686、432、491 kg/mm^2，钢材显微硬度 P 为 50 g，外表面的 H_{st} 为 277、277、269、269 kg/mm^2，沉积层显微硬度 $H_{dep.lay}$ 为 70 kg/mm^2。

8）X 射线分析结果表明，自燃料棒包壳任意区段切下的样件材料氧化膜均不含碳，且在样件高度方向上，氧化膜自下而上发生相位重构，从 Me_3O_4 变为接近 Cr_2O_3 的 Me_2O_3，此时若遇润滑油，则引起氧化膜结构的微调，进而提高其硬度。

表 7.8　润滑油与循环回路中铅铋低熔合金作用的 X 射线分析结果

样件切割位置（供分析）	降低界线清晰度的相位成分
标准初始状态	Me_3O_4、Bi、α 相基体材料与少量铅的铁素体
底部区段	Pb-Bi、α 相基体材料、接近 Cr_2O_3 的 Me_2O_3、少量 Me_3O_4 与无法辨识的其他相位
中部区段	Pb-Bi、Me_3O_4、接近 Cr_2O_3 的 Me_2O_3、α 相基体材料与少量 PbO
顶部区段	Pb-Bi、Me_3O_4、少量 PbO、接近 Cr_2O_3 的 Me_2O_3 与 α 相基体材料

有机润滑油进入 FT-1A 型试验台架循环回路与润滑油高温分解物进入 FT-91 型试验台架循环回路的实验研究旨在：

1）研究 VM-4 真空润滑油与 AU 锭子油投入回路后氧气热力学活度测量仪的读数变化；

2）研究润滑油输入对回路工艺参数的影响；

3）研究回路结构材料的强度变化；

4）确定模拟燃料组件中燃料棒包壳间隙产生润滑油高温分解物的可能性；

5）研究铅铋冷却剂与回路的润滑油清除方法和设备；

6）研究润滑油输入后冷却剂和回路中氧化物或氧化渣块的清除可能性。

FT-1A 型试验台架是恒温回路，总体积约为 0.5 m^3，铅铋合金体积约为 0.25 m^3。

冷却剂温度由直径达 4 mm 的铬镍铜表面热电偶和浸水热电偶测得，并记入 KSP-4 二次自记录仪，铬镍铜刻度范围为 0～600 ℃。合金的氧气热力学活度由 IPPE 设计的 DAK-45 探头测得，其中，A_1 和 A_2 测量仪置于缓冲罐内，A_3 测量仪置于喷嘴前的管道上，而 A_4 测量仪则置于喷嘴后的管道上。

实验期间，与 FT-1A 型试验台架不同，FT-91 型试验台架设有内含模拟燃料组件的套管，因此冷却剂流量较小。模拟燃料组件垂直置于套管内，内含 7 根堆用燃料棒包壳管，均已完成 FT-12 型试验台架实验，经加热至 157 ℃的甘油去除其中的合金残留和氧化渣块，并经酒精冲洗和干燥。在 FT-12 型试验台架静态实验前，燃料棒包壳管均采用堆用冗余设计，实验后的包壳管状态未发生较大变化。

套管呈垂直布置，冷却剂与润滑油高温分解物自下而上进入台架。模拟燃料组件中燃料棒包壳管的步距为堆用步距，数量为 7 根，棒高 0.8 m，两端设端塞。一根外围包壳管被切成长约 0.35 m 的两段，经端塞连接。燃料棒包壳管由多孔定位格架和端塞柱状凸缘固定。

FT-1A 型试验台架研究结果表明，润滑油进入循环介质流与缓冲罐冷却剂表面，均不改变主泵特性和回路其他运行参数，但由于形成气态分解物，导致气体系统压力升高。进入循环介质流、温度达到 320 ℃时，30 min 内压力从 0.048 升至 0.18 MPa，即从 0.48 升至 1.8 atm；进入缓冲罐冷却剂表面、温度达到 320 ℃时，5～10 min 内压力从 0.016 升至 0.048 MPa，即从 0.16 升至 0.48 atm。

当铅铋合金的初始氧气含量为 10^{-6}～10^{-5}时，向循环冷却剂流输入 330 mL 锭子油，不会改变 A_3和 A_4测量仪的读数，且合金未曾被润滑油分解物质还原至低于 10^{-6}～10^{-5}的氧气含量水平，就是在其他实验中也未曾出现类似情况。

当铅铋合金的初始氧气含量为 10^{-1}～10^{0}，且温度为 320 ℃时，向缓冲罐铅铋合金表面输入 330 mL 的 VM-4 真空润滑油，根据 A_1 测量仪的读数，缓冲罐的氧气热力学活度能在 20 h 内降至 10^{-5}水平，打开加热旁路，由于富含氧气的铅铋合金自旁排管线进入主回路，能使冷却剂的氧气含量增加 2 个或 3 个数量级。

在以上实验中，冷凝器自回路排出少量润滑油。向回路输入黏度为 49.0×10^{-6} m^2/s 的锭子油时，静置 10 h 后，由于氧化渣块被润滑油分解物质还原产生的水蒸气同时自气体空间排出，冷凝器中冷凝液的黏度达到 22.5×10^{-6} m^2/s，抽真空则能更有效地排出润滑油。在锭子油进入铅铋合金流后的 13h 内，回路气体系统发现有润滑油的高温分解物，这说明转子流量计已浸有油渍。

缓冲罐内氧化渣块和润滑油冷凝器内介质的化学成分分析表明，其中均不含润滑油，碳含量为 0.12%（质量分数），为正常值，如表 7.9 所示。

表 7.9　FT-1A 试验台架回路浸油后的介质取样分析（第二组实验）

样品编号与取样日期	取样点	化学分析结果/%（质量分数）
1 号样品， 1983.06.29	抽真空后的冷凝器	H_2O：96.3 润滑油：0.02 Pb：未检出 Bi：0.01
2 号样品， 1983.07.02	回路浸有 VM-4 真空润滑油，且静置约 60 h 后，缓冲罐合金表面的氧化渣块	Fe：7.2×10^{-3} Cr：$<3\times10^{-3}$ Ni：$3/2\times10^{-3}$ 润滑油：未检出

润滑油进入循环冷却剂与内含氧化渣块的缓冲罐冷却剂自由表面时的回路浸油过程存在本质差异。进入缓冲罐内的冷却剂自由表面且温度基本保持不变时，润滑油的分解更为剧烈，且形成大量气态物质。

FT-91 型试验台架的研究结果表明，冷却剂温度约为 300 ℃时，输入润滑油后，氧气含量监测仪的读数维持在 $10^{-4.5}$～10^{-4} 水平，这表明润滑油预先热分解产生并进入循环冷却剂的分解物还原性较弱，回路外形成的热分解物进入分解罐。继续加热至约 400 ℃，分解物继续分解，并产生对回路具有较强还原性的蒸汽和气体。

在分解过程中，由于 H_2、C_nH_m 等气态或蒸汽分解物的生成，导致气体系统压力升高，当平均温度约达 300 ℃时，气体的产生速率约为 0.04 N · dm^3/h。

模拟燃料组件与燃料棒包壳管表面的目测结果表明，7 根包壳管的整体情况与初始状态无甚区别，在其表面、间隙与格架中，均无氧化渣块沉积或分解物。

在润滑油分解物与冷却剂的混合物循环实验中，温度升至 400 ℃后，缓冲罐内液位出现波动，压力也发生变化，说明液态物质在回路中发生分解，检查发现气体系统、电加热器和套管的顶部滞流区段（顶部端塞）均含液态分解物。

FT-91 型试验台架循环实验后，EI-852 钢材燃料棒包壳管样件的分析结果表明：

1）在含润滑油及其分解物的循环铅铋合金流实验前，样件的初始氧化膜厚达 3～8 μm，初始晶须深达 20 μm；

2）燃料棒包壳管底部冷却剂流入口段的样件氧化膜厚达 4～8 μm，晶须深达 20 μm，外表面有一层 10～15 μm 厚的物质，可能是合金氧化物、润滑油高温分解物及其与冷却剂、结构材料成分的作用物；还发现钢材有一道深约 40 μm 的裂纹，表面覆盖有氧化膜，裂纹可能是包壳管的初始缺陷；

3）模拟燃料组件中段的样件氧化膜厚达 2～8 μm，晶须深达 20 μm，中心点的氧化膜厚达 30 μm，自中心点有一道深约 50 μm 的裂纹，此外还有两道表面覆盖有氧化膜的裂纹，可能都是初始缺陷；

4）模拟燃料组件顶部冷却剂流出口段的样件氧化膜厚达 4～10 μm，晶须深达20 μm，外表面有一层 10～15 μm 厚的物质，可能是合金氧化物、润滑油高温分解物及其与冷却剂、结构材料成分的作用物，无腐蚀缺陷。

自燃料棒不同区段切下的样件的 X 射线分析结果表明：

1）EI-852 钢材初始标准件的表面相成分是 Me_3O_4 和 Bi；

2）模拟燃料组件底部区段燃料棒包壳管的氧化膜成分主要是含铬氧化物和微量尖晶石，相成分是 Pb、Bi、接近 Cr_2O_3 的 Me_2O_3 和微量 Me_3O_4；

3）模拟燃料组件中段燃料棒包壳管的氧化膜成分是含铬氧化物，相成分为 Me_3O_4、Pb、Bi 和 PbO；

4）实验后模拟燃料组件的所有区段均可见基体材料，X 射线拍片点的氧化膜厚度均不超过 10 μm，顶部和底部无法辨识的相位界线比较模糊，可能是润滑油高温分解物及其与铅铋合金、结构材料成分的作用物。

7.5.4　液态重金属冷却剂浸油后的氧气含量调节实验研究

冷却剂和回路质量的控制维持是决定结构材料在铅、铅铋冷却剂中长期可靠运行的一个最重要问题。为研究氧气含量能否调节，回路和冷却剂中氧化物能否被清除，在 FT-1A 型试验台架上开展了第一组实验。

回路浸有 AU 锭子油（V_{oil}=330 mL）后，静置 13 h，在后 2 h 内，喷嘴处于运行状态，铅铋合金经酒精（$V_{alcohol}$=400 mL）处理 7 h，将气体 3 次更换成氩气并静置 3 h 后，自电解器向回路供氧。

通过输入电解物，向回路输入水电解制得的氧气或氢气，以此调节水溶液。电解器的工作原理是缓冲罐内的保护气体通过电解器排出，富含水电解物，在喷嘴处进入冷却剂流，沿回路循环后，在缓冲罐内分离。

经氧气和润滑油高温分解物的湿润保护气体处理后，气体在电解器内已富含氧气，布置在回路各点的氧气热力学活度测量仪读数渐趋稳定。电解器停止供氧后，铅铋冷却剂逐渐被还原。电解器的喷射供氧处理能提高冷却剂的氧化电势，一旦停止供氧，由于回路中存在还原剂——润滑油分解物，根据氧气热力学活度测量仪的读数，冷却剂能慢慢还原至 10^{-7}～10^{-6}左右水平。

综上所述，当回路含润滑油等有机杂质时，冷却剂的氧气含量基本可以调控。

在 VM-4 真空润滑油输入缓冲罐内铅铋合金表面的第二组实验开始前，此时尚未用酒精冲洗 FT-1A 型试验台架回路中的润滑油高温分解物，罐内合金表面出现个别地方厚达 5 mm的冷却剂成分氧化物泡沫，氧气热力学活度测量仪读数为 10^{-1}～10^{0}。输入润滑油和酒精后，目测罐内介质，发现表面已无氧化渣块，测量仪读数为 10^{-2}～10^{-1}，这表明润滑油的高温分解物和酒精能还原回路内的氧化渣块。

7.5.5 小结

（1）VM-4 真空润滑油与 AU 锭子油的动态分解特性实验研究表明，润滑油分解，产生氢气、60%～70%气态挥发物、20%～30%冷凝物（正常条件下）与约 10%的少量烧结固体颗粒物（焦炭）。

（2）相较于高温分解过程，润滑油遇铅铋冷却剂和冷却剂氧化物的分解参数有很大不同，如阈值温度和分解速率等，其分解温度阈值约为 200 ℃，远低于高温分解温度阈值（约 240 ℃）或接触铅铋合金时的分解温度阈值（约 320 ℃）。正常条件下，气态物质和冷凝物的比值取决于分解条件。

（3）AU 锭子油与铅铋合金液位下方冷却剂、结构材料作用的静态实验研究表明，不论介质是何初始状态，润滑油滴落到自由表面，均能将冷却剂还原至 10^{-6}～10^{-5}水平，还原速度和程度取决于冷却剂的初始氧气热力学活度值与润滑油输入量。润滑油分解物不接触敏感元件时，测量仪读数未出现较大变化。

（4）当 T=300～400 ℃时，12X18H10T 钢材样件未出现腐蚀缺陷。

（5）在 300～400 ℃温度条件下临时静置 48～144 h，12X18H10T 钢材样件表面的沉积物成分及其力学性能均未改变。

FT-12 型试验台架的实验结果表明：

1）整段模拟燃料组件均无润滑油液态高温分解沉积物，仅在 10～15 mm 的底部区段、润滑油分解罐表面液态高温分解沉积物的燃料组件入口段（可能受流体动力作用）与旁排时冷却剂液位波动的顶部区段，发现覆盖有高温分解物的冷却剂氧化物固体颗粒沉积物。

2）样件氧化膜和材料均未碳化。

3）根据样件的金相分析结果，样件材料、氧化膜与初始状态无甚差异。X 射线分析结果表明，氧化膜成分发生变化，接近 Cr_2O_3 的 Me_2O_3 增多，Me_3O_4 分减少，接触润滑油最多的底部区段尤为如此，随模拟燃料组件高度增加而减弱。

4）在 300～330 ℃温度条件下，经预先氧化处理的冷却剂不会被润滑油分解物大幅还原，因为实验前形成的氧化渣块不会将冷却剂还原至低于 10^{-1} 水平。

润滑油与 FT-1A 型试验台架循环回路中铅铋冷却剂作用的实验研究表明：

1）泵的特性与回路其他运行参数均未改变。

2）回路的初始氧气含量为 10^{-6}～10^{-5} 时，向铅铋合金流输入润滑油，不会影响冷却剂中氧气含量监测仪的读数；而初始氧气含量为 10^{-1}～10^{0} 时，输入润滑油，则能将缓冲罐内的冷却剂还原至 10^{-5} 水平。

3）润滑油进入回路，产生蒸汽和气态高温分解物，导致气体系统压力升高。

4）润滑油的气态高温分解物是冷却剂成分氧化物的还原剂。

5）进入循环冷却剂流与含氧化渣块的自由表面时，润滑油的分解过程迥异。

FT-91 型试验台架的实验表明：

1）当温度为 300～320 ℃，且流经模拟燃料组件的冷却剂循环流速为 0.2～0.5 m/s 时，润滑油通过喷嘴进入铅铋合金流，未发现液态沉积物或分解物，仅有一层 10～15 μm 厚的物质，可能是合金氧化物、润滑油高温分解物及其与冷却剂、结构材料成分的作用物。

2）经与润滑油、润滑油高温分解物作用，初始氧化膜的成分出现变化，出现含铬氧化物，相成分从 Me_3O_4、Bi 变为 Pb、Bi、接近 Cr_2O_3 的 Me_2O_3 与微量 Me_3O_4，可能不会降低燃料棒包壳管的材料硬度。

参考文献

[1] Левич В Г. Физико-химическая гидродинамика [M]. Гос. Изд-во физ.-мат. Литературы, 1959.

[2] Безносов А В, Гурьев В В, КаратушинаИ В, и др. А. С. СССР №1811315. Ядерная энергетическая установка. опубл. 1990-02-28.

[3] Безносов А В. Межконтурная неплотность парогенератора в контуре охлаждения реактора теплоносителем. Ядерная энергия и безопасность человека №E93: рефераты конференции ядерного общества[Z]. Н. Новгород, 1993.

[4] Бeзносов А В, Бокова Т А, Молодцов А А. Экспериментальные исследования процессов, сопровождающих межконтурную неплотность парогенератора со свинцовым и свинец-висмутовым теплоносителем и оптимизация его конструкции[J]. Известия вузов. Ядерная энергетика, 2006(4):3-18.

[5] Безносов А В. Экспериментальное исследование процессов, сопровождающих аварийную ситуацию "межконтурная неплотность парогенератора" в контурах со

свинцовым и свинец-висмутовым теплоносителями [C]// Тяжелые жидкометаллические теплоносители в ядерных технологиях. ТЖМТ-2003: тезисы доклоадов конференции. ГНЦ РФ ФЭИ. Обнинск, 2003:66.

[6] Безносов А В. Экспериментальные исследования характеристик контактного теплообмена свинцовый теплоноситель—рабочее тело[J]. Атомная энергия, 2005,3(98):182-187.

[7] Безносов А В. Исследование межфазного теплообмена свинцовый теплоноситель—рабочее тело. Теплогидравлические аспекты безопасности ЯЭУ с реакторами на быстрых нейтронах, ГНЦ РФ ФЭИ: тезисы докладов межотраслевой тематической конференции[Z]. Обнинск, 2005:65-66.

[8] Филин А И. Системы локализации и защиты реактора БРЕСТ-ОД-300 от превышения допустимого давления в газовом объеме. Тяжелые жидкометаллические теплоносители в ядерных технологиях. ТЖМТ-2003: тезисы докладов конференции. ГНЦ РФ ФЭИ [Z]. Обнинск, 2003:45-46.

[9] Дедуль А В, Новикова Н Н. Результаты исследования проблем безопасности при межконтурных течах парогенераторов применительно к проектам двухконтурных РУ с тяжелым теплоносителем. Тяжелые жидкометаллические теплоносители в ядерных технологиях. ТЖМТ-2003: тезисы докладов конференции. ГНЦ РФ ФЭИ [Z]. Обнинск, 2003:43-44.

[10] Громов Б Ф. Анализ опыта эксплуатации реакторных установок с теплоносителем свинец-висмут и имевших место аварий. Тяжелые жидкометаллические теплоносители в ядерных технологиях ТЖМТ-98: программа и тезисы докладов конференции ГНЦ РФ ФЭИ[Z]. Обнинск, 1998:18.

[11] Вешуткин В Д. Экспериментальные исследования деформации и напряжений в элементах трубной системы ПГ РУ БРЕСТ-ОД-300 в аварии с течью ПГ. Теплогидравлические аспекты безопасности ЯЭУ с реакторами на быстрых нейтронах. Теплофизика 2005: тезисы докладов межотраслевой тематической конференции. ГНЦ РФ ФЭИ[Z]. Обнинск, 2005:141-142.

[12] Панкратов Д В. Оценка радиационных последствий крупной разгерметизации газовой системы первого контура РУ СВБР-75/100 с одновременным перегревом теплоносителя до 600 градусов. Тяжелые жидкометаллические теплоносители в ядерных технологиях ТЖМТ-2003: тезисы докладов конференции. ГНЦ РФ ФЭИ [Z]. Обнинск, 2003:23-24.

[13] Безносов А В, Бокова Т А, Львов А В. Экспериментальное исследование истечения свинец-висмутового теплоносителя через трещину в атмосферу. Тепломассоперенос и свойства жидких металлов. Теплофизика-2007: программа межведомственного семинара ГНЦ РФ ФЭИ[Z]. Обнинск, 2007:10.

[14] Панкратов Д В. Проблемы полония в ядерных энергетических установках со свинцово-висмутовым теплоносителем. Тяжелые жидкометаллические теплоносители

в ядерных технологиях ТЖМТ-98: Программа и тезисы докладов конференции ГНЦ РФ ФЭИ[Z]. Обнинск, 1998:21.

[15] Суворов Г П, Бугреев М И, Кузько О В. Опыт создания и эксплуатации стенда 27/ВТ. Тяжелые жидкометаллические теплоносители в ядерных технологиях. ТЖМТ-98: программа и тезисы докладов конференции ГНЦ РФ ФЭИ[Z]. Обнинск, 1998:18.

[16] Безносов А В, Драгунов Ю Г, Рачков В И. Тяжелые жидкометаллические теплоносители в атомной энергетике[M]. Изд. Ат, 2007:434.

[17] Мартынов П Н. Процессы шлакообразования в свинцово-висмутовом контуре. Тяжелые жидкометаллические теплоносители в ядерных технологиях. ТЖМТ-98 Предупреждение и ликвидация последствий: программа и тезисы докладов конференции[Z]. Обнинск, ГНЦ РФ ФЭИ, 1998.

[18] Безносов А В, Новинский Э Г, Львов А В, и др. Выбор запирающей среды уплотнений вала главных циркуляционных насосов РУ со свинцовым и свинцово-висмутовым теплоносителями[J]. Известия вузов. Ядерная энергетика, 2013(2): 27-32.

[19] Безносов А В, Каратушина И В. Экспериментальные исследования процессов, сопровождающих аварийное поступление органических соединений (масел) в свинец-висмутовый и свинцовый теплоносители[J]. Известия вузов. Ядерная энергетика, 2007, 2(3):58-68.

[20] Безносов А В. Исследование системы свинец (свинец-висмут)—органические примеси применительно к системе охлаждения токамака теплоносителем на основе свинца[J]. Вопросы атомной науки и техники. Сер. Термоядерный синтез, 1996, 1:49-56.

附录 液态重金属冷却剂和锂的主要特性

附录 A 镓（Ga）

镓是具有浅蓝色色调的银灰色金属，原子序数为 31，在门捷列夫化学元素周期表中位列第 3 组第 4 排。镓的电子排列为 $1s^2 2s^2 2p^6 3s^2 3p^6 3d^{10} 4s^2 4p^1$。天然镓有 2 种稳定同位素，质量数分别为 69（61.2%）和 71（38.8%）。

镓是最易熔化的金属之一，熔点为 29.8 ℃（302.9 K），仅次于汞和铯，沸点为 2 403 ℃（2 676 K），高于其他易熔金属，因此维持液态的温度范围非常广。熔化态镓的密度比硬金属的密度高，镓非常容易过度冷却，熔化态的镓经二次冷却后，在室温条件下能长时间甚至在几个月内维持液态，如参考文献[1]中所示。在自然界中，镓较为少见，其在地球上的储量仅为 0.001‰。

A.1 镓的化学特性

由于化合价和电导带有轻微重叠，因此镓具有两性特性。镓、锡、铋和锑等其他类似金属的熔化会从本质上改变其耦合结构。固态下这些金属的结构配位较少，共价键较多；熔化态下共价键的数量减少，配位数增多。稳定化合物中镓的氧化价为+3 价。

镓是化学性质量活泼的一种液态金属，液态镓对硬金属的作用过程可分为以下两个阶段：

1）将维系硬金属表面原子的 Me—Me 金属键断开，换成 Me—Ga 异名原子键，该异名原子键是由溶质和溶剂原子作用形成的；

2）去除液态金属溶液深处的表面反应物质。

在镓的其他化学特性中，镓对氧气和水的化学活性较低，因此镓具有较高的消防安全性，可用于热核反应堆。并且当温度达到 250 ℃时，干燥清洁的氧气对镓的影响较小，甚至当温度更高时，镓也只会发生轻微氧化。在湿润的空气尤其是液态条件下，镓的稳定性略差，且很快变得黯无光泽，金属表面会覆盖一层薄薄的浅灰色氧化物，氧化物 Ga_2O_3 和氢氧化物 $Ga(OH)_3$ 几乎不溶于水。加热时，镓与水相互作用，产生氢氧化物 $GaO(OH)$；或当温度高于 300 ℃时，产生无水氧化物。镓与氢气、氮气不发生直接的化学反应，一般条件下的水（不含溶解氧）也不与镓发生反应。

A.2　镓的物理特性

在熔点至 500 K 的温度范围内，液态镓密度（ρ，g/cm^3）和温度（T，K）的关系式[2]为：

$$\rho = 6.095\,4 - 7.208 \times 10^{-4} \cdot (T - 302.93) \quad (A\text{-}1)$$

镓的密度按式（A-1）算出，它与压力、温度的相互关系如附表 A.1 所示。

当 T 为 303～773 K 时，镓的运动黏度（v，m^2/s）计算公式[3]为：

$$v \times 10^7 = 28.6 + 2.0 \times 10^{-2} T + 3.27 \times 10^{-6} T^2 \quad (A\text{-}2)$$

附表 A.1　液态镓的密度与压力和温度的相互关系　　g/cm^3

T/K	$P/\times 10^{-5}$ Pa			
	1	500	1 000	1 500
50	6.08	6.09	—	—
100	6.04	6.05	6.06	6.06
150	6.01	6.01	6.02	6.03
200	5.97	5.98	5.99	5.99
250	5.94	5.95	5.95	5.96
300	5.91	5.91	5.92	5.93
350	5.87	5.88	5.89	5.89
400	5.84	5.85	5.86	5.86

液态镓的动力黏度（η）实验值[4]如附表 A.2 所示。

附表 A.2　液态镓的黏度

t/℃	30	50	100	150	200	300	400
η/（Pa·s）	1.9	1.8	1.6	1.4	1.3	1.0	0.8

动力黏度和密度的关系式[4]为：

$$\lg\eta = 3.459\,1 + 0.300\,4(6.444 - \rho) \quad (A\text{-}3)$$

当温度 T=53 ℃时，镓的动力黏度（$N \cdot s/m^2$）为 1.89×10^{-3}；当温度 T=300 ℃时，镓的动力黏度（$N \cdot s/m^2$）则为 1.03×10^{-3}。

当温度 T 为 303～773 K 时，表面张力（σ，N/m）的计算公式[3]为：

$$\sigma = 708 - 3.9 \times 10^{-5}\ (T - 303) \quad (A\text{-}4)$$

在 30～700 ℃温度范围内，镓表面张力和自由能的相互关系[2]如附表 A.3 所示。

附表 A.3 镓表面张力和自由能的相互关系

t/℃	表面张力 σ（dyn/cm，≈μN/m）	表面自由能（cal/mol²）
30	708.94	7 828.12
100	712.11	7 858.80
200	717.78	7 891.84
300	724.80	7 914.84
400	733.15	7 908.36
500	742.85	7 896.56
600	753.88	7 865.88
700	766.25	7 821.04

由附表 A.3 中数据可知，表面张力和温度呈非线性关系，可能是因为镓的结构发生了变化。

在熔点至 712 ℃的温度范围内，液态镓的比定压热容（cal/g-atom・℃）建议按经验公式（A-5）[4]计算：

$$c_p = 6.445 - 3.72 \times 10^{-4} \cdot t \qquad (A\text{-}5)$$

按上述经验公式计算得出的比定压热容如附表 A.4 所示。

附表 A.4 镓的比定压热容和温度的相互关系

T/℃	50	100	150	200	250	300	350	400
c_p/［J/（g・K）］	6.43	6.41	6.39	6.37	6.35	6.33	6.31	6.30

当温度 T 为 303～1 500 K 时，附表 A.4 中镓的比定压热容［c_p，J/（kg・K）］建议按式（A-6）计算：

$$c_p = 417.781 - 753.308 \times 10^{-4} T + 322.37 \times 10^{-7} T^2 \qquad (A\text{-}6)$$

文献[4]中所列镓的导热率数据如附表 A.5 所示，其中温度系数为 2.84×10^{-4}/℃。

附表 A.5 镓的导热率和温度的相互关系

T/K	350	400	450	500	550
λ/［W/（m・K）］	28.65	31.55	34.03	36.20	38.27

当温度 T 为 303～1 500 K 时，附表 A.5 中镓的导热率［W/（m・K）］建议按式（A-7）计算：

$$\lambda = 7.08 + 8.014 \times 10^{-2} T + 3.27 \times 10^{-6} T^2 \qquad (A\text{-}7)$$

液态镓具有抗磁性，磁化系数 $\mu = -0.257 \times 10^{-6}$ cm/（g・s），但在其熔化过程中，具有顺磁性，磁化系数 $\mu = +0.036 \times 10^{-6}$ cm/（g・s）。熔化时镓磁性的轻微变化说明其液态中含有部分固态镓的结构[4]。

文献[2]中实验所得的热膨胀系数值如附表 A. 6 所示。

附表 A. 6　镓的热膨胀系数

t/℃	25	75	130	183	246	326
$\alpha/\times10^6$（1/℃）	110. 7	108. 9	107. 2	106. 1	104. 8	103. 5

镓蒸汽压力和温度（文献[2]中所列数据）的关系曲线如附图 A. 1 所示。

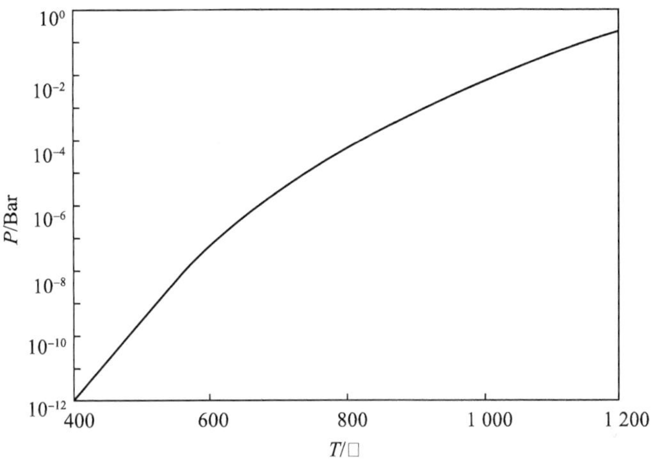

附图 A. 1　镓蒸汽压力和温度的关系曲线

与所有液态金属相同，液态镓的霍尔效应实验值为负值，约为-4×10^{-5} cm^3/（B·s）[4]。

根据文献[4]中所列数据，0～400 ℃温度范围内镓的电阻率（ρ_c，μΩ·cm）可按以下式计算得出：

$$\rho_c = 25.1\times(1+79\times10^{-5}\cdot t) \tag{A-8}$$

镓的电阻率和温度[4]的相互关系如附表 A. 7 所示。

附表 A. 7　镓的电阻率和温度的相互关系

t/℃	350	400	450	500	550	600
ρ_c/（μΩ·cm）	26. 73	27. 70	28. 68	29. 65	30. 63	37. 80

当温度 T 为 303～1 500 K 时，附表 A. 7 中镓的电阻率（ρ_e，Ω·m）建议按式（A-9）计算：

$$\rho_e\times10^8 = (19.322\pm0.4)+(2.206\pm0.035)\times10^{-2}T-(2.09\pm0.012)\times10^{-6}T^2 \tag{A-9}$$

镓的热工物理特性[3]如附表 A. 8 所示。

附表 A.8 镓的热工物理特性

T/K	t/℃	ρ/(kg/m³)	c_p/[J/(kg·K)]	λ/[W/(m·K)]	a/×10⁻⁶(m²/s)	v/×10⁻⁸(m²/s)	Pr(10⁻²)	σ/×10⁻³(N/m)	ρ_e/×10⁻⁸(Ω·m)
303	30	6 084	397.9	28.9	11.93	22.84	1.91	712.6	25.81
313	40	6 077	397.4	29.5	12.22	22.66	1.85	712.1	26.02
323	50	6 071	396.8	30.2	12.52	22.48	1.80	711.7	26.23
333	60	6 064	396.3	30.8	12.81	22.30	1.74	711.2	26.43
343	70	6 058	395.7	31.4	13.09	22.12	1.69	710.7	26.64
353	80	6 052	395.2	32.0	13.38	21.95	1.64	710.3	26.85
363	90	6 045	394.7	32.6	13.67	21.77	1.59	709.8	27.05
373	100	6 039	394.2	33.2	13.95	21.59	1.55	709.3	27.26
383	110	6 032	393.7	33.8	14.24	21.42	1.50	708.9	27.46
393	120	6 026	393.2	34.4	14.52	21.25	1.46	708.4	27.67
403	130	6 020	392.7	35.0	14.80	21.07	1.42	707.9	27.87
413	140	6 013	392.2	35.6	15.08	20.90	1.39	707.5	28.07
423	150	6 007	391.7	36.2	15.36	20.73	1.35	707.0	28.28
433	160	6 001	391.2	36.7	15.64	20.55	1.31	706.5	28.48
443	170	5 995	390.7	37.3	15.92	20.38	1.28	706.1	28.68
453	180	5 988	390.3	37.8	16.19	20.21	1.25	705.6	28.88
463	190	5 982	389.8	38.4	16.47	20.04	1.22	705.1	29.09
473	200	5 976	389.4	39.0	16.74	19.87	1.19	704.7	29.29
483	210	5 969	388.9	39.5	17.01	19.70	1.16	704.2	29.49
493	220	5 963	388.5	40.0	17.28	19.53	1.13	703.7	29.69
503	230	5 957	388.1	40.6	17.55	19.37	1.10	703.3	29.89
513	240	5 951	387.6	41.1	17.81	19.20	1.08	702.8	30.09
523	250	5 944	387.2	41.6	18.08	19.03	1.05	702.3	30.29
533	260	5 938	386.8	42.1	18.34	18.87	1.03	701.9	30.48
543	270	5 932	386.4	42.6	18.60	18.70	1.01	701.4	30.68
553	280	5 926	386.0	43.1	18.86	18.54	0.98	700.9	30.88
563	290	5 920	385.6	43.6	19.12	18.38	0.96	700.5	31.08
573	300	5 913	385.2	44.1	19.38	18.21	0.94	700.0	31.27
583	310	5 907	384.8	44.6	19.63	18.05	0.92	699.5	31.47
593	320	5 901	384.5	45.1	19.88	17.89	0.90	699.1	31.67
603	330	5 895	384.1	45.6	20.13	17.73	0.88	698.6	31.86
613	340	5 889	383.7	46.1	20.38	17.57	0.86	698.1	32.06
623	350	5 883	383.4	46.5	20.63	17.41	0.84	697.7	32.25
633	360	5 876	383.0	47.0	20.88	17.25	0.83	697.2	32.45

续表

T/K	t/℃	ρ/(kg/m³)	c_p/[J/(kg·K)]	λ/[W/(m·K)]	a/×10⁻⁶ (m²/s)	v/×10⁻⁸ (m²/s)	Pr (10⁻²)	σ/×10⁻³ (N/m)	ρ_e/×10⁻⁸ (Ω·m)
643	370	5 870	382.7	47.5	21.12	17.09	0.81	696.7	32.64
653	380	5 864	382.3	47.9	21.36	16.93	0.79	696.3	32.83
663	390	5 858	382.0	48.3	21.60	16.78	0.78	695.8	33.03
673	400	5 852	381.7	48.8	21.84	16.62	0.76	695.3	33.22

A.3　镓与结构材料的相容性

镓几乎可与所有金属发生相互作用，但锌、钪和钛族金属除外。这二者属于双系物质，或具有共晶特性，或具有一定的互溶性（对 Cd、Hg、Ti、Bi 和 Pb 等液态金属而言），其不会产生不间断的固体溶液，其中，锌在镓中的溶解度最大，质量分数可达 0.85%。

碱性金属遇镓生成较高熔点的化合物，主要是 Me_5Ga_8 和 $MeGa_4$ 成分，完全不会生成固体溶液，碱性金属附近区域发现有分层现象，但是含锂和含钠（可能）的物系除外。

除锌族之外，过渡族金属、碱土金属、镧系元素和锕系元素遇镓生成大量金属互化物，其中一种物系就能产生 5 种或 6 种金属互化物甚至更多，没有分层区，但有大量上述金属基质的固体溶液，质量分数可达 20%～30%，均不溶于镓，部分金属互化物具有较高的熔点。

金属在液态镓中的溶解度[4]如附表 A.9 所示。

附表 A.9　温度 500 ℃时不同金属在熔融态镓中的溶解度

金属	溶解度/%	金属	溶解度/%
钾	6.90	锰	5.80
钙	1.70	铼	1.3×10^{-5}
钡	0.39	铁	0.12
钇	0.845	钴	0.35
镧	0.52	镍	1.20
钛	0.039	钯	18.0
锆	0.004	锇	4.4×10^{-4}
钒	0.01	铂	1.40
铌	1.0×10^{-5}	铜	28.0
钽	6.3×10^{-4}	银	37.0
铬	0.032	金	80.0
钼	0.019	锗	18.0
钨	8.0×10^{-7}	锑	0.032

当加热至 1 000 ℃时，铍对镓的抗作用能力最强，加热至 300 ℃时钨对镓的抗作用能力最强，加热至 450 ℃时钽对镓的抗作用能力最强，而加热至 400 ℃时钼和铌对镓的抗作用能力则为最强。

500 ℃温度条件下材料的腐蚀速度和最高使用温度[2,4-5]的相互关系如附表 A.10 所示。

附表 A.10 温度 500 ℃条件下材料的腐蚀速度和最高使用温度

金属	W	Re	Be	Ta	Nb	Mo	Os	V	Hf	Ti	Cr
腐蚀速度/[g/(m^2·h)]	10^{-4}	9×10^{-3}	3×10^{-2}	0.5	0.6	0.8	0.8	1.9	1.6	2.6	2.0
T_{max}/℃	800	700	600	600	600	600	550	500	500	400	400

从附表 A.10 可以看出，元素钨和铼在液态镓中的稳定性最强，即使在温度达到 800 ℃甚至更高时，也不与镓发生反应，具有较高的稳定性。当温度达到 600 ℃左右时，Be、Mo 和 Cr 就已开始和镓 Ga 发生积极的化学反应，它们的腐蚀速度直接取决于其微观结构和表面处理情况。电镀铬保护涂层在经受液态镓的较高应力之后，才开始裂开，最后发生断裂，因此弥散相铬保护涂层的稳定性最强。而 V、Ti 和 Hf 等金属只能用于 450 ℃及以下温度条件下的镓介质。

钢材（符合俄罗斯标准 ГОСТ 5272-50 要求）的腐蚀稳定性如附表 A.11 所示。

附表 A.11 钢材的腐蚀强度水平

稳定性等级	最稳定	稳定	平均稳定	稳定性较差	不稳定
腐蚀速度/(mm/a)	0.1	0.1～1	1～3	3～10	10
腐蚀强度水平	1	2	3	4	5

在温度 250 ℃、放置 2 000 h 且表面未喷涂保护涂层的静态条件下，1X18H9T 牌号不锈钢在镓及其合金中未发生断裂[4]。

在 250～400 ℃的动态温度条件下，研究了钢材在 Ga-In-Sn 低熔合金（铟占 25%，锡占 13%，杂质不超过 0.05%，镓占 61.95%）中的稳定性[2,4-5]，其中低熔合金的流速为 0.5 m/s，研究结果如附表 A.12 所示。

附表 A.12 温度 250 ℃时钢材在液态镓中的腐蚀速度

钢材类型	放置时间/h	腐蚀/(mm/a)	稳定性等级
40X	200	1.2	3
35XM	200	1.3	3
38H2H3M	200	1.1	2
60X4Г8H8B	500	0.8	3
34XH3M	500	1.1	3

续表

钢材类型	放置时间/h	腐蚀/（mm/a）	稳定性等级
Cr[a)]	500	0.001	1
1X17H2	500	0.1	2
2X13	500	0.17	2
X22	500	0.06	1
X25T	500	0.05	1
1X18H9T	500	0.06	1
X16H16	500	0.11	2
4X15H7Γ7Φ2MC	500	0.08	1
3X17H4Π5AΦ2	200	0.08	1
4X12H8Γ8MΦБ	500	0.05	1

注：a）喷涂有电镀铬涂层的样件。

在分析附表 A.12 中的数据时，可以得出钢材腐蚀速度取决于铬含量的结论。静态和动态条件下 1X18H9T 和 X22 牌号钢材在镓铟锡低熔合金（铟占 25%，锡占 13%，杂质不超过 0.05%，镓占 61.95%）中的腐蚀速度研究结果详见参考文献[2,4-5]，其实验结果如附表 A.13 所示。

附表 A.13　1X18H9T 和 X22 牌号钢材在镓中的腐蚀速度

钢材类型	放置时间/h	静态条件/（mm/a）		动态条件/（mm/a）	
		T=250 ℃	T=400 ℃	T=250 ℃	T=400 ℃
1X18H9T	30	0.004	1.2	0.005	1.5
	50	0.004	0.7	0.008	1.4
	70	0.006	0.7	0.008	1.0
	120	0.009	0.6	0.011	0.8
	200	0.013	0.6	0.018	0.8
X22	30	0.005	1.5	0.005	1.6
	50	0.008	1.4	0.009	1.6
	70	0.009	1.1	0.013	1.5
	120	0.014	1.0	0.018	1.3
	200	0.020	0.9	0.023	1.0

实验结果表明，静态条件下的腐蚀速度比动态条件下的腐蚀速度慢 1/2，可能存在以下两个原因：第一，通过样件和镓表面接触区域的渗滤有限；第二，溶解速率因饱和下降。

在分析上述实验数据时，需要指出的是，镓对钢材的强腐蚀性是镓用作动力回路冷却剂的一大缺陷，由此可以推断出，采用奥氏体不锈钢作为结构材料的镓回路最高温度不应超过 350 ℃，采用钒与钒基合金作为结构材料的镓回路最高温度应达到 450 ℃。如果温度达到更高水平，为保证钢材在回路内液态镓中的稳定性，就需要在结构材料表面喷涂、补充喷涂保护涂层。

附录 B　铅

铅是浅蓝带白色的塑性重金属，较软，原子序数为 82，原子质量为 207.19，在门捷列夫化学元素周期表中位列第 4 组，在地壳内的含量为 0.004%。除另行约定的之外，本部分的数据取自参考文献[6]。铅在地球上的储量为 0.016%。

B.1　铅的化学特性

在 25 ℃温度条件下，$Pb-2e=Pb^{2+}$ 化学反应的正常电极电势 $\varphi=-0.126$ V。铅的电化序在氢之前，但几乎不溶于稀释酸。铅在化合物中的氧化值为+2，极少情况下能达到+4，但这些化合物很不稳定。

个别情况下，铅的表面会形成一层难溶物，如与稀释硫酸（硫酸铅）、盐酸和氢氟酸（氟化铅）作用时。铅易溶于硝酸，在空气中会与所有酸性物质慢慢发生反应，能慢慢溶于碱中，但若遇稀释碱或处于加热的状态下，则会加速溶解。

在室温条件下，铅遇空气中氧气会发生氧化，并在表面形成一层蓝灰色氧化膜。

铅盐遇盐酸形成氯化铅（$PbCl_2$）的白色沉淀物，遇硫化氢形成硫化铅的黑色沉淀物。

铅在接触空气中氧气的蒸馏水中会转变为化合物 $Pb(OH)_2$，若有 CO_2 的参与，则转变为化合物 $Pb(HCO_3)_2$。由于表面被动形成了一层含硫化物和其他化合物的保护膜，铅在接触空气的工业用水中不会发生形态改变。

当温度接近 130 ℃时，铅才会在干燥的氧气中开始氧化。在氧气的参与下，铅会溶解于有机酸，尤其是醋酸。

铅与氧气作用，生成一系列化合物，主要是一氧化铅（PbO）、四氧化三铅（Pb_3O_4）和二氧化铅（PbO_2）。

当温度达到 475～575 ℃时，在空气中加热铅，可得到氧化铅，又由于获取方式的不同，氧化铅可以呈现从黄色到红色的不同颜色。

混合氧化物 Pb_3O_4 是红色粉末，是 PbO 和 PbO_2 的作用产物，或是在 475～575 ℃温度下在空气中加热弥散相氧化物的产物。

PbO_2 是棕褐色粉末，是强氧化剂和氧化铅的作用产物。

B.2　铅的物理特性

铅有 4 种稳定同位素，质量数分别为 204、206、207 和 208，占比分别为 1.48%、23.6%、22.6%和 52.3%，还有 11 种放射性同位素，热中子的有效俘获横截面为 0.17×

10^{-28} m^2。

正常条件下铅的密度为 11.340×10^3 kg/m^3，熔化时铅的密度下降 3.44%，铅的密度和温度的相互关系如附表 B.1[3]所示，计算公式如式（B-1）所述。

附表 B.1　铅的密度和温度的相互关系

T/K	600	623	723	823	923	1 023	1 123
$\rho/\times10^3$ (kg/m^3)	10.686	10.658	10.536	10.418	10.302	10.168	10.078

$$\rho\times10^{-3}=(11.42\pm0.01)-(12.42\pm0.012)\times10^{-4}T \tag{B-1}$$

铅的热工物理特性如附表 B.2 所示。

附表 B.2　铅的热工物理特性

T/K	t/℃	ρ/ (kg/m^3)	c_p/ [J/(kg·K)]	λ/ [W/(m·K)]	$a/\times10^{-6}$ (m^2/s)	$v/\times10^{-8}$ (m^2/s)	Pr (10^{-2})	$\sigma/\times10^{-3}$ (N/m)	$\rho_e/\times10^{-8}$ (Ω·m)
603	330	10 670	147.30	15.83	10.07	23.90	237	445.81	93.77
623	350	10 650	147.30	16.04	10.23	23.03	2.25	444.53	94.70
633	360	10 630	147.30	16.15	10.31	22.60	2.19	443.89	95.16
643	370	10 620	147.30	16.26	10.39	22.18	2.13	443.25	95.63
653	380	10 610	147.30	16.37	10.47	21.78	2.08	442.61	96.09
663	390	10 600	147.30	16.48	10.56	21.38	2.03	441.97	96.56
673	400	10 580	147.30	16.58	10.64	20.99	1.97	441.33	97.02
683	410	10 570	147.30	16.69	10.72	20.61	1.92	440.69	97.49
693	420	10 560	147.30	16.80	10.80	20.24	1.87	440.05	97.95
703	430	10 550	147.30	16.91	10.88	19.88	1.83	439.41	98.42
713	440	10 530	147.30	17.02	10.97	19.53	1.78	438.77	98.88
723	450	10 520	147.30	17.12	11.05	19.19	1.74	438.13	99.35
733	460	10 510	147.30	17.23	11.13	18.86	1.69	437.49	99.81
743	470	10 500	147.30	17.34	11.21	18.54	1.65	436.85	100.28
753	480	10 480	147.30	17.45	11.30	18.22	1.61	436.21	100.74
763	490	10 470	147.30	17.56	11.38	17.92	1.57	435.57	101.21
773	500	10 460	147.30	17.66	11.46	17.63	1.54	434.93	101.67
783	510	10 450	147.30	17.77	11.55	17.34	1.50	434.29	102.14
793	520	10 440	147.30	17.88	11.63	17.06	1.47	433.65	102.60
803	530	10 420	147.30	17.99	11.72	16.80	1.43	433.01	103.07
813	540	10 410	147.30	18.10	11.80	16.54	1.40	432.37	103.53
823	550	10 400	147.30	18.20	11.89	16.29	1.37	431.73	104.00
833	560	10 390	147.30	18.31	11.97	16.05	1.34	431.09	104.46

续表

T/K	t/℃	ρ/(kg/m³)	c_p/[J/(kg·K)]	λ/[W/(m·K)]	a/×10^{-6} (m²/s)	v/×10^{-8} (m²/s)	Pr (10^{-2})	σ/×10^{-3} (N/m)	ρ_e/×10^{-8} (Ω·m)
843	570	10 370	147.30	18.42	12.06	15.82	1.31	430.45	104.93
853	580	10 360	147.30	18.53	12.14	15.60	1.29	429.81	105.39
863	590	10 350	147.30	18.64	12.23	15.39	1.26	429.17	105.86
873	600	10 340	147.30	18.74	12.31	15.19	1.23	428.53	106.32
883	610	10 320	147.30	18.85	12.40	15.00	1.21	427.89	106.79
893	620	10 310	147.30	18.96	12.48	14.82	1.19	427.25	107.25
903	630	10 300	147.30	19.07	12.57	14.64	1.17	426.61	107.72
913	640	10 290	147.30	19.18	12.66	14.48	1.14	425.97	108.18
923	650	10 270	147.30	19.28	12.74	14.33	1.12	425.33	108.65
933	660	10 260	147.30	19.39	12.83	14.18	1.11	424.69	109.11
943	670	10 250	147.30	19.50	12.92	14.04	1.09	424.05	109.58
953	680	10 240	147.30	19.61	13.00	13.92	1.07	423.41	110.04
963	690	10 220	147.30	19.72	13.09	13.80	1.05	422.77	110.51
973	700	10 210	147.30	19.82	13.18	13.69	1.04	422.13	110.97
983	710	10 200	147.30	19.93	13.27	13.59	1.02	421.49	111.44
993	720	10 190	147.30	20.04	13.36	13.51	1.01	420.85	111.90
1 003	730	10 170	147.30	20.15	13.44	13.43	1.00	420.21	112.37
1 013	740	10 160	147.30	20.26	13.53	13.35	0.99	419.57	112.83
1 023	750	10 150	147.30	20.36	13.62	13.29	0.98	418.93	113.30
1 033	760	10 140	147.30	20.47	13.71	13.24	0.97	418.29	113.76
1 043	770	10 120	147.30	20.58	13.80	13.20	0.96	417.65	114.23
1 053	780	10 110	147.30	20.69	13.89	13.17	0.95	417.01	114.69
1 063	790	10 100	147.30	20.80	13.98	13.14	0.94	416.37	115.16
1 073	800	10 090	147.30	20.90	14.07	13.13	0.93	415.73	115.62
1 083	810	10 070	147.30	21.01	14.16	13.12	0.93	415.09	116.09
1 093	820	10 060	147.30	21.12	14.25	13.13	0.92	414.45	116.55
1 103	830	10 050	147.30	21.23	14.34	13.14	0.92	413.81	117.02
1 113	840	10 040	147.30	21.34	14.43	13.16	0.91	413.17	117.48
1 123	850	10 030	147.30	21.44	14.52	13.20	0.91	412.53	117.95
1 133	860	10 010	147.30	21.55	14.61	13.24	0.91	411.89	118.41
1143	870	10 000	147.30	21.66	14.70	13.29	0.90	411.25	118.88
1153	880	9 990	147.30	21.77	14.80	13.35	0.90	410.61	119.34
1 163	890	9 980	147.30	21.88	14.89	13.42	0.90	409.97	119.81

铅熔化热变化（ΔH_m，kJ/kg）和温度的计算公式为：

$$\Delta H_m = (941 + 1.03T - 1.01 \times 10^{-3} T^2) \times 20.2 \tag{B-2}$$

铅升华热变化（ΔH_{subl}，kJ/kg）和温度的计算公式为：

$$\Delta H_{subl} = (47.14 - 0.00183T) \times 20.2 \tag{B-3}$$

铅的饱和蒸汽气压 P 与温度的关系如附表 B.3 所示。

附表 B.3 铅的饱和蒸汽气压与温度的关系

T/K	400	600	800	1 000	1 200	1 400
P/Pa	1.44×10^{-17}	4.3×10^{-9}	5.38×10^{-5}	1.45×10^{-2}	5.88×10^{-1}	8.1

俄罗斯联邦物理动力研究院国家科学中心的专家团队开展了 BREST 型反应堆机组实验，并在铅表面存在部分氧化铅的当前实验条件下，得出了惰性气体或真空环境中铅表面气态蒸发成分的分压计算关系式（溶解物饱和浓度对数），它与温度的关系如附表 B.4 所示。

附表 B.4 惰性气体或真空环境中铅表面气态蒸发成分的分压与温度的关系

t/℃	lg（p，am=105 Pa）								
	O	O_2	Pb	PbO_2	PbO	$(PbO)_2$	$(PbO)_3$	$(PbO)_4$	Σ
330	−30.251	−29.683	−11.212	−28.708	−16.008	−16.53	−16.275	−17.291	−11.217
350	−28.936	−28.452	−10.693	−27.476	−15.231	−15.716	−15.508	−16.402	−10.696
375	−27.407	−27.019	−10.090	−26.043	−14.326	−14.769	−14.616	−15.368	−10.089
400	−25.991	−25.693	−9.531	−24.717	−13.489	−13.893	−13.790	−14.411	−9.527
425	−24.676	−24.462	−9.012	−23.486	−12.712	−13.079	−13.023	−13.522	−9.006
450	−23.453	−23.316	−8.530	−22.340	−11.988	−12.321	−12.309	−12.695	−8.521
475	−22.311	−22.246	−8.079	−21.271	−11.313	−11.614	−11.643	−11.923	−8.068
500	−21.243	−21.246	−7.658	−20.270	−10.681	−10.953	−11.020	−11.201	−7.645
525	−20.242	−20.309	−7.263	−19.333	−10.090	−10.334	−10.436	−10.525	−7.248
550	−19.302	−19.428	−6.892	−18.452	−9.534	−9.751	−9.888	−9.889	−6.875
575	−18.417	−18.599	−6.543	−17.623	−9.010	−9.204	−9.372	−9.291	−6.524
600	−17.586	−17.818	−6.214	−16.842	−8.517	−8.687	−8.885	−8.727	−6.193

马尔德诺夫 П. Н. 及其同事建议通过式（B-4）计算铅熔化物中溶解氧的饱和浓度：

$$\lg C^s_{(0)} = -\frac{5\ 308}{T} + 4.503 \tag{B-4}$$

他们假设铅熔融物中含有 PbO、$(PbO)_2$、$(PbO)_3$、$(PbO)_4$ 和 Pb_2O 等溶解物，还含有处于热力学平衡状态的游离氧（O）。熔融铅不同成分的浓度与平衡常数相关，取决于温度与氧气总含量水平。在熔化铅的平衡状态下，固态氧化铅中的绝大部分氧都已合成化合物 PbO

和（PbO）$_4$，且随着温度的升高，PbO 的含量逐渐减少，而（PbO）$_4$的含量逐渐增加。

但是应该指出的是，马尔德诺夫 П. Н. 及其同事完全忽略了现实条件下铅冷却剂中含有铁、其他钢材成分及其化合物等杂质，降低了该假设的实际参考性。在现实条件下，如果铅合金中含有铁和其他杂质，由于杂质的相互作用，式（B-4）就会呈现很大差异。

铅的 c_p 与温度的相互关系如附表 B. 5 所示。

附表 B. 5　铅的 c_p 与温度的相互关系

温度范围/K	289～T_m	T_m～1 000
c_p/［kJ/（kg·K）］	127. 6	129. 5

在运行温度的范围内，机组的 c_p 约为 147. 3 kJ/（kg·K）[3]。

液态铅热导率与温度的相互关系如附表 B. 6 所示。

附表 B. 6　液态铅的热导率与温度的关系

T/K	223	273	293	373	473	573	700～1 000
λ/［W/（m·K）］	36. 2	35. 5	35. 0	34. 2	32. 8	31. 5	15. 5

热导率（λ，W/m·K）的计算式[3]为：

$$\lambda = 15.8 + 108 \times 10^{-4}(T600.4) \quad \text{(B-5)}$$

液态铅表面张力（σ，N/m）的计算式[3]为：

$$\sigma = 446 - 0.064(T - 600) \quad \text{(B-6)}$$

当铅遇底板和气体介质时，其表面张力详见参考文献[7]。

其动力黏度与温度的关系如附表 B. 7 所示。

附表 B. 7　液态铅的黏度与温度的关系

T/K	600	673	773	823	873	973	1 073	1 173
η/（Pa·s）	2. 56	2. 17	1. 81	1. 68	1. 56	1. 38	1. 28	1. 23

当 T 为 303～773 K 时，铅的运动黏度（m^2/s）计算式[3]为：

$$v \times 10^8 = 15.87 \times 10^3/T - 2.65 \quad \text{(B-7)}$$

铅的运动黏度与温度的关系如附表 B. 8 所示。

附表 B. 8　铅的运动黏度与温度的关系

T/K	533	553	583	648	723	823	883
$v/\times 10^8$（m^2/s）	0. 245	0. 232	0. 220	0. 205	0. 19	0. 17	0. 155

电导率（σ）、电阻率（ρ_e）与温度的相互关系如附表 B. 9 所示。

附表 B.9　铅的电导率、电阻率与温度的关系

T/K	113	273	773	1 273	1 773
$\sigma/\times10^3$ (cm/m^3)	13.5	5.27	0.975	0.80	0.625
$\rho_e/\times10^3$ (Ω·m)	0.074 3	0.190	1.028	1.25	1.48

当温度达到 373 K 时，铅的电阻温度系数 $\alpha=4.2\times10^{-3}$/K。

当 $T=$ (600～1 200) K 时，铅电阻率（Ω·m）的计算式[3]为：

$$\rho_e\times10^8=(65.73\pm0.15)+(4.65\pm0.05)\times10^{-2}T \tag{B-8}$$

铅的力学特性与温度的相互关系如附表 B.10 所示。

附表 B.10　铅的力学特性与温度的关系

t/℃	力学强度 σ_B	相对伸长率 δ/%	硬度 HB/MPa
−196	49	36	—
−183	43.2	40	—
80	7.8	24	30
150	4.9	33	14.4
195	3.9	20	12.0
265		20	7.0

在室温条件下，纯度达 99.998%的铅的力学特性如附表 B.11 所示。

附表 B.11　纯度达 99.998%的铅的力学特性

瞬时抗张强度 σ_{ins}/MPa	13.7
疲劳极限 σ_{ins}/MPa（10^7个周期）	4.1
正弹性模量 E/GPa	15.7
相对伸长率 δ/%	24
相对收缩率 φ/%	100
布氏硬度/%	38～42
显微硬度/MPa	31.4
压缩率/（1/Pa）	2.23×10^{-11}

铅是塑性很高的金属，当压力达到约 200 MPa 时，铅块可以被压成指定形状的整体产品。

B.3　铅与结构材料的相容性

在研究接触铅冷却剂的结构材料时，结构材料的选型取决于以下几个因素[8-9]：

1）对液态金属的耐腐蚀性；

2）力学腐蚀强度；

3）加工工艺。

一般而言，如果钢材中添加了能提高材料耐热性的成分，就能提高其在铅中的耐腐蚀性。不论钢材基质是为何，如果其中添加了硅和铝，由于硅能促进个别成分的局部再分布以及脆化相位的下降，从而提高材料的抗热脆化和辐照脆化能力，因此其耐腐蚀性能达到最优。最佳的硅含量构成取决于自钝化能力与抗热脆化、抗辐照脆化能力的平衡，当硅的含量达到约 2.5%时，铬镍奥氏体不锈钢能达到平衡点，如果碳含量下降，能减少 $Me_{23}C_6$ 相的析出以及脆化钢的形成。向低合金珠光体不锈钢和马素体不锈钢（含 9.0%的铬）中加入 1.5%～1.6%的硅，主要是防止内部结构出现大量铁素体相。

在 20 世纪 70 年代之前，俄罗斯对结构材料在铅、铅铋低熔合金中的强度研究是在缺乏液态重金属冷却剂杂质含量监测设备基础上开展的，尤其缺乏氧气含量监测仪表。在相同温度和相同液态重金属冷却剂流速的条件下，钢材在铅或铅铋低熔合金中的强度实验结果相差很大。在 20 世纪 60 年代末，什莫特科 Б. А. 提出采用浓缩电池设备监测铅铋低熔合金中具有热力学活度的氧气杂质含量，浓缩电池设备的原理是利用加入氧化钇的二氧化锆固体电解质。

浓缩电池设备的读数表明，氧气在保证钢材腐蚀稳定性方面扮演着关键角色。对氧化膜保护层增速和厚度的研究表明，自液态铅中氧气杂质含量达到某特定值开始，钢材便已过渡至钝态，氧化膜保护层的增速取决于冷却剂中的氧气含量、温度、钢材表面的冷却剂环流工况和钢材成分。如果钢材中加入了某些合金元素，也会使其过渡至钝态，液态金属的断裂试验表明，在钢材过渡至钝态时，可以弱化钢材的吸附脆化效应。

经验表明，在不监测、不调控液态重金属冷却剂中具有热力学活度的氧气杂质含量条件下，不能进行铅、铅铋冷却剂中的材料腐蚀试验。

实验表明，当未形成氧化膜保护层时，俄罗斯国内传统的 X18H10T 型奥氏体不锈钢在铅冷却剂中的运行温度不超过 400 ℃，渗铬铁素体不锈钢（铬含量达 12%）在铅冷却剂中的运行温度不超过 450 ℃；当氧化膜保护层已经形成或补充形成时，就耐高温和耐腐蚀性能而言，渗铬和硅的钢材（铬、硅含量达 12%）能达到 620～650 ℃的最高运行温度[10]。

在 420～550 ℃温度条件下，当铅熔融物中氧气杂质含量达到 10^{-7}～10^{-5} 时，10X15H9C3Б 和 10X9HCMФБ 牌号钢材在熔化铅中的腐蚀力学试验表明[11]：

1）相较于空气试验，铅冷却剂试验结束后，在 550 ℃温度条件下钢材的持久强度略有下降，下降幅度达 15%，其中试验基准时间为 15 h；

2）当应力相当于反应堆承压部件的允许值时，钢材在铅和空气中的蠕变阻力相似，其中试验基准时间为 4 000 h；

3）在 390～420 ℃温度的短暂断裂试验期间，只有通过不间断淬火制得的 996 型较高硬度渗铬钢材在接触液态铅之后，其塑性会下降。而在当前材料状态和当前温度条件下，不会发生塑性下降效应；

4）在短周期疲劳强度试验期间，钢材在液态铅中的疲劳强度不低于钢材在空气中的疲劳强度；

5）发生初始疲劳裂缝材料的断裂韧性并未减小。

分别在 550、620、650 ℃温度条件下，当氧气的热力学活度值 $a=1$，临时试验基准时间为 20、50、100、300、500 及 1 000 h，铅熔融物中的氧气含量达到最大值时，渗铬和硅钢材（铬、硅含量达 12%）的氧化动态研究表明[12]：

1）材料的氧化特点主要取决于试验温度和试验时间，很少取决于钢材类型；

2）当温度达到 650 ℃时，在试验 200～300 h 之后，材料的氧化动态已经从抛物线关系式过渡至线性关系式；

3）在较低温度的条件下，钢材的氧化动态一般为氧化深度和试验时间的抛物线或对数关系式。

目前，专家普遍认为，当温度超过 400～450 ℃时，钢材和铸铁在铅冷却剂中的工作性能取决于其表面已经形成或补充形成的 Me_3O_4 氧化膜保护层特性，其中 Me 是钢材和铸铁的成分。实验表明，结构材料表面的氧化膜保护层不仅能保证氧化膜的工作性能，当流经以上表面的铅冷却剂流中具有热力学活度的氧气含量超过约 10^{-6}～10^{-5}时，通过浓缩电池不断监测冷却剂流中氧气的热力学活度，还能保证该氧化膜保护层的自我恢复。由下诺夫哥罗德国立技术大学开展的液态重金属冷却剂流快速冷凝实验表明，一般情况下，氧化膜保护层的状态不仅取决于钢材的牌号，还取决于贴壁层的特性。在液态重金属冷却剂反应堆系统长期运行期间，贴壁层呈分散物系，一侧与液态重金属冷却剂流接触，另一侧与结构材料表面形成的氧化膜保护层相接触。

综上所述，现实条件下，结构材料的干净表面无法接触到干净液态重金属冷却剂的表面，结构材料在液态重金属冷却剂流中的工作性能取决于贴壁层的特性。在不明确具体实验条件的情况下，所得到的材料在液态重金属冷却剂流中的传统强度数据是不准确的，尤其是在不明确冷却剂流雷诺数等具体特性的条件下，所得到的材料在扰动和非扰动液态重金属冷却剂流中的稳定性数据就更不准确了。

附录 C 铅铋低熔合金

铅铋低熔合金是俄罗斯国内唯一掌握的反应堆装置液态重金属冷却剂。自 20 世纪 60～90 年代，俄罗斯在试验台架、工业台架、试验移动式反应堆装置以及批量建造移动式反应堆装置上开展了大量研究和实践工作[13-16]。

就低熔合金的定义而言，它是最易熔的合金，能形成该合金中所含元素的相应金属，熔化度图上该元素的对应点叫作低共熔点。在铅铋低熔合金中，铅占 44.5%的质量，铋占 55.5%的质量。

铋是略带浅粉色的白色易碎晶体金属，相较于其他所有金属，磁性最小，热导率倒数第二（汞的热导率最低），电阻较大，霍尔效应最强烈，放于磁场时电阻明显变大[17]。

铋的原子序号为 83，原子质量为 208.98，自然界中铋只有一种稳定同位素，即 ^{209}Bi。

在正常条件下，铋的密度为 9.84 g/cm^3，熔点为 271.3 ℃，在地壳内的含量为 3.4×10^{-6}%。化合物形态的铋具有变价性，唯有三价化合物形态的铋稳定性最强。氧化铋 Bi_2O_3 和氢氧化铋 $Bi(OH)_3$ 具有碱性。铋的金属派生物遇空气中氧气不会发生氧化，在正常条件下，遇水比较稳定。

在铅铋低熔合金中，铋和铅不会形成化合物。在液态条件下，二者具有完全的互溶性。合金中除含有55.5%质量的铋之外，还含有硬度较高的固体溶液。相较于其他金属，铅中含有的铋杂质最少，能提高铅的硬度。

铅铋低熔合金和铅的特性类似，熔点很低（见附表C.1），相较于铅，更容易获得专家的青睐，用以做冷却剂。但受核反应作用，铋会产生放射性核素^{210}Po，这可谓是其重要缺陷。

针对目前尚缺乏的某些铅铋低熔合金特性，可以根据铅的特性进行推算。

密度（kg/m^3）的原子百分比加成定律计算式（按原子百分率）[3]为：

$$\rho \times 10^{-3} = (11.05 \pm 0.01) - (12.49 \pm 0.012) \times 10^{-4} T \tag{C-1}$$

机组运行期间的c_p为146 kJ/（kg·K）[3]。

根据实验数据近似原则，铅铋低熔合金的运动黏度（m^2/s）计算式[3]为：

$$v \times 10^8 = 68.9 - 0.126T + 6.95 \times 10^{-5}/T^2 \tag{C-2}$$

附表C.1 冷却剂的熔点和沸点[18]

冷却剂类型	Pb	Bi	Pb-Bi
熔点T_m/K	600.5±0.2	544.2±0.3	396.6
沸点T_b/K	2 023±10	1 700±30	1 943
熔化热r_m/（kJ/kg）	24.3±0.4	50±2	—
汽化热r_e/（kJ/kg）	860±30	856±2	—

附表C.2 铅铋合金（Bi质量分数为55.5%，Pb质量分数为44.5%）的热物理特性[3]

T/K	t/℃	ρ/（kg/m³）	c_p/［J/（kg·K）］	λ/［W/（m·K）］	a/×10⁻⁶（m²/s）	v/×10⁻⁸（m²/s）	Pr（10⁻²）	σ/×10⁻³（N/m）	ρ_e/×10⁻⁸（Ω·m）
403	130	10 550	146	11.0	7.17	29.41	4.10	415.65	104.41
413	140	10 530	146	11.1	7.24	28.72	3.97	414.95	104.93
423	150	10 520	146	11.2	7.31	28.04	3.83	414.24	105.45
433	160	10 510	146	11.3	7.39	27.37	3.71	413.54	105.98
443	170	10 500	146	11.4	7.46	26.72	3.58	412.84	106.50
453	180	10 480	146	11.5	7.53	26.08	3.46	412.13	107.02
463	190	10 470	146	11.6	7.61	25.46	3.35	411.43	107.54
473	200	10 460	146	11.7	7.68	24.85	3.24	410.73	108.07
483	210	10 450	146	11.8	7.76	24.26	3.13	410.02	108.59
493	220	10 430	146	11.9	7.83	23.67	3.02	409.32	109.11
503	230	10 420	146	12.0	7.90	23.11	2.92	408.62	109.64
513	240	10 410	146	12.1	7.98	22.55	2.83	407.92	110.16
523	250	10 400	146	12.2	8.05	22.01	2.73	407.21	110.68

续表

T/K	t/℃	ρ/ (kg/m³)	c_p/ [J/(kg·K)]	λ/ [W/(m·K)]	a/×10⁻⁶ (m²/s)	v/×10⁻⁸ (m²/s)	Pr (10⁻²)	σ/×10⁻³ (N/m)	ρ_e/×10⁻⁸ (Ω·m)
533	260	10 380	146	12.3	8.13	21.49	2.64	406.51	111.21
543	270	10 370	146	12.4	8.21	20.97	2.56	405.81	111.73
553	280	10 360	146	12.5	8.28	20.48	2.47	405.10	112.25
563	290	10 350	146	12.6	8.36	19.99	2.39	404.40	112.77
573	300	10 330	146	12.7	8.43	19.52	2.32	403.70	113.30
583	310	10 320	146	12.8	8.51	19.06	2.24	402.99	113.82
593	320	10 310	146	12.9	8.58	18.62	2.17	402.29	114.34
603	330	10 300	146	13.0	8.66	18.19	2.10	401.59	114.87
613	340	10 280	146	13.1	8.74	17.78	2.03	400.89	115.39
623	350	10 270	146	13.2	8.81	17.38	1.97	400.18	115.91
633	360	10 260	146	13.3	8.89	16.99	1.91	399.48	116.44
643	370	10 250	146	13.4	8.97	16.62	1.85	398.78	116.96
653	380	10 230	146	13.5	9.05	16.26	1.80	398.07	117.48
663	390	10 220	146	13.6	9.12	15.91	1.74	397.37	118.00
673	400	10 210	146	13.7	9.20	15.58	1.69	396.67	118.53
683	410	10 200	146	13.8	9.28	15.26	1.64	395.96	119.05
693	420	10 180	146	13.9	9.36	14.96	1.60	395.26	119.57
703	430	10 170	146	14.0	9.44	14.67	1.55	394.56	120.10

在动力回路运行温度的条件下，铅铋低熔合金的表面张力（N/m）计算式[3,19]分别为：

$$\sigma = 416 - 0.703(T - 398) \tag{C-3}$$

$$\sigma = 460 - 0.169(T - 50) \times 10^3 \tag{C-4}$$

当接触底板和气体介质时，铅铋低熔合金的表面张力见相关文献[7]。铅铋低熔合金电阻率（Ω·m）的计算式[3]为：

$$\rho_e \times 10^8 = (83.35 \pm 0.5) + (5.23 \pm 0.09) \times 10^{-2} T \tag{C-5}$$

受裂变堆堆芯、聚变堆惯性约束区以及加速器驱动嬗变研究装置液态金属靶的核物理反应作用，铋会产生具有 α 放射性的钋。铅铋冷却剂中^{210}Po的比活度能达到（4～40）×10^{10} Bq/kg。电核装置的液态金属靶除产生^{210}Po外，受质子束作用，还可能产生大量钋同位素，如^{209}Po和^{208}Po等[20]。在正常运行条件下，密封回路中产生的钋不具有危险性，但是当铅铋低熔合金回路失密封或换料、计划内检修和计划外检修期间气体系统发生泄漏，蒸汽发生器发生回路间泄漏，尤其是维保工艺间内发生放射性冷却剂的事故泄漏时，非常危险。

其中，危险源主要体现在工艺间空气中存在钋的 α 放射性气溶胶，以及因放射性气溶胶沉积或 α 放射性接触转移所产生的表面沾污。当 Pb-Li、Pb-Bi 等铅基含钋介质在真空和惰性气体环境中加热时，会产生大量钋的放射性气溶胶。实验表明[20]，由于 Pb-Li、Pb-Bi 等铅基低熔合金中的钋会产生钋化铅和钋化铋的不易挥发物，还会产生稳定性较差的氢化钋气态化合物，因此在运行温度条件下，其所产生的钋仅为钋元素理论值的千分之一左右。

铅铋低熔合金和结构材料的兼容性与铅和结构材料的兼容性相似（见附录 B），二者对结构材料表面的浸润度也相当。

附录 D　铅锂低熔合金

1980 年，有研究人员首次建议将铅锂低熔合金 $Li_{17\%}Pb_{83\%}$ 用作热核反应堆的氚增殖材料，铅锂低熔合金中铅的原子百分率达 83%，锂的原子百分率达 17%，由于铅的原子具有中子增殖能力，因此铅锂低熔合金兼具了易熔材料和增殖能力较强的氚增殖材料的优点[21]。由于铅锂低熔合金 $Li_{17\%}Pb_{83\%}$ 的锂含量较低，仅为总量的 0.68%，因此氚的增殖系数小于 1，若要提高该增殖系数，就需要加入核素$^{6}_{3}L$[21-22]，但是如此一来，合金的成本就上涨。根据文献[23]中的数据，在惯性约束区结构、级别和体积比等参数可作比较的结构材料中，使用天然液态锂作为冷却剂的氚增殖系数为 1.25，而使用液态铅锂低熔合金 $Li_{17\%}Pb_{83\%}$ 作为冷却剂的氚增殖系数则能达到 1.48，其合金中加入了 90%的核素$^{6}_{3}L$。附图 D.1 是铅锂低熔合金物系的相位状态如附图 D.1 所示[24]。

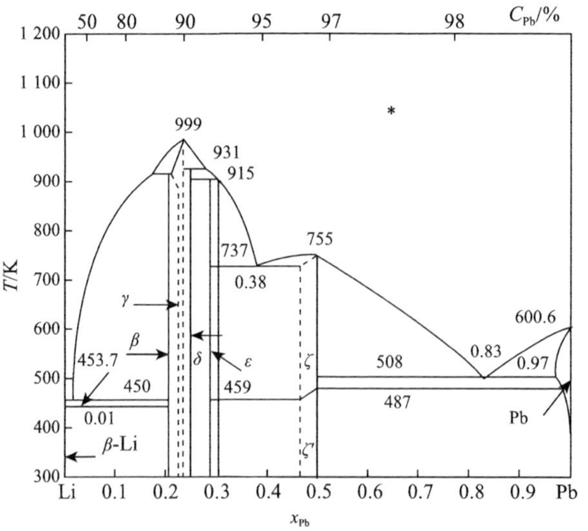

附图 D.1　铅锂低熔合金物系的相位状态图[24]

为保证热核反应堆的运行，惯性约束区必须能不间断地生成氚，并将氚增殖介质中的氚含量维持在最低水平。在液态金属中氚浓度相同的条件下，如果将锂替换成铅锂低熔合金 $Li_{17\%}Pb_{83\%}$，那么其气态分压会迅速升高[25]，由此可见，可以通过真空脱气的方法，促使铅锂低熔合金 $Li_{17\%}Pb_{83\%}$ 生成氚，而促使锂生成氚的方法要复杂得多[26-27]。

由于铅锂低熔合金 $Li_{17\%}Pb_{83\%}$ 的锂含量较低，约为总量的 0.6%，因此其化学特性更接近铅冷却剂的化学特性，与锂冷却剂的化学特性则相差甚远。

别兹诺索夫 A. B. 教授曾在 450～500 ℃温度条件下开展过铅锂冷却剂循环试验台架的实验研究，研究结果表明，如果铅锂低熔合金冷却剂流喷射氢气的时间超过 2 h，那么会造成氧化铅的还原，因此氧化铅的清除过程可通过壁面的冷却剂散热率［$Nu=f(Pe)$］、接触热阻值与铅锂低熔合金中氧气热力学活度测量仪表的读数进行监测。在完成上述试验之后，检查铅锂低熔合金的熔融物成分，结果发现氢熔融物中的锂尚未消耗完，还余部分残留其中。

在 400～450 ℃的温度条件下，进行了水蒸气通过铅锂低熔合金层的旁排实验研究，结果表明，在实验开始后的约 1 h 内，铅锂低熔合金中的锂才会完全被水蒸气消耗掉。

下诺夫哥罗德国立技术大学的研究人员对铅锂低熔合金中钢材涂层的电物理值（$\rho\sigma$）进行了测量，并开展了横向磁场对铅锂低熔合金冷却剂流的磁流体动力阻力特性研究，此外还开展了其他材料学研究，上述研究结果表明，接触铅锂低熔合金的钢材表面能形成一层电气绝缘涂层[28-29]。

铅锂低熔合金的主要物理特性如附表 D. 1 所示[21-23,30-32]。

附表 D. 1　铅锂低熔合金的主要物理特性

参数	T/K	数值
固态		
分子量		173. 16
密度 ρ/（g/cm^3）	508	9. 6
线性温度膨胀系数 α_t/（1/K）	298～450	41×10^{-6}
比定压热容 c_p/（J/g・K）	298～508	$0.1458-2.087\times10^{-4}T6.029\times10^{-7}T^2$
热导率 λ/［W/（cm・K）］	300～508	$0.177+2.94\times10^{-6}T$
传热系数 α/（cm^2/s）	300～508	$0.19-3.5\times10^{-6}T$
电阻率 ρ_e/（μΩ・m）	300～508	$0.74+10.54\times10^{-6}T$
液态		
熔点/K		508
熔化潜热 ΔH_m/（J/g）		33. 9
密度 ρ/（g/cm^3）	508～873	$9.495-0.695\times10^{-3}$（$T-508$）
体积膨胀系数/%		3. 5
比定压热容 c_p/［J/（g・K）］	508～755	$-0.040+8.5\times10^{-4}T$
黏度 η/（Pa・s）	508～623	0. 178exp（11 160/RT）
热导率 λ/［W/（cm・K）］	508～625	$1.95\times10^{-2}+19.6\times10^{-5}T$
表面张力 σ/（N/cm）	573 873	4.56×10^{-3} 4.15×10^{-3}
电阻率 ρ_e/（μΩ・m）	508～933	$102.3+0.0426T$

目前，在钢材和铅锂低熔合金 $Li_{17\%}Pb_{83\%}$ 相互作用方面的研究较少，只是在 700 ℃温度条件下，对 316 和 HT-9 牌号钢材的细管开展了 6 000 h 的实验研究，从研究结果可以看出铅锂低熔合金对结构材料的影响特点[33-34]。

受铅锂低熔合金 $Li_{17\%}Pb_{83\%}$ 的作用，在 600 ℃温度条件下试验 750 h 以及在 500 ℃温度条件下试验 1 000 h 后，316 牌号铬镍奥氏体钢的表面都产生了一层铁素体结构的腐蚀物，但是在 400 ℃温度条件下却未出现明显腐蚀，即使试验时长超过6 000 h，也仍未有显著的腐蚀。与液态锂的腐蚀机理类似，铅锂低熔合金的腐蚀机理体现在消耗钢材表面的镍和铬，腐蚀物中镍的含量从 12%下降至 1.4%，铬的含量从 17%下降至 16%，而铬含量下降相对较少的原因可能是因为铬发生了氧化，从而避免其在铅锂低熔合金中发生溶解。

由于镍的含量较低，HT-9 牌号铬钢受铅锂低熔合金 $Li_{17\%}Pb_{83\%}$ 的影响很小。

试验过程中，未发现难熔金属以及难熔金属基合金与铅锂低熔合金 $Li_{17\%}Pb_{83\%}$ 相互作用的相关数据。但在 430 ℃温度条件下试验 2 300 h 后，发现 V-15Cr-5Ti 型合金在铅锂低熔合金 $Li_{17\%}Pb_{83\%}$ 中较为稳定[35]。

附录 E　锂

锂不是液态重金属冷却剂，但可用于铅锂低熔合金作为冷却剂。

锂在门捷列夫化学元素周期表中位列第 1 组，属于碱性金属，呈银白色，最外层有 1 个 s 亚能级的电子，内里是一层稳定的 $1s^2\ 2s^1$ 电子排列，原子序数为 3，原子量为 6.94，在地球上的平均储量为 0.006 5%（质量分数）。

在碱性金属和碱土金属中，锂的正电性最弱，原子半径最小，因此更能产生固体溶液。锂遇氮气能生成氮化锂，遇碳则生成碳化锂。

锂的部分主要物理特性如附表 E.1 所示。

附表 E.1　锂的部分主要物理特性[36]

参数	数值
熔点/K	453.67±0.03
熔化热/（kJ/mol）	3.0±0.015
正常沸点（P=0.0101 3 MPa 时）/K	1 612.0±1
熔化时的体积变化/%	1.5
弹性系数/MPa	5 000

固态锂密度（g/cm^3）与温度的计算式为：

$$\rho=\frac{0.539}{1+1.535\times10^{-4}t+9.2\times10^{-8}t^2} \tag{E-1}$$

当温度 t_{melt}=1 500 ℃时，液态锂的密度（g/cm^3）可按式（E-2）计算得出：

$$\rho=0.536\,8-1.021\times10^{-4}t \tag{E-2}$$

液态锂 C_p（J/mol）的计算公式为：

$$C_p(T) = 31.227 + 0.205 \times 10^{-6} T^{-2} - 5.265 \times 10^{-3} T + 2.628 \times 10^{-6} T^2 \quad (E\text{-}3)$$

在 0 ℃到熔点的温度范围内，液态锂的热导率（kJ/m・h・°）建议按式（E-4）计算：

$$\lambda = 241.82 + 0.0695T \quad (E\text{-}4)$$

而在熔点到 3 600 K 的温度范围内，液态锂的热导率（kJ/m・h・°）则建议按式（E-5）计算：

$$\lambda = 24.8 + 45.0 \times 10^{-3} T - 11.6 \times 10^{-6} T^2 \quad (E\text{-}5)$$

液态锂的电导率很大程度上取决于其中的溶解杂质含量，在室温到熔点的温度范围内，其电导率（$\mu\Omega$・cm）建议按式（E-6）计算：

$$\rho_e = 8.120 + 3.6562 \times 10^{-2} t \quad (E\text{-}6)$$

当液态锂的温度达到 1 000 ℃时，其电导率（$\mu\Omega$・cm）则建议按式（E-7）计算：

$$\rho_e = 18.33 + 3.339 \times 10^{-2} t - 6.795 \times 10^{-6} t^2 \quad (E\text{-}7)$$

液态锂的表面张力（mN/m）计算式如下所述[37]：

$$\sigma = 438.98 - 18.44 \times 10^{-3} - 132.2 \times 10^{-6} T^2 + 37.44 \times 10^{-9} T^3 \quad (E\text{-}8)$$

液态锂遇氮气、氧气、二氧化碳、水蒸气、氢气、碳以及其他空气成分时会发生积极的化学反应。

参考文献

[1] Федоров П И, Мохосоев М В, Алексеев Ф П. Химия галлия, индия и таллия. Новосибирск: Наука, 1977.

[2] Иванова Р Е. Химия и технология галлия. [M]. Металлургия, 1973.

[3] Кириллова П Л. Теплофизические свойства материалов ядерной техники. Под ред. Обнинск: ГНЦ РФ ФЭИ, 2005.

[4] Яценко С П. Галлий. Взаимодействие с металлами[M]. Наука, 1974.

[5] Liquid metal cooled divertor for ARIES: final report of the design study / Institute of Nuclear Fusion of Russian Scientific Center Kurchatov Institute[R]. 1993.

[6] Свойства элементов, справочник. Под ред. М. Е. Дрица [M]. Металлургия, 1985:671.

[7] Безносов А В, Драгунов Ю Г, Рачков В И. Тяжелые жидкометаллические теплоносители в атомной энергетике[M]. ИздАТ, 2007:434.

[8] Баландин Ю Ф, Марков В Г. Конструкционные материалы для установок с жидкометаллическими теплоносителями. Судпромгиз, Ленинграф, 1961.

[9] Горынин И В, Карзов Г П, Лаврухин В С, и др. Конструкционные материалы для ЯЭУ с теплоносителями свинец-висмут и свинец. Тяжелые жидкометаллические теплоносители в ядерных технологиях [C]// Программа и тезисы докладов конференции ТЖМТ-98. г. Обнинск, 1998:22.

[10] Русанов А Е, Беломытцев Ю С, Смирнов А А, и др. Разработка и исследование оболочечных сталей для твэлов ЯЭУ с тяжелым теплоносителем. Тяжелые жидкометаллические теплоносители в ядерных технологиях [C]// Программа и тезисы докладов конференции ТЖМТ-98. г. Обнинск, 1998:58.

[11] Каштанов А Д, Лаврухин В С, Марков В Г, и др. Коррозионно-механическая прочность конструкционных материалов в контакте с жидким свинцом. Тяжелые жидкометаллические теплоносители в ядерных технологиях[C]// Тезисы докладов конференции ТЖМТ-2003, г. Обнинск, 2003:73.

[12] Русанов А Е, Демишонков А П, Прескова О Т, и др. Исследование кинетики окисления 12% хромо-кремнистых сталей в предельнонасыщенных кислородом расплавах свинца и свинца-висмута. Тяжелые жидкометаллические теплоносители в ядерных технологиях[C]//Тезисы докладов конференции ТЖМТ-2003, г. Обнинск, 2003:82.

[13] Суворов Г П, Бугреев М И, Кузько О В. Опыт создания и эксплуатации стенда 27/ВТ. Тяжелые жидкометаллические теплоносители в ядерных технологиях [C]// Программа и тезисы докладов конференции ТЖМТ-98, г. Обнинск, 1998:18.

[14] Филатов Б В, Василенко В А, Воронин В Е, и др. Опыт эксплуатации ЯЭУ с жидкометаллическим теплоносителем на стенде КМ-1. Тяжелые жидкометалл-ические теплоносители в ядерных технологиях[C]// Программа и тезисы докладов конференции ТЖМТ-98, г. Обнинск, 1998:19.

[15] Митенков Ф М, Антоновский Г М, Беляев А А, и др. Опыт отработки и эксплуатации оборудования РУ ОК-550. Тяжелые жидкометаллические теплоносители в ядерных технологиях[C]// Программа и тезисы докладов конференции ТЖМТ-98, г. Обнинск, 1998:19.

[16] Драгунов Ю Г, Степанов В С, Шулындин В А, и др. Паропроизводящая установка БМ-40/А. Опыт создания и эксплуатации. Тяжелые жидкометаллические теплоносители в ядерных технологиях [C]// Программа и тезисы докладов конференции ТЖМТ-98, г. Обнинск, 1998:20.

[17] Mark Winter. Department of Chemistry at the University of Sheffield, Sheffield S3 7HF, England (http://www. shef. ac. uk/∽chem/web-elements-I/Bi. html).

[18] Чиркин В С. Теплофизические свойства материалов ядерной энергетики, Справочник [M]. Атомиздат, 1968.

[19] Чечеткин А. В. Высокотемпературные теплоносители[M]. Энергия, 1971.

[20] Панкратов Д В, Ефимов Е И, Тошинский Г И, и др. Анализ полониевой опасности в ядерных энергетических установках со свинцово-висмутовым теплоносителем. Тяжелые жидкометаллические теплоносители в ядерных технологиях[C]// Тезисы докладов конференции ТЖМТ-2003г, г. Обнинск, 2003:64-65.

[21] Coen V. Lithium-lead eutectic as breeding material in fusion reactors[J]. Ibid, 1985,

(133/134):46-51.

[22] Casini G. Liquid metal in fusion power reactors. Liquid metal engineering and technology. London: BNES, 1984, 3:303-316.

[23] Abdou M A. Tritium breeding in fusion reactor. Nuclear data for science and technology. Brussel, 1983:293-312.

[24] Хансен М, Андерко К. Структура двойных сплавов (Справочник) Пер. с англ. Под ред. Новикова И. И[M]. Металлургия, 1962.

[25] Fauvet P, Sannier J, Santarini G. Corrosion of 316L stainless steel in flowing Li(17) Pb(83) alloy. Fusion technology. Oxford: Pergamon Press, 1984, 2:1003-1010.

[26] Natesan K. Influence of nonmetallic elements on the compatibility of structural materials with liquid materials with liquid alkali metals[J]. Nucl. Mater, 1983, 115(2): 252-262.

[27] Вернер Р В. Тепловые трубки для извлечения трития из бланкета термоядерного реаткора. Проблемы термоядерных реакторов: Пер. с англ[M]. Атомиздат, 1973, 3:41-40.

[28] Безносов А В, Семенов А В, Константинов В Л, и др. Экспериментальные исследования в обоснование применения эвтектики Li (17) Pb (83) в бланкете токамака. Атомная энергия, №2, 2005:108-116.

[29] Semenov A V, Beznossov A V. Abstract book 12th international conference on fusion reactor materials, 2005:167.

[30] Ihle H, Wu C. Chemical thermodynamics of fusion reactor breeding materials and their interaction with tritium[J]. Nucl. Mater, 1985, 130(3):454-464.

[31] Jauch G, Huasc B, Schulz U. Thermophysical properties in system Li-Pb. Karlsrule, 1986.

[32] Грязнов Г М, Евтихин В А, Завяльский Л П, и др. Материаловедение жидкометаллических систем термоядерных реакторов[M]. Энергоатомиздат, 1989:240.

[33] Chopra O, Smith D. Corrosion of ferrous alloy in lead-lithium environment. Ibid, 1984, 112/123:1 219-1 224.

[34] Coen V. Fenici p. Compatibility of structural material with liquid breeders: a review of recent work carried out at JRC. Ispra. Nucelar Engineering and Design. Fusion. 198,1:215-229.

[35] Smith D L, Loomis B A, Diercks D R. Vanadium-based alloy for fusion reactor applications: a review[J]. Nuclear Mater. 1985, 135(1):125-139.

[36] Субботин В И, Арнольдов М Н, Ивановский М И, и др. Литий[M]. Изд. АТ, 199.

[37] Быстров П И, Каган Д Н, Кречетова Г А, и др. Жидкометаллические теплоносители тепловых труб и энергетических установок[M]. Наука, 1988.

别兹诺索夫·亚历山大·维克多罗维奇
博科娃·塔季扬娜·亚历山大罗夫娜
博科夫·帕维尔·阿纳托利耶维奇

铅和铅铋冷却剂反应堆装置、工业试验台架的回路工艺与主要设备

编　　辑：普金娜 O. B.，马克西莫娃 H. H.
技术编辑：诺维科娃 T. П.

2015 年 12 月 15 日胶印，胶版纸大小为 60 * 84 1/16，Усл. печ. л. 30.5，Уч.-изд. л. 35
印刷 500 份，订单号为№ K-5135

里捷拉出版社出版，下诺夫哥罗德市果戈里街 21 号 2 号门，邮编 603000
楚瓦什投资工业股份公司印刷，切巴克萨拉市雅科夫列娃大街 13 号，邮编 428019